O. GRÜNDEL

32

Hans-Dieter Jakubke
Hans Jeschkeit

Aminosäuren, Peptide, Proteine

Hans-Dieter Jakubke
Hans Jeschkeit

Aminosäuren, Peptide, Proteine

Weinheim · Deerfield Beach, Florida · Basel · 1982

Prof. Dr. sc. nat. Hans-Dieter Jakubke
Karl-Marx-Universität Leipzig

Dozent Dr. rer. nat. habil. Hans Jeschkeit
Martin-Luther-Universität Halle-Wittenberg

Dieses Buch enthält 116 Abbildungen und 39 Tabellen

CIP-Kurztitelaufnahme der Deutschen Bibliothek

Jakubke, Hans-Dieter:
Aminosäuren, Peptide, Proteine/Hans-Dieter
Jakubke; Hans Jeschkeit. — Weinheim;
Deerfield Beach, Florida; Basel: Verlag
Chemie, 1982.
ISBN 3-527-25892-2

NE: Jeschkeit, Hans:

Lizenzausgabe für den Verlag Chemie, GmbH, D-694 Weinheim
© Akademie-Verlag Berlin 1982
Gesamtherstellung: VEB Druckerei „Thomas Müntzer",
DDR-5820 Bad Langensalza
Printed in GDR

VORWORT

Zehn Jahre nach Erscheinen der ersten Auflage ergab sich aufgrund der ständig fortschreitenden Entwicklung des Fachgebietes die Notwendigkeit, den Gesamtstoff der Einführung zu überarbeiten. Dabei ist unter Wahrung des ursprünglichen Charakters mit der Akzentuierung des Peptidkapitels ein weitgehend neuer Text entstanden. Eine gewisse Umfangserweiterung ließ sich nicht vermeiden, vor allem auch wegen der Aufnahme neuer Abbildungen und Formelschemata sowie einer von vielen Kollegen geforderten Erweiterung der Originalliteraturangaben, die nunmehr zur besseren Übersicht jeweils nach den drei Hauptkapiteln angeführt werden.

Im Kapitel „Aminosäuren" betreffen die Veränderungen insbesondere den synthetischen und analytischen Teil, wobei biotechnologische Herstellungsverfahren, die asymmetrische Synthese und einige moderne Trennmethoden spezielle Berücksichtigung fanden. Im Kapitel „Peptide" wurde die Zielstellung der Chemosynthese präzisiert und ein kurzer historischer Abriß der Entwicklung eingefügt. Nach einem in der Fachliteratur bewährten Ordnungsprinzip werden die wichtigsten Schutzgruppen vorgestellt. Bei der Besprechung der Kupplungsmethoden, von denen gegenwärtig etwa 130 Varianten bekannt sind, erfolgte eine Beschränkung auf die sich tatsächlich in der Praxis bewährten Verfahren. Darüber hinaus wird auf interessante Neuentwicklungen, wie beispielsweise auf die enzymatische Peptidsynthese verwiesen. Im Abschnitt „Peptidsynthesen an polymeren Trägern" werden die wichtigsten Varianten ihrer Bedeutung entsprechend abgehandelt. Die Semisynthese von Proteinen wurde in den neu konzipierten Abschnitt „Strategie und Taktik" aufgenommen, in dem auch der Versuch einer wertenden Betrachtung der gegenwärtigen Möglichkeiten und Grenzen der Synthese von Peptid- und Proteowirkstoffen vorgenommen wird.

Bei der Besprechung der wichtigsten biologisch aktiven Peptide wurden bei den Hormonen und Toxinen auch solche mit Proteincharakter einbezogen. Der wachsenden Bedeutung der Hypothalamus-Hormone und anderer Neuropeptide, wie z. B. der Endorphine wurde Rechnung getragen. Berücksichtigt wurden weiterhin einige immunologisch interessante Peptide. Aus der Vielzahl der bekannten Peptidantibiotika erfolgte eine Auswahl nach den Hauptwirkungsprinzipien. Im Kapitel Proteine wurden nach einer erweiterten Darstellung der physikalisch-chemischen Eigenschaften, der Trenn- und Analysenmethoden neue Aspekte der Sequenzanalyse und der Proteinkonformation eingearbeitet. Erweitert wurde der Abschnitt Proteinbiosynthese. Daran anschließend erfolgt die Vorstellung einiger wichtiger Vertreter der Proteine, wobei als Ordnungsprinzip die biologische Funktion gewählt wurde.

Unser Dank gilt zahlreichen Fachkollegen des In- und Auslandes, die durch konstruktive Hinweise wesentlich zum Gelingen der vorliegenden Auflage beigetragen haben, insbesondere *Prof. Dr. R. B. Merrifield*, *Prof. Dr. R. Walter* †, *Prof. Dr. K. Brunfeldt* und *Dr. M. Feurer* für die Überlassung von Abbildungsvorlagen.

Dem Verlag danken wir für das verständnisvolle Eingehen auf unsere Wünsche und für die vorbildliche Zusammenarbeit.

Leipzig und Halle/S., im November 1980   *H.-D. Jakubke*
                                           H. Jeschkeit

INHALT

1.	**Aminosäuren**	13
1.1.	Nomenklatur der Aminosäuren	15
1.2.	Die natürlich vorkommenden Aminosäuren	18
1.2.1.	Proteinogene Aminosäuren	23
1.2.2.	Nichtproteinogene Aminosäuren	26
1.3.	Stereochemie der Aminosäuren	29
1.3.1.	Die optische Aktivität der Aminosäuren	29
1.3.2.	Konfiguration und Konformation der Aminosäuren	33
1.4.	Physikalisch-chemische Eigenschaften der Aminosäuren	37
1.4.1.	Löslichkeit	37
1.4.2.	Säure-Base-Verhalten	38
1.4.3.	Absorptionsspektren der Aminosäuren	44
1.5.	Gewinnung von Aminosäuren	47
1.5.1.	Isolierung aus Proteinhydrolysaten	47
1.5.2.	Mikrobiologische Verfahren	48
1.5.3.	Enzymatische Verfahren	50
1.5.4.	Synthetische Verfahren	51
1.5.4.1.	Aminolyse von Halogencarbonsäuren	51
1.5.4.2.	STRECKER-Synthese	51
1.5.4.3.	Azlacton-Synthese nach ERLENMEYER-PLÖCHL	53
1.5.4.4.	Hydantoin-Synthese	53
1.5.4.5.	Alkylierung SCHIFFscher Basen	54
1.5.4.6.	Malonester-Synthesen	54
1.5.4.7.	Synthese markierter Aminosäuren	55
1.5.4.8.	Asymmetrische Synthesen	56
1.5.4.9.	Präbiotische Synthesen	57
1.5.4.10.	Biosynthese der Aminosäuren	59
1.6.	Racemattrennung von Aminosäuren	61
1.6.1.	Kristallisationsverfahren	62
1.6.2.	Chemische Verfahren	63
1.6.3.	Enzymatische Verfahren	63
1.7.	Analyse der Aminosäuren	65
1.7.1.	Chromatographische Verfahren	65
1.7.1.1.	Papierchromatographie	67
1.7.1.2.	Dünnschichtchromatographie	69
1.7.1.3.	Ionenaustauschchromatographie	70

1.7.1.4.	Gaschromatographie	72
1.7.1.5.	Enantiomerentrennung durch chromatographische Verfahren	73
1.7.2.	Massenspektrometrische Aminosäureanalyse	75
1.7.3.	Isotopenverfahren	77
1.7.4.	Enzymatische Verfahren	78
1.8.	Spezielle Reaktionen der Aminosäuren	78
1.8.1.	Metallkomplexbildung	78
1.8.2.	Reaktionen mit salpetriger Säure	79
1.8.3.	Oxidative Desaminierung	80
1.8.4.	Transaminierung	81
1.8.5.	N-Alkylierung	81
1.8.6.	N-Acylierung	82
1.8.7.	Decarboxylierung	83
1.8.8.	Veresterung	84
1.9.	Cyclische Aminosäurederivate	85
1.10.	Phosphoryl- und Phosphatidyl-aminosäuren	86
1.11.	Glucoaminosäuren	87
1.12.	Nucleoaminosäuren	87
	Literatur	88
2.	**Peptide**	**96**
2.1.	Allgemeine Eigenschaften	96
2.1.1.	Definition und Aufbauprinzip	96
2.1.2.	Einteilung und Nomenklatur	97
2.1.3.	Vorkommen und Bedeutung	103
2.2.	Peptidsynthesen	107
2.2.1.	Zielstellung der Chemosynthese von Peptiden	107
2.2.2.	Grundprinzip der Peptidsynthese	110
2.2.3.	Historische Entwicklung der Peptidsynthese	114
2.2.4.	Schutzgruppen	117
2.2.4.1.	Aminoschutzgruppen	118
2.2.4.1.1.	Aminoschutzgruppen vom Acyltyp	118
2.2.4.1.1.1.	Schutzgruppen vom Urethantyp	118
2.2.4.1.1.2.	Schutzgruppen vom Säureamidtyp	127
2.2.4.1.1.3.	Schutzgruppen vom Alkyltyp	130
2.2.4.2.	Carboxy- und Amidschutzgruppen	133
2.2.4.2.1.	Reale Carboxyschutzgruppen	134
2.2.4.2.1.1.	Schutzgruppen vom Estertyp	134
2.2.4.2.1.2.	Amid-Schutzgruppen	138
2.2.4.2.2.	Taktische Carboxyschutzgruppen	140
2.2.4.2.2.1.	Aktivierte Carboxyschutzgruppen	140
2.2.4.2.2.2.	Potentiell aktivierbare Carboxyschutzgruppen	142
2.2.4.3.	ω-Schutzgruppen trifunktioneller Aminosäuren	143
2.2.4.3.1.	Schutz der Guanido-Funktion des Arginins	143

2.2.4.3.2.	Schutz der Imidazol-Funktion des Histidins	146
2.2.4.3.3.	Schutz der Indol-Funktion des Tryptophans	148
2.2.4.3.4.	Schutz der aliphatischen Hydroxy-Funktion	150
2.2.4.3.5.	Schutz der aromatischen Hydroxy-Funktion	151
2.2.4.3.6.	Schutz der Thiol-Funktion des Cysteins	153
2.2.4.3.7.	Schutz der Thioether-Funktion des Methionins	155
2.2.5.	Methoden zur Knüpfung der Peptidbindung	157
2.2.5.1.	Azid-Methode	158
2.2.5.2.	Anhydrid-Methode	160
2.2.5.2.1.	Mischanhydrid-Methode	160
2.2.5.2.2.	Methode der symmetrischen Anhydride	163
2.2.5.2.3.	N-Carbonsäureanhydrid [NCA]-Methode	164
2.2.5.3.	Methode der aktivierten Ester	166
2.2.5.4.	Carbodiimid-Methode	173
2.2.5.4.1.	Verwendung von Dicyclohexylcarbodiimid	173
2.2.5.4.2.	Verwendung von modifizierten Carbodiimiden	175
2.2.5.4.3.	DCC-Additiv-Verfahren	175
2.2.5.5.	Peptidsynthesen mit Phosphorverbindungen	179
2.2.5.5.1.	MITIN-Verfahren	179
2.2.5.5.2.	MUKAIYAMA-Verfahren	180
2.2.5.5.3.	Verwendung weiterer Phosphor-Derivate	181
2.2.5.6.	UGI-Verfahren (Vierkomponenten-Kondensation)	183
2.2.5.7.	Kupplungsmethoden mit theoretisch interessanten Aspekten	186
2.2.5.8.	Enzymatische Peptidsynthese	189
2.2.6.	Racemisierungsprobleme bei Peptidsynthesen	193
2.2.6.1.	Racemisierungs-Mechanismen	194
2.2.6.1.1.	Azlacton-Mechanismus	194
2.2.6.1.2.	Racemisierung durch direkten α-Protonentzug	199
2.2.6.2.	Methoden zur Racemisierungsprüfung	200
2.2.7.	Peptidsynthesen an polymeren Trägern	204
2.2.7.1.	Festphasen-Peptidsynthese (MERRIFIELD-Synthese)	205
2.2.7.2.	Flüssigphasen-Methode	222
2.2.7.3.	Alternierende Fest-Flüssigphasen-Peptidsynthese	224
2.2.7.4.	Polymer-Reagens-Peptidsynthese	225
2.2.8.	Synthese cyclischer Peptide	227
2.2.8.1.	Synthese homodet cyclischer Peptide	228
2.2.8.1.	Synthese heterodet cyclischer Peptide	231
2.2.9.	Synthese von Polyaminosäuren und Sequenz-Polypeptiden	236
2.2.9.1.	Synthese von Homo- und Heteropolyaminosäuren	236
2.2.9.2.	Synthese von Sequenz-Polypeptiden	238
2.2.10.	Strategie und Taktik der Peptidsynthese	239
2.2.10.1.	Strategie der Peptidsynthese	239
2.2.10.1.1.	Schrittweiser Aufbau einer Peptidkette	240
2.2.10.1.2.	Strategie der Segmentkondensation	245
2.2.10.1.3.	Semisynthese	247

2.2.10.2.	Taktik der Peptidsynthese	250
2.2.10.2.1.	Auswahl der Schutzgruppenkombination	250
2.2.10.2.2.	Auswahl der Kupplungsmethode	255
2.2.10.3.	Möglichkeiten und Grenzen der Peptidsynthese	256
2.3.	Biologisch aktive Peptide	261
2.3.1.	Peptid- und Proteohormone	263
2.3.1.1.	Corticotropin	272
2.3.1.2.	Wachstumshormon	274
2.3.1.3.	Prolactin	276
2.3.1.4.	Lipotropin	277
2.3.1.5.	Melanocyten-stimulierende Hormone	278
2.3.1.6.	Oxytocin und Vasopressin	279
2.3.1.7.	Hypothalamus-Hormone	284
2.3.1.7.1.	Thyreotropin Releasing-Hormon (Thyreoliberin)	288
2.3.1.7.2.	Gonadotropin Releasing-Hormon (Gonadoliberin)	290
2.3.1.7.3.	Corticotropin Releasing-Hormon (Corticoliberin)	290
2.3.1.7.4.	Prolactin Releasing-Hormon (Prolactoliberin) und Prolactin Release inhibierendes Hormon (Prolactostatin)	291
2.3.1.7.5.	Melanotropin Releasing-Hormon (Melanoliberin) und Melanotropin Release inhibierendes Hormon (Melanostatin)	291
2.3.1.7.6.	Somatotropin Releasing-Hormon (Somatoliberin)	292
2.3.1.7.7.	Somatostatin (Somatotropin Release inhibierendes Hormon	292
2.3.1.8.	Insulin	296
2.3.1.9.	Glucagon	304
2.3.1.10.	Parathormon	306
2.3.1.11.	Calcitonin	307
2.3.1.12.	Gastrointestinale Hormone	309
2.3.1.12.1.	Gastrin	310
2.3.1.12.2.	Sekretin	312
2.3.1.12.3.	Cholecystokinin-Pankreozymin	313
2.3.1.12.4.	Motilin	313
2.3.1.13.	Angiotensin	314
2.3.1.14.	Substanz P	315
2.3.1.15.	Neurotensin	316
2.3.1.16.	Kinine des Blutplasmas	317
2.3.2.	Peptide tierischer Herkunft mit hormonanalogen Aktivitäten	317
2.3.2.1.	Tachykinin-Familie	318
2.3.2.2.	Bombesin-Familie	319
2.3.2.3.	Caerulein-Familie	320
2.3.2.4.	Bradykinin-Familie aus Amphibien	321
2.3.3.	Neuropeptide	322
2.3.3.1.	Peptide mit „gedächtnisübertragender Wirkung"	325
2.3.3.2.	Endorphine	326
2.3.4.	Peptide mit immunologischer Bedeutung	332
2.3.5.	Peptidantibiotika	334

2.3.5.1.	Peptidantibiotika mit hemmender Wirkung auf die Bakterienzellwand-Biosynthese	335
2.3.5.2.	Peptidantibiotika mit hemmender Wirkung auf die Synthese und Funktion von Nucleinsäuren	336
2.3.5.3.	Membranaktive Peptidantibiotika	340
2.3.6.	Peptidtoxine	348
2.3.7.	Peptidinsektizide	356
2.3.8.	Peptidalkaloide	357
	Literatur	359
3.	**Proteine**	382
3.1.	Bedeutung und historische Aspekte	382
3.2.	Einteilung	386
3.3.	Isolierung und Reindarstellung	388
3.4.	Nachweis und quantitative Bestimmung	399
3.5.	Physikalisch-chemische Eigenschaften	400
3.5.1.	Ampholytcharakter	400
3.5.2.	Löslichkeit	402
3.5.3.	Denaturierung	402
3.5.4.	Molekulargewichte	404
3.5.5.	Molekülgestalt	407
3.6.	Aufbauprinzip und Struktur der Proteine	408
3.6.1.	Primärstruktur	409
3.6.1.1.	Spezifische Spaltung der Polypeptidketten	410
3.6.1.2.	Sequenzanalyse	412
3.6.1.2.1.	Endgruppenbestimmung	412
3.6.1.2.2.	Stufenweiser Abbau der Peptidkette	414
3.6.1.2.2.1.	Chemische Methoden	414
3.6.1.2.2.2.	Enzymatische Methoden	418
3.6.1.2.3.	Physikalische Methoden	418
3.6.2.	Sekundär- und Tertiärstruktur	420
3.6.2.1.	Räumliche Anordnungen der Polypeptidkette	420
3.6.2.1.1.	Helixstrukturen	423
3.6.2.1.2.	Faltblattstrukturen	425
3.6.2.1.3.	Ungeordnete Gerüstkonformationen	426
3.6.2.1.4.	Tertiärstruktur der globulären Proteine	426
3.6.2.2.	Methoden zur Aufklärung der Raumstruktur von Proteinen	429
3.6.3.	Quartärstruktur	431
3.7.	Proteinbiosynthese	434
3.7.1.	Die Aktivierung der Aminosäuren und ihre Bindung an die Transfer-Ribonucleinsäuren	434
3.7.2.	Der Aufbau der Polypeptidkette am Ribosom	437
3.7.3.	Die Ablösung der Polypeptidkette vom Ribosom	442
3.7.4.	Die Regulation der Proteinbiosynthese	443

3.8.	Ausgewählte Beispiele funktioneller Proteine	444
3.8.1.	Enzymproteine	444
3.8.1.1.	Ribonuclease	449
3.8.1.2.	Lysozym	452
3.8.1.3.	Chymotrypsin	455
3.8.1.4.	Carboxypeptidase A	457
3.8.2.	Transport- und Speicherproteine	460
3.8.2.1.	Myoglobin	460
3.8.2.2.	Hämoglobin	463
3.8.2.3.	Metallproteine	468
3.8.3.	Strukturproteine	468
3.8.3.1.	Keratine	469
3.8.3.2.	Kollagene	470
3.8.4.	Proteine mit Schutzfunktionen	473
3.8.4.1.	Immunoglobuline	473
3.8.4.2.	Fibrinogen-Fibrin	476
3.8.4.3.	Lektine	477
3.8.4.4.	Gefrierschutzproteine	479
3.8.4.5.	Interferone	480
	Literatur	482
4.	**Sachwortverzeichnis**	490

1. Aminosäuren [1—5]

Seit mehr als drei Milliarden Jahren existieren Aminosäuren auf unserem Planeten, wie bei der Untersuchung fossiler Mikroorganismen an kohlenstoffhaltigem Feuerstein aus dem Präkambrium durch Rubidium-Cäsium-Altersbestimmung nachgewiesen werden konnte. Ihre Existenz auch außerhalb unserer Erde ist durch chromatographische Analyse des organischen Anteils von Meteoriten gesichert. In den wäßrigen Extrakten von Mondgesteinsproben konnten Spuren von Glycin und Alanin nachgewiesen werden.

Es handelt sich bei den Aminosäuren um relativ einfach gebaute organische Verbindungen, deren physikalisch-chemisches Verhalten ebenso wie ihr mannigfaltiges Reaktionsvermögen auf die gleichzeitige Anwesenheit von basischer Aminogruppe NH_2- und saurer Carboxygruppe -COOH zurückzuführen ist.

Nach der Stellung der Aminogruppe in der Kohlenstoffkette unterscheidet man zwischen Aminosäuren, bei denen die NH_2-Gruppe an dem der COOH-Gruppe benachbarten Kohlenstoffatom gebunden ist, und β-, γ-, δ- usw. Aminosäuren, bei denen sich Amino- und Carboxygruppe in entsprechendem Abstand zueinander befinden:

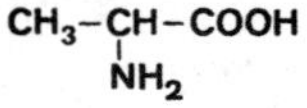

$$CH_3-\underset{\underset{NH_2}{|}}{CH}-COOH \qquad \alpha\text{-Aminopropionsäure}$$

$$H_2N-CH_2-CH_2-COOH \qquad \beta\text{-Aminopropionsäure}$$

$$H_2N-CH_2-CH_2-CH_2-COOH \qquad \gamma\text{-Aminobuttersäure}$$

$$H_2N-(CH_2)_5-COOH \qquad \varepsilon\text{-Aminocapronsäure}$$

In der Natur sind neben β- und γ-Aminosäuren vor allem die α-Aminosäuren weit verbreitet. Nach der allgemeinen Formel

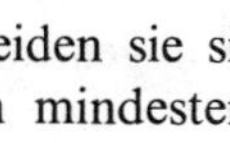

$$H_2N-\underset{\underset{R}{|}}{\overset{\overset{COOH}{|}}{C}}-H$$

unterscheiden sie sich lediglich im Rest R der Seitenkette. Alle Verbindungen enthalten mindestens ein Chiralitätszentrum, mit Ausnahme des Glycins, bei dem R = H ist. Man hat demzufolge optisch aktive Enantiomere und die optisch inaktiven (racemischen) Formen der α-Aminosäuren zu unterscheiden. Die natürlich vorkommenden α-Aminosäuren haben L-Konfiguration, wenn man von den im Stoffwechsel verschiedener Mikroorganismen auftretenden D-Aminosäuren absehen will.

Als Bausteine von Proteinen sind die Aminosäuren ebenso wie die Nucleinsäuren, Kohlenhydrate und Lipide grundlegend an allen Lebensvorgängen beteiligt. Außer den proteingebundenen Aminosäuren verfügt der lebende Organismus in den Geweben und Flüssigkeiten des gesamten Zellbereiches über ein ständiges Reservoir „freier" Aminosäuren (Aminosäurepool), die sich in dynamischem Gleichgewicht zahlreicher Stoffwechselreaktionen befinden. Hauptverbraucher an Aminosäuren sind neben der Polypeptid- und Proteinbiosynthese vor allem die Phosphatid-, Porphyrin- und Nucleotidsynthese.

Auch für Sonderaufgaben müssen ständig freie Aminosäuren zur Verfügung stehen. Spezifische Überträgerfunktionen z. B. haben Glutaminsäure bei der Transaminierung, Methionin bei der Transmethylierung. Hauptabbauprodukte des Aminosäurestoffwechsels sind Ammoniak, Harnstoff und Harnsäure. Die Ergänzung der Aminosäureverluste erfolgt im wesentlichen durch Proteinabbau, durch Transaminierung von α-Ketosäuren sowie durch gegenseitige Umwandlung von Aminosäuren.

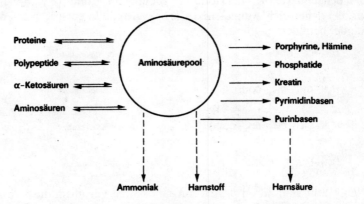

Abb. 1—1. Schematische Darstellung des Aminosäurepools

In den folgenden Abschnitten wird nach der Behandlung von Nomenklaturfragen eine kurze Übersicht der wichtigsten natürlich vorkommenden Aminosäuren gegeben. Anschließend werden die Stereochemie, das allgemeine Reaktionsverhalten sowie die Synthese und Analyse von Aminosäuren erläutert.

1.1. Nomenklatur der Aminosäuren

Die Bezeichnung der Aminosäuren richtete sich im wesentlichen nach dem Ursprung des Materials, aus dem die erste Isolierung erfolgte, z. B. Asparagin (lat. *asparagus* = Spargel) aus Spargelsaft, Cystein/Cystin aus Blasensteinen (gr. cystis = die Blase), Glutamin/Glutaminsäure aus Weizengluten, Serin aus Seide (gr. seros = die Seidenraupe) und Tyrosin aus Käse (gr. tyros = Käse). Andere Bezeichnungen richteten sich nach dem Isolierungsverfahren, z. B. wurde Arginin zuerst als Silbersalz gewonnen (lat. *argentum* = Silber), Tryptophan beim Proteinabbau mittels Trypsin erhalten. Strukturelle Verwandtschaft zu anderen Naturstoffen führte zur Bezeichnung Valin (Derivat der Valeriansäure) und Threonin (strukturelle Beziehungen zum Monosaccharid Threose). Der Name Prolin leitet sich von der rationellen Bezeichnung Pyrrolidin-2-carbonsäure ab.

Mit Ausnahme des Tryptophans und der Aminodicarbonsäuren enden die Namen der proteinogenen Aminosäuren auf *-in*, wodurch der Amincharakter zum Ausdruck gebracht werden soll. Die Säurereste der allgemeinen Formel H_2N-CHR-CO- führen den entsprechenden Stammnamen mit der Endung *-yl*. Bei der Asparagin- und Glutaminsäure und deren Halbamiden werden infolge des gleichen Wortstammes die einwertigen Reste des Glutamins und Asparagins normal mit Glutaminyl- und Asparaginyl- bezeichnet. Die Säurereste der Glutamin- und Asparaginsäure erhalten die Bezeichnung Glutamyl- und Asparagyl- (angelsächs. aspartyl-).

Aus Platzgründen sind die Proteinchemiker übereingekommen, anstelle des ausgeschriebenen Namens der Aminosäure und auch anstelle ihrer Strukturformel Symbole einzuführen, die gewöhnlich aus den ersten drei Buchstaben ihres Trivialnamens bestehen, z. B. Ala für L-Alanin und Met für L-Methionin (die Abkürzungen weiterer Aminosäuren siehe Tab. 1—1). Die natürliche Konfiguration ist also im Symbol enthalten, nur D- und DL-Aminosäuren werden besonders gekennzeichnet, z. B. D-Ala und DL-Met. Bei allo-Verbindungen wird dem Symbol ein kleines „a" vorangestellt, z. B. alle für allo-L-Isoleucin.

Bei Hydroxyaminosäuren folgt der Anfangsbuchstabe der Aminosäure nach der Abkürzung *Hy* für Hydroxy, z. B. Hyl für Hydroxylysin oder Hyp für Hydroxyprolin. Übersichtlicher ist hier jedoch die Verwendung von Fünf-Buchstabensymbolen, Hylys und Hypro. Auch für die nichtproteinogenen Aminosäuren werden Abkürzungen verwendet. Bei Noraminosäuren, die im Gegensatz zu den verzweigten Isoverbindungen eine normale Kohlenstoffkette enthalten, beginnt das Symbol mit *N*, z. B. Nle für Norleucin und Nva für Norvalin. Bei den höheren unverzweigten Aminosäuren wird die funktionelle Aminogruppe durch den Anfangsbuchstaben *A* symbolisiert, z. B. Abu für α-Aminobuttersäure und Aad für α-Aminoadipinsäure. Bei zwei Aminogruppen im Molekül beginnt das Symbol mit *D*, wie z. B. bei der durch Dbu abgekürzten α, γ-Diaminobuttersäure. Die α- oder ω-Stellung der Aminogruppe bleibt unberücksichtigt, alle anderen Anordnungen werden durch die entsprechenden griechischen Buchstaben gekennzeichnet, z. B. β-Ala für β-Alanin. Für die häufig in Depsipeptiden vorkommenden N-Alkyl-aminosäuren werden die N-Alkyl-Reste durch vorangestellte *Me* oder *Et* charakterisiert, z. B. MeVal für N-Methylvalin und EtGly für N-Ethylglycin.

Kennzeichnung von Aminosäure-Resten und -Derivaten

Während sämtliche funktionellen Gruppen der Aminosäuren durch ihre Symbole repräsentiert werden, muß das Fehlen bzw. die Substitution von H-Atomen der Amino-, Imino-, Guanido-, Hydroxy- und Thiol-Gruppe ebenso wie das Fehlen oder die Substitution der OH-Funktion von Carboxygruppen besonders gekennzeichnet werden. Die Kennzeichnung erfolgt durch Bindestriche, die links oder rechts bei Substitution der α-Amino- bzw. α-Carboxygruppe, wahlweise über oder unter dem Symbol bei Substitution der Seitenkettenfunktionen gesetzt werden.

Beispiele:

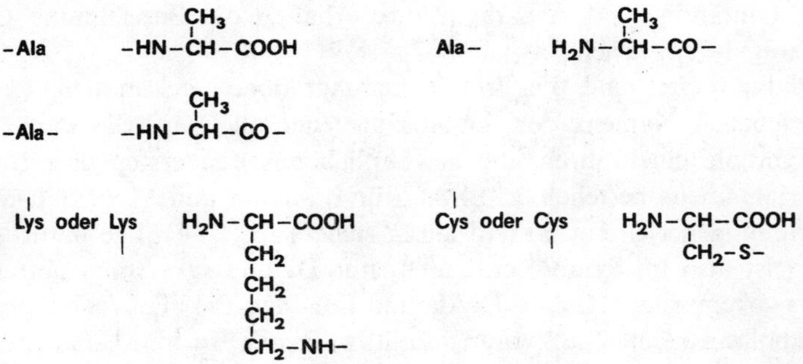

$$-Ala \quad -HN-CH(CH_3)-COOH \quad Ala- \quad H_2N-CH(CH_3)-CO-$$

$$-Ala- \quad -HN-CH(CH_3)-CO-$$

$$\underset{|}{Lys} \text{ oder } \underset{|}{Lys} \quad H_2N-CH-COOH,\ CH_2,\ CH_2,\ CH_2,\ CH_2-NH- \quad \underset{|}{Cys} \text{ oder } \underset{|}{Cys} \quad H_2N-CH-COOH,\ CH_2-S-$$

Bei den Derivaten der Aminosäuren werden die Symbole der Substituenten über die entsprechenden Bindestriche mit dem Symbol der Aminosäure verknüpft. Das Abkürzungssystem ermöglicht die übersichtliche Darstellung des Reaktionsverhaltens der Aminosäuren vor allem bei Peptidsynthesen.

Beispiele:

N-Trifluoracetyl-glycin	$CF_3-CO-NH-CH_2-COOH$	Tfa–Gly
Glycinethylester	$H_2N-CH_2-COOC_2H_5$	Gly–OEt

N-α-Acetyl-lysin	CH$_3$–CO–NH–CH–COOH
	                            |
	                            CH$_2$
	                            CH$_2$
	                            CH$_2$
	                            CH$_2$–NH$_2$
		Ac–Lys

N-ε-Acetyl-lysin	H$_2$N–CH–COOH
	           CH$_2$
	           CH$_2$
	           CH$_2$
	           CH$_2$–NH–CO–CH$_3$
		Lys
		 |
		Ac
		
		oder
		
		Ac
		 |
		Lys
		
		oder
		
		Lys (Ac)

N-Benzyloxycarbonyl-asparaginsäure-α-benzyl-β-tert.-butylester	C$_6$H$_5$–CH$_2$O–CO
	                      NH
	                      CH
	       H$_2$C COOCH$_2$C$_6$H$_5$
	         COOC(CH$_3$)$_3$
		OBu^t
		 |
		Z–Asp–OBzl
		
		Z–Asp–OBzl
		 |
		OBu^t
		
		Z–Asp(OBu^t)OBzl

S-Benzyl-cystein	C$_6$H$_5$–CH$_2$–S–CH$_2$–CH–COOH NH$_2$	Cys Bzl | Bzl Cys oder Cys (Bzl)
Isoasparagin	HOOC–CH$_2$–CH–CONH$_2$ NH$_2$	Asp–NH$_2$
N-Ethyl-N-methyl-glycin	C$_2$H$_5$ N–CH$_2$–COOH CH$_3$	EtMe–Gly

Vorstehende und die im folgenden verwendeten Abkürzungen entsprechen den Regeln, die von der Internationalen Union für Reine und Angewandte Chemie (*IUPAC*) und der Internationalen Union für Biochemie (*IUB*) herausgegeben wurden. Gesonderte Regeln gelten für den Einsatz der Einbuchstabensymbole, der auf die Darstellung von Proteinstrukturen und längeren Polypeptidsequenzen sowie vor allem auf Computerauswertungen beschränkt werden soll.

Das erste Abkürzungssystem für Aminosäuren und Peptide wurde 1947 von BRAND und EDSAL veröffentlicht. Ein von WELLNER und MEISTER vorgeschlagenes System berücksichtigt die strukturellen Besonderheiten der Aminosäureseitenkette.

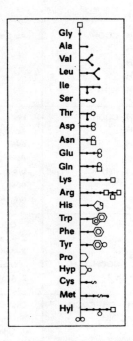

Abb. 1—2. Struktursymbole der Aminosäuren nach WELLNER und MEISTER

1.2. Die natürlich vorkommenden Aminosäuren

Bis heute sind ca. 180 verschiedene Aminosäuren in der Natur aufgefunden worden. Die Zahl der Neuentdeckungen ist in den vergangenen Jahren sprunghaft angestiegen, nachdem mit den Fortschritten der Isolierungstechnik und der Aminosäureanalytik eine systematische Untersuchung umfangreichen Tier- und Pflanzenmaterials eingesetzt hatte.

Als erste frei in der Natur vorkommende Aminosäure wurde 1806 das Asparagin von VAUQUELIN und ROBIQUET aus dem Saft von Spargelpflanzen isoliert. Diese Aminosäure gehört zu den 20 Aminosäuren, die als regelmäßiger Bestandteil der tierischen und pflanzlichen Proteine auftreten und deren Einbau in Proteine durch die Information des genetischen Code geregelt ist. Eine Übersicht dieser als „proteinogen" bezeichneten Aminosäuren wird im nachfolgenden Abschnitt gegeben.

Tabelle 1–1
Die 20 proteinogenen Aminosäuren

Trivialname Aminosäure	IUPAC-IUB-Abkürzung[1])	Strukturformel	Entdecker und erste Isolierung	Gehalt (%) in	
Aliphatische, neutrale Aminosäuren					
Glycin	Gly	G	H_2N-CH_2-COOH	BRACONNOT aus Leim (1820)	Seidenfibroin 43,6% Gelatine 25,7%
Alanin	Ala	A	$CH_3-CH(NH_2)-COOH$	WEYL aus Seidenfibroin (1888)	Seidenfibroin 29,7%
Valin	Val	V	$\begin{array}{c}H_3C\\ \diagdown\\ CH-CH(NH_2)-COOH\\ \diagup\\ H_3C\end{array}$	v. GORUP-BESANEZ aus Drüsenextrakten (1856)	Elastin 17,4% Rindersehne 17,6% Rinderaorta
Leucin	Leu	L	$\begin{array}{c}H_3C\\ \diagdown\\ CH-CH_2-CH(NH_2)-COOH\\ \diagup\\ H_3C\end{array}$	PROUST aus Quark (1819)	Serumalbumin (Rind) 12,8% Zein (Mais) 19,0% Pepsinogen (Schwein) 20,0%
Isoleucin	Ile	I	$\begin{array}{c}H_3C-CH_2\\ \diagdown\\ CH-CH(NH_2)-COOH\\ \diagup\\ H_3C\end{array}$	EHRLICH aus Melasse (1904)	Serumalbumin (Rind) 2,6% Haferglobulin 4,3%
Aliphatische Hydroxyaminosäuren					
Serin	Ser	S	$HOH_2C-CH(NH_2)-COOH$	CRAMER aus Seidenleim (1865)	Seidenfibroin 16,2% Trypsinogen 16,7% Pepsin 12,2%

Tabelle 1 (Fortsetzung)

Trivialname der Aminosäure	IUPAC-IUB-Abkürzung[1]		Strukturformel	Entdecker und erste Isolierung	Gehalt (%) in	
Threonin	Thr	T	$H_3C-CHOH-CH(NH_2)-COOH$	ROSE et al. aus Fibrin (1935)	Keratin (Menschenhaar) Avidin (Eiprotein)	8,5% 10,5%
Schwefelhaltige Aminosäuren						
Cystein	Cys	C	$HSH_2C-CH(NH_2)COOH$	BAUMANN aus Cystin durch Reduktion (1884)	Keratin Haare Federn Wolle	14,4% 8,2% 11,9%
Methionin	Met	M	$H_3C-S-CH_2-CH_2-CH(NH_2)-COOH$	MUELLER aus Casein (1921)	γ-Casein Ovalbumin β-Lactoglobulin	4,1% 5,2% 3,2%
Iminosäuren						
Prolin	Pro	P	⟨N-H⟩-COOH	FISCHER aus Casein (1901)	Salmin Casein Gelatine	6,9% 10,6% 16,3%
Basische Aminosäuren („Hexonbasen")						
Lysin	Lys	K	$H_2N-CH_2-CH_2-CH_2-CH_2-CH(NH_2)-COOH$	DRECHSEL aus Casein (1899)	Myoglobin (Pferd) Serumalbumin (Rind) β-Lactoglobulin	15,5% 12,8% 12,6%
Arginin	Arg	R	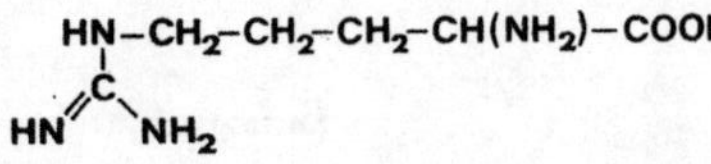 $HN-CH_2-CH_2-CH_2-CH_2-CH(NH_2)-COOH$ $HN=C-NH_2$	SCHULZE et al. aus Lupinenkeimlingen (1886)	Salmin Gelatine Histon (Rattenleber)	86,4% 8,3% 15,9%

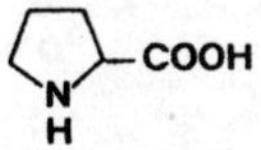

Tabelle 1 (Fortsetzung)

Trivialname der Aminosäure	IUPAC-IUB-Abkürzung[1]	Strukturformel	Entdecker und erste Isolierung	Gehalt (%) in	
Histidin	His	H	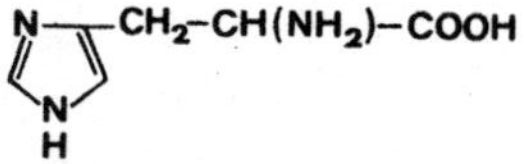 N─CH₂─CH(NH₂)─COOH ... (siehe Bild)	Kossel aus Sturin (1896)	Hämoglobin	7,0%

Saure Aminosäuren und deren Halbamide

Trivialname	IUPAC-IUB	Strukturformel	Entdecker	Gehalt (%) in	
Asparaginsäure	Asp	D — HOOC─CH₂─CH(NH₂)─COOH	Ritthausen aus Leguminosen (1868)	Edestin / Gerstenglobulin	12,0% / 10,3%
Asparagin	Asn oder Asp(NH₂)	N — H₂N─CO─CH₂─CH(NH₂)─COOH	Vauquelin und Robiquet aus Spargelpflanzen (1806)		
Glutaminsäure	Glu	E — HOOC─CH₂─CH₂─CH(NH₂)─COOH	Ritthausen aus Leguminosen (1866)	Gliadin (Weizen) / Gliadin (Roggen)	39,2% / 37,7%
Glutamin	Gln oder Glu(NH₂)	Q — H₂N─OC─CH₂─CH₂─CH(NH₂)─COOH	Schulze aus Zuckerrüben (1877)	Zein (Mais)	22,9%

Tabelle 1 (Fortsetzung)

	Trivialname der Aminosäure	IUPAC-IUB-Abkürzung[1]	Strukturformel	Entdecker und erste Isolierung	Gehalt (%) in	
Aromatische und heteroaromatische Aminosäuren	Phenylalanin	Phe	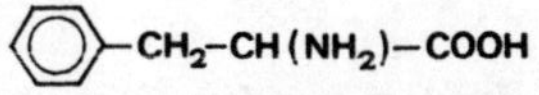 ⟨C₆H₅⟩–CH₂–CH(NH₂)–COOH	Schulze und Barbieri aus Lupinenkeimlingen (1879)	Serumalbumin γ-Globulin Ovalbumin	7,8% 4,6% 7,7%
	Tyrosin	Tyr	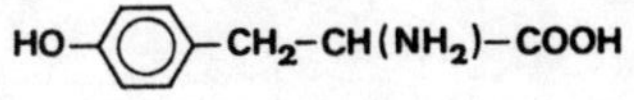 HO–⟨C₆H₄⟩–CH₂–CH(NH₂)–COOH	Liebig aus Käse (1846)	Seidenfibroin Papain	12,8% 14,7%
	Tryptophan	Trp	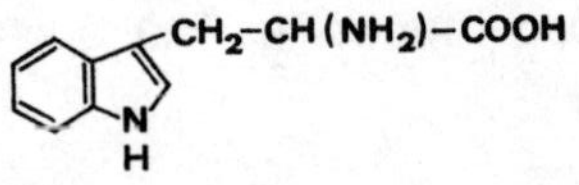 (indol)–CH₂–CH(NH₂)–COOH	Hopkins und Cole aus Casein (1901)	Lysozym (Ei) α-Lactalbumin	10,6% 7,0%

[1] Einbuchstabensymbole werden nur zur Darstellung von Aminosäuresequenzen verwendet.

1.2.1. Proteinogene Aminosäuren

Die Einteilung der am Aufbau der Proteine beteiligten Aminosäuren wird nach verschiedenen Gesichtspunkten vorgenommen. Nach der Lage des isoelektrischen Punktes unterscheidet man saure, basische und neutrale Aminosäuren, nach der Struktur der Seitenkette R aliphatische, aromatische und heterocyclische Aminosäuren. Hydroxyaminosäuren enthalten zusätzlich OH-Gruppen, schwefelhaltige Aminosäuren Thiol- oder Thiother-Gruppen in der Seitenkette. Eine selbständige Gruppe bilden die Iminosäuren Prolin und Hydroxyprolin, deren sekundäre Aminogruppe -NH- Bestandteil des Pyrrolidinringsystems ist.

Nach der Polarität der Seitenkette R werden grundsätzlich polare und unpolare Aminosäuren unterschieden. Zu den *unpolaren Aminosäuren* gehören Glycin und Alanin, die hydrophoben Aminosäuren Valin, Leucin, Isoleucin, Prolin und Methionin sowie Phenylalanin. Zu den *polaren Aminosäuren* zählen Serin, Threonin, Cystein, Asparagin, Glutamin und Tryptophan als neutrale Verbindungen, Asparaginsäure, Glutaminsäure und Tyrosin als saure-hydrophile sowie Lysin, Arginin und Histidin als basisch-hydrophile Aminosäuren. In Peptiden und globulären Proteinen vermitteln die hydrophil-polaren Verbindungen deren Löslichkeit im wäßrigen System, während die neutral-polaren Aminosäuren vor allem für die katalytische Aktivität der Enzymproteine verantwortlich sind. Im Gegensatz zu den unpolaren, hydrophoben Aminosäuren befinden sich die polaren Aminosäuren gewöhnlich an der Oberfläche des Proteinmoleküls.

Nach der Struktur der beim Abbau des Kohlenstoffgerüstes der proteinogenen Aminosäuren gebildeten Verbindungen unterscheidet man *glucoplastische (glucogene)* und *ketoplastische (ketogene) Aminosäuren*. Glucoplastisch sind Glycin, Alanin, Serin, Threonin, Valin, Asparaginsäure, Glutaminsäure, Arginin, Histidin, Methionin und Prolin, da sie bei Kohlenhydratmangel über Oxalessigsäure und Phosphoenolbrenztraubensäure in Glucose (Gluconeogenese) bzw. Glycogen umgewandelt werden. Die einzige rein ketoplastische Aminosäure ist Leucin, während Isoleucin, Tyrosin und Phenylalanin gluco- und ketoplastisch sein können.

Ein weiteres biochemisches Einteilungsprinzip unterscheidet essentielle und nicht essentielle Aminosäuren, je nachdem, ob sie vom Organismus selbst aufgebaut werden können oder mit der Nahrung zugeführt werden müssen.

Essentielle Aminosäuren [13—16]

Im Gegensatz zu den Pflanzen und einer Reihe von Mikroorganismen, die alle für den Aufbau ihrer Zellproteine erforderlichen Aminosäuren selbst aufbauen können, ist der tierische Organismus nur zur Synthese von 10 proteinogenen

Aminosäuren befähigt. Die restlichen 10 können nicht durch Biosynthese aufgebaut werden und müssen dem Organismus ständig in Form geeigneter Nahrungsproteine zugeführt werden, wenn es nicht zu lebensbedrohlichen Mangelerscheinungen (Wachstumsverzögerung, negative Stickstoffbilanz, Störung der Proteinbiosynthese u. a.) kommen soll. Nach ROSE et al. [17] werden diese Aminosäuren als „essentielle" Aminosäuren (Abk.: *EAS*) bezeichnet.

In Tab. 1—2 sind die für den Menschen essentiellen Aminosäuren und der Tagesmindestbedarf in g bzw. in mg/kg Körpergewicht angegeben.

Tabelle 1—2
Tagesmindestbedarf an essentiellen Aminosäuren (EAS)

Aminosäure in g		Aminosäure in mg/kg Körpergewicht [18]	
Arg	1,8	Arg)	bei erwachsenen Individuen
His	0,9	His)	nicht erforderlich
Ile	0,7	Ile	10
Leu	1,1	Leu	14
Lys	0,8	Lys	12
Met	1,1	Met(Cys)	13
Phe	1,1	Phe(Tyr)	14
Thr	0,5	Thr	7
Trp	0,25	Trp	3,5
Val	0,80	Val	10

Einige der essentiellen L-Aminosäuren, wie z. B. Methionin, können dem tierischen Organismus in Form der DL- oder D-Verbindungen zugeführt werden, deren Resorptionsgeschwindigkeiten jedoch wesentlich geringer sind. Zunächst erfolgt oxidative Desaminierung durch spezifische D-Aminosäureoxidasen, anschließend werden die gebildeten α-Ketosäuren stereospezifisch zu L-Aminosäuren transaminiert. Generell können die EAS auch direkt durch die Vorstufen ihrer Biosynthese, z. B. durch die entsprechenden Ketosäuren, ersetzt werden.

Der im allgemeinen nach der Stickstoffbilanzmethode ermittelte EAS-Bedarf ist bei den einzelnen Tierarten unterschiedlich und in entscheidendem Maße vom physiologischen Zustand des Organismus abhängig. So werden z. B. die für das Wachstum junger Säugetiere essentiellen Aminosäuren Arginin und Histidin im Erhaltungsstoffwechsel der erwachsenen Individuen nicht mehr benötigt. Diese beiden Aminosäuren sind u. a. Bestandteile des aktiven Zentrums zahlreicher Enzyme. Sie dienen zur Erkennung und Bindung negativ geladener Substrate und anionischer Cofaktoren [19]. Argininmangel wird für die männliche Infertilität verantwortlich gemacht.

In der Schwangerschaft steigt der Tryptophan-Lysin-Bedarf, im Säuglingsalter der des Tryptophans und Isoleucins. Besonders hoher Bedarf an essentiellen Aminosäuren herrscht nach starkem Blutverlust, nach Verbrennungen und anderen Gewebsregenerationen größeren Umfanges.
Für Vögel ist auch Glycin essentiell. Bei Tieren mit zweihöhligem Magen (Wiederkäuer) übernehmen Mikroorganismen des Verdauungstraktes die Biosynthese aller EAS, wenn für genügende Zufuhr von Stickstoffverbindungen (Ammoniumsalze, Harnstoff) gesorgt wird. Für den Menschen ist die ausreichende Versorgung mit EAS ein ernährungsphysiologisches Problem ersten Ranges. Eine hohe „biologische Wertigkeit" haben nur wenige tierische Proteine, wie z. B. die Gesamtproteine des Hühnereis oder die Proteine der Muttermilch. Sie enthalten die EAS sowohl in ausreichender Menge als auch in einem für den menschlichen Bedarf günstigem Verhältnis zueinander. Die geringere Wertigkeit der in größerem Umfang zur Verfügung stehenden pflanzlichen Proteine beruht auf ihrem Mindergehalt an einzelnen essentiellen Aminosäuren (meist an Lysin und Methionin). Das Defizit kann jedoch durch Zusatz der limitierenden Aminosäure oder durch geeignete Proteinkombination ausgeglichen werden. Wichtige Mischfutterkomponenten sind vor allem Fisch- und Sojabohnenmehl. Beim Sojabohnenprotein und auch bei den Futterhefeproteinen ist Methionin, beim Mais sind Lysin und Tryptophan die limitierenden Aminosäuren.

Tabelle 1—3
EAS-Gehalt von Proteinen verschiedener Herkunft[1])

Amino-säure	% EAS in der Trockensubstanz						
	Weizen-mehl	Soja-mehl	Fisch-mehl	Rind-fleisch	Kuh-milch	Futter-hefe	Erdöl-hefe
Leu	7,0	7,7	7,8	8,0	11,0	7,6	7,0
Ile	4,2	5,4	4,6	6,0	7,8	5,5	3,1
Val	4,1	5,0	5,2	5,5	7,1	6,0	8,4
Thr	2,7	4,0	4,2	5,0	4,7	5,4	9,1
Met	1,5	1,4	2,6	3,2	3,2	0,8	1,2
Lys	1,9	6,5	7,5	10,0	8,7	6,8	11,6
Arg	4,2	7,7	5,0	7,7	4,2	4,1	8,0
His	2,2	2,4	2,3	3,3	2,6	1,7	8,1
Phe	5,5	5,1	4,0	5,0	5,5	3,9	7,9
Trp	0,8	1,5	1,2	1,4	1,5	1,6	1,2
Cys	1,9	1,4	1,0	1,2	1,0	1,0	0,1

[1]) erweitert nach CHAMPAGNAT et al. [20]

Tabelle 1—3 zeigt den EAS-Gehalt einiger wichtiger Nahrungsproteine. Auffallend hoch ist der Lysingehalt der Erdöl-Hefe, zu gering jedoch der Gehalt an Methionin.

In den Hydrolysaten bestimmter Proteine finden sich außer den proteinogenen Aminosäuren weitere Aminosäuren, deren Bildung auf Seitenkettenveränderungen nach der Proteinbiosynthese zurückzuführen ist (vgl. S. 442). Es handelt sich dabei um *4-Hydroxyprolin* und *5-Hydroxylysin* der Kollagene, um die Pyridinaminosäuren *Desmosin* und *Isodesmosin* des Elastins sowie um N-Methyl-Derivate des Lysins in einigen Muskelproteinen.

1.2.2. Nichtproteinogene Aminosäuren [21]

Die nicht am Aufbau der Proteine beteiligten Aminosäuren finden sich insbesondere im Stoffwechsel der Pflanzen und Mikroorganismen. Hier werden sie in Zeiten erhöhten Stickstoffbedarfes, z. B. bei der Knospenbildung und Samenkeimung gebildet oder als lösliche Speichersubstanzen abgelagert. Zahlreiche im Stoffwechsel niederer Organismen gebildete Aminosäuren zeigen antibiotische Wirksamkeit. Zum Teil wirken sie als Aminosäure-Antagonisten, d. h. sie sind kompetitive Inhibitoren innerhalb des Stoffwechsels, hemmen bestimmte Stufen der Aminosäurebiosynthese oder verursachen Fehlsequenzen bei der Proteinbiosynthese.

Zwischen den nichtproteinogenen und proteinogenen Aminosäuren besteht zum Teil enge strukturelle Verwandtschaft. Allein vom Alanin lassen sich über 30 Verbindungen ableiten, die sich von diesem nur durch die Substitution eines H-Atoms der Methyl-Gruppe unterscheiden. Der Substituent kann eine Aminogruppe sein, wie z. B. bei der in Mimosaceen vorkommenden α,β-*Diaminopropionsäure*, $H_2N-CH_2-CH(NH_2)-COOH$, oder ein Cyclopropanringsystem enthalten wie die in verschiedenen Früchten aufgefundenen Aminosäuren *Hypoglycin A (1)* und *1-Amino-cyclopropancarbonsäure (2)*:

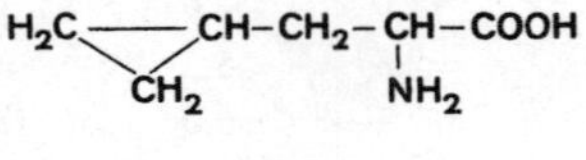

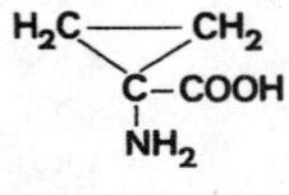

Die in Keimlingen von Leguminosen vorkommende *Stizolobinsäure (3)* enthält einen Pyronring, das Schilddrüsenhormon *Thyroxin (4)* eine jodsubstituierte aromatische Seitenkette:

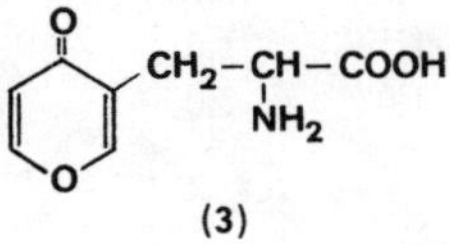

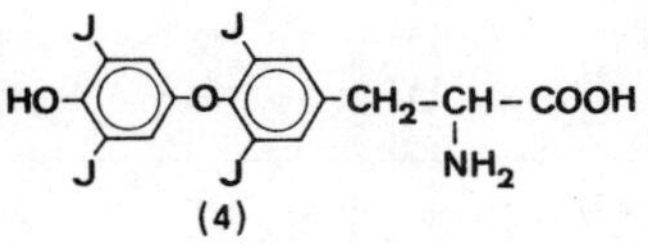

Natürlich vorkommende Aminosäuren

In diese Reihe gehören weiterhin das Isomere der Stammverbindung *β-Alanin* H_2N-CH_2-CH_2-COOH, Baustein des Coenzyms A, und das für die Melaninbildung verantwortliche *Dopa*, 3,4-Dihydroxyphenylalanin *(5)*. Dopa gehört zu den frei in der Bohne vorkommenden Aminosäuren. Ihm werden gewisse aphrodisische Nebenwirkungen zugeschrieben, die nach dem Genuß von Bohnen auftreten sollen. Von Bedeutung ist der spezifische Einsatz von Dopa zur Behandlung der Parkinson'schen Krankheit. Weitere Alanin-Derivate sind das sind das *β-Pyrazolyl-alanin (6)* und das *L-3-(2-Furoyl)alanin (7)* des Buchweizens und Goldregens.

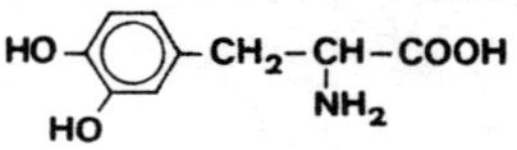

(5) 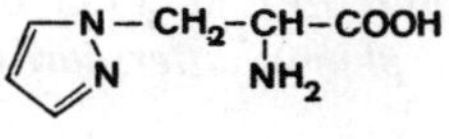 (6)

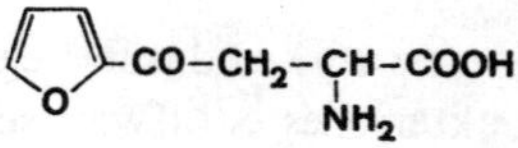

(7)

Das vom Glycin abgeleitete *Sarkosin*, CH_3-NH-CH_2-COOH, ist Zwischenstufe des Aminosäurestoffwechsels und Bestandteil der Actinomycine. *α-(2-Iminohexahydro-4-pyrimidyl)-glycin (8)* ist Baustein der Chymostatine, einer Gruppe von Tetrapeptiden mikrobiellen Ursprungs, die als Inhibitoren der Proteasen Chymotrypsin und Papain wirken. Die aus *Streptomyces sviceus*-Kulturen isolierte *α-Amino-3-chloro-2-isoxalin-5-essigsäure (9)* ist ein Antibiotikum mit Antitumoreigenschaften:

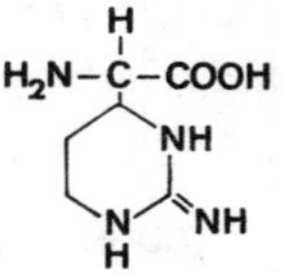

(8) 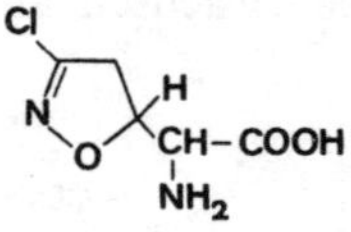 (9)

Bekannte Vertreter der Cystein-Reihe sind die in der ostasiatischen Djenkolbohne vorkommende *Djenkolsäure (10)*, das in Haaren und Wolle enthaltene *Lanthionin (11)*, das *Alliin (12)* der Zwiebel, das Homologe des Methionins

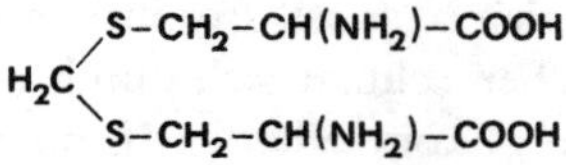

(10) 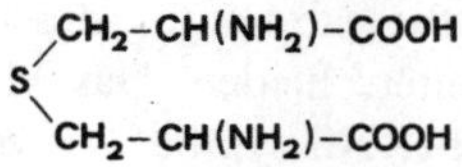 (11)

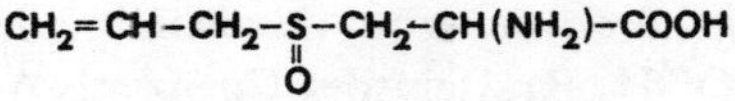

$$CH_2=CH-CH_2-\underset{\underset{O}{\|}}{S}-CH_2-CH(NH_2)-COOH$$

(12)

Ethionin, H_5C_2-S-CH_2-CH_2-CH(NH_2)-COOH, sowie das in Pilzen verbreitete *Homocystein*, HS-CH_2-CH_2-CH(NH_2)-COOH.

Von den zur Aminobuttersäure-Reihe gehörenden Verbindungen interessieren das *Homoserin*, HOCH_2-CH_2-CH(NH_2)-COOH, aus *Pisum sativum*, die in den Polymyxinen enthaltene *L-α-γ-Diaminobuttersäure*, H_2N-CH_2-CH_2-CH(NH_2)-COOH, sowie insbesondere das Antibiotikum *L-2-Amino-4-(4'-amino-2',5'-cyclohexadienyl)-buttersäure (13)* und der Baustein eines Tripeptidantibiotikums *L-2-Amino-4-(methylphosphino)-buttersäure (14)*:

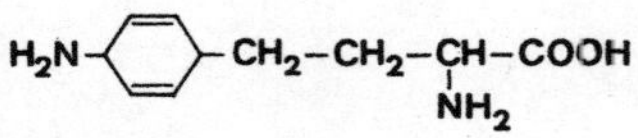

$$H_2N-\langle\rangle-CH_2-CH_2-\underset{NH_2}{CH}-COOH \qquad CH_3-\underset{\underset{O}{\|}}{\overset{\overset{OH}{|}}{P}}-CH_2-CH_2-\underset{NH_2}{CH}-COOH$$

(13) 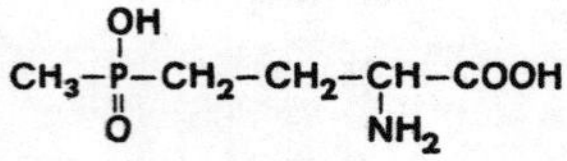 (14)

Als Arginin-Antagonisten wirken das in Leguminosen vorkommende *Canavanin (15)* und dessen als bakterielles Stoffwechselprodukt auftretendes Homologon *5-(O-isoureido)-L-norvalin (16)*:

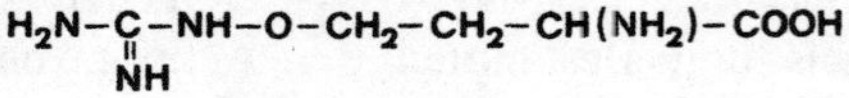

$$H_2N-\underset{\underset{NH}{\|}}{C}-NH-O-CH_2-CH_2-CH(NH_2)-COOH \qquad H_2N-\underset{\underset{NH}{\|}}{C}-NH-O-(CH_2)_3-\underset{NH_2}{CH}-COOH$$

(15) 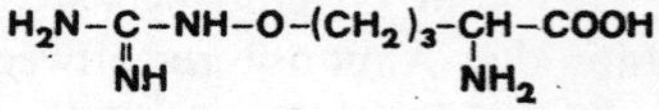 (16)

Canavanin verhindert als kompetitiver Inhibitor die Argininaufnahme durch Zellmembranen und kann anstelle von Arginin in Proteine eingebaut werden.

Die Vertreter der Iminosäure-Reihe leiten sich vom Prolin, von der in Leguminosen und Mikroorganismen verbreiteten *Pipecolinsäure (17)* sowie von der in Lilien- und Agavengewächsen auftretenden *Azetidin-2-carbonsäure (18)* ab:

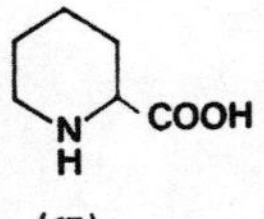

(17) 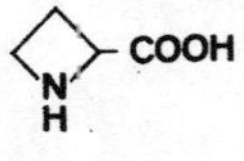 (18) 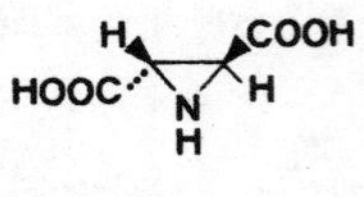 (19)

Der Prolin-Antagonist Azetidin-2-carbonsäure ist der toxische Bestandteil der einheimischen Maiglöckchen. Die Giftwirkung beruht auf einer Täuschung des Proteinbiosyntheseapparates, der nicht in der Lage ist, Prolin von Azetidincarbonsäure zu unterscheiden. Das Maiglöckchen schützt sich durch eine hochspezifische Prolyl-tRNS-synthetase vor dem unkontrollierten Einbau in die arteigenen Proteine.

Zur Reihe der Iminosäuren gehört weiterhin das *L-trans-2,3-dicarboxyaziridin* (*19*) aus *Streptomyces*-Kulturen. Das Antibiotikum *D-Cycloserin* (*20*) wirkt als Antagonist des D-Alanins und verhindert die Synthese des für den Aufbau von Bakterienzellwänden erforderlichen D-Alanins.

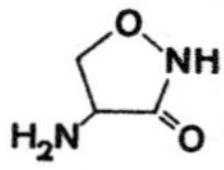

$$\text{Struktur von } (20)$$

(20)

In die Reihe der basischen Aminosäuren gehört das *Ornithin*, $H_2N-CH_2-CH_2-CH_2-CH(NH_2)-COOH$, dessen generelles Vorkommen in Proteinen umstritten ist. Es ist ebenso wie *Citrullin*, $H_2N-CO-NH-CH_2-CH_2-CH_2-CH(NH_2)-COOH$, Zwischenstufe des Harnstoffzyklus, als freie Aminosäure weit verbreitet und Bestandteil verschiedener Antibiotika. Als Proteinbestandteil wurde das Ornithin bisher lediglich in den Hydrolysaten bestimmter Meeresalgen nachgewiesen.

Von der Aminodicarbonsäure-Reihe seien die als Vorstufe der Lysin-Biosynthese in Pilzen auftretende *L-α-Aminoadipinsäure*, $HOOC-CH_2-CH_2-CH_2-CH(NH_2)-COOH$, sowie die als Bakterienzellwandbaustein fungierende *L,L-α,ε-Diaminopimelinsäure*, $HOOC-CH(NH_2)-(CH_2)_3-CH(NH_2)-COOH$, besonders erwähnt.

Die Aminotricarbonsäure α,γ-*Carboxyglutaminsäure*, $HOOC-CH(NH_2)-CH_2-CH(COOH)_2$ (Abk. Gla), wurde im Prothrombin und in mineralisierten Gewebsproteinen aufgefunden [22, 23].

1.3. Stereochemie der Aminosäuren [24—26]

1.3.1. Die optische Aktivität der Aminosäuren

Aufgrund des chiralen Molekülaufbaus sind die Aminosäuren mit Ausnahme des Glycins optisch aktiv. Als Enantiomere oder optische Antipoden haben sie unterschiedliche Brechungsindizes (Circulardoppelbrechung) und unterschiedliche molare Extinktionskoeffizienten (Circulardichroismus) für die links und rechtscircular polarisierten Komponenten linear polarisierten Lichtes. Sie drehen die Schwingungsebene des linear polarisierten Lichtes um den gleichen Winkel aber in entgegengesetzter Richtung. Die Drehung kommt dadurch zustande, daß die beiden Lichtanteile das optisch aktive Medium mit unterschiedlicher Geschwindigkeit durchlaufen und dabei phasenverschoben werden.

Tabelle 1—4
Molare Drehung $[M]_D$ *und spezifische Drehung* $[\alpha]_D$ *der proteinogenen Aminosäuren*

Aminosäure	Mol-Gewicht (M)	$[M]_D^{25}([\alpha]_D^{25})$			Konzentration (c)
		in H$_2$O	in 5 N HCl	in Eisessig	
Ala	89,10	+ 1,6 (1,8)	+ 13,0 (14,6)	+ 29,4 (33,0)	2
Val	117,15	+ 6,6 (5,63)	+ 33,1 (28,3)	+ 72,6 (62,0)	1—2
Leu	131,18	− 14,4 (11,0)	+ 21,0 (16,0)	+ 29,5 (22,5)	2
Ile	131,18	+ 16,3 (12,4)	+ 51,8 (39,5)	+ 64,2 (48,9)	1
alle	131,18	+ 20,8 (15,9)	+ 51,9 (39,6)	+ 55,7 (42,5)	1
Ser	105,10	− 7,9 (7,5)	+ 15,9[1] (15,1)		2
Thr	119,12	− 33,9 (28,5)	− 17,9 (15,0)	− 35,7 (30,0)	1—2
aThr	119,12	+ 11,9 (10,0)	+ 37,8 (31,7)	+ 45,3[2] (38,0)	1—2
Cystin	240,31	−509,2[1] (211,9)	−557,4 (231,9)		1
Cys	121,16	− 20,0 (16,5)	+ 7,9 (6,5)	+ 15,7 (13,0)	2
Met	149,22	− 14,9 (9,8)	+ 34,6 (23,2)	+ 29,8 (20,0)	1—2
Pro	115,14	− 99,2 (86,2)	− 69,5 (60,4)	− 92,1 (80,0)	1—2
Hyp	131,14	− 99,6 (76,0)	− 66,2 (50,5)	−100,9[1] (77,0)	2
aHyp	131,14	− 78,0 (59,4)	− 24,7 (18,8)	− 39,3 (30,0)	2
Lys	146,19	+ 19,7 (13,5)	+ 37,9 (25,9)		2
Arg	174,21	+ 21,8 (12,5)	+ 48,1 (27,6)	+ 51,3 (29,4)	2
His	155,16	− 59,8 (38,5)	+ 18,3 (11,8)	+ 11,6 (7,5)	2
Asp	133,11	+ 6,7 (5,0)	+ 33,8 (25,4)		2
Asn	132,12	− 7,4 (5,6)	− 7,4 (5,6)	+ 37,8[1] (28,6)	2
Glu	147,14	+ 17,7 (12,6)	+ 46,8 (31,8)		2
Gln	146,15	+ 9,2 (6,3)	+ 46,5[1] (31,8)		2
Phe	165,20	− 57,0 (34,5)	− 7,4 (4,5)	− 12,4 (7,5)	1—2
Tyr	181,20		− 18,1 (10,0)		2
Trp	204,23	− 68,8 (33,7)	− 5,7 (2,8)	− 69,4 (34,0)	1—2

[1]) in N HCl;   [2]) c = 0,25

Aus dem im Polarimeter bestimmten Drehungswinkel α kann die spezifische Drehung $[α]_D$ nach

$$[α]_D^t = \frac{100 \cdot α}{l \cdot c}$$

[c = Konzentration in g/100 ml Lösung; l = Schichtdicke (Länge des Polarimeterrohres in dm)] bestimmt werden. Zur vollständigen Angabe der spezifischen Drehung gehören die Meßtemperatur t, das Lösungsmittel und die verwendete Wellenlänge (gewöhnlich arbeitet man mit dem monochromatischen Licht der Wellenlänge der Natrium-D-Linie = 589,3 nm).

Unter Einbeziehung des Molekulargewichtes M wird die spezifische Drehung meist als *Molekularrotation*, d. h. als die auf ein Mol bezogene Drehung, angegeben:

$$[M]_D^t = \frac{M}{100} \cdot [α]_D^t .$$

In Tab. 1—4 sind die spezifischen Drehwerte und die Molekularrotationen der proteinogenen Aminosäuren in verschiedenen Lösungsmitteln zusammengestellt. Es ist zu beachten, daß die Konzentrationsabhängigkeit der optischen

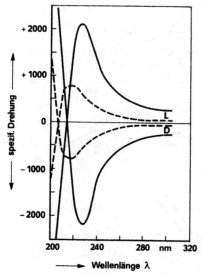

Abb. 1—3. ORD-Kurven des D- und L-Alanins
(ausgezogene Kurven: Hydrochloride,
gestrichelte Kurven: neutrale Lösung der Aminosäuren)

Drehung nur in erster Näherung gilt. Im Bereich zwischen $c = 1$ und $c = 2$ ist der Drehwert praktisch unabhängig von Konzentrationsänderungen.

Die Molekularrotation einer optisch aktiven Verbindung ändert sich in charakteristischer Weise, wenn man die Drehwertbestimmungen mit linear polarisiertem Licht kontinuierlich veränderter Wellenlänge durchführt. Nimmt der Wert der Molekularrotation gegen kleinere Wellenlängen zu, so spricht man von einem positiven, im entgegengesetzten Fall von einem negativen COTTON-*Effekt*. Besonders große Änderungen treten in Absorptionsbereichen der betreffenden Enantiomeren auf: in den Absorptionsmaxima erfolgt eine Umkehrung des Drehungssinns. Diese als *optische Rotationsdispersion (ORD)* bezeichnete Erscheinung wird ebenso wie der *Circulardichroismus (CD)*, bei dem man die unterschiedlichen UV-Extinktionen chiraler Verbindungen mit linkscircular und mit rechtscircular polarisiertem Licht ermittelt, für Strukturuntersuchungen optisch aktiver Verbindungen herangezogen.

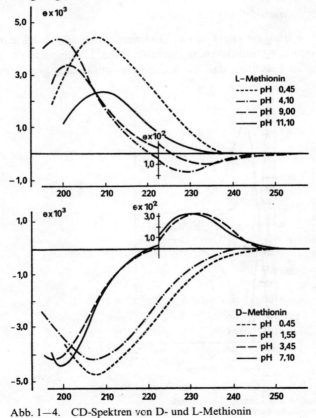

Abb. 1—4. CD-Spektren von D- und L-Methionin

In Abb. 1—3 sind die spiegelbildlich gleichen ORD-Kurven des D- und L-Alanins dargestellt.
Abbildung 1—4 zeigt die CD-Spektren von D- und L-Methionin. Lage und Rotationsstärke der Carbonylbande im Bereich von 200—210 nm sind stark pH-abhängig. Es gilt für alle Aminosäuren, daß bei L-Konfiguration ein positiver, bei D-Konfiguration ein negativer Carbonyl-COTTON-Effekt auftritt.

1.3.2. Konfiguration und Konformation der Aminosäuren

Die Konfiguration der proteinogenen Aminosäuren wurden von Emil FISCHER bereits 1891 auf den als Referenzsubstanz eingeführten D(+)-Glycerinaldehyd bezogen. In seinen für sterische Vergleiche aufgestellten Raumformeln erhielten die Substituenten des chiralen C-2-Atoms Positionen, die, wie erst 60 Jahre später bewiesen werden konnte, ihrer absoluten Konfiguration entsprachen. Abbildung 1—5 zeigt die Raumformeln des D- und L-Alanins.

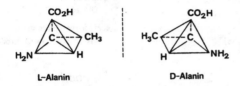

Abb. 1—5. Raumformeln von D- und L-Alanin

In der zweidimensionalen Darstellung folgen der obenstehenden Carboxygruppe bei D-Aminosäuren die Aminogruppe, die Seitenkette und das Wasserstoffatom im Uhrzeigersinne (vgl. S. 34). Bei L-Aminosäuren werden die Substituenten im entgegengesetzten Sinne angeordnet, wodurch die Seitenkette stets unten steht. In der CAHN-INGOLD-PRELOGschen Spezifikation der absoluten Konfiguration, bei der die Substituenten des chiralen C-Atoms nach fallender Priorität geordnet werden, entsprechen die D- den (R)- und die L- den (S)-Aminosäuren. Obwohl das System universell und eindeutig anwendbar ist, hat es sich in der Aminosäure-Reihe bisher nicht durchsetzen können.

Die Aminosäuren Threonin, Isoleucin und Hydroxyprolin enthalten jeweils zwei Chiralitätszentren. Hier erhält die Form mit L-Konfiguration am α-C-Atom die Bezeichnung L-, die Form, bei der die beiden chiralen C-Atome entgegengesetzt konfiguriert sind, die Bezeichnung D-. Die zugehörigen Diastereomeren werden durch L-allo bzw. D-allo gekennzeichnet. Die Konfiguration der einzelnen Verbindungen geht aus nachfolgenden Projektionsformeln hervor:

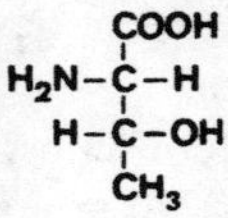

```
      COOH              COOH              COOH              COOH
  H₂N–C–H           H–C–NH₂           H–C–NH₂           H₂N–C–H
   H–C–OH           HO–C–H            H–C–OH            HO–C–H
      CH₃               CH₃               CH₃               CH₃

   L-Threonin       D-Threonin      D-allo-Threonin    L-allo-Threonin


      COOH              COOH              COOH              COOH
  H₂N–C–H           H–C–NH₂           H–C–NH₂           H₂N–C–H
  H₃C–C–H           H–C–CH₃          H₃C–C–H            H–C–CH₃
      C₂H₅              C₂H₅              C₂H₅              C₂H₅

   L-Isoleucin      D-Isoleucin     D-allo-Isoleucin   L-allo-Isoleucin
```

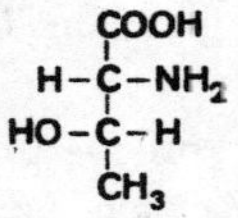

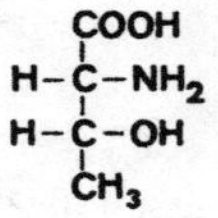

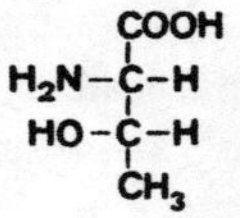

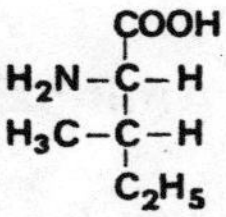

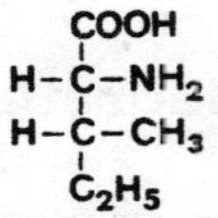

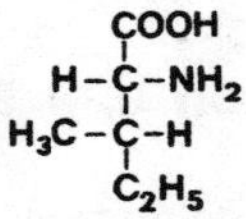

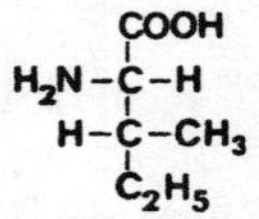

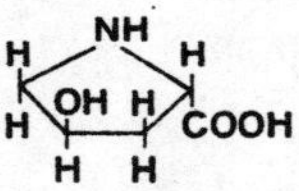

4-Hydroxy-L-prolin
(trans-4-Hydroxy-L-prolin)

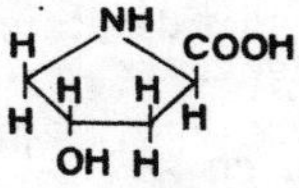

4-Hydroxy-D-prolin
(trans-4-Hydroxy-D-prolin)

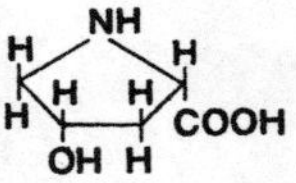

allo-4-Hydroxy-L-prolin
(cis-4-Hydroxy-L-prolin)

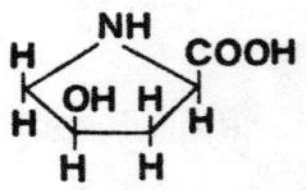

allo-4-Hydroxy-D-prolin
(cis-4-Hydroxy-D-prolin)

Beim Cystin, $HOOC-CH(NH_2)-CH_2-S-S-CH_2-CH(NH_2)-COOH$, sind die beiden Chiralitätszentren identisch, so daß außer der D-, L- und DL-Form das optisch inaktive meso-Cystin auftritt.

Bei den ersten stereochemischen Untersuchungen der Aminosäuren begnügte man sich mit dem Nachweis, daß die aus den Proteinen isolierten Verbindungen der gleichen sterischen Reihe angehören. Wichtige Hinweise für die sterische Korrelation waren das gleichartige Verhalten gegenüber den stereospezifischen Enzymen, die gleichsinnige positive Verschiebung der optischen Drehung bei steigender Säurekonzentration (LUTZ, JIRGENSON, 1930) [27], sowie die unter Schonung des Chiralitätszentrums vorgenommenen gegenseitigen Umwandlungen der einzelnen Aminosäuren. Die erste Umwandlung dieser Art war die Überführung von L-Serin in L-Alanin durch FISCHER:

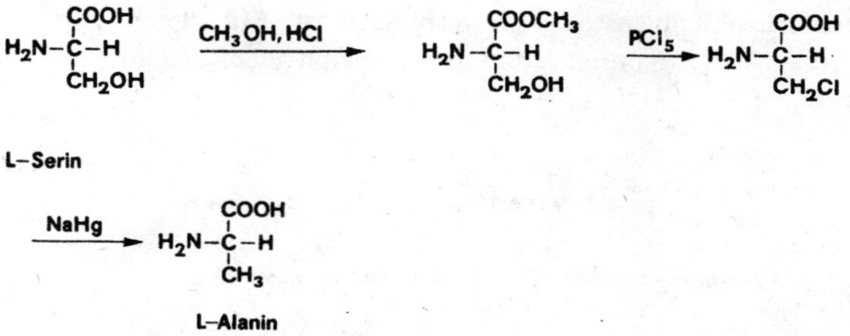

```
COOH                          COOCH₃                    COOH
 |          CH₃OH, HCl          |           PCl₅         |
H₂N-C-H      ─────────→       H₂N-C-H      ─────→      H₂N-C-H
 |                              |                        |
CH₂OH                          CH₂OH                    CH₂Cl

L-Serin

              COOH
   NaHg        |
  ─────→     H₂N-C-H
              |
              CH₃

           L-Alanin
```

1933 beobachteten KUHN und FREUDENBERG die gleichsinnige Verschiebung der Molekularrotationen gleichartiger Alanin- und Milchsäure-Derivate. Wie aus den Werten der Tabelle 1—5 ersichtlich, erfolgt bei den L(+)-Milchsäure- und bei den (+)-Alanin-Derivaten ein gleichsinniger Übergang vom positiven in den negativen Bereich, so daß das natürliche (+)-Alanin der L-Reihe zugeordnet werden konnte. Damit war die relative Konfiguration der proteinogenen Aminosäuren festgelegt.

Nach Festlegung der absoluten Konfiguration von Milchsäure aufgrund von Rotationsdispersionsberechnungen (KUHN, 1935) und von Weinsäure durch Röntgenstrukturanalyse (BIJVOET, 1951) mußten eindeutige sterische Beziehungen zu diesen Hydroxysäuren hergestellt werden. Das gelang INGOLD et al. 1951 durch Überführung von D(+)-Brompropionsäure in L(+)-Milchsäure und in L(+)-Alanin. Die Umwandlung schließt jeweils eine S_N2-Reaktion ein, die, wie durch kinetische Untersuchungen sichergestellt wurde, mit Konfigurationsumkehr am

Tabelle 1—5
Molekularrotationen $[M]_D$ verschiedener Alanin- und Milchsäure-Derivate

R^1	R^2	(+)-Alanin Derivat	L-Milchsäure Derivat	D-Milchsäure Derivat
		$R^1-NH-\underset{CH_3}{\overset{COR^2}{C}}-H$	$R^1-O-\underset{CH_3}{\overset{COR^2}{C}}-H$	$H-\underset{CH_3}{\overset{COR^2}{C}}-OR^1$
		$[M]_D$	$[M]_{D'}$	$[M]_D$
C_6H_5CO-	$-NH_2$	+ 70	+ 120	−120
C_6H_5CO-	$-OC_2H_5$	+ 12	+ 49	− 49
C_6H_5CO-	$-OCH_3$	0	+ 35	− 35
CH_3CO-	$-OC_2H_5$	− 74	− 76	+ 76

asymmetrischen Kohlenstoffatom verbunden ist. Mit dieser Überführung war auch die absolute Konfiguration der proteinogenen Aminosäuren eindeutig festgelegt.

$$\underset{\text{L(+)-Milchsäure}}{\text{HO}-\overset{\overset{\text{COOH}}{|}}{\underset{\underset{\text{CH}_3}{|}}{\text{C}}}-\text{H}} \xrightarrow[\text{S}_N\text{2-Reaktion}]{\text{OH}^\ominus} \underset{\text{D(+)-Brompropionsäure}}{\text{H}-\overset{\overset{\text{COOH}}{|}}{\underset{\underset{\text{CH}_3}{|}}{\text{C}}}-\text{Br}} \xrightarrow[\text{S}_N\text{2-Reaktion}]{\text{N}_3^\ominus} \text{N}_3-\overset{\overset{\text{COOH}}{|}}{\underset{\underset{\text{CH}_3}{|}}{\text{C}}}-\text{H}$$

$$\xrightarrow{\text{H}_2/\text{Pd}} \underset{\text{L(+)-Alanin}}{\text{H}_2\text{N}-\overset{\overset{\text{COOH}}{|}}{\underset{\underset{\text{CH}_3}{|}}{\text{C}}}-\text{H}}$$

Heute erfolgt die Bestimmung der absoluten Konfiguration von Aminosäuren außer durch Röntgenstrukturanalyse und enzymatische Methoden vor allem mit Hilfe der chiroptischen Verfahren (ORD-CD-Technik) [28]. So ergibt der optisch aktive $h \rightarrow \pi^*$-Übergang der Carboxygruppe (210 nm Wellenlänge) für L-Aminosäuren positive und für D-Aminosäuren negative Werte [29, 30]. Häufig werden Derivate der Aminosäuren für die Untersuchungen eingesetzt. Die N-Alkylthio-thiocarbonyl- und die Dansyl-Derivate der L-Aminosäuren haben einen positiven, die Hydantoine einen negativen COTTON-Effekt.

Die bei der Umsetzung von 2-Methoxy-2-diphenyl-3(2H)-furanon (*MDPF*) mit Aminosäuren gebildeten Pyrrolinone [31] zeigen charakteristische multiple COTTON-Effekte. Die Konfigurationszuordnung erfolgt hier durch Auswertung des langwelligsten Absorptionsmaximums (etwa zwischen 380 und 430 nm), das von den Substituenten des chiralen C-Atoms unabhängig ist.

Für eine Reihe von Aminosäuren wurde ein Zusammenhang zwischen Konfiguration und Geschmack beobachtet. L-Trp, L-Phe, L-Tyr und L-Leu z. B. haben einen bitteren Geschmack im Gegensatz zu den süß schmeckenden D-Enantiomeren. Der süße Geschmack des Glycins (gr.: glykys = süß) ist seit langem bekannt. Das Mononatriumsalz der Glutaminsäure (*MNG*) ist einer der wichtigsten Geschmacksstoffe in der Nahrungsgüterindustrie. Besondere Aufmerksamkeit erregte die Entdeckung, daß ein Dipeptid-Derivat aus den Aminosäuren Asp und Phe die Wirkung eines Intensivsüßstoffes aufweist (vgl. S. 311). Über Zusammenhänge zwischen Struktur und Süßgeschmack wurde kürzlich berichtet [32, 33].

In den letzten Jahren hat sich die Stereochemie der Aminosäuren in zunehmendem Maße Konformationsproblemen zugewandt. Aus verschiedenen physikalischen Messungen, insbesondere aus den Ergebnissen der hochauflösenden NMR-Spektroskopie geht hervor, daß die Substituenten des α- und β-C-Atoms einer Aminosäure erwartungsgemäß gestaffelte Konformationen bevorzugen [34—38].

Die nachstehenden NEWMAN-Projektionen zeigen die bevorzugten Konformationen der Aminosäuren mit verzweigter Seitenkette am Beispiel des L-Valins (*a*), der L-Asparaginsäure (*b*) und des L-Serins (*c*), in Blickrichtung $C_\beta \to C_\alpha$ bei *b* und *c*, in Richtung $C_\alpha \to C_\beta$ bei *a*. An der Gesamtkonformation ist (*a*) bei pH 5,7 mit 60% und (*b*) bei pH 11 mit 62% beteiligt.

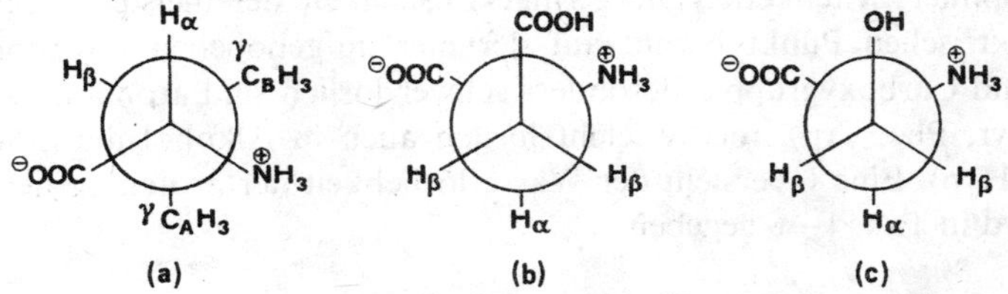

Aus der Konformationsanalyse der Aminosäuren werden wichtige Rückschlüsse auf das Konformationsverhalten der Peptide und Proteine gezogen. Über die Konformationsanalyse der proteinogenen Aminosäuren mittels ECEPP wurde kürzlich von SCHERAGA et al. berichtet [39].

1.4. Physikalisch-chemische Eigenschaften der Aminosäuren

Die Aminosäuren liegen in festem Zustand und in stark polaren Lösungsmitteln in der energiearmen dipolaren Zwitterionenstruktur vor. Das Ionengitter der kristallisierten Verbindungen erklärt den hohen Zersetzungspunkt der Aminosäuren und die schwere Löslichkeit in unpolaren Lösungsmitteln. Einen wichtigen Beweis für die ionische Dipolstruktur liefern die NMR-, IR- und Ramanspektren der Aminosäuren, in denen die typischen NH_2- und COOH-Absorptionen fehlen. Über die Ergebnisse der Kristallstrukturanalyse von Aminosäuren wurde zusammenfassend berichtet [40].

1.4.1. Löslichkeit

Aminosäuren sind bis auf wenige Ausnahmen in Wasser, Ammoniak und anderen polaren Lösungsmitteln gut, in unpolaren bzw. weniger polaren Lösungsmitteln wie Ethanol, Methanol oder Aceton schwer löslich. Ursache für dieses Löslichkeitsverhalten ist der leichte Übergang des ungeladenen Aminosäuremoleküls (*I*) in den Zwitterionenzustand (*II*), der mit einem Energiegewinn von 44.8—51,5 kJ/Mol verbunden ist.

Im Gleichgewicht

$$H_2N-CHR-COOH \rightleftarrows \overset{\oplus}{H_3N}-CHR-COO^{\ominus}$$
$$\quad I \quad\quad\quad\quad\quad\quad II$$

liegen praktisch nur Zwitterionen (*II*) vor. Das *II*:*I*-Verhältnis einer wäßrigen Alaninlösung z. B. ist 260 000. Die Löslichkeit der Aminosäuren hängt weiterhin von ihrer Struktur ab. Grundsätzlich höhere Löslichkeit zeigen Verbindungen mit hydrophiler Seitenkette. Die geringe Löslichkeit der meisten Aminosäuren am isoelektrischen Punkt beruht auf der hier aufgehobenen Hydrophilie von Amino- und Carboxygruppe. Besonders schwer löslich sind aromatische Aminosäuren (Tyr, Phe, Trp), relativ leicht löslich auch in Alkohol die Iminosäuren (Pro und Hyp). Eine Übersicht der Wasserlöslichkeit der proteinogenen Aminosäuren wird in Tab. 1–6 gegeben.

1.4.2. Säure-Base-Verhalten

Aufgrund der Dipolnatur hängt das Säure-Base-Verhalten der Aminosäuren stark vom pH-Wert der Umgebung ab. Im pH-Bereich 4 bis 9 können alle Aminosäuren als Säure (Protonendonor)

$$H_3N^{\oplus}-CHR-COO^{\ominus} \rightleftarrows H^{\oplus} + H_2N-CHR-COO^{\ominus}$$

oder als Base (Protonenakzeptor)

$$H_3N^{\oplus}-CHR-COO^{\ominus} + H^{\oplus} \rightleftarrows H_3N^{\oplus}-CHR-COOH$$

auftreten. Im stark sauren Bereich liegen überwiegend Kationen $H_3N^{\oplus}$-CHR-COOH, im stark basischen Bereich überwiegend Anionen H_2N-CHR-COO$^{\ominus}$ vor.

Bei der Titration gegen Alkalilaugen verhalten sich die vollständig protonierten Aminosäuren wie zweibasische Säuren, d. h. sie können in einer Zweistufenreaktion gemäß

$$H_3N^{\oplus}-CHR-COOH \xrightarrow[-H_2O]{OH^{\ominus}} H_3N^{\oplus}-CHR-COO^{\ominus} \xrightarrow[-H_2O]{OH^{\ominus}} H_2N-CHR-COO^{\ominus}$$

zwei Protonen abgeben. Registriert man die mit dem Basenzusatz auftretenden pH-Änderungen, so erhält man die für Aminosäuren typischen Titrationskurven (s. Abb. 1–6).

Die pK-Werte der einzelnen Dissoziationsstufen liegen weit auseinander und können in Anwendung der HENDERSON-HASSELBALCH-Gleichung

$$pH = pK + \log \frac{\text{Protonenakzeptor}}{\text{Protonendonator}}$$

Physikalisch-chemische Eigenschaften der Aminosäuren

ermittelt werden. Bei Konzentrationsgleichheit von Protonenakzeptor und -donor entspricht der gemessene pH-Wert numerisch dem pK-Wert der entsprechenden Dissoziationsstufe.

In der Titrationskurve des Glycins z. B. liegen bei $pK_1 = 2{,}34$ äquimolekulare Konzentrationen von $H_3N^{\oplus}\text{-}CH_2\text{-}COOH$ und $H_3N^{\oplus}\text{-}CHR\text{-}COO^{\ominus}$ vor, während bei $pK_2 = 9{,}60$ Konzentrationsgleichheit von $H_3N^{\oplus}\text{-}CH_2\text{-}COO^{\ominus}$ und $H_2N\text{-}CH_2\text{-}COO^{\ominus}$ besteht. Die der Dissoziation der Carboxy- und der Amino-

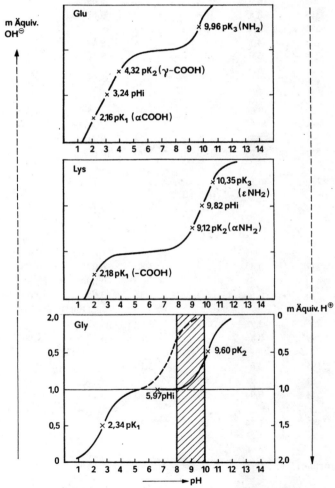

Abb. 1—6. Titrationskurven des Glycins, Lysins und der Glutaminsäure

Tabelle 1—6
Zersetzungspunkte, Löslichkeiten und Dissoziationskonstanten der proteinogenen Aminosäuren

Amino-säure	Zers.-Pkt. (°C)	Löslichkeit (g/100 ml) in Wasser 25 °C	100 °C	pK_1	pK_2	pK_3	pH_i
Gly	292	24,99	67,17	2,34	9,60		5,97
Ala	297	16,65	37,3	2,34	9,69		6,01
Val	315	8,85	18,8	2,32	9,62		5,96
Leu	337	2,43	5,64	2,36	9,60		5,98
Ile	284	4,12	8,26	2,36	9,68		6,02
Ser	228	5,0	32,2	2,21	9,15		5,68
Thr	253	20,5		2,71	9,62		6,16
Cys	178[1]			1,71	8,27 (SH-)	10,78	5,02
Cys—Cys	260	0,01	0,11	1,04	2,05 (COOH)	8,0 10,25 (NH_2)	5,03
Met	283	3,5	17,6	2,28	9,21		5,74
Pro	222	16,23	23,9 (70 °C)	1,99	10,6		6,30
Hyp	270	36,1	51,6 (65 °C)	1,92	9,73		5,83
Lys	224			2,18	9,12 (α-NH_2)	10,53	9,82
Arg	238			2,17	9,04 (α-NH_2)	12,84 (Guanido-)	10,76
His	277	0,43		1,82	6,00 (Imidazol-)	9,17	7,59
Asp	270	0,5	6,9	1,88	3,65 (β-COOH)	9,60	2,77
Asn	236	2,98	55,1	2,02	8,80		5,41
Glu	249	0,86	14,0	2,16	4,32 (γ-COOH)	9,96	3,24
Gln	185	3,6		2,17	9,13		5,65
Phe	284	2,96	9,9	1,83	9,13		5,48
Tyr	344	0,045	0,56	2,20	9,11	10,07 (OH)	5,66
Trp	282	1,14	4,99	2,38	9,39		5,89

[1]) als Hydrochlorid.

gruppe entsprechenden pK_1- und pK_2-Werte sind Wendepunkte des zugehörigen Teils der Titrationskurve. Bei pH = 5,97 liegt der zentrale Wendepunkt der Titrationskurve, der sog. isoelektrische Punkt (Abk.: pH_i). Er entspricht bei Monoaminocarbonsäuren dem arithmetischen Mittel der pK_1- und pK_2-Werte und ist generell der Punkt, bei dem nahezu alle Aminosäuremoleküle in Zwitterionenstruktur vorliegen.

Der gestrichelte Teil der Glycin-Titrationskurve deutet die bei der Formoltitration des Glycins (SÖRENSEN) erfolgende Verschiebung des pK_2-Wertes vom basischen in den neutralen pH-Bereich an. Die Aminosäuren werden zunächst durch Reaktion mit Formaldehyd in Hydroxymethylaminosäuren übergeführt, die sich dann als echte schwache Säuren gegen Phenolphthalein als Indikator titrieren lassen.

Bei den Aminosäuren mit dissoziierenden Gruppen in der Seitenkette (Glu, Asp, Cys, Tyr, Lys, Arg, His) ist die Titrationskurve durch das Auftreten eines dritten pK-Wertes charakterisiert. Die Titrationskurven des Lysins und der Glutaminsäure finden sich in Abb. 1—6, sämtliche pK-Werte in Tab. 1—6.

Im Gegensatz zu den neutralen und sauren Aminosäuren wird der pH_i-Wert der basischen Aminosäuren aus dem arithmetischen Mittel der pK_2- und pK_3-Werte errechnet. Der pH_i-Wert des Lysins z. B. ist 9,82 entsprechend (9,12 + 10,53) : 2 = 9,82. Im Bereich des steilen Anstiegs der Titrationskurven — etwa im Bereich pH 1 bis 3 und pH 8,5 bis 10,5 — vermögen die Aminosäuren sowohl $H^{\oplus}$ als auch $OH^{\ominus}$-Ionen abzufangen. Die Pufferkapazität erreicht bei den pK-Werten optimale Größe, um dann in beide Richtungen der pH-Skala wieder abzunehmen. Von biologischer Bedeutung ist die Pufferwirkung des Histidins, das als einzige proteinogene Aminosäure im physiologischen pH-Bereich 6 bis 8 wirksam ist.

Die pK-Werte sind weiterhin ein Maß für die Säurestärke der Aminosäuren. Wegen des -I-Effektes der Ammonium-Gruppe z. B. zeigt das Glycin mit pK_1 = 2,34 eine höhere Acidität als Essigsäure mit einem pK-Wert von 4,76. Der Effekt nimmt mit steigendem Abstand von Amino- und Carboxygruppe ab. Der pK_1-Wert des β-Alanins ist 3,6, der der 6-Aminohexansäure 4,43.

Bei den Aminodicarbonsäuren ist die α-Carboxygruppe mit den pK_1-Werten die stärkere Säure und überwiegend an der Zwitterionenstrukturbildung beteiligt.

Der Basencharakter der Aminosäuren wird durch die $COO^{\ominus}$-Gruppe geschwächt, so daß das Glycin mit pK_2 = 9,72 weniger basisch ist als das vergleichbare Ethylamin mit pK = 10,75. Noch geringere Basizität liegt bei den Aminosäureestern vor (Glycinethylester z. B. pK 7,7). Bei den Diaminocarbonsäuren ist die ω-Aminogruppe stärker basisch als die α-Aminogruppe. Hier kommt die Zwitterionenstruktur vorwiegend unter Beteiligung von Carboxy- und ω-Aminogruppe zustande:

$$H_2N-(CH_2)_n-CH(NH_2)-COOH \rightleftharpoons H_3N^\oplus-(CH_2)_n-CH(NH_2)-COO^\ominus$$

Bei der am stärksten basischen Aminosäure, dem Arginin, übernimmt der Guanido-Rest das Proton unter Ausbildung des mesomeriestabilisierten Guanido-Kations:

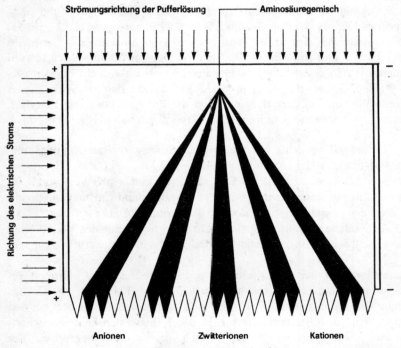

Abb. 1—7. Schematische Darstellung der Trennung von Aminosäuren mittels kontinuierlicher Durchflußelektrophorese (Ablenkungselektrophorese)

Die genaue Kenntnis des Säure-Base-Verhaltens der Aminosäuren ist für deren analytische und präparative Trennung durch Elektrophorese (Ionophorese) und Ionenaustauschchromatographie von besonderer Bedeutung.

Abbildung 1—7 veranschaulicht das Prinzip der elektrophoretischen Trennung von Aminosäuren. Die als Anionen bzw. Kationen vorliegenden Moleküle werden in Richtung der entsprechenden Elektrode abgelenkt, die Zwitterionen bleiben unbeeinflußt. Durch Wahl eines geeigneten Puffersystems können alle Aminosäuren voneinander getrennt werden.

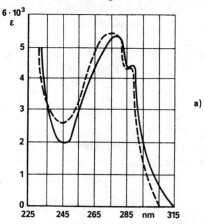

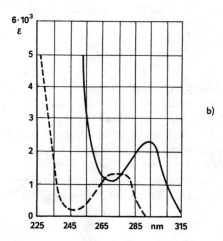

Abb. 1—8. UV-Absorptionsspektren von Tryptophan (*a*) und Tyrosin (*b*)
——— in 0,1 N HCl ——— in 0,1 N NaOH

1.4.3. Absorptionsspektren der Aminosäuren

UV-Spektren [41, 42]

Während im sichtbaren Bereich des Lichtes bei den proteinogenen Aminosäuren keine Absorption auftritt, kann man im UV-Bereich eine relativ starke Absorption bei den aromatischen Aminosäuren beobachten (vgl. die UV-Absorptionsspektren des Tyrosins und Tryptophans in Abb. 1—8). Die charakteristischen Absorptionsmaxima dieser Aminosäuren liegen oberhalb 250 nm, eine schwache, auf die Disulfidgruppe des Cystins zurückzuführende Absorption, findet sich bei 240 nm.

Die hohe molare Extinktion des Tyrosins bei 280 nm wird zur näherungsweisen Bestimmung des Proteingehaltes von Lösungen herangezogen.

IR-Spektren [43, 44]

Im IR-Spektrum der Aminosäuren fehlt die normale Bande der Valenzschwingung im Bereich von 3300—3500 cm^{-1}. Dafür ist eine Absorption bei 3070 cm^{-1} zu beobachten, die auf die $H_3N^{\oplus}$-Gruppe zurückzuführen ist und auch bei Aminosäurehydrochloriden auftritt. Zwei weitere charakteristische Banden der $H_3N^{\oplus}$-Gruppe finden sich im Bereich von 1500—1600 cm^{-1}.

Alle Aminosäuren und Salze zeigen die für die $COO^{\ominus}$-Schwingung typische Absorption zwischen 1560 und 1600 cm^{-1}. Die normale Carbonylabsorption der COOH-Gruppe bei 1700—1730 cm^{-1} ist bei den Aminosäurehydrochloriden um ca. 20 cm^{-1} nach höheren Wellenzahlen verschoben. Eine kontinuierliche Bandenreihe findet sich im Bereich 2500—3030 cm^{-1}.

NMR-Spektren [34—38, 45]

^{1}H-NMR-spektroskopische Untersuchungen der Aminosäuren ergaben, daß die chemische Verschiebung der Aminosäureprotonen und auch die Proton-Proton-Kopplungskonstanten vom Ladungszustand des Moleküls abhängen. In der graphischen Darstellung erscheint die Abhängigkeit der chemischen Verschiebung vom pH-Wert als typische Titrationskurve. Lösungsmittel für die NMR-Spektroskopie von Aminosäuren, Peptiden und Proteinen sind gewöhnlich H_2O oder D_2O, als innerer Standard werden u. a. Tetramethylsilan (*TMS*), Hexamethyldisiloxan (*HMDS*) und 2,2-Dimethyl-2-silapentan-5-sulfonat (*DSS*) verwendet.

Bei der ^{13}C-NMR-Spektroskopie [46, 47], die insbesondere zur Strukturaufklärung unbekannter Verbindungen und für die analytische Charakterisierung einfacher Aminosäure- und Peptidderivate herangezogen wird, liegen die ^{13}C-

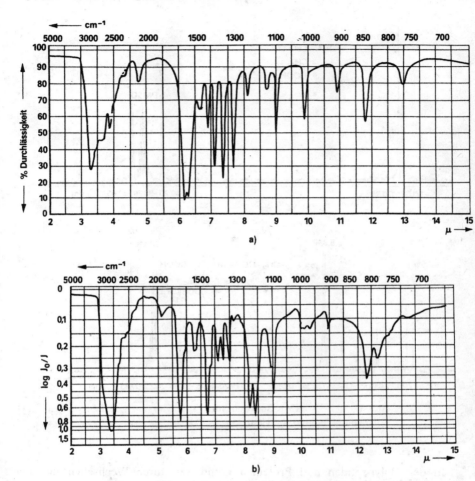

Abb. 1—9. IR-Spektren von L-Alanin (*a*) und L-Alanin-hydrochlorid (*b*)

Resonanzen der freien α-Aminosäuren bei TMS als Standard für die Carboxygruppen zwischen −168 und −183 ppm, für die α-Kohlenstoffatome zwischen −40 und −65 ppm, für die β-Kohlenstoffatome zwischen −17 und −70 ppm und für die γ- und δ-Kohlenstoffatome zwischen −17 und −50 ppm. Die Signale der aromatischen und heteroaromatischen Ringkohlenstoffatome finden sich zwischen −110 und −140 ppm. In Abb. 1—10 wird das ^{13}C-NMR-Spektrum der Asparaginsäure und des Benzyloxycarbonyl-L-asparaginsäure-β-tert.-butylester wiedergegeben.

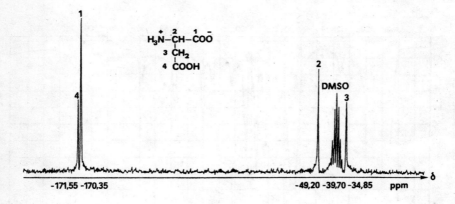
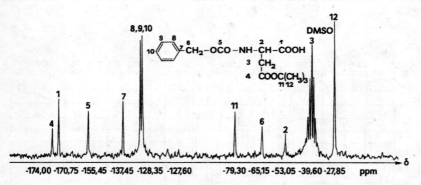

Abb. 1—10. ^{13}C-NMR-Spektren von Asparaginsäure und Benzyloxycarbonyl-asparaginsäure-β-tert.-butylester

In den Polypeptiden und Proteinen kommt es durch Wechselwirkung der einzelnen Aminosäure-Reste zu Überlagerungen und Verschiebungen der individuellen Resonanzen, so daß man sich gewöhnlich auf eine qualitative Zuordnung einzelner Absorptionsbereiche beschränkt. Unter Verwendung von DSS als innerer Standard z. B. liegen die Protonenresonanzen bei den Methyl-Gruppen aliphatischer Reste zwischen 0,9 und 1,5 ppm, bei den übrigen Protonen der aliphatischen Seitenkette zwischen 1,5 und 3,5 ppm, bei den Protonen des α-C-Atoms zwischen 3,5 und 4,5 ppm, bei aromatisch gebundenen CH-Protonen sowie bei dem CO-NH-Proton der Peptidgruppe zwischen 6,7 und 9,0 ppm. Der Resonanzbereich des Imidazol-C_2-protons vom Histidin liegt zwischen 8,0 und 9,2 ppm, der des NH-Indolprotons vom Tryptophan zwischen 9,0 und 11,0 ppm.

1.5. Gewinnung von Aminosäuren [1—5, 48—53]

Aminosäuren können durch Isolierung aus Proteinhydrolysaten, auf mikrobiellen Wege durch Fermentation, durch enzymatische Verfahren oder durch chemische Synthese gewonnen werden. Während die ersten drei Methoden L-Aminosäuren liefern, entstehen bei der chemischen Synthese DL-Verbindungen, zu deren optischer Spaltung ein weiterer Arbeitsgang erforderlich ist. Noch bis vor wenigen Jahren wurde die Herstellung der Aminosäuren nur in präparativem Maßstab betrieben. Durch den ständig wachsenden Bedarf an Aminosäuren als Geschmacksstoffe in der Nahrungsmittelindustrie [Glutaminsäure in Form des Mononatriumglutamats (MNG), Asparaginsäure, Cystin, Glycin, und Alanin]$_2$, als Nährlösungen und Therapeutika in der Medizin (alle proteinogene Aminosäuren), als Zusatzstoffe zur Aufwertung minderwertiger Nahrungsproteine und Futtermittel (Lysin, Methionin, Tryptophan), als Zusatzkomponenten für spezifische Kosmetika (Serin, Threonin, Cystein) sowie als Ausgangsstoffe für die Synthese von Peptidhormonen, Peptidsüßstoffen und anderen Peptidwirkstoffen, hat die Aminosäureproduktion industrielle Maßstäbe angenommen und 1977 die 400 000 t-Grenze erreicht. An diesem stürmischen Aufschwung haben insbesondere japanische Entwicklungsarbeiten auf dem Gebiete der Fermentationsmethoden und der Synthese auf Basis petrolchemischer Rohstoffe einen bedeutenden Anteil.

1.5.1. Isolierung aus Proteinhydrolysaten

Zur Gewinnung von Aminosäuren aus Proteinen werden diese zunächst durch Säure-, Basen- oder enzymatische Hydrolyse in ihre Bestandteile zerlegt [54]. Das klassische Verfahren der Säurehydrolyse [55, 56] arbeitet mit 6 N Salzsäure (Kp. 110 °C) oder mit 8 N Schwefelsäure und erfordert wegen der Stabilität der Peptidbindungen, an denen Valin, Leucin und Isoleucin beteiligt sind, Reaktionszeiten zwischen 12 und 72 Stunden. Dabei werden Tryptophan vollständig, Serin und Threonin bis zu 10% zerstört.

Die in Gegenwart von Kohlenhydraten auftretenden Aminosäureverluste können durch Arbeiten im Vakuum und durch Anwendung eines hohen Säureüberschusses (Protein-Salzsäure-Verhältnis 1:10000) verringert werden.

Weitere Säurehydrolyseverfahren arbeiten mit einem 1:1-Gemisch von Propionsäure/12 N Salzsäure [57] bei Hydrolysezeiten von 15 min bei 160 °C oder 2 h bei 130 °C, mit 3 N 4-Toluensulfonsäure [58] bzw. mit 3 N Mercaptoethansulfonsäure [59] mit 24 h Reaktionszeit bei 110 °C. Beim letzten, speziell für analytische Zwecke geeigneten Verfahren, bleibt Tryptophan zu 95% erhalten.

Bei der alkalischen Hydrolyse z. B. mit 6 N Bariumhydroxidlösung im Autoklaven unter ca. 700 kPa, werden die Hydroxyaminosäuren und Cystein zerstört, während Tryptophan erhalten bleibt. Alle Aminosäuren werden mehr oder weniger vollständig racemisiert.

Am schonendsten verläuft die enzymatische Hydrolyse der Proteine. Wegen der hohen Spezifität der Proteasen macht sich zur vollständigen Hydrolyse die Kombination mehrerer Enzyme erforderlich. In der Praxis verwendet man tierische und bakterielle Proteinasen (Endopeptidasen) wie z. B. Trypsin, Pepsin und Papain in Kombination mit spezifischen Amino- und Carboxypeptidasen [60]. Vielfach genügt die Verwendung roher Enzympräparate, wie z. B. bei der Asparagin- und Glutamingewinnung mit Hilfe von Pankreatin, das sämtliche Verdauungsenzyme des Pankreas enthält.

Die Abtrennung der einzelnen Aminosäuren aus dem Proteinhydrolysat ist einfach, wenn sie in hoher Konzentration vorliegen und sich in ihren Eigenschaften merklich voneinander unterscheiden. Glutaminsäure z. B. kristallisiert direkt aus dem eingeengten, mit Chlorwasserstoff gesättigtem Hydrolysat, Cystin und Tyrosin lassen sich aufgrund ihrer Schwerlöslichkeit in Wasser abtrennen. Eine selektive Abtrennung der aromatischen Aminosäuren gelingt durch Adsorption an Aktivkohle. Am günstigsten ist die chromatographische Auftrennung des bei der Hydrolyse erhaltenen Aminosäuregemisches. Der Trennung in die Einzelkomponenten geht dabei gewöhnlich eine Gruppentrennung in saure, basische und neutrale Aminosäuren voraus, wobei Elektrophorese und spezifische Ionenaustauscher wertvolle Dienste leisten. Die früher üblichen Trennverfahren, wie z. B. die fraktionierte Esterdestillation (FISCHER), die Extraktion der Monoaminocarbonsäuren mit n-Butylalkohol oder Amylalkoholen (DAKIN), die Fällung der „Hexonbasen" Lysin, Arginin und Histidin mit Phosphorwolframsäure oder Flavinsäure haben wie andere Fällungsmethoden nur noch untergeordnete Bedeutung.

1.5.2. Mikrobiologische Verfahren [53, 61]

Nahezu alle proteinogenen Aminosäuren können heute mit Hilfe spezifischer Mikroorganismen gewonnen werden. Prinzip der mikrobiologischen Produktionsverfahren (Fermentation) ist die aerobe Züchtung der Mikroorganismen in verdünnten Nährlösungen, die einfach assimilierbare C- und N-Quellen, wie z. B. Kohlenhydrate, Kohlenwasserstoffe, organische und anorganische Stickstoffverbindungen, Mineralsalze und Wuchsstoffe enthalten. Anstelle der einfachen Rohstoffe können auch die Biosynthesevorstufen der Aminosäuren eingesetzt werden. Glutaminsäure z. B. entsteht auch aus α-Ketoglutarsäure, Isoleucin und Serin können durch Fermentation in Kulturmedien hergestellt werden, die

Gewinnung von Aminosäuren

Threonin bzw. Glycin enthalten. Als Mikroorganismen werden Wildtypen, z. B. *Corynebacterium glutamicum* und *Brevibacterium flavum* sowie vor allem Mutanten mit einer Überproduktion spezifischer Aminosäuren verwendet.

Bei den auxothrophen Mutanten z. B. fehlen den Mikroorganismen ein oder mehrere Enzyme für die Biosynthese einer bestimmten Aminosäure. Die Synthese kann auf einer Vorstufe stehenbleiben oder einen anderen Weg gehen. Sind Vorstufen oder Verzweigungsprodukt Aminosäuren, so werden sie im Überschuß produziert und angereichert. Nachfolgendes Schema zeigt die Akkumulation von L-Lysin durch eine Homoserinmangelmutante von *Escherichia coli*:

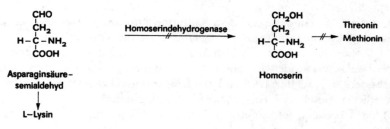

Tabelle 1—7
Aminosäuregewinnung durch Fermentation

Mikroorganismus	C, N-Quelle	gebildete Aminosäure
Corynebacterium glutamicum und	Glucose oder Stärkehydrolysate, Rohr- und Rübenzuckermelasse, NH$_3$, Harnstoff	Glu
Mutanten		Lys, Val, Orn, Met, Trp
Brevibacterium flavum und	Melasse, Rohr- und Rübenzuckersaft, Stärkehydrolysate, n-Alkane, Essigsäure	Glu
Mutanten	Ethanol, anorg. N-Verbindungen	Lys, Arg, Ile
Pseudomonas trifoli E. coli	Fumarsäure, NH$_3$	Asp
Serratia marcescens	Phenylmilchsäure	Phe
Corynebacterium-Arten	Erdöl, Ammoniumnitrat	Glu, Ala, Asp
Brevibacterium-Arten	Phosphate, Magnesiumsulfat, Mangan(II)-chlorid	Lys, Arg, Tyr
Candida lipopytica, E. coli u. a.	Spuren von Calciumchlorid und Eisen(II)-sulfat	Gly, Trp, Pro, Ser

Die fehlende Homoserindehydrogenase blockiert hier den Syntheseweg Homoserin-Threonin-Methionin zugunsten eines verzweigten Syntheseweges mit dem Endprodukt L-Lysin. Bei den u. a. für die Gewinnung von Arginin, Methionin, Isoleucin und Tryptophan verwendeten regulatorischen Mutanten, kommt die Überproduktion der Aminosäuren durch Störung des Feedback-Mechanismus ihrer Biosynthese zustande.

Besondere technische Bedeutung hat die Fermentation von Glutaminsäure durch die genannten Wildtyp-Mikroorganismen erlangt. Auf der Basis von Glucose oder Melasse als C-Quelle werden die Bakterien in sterilisierten Tanks (Fermentern) bei 35 °C unter Luft- und Ammoniakzufuhr kultiviert. Nach 40 Stunden kann die Glutaminsäure aus dem Kulturmedium isoliert werden. Die Ausbeute beträgt 50 kg Aminosäure pro 100 kg Glucoseeinsatz. Glutaminsäure wird in Form von Mononatriumglutamat in beträchtlichem Umfang als Geschmacksstoff und Speisewürze verwendet. In synergistischer Wirkung zu spezifischen Nucleotiden verbessert und verstärkt schon ein geringer Zusatz von Natriumglutamat den natürlichen Geschmack fleischhaltiger Nahrungsmittel.

Eine Übersicht fermentativ gewonnener Aminosäuren wird in Tab. 1—7 gegeben.

1.5.3. Enzymatische Verfahren

Während bei der Fermentation von Aminosäuren die Gesamtenzyme der Mikroorganismen zugegen sind, werden bei der enzymatischen Synthese isolierte bzw. trägerfixierte Enzyme für die Katalyse spezifischer Syntheseschritte herangezogen, z. B. die L-Aspartase bei der Ammoniakanlagerung an Fumarsäure zur Herstellung von L-Asparaginsäure und die L-Aspartat-β-decarboxylase zur Gewinnung von L-Alanin aus L-Asparaginsäure. Von besonderer ökonomischer Bedeutung erscheint die enzymatische L-Lysinsynthese aus DL-α-Aminocaprolactam mit Hilfe der mikrobiell zugänglichen L-Aminocaprolactam-Hydrolase [62].

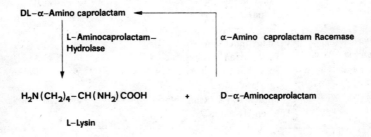

Bei der als Einstufenprozeß geführten Synthese wird das anfallende D-α-Aminocaprolactam durch α-Aminocaprolactam-Racemase racemisiert und schließlich vollständig in L-Lysin übergeführt.

1.5.4. Synthetische Verfahren

Aus der Vielzahl der zur Verfügung stehenden Synthesemethoden sollen hier nur Standardverfahren wie Aminolyse von Halogencarbonsäuren, die STRECKER-Synthese, Synthesen über Azlactone, Hydantoine und SCHIFFsche Basen sowie die Malonester-Synthesen behandelt werden. Je ein weiterer Abschnitt befaßt sich mit der asymmetrischen und präbiotischen Synthese sowie mit der Biosynthese von Aminosäuren.

1.5.4.1. Aminolyse von Halogencarbonsäuren

Das älteste Verfahren zur Synthese von Aminosäuren ist die nucleophile Substitution des Halogens der leicht zugänglichen Halogencarbonsäuren nach:

$$R-CHCl(Br)-COOH + NH_3 \longrightarrow R-CHNH_2-COOH + NH_4Cl(Br)$$

Als erste Aminosäure wurde auf diesem Wege 1858 das Glycin aus Monochloressigsäure gewonnen. Ausbeuten zwischen 60 und 70% werden erhalten, wenn man einen 10fachen Überschuß an Ammoniak verwendet und in Gegenwart von Ammoniumcarbonat arbeitet. Die Amino-Gruppe der entstehenden Säure wird als Ammoniumcarbamat $R-CH(NH-COONH_4)$ vor der weiteren Umsetzung zu sekundären und tertiären Aminoverbindungen geschützt.

Günstiger ist die Umsetzung der Halogencarbonsäureester mit Phthalimidkalium und die anschließende Spaltung der entstehenden Phthalylaminosäuren durch Säurehydrolyse oder Hydrazinolyse (GABRIEL-Synthese) oder die Verwendung von Urotropin als Aminolysereagens (HILLMANN, 1948).

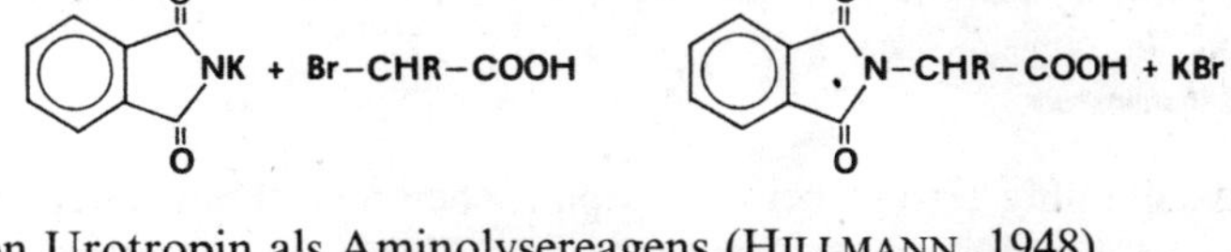

1.5.4.2. STRECKER-Synthese

Die 1850 von STRECKER eingeführte Aminosäuresynthese beruht auf der Addition von Cyanwasserstoff an die Carbonyl-Gruppe von Aldehyden in Gegenwart von Ammoniak. Die als Zwischenprodukte gebildeten α-Aminocarbonsäurenitrile werden ohne Isolierung zu DL-Aminosäuren verseift:

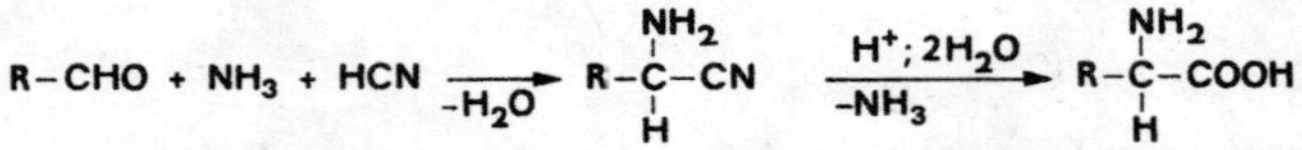

$$R-CHO + NH_3 + HCN \xrightarrow[-H_2O]{} R-\underset{H}{\underset{|}{\overset{NH_2}{\overset{|}{C}}}}-CN \xrightarrow[-NH_3]{H^+; 2H_2O} R-\underset{H}{\underset{|}{\overset{NH_2}{\overset{|}{C}}}}-COOH$$

Als Nebenprodukte können Iminodinitrile $NH(CHR-CN)_2$, die entsprechenden Trinitrile und Carbonsäuren entstehen, die Gesamtausbeute der Synthese liegt bei etwa 75%.

Bei der BUCHERER-Modifikation der Synthese wird der Aldehyd mit Natriumcyanid/Ammoniumcarbonat oder Harnstoff zum leicht isolierbaren Hydantoin umgesetzt und dieses anschließend durch alkalische Hydrolyse gespalten:

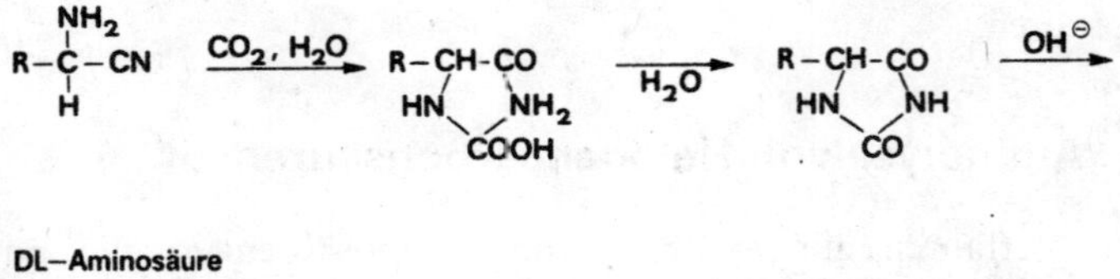

$$R-\underset{H}{\underset{|}{\overset{NH_2}{\overset{|}{C}}}}-CN \xrightarrow{CO_2, H_2O} \underset{COOH}{\overset{R-CH-CO}{\underset{HN\diagdown\diagup NH_2}{}}} \xrightarrow{H_2O} \underset{CO}{\overset{R-CH-CO}{\underset{HN\diagdown\diagup NH}{}}} \xrightarrow{OH^\ominus}$$

DL–Aminosäure

Die STRECKER-Synthese hat für die industrielle Produktion von Glutaminsäure, Methionin und Lysin erhebliche Bedeutung erlangt. Man gewinnt die erforderlichen Ausgangsaldehyde auf Basis petrolchemischer Rohstoffe und führt die Synthesen gewöhnlich über den Hydantoin-Weg. Das Dupont-Verfahren geht von Acetylen aus

$$HC\equiv CH \xrightarrow{CO, ROH} CH_2=CH-COOR \xrightarrow{CO, H_2} OHC-CH_2CH_2-COOR \longrightarrow$$

STRECKER-Synthese ⟶ Glutaminsäure

das Ajinomoto-Verfahren führt über Acrylnitril und β-Cyanpropionaldehyd zur DL-Glutaminsäure:

$$CH_2=CH-CN \xrightarrow{CO, H_2} OHC-CH_2CH_2-CN \longrightarrow STRECKER\text{-Synthese} \longrightarrow$$

DL Glutaminsäure

Die Racematspaltung erfolgt bei dem japanischen Verfahren durch spontane Kristallisation an optisch reinen Impfkristallen, wobei die anfallende D-Glutaminsäure nach Racemisierung erneut dem automatischem Kreisprozeß zugeführt wird. An der gegenwärtigen Weltproduktion von ca. 250000 Jahrestonnen Mononatriumglutamat (MNG) haben die totalsynthetischen Verfahren einen hohen Anteil.

Eine technische Lysin-Synthese geht vom Cyanbutyraldehyd aus, der durch Addition von Acetaldehyd an Acrylnitril gewonnen wird.:

$$CH_3CHO + H_2C=CH-CN \longrightarrow NC-CH_2-CH_2-CH_2-CHO \longrightarrow \text{STRECKER-Synthese}$$

$$\text{DL-Lysin} \longrightarrow \text{Racematspaltung mit Pyrrolidoncarbonsäure} \longrightarrow$$

L-Lysin.

Die großtechnische Produktion von DL-Methionin (1977 insgesamt 100 000 Jahrestonnen), das vor allem als Futtermittelzusatz in der Geflügelaufzucht verwendet wird, erfolgt durch STRECKER-Synthese mit dem aus Acrolein und Methylmercaptan entstehenden β-Methylmercaptopropionaldehyd

$$H_2C=CH-CHO + CH_3SH \longrightarrow CH_3-S-CH_2CH_2-CHO \longrightarrow \text{STRECKER-Synthese}$$
$$\longrightarrow \text{DL-Methionin}.$$

Eine Enantiomerentrennung ist hier nicht erforderlich, da L- und D-Methionin gleichermaßen verwertet werden.

1.5.4.3. Azlacton-Synthese nach ERLENMEYER-PLÖCHL

Aromatische oder α,β-ungesättigte aliphatische Aldehyde werden in Gegenwart von Acetanhydrid und Natriumacetat als Kondensationsmittel mit Benzoylglycin (Hippursäure) oder Acetylglycin (Acetursäure) als Methylenkomponente umgesetzt, die dabei entstehenden substituierten Azlactone anschließend durch Erhitzen mit Phosphor und Iodwasserstoffsäure reduktiv gespalten:

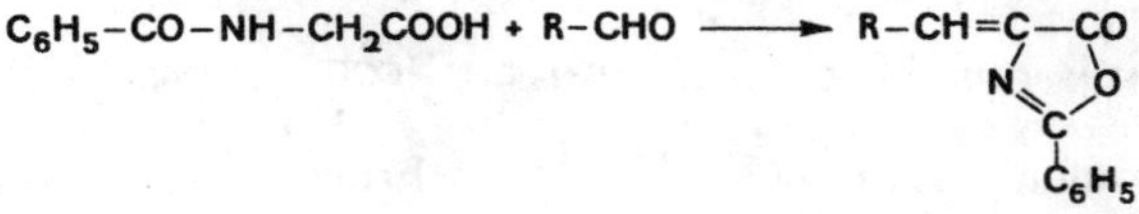

$$C_6H_5-CO-NH-CH_2COOH + R-CHO \longrightarrow R-CH=C\begin{smallmatrix}-CO\\N\ \ \ O\\ \diagdown C \diagup \\ C_6H_5\end{smallmatrix}$$

1.5.4.4. Hydantoin-Synthese

Mit Hydantoin als Methylenkomponente und einem Acetanhydrid-Gemisch als Kondensationsmittel reagieren Aldehyde zu Kondensationsprodukten, die durch Natriumamalgam oder Iodwasserstoff/Phosphor reduziert und durch anschließende alkalische Hydrolyse in Aminosäuren übergeführt werden können:

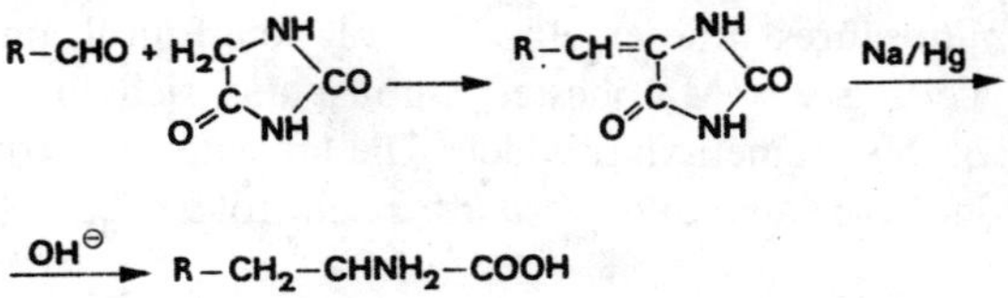

$$R-CHO + H_2C\begin{smallmatrix}NH\\ \diagdown CO\\ \diagup\\ O=C-NH\end{smallmatrix} \longrightarrow R-CH=C\begin{smallmatrix}NH\\ \diagdown CO\\ \diagup\\ O=C-NH\end{smallmatrix} \xrightarrow{Na/Hg}$$

$$\xrightarrow{OH^{\ominus}} R-CH_2-CHNH_2-COOH$$

Anstelle des Hydantoins können auch Thiohydantoin, 2,5-Dioxopiperazin und Rhodanin(Thiazolidin-4-on-2-thion) als methylenaktive Verbindungen eingesetzt werden.

1.5.4.5. Alkylierung SCHIFFscher Basen [63]

Durch starke Basen wie Lithiumdiisopropylamid (*LDA*) oder Kalium-tert. butanolat können die leicht zugänglichen Benzyliden-Derivate des Glycinethylesters in α-Aminocarbanionen umgewandelt und alkyliert werden:

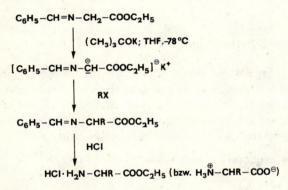

Die Synthesen verlaufen in Ausbeuten um 90%. Erneute Metallierungen und Alkylierung gestatten die Einführung eines zweiten Alkyl-Restes unter α-Verzweigung der Kette.

Beim Einsatz der SCHIFFschen Base aus Glycinethylester und Benzophenon kann die Alkylierung auch in Phasen-Transfer-Technik durchgeführt werden.

1.5.4.6. Malonester-Synthesen

Bei dieser wichtigen Aminosäuresynthesemethode erfolgt die Einführung der Seitenkette durch C-Alkylierung des Malonester-Anions, das sich in Gegenwart starker Basen wie z. B. Natriummethylat bildet. Die günstigste Variante geht von N-Acylaminomalonestern aus und verläuft nach folgendem Reaktionsschema:

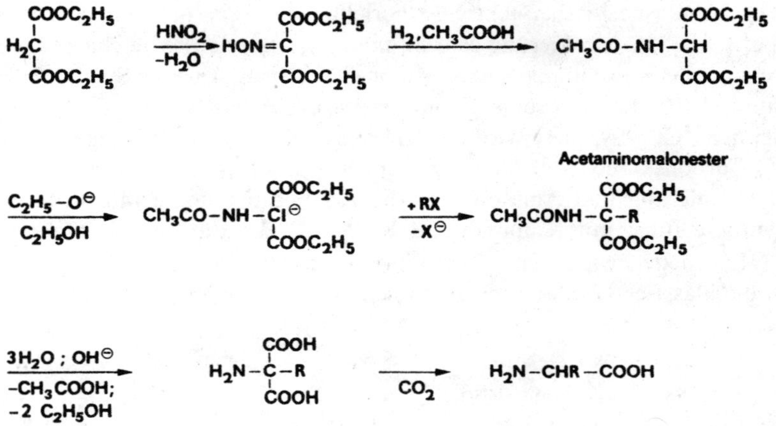

Gewinnung von Aminosäuren

$$H_2C\begin{smallmatrix}COOC_2H_5\\COOC_2H_5\end{smallmatrix} \xrightarrow[-H_2O]{HNO_2} HON=C\begin{smallmatrix}COOC_2H_5\\COOC_2H_5\end{smallmatrix} \xrightarrow{H_2, CH_3COOH} CH_3CO-NH-CH\begin{smallmatrix}COOC_2H_5\\COOC_2H_5\end{smallmatrix}$$

Acetaminomalonester

$$\xrightarrow[C_2H_5OH]{C_2H_5-O^\ominus} CH_3CO-NH-C^\ominus\begin{smallmatrix}COOC_2H_5\\COOC_2H_5\end{smallmatrix} \xrightarrow[-X^\ominus]{+RX} CH_3CONH-C-R\begin{smallmatrix}COOC_2H_5\\COOC_2H_5\end{smallmatrix}$$

$$\xrightarrow[\substack{-CH_3COOH;\\-2\,C_2H_5OH}]{3H_2O;\,OH^\ominus} H_2N-C-R\begin{smallmatrix}COOH\\COOH\end{smallmatrix} \xrightarrow{CO_2} H_2N-CHR-COOH$$

Als Acyl-Reste werden außer der Acetyl- und Formyl-Gruppe die Phthalimido-Gruppe verwendet (SÖRENSEN, 1903), als Alkylierungsreagenzien dienen Alkylhalogenide und MANNICH-Basen.

1.5.4.7. Synthese markierter Aminosäuren [64]

Der Einsatz markierter Aminosäuren hat unsere Kenntnisse über die biochemischen Funktionen der Aminosäuren, Peptide und Proteine wesentlich erweitert. Je nach Problemstellung werden Stickstoff-15-, Tritium-, Kohlenstoff-14- und Schwefel-35-Aminosäuren in Ein- oder Mehrfachmarkierung synthetisiert. Die Tritium-Markierung erreicht man durch Isotopenaustausch oder besser durch direkte chemische Synthese.

Beim Isotopenaustausch erhält man spezifische Aktivitäten unter 10 Ci/mMol, die sich gewöhnlich auf das Gesamtmolekül verteilen. Vorteilhaft ist die Reduktion ungesättigter oder halogenierter Vorstufen in Gegenwart von Tritium-Gas. Aus 2,4,6-Tribrom-L-phenylalanin z. B. entsteht L-2,4,6-^{3}H-phenylalanin hoher spezifischer Aktivität (60—80 Ci/mMol):

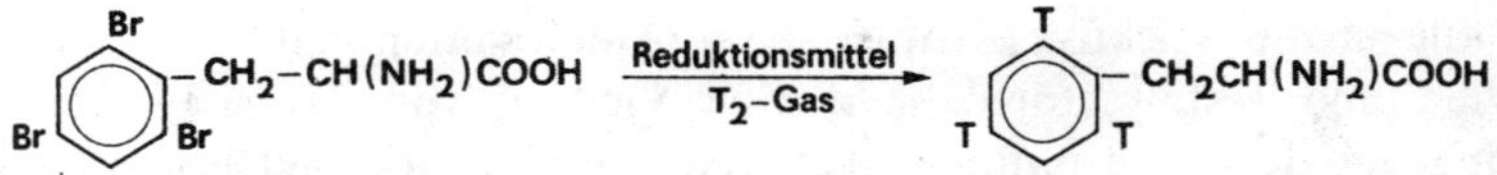

$$\text{Br-C}_6\text{H}_2\text{Br}_2-CH_2-CH(NH_2)COOH \xrightarrow[T_2-Gas]{\text{Reduktionsmittel}} \text{T-C}_6\text{H}_2\text{T}_2-CH_2CH(NH_2)COOH$$

Uniformmarkierte ^{14}C-Aminosäuren können mit Hilfe von Mikroorganismen gewonnen werden, wenn $^{14}CO_2$ oder andere einfache ^{14}C-Quellen in der Nährsalzlösung enthalten sind [65]. Nach Zerstörung der Zellstruktur wird die Proteinfraktion isoliert und das bei der Hydrolyse erhaltene Aminosäuregemisch chromatographisch aufgetrennt. Über die Biosynthese des ^{35}S-L-Methionins mit sehr hoher spezifischer Aktivität berichteten BRETSCHER und SMITH [66]. Eine spezifische ^{14}C-Markierung erreicht man auch durch direkte chemische Synthese. Bevorzugte Anwendung finden Malonester (Cyanessigester-Synthesen mit Essigsäure 2-^{14}C für C_2- und Cyanwasserstoff HCN-^{14}C für C_1-Markierungen). Bei der $^{14}CO_2$-Synthese wird zunächst aus Alkylhalogenid, Magnesium und CO_2 die Carbonsäure (R-$^{14}COOH$) gewonnen (GRIGNARD-Reaktion) und diese nach Halogenierung und Aminolyse in die Aminosäure übergeführt. Die STRECKER-Synthese führt mit Kaliumcyanid KCN-^{14}C zur Carboxy-C_1-Markierung, mit $^{15}NH_3$ zu den wichtigen ^{15}N-Aminosäuren. Ein Beispiel für C_3-Markierungen ist die klassische Malonester-Synthese des Tryptophans (HEIDELBERGER, 1949):

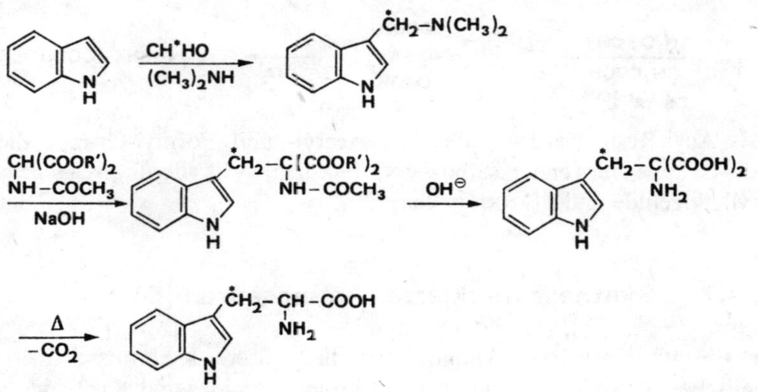

^3H-markierte Cystein- und Valin-Derivate sowie doppelt markiertes ^{15}N-^2H-Valin wurden für Untersuchungen der Penicillin-Biosynthese eingesetzt [67, 68].

1.5.4.8. Asymmetrische Synthesen [69, 70]

Für die enantioselektive Synthese von Aminosäuren mit Hilfe chiraler Reagenzien und Katalysatoren steht eine Vielzahl von Möglichkeiten zur Verfügung, von denen die asymmetrische Hydrierung ungesättigter Synthesevorstufen mittels chiraler Rhodium- oder Ruthenium-Phosphin-Katalysatoren [71] oder polymer gebundener Phosphin-Liganden [72], die asymmetrische Decarboxylierung spezifischer Malonat-Kobalt(III)-Komplexe bei der Malonester-Synthese, die Transaminierung von α-Ketosäuren mit L-Prolin als chiralem Reagens und die asymmetrische Alkylierung SCHIFFscher Basen erwähnt seien [73, 74]. Von prak-

Gewinnung von Aminosäuren

tischer Bedeutung ist die asymmetrische Synthese nur dann, wenn es um die Synthese wertvoller, seltener Aminosäuren geht, das chirale Reagens nicht zu kostspielig ist oder unter Erhalt der optischen Aktivität regeneriert werden kann. Problematisch sind die über Cyanhydrine oder Hydantoine verlaufenden asymmetrischen Synthesen, da bei der Hydrolyse mit Racemisierung zu rechnen ist. Über die asymmetrische STRECKER-Synthese von N-Methyl-α-aminosäuren berichteten WEINGES und STEMMLE [75]. Im nachfolgenden Beispiel wird die asymmetrische Alkylierung der SCHIFFSCHEN Base des Glycin-tert. butylester und Hydroxypinanon beschrieben [76].

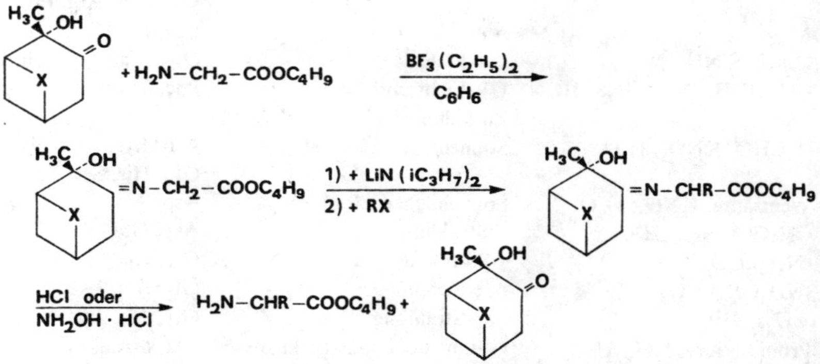

Bei der hydrolytischen Spaltung der alkylierten Base entstehen die L-Aminosäuren in 60 bis 80 % optischer Ausbeute, das Hydroxypinanon wird z. B. über das Oxim zurückgewonnen und erneut zur Synthese eingesetzt.

Praktisches Interesse hat eine asymmetrische L-Dopa-Synthese gefunden, bei der die stereoselektive Hydrierung der Dihydroxyzimtsäurestufe mit Hilfe des WILKINSONschen Komplexkatalysators RhL_3Cl gelingt [77]. Die optisch aktiven Phosphonliganden L haben die Struktur:

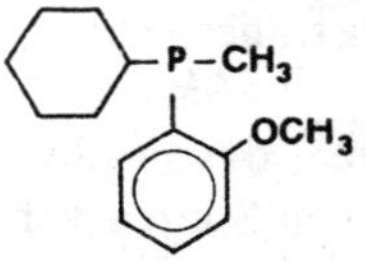

1.5.4.9. Präbiotische Synthesen [78—85]

Im Zusammenhang mit der Frage der Entstehung des Lebens auf der Erde wird auch die Frage der Ursynthese von Aminosäuren umfassend untersucht. Als Ergebnis dieser Untersuchungen steht fest, daß die Racemate nahezu aller natürlichen Aminosäuren unter besonderen energetischen Bedingungen aus einfachen Kohlenstoff- und Stickstoffverbindungen aufgebaut werden können.

Tabelle 1—8
Abiogene Bildung von Aminosäuren

Ausgangsmaterial	Energiezufuhr	gebildete Aminosäuren
CH_4, NH_3, H_2, H_2O	elektrische Entladungen	Gly, Ala, β-Ala, Abu
CH_4, NH_3, H_2, H_2S	elektrische Entladungen	Cys, Cystin, Met u. a.
CH_4, CO_2, N_2(0,14:0,21 1:1)	elektrische Entladungen	Gly, Ala, Nva, Abu, Ser, Asp u. a.
HCHO, $NO_3^\ominus$, H_2O, $FeCl_3$	UV-Licht	Ser, Asp, Asn, Gly, Ala, Thr, Val, Orn, Arg, Pro, Glu, Lys, Leu, Ile, His
Glucose, NH_3, $V_2O_5(H_2O_2)$	UV-Licht	Gly, Ala, Asp, Val, Lys
CH_4, C_2H_6, NH_3, H_2S, HCN	UV-Licht und elektr. Entladung	Phe, Tyr u. a.
HCHO, KNO_3, H_2O	Sonnenlicht (25—300 h)	Asp, Lys, Ala, Gly, Orn, Arg, Glu, His, Ser, Thr
Weinsäure, KNO_3, H_2O	Sonnenlicht (500 h)	Asp, Ala
CH_3COONH_4, H_2O	β-Strahlung	Asp, Glu
$(NH_4)_2CO_3$	γ-Strahlung	Gly, Ala
$(NH_3CH_3)_2CO_3$	n, γ-Strahlung	Gly, Ala, Lys
$(CH_3)_3NHCO_3$	n, γ-Strahlung	Gly, Ala, Lys, Val, Abu
Propionsäure, NH_3, H_2O	Glimmentladungs-Elektrolyse, 3 h	Ala, β-Ala, Gly
CH_4, NH_3, H_2O (SiO_2)	Thermische Energiezufuhr (950 °C)	Gly, Ala, Ser, Asp, Thr, Glu, Val, Leu, Pro, Ile, alle, Tyr, Abu
HCN, NH_3, H_2O, Glycin, Alumina	(90 °C, 18 h)	Arg, Ala, Gly, Ser, Asp, Glu, Leu, Ile, Abu, Thr

Daß sich die abiogene Bildung von Aminosäuren auch exterristisch vollzieht, wurde durch chromatographische Analyse des 1969 in Australien niedergegangenen MURCHISON-Meteoriten sichergestellt. Im Extrakt der von Menschenhand unberührten Proben fanden sich 23 racemische Aminosäuren, davon Glycin, Glutaminsäure, Alanin, Valin und Prolin im µg-Maßstab neben Spuren von Sarcosin, Isovalin, Pipecolinsäure und Aminobuttersäuren.

Die im Rahmen der amerikanischen Apollo-Unternehmen durchgeführten Aminosäureanalysen ergaben die Anwesenheit von Glycin und Alanin im wäßrigen Extrakt der Mondgesteinproben. Vier weitere Aminosäuren konnten gaschromatographisch im Säurehydrolysat der Extrakte nachgewiesen werden (Glu, Ser, Asp, Thr). Spektroskopische Befunde, aus denen die Anwesenheit von NH_3, HCHO und HCN im interstellaren Raum eindeutig hervorgeht, sprechen ebenso wie die in den Mondproben aufgefundenen Aminosäurevorstufen CH_4, N_2, CO, CO_2, CS_2, HCN (20—70 ng g^{-1}) für die abiogene Bildung außerirdischer Aminosäuren. Möglicherweise entstammt jedoch ein Teil der genannten Aminosäurepräkursoren den Abgasen der Landeraketen.

Eine besondere Bedeutung bei der abiogenen Synthese von Aminosäuren scheint dem Cyanwasserstoff zuzukommen [86]. Er erklärt zwanglos die Synthese einer Reihe von Aminosäuren in Gegenwart von Aldehyden und Ammoniak (STRECKER-Synthese), kann aber auch für sich allein das CN-Gerüst verschiedener Aminosäuren gestalten.

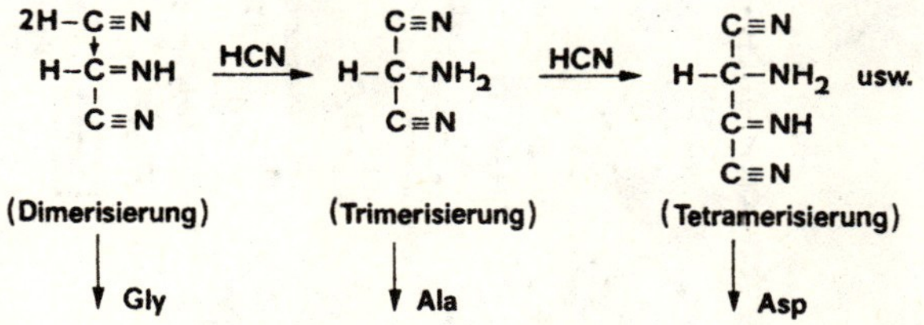

$$\begin{array}{c} 2H-C\equiv N \\ H-C=NH \\ C\equiv N \end{array} \xrightarrow{HCN} \begin{array}{c} C\equiv N \\ H-C-NH_2 \\ C\equiv N \end{array} \xrightarrow{HCN} \begin{array}{c} C\equiv N \\ H-C-NH_2 \\ C=NH \\ C\equiv N \end{array} \text{usw.}$$

(Dimerisierung)   (Trimerisierung)   (Tetramerisierung)

↓ Gly   ↓ Ala   ↓ Asp

Neuere Betrachtungen über die Cyanid-Oligomerisierung werden von FERRIS und RYAN [87] angestellt. Über die Bildung von Aminosäuren durch Cobalt-60-Bestrahlung von HCN-Lösungen wurde kürzlich berichtet [88].

Bei der präbiotischen Peptidsynthese dürften einfache im Verlauf der chemischen Evolution gebildete Kondensationsreagenzien, wie cyclische oder lineare Polyphosphate oder ungesättigte aliphatische Strukturen, wie z. B. Carbodiimide, eine Rolle gespielt haben [89, 90].

LAHAV, WHITE und CHANG [91] berichteten über die Oligomerisierung von Glycin bis zum Pentaglycin unter dem Einfluß der periodischen Hitzebehandlung einer Suspension von hydratisiertem Tonmaterial und Glycin, HENNON, PLAQUET und BISERTE [92] über die Bildung von Polyaminosäuren aus Aminosäuren durch thermische Kondensation bei 105 °C ohne Katalysatoren.

1.5.4.10. Biosynthese der Aminosäuren [93]

Nur 10 der proteinogenen Aminosäuren können im Organismus der Säugetiere durch Eigensynthese aufgebaut werden. Die Synthese dieser nichtessentiellen Aminosäuren geht von einfachen Intermediaten des Kohlenhydratstoffwechsels aus und verläuft nur über wenige Stufen. Eine zentrale Stellung nimmt die Glutaminsäure ein, die durch Reaktion von α-Ketoglutarsäure mit Ammoniak gebildet wird und durch Transaminierung die Aminogruppe für andere Aminosäuren liefert. Eine Übersicht der Synthese nichtessentieller Aminosäuren wird in Abb. 1—11 gegeben.

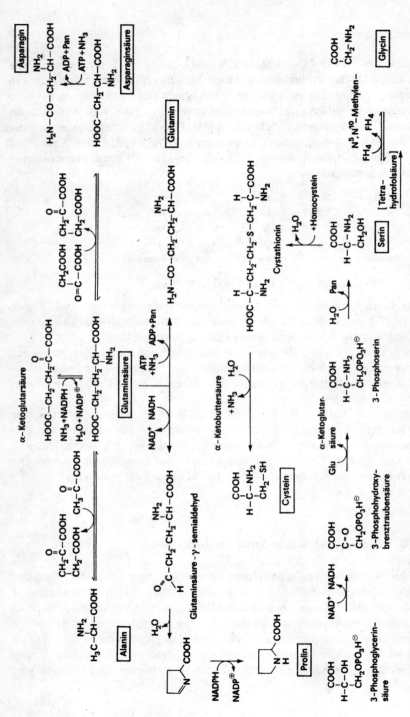

Abb. 1—11. Biosynthese der nichtessentiellen Aminosäuren

Tyrosin als zehnte nichtessentielle Aminosäure wird durch Hydroxylierung von Phenylalanin gebildet.

Die Biosynthese der essentiellen Aminosäuren wurde vorwiegend am Stoffwechsel von Mikroorganismen und höheren Pflanzen untersucht, wobei sich in Abhängigkeit von der Art nur geringfügige Abweichungen des Syntheseweges ergaben. Ausgangsstoffe sind auch hier einfache aliphatische Verbindungen des allgemeinen Stoffwechsels (vgl. Tab. 1—9).

Die Biosynthese der verzweigten Seitenkette (Leu, Val, Ile) und der Aufbau des aromatischen Ringsystems (Phe, Tyr, Trp) erfolgen nach gleichen Prinzipien.

Tabelle 1—9
Biosynthesevorstufen der essentiellen Aminosäure

Leucin, Valin	Brenztraubensäure
Isoleucin	α-Ketobuttersäure
Lysin	Ketoglutarsäure oder Asparaginsäuresemialdehyd
Methionin, Threonin	Homoserin
Phenylalanin (Tyrosin)	Phosphoenolbrenztraubensäure, Erythrose-4-phosphat
Tryptophan	
Histidin	5-Phosphoribosyl-1-pyrophosphat, Glutamin, ATP

1.6. Racemattrennung von Aminosäuren [94, 95]

Bereits 1851 konnte PASTEUR nachweisen, daß sich synthetische Aminosäuren und solche natürlichen Ursprungs in ihren optischen Eigenschaften unterscheiden. Die Vermutung, daß es sich bei den synthetischen Verbindungen um ein äquimolekulares Gemisch der D- und L-Enantiomeren handeln müsse, wurde 1886 von SCHULZE und BOSSHARDT durch mikrobiologische Untersuchungen bestätigt. Im gleichen Jahre gelang PIUTTI die Enantiomerentrennung des aus wäßriger Lösung kristallisierenden DL-Asparagins durch optische Auslese. Von EHRLICH wurden die enzymatischen Verfahren der Racematspaltung näher untersucht, wobei die bis dahin kaum zugänglichen D-Antipoden einer Reihe wichtiger Aminosäuren rein dargestellt und in guter Ausbeute isoliert werden konnten. Die ersten chemischen Racematspaltungen führte FISCHER um die Jahrhundertwende durch. Zur Bildung der sich in ihren physikalischen Eigenschaften unterscheidenden diastereomeren Salze wurden N-Acylaminosäuren mit Alkaloiden umgesetzt.

Die Racematspaltung von Aminosäuren wird heute in technischem Maßstab durchgeführt. Von besonderer Bedeutung sind dabei neben der chromatographischen Trennung an Trägern mit chiralen Ankergruppen vor allem die selektiven Kristallisationsverfahren und die enzymatischen Trennungen mit Hilfe trägerfixierter Enzyme. Zur vollständigen Überführung eines Racemates in die L- oder D-Form einer Aminosäure muß der bei der Spaltung angereicherte Antipode durch *Racemisierung* immer wieder in DL-Aminosäure übergeführt werden. Die Racemisierung gelingt enzymatisch durch spezifische Racemasen, durch Einwirkung von Acetanhydrid oder bei freien Aminosäuren und Aminosäuresalzen durch Druckerhitzen der wäßrigen Lösung auf 200—250 °C.

Ein langwieriger natürlicher Racemisierungsprozeß führt zur Bildung bestimmter D-Aminosäuren in fossilen Materialien und Tiefseesedimenten. Die Halbwertzeit der Epimerisierung von L-Isoleucin zu D-allo-Isoleucin z. B. liegt bei etwa 100000 Jahren, so daß die Bestimmung des Racemisierungsgrades zu Altersbestimmungen herangezogen werden kann (Aminosäuredatierung) [96—98], die weit über den Bereich der Radiokohlenstoffdatierung hinausgehen. Es muß jedoch berücksichtigt werden, daß die Racemisierung freier Aminosäuren auch von Temperatur, pH-Wert, Ionenstärke und Metallionen der Umgebung abhängig ist [99].

Eine nach wie vor ungelöste Frage ist die prähistorische Enantiomerentrennung der abiogen gebildeten DL-Aminosäuren. Möglicherweise war an diesem Prozeß circular oder elliptisch polarisiertes Licht beteiligt, das durch Reflexion an der Meeresoberfläche entsteht und vorzugsweise den einen oder anderen Antipoden für chemische Reaktionen aktiviert. Der experimentelle Nachweis einer bevorzugten Photozersetzung bzw. Photoinversion eines Enantiomeren gelang NORDEN 1977 [100] bei der Bestrahlung wäßriger DL-Aminosäuren mit circular polarisiertem Licht. Die Bestrahlung führte zur Anreicherung des Enantiomeren mit positivem Circulardichroismus, wodurch das Überwiegen der L-Aminosäuren in der Biosphäre eine zwanglose Erklärung finden könnte. Auch die vorzugsweise Zerstörung des D-Antipoden bei der Einwirkung von ^{90}Sr-β-Strahlung auf DL-Tyrosin (GARAY, 1968) spricht für einen optischen Auswahlprozeß.

Eine weitere prinzipielle Möglichkeit der vorzugsweisen Anreicherung eines Enantiomeren liegt in der enantioselektiven Wechselwirkung mit chiralem anorganischem Trägermaterial. So adsorbiert Quarzpulver aus einer wasserfreien Dimethylformamidlösung von DL-Alanin bevorzugt D-Alanin (D:L-Verhältnis = 49,5:50,5), aus einer DL-Alanin-isopropylester-hydrochloridlösung das D-Esterhydrochlorid mit einer Anreicherung von 1,5 bis 12,4% [101]. Spezielle Zusammenfassungen über den Ursprung der optischen Aktivität finden sich bei ELIOS [102], HARADA [103] und THIEMANN [104].

1.6.1. Kristallisationsverfahren [105]

In bestimmten Fällen kristallisieren Enantiomere aus ihren übersättigten Lösungen nicht als Mischkristalle sondern in Form eines Eutektikums, so daß sie durch mechanische Auslese voneinander getrennt werden können. In der Aminosäure-Reihe ist der Anwendungsbereich der Methode sehr beschränkt, da sich nur Asparagin, Glutaminsäure und Threonin in Form gut ausgebildeter Kristalle abscheiden (*spontane Kristallisation*). Von praktischer Bedeutung ist die Methode des *Animpfens* übersättigter Lösungen von DL-Aminosäuren mit kristallinen D- oder L-Enantiomeren der betreffenden Aminosäure. Die auskristallisierende Aminosäure hat die gleiche Konfiguration wie der zugesetzte Impfanteil, übertrifft diesen aber mengenmäßig um ein Mehrfaches. Das Verfahren wird erfolgreich für die Spaltung von Glu, His, Thr, Asp, Asn und Gln angewendet.

Kristallisationsverfahren führen auch mit den Ammoniumsalzen acylierter Aminosäuren (Trp, Phe) sowie in Kombination mit aromatischen Sulfonsäuren, z. B. bei Lysin mit Sulfanilsäure bzw. Anthrachinon-β-sulfonsäure oder beim Serin mit Sulfanilsäure, zum Erfolg [106, 107].

1.6.2. Chemische Verfahren

Die chemischen Verfahren der Racematspaltung beruhen ausschließlich auf der Bildung diastereomerer Salze mit optisch aktiven Hilfsstoffen und anschließender Trennung durch fraktionierte Kristallisation. Für die Salzbildung der N-Acyl(N-Alkyl)-aminosäuren, werden u. a. Alkaloide, α-Phenylethylamin, Fenchylamin, Chloramphenicol und dessen synthetische Vorstufe L(+)-Threo-1-(4-nitrophenyl)-2-amino-1,3-propandiol als Spaltbase verwendet.

Die Salzbildung der basischen Aminosäurederivate (Ester, Amide, Hydrazide und Nitrile) erfolgt vor allem mit Weinsäure, Dibenzoyl-D-weinsäure oder D-Camphersulfonsäure als optisch aktivem Hilfsstoff.

Der Erfolg einer chemischen Racematspaltung hängt von der Art und Menge des verwendeten Lösungsmittels, der Kristallisationstemperatur und der Wiederabspaltung der optischen Hilfskomponenten aus den diastereomeren Salzen ab. Nur in Ausnahmefällen gelingt die Isolierung des optisch reinen Enantiomeren ohne weiteres Umkristallisieren. Die größere Reinheit zeigt prinzipiell die freiwillig aus der Reaktionslösung kristallisierende Verbindung. Durch Einsatz des entgegengesetzt konfigurierten Hilfsstoffes werden die Kristallisationsverhältnisse umgekehrt (z. B. beim Einsatz von L- anstelle von D-Weinsäure), so daß das ursprünglich in der Mutterlauge verbleibende Diastereomere mit höherem optischen Reinheitsgrad direkt kristallisiert.

1.6.3. Enzymatische Verfahren

Bei der Gewinnung optisch aktiver Aminosäuren durch enzymatische Verfahren unterscheidet man drei Varianten:

1. die selektive Oxidation oder Decarboxylierung eines Enantiomeren der DL-Aminosäure durch spezifische Enzyme
2. die enzymatisch katalysierte asymmetrische Synthese von Aminosäurederivaten und
3. die enzymatische Hydrolyse α-Amino- bzw. α-Carboxysubstituierter Aminosäure-Derivate.

Das erste Verfahren wird in beschränktem Umfang für die Gewinnung von spezifisch markierten Enantiomeren eingesetzt. Man verwendet anstelle der isolierten Oxidasen und Decarboxylasen aus ökonomischen Gründen Mikroorganismen (Hefe, *Penicillium glaucum*, *Aspergillus niger*, *E. coli* u. a.), die die erforderlichen Enzymsysteme enthalten und nur einen Antipoden (gewöhnlich die L-Form) in ihrem Stoffwechsel verwerten können.

Bei der zweiten Methode macht man sich die u. a. durch Papain und Pepsin katalysierte, stereospezifische Bildung von N-Acyl-aminosäureaniliden und -phenylhydraziden aus den N-Acyl-DL-aminosäuren und Anilin bzw. Phenylhydrazin zunutze. Voraussetzung für den Ablauf der Synthese sind Unlöslichkeit des Reaktionsproduktes und gute Löslichkeit der Ausgangsstoffe. Die Methode ist auch für die Spaltung von Aminosäuren mit zwei Chiralitätszentren verwendbar, wie SOKOLOWSKA et al. [108] bei der Umsetzung von Bis-benzyloxycarbonyl-diaminopimelinsäure mit Anilin und Papain nachweisen konnten. Es entsteht das kristalline L,L-Monoanilid, die D,D-Ausgangsverbindung bleibt unverändert.

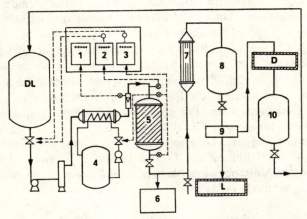

Abb. 1—12. Kontinuierliche Produktion von kristallinen L-Aminosäuren durch immobilisierte Aminoacylase

DL — Acetyl-DL-aminosäure; *L* — L-Aminosäure; *D* — Acetyl-D-aminosäure; *1* bis *3* — Durchfluß-, pH- und Temperaturmessung; *4* — Heißwassertank; *5* — Säule mit immobilisierter Aminoacylase; *6* — automatischer Reaktionsschreiber; *7* — Verdampfer; *8* — Kristallisationskammer; *9* — Abscheider; *10* — Tank für die Racemisierung

Von genereller Bedeutung ist das von GREENSTEIN eingeführte dritte enzymatische Verfahren, bei dem Acetyl- und Chloracetylaminosäuren durch Acylasen und in geringerem Umfang DL-Aminosäureester (Isopropyl-, Methyl- und Ethylester) durch Pankreasesterasen gespalten werden. Durch den Einsatz trägerfixierter mikrobieller Enzyme — in der Hauptsache von Aminoacylase-DEAE-Sephadex-Systemen — konnte der Spaltprozeß automatisiert und erheblich verbilligt werden. Das Verfahren dient zur industriellen Herstellung einer Reihe von L-Aminosäuren (Phe, Val, Met, Trp, Dopa u. a.). Die bei der Spaltung anfallenden N-Acyl-D-aminosäuren werden durch Einwirkung von Aceton racemisiert und erneut in den Spaltprozeß eingesetzt [53].

Abbildung 1—12 zeigt das Fließdiagramm für die kontinuierliche Produktion von L-Aminosäuren durch immobilisierte Aminoacylase (japanisches Verfahren).

Über die chromatographische Enantiomerentrennung wird in Abschn. 1.7. berichtet.

1.7. Analyse der Aminosäuren [109, 110]

Für die analytische Bestimmung der Aminosäuren steht eine Vielzahl von Methoden zur Verfügung, von denen hier nur die Papier-, Dünnschicht-, Ionenaustausch- und Gaschromatographie sowie die enzymatischen und Isotopenverfahren behandelt werden sollen.

Die Aminosäureanalytik hat wesentlich zur stürmischen Entwicklung der Proteinchemie beigetragen. Haupteinsatzgebiete sind neben der Identifizierung einzelner Aminosäuren die Ermittlung der Aminosäurezusammensetzung von Proteinhydrolysaten, die Bestimmung der Sequenz von Proteinen sowie die analytische Kontrolle der Peptidsynthese.

1.7.1. Chromatographische Verfahren [109—117]

Bei der chromatographischen Trennung wird das Stoffgemisch in einer mobilen Phase über eine ruhende, stationäre Phase transportiert. Dabei kommt es in Folge von Struktur-, Löslichkeits-, Polaritäts- und Ladungsunterschieden der Komponenten zu spezifischen Wechselwirkungen mit den Phasen, die zu unterschiedlichen Wanderungsgeschwindigkeiten der Komponenten führen.

Nach dem Aggregatzustand der mobilen Phase unterscheidet man außer zwischen Flüssigchromatographie (*LC*) und Gaschromatographie (*GC*) nach den insgesamt möglichen Trennkombinationen Flüssig-Fest-(*LSC*), Flüssig-Flüssig-(*LLC*), Gas-Fest-(*GSC*) und Gas-Flüssig-(*GLC*)-Chromatographie. Treten die gelösten Stoffe mit einer festen stationären Phase in Wechselwirkung, so wird der trennende Primäreffekt durch ein Adsorptionsgleichgewicht bestimmt. Man spricht in diesem Fall von Adsorptionschromatographie im Gegensatz zur Verteilungschromatographie, bei der die Trennung der Komponenten entsprechend ihrer Verteilung nach dem NERNSTschen Verteilungssatz erfolgt.

In der Flüssigchromatographie kann der Trennprozeß durch die physikalischchemischen Eigenschaften der mobilen Phase beeinflußt werden. Wird die Zusammensetzung der mobilen Phase im Verlaufe des Trennprozesses stufenweise oder kontinuierlich verändert, so spricht man von einer Gradientenchromatographie. Die moderne chromatographische Technik bedient sich sogenannter Hochleistungsverfahren (High Performance-Chromatography), bei denen eine Optimierung der Trennleistung durch den Einsatz von stationären Phasen mit kleinen Partikeldurchmessern und Anwendung von Drücken bis zu 700 bar erreicht wird. In der Gaschromatographie erzielt man höchste Trennleistungen durch Anwendung der Kapillartechnik, insbesondere durch den Einsatz von Glaskapillaren. Die modernen Analysenautomaten arbeiten mit Mikroprozeßsteuerung für alle Betriebsparameter, so daß die Analysenzeit erheblich verkürzt werden konnte. Die Gradienteneluierung wird durch zeitmodulierte Dosierventile gesteuert. Hochempfindliche Detektorsysteme ermöglichen ein exaktes Arbeiten im Nano- und Picogrammbereich.

Die Identifizierung der getrennten Aminosäuren erfolgt meistens durch Derivatisierung zu farbigen oder fluoreszierenden Verbindungen oder durch radioaktive Reagenzien [118]. Besonders wichtig sind die Nachweisreaktionen mit Ninhydrin und Fluorescamin.

Bei der Ninhydrin-Reaktion bildet sich der blauviolette Farbstoff (Absorptionsmaximum 570 nm, für Prolin 440 nm) aus der α-Aminogruppe und dem Reagens nach:

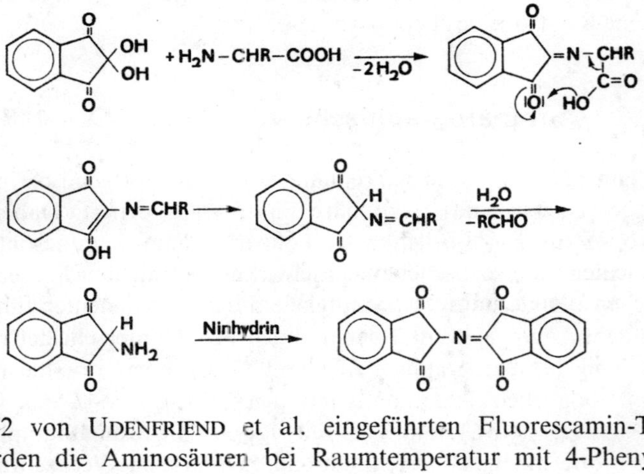

Bei der 1972 von UDENFRIEND et al. eingeführten Fluorescamin-Technik [119—122] werden die Aminosäuren bei Raumtemperatur mit 4-Phenylspirofuran-2(3H)-1'-phthalan (Fluorescamin) umgesetzt. Es entstehen stark fluoreszierende Verbindungen, die bei 336 nm nachgewiesen werden können. Fluorescamin und die bei der Zerstörung von überschüssigem Reagens gebildeten Hydrolyseprodukte zeigen keine Eigenfluoreszenz. Im Gegensatz zu Ninhydrin ist das Reagens praktisch unempfindlich gegenüber Ammoniak. Das vom gleichen Arbeitskreis eingeführte 2-Methoxy-2,4-diphenyl-3(2H)-furanon (*MDPF*) verhält sich analog.

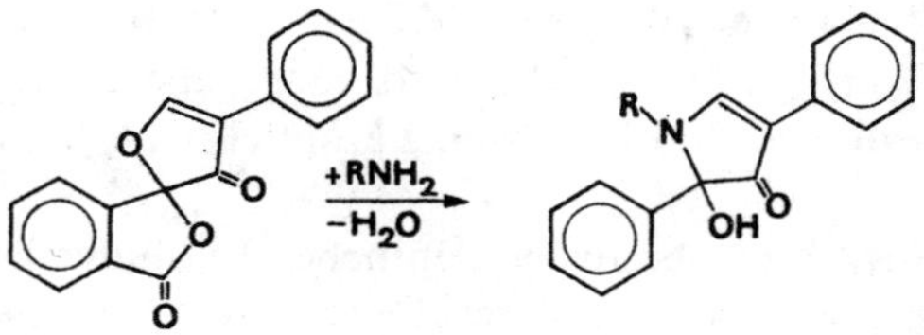

Fluorescamin

Weitere Nachweisreaktionen hoher Empfindlichkeit sind die Reaktion mit 2,4,6-Trinitrobenzensulfonsäure, mit 1,2-Naphthochinon-4-sulfonsäure (FOLINS Aminosäure-Reagens), die Blaufärbung mit 4,4'-Tetramethyldiamino-diphenylmethan (*TDM*) [123], die Bildung intensiv fluoreszierender Derivate mit 2-Phthalaldehyd in Gegenwart von Reduktionsmitteln [124—126], mit Pyridoxal und Zink(II)-ionen [127, 128], mit Dansylchlorid [129, 130], 5-Dimethylaminonaphthalen-sulfonylchlorid und ^{3}H-Bansylchlorid [131, 132] (5-Di-n-butylaminonaphthalen-sulfonylchlorid) oder mit Mansylchlorid [132] (N-Methyl-2-anilin-6-naphthalen-sulfonylchlorid). Die Fluoreszenzintensität kann durch Verwendung gemischter Lösungsmittelsysteme, z. B. von DMSO-H$_2$O erheblich gesteigert werden [133].

1.7.1.1. Papierchromatographie

Die 1944 von CONSDEN, GORDON und MARTIN erstmals angewendete Papierchromatographie ist eine Verteilungschromatographie, bei der das von der Cellulose adsorptiv gebundene Wasser die stationäre und ein organisches Lösungsmittelgemisch die mobile Phase bilden. An der Phasengrenzfläche verteilen sich die gelösten Komponenten durch ständige Diffusion von Phase zu Phase. Der Vorgang entspricht einem vielstufigen Ausschüttelungsprozeß.

In dem sich bei der Trennung einstellenden Lösungsmittelgleichgewicht entspricht das Konzentrationsverhältnis der Stoffe dem NERNSTschen Verteilungssatz $C = \dfrac{c_2}{c_1}$, wobei C der temperaturabhängige Verteilungskoeffizient und

c_1, c_2 die Konzentrationen der Stoffe in den beiden Phasen sind. Nach der Identifizierung der getrennten Substanzen wird ihre Lage im Chromatogramm durch den R_F-Wert (Retention value factor) charakterisiert. Er ergibt sich aus der Beziehung

$$R_F = \frac{\text{Wanderungsstrecke der Substanz}}{\text{Wanderungsstrecke der mobilen Phase}}.$$

Häufig wird auch der 100fache Wert, der hR_F-Wert (high retention value factor) oder der sogenannte R_{St}-Wert (relate to standard) angegeben, bei dem die relative Wanderungsstrecke zu einer Bezugssubstanz ermittelt wird (siehe R_{Leucin}-Werte in Tab. 1—10).

Zwischen Struktur und R_F-Wert bestehen deutliche Zusammenhänge. Bei den Aminosäuren mit geladener bzw. polarer Seitenkette (Aminodicarbonsäuren, Diaminocarbonsäuren, Hydroxysäuren) wird die stationäre Phase (wäßrige) bevorzugt, da sie einen kleineren R_F-Wert als vergleichbare Aminosäuren mit unsubstituierter Seitenkette haben. Überwiegt der hydrophobe Einfluß der Seitenkette, so steigt der R_F-Wert z. B. in der Reihenfolge Gly < Ala < Val < Leu. Hier wird mit zunehmender Kettenlänge die mobile (organische) Phase bevorzugt. In Tab. 1—10 sind die R_F-Werte und die R_{Leucin}-Werte der proteinogenen Aminosäuren zusammengestellt, wie sie bei der Chromatographie an SCHLEICHER-SCHÜLL-2043b-Papier unter Verwendung von Butanol/Eisessig/Wasser (4:1:1) bzw. von Butanol/Isobuttersäure/Eisessig/Wasser (5:0,5:0,7:5) erhalten wurden. Die R_{Leucin}-Werte ergaben sich nach dreifachem Durchlauf der mobilen Phase. Reproduzierbare Werte erhält man nur, wenn in Faserrichtung des Papiers chromatographiert wird.

Tabelle 1—10
R_F- und R_{Leucin}-Werte der proteinogenen Aminosäuren [138]

Aminosäure	R_F	R_{Leucin}	Aminosäure	R_F	R_{Leucin}
Cys	0,07	0,04	Ala	0,44	0,44
Lys	0,14	0,09	Pro	0,43	0,50
His	0,20	0,11	Tyr	0,45	0,56
Arg	0,20	0,14	Trp	0,50	0,63
Asp	0,19	0,21	Met	0,55	0,75
Ser	0,27	0,23	Val	0,60	0,77
Gly	0,26	0,27	Phe	0,68	0,91
Glu	0,30	0,32	Ile	0,72	0,98
Thr	0,35	0,35	Leu	0,73	1,00

Die Papierchromatographie wird heute vor allem in zweidimensionaler Technik angewendet. Für die Entwicklung in der 1. Richtung verwendet man meistens n-Butanol/Eisessig/Wasser (4:1:5), in der 2. Richtung u. a. folgende Lösungsmittelgemische: Ethanol/Wasser (95:5), Benzylalkohol/Wasser (70:30), Pyridin/Amylalkohol/Wasser (35:35:30).

1.7.1.2. Dünnschichtchromatographie [139—143]

Bei der Dünnschichtchromatographie (*DC*) wird eine schnelle Trennung der Aminosäuren mit geringstem apparativem Aufwand und sparsamem Materialeinsatz erreicht. Für die Herstellung der 0,1—0,3 mm starken Schichten werden Standardträger wie Kieselgel, Aluminiumoxid, Cellulosepulver, Ionenaustauscher auf Cellulosebasis, Polyamide sowie Polyacrylamid- und Dextrangele verwendet. Je nach Trägermaterial ist die DC eine Adsorptionschromatographie, vorzugsweise z. B. bei Kieselgel und Aluminiumoxid, oder eine Verteilungschromatographie wie z. B. bei Celluloseschichten. Als mobile Phase werden ähnliche Fließmittelsysteme wie bei der Papierchromatographie verwendet.

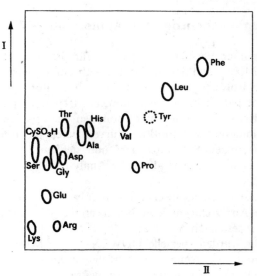

Abb. 1—13. Dünnschichtchromatographische Trennung des Hydrolysates der Insulin-B-Kette [144]

Richtung I: Laufmittel Chloroform/Methanol/17%ige NH_4OH-Lösung (2:1:1); Laufzeit 75 min
Richtung II: Laufmittel Phenol/Wasser (75:25); Laufzeit 180 min
Cystein und Cystin erscheinen als Cysteinsäure.

Abbildung 1—13 zeigt die zweidimensionale Auftrennung des Hydrolysates der Insulin-B-Kette an Kieselgel G.

Für den Nachweis sehr geringer Aminosäuremengen werden die Verbindungen mittels Fluorescamin auf der DC-Platte derivatisiert (Derivatisierungsreagens: 10 mg Fluorescamin in Aceton/Hexan (1:4)) [145]. Nach dem Chromatographieren in geeigneten Fließmitteln wird die Fluoreszenz bei 366 nm beobachtet. Die Nachweisgrenze liegt bei 10 Picomol Fluorescamin-Derivat.

Besonders leicht und schnell gelingt die zweidimensionale Charakterisierung von Aminosäuregemischen durch Kombination verschiedener Trennmethoden z. B. von Cellulosedünnschicht-Elektrophorese und Chromatographie (*Fingerprinttechnik*). Zunächst wird die Elektrophorese durchgeführt (Niedervolt-Elektrophorese ohne Kühlung, 20 V/cm in Ameisensäure) und dann in der zweiten Richtung chromatographiert (Laufmittel z. B. tert-Butanol/Methanol/Pyridin/ Ameisensäure/Wasser (33:43:9,6:0,4:20)). Bei biologischem Material erübrigt eine der Chromatographie vorgeschaltete Dünnschichtelektrophorese die Demineralisierung (Entsalzung) der Probe. Die schnell beweglichen Fremdionen wandern bereits nach kurzer Laufzeit aus dem Aminosäuretrennbereich heraus.

1.7.1.3. Ionenaustauschchromatographie [146, 147]

Nach Ausarbeitung exakter Versuchsbedingungen für die quantitative Ninhydrin-Reaktion gelang MOORE und STEIN 1948 die Auftrennung von 2,5 mg eines Rinderserumalbuminhydrolysats durch Verteilungschromatographie an einer Stärkesäule. Das Eluat wurde in 400 Fraktionen getrennt, in jeder Fraktion wurde die Ninhydrin-Reaktion manuell vorgenommen und aus den für die einzelnen Aminosäuren integrierten Extinktionskurven deren molarer Anteil berechnet. Außer dem geringen Substanzbedarf und der mit $\pm 3\%$ bis dahin nicht erreichten Genauigkeit galt vor allem die Analysenzeit von 1 Woche als außerordentlich gering.

Mit dem Übergang zur Ionenaustauschchromatographie konnten SPACKMANN, MOORE und STEIN die Analysentechnik automatisieren [148]. Abbildung 1—14 zeigt das Arbeitsprinzip des ersten Automaten.

Als Ionenaustauscher wurden spezielle DOWEX- und AMBERLITE-Typen verwendet. Die Auftrennung der Aminosäuren erfolgte in einer 9,9 × 150 cm-Säule mit Hilfe kontinuierlich durchgepumpter Natriumcitrat-Pufferlösung (pH 3,25 und 4,25). Das Eluat wurde in einem Teflon-Kapillarschlauch (T) mit zufließendem Ninhydrin umgesetzt (15 min bei 100 °C), die Intensität der Ninhydrinfärbung in einem Durchflußkolorimeter (D) gemessen und auf einem Schreiber (S) registriert. Die Analysenzeit betrug 24 Stunden, MOORE und STEIN erhielten gemeinsam mit ANFINSEN 1972 den Nobelpreis für Chemie.

Analyse der Aminosäuren

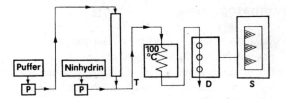

Abb. 1—14. Automatische Aminosäureanalyse nach SPACKMANN, MOORE und STEIN

Inzwischen ist die Leistungsfähigkeit der automatisierten Aminosäureanalyse weiter verbessert worden [149]. Die im Handel befindlichen Automaten benötigen für die Auftrennung eines Proteinhydrolysates zwei bis drei Stunden, ein von ZECH und VOELTER beschriebenes hochdruckflüssigchromatographisches System nur noch 45 Minuten, wobei die Empfindlichkeitsgrenze in den Picomol-Bereich verlagert wurde.

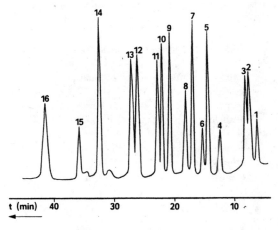

Abb. 1—15. Hochdruck-Flüssigkeitschromatogramm eines Aminosäurehydrolysates (Apparatur: Hewlett-Packard HP 1010 B, Trennsäule 3 × 250 mm gefüllt mit sphärischem, stark saurem Polystyren-Divinylbenzen-Austauscherharz von 8—2 μm Korngröße; Aminosäurekonzentration: 500 pMol; Detektionsreagens: Fluorescamin; Fluoreszenzdetektor: Hewlett-Packard Typ 1033 A).
1 — Asp; *2* — Thr; *3* — Ser; *4* — Glu; *5* — Gly; *6* — Ala; *7* — Cys; *8* — Val; *9* — Met; *10* — Ile; *11* — Leu; *12* — Tyr; *13* — Phe; *14* — Lys; *15* — His; *16* — Arg

1.7.1.4. Gaschromatographie [151—156]

Die von JAMES und MARTIN 1952 eingeführte Gaschromatographie ist ein besonders leistungsfähiges chromatographisches Analysenverfahren. Durch die im Vergleich zur Flüssigchromatographie hohe Strömungsgeschwindigkeit der mobilen Phase (H_2-, He-, N_2- oder Argon-Gas) wird eine schnelle Einstellung des Phasengleichgewichtes erreicht. Als stationäre Phase verwendet man vor allem Silicone, Polyester und Polyglycole auf handelsüblichen Trägermaterialien. Die Säulenlänge beträgt bei Einfachtrennungen an gepackten Säulen 1 bis 6 m, bei Enantiomerentrennungen an Kapillarsäulen bis zu 150 m. Der Nachweis der getrennten Substanzen erfolgt durch hochempfindliche Flammenionisations-, 10^{-10} Mol (*FID*), Wärmeleitfähigkeits- 10^{-6} Mol (*WLD*) und Elektronenanlagerungsdetektoren (*EAD*). Die Nachweisgrenze liegt im Nano-Picomol-Bereich. In Kombination mit der Massenspektrometrie bietet die Gaschromatographie ideale Möglichkeiten zur Aufklärung unbekannter Aminosäure- und Peptidstrukturen [157—158].

Es ist ein erheblicher Nachteil, daß die schwerflüchtigen Aminosäuren nicht direkt zur Analyse eingesetzt werden können. Man muß sie zunächst durch geeignete Derivatisierung oder durch Abbaureaktionen in verdampfbare Verbindungen überführen. Am besten bewährt hat sich die gleichzeitige Substitution von Amino- und Carboxyfunktion der Aminosäuren. Tabelle 1—11 enthält

Tabelle 1—11
Derivatisierung der Aminosäuren für die gaschromatographische Trennung

Aminofunktion	Carboxylfunktion	Stationäre Phase	Literatur
Acetyl-	-propylester	Carbowax 20 MX	[159]
Trifluoracetyl-	-methylester	XE-60/QF-1/MS 200	[160]
(Tfa)	-butylester	Apiezon M	[161]
butyryl- (HFB)	-menthylester	PEG-/Adipat/Apiezon	[162]
Heptafluor-	-propylester	OV-1	[163]
	isoamylester	SE-30	[164]
Trimethylsilyl (TMS)	-trimethylsilylester (TMS)	OV-11	[165]
Dinitrophenyl (DNP)	-methylester	SE-30	[166]
Cyclische Aminosäurederivate:			
Phenylthiohydantoine	(PTH-Aminosäuren) TMS	OV-101/OV-225	[167]
Methylthiohydantoine	(MTH-Aminosäuren) TMS-Derivate	OV-17	[168]
Oxazolidinone [2,2-Bis(chlordifluormethyl)oxazolidin-5-one]		Silicone	[169]

Derivatkombinationen, mit denen eine vollständige bzw. weitestgehende Auftrennung der proteinogenen Aminosäuren erreicht werden konnte. Der Nachweis der Abbauprodukte wie Aldehyde, Amine, Aminoalkohole, Nitrile, Hydroxysäuren u. a. hat bislang nicht zu allgemein brauchbaren Trennergebnissen geführt.

Über den Einsatz gaschromatographischer Methoden zur Bestimmung der Racemisierung bei Peptidsynthesen wird auf S. 200, zur Sequenzanalyse auf S. 415 berichtet.

Abbildung 1—16 zeigt die gaschromatographische Trennung der 20 proteinogenen Aminosäuren über die N-Heptafluorbutyryl-propylester. Die Derivatisierung erfolgte durch Umsetzung der Ester mit Heptafluorbuttersäureanhydrid (*HFBA*).

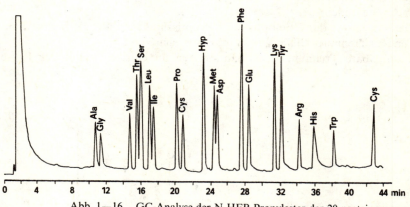

Abb. 1—16. GC-Analyse der N-HFB-Propylester der 20 proteinogenen Aminosäuren

1.7.1.5. Enantiomerentrennung durch chromatographische Verfahren

Die chromatographischen Verfahren der Enantiomerentrennung werden vor allem für Konfigurationsbestimmungen von Aminosäuren, für Racemisierungsuntersuchungen und für die präparative Isolierung in geringen Mengen auftretender Enantiomerer verwendet. Eine Anzahl von Aminosäuren konnte *papier-* und *dünnschichtchromatographisch* in die optischen Antipoden zerlegt werden. Die Trennung wurde dabei durch die Anwendung optisch aktiver Laufmittel oder durch Wechselwirkung mit den chiralen Cellulosemolekülen erreicht.

An Alginat-Silicagel-Papieren zeigen L-Aminosäuren eine größere Beweglichkeit als die D-Verbindungen.

Bei der *Ligandenaustauschchromatographie* [170—173] verwendet man chirale polymere Träger, die an optisch aktiven Aminosäuren gebundene Cu^{2+}, Ni^{2+} oder andere Übergangsmetallionen mit freien Koordinationsstellen enthalten. Im Verlaufe des Trennprozesses werden die freien Koordinationsstellen durch Liganden der mobilen Phase besetzt. ROGOZHIN und DAVANKOV gelang die Trennung einer Reihe von DL-Aminosäuren an Polystyrenharzen mit L-Prolin, sulfoniertem Phenylalanin [174], L-Hydroxyprolin [175] und anderen Aminosäureenantiomeren als fixiertem Liganden. Mit Cu^{2+} als komplexbildendem Metallion erfolgt die Eluierung des nicht koordinierenden Enantiomeren, die des koordinierten Enantiomeren mit konz. Ammoniak.

Bei der *gaschromatographischen Enantiomerentrennung* unterscheidet man zwei prinzipielle Methoden:

1. Derivatisierung der Enantiomeren mit optisch aktiven Reagenzien und anschließendem Trennprozeß an optisch inaktiver Phase und
2. unmittelbare Trennung der Enantiomeren an chiraler stationärer Phase [176, 177].

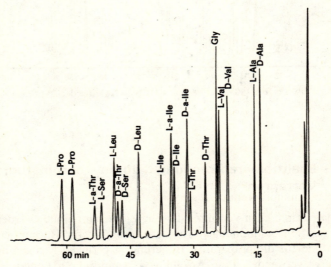

Abb. 1—17. Enantiomerentrennung von Pentafluorpropionyl-aminosäure-isopropylestern an 20 m Glaskapillaren (mit N-Tfa-L-Phe-L-Asp-biscyclohexylester als stat. Phase), Temperatur 130 °C; Temperaturprogramm: 10°/min bis 165 °C.

Als chirale Reagenzien für die Herstellung der chromatographierbaren, diastereomeren Aminosäurederivate haben sich die optisch aktiven Amylalkohole als Veresterungskomponente für N-Pentafluorpropionyl-aminosäuren [178] und α-Chlorisovalerylchlorid als Acylierungskomponente für Aminosäureester bewährt [179]. Unter Anwendung der Glaskapillartechnik mit kommerzieller stationärer Phase gelingt die optimale Trennung der meisten Aminosäuren.

Bei der zweiten Methode werden N-Trifluoracetyl-aminosäureester an Glaskapillaren von 15×150 m Länge getrennt, die spezielle N-Trifluoracetyl-L,L-dipeptidester als optisch aktive stationäre Phase enthalten. Von GIL-AV wurden N-Tfa-Val-Val-cyclohexylester [180] zur Enantiomerentrennung der Aminosäuren und speziell N-Tfa-Phe-Leu-cyclohexylester [181] und N-Tfa-L-Abu-L-Abu-cyclohexylester[182] bei der Analyse einer Meteoritenprobe verwendet. Besonders thermostabil sind N-Tfa-Phe-Asp-biscyclohexylester [183] und N-Tfa-Val-Val-carboranylpropylester [184]. Nach KÖNIG beruht der Trenneffekt auf der räumlichen Annäherung zwischen Partnern gleicher Konfiguration, wobei außer H-Brückenbindungen auch Dipol-Dipol-Wechselwirkungen zwischen Dipeptid- und Aminosäure-Derivat eine Rolle spielen.

Von BAYER et al. [185, 186] wurden *chirale Polysiloxane* zur gaschromatographischen Trennung enantiomerer Aminosäuren und anderer DL-Verbindungen (Hydroxysäuren, Alkohole, Amine) vorgeschlagen. Als chirale Ankergruppe werden Aminosäuren oder Peptide in das thermostabile Organosiloxangerüst eingebaut. Besonders bewährt hat sich die als Chirasil-Val bezeichnete Phase mit L-Valin-tert-butylamid als optisch aktivem Liganden.

1.7.2. Massenspektrometrische Aminosäureanalyse [187 bis 189]

Das Prinzip der massenspektrometrischen Strukturanalyse ist die Registrierung der Fragmentionen und Fragmentradikale, die beim Zerfall der primär durch Elektronenstoß gebildeten, energiereichen positiven Molekülionen gebildet werden. Zur Auswertung der Spektren ist die Kenntnis der Zerfallsreaktionen des ionisierten Aminosäuremoleküls erforderlich.

Der für α-Aminosäuren charakteristische Zerfall in mesomeriestabilisierte Immoniumionen und relativ stabile ˙COOH und Seitenkettenradikale R˙ geht aus nachstehendem Reaktionsschema hervor:

$$H_2\overset{\oplus}{N}-\underset{R}{\overset{H}{C}}-COOH \longrightarrow \begin{bmatrix} H_2\overset{\oplus}{N}=CH-R \xleftrightarrow{} H_2N-\overset{\oplus}{C}H-R \\ \boxed{MZ=M-45} \\ H_2\overset{\oplus}{N}=CH-COOH \xleftrightarrow{} H_2N-\overset{\oplus}{C}H-COOH \\ \boxed{MZ=74} \end{bmatrix} \begin{array}{l} +\dot{COOH} \\ \boxed{MZ=45} \\ +\dot{R} \\ \boxed{MZ=M-74} \end{array}$$

Außer den genannten Reaktionen hängen weitere Fragmentierungen von der Struktur der Seitenkette ab. Bei dem in Abb. 1—18 gezeigten Massenspektrum des Threonins sind z. B. außer den Peaks der Normalfragmente (MZ 74 und MZ 45) zwei weitere Peaks relativ hoher Intensität zu beobachten. Sie entstehen durch folgende Reaktionsschritte:

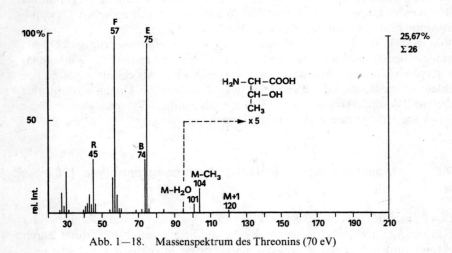

Abb. 1—18. Massenspektrum des Threonins (70 eV)

Wegen der Schwerflüchtigkeit der Aminosäuren wird die Probe bei 10^{-4} bis 10^{-5} Pa und 100 bis 150 °C in den Ionenquellenraum des Massenspektrometers gebracht. Günstiger ist der Einsatz leichtflüchtiger Aminosäurederivate, wie sie in der Gaschromatographie verwendet werden.

Besondere Bedeutung hat die Massenspektroskopie bei der Sequenzanalyse von Proteinen erlangt (vgl. S. 419). Zur Bestimmung der Phenylthiohydantoine setzt man die *Feldionen-Desorptions-Massenspektroskopie* [190, 191] ein, wobei hochauflösende Geräte mit photographischer Detektion verwendet werden.

Eine Unterscheidung der einzelnen Aminosäuren ist leicht möglich, weil durch die hohe Intensität des Molekülpeaks, durch geringe Fragmentierung und durch relativ schwache intermolekulare Wechselwirkungen hochauflösende Spektren erhalten werden.

1.7.3. Isotopenverfahren [192—194]

Zu den Standardverfahren der Aminosäureanalyse gehören die Isotopenverfahren. Man unterscheidet
— die Isotopenverdünnungsmethode und
— die Methode der aktivierten Derivate.

Bei der *Isotopenverdünnungsmethode* wird die Analysenprobe mit einer bestimmten Menge markierter Aminosäure versetzt und der Verdünnungsgrad des Isotopes nach Reinisolierung der zu bestimmenden Aminosäure nach

$$B = \left(\frac{C_0}{C} - 1\right) A$$

berechnet. Es bedeuten B die gesuchte Aminosäuremenge der Probe, A die der Probe zugesetzte Menge markierter Aminosäure, C_0 die Konzentration des markierten Elementes in der zugesetzten Aminosäure und C die Konzentration des markierten Elementes der isolierten Aminosäure. Über eine ultrasensitive Isotopenverdünnungsmethode für die L-Aminosäurebestimmung berichten RUBIN und GOLDSTEIN.

Bei der häufiger angewendeten *Methode der aktivierten Derivate* werden die zu bestimmenden Aminosäuren zunächst durch Umsetzung [195] mit Reagenzien, die stabile oder radioaktive Isotope enthalten, markiert. Anschließend versetzt man mit einem Überschuß an nichtmarkiertem Aminosäurederivat und reinigt bis zum konstanten molaren Isotopenverhältnis (C_c).
Die Menge w der gesuchten Aminosäure ergibt sich aus der Beziehung

$$w = W \frac{C_c}{C_r},$$

in der W die Menge des zugegebenen inaktiven Derivates und C_r die molare Konzentration des Isotopes in einem aus reiner Aminosäure und Reagens hergestelltem Derivat bedeuten.

Eine besonders empfindliche Doppelisotopen-Methode verwendet ^{3}H-markiertes Dansylchlorid als Reagens und ^{14}C-markierte Aminosäuren als internen Standard. Das ^{3}H:^{14}C-Verhältnis in den Dansylderivaten hängt hier von dem Verhältnis der zugesetzten ^{14}C-Aminosäure zur Konzentration an unmarkierter Aminosäure in der Probe ab. Diese Methode ist speziell für den Aminosäurenachweis in biologischem Material geeignet. Ihre Empfindlichkeit liegt im Picomolbereich [196].

1.7.4. Enzymatische Verfahren

Die enzymatischen Methoden der Aminosäureanalyse beruhen auf der Bestimmung von Reaktionsprodukten, die beim biochemischen Abbau von Aminosäuren gebildet werden. Wegen ihrer relativ geringen Empfindlichkeit (10^{-2} bis 10^{-4} Mol) werden sie nur für Serienanalysen bestimmter Aminosäuren angewendet. Dem zu analysierenden Aminosäuregemisch wird z. B. eine spezifische Decarboxylase (evtl. auch ein diese Decarboxylase produzierender Mikroorganismus) zugesetzt und die bei der Decarboxylierung gebildete CO_2-Menge im WARBURG-Apparat manometrisch gemessen. Erfaßbar sind 0,5 bis 1,5 mg Aminosäure.

Zunehmende Bedeutung gewinnt die Aminosäurebestimmung mit Hilfe von *Enzymelektroden* [197—200], in denen der stereoselektive Abbau durch immobilisierte Enzyme katalysiert wird. Bei den L-Aminosäureoxidase-Elektroden verläuft der Abbau nach

$$\text{L-Aminosäure} + O_2 \xrightarrow{\text{L-Aminosäureoxidase}} \text{Ketosäure} + H_2O_2 + NH_3 \text{ ,}$$

so daß H_2O_2 oder NH_3 für die Bestimmung genutzt werden können. Das NH_3 wird titrimetrisch erfaßt, das H_2O_2 amperometrisch oder in einer Sekundärreaktion mit I^--Ionen. Die dabei auftretenden Änderungen der Iodionenkonzentration werden mit einer zweiten, iodidselektiven Elektrode gemessen.

1.8. Spezielle Reaktionen der Aminosäuren

Die chemischen Reaktionen der Aminosäuren sind durch das typische Reaktionsverhalten ihrer funktionellen Gruppen charakterisiert und so vielseitig, daß hier nur auf die wichtigsten Reaktionen der α-Amino- und Carboxygruppe eingegangen werden kann. Über Reaktionen, die zu Aminosäurederivaten mit ausgesprochen peptidsynthetischer Bedeutung führen, wird in Kap. 2. berichtet.

1.8.1. Metallkomplexbildung [201]

Mit Schwermetallionen bilden die Aminosäuren chelatartige Komplexverbindungen, von denen die tiefblau gefärbten, gut kristallisierenden Verbindungen mit Kupfer(II)-ionen am bekanntesten sind. Die Bildung der Cu-Chelate des Typs CuA_2 wird zur komplexometrischen Titration einer Reihe von Aminosäuren ausgenutzt. Die Titration erfolgt mit einer Kupfer(II)-sulfatlösung bei pH 9 in Gegenwart von Murexid als Indikator [202].

Im Zusammenhang mit der Aufklärung der Bindungsverhältnisse in Protein-Metall-Komplexen durchgeführte Kristallstrukturanalysen ergaben, daß den Metall-Aminosäure-Komplexen eine Octaederstruktur zukommt, wobei zwei Aminosäure-Reste über die Amino- und Carboxygruppen an das zentrale Metallion gebunden sind und freie Koordinationsstellen durch Wasser abgesättigt werden. Besonders stabile Komplexe bilden Aminosäuren mit funktioneller Seitenkette, wie z. B. Histidin, das zusätzlich über den Imidazolstickstoff an das Zentralatom gebunden ist:

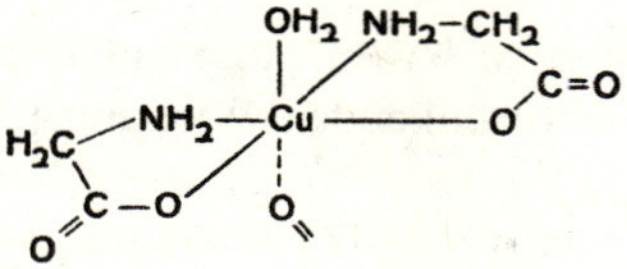

Bis-glycinato-kupfer (II)-hydrat
Cu(Gly)$_2$·H$_2$O

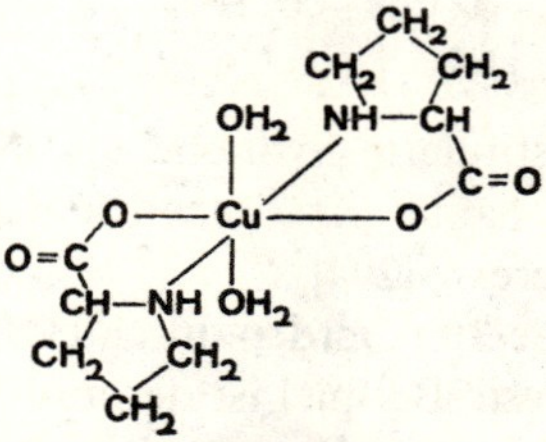

Bis-DL-prolinato-kupfer (II)-dihydrat
Cu(Pro)$_2$·2H$_2$O

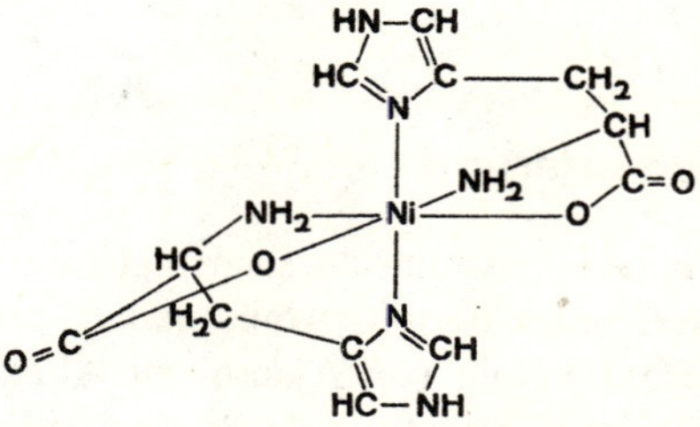

Bis-L-histidinato-nickel (II)-hydrat
Ni(His)$_2$·H$_2$O

Von BECK et al. [203] wurden systematische Untersuchungen der Platin(II)-Komplexe von Aminosäuren und einfachen Peptiden durchgeführt. Dabei zeigte sich, daß die aus den Platin(II)-Aminosäure-Komplexen aufgebauten Oligopeptidkomplexe des Typs cisPtAS$_2$X$_2$ (AS$_2$ = Dipeptidester; X = anionischer Ligand, z. B. Cl) tumorhemmende Wirkung haben.

1.8.2. Reaktionen mit salpetriger Säure

Freie Aminosäuren reagieren wie primäre Amine mit HNO$_2$ unter Stickstoffabspaltung. Die Aminogruppe wird dabei durch die Hydroxy-Gruppe ersetzt.

Konfigurationsänderungen am chiralen Kohlenstoffatom finden nicht statt. Die gasvolumetrisch gemessene Stickstoffmenge dient zur quantitativen Bestimmung der Aminosäuren nach VAN SLYKE (1910):

$$H_2N-CHR-COOH + HNO_2 \longrightarrow HO-CHR-COOH + H_2O + N_2$$

Aus N-Alkyl(Aryl)-aminosäuren und HNO_2 entstehen *Sydnone*. Der Ringschluß erfolgt durch Dehydratisierung der primär entstehenden Nitrosamine mittels Acetanhydrid:

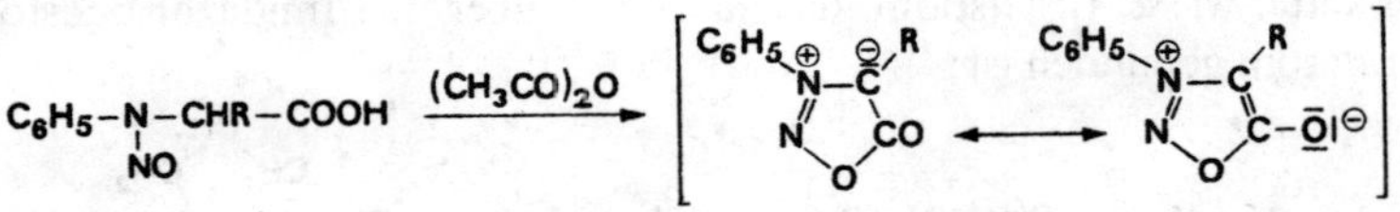

$$C_6H_5-\underset{NO}{N}-CHR-COOH \xrightarrow{(CH_3CO)_2O} \left[\begin{array}{c} C_6H_5 \\ \end{array} \right]$$

Phenylsubstituierte Sydnone und Sydnonimine haben aufgrund ihrer tumorhemmenden, bakteriostatischen und temperatursenkenden Wirkung pharmakologisches Interesse [204].

Aminosäureester werden durch HNO_2 in relativ stabile Diazoester übergeführt. Das bekannteste Beispiel ist der aus Glycinester gebildete Diazoessigester, der in der organischen Synthese für Ringerweiterungen und Additionsreaktionen vielseitige Verwendung findet:

$$H_2N-CH_2-COOR' + HNO_2 \longrightarrow N\equiv\overset{\oplus}{N}-\overset{\ominus}{C}H-COOR' + 2H_2O$$

1.8.3. Oxidative Desaminierung

Die Eliminierung der Aminogruppe von Aminosäuren erfolgt auf oxidativem Wege unter Bildung von Carbonylverbindungen und Ammoniak. Sie wurde erstmals von STRECKER (1862) bei der Umsetzung von Alanin mit Alloxan beobachtet. Als Oxidationsmittel werden Di- und Triketone, N-Bromsuccinimid, Silberoxid u. a. verwendet. Endprodukte der unter gleichzeitiger Decarboxylierung verlaufenden Reaktion sind die um ein C-Atom ärmeren Aldehyde und Ammoniak:

$$H_2N-CHR-COOH \xrightarrow{-2H, -CO_2} R-CH=NH \xrightarrow{H_2O} R-CHO + NH_3$$

Von analytischer Bedeutung ist die oxidative Desaminierung der Aminosäuren durch Ninhydrin (vgl. S. 66).

Bei der biochemischen Desaminierung von Aminosäuren wird die Aminogruppe im ersten Reaktionsschritt unter dem Einfluß von D- und L-Aminosäureoxidasen zur Imino-Gruppe dehydriert und die gebildete Iminosäure anschließend zur Ketosäure hydrolysiert:

$$H_2N-CHR-COOH \xrightarrow[-2H]{NAD\ (FAD, FMN)} R-\underset{NH}{\overset{\|}{C}}-COOH \xrightarrow{H_2O} R-COOH + NH_3$$

Dabei fungierten Nicotinamid-adenin-dinucleotid, Flavin-adenindinucleotid oder Flavinmononucleotid als Wasserstoffakzeptoren. Das gebildete Ammoniak ist für Organismen toxisch und wird beim Menschen und anderen Säugetieren in Form von Harnstoff, bei Vögeln und Reptilien in Form von Harnsäure als Finalprodukt ausgeschieden.

1.8.4. Transaminierung

Die NH_2-Gruppe einer Aminosäure kann in reversibler Reaktion auf eine Ketosäure übertragen werden, wobei im Austausch eine neue Aminosäure und eine neue Ketosäure entstehen:

$$H_2N-CHR-COOH + R_1-CO-COOH \rightleftharpoons H_2N-CHR_1-COOH + R-CO-COOH$$

Die biochemische Transaminierung ist die wichtigste Gruppenübertragungsreaktion im Aminosäurestoffwechsel. Sie wird durch Aminotransferasen (Transaminasen) katalysiert, Coenzym ist Pyridoxalphosphat, das über die SCHIFFsche Base als Zwischenstufe in den Aminogruppenaustausch eingreift.

Durch die Transaminierung können die meisten Aminosäuren ineinander umgewandelt oder durch die entsprechenden Ketosäuren ersetzt werden. Sie ist die entscheidende Reaktionsstufe bei der Biosynthese der nichtessentiellen Aminosäuren.

Besonders leicht werden Glutaminsäure und Asparaginsäure transaminiert, deren Transaminasen (Glutamat-Oxalacetat-Transaminase und Glutamat-Pyruvat-Transaminase) höchste Aktivitäten aufweisen. Die den beiden Aminodicarbonsäuren entsprechenden Ketosäuren (α-Ketoglutarsäure und Oxalessigsäure) sind als Intermediate des Citronensäurezyklus Bindeglieder zwischen Kohlenhydrat- und Proteinstoffwechsel.

1.8.5. N-Alkylierung

Man unterscheidet nach der Anzahl der an den Stickstoff gebundenen Alkylgruppen Mono-, Di- und Trialkylierungsprodukte der Aminosäuren. Am einfachsten ist die vollständige Alkylierung (Peralkylierung) der Aminogruppe z. B. mit Diazoalkanen oder Dialkylsulfaten, bei der die niederen Alkylierungsprodukte als Zwischenstufe auftreten. Mono- und Dimethylaminosäuren sind am Aufbau von Peptiden mikrobiellen Ursprungs beteiligt.

Eine Reihe permethylierter Aminosäuren wurde in der Natur aufgefunden, so das *Herzynin* als Betain des Histidins im Champignon, das *Hypaphorin* als Betain des Tryptophans im Samen von *Erythrina hypaphorus*, das *Stachydrin*

als Betain des Prolins in Stachys und anderen Pflanzen und das *Homobetain* des
β-Alanins im Fleischextrakt. Nach dem Vorkommen des einfachsten Vertreters
$(CH_3)_3N^{\oplus}$-CH_2-$COO^{\ominus}$ (Betain) in der Zuckerrübe (*Beta vulgaris*) werden sie als
Betaine bezeichnet. Sie liegen vollständig in der Zwitterionenform vor.

Bei der biochemischen N-Methylierung spielt das aus Methionin und ATP
gebildete *Adenosylmethionin* die Rolle des Methylgruppendonators:

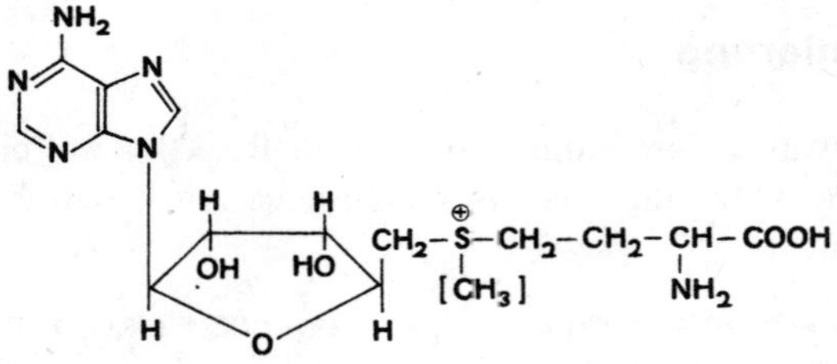

Adenosylmethionin

Als reaktive Sulfoniumverbindung überträgt das S-Adenosylmethionin die als
Thioether gebundene Methyl-Gruppe als $CH_3^{\oplus}$ auf das freie Stickstoffelektronenpaar und geht dabei selbst in Adenosylhomocystein über. Aus Colamin
H_2N-CH_2CH_2OH entsteht dabei z. B. *Cholin*, $(CH_3)_3N^{\oplus}$-CH_2-CH_2OH, aus
Guanidoessigsäure H_2N-C-NH-CH_2-COOH das *Kreatin*, H_2N-C-
                          ‖   ‖
                          NH   NH
—$N(CH_3)$-CH_2-COOH.

1.8.6. N-Acylierung

Bei der Umsetzung energiereicher Acylierungsreagenzien (Säurechloride, Säureanhydride u. a.) mit Aminosäuren entstehen in einer SCHOTTEN-BAUMANN-Reaktion N-Acylaminosäuren:

$R_1COCl + H_2N$-CHR-COOH $\xrightarrow{-HCl}$ R_1CO-NH-CHR-COOH

$(R_1CO)_2O + H_2N$-CHR-COOH $\longrightarrow$ R_1CO-NH-CHR-COOH + R_1COOH

Die gebildeten N-Acylverbindungen sind gewöhnlich gut kristallisiert und
eignen sich zur Charakterisierung und Identifizierung von Aminosäuren. Vielfach lassen sich N-Acyl-Reste leicht und spezifisch wieder abspalten, so daß sie
für den vorübergehenden Schutz der Aminogruppe herangezogen werden können
(vgl. S. 118). Fluorsubstituierte N-Acylaminosäuren dienen zur Herstellung
leichtflüchtiger Derivate für die Gaschromatographie, N-Acetyl- und N-Chlor-

acetyl-aminosäuren zur enzymatischen Spaltung der DL-Verbindungen. Mit natürlichen Fettsäure-Resten acylierte Aminosäuren, wie z. B. die N-Lauroyl- und die N-Stearylglutaminsäure, gewinnen als umweltfreundliche Tenside zunehmend technische Bedeutung.

1.8.7. Decarboxylierung

Von den Reaktionen an der Carboxygruppe der Aminosäuren ist die Decarboxylierung besonders wichtig. Beim allmählichen Erhitzen auf Temperaturen oberhalb 200 °C beginnen die Aminosäuren CO_2 abzuspalten und in primäre Amine überzugehen:

$$H_2N-CHR-COOH \xrightarrow{\Delta} H_2N-CH_2R + CO_2$$

Die Reaktion wird durch Metallionen katalysiert. Asparaginsäure z. B. decarboxyliert leicht in Gegenwart von Cu(II)-Ionen unter Bildung von Alanin.

An der im Organismus durch spezifische Decarboxylasen katalysierten Reaktion ist wiederum Pyridoxalphosphat, das Coenzym des Aminosäurestoffwechsels, als Wirkgruppe beteiligt. Der Reaktionsverlauf geht aus nachfolgendem Schema hervor:

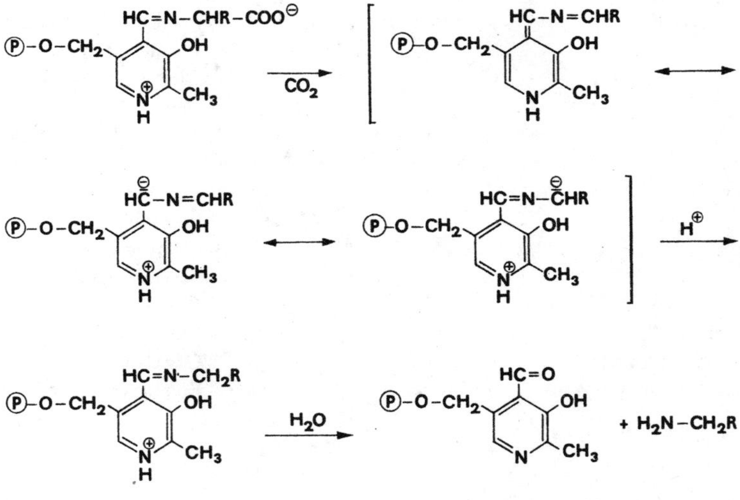

$Ⓟ = PO_3H_2$

Mit Ausnahme der von den einfachen aliphatischen Aminosäuren (Gly, Ala, Val, Leu und Ile) gebildeten Amine zeigen die Decarboxylierungsprodukte der Aminosäuren ausgeprägte biologische Wirkungen (biogene Amine). Einige sind stark wirksame Pharmaka, andere wichtige Bausteine von Coenzymen, Hormonen und Vitaminen. Eine Reihe von Tryptamin-Derivaten ist durch ihre halluzinogene Wirkung bekannt geworden. N,N-Dimethyl- und N,N-Diethyltryptamin z. B. finden sich in den Schnupfpulvern südamerikanischer Indianerstämme, die als *Psilocin* und *Psilocybin* bekannten Phosphorsäureester des 4-Hydroxy-N,N-dimethyltryptamins sind Bestandteile des mexikanischen Zauberpilzes *Psilocybe mexicana*. Eine Übersicht der biogenen Amine wird in Tab. 1—12 gegeben.

Tabelle 1—12
Die wichtigsten biogenen Amine

Aminosäure	Decarboxylierungsprodukt	Wirkung/Vorkommen
Histidin	Histamin	blutdruckwirksames Gewebshormon
Lysin	Cadaverin	Ribosomenbestandteil
Ornithin	Putrescin	bakterielle Stoffwechselprodukte
Arginin	Agmatin	Stoffwechselprodukt von Darmbakterien
Asparaginsäure	β-Alanin	Coenzym-A-Baustein
Glutaminsäure	γ-Aminobuttersäure	Gehirnstoffwechselprodukt, Ganglienblocker
Serin	Colamin	Cholin- u. Phosphatidbaustein
Threonin	Propanolamin	Vitamin-B_{12}-Baustein
Cystein	Cysteamin	Coenzym-A-Baustein
Tyrosin	Tyramin	uteruskontrahierendes Gewebshormon
Dopa	Dopamin	Neurotransmitter (Zentralnervensystem), Muttersubstanz für Adrenalin
Tryptophan	Tryptamin	Gewebshormon
5-Hydroxytryptophan	Serotonin	Gewebshormon
N-Acetyl-5-hydroxytryptophan	Melatonin	Epiphysenhormon

1.8.8. Veresterung

Die gebräuchlichste Methode der Veresterung von Aminosäuren ist die Umsetzung mit wasserfreien Alkoholen in Gegenwart von Katalysatoren (Chlorwasserstoff, stark saure Kationenaustauscher):

$$H_2N-CHR-COOH + R_1OH \xrightarrow[-H_2O]{HCl} \left[H_3N^{\oplus}-CHR-COOR_1 \right] Cl^{\ominus} \xrightarrow{-HCl}$$

$$H_2N-CHR-COOR_1$$

Aus den zunächst entstehenden Esterhydrochloriden werden die Ester durch Zugabe von Basen freigesetzt, in Ether aufgenommen und im Vakuum destilliert. Die charakteristisch nach Aminen riechenden freien Ester gehen beim Aufbewahren, insbesondere aber beim Erhitzen unter Alkoholabspaltung in 2,5-Dioxopiperazine über. Hierauf beruhen auch die Verluste die bei der Destillation von Aminosäureestern auftreten. Relativ thermostabil sind die *Isopropylester*, die aufgrund dieser Eigenschaften zur schonenden Auftrennung von Aminosäureestergemischen vorgeschlagen wurden.

Methylester gewinnt man meistens nach dem Thionylchlorid-Methanol-Verfahren, bei dem sich wahrscheinlich intermediär ein Chlorsulfinsäureester als reaktive Zwischenstufe bildet [206].

Unter besonders milden Bedingungen erhält man Aminosäure- und Peptidester durch Umsetzung ihrer Cäsiumsalze mit entsprechenden Alkylhalogeniden (MEIENHOFER et al.) [207]. Ein „Eintopf"-Verfahren zur Veresterung von Aminosäuren mit primären, sekundären und tert. Alkoholen in Gegenwart von Dimethylformamid-imidchlorid wurde von STADLER [208] beschrieben.

Durch Reduktionsmittel werden die Aminosäureester in Aminoaldehyde oder Aminoalkohole übergeführt. Besonders glatt verläuft die Reduktion mit Lithiumaluminiumhydrid, bei der in hoher Ausbeute optisch aktive Aminoalkohole gebildet werden.

Über die Veresterung zum Schutz der Carboxylgruppe bei Peptidsynthesen wird ebenso wie über „aktivierte" Ester im Kapitel „Peptide" berichtet.

1.9. Cyclische Aminosäurederivate

Von den in die Reihe der Heterocyclen gehörenden cyclischen Aminosäurederivaten sollen hier nur die fünfgliedrigen Hydantoine, Oxazolinone und Oxazolidindione sowie die sechsgliedrigen Dioxopiperazine aufgeführt werden.

Die *Hydantoine* (Imidazolidindione) wurden bereits im Zusammenhang mit der Aminosäuresynthese erwähnt. Sie entstehen aus Ureidocarbonsäuren durch säurekatalysierte bzw. aus Alkyloxycarbonylaminosäureamiden durch basenkatalysierte Cyclisierung:

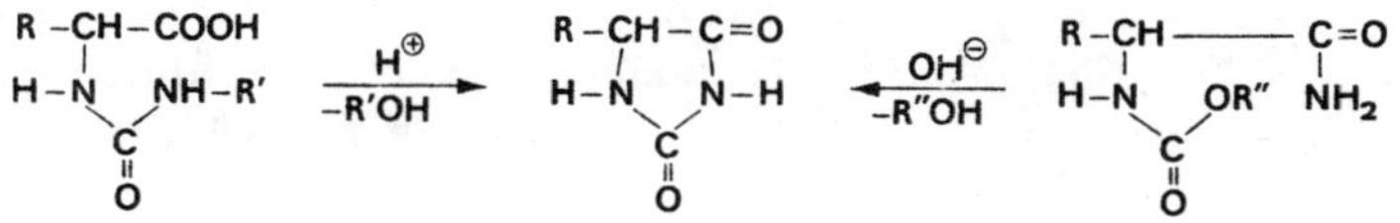

Am einfachsten gewinnt man sie durch Erhitzen von Cyanhydrinen mit Harnstoff oder durch Umsetzung von Aminosäuren mit Isocyanaten:

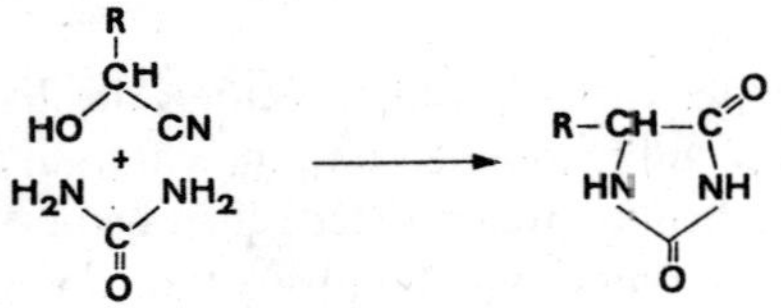

$$\underset{\underset{\text{H}_2\text{N}}{\overset{\text{HO}}{\diagup}}\underset{\underset{\text{O}}{\parallel}}{\overset{\text{R}}{\underset{\text{C}}{\overset{\text{CH}}{\diagdown}}}}\overset{\text{CN}}{\diagdown}\text{NH}_2}{} \longrightarrow \text{R-CH-C}\underset{\text{HN}}{\overset{\diagup\text{O}}{\diagdown}}\underset{\text{O}}{\overset{}{\text{NH}}}$$

Bei dem im Muskelgewebe gebildeten und im Harn ausgeschiedenen *Kreatinin* handelt es sich um ein 2-Imino-3-methyl-hydantoin. Wegen ihrer analytischen Bedeutung sind die bei der Sequenzanalyse durch Reaktion mit Isothiocyanaten gebildeten *Thiohydantoine* (vgl. S. 414) erwähnenswert.

Oxazolinone (Azlactone) entstehen durch Dehydratisierung von N-Acylaminosäuren mit Acetanhydrid oder mit Carbodiimiden. Sie sind Zwischenprodukte von Aminosäuresynthesen. Ihre Bildung in Nebenreaktionen der Peptidsynthese führt zur partiellen Racemisierung der betreffenden Aminosäure (vgl. S. 194).

Oxazolidindione, N-Carbonsäureanhydride, nach ihrem Entdecker auch als LEUCHSsche Anhydride bezeichnet, entstehen durch Abspaltung von Benzylchlorid aus N-Benzyloxycarbonyl-aminosäurehalogeniden oder einfacher aus Aminosäure und Phosgen. Sie sind sehr reaktionsfähig und werden vor allem zum Aufbau von Polyaminosäuren und Peptiden herangezogen (vgl. S. 164).

Die durch intermolekulare Esterkondensation von Aminosäureestern gebildeten *2,5-Dioxopiperazine* wurden als Stoffwechselprodukte verschiedener Mikroorganismen erkannt. In der synthetischen Aminosäure- und Peptidchemie spielen sie nur eine untergeordnete Rolle.

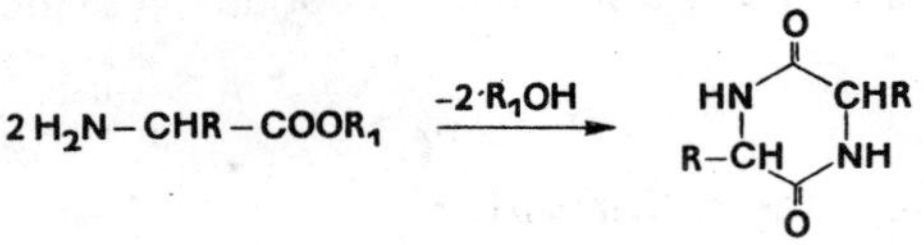

$$2\,\text{H}_2\text{N-CHR-COOR}_1 \xrightarrow{-2\cdot\text{R}_1\text{OH}} \text{HN}\underset{\text{R-CH}}{\overset{\text{O}}{\diagdown}}\underset{\text{O}}{\overset{\text{CHR}}{\diagup}}\text{NH}$$

1.10. Phosphoryl- und Phosphatidyl-aminosäuren

Diese Verbindungen sind als Bestandteile der biochemisch wichtigen Phosphopeptide und Phosphoproteine von Bedeutung. Sie werden gewöhnlich nur von den Hydroxyaminosäuren (Ser, Thr, Hyp) gebildet und enthalten den Phosphor in kovalenter P-O-Bindung. Ihre Darstellung erfolgt z. B. durch Umsetzung von Diphenyl-phosphorylchlorid mit entsprechend geschützten Aminosäurederivaten:

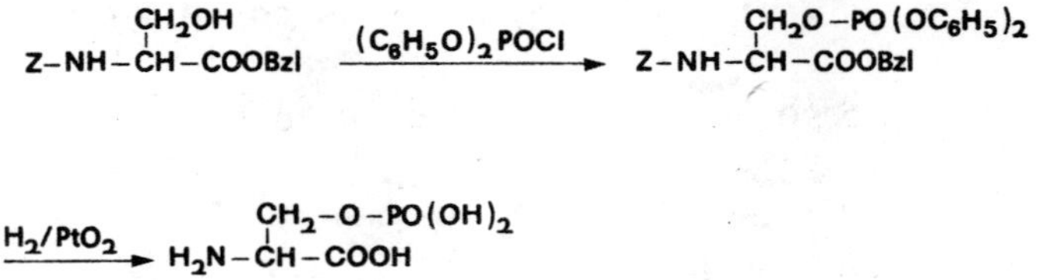

$$\text{Z-NH-CH(CH}_2\text{OH)-COOBzl} \xrightarrow{(C_6H_5O)_2POCl} \text{Z-NH-CH(CH}_2\text{O-PO(OC}_6\text{H}_5)_2)\text{-COOBzl}$$

$$\xrightarrow{H_2/PtO_2} \text{H}_2\text{N-CH(CH}_2\text{-O-PO(OH)}_2)\text{-COOH}$$

Phosphorylserin

Als natürlicher Vertreter einer Phosphatidylaminosäure wurde das O-(Palmitoyloleyl-glycerylphosphoryl)-L-theorenin aus einer Thunfischart isoliert:

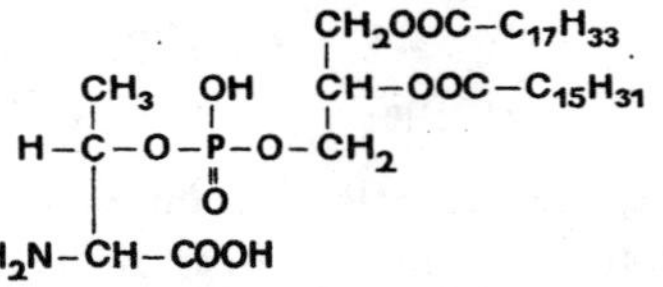

$$\begin{array}{c} \text{CH}_3 \quad \text{OH} \quad \text{CH}_2\text{OOC-C}_{17}\text{H}_{33} \\ | \quad\quad | \quad\quad | \\ \text{H-C-O-P-O-CH-OOC-C}_{15}\text{H}_{31} \\ \quad\quad || \quad | \\ \quad\quad \text{O} \quad \text{CH}_2 \\ | \\ \text{H}_2\text{N-CH-COOH} \end{array}$$

1.11. Glycoaminosäuren

Glycoaminosäuren sind Bestandteile der im Tier- und Pflanzenreich weit verbreiteten Glycopeptide und Glycoproteine. Sie vermitteln die Bindung zwischen Kohlenhydratkomponente und Peptidkette durch die Hydroxy-Gruppe des Serins bzw. Threonins (O-Glycosidbindung) z. B. in den Immunoglobulinen, durch die Aminofunktion des Lysins und Arginins bzw. durch die Amid-Gruppe des Asparagins (N-Glycosidbindung) z. B. in Plasmaproteinen und im Lactalbumin oder durch freie Carboxygruppen der Aminodicarbonsäuren (Esterbindung).

Die Kohlenhydratkomponente besteht aus 2 bis 15 Monosaccharid-Einheiten, wobei N-Acetylhexosamine, Galactose und Mannose als Zucker überwiegen. Die Synthese der Glycoaminosäuren erfolgt nach den Prinzipien der Glycosidverknüpfung bzw. Veresterung unter Einsatz entsprechend geschützter Aminosäurederivate.

1.12. Nucleoaminosäuren

Nach der Art der Bindung des Nucleosid- bzw. Nucleotid-Restes an Aminosäuren unterscheidet man drei Typen von Nucleoaminosäuren. Beim ersten und wichtigsten Typ ist die Aminosäure esterartig über die 2'- bzw. 3'-Hydroxy-Gruppe des Ribose-Restes gebunden (*I*). Beim zweiten Typ erfolgt die Verknüpfung amidartig über die Aminogruppe der Purin- bzw. Pyrimidinbasen (*II*). Bei den Nucleotiden besteht eine zusätzliche Möglichkeit der Bindung über den Phosphorsäure-Rest (*IIIa* und *IIIb*).

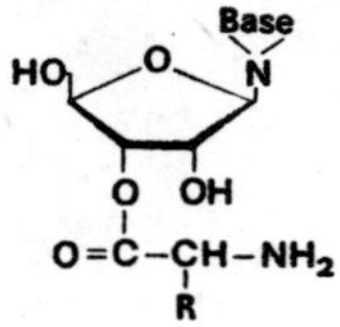

Die im Typ *I* dargestellte Ester-Gruppierung ist an tRNS gebunden (vgl. S. 435), eine entscheidende Zwischenstufe der Proteinbiosynthese. Eine auffallende Strukturanalogie liegt in dem die Proteinbiosynthese hemmenden Antibiotikum *Puromycin* vor:

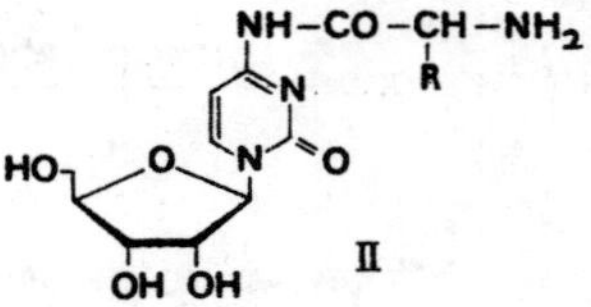

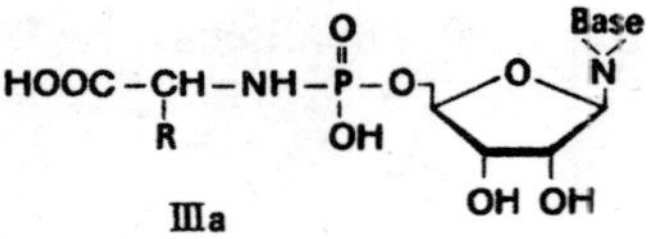

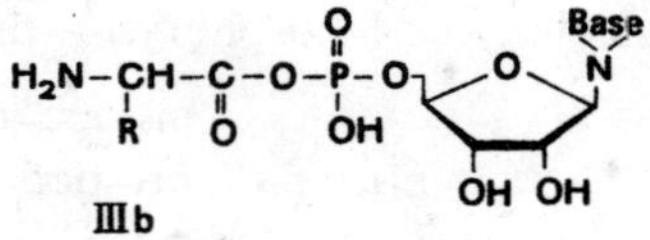

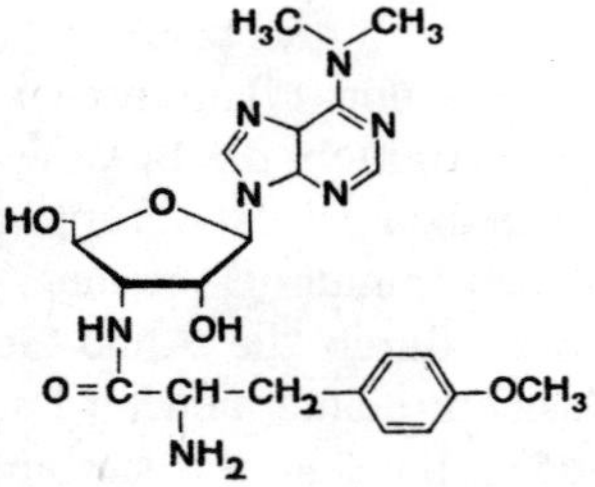

Als natürliche vorkommende Nucleoaminosäure wurde N-(Purin-6-yl)-asparaginsäure im Mycel einer Penicillium-Art aufgefunden.

Über die Synthese von Nucleotidyl- und Oligonucleotidyl-(5'-N)-aminosäure-(peptid)ester durch Verknüpfung der entsprechenden Aminosäure- und Nucleotid-Derivate nach der Carbodiimid- und Carbonyldiimidazol-Methode berichteten JUODKA et al. [209], über die Darstellung stereoregulärer Homonucleopeptide aus aktivierten Derivaten des Uracilyl-N'-β-alanins SHVACHKIN et al. [210].

Literatur

[1] LÜBKE, K., SCHRÖDER, E. u. KLOSS, G. (1975). *„Chemie und Biochemie der Aminosäuren, Peptide und Proteine"*, Bd. I u. II, Georg Thieme Verlag, Stuttgart
[2] WEINSTEIN, B. (1971—1978). *„Chemistry and Biochemistry of Amino Acids, Peptides and Proteins"*, Vol. 1—5, Marcel Dekker, Inc., New York
[3] FAHNENSTICH, R., HEESE, J. u. TANNER, H. (1974). *„Aminosäuren"* in: *„Ullmanns Encyklopädie der technischen Chemie"*, Verlag Chemie, Weinheim

[4] GREENSTEIN, J. P. u. WINITZ, M. (1961). „Chemistry of the Amino Acids", Bd. 1—3, J. Wiley, New York—London
[5] MEISTER, A. (1965). „Biochemistry of the Amino Acids", Bd. 1 u. 2, Academic Press, New York—London
[6] CORRIGAN, J. J. (1969). Science 164, 142
[7] IUPAC-IUB-Nomenklaturregeln", (1970) J. Biol. Chem. 245, 5171; (1972) J. Biol. Chem. 247, 977; Pure Appl. Chem. 31, 641; (1974) Pure Appl. Chem. 40, 315; (1975) Eur. J. Biochem. 53, 1
[8] BRAND, E. u. EDSAL, J. T. (1947). Ann. Rev. Biochem. 16, 224
[9] WELLNER, D. u. MEISTER, A. (1966). Science 151, 77
[10] BARRET, G. C. (1976). Amino Acids, Peptides, Proteins 8, 1
[11] FOWDEN, L. (1962). Endeavour 21, 35
[12] TSCHIERSCH, B. (1962). Pharmazie 17, 721
[13] KÜHNAU, J. (1949). Angew. Chem. 61, 357
[14] SCHUPHAN, W. u. SCHWERDTFEGER, E. (1965). Die Nahrung 9, 755
[15] SAPHONOVA, E. N. u. BELIKOW, V. M. (1967). Uspekki Khim. 36, 913
[16] „The Therapeutic Use of EAS and their Analogues". III rd. Int. Symp. (1976) Erlangen (1977) Z. Ernährungswiss. 16, 1
[17] ROSE, W. C. et al. (1948). J. Biol. Chem. 176, 753; 188, 49 (1951); 206, 421 (1954); 216, 763 (1955); 217, 987 (1955)
[18] Joint FAO/WHO Ad Hoc Expert Comitee, WHO, Techn. Report (1973) Ser. No. 522, 55
[19] SCHNEIDER, F. (1978). Naturwiss. 65, 376
[20] CHAMPAGNAT, A. et al. (1963). Nature 197, 13
[21] BELL, E. A. u. JOHN, D. I. (1976). Int. Rev. Sci.: Org. Chem. Ser. Two, 6, 1 (Hsg.: H. N. RYDON), Butterworth/London
[22] MÄRKI, W. (1976). Helv. Chim. Acta 59, 1591
[23] SHAH, D. V., TEWS, J. K., HARPER, A. E. u. SUTTIE, J. W. (1978). Biochim. Biophys. Acta 539, 209
[24] NEUBERGER, A. (1948) Adv. Protein Chem. 4, 297
[25] siehe [4], Bd. 1, 46ff.
[26] ELIEL, E. L. (1974). Chemie u. Zeit 8, 148
[27] LUTZ, O. u. JIRGENSON, B. (1930). Ber. dtsch. chem. Ges. 63, 448; 64, 1221 (1931)
[28] TONIOLO, C. u. SIGNOR, A. (1972). Experentia 28, 753
[29] JENNINGS, J. P., KLYNE, W. u. SCOPES, P. M. (1965). J. Chem. Soc. 294
[30] FOWDEN, L., SCOPES, P. M. u. THOMAS, R. N. (1971). J. Chem. Soc. 833
[31] TOOME, V. u. WEIGELE, S. M. (1975). Tetrahedron 31, 2625
[32] WIESER, H., JUGEL, H. u. BELITZ, H.-D. (1977). Z. Lebensmittel-Unters. u. Forschg. 164, 277
[33] ARIYOSHI YASUO (1976). Agr. and Biol. Chem. 40, 983
[34] ZIMMERMAN, S. S. POTTLE, M. S., NEMETHY, G. u. SCHERAGA, H. A. (1977). Macromolecules 10, 1
[34] TADDEL, F. u. PRATT, L. (1964). J. Chem. Soc. 1553
[35] ABRAHAM, R. J. u. THOMAS, U. A. (1964). J. Chem. Soc. 3739
[36] MARTIN, R. B. u. MATHUR, R. (1965). J. Amer. Chem. Soc. 87, 1065
[37] CAVANAUGH, J. R. (1967). J. Amer. Chem. Soc. 89, 1558

[38] ROBERTS, G. C. K. u. JARDETZKY, O. (1970). Adv. Protein Chem. **24**, 460
[40] MARSH, R. E. u. DONOHUE, J. (1967). Adv. Protein Chem. **22**, 235
[41] BEAVEN, G. H. u. HOLIDAY, E. R. (1952). Adv. Protein Chem. **7**, 319
[42] WETLAUFER, D. B. (1962). Adv. Protein Chem. **17**, 303
[43] SUTHERLAND, G. B. B. M. (1952). Adv. Protein Chem. **7**, 291
[44] TURBA, F. (1955). „*Aminosäuren, Peptide*" in: HOPPE SEYLER/THIERFELDER, „*Handbuch der Physiologisch- und Pathologisch-Chemischen Analyse*", 10. Aufl., Bd. III/2, S. 1685ff., Springer-Verlag; Berlin—Göttingen—Heidelberg
[45] TAKEDA, M. u. JARDETZKY, O. (1957). J. Chem. Phys. **26**, 1346
[46] BREITMAIR, E. u. VOELTER W. (1974). „^{13}C-*NMR-Spektroskopie*", Verlag Chemie, Weinheim
[47] VOELTER, W., ZECH, K., GRIMMINGER, W., BREITMAIR, E. u. JUNG, G. (1972). Chem. Ber. **105**, 3650
[48] WIELAND, Th. (1949). Fortschr. chem. Forschung **1**, 211
[49] KANEKO, T., IZUMI, Y., CHIBATA, I. u. ITOH, T. (1974). „*Synthetic Production and Utilization of Amino Acids*", Halsted Press, Wiley, New York
[50] BELIKOV, V. M. (1973). Vestnik Akad. Nauk S.S.S.R. 33
[51] SAFONOVA, E. N. u. BELIKOV, V. M. (1974). Uspekhi. Khim. **43**, 1575
[52] MEIENHOFER, J. (1975). J. Med. Chem. **18**, 643
[53] IZUMI, Y., CHIBATA, I. u. ITOH, T. (1978). Angew. Chem. **90**, 187
[54] HILL, R. L. (1965). Adv. Protein Chem. **20**, 37
[55] MOORE, S. u. STEIN, W. H. (1963). Methods Enzymol. **6**, 819
[56] GRUBER, H. A. u. MELLON, E. F. (1968). Anal, Biochem. **26**, 180
[57] WESTALL, F. u. HESSER, H. (1974). Anal. Biochem. **61**, 610
[58] LIU, T. Y. u. CHANG, Y. H. (1971). J. Biol. Chem. **246**, 2842
[59] PENKE, B., FERENCZI, R. u. KOVACS, K. (1974). Anal. Biochem. **60**, 45
[60] HILL, R. L. u. SCHMIDT, R. (1962). J. Biol. Chem. **237**, 389
[61] YAMADA, K. et al. (1972). „*The Microbial Production of Amino Acids*", Kodansha, Tokyo/Wiley, New York
[62] FUKUMURA, T. (1976). Agric. Biol. Chem. **40**, 1687
[63] HOPPE, D. (1975). Angew. Chem. **87**, 450
[64] SCHÜTTE, H. R. (1966) „*Radioaktive Isotope in der organischen Chemie und Biochemie*", VEB Deutscher Verlag der Wissenschaften, Berlin/Verlag Chemie, Weinheim
[65] TOVEY, K. C., SPILLER, G. H., OLDHAM, K. G., LUCAS, N. u. CARR, N. G. (1974). Biochem. J. **142**, 47
[66] BRETSCHER, M. S. u. SMITH, A. E. (1972). Anal. Biochem. **47**, 310
[67] MORECOMBE, D. J. u. YOUNG, D. W. (1975). J.C.S. Chem. Commun. 198
[68] HUANG, F. C., CHAN, J. A., SIH, C. J., FAWCETT, P. u. ABRAHAM, E. P. (1975). J. Amer. Chem. Soc. **97**, 3858
[69] VALENTINE, D. u. SCOTT, J. W. (1978). Synthesis, 329
[70] SCOTT, J. W. u. VALENTINE, D. (1974). Science **184**, 943
[71] HERMANN, K. (1978). Nachr. Chem. Tech. Lab. **26**, 651
[72] TAKAISHI, N., IMAI, H., BERTELO, C. A. u. STILLE, J. K. (1978). J. Amer. Chem. Soc. **100**, 264
[73] HARADA, K., IWASAKI, T. u. OKAWARA, T. (1973). Bull. Chem. Soc. Japan **46**, 1901

[74] HARADA, K., OKAWARA, T. (1973). J. Org. Chem. **38**, 707
[75] WEINGES, K. u. STEMMLE, B. (1973). Chem. Ber. **106**, 2291
[76] OGURI, T., KAWAI, N., SHIORI, T. u. YAMADA, S. (1978). Chem. Pharm. Bull **26**, 803
[77] IZUMI, Y. u. TAI, A. (1977). „Stereo-Differentiation Reactions", Kodansha, Tokyo/Academic Press, New York
[78] BÖHM, R. u. LOSSE, G. (1967). Z. Chem. **7**, 409
[79] WOLMAN, Y., HAVERLAND, W. J. u. MILLER, S. L. (1972). Proc. Nat. Acad. Sci. USA **69**, 809
[80] MILLER, S. L. u. ORGEL, L. E. (1973). „The Origins of Life on Earth", Englewood Cliffs, N. J.: Prentia Hall
[81] HATAMAKA, H. u. EGAMI, F. (1977). Bull. Chem. Soc. Japan **50**, 1147
[82] HARADA, K. u. SUZUKI, S. (1977). Nature **266**, 275
[83] EIGEN, M. u. P. SCHUSTER (1978). Naturwiss. **65**, 351
[84] LAWLESS, J. G. u. PETERSON, E. (1975). Orig. Life **6**, 3
[85] IVANOV, C. P. u. SLAVCHEVA, N. N. (1977). Orig. Life **8**, 13
[86] WOLMAN, Y. u. MILLER, S. L. (1972). Tetrahedron Letters 1199
[87] FERRIS, J. P. u. RYAN, T. J. (1973). J. Org. Chem. **38**, 3302
[88] SWEENEY, M. A., TOSTE, A. P. u. PONNANPERUMA, C. (1976). Orig. Life **7**, 187
[89] RABINOWITZ, J. (1969). Helv. Chim. Acta **52**, 2663; **53**, 1353 (1970)
[90] RABINOWITZ, J. u. HAMPAI, A. (1978). Helv. Chim. Acta **62**, 1842
[91] LAHAV, N., WHITE, D. u. CHANG, S. (1978). Science **201**, 67
[92] HENNON, G., PLAQUET, R. u. BISERTE, G. (1975). Biochimie **57**, 1395
[93] LEHNINGER, A. L. (1977). „Biochemie", 2. Auflage, S. 487, Verlag Chemie, Weinheim—New York
[94] GREENSTEIN, J. P. (1954). Adv. Protein Chem. **9**, 121
[95] LOSSE, G. u. JESCHKEIT, H. (1960). Pharmazie **15**, 164
[96] HELFMAN, P. M. u. BADA, J. L. (1976). Nature **262**, 279
[97] BADA, J. L. u. PROTSCH, R. (1973) Proc. Nat. Acad. Sci. USA **70**, 1331
[98] SCHRÖDER, R. A. u. BADA, J. L. (1973). Science **182**, 479
[99] SMITH, G. G., WILLIAMS, K. M. u. WONNACOTT, D. M. (1978). J. Org. Chem. **43**. 1
[100] NORDEN, B. (1977). Nature **266**, 567
[101] BONNER, W. A., KAVASMANECK, P. R., MARTIN, F. S. u. FLORES, J. J. (1975). Orig. Life, 367
[102] ELIOS, W. E. (1972). J. Chem. Educ. **49**, 448
[103] HARADA, K. (1970). Naturwiss. **57**, 114
[104] THIEMANN, W. (1974). Naturwiss. **61**, 476
[105] HARADA, K. (1965). Nature **206**, 1354
[106] YAMADA, S., YAMAMOTO, I. u. CHIBATA, I. (1973) J. Org. Chem. **38**, 4408
[107] YAMADA, S., HONGO, C., YAMAMOTO, M. u. CHIBATA, I. (1976). Agric. Biol. Chem. **40**, 1425
[108] ARENDT, A., KOLODZIEJCZIEJCZYK, A., SOKOLOWSKA, T. u. SZUFLER, E. (1974). Roczniki Chem. **48**, 635
[109] BLACKBURN, S. (1978) „Amino Acid Determination", M. Dekker, Inc. New York, Basel
[110] JAEGER, E. (1974). in HOUBEN-WEYL „Methoden der Organischen Chemie", 15/2, 681 ff.

[111] TURBA, F. (1954). „Chromatographische Methoden in der Proteinchemie", Springer-Verlag, Berlin
[112] HESSE, G. (1968). „Chromatographisches Praktikum", Akademische Verlagsgesellschaft, Leipzig
[113] HESSE, G. (1973) „Methodicum Chimicum", Bd I, 1, 92; Georg Thieme-Verlag, Stuttgart
[114] KRAUSS, G.-J. u. KRAUSS, G. (1973). Wiss. u. Fortschr. 23, 458, 512, 552; 24, 26, 76, 126 (1974)
[115] KRAUSS, G. J. u. KRAUSS, G. (1979). „Experimente zur Chromatographie, VEB Deutscher Verlag der Wissenschaften, Berlin
[116] EPPERT, G. (1978). „Einführung in die schnelle Flüssigkeitschromatographie", Akademie-Verlag, Berlin
[117] HRAPIA, H. (1977). „Einführung in die Chromatographie", Akademie-Verlag, Berlin
[118] LUSTENBERG, N., LANGE, H. W. u. HEMPEL, K. (1972). Angew. Chem. 11, 227
[119] UDENFRIEND, S., STEIN, S., BÖHLEN, P., DAIRMAN, W. u. LEIMGRUBER, W. (1972). Science 178, 871
[120] MENDEZ, E. u. LAI, C. Y. (1975). Anal. Biochem. 65, 281
[121] STEIN, S. BÖHLEN, P., STONE, J., DAIRMAN, W. u. UDENFRIED, S. (1973). Arch. Biochem. Biophys. 155, 202
[122] NAKAMURA, H., PISANO, J. J. (1976). J. Chromatog. 121, 33
[123] ARX, E. VON, FAUPEL, M. u. BRUGGER, M. (1976). J. Chromatog. 120, 224
[124] ROTH, M. u. HAMPAI, A. (1973). J. Chromatog. 83, 353
[125] BENSON, J. R. u. HARE, P. E. (1975). Proc. Nat. Acad. Sci. USA 72, 619
[126] CRONIN, J. R. u. HARE, P. E. (1977). Anal. Biochem. 81, 151
[127] MAEDA, M. u. TSUJI, A. (1973). Anal. Biochem. 52, 555
[128] LANGE, H. W., LUSTENBERG, N. u. HEMPEL, K. (1972). Z. Anal. Chem. 261, 337
[129] BAYER, E., GROM, E., KALTENEGGER, B. u. UHMANN, R. (1976). Anal. Chem. 48, 1106
[130] SEILER, N. u. WIECHMANN, M. (1966). Z. Anal. Chem. 220, 109
[131] BURZYNSKI, S. R. (1975). Anal. Biochem. 65, 93
[132] OSBORNE, N. N., STAHL, W. L. u. NEUHOFF, V. (1976). J. Chromatog. 123, 212
[133] FROEHLICH, P. M. u. MUROHY, L. D. (1977). Anal. Chem. 49, 1606
[134] HAIS, I. M. u. MACEK, K. (1958). „Handbuch der Papierchromatographie", VEB Gustav Fischer-Verlag, Jena
[135] CRAMER, F. (1962). „Papierchromatographie", 5. Aufl., Verlag Chemie, Weinheim
[136] JORK, H. u. KRAUS, L. (1973). „Methodicum Chimicum", I/1, 67, Georg Thieme-Verlag, Stuttgart
[137] ZWEIG, G. u. SHERMA, J. (1976). Anal. Chem. 48, 66 R
[138] GRÜTTE, F. K. u. KOHNKE, B. (1967). J. Chromatog. 26, 325
[139] RANDERATH, K. (1966) „Dünnschichtchromatographie", 2. Aufl., Verlag Chemie, Weinheim
[140] STAHL, E. (1962). „Dünnschichtchromatographie", Springer-Verlag, Berlin—New York—Heidelberg
[141] PATAKI, G. (1966). „Dünnschichtchromatographie in der Aminosäure- und Peptidchemie", Verlag W. de Gruyter, Berlin

[142] KIRCHNER, J. G. (1967). „Thin-Layer-Chromatography", Intersci. Publ., New York—London—Sidney
[143] ISSAQ, H. I. u. BARR, E. W. (1977). Anal. Chem. **49**, 83 A
[144] FAHMY, A. R., NIEDERWIESER, A., PATAKI, G. u. BRENNER, M. (1961). Helv. Chim. Acta **44**, 2022
[145] NAKAMURA, H. u. PISANO, J. J. (1976). J. Chromatog. **121**, 33
[146] RYBAK, M., BRADA, Z. u. J. M. HAIS (1966). „Säulenchromatographie an Celluloseaustauschern", VEB Gustav Fischer-Verlag, Jena
[147] DETERMANN, H. u. LAMPERT, K. (1973). „Methodicum Chimicum", Bd I/1, 134, Georg Thieme-Verlag, Stuttgart
[148] SPACKMAN, D. H., STEIN, W. H. u. MOORE, S. (1958). Anal. Chem. **30**, 1190
[149] BAYER, E. et al. (1976). Anal. Chem. **48**, 1106
[150] ZECH, K., VOELTER, W. (1975). Chromatographia **8**, 350; J. Chromatog. **112**, 643
[151] HUSEK, P. u. MACEK, K. (1975). J. Chromatog. **113**, 139
[152] MAREK, V. (1974). Chem. Listy **68**, 250
[153] KAISER, R. u. PROX, A. (1968) in: „Analytische Methoden zur Untersuchung von Aminosäuren, Peptiden und Proteinen", S. 267, Akademische Verlagsgesellschaft, Frankfurt/M.
[154] KOLB, B. (1973) in: „Methodicum Chimicum", Bd. I/2, 1059, Georg Thieme-Verlag, Stuttgart
[155] RÖDEL, W. u. WÖLM, G. (1976). „Grundlagen der Gaschromatographie", VEB Deutscher Verlag der Wissenschaften, Berlin
[156] SCHOMBURG, G. (1976). „Gaschromatographie", Taschentext 48, Verlag Chemie, Weinheim—New York
[157] LAWLESS, J. G. u. PETERSON, E. (1975). Orig. Life **6**, 3
[158] FRICK, W., CHANG, D., FOLKERS, K. u. DAVES, G. D. (1977). Anal. Chem. **49**, 1241
[159] ADAMS, R. F. (1974). J. Chromatog. **95**, 189
[160] CLIFFE, A. J., BERRIDGE, N. J. u. WESTGARTH, D. R. (1973). J. Chromatog. **78**, 333
[161] GEHRKE, C. W. u. TAKEDA, H. (1973). J. Chromatog. **76**, 63
[162] HASEGEWA, M. u. MATSUBARA, I. (1975). Anal. Biochem. **63**, 308
[163] MOSS, C. W., LAMBERT, M. A. u. DIAZ, F. J. (1971). J. Chromatog. **60**, 134
[164] ZANETTA, J. P. u. VINCENDON, G. (1973). J. Chromatog. **76**, 91
[165] GEHRKE, C. W. u. LEIMER, K. (1971). J. Chromatog. **57**, 219
[166] IKEKAWA, N., HOSHINO, O. u. WATANUKI, R. (1966). Anal. Biochem. **17**, 16
[167] EYEM, J. u. SJÖQUIST, J. (1973). Anal. Biochem. **52**, 255
[168] LAMKIN, W. M., JONES, N. S., PAN, T. u. WARD, D. N. (1974). Anal. Biochem. **58**, 549
[169] WEYGAND, F. (1964). Z. Anal. Chem. **205**, 406
[170] DAVANKOV, V. A. u. ROGOZHIN, S. V. (1971). J. Chromatog. **60**, 280
[171] DAVANKOV, V. A., ROGOZHIN, S. V. u. SEMECHKIN, A. V. (1974). J. Chromatog. **91**, 493
[172] MASTERS, R. G. u. LEYDEN, D. E. (1978). Anal. Chim. Acta **98**, 9
[173] PESLEKAS, I., ROGOZHIN, S. V. u. DAVANKOV, V. A. (1974). Zhur. obshchei Khim. **44**, 468
[174] YAMSKOV, I. A., BEREZIN, B. B., TIKHONOV, V. E., BELCHICH, L. A. u. DAVANKOV, V. A. (1978). Biorg. Khim. **4**, 1170

[175] DAVANKOV, V. A. u. ZOLOTAREV, Yu. A. (1978). J. Chromatog. **155**, 285
[176] KÖNIG, W. A. u. NICHOLSON, G. J. (1975). Anal. Chem. **47**, 951
[177] KÖNIG, W. A. (1977). Chem. Ztg. **101**, 201
[178] KÖNIG, W. A., RAHN, W. u. EYEM, J. (1977). J. Chromatog. **133**, 141
[179] HALPERN, B. u. WESTLEY, J. (1965). Chem. Commun. **12**, 246
[180] FEIBUSH, B. u. GIL-AV, E. (1970). Tetrahedron **26**, 1361
[181] KÖNIG, W. A., PARR, W., LICHTENSTEIN, H. A., BAYER, E. u. ORO, J. (1970). J. Chromatog. Sci. **8**, 183
[182] PARR, W. u. HOWARD, P. J. (1972). Angew. Chem. **84**, 586; (1973) Anal. Chem. **45**, 716
[183] STÖLTING, K. u. KÖNIG, W. A. (1976). Chromatographia **9**, 331
[184] BRAZELL, R., PARR, W., ANDRAWES, F. u. ZLATKIS, A. (1976). Chromatographia **9**, 57
[185] FRANK, H., NICHOLSON, G. J. u. BAYER, E. (1978). Angew. Chem. **90**, 396
[186] FRANK, H., NICHOLSON, G. J. u. BAYER, E. (1977). J. Chromatog. Sci. **15**, 174
[187] HEYNS, K. u. GRÜTZMACHER, H. F. (1966). „Massenspektrometrische Analyse von Aminosäuren und Peptiden", Fortschr. chem. Forschung **6**, 536
[188] SPITTELER, G. (1966). „*Massenspektrometrische Strukturanalyse organischer Verbindungen*", Verlag Chemie, Weinheim
[189] FEHLHABER, H. W. (1973) in: „*Methodicum Chimicum*", Bd. I/1, S. 496, Georg Thieme-Verlag, Stuttgart
[190] SCHULTEN, H. R. u. WITTMANN-LIEBOLD, B. (1976). Anal. Biochem. **76**, 300
[191] SUZUKI TATEO, SONG KYUNG-DUCK, HAGAKI YASUHIRO, TUZIMURA KATURA (1976). Org. Mass. Spectrom. **11**, 557
[192] FOSTER, G. L. (1945). J. Biol. Chem. **159**, 431
[193] SHEMIN, D. (1945). J. Biol. Chem. **159**, 439
[194] KESTON, A. S., UDENFRIEND, S. u. CANNAN, R. K. (1949). J. Amer. Chem. Soc. **71**, 249
[195] RUBIN, I. B. u. GOLDSTEIN, G. (1970). Anal. Biochem. **33**, 244
[196] BROWN, J. P. u. PERHAM, R. N. (1973). Eur. J. Biochem. **39**, 69
[197] NANJO, M. u. GUILBAULT, G. G. (1974). Anal. Chim. Acta **73**, 367
[198] TRAN-MINH, C. u. BROUN, G. (1975). Anal. Chem. **47**
[199] JOHANSSON, G., EDSTRÖM, K. u. ÖGREN, L. (1976). Anal. Chim. Acta **85**, 55
[200] MASCINI, M. u. PALLESCHI, G. (1978). Anal. Chim. Acta **100**, 000
[201] FREEMAN, H. C. (1967). Adv. Protein Chem. **22**, 258
[202] GARWARGIOUS, Y. A., BESADA, A. u. HASSOUNA, M. E. M. (1974). Mikrochim. Acta 1003
[203] BECK, W., PURUCKER, B., GIRNTH, M., SCHÖNENBERGER, H., SEIDENBERGER, H. u. RUCKDESCHEL, G. (1976). Z. Naturforsch. **31 b**, 832
[204] ACKERMANN, E. (1967). Pharmazie **22**, 537
[205] JAIN, J. C., SHARMA, I. K., SAHNI, M. K., GRUPTA, K. C. u. MATHUR, N. K. (1977). Indian J. Chem. B 15, 8, 766
[206] BRENNER, M. u. HUBER, W. (1953). Helv. Chim. Acta **36**, 1109
[207] WANG, S. S., GISIN, B. F., WINTER, D. P., MAKOWSKE, R., KULESHA, I. D., TZOUGRAKI, C. u. MEIENHOFER, J. (1977). J. Org. Chem. **42**, 1286

[208] STADLER, P. A. (1978). Helv. Chim. Acta **61**, 1675
[209] JUODKA, B., LIORANCAITE, L., JANNSONYTE, L. u. SASNANSKIENE, S. (1976). Bioorg. Khim. **2**, 1513
[210] SHVACHKIN, Yu. P., VOSKOVA, N. A. u. KORSHUNOVA, G. A. (1976). Zh. Oshch. Khim. **46**, 2634

2. Peptide

2.1. Allgemeine Eigenschaften

2.1.1. Definition und Aufbauprinzip

Peptide sind aus 2 bis etwa 100 Aminosäuren aufgebaute Kettenmoleküle, deren monomere Bausteine säureamidartig durch *Peptidbindungen* miteinander verknüpft sind:

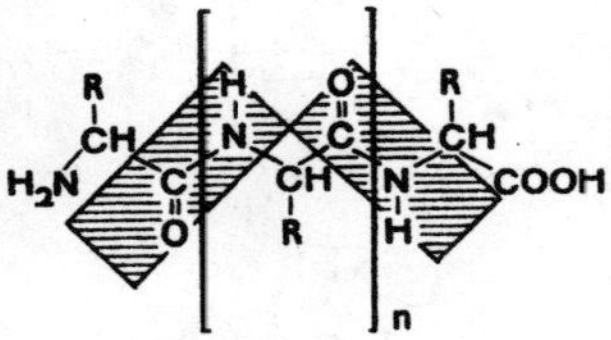

Der Name Peptide ist auf den bedeutenden Naturstoffchemiker Emil FISCHER (1852—1919) zurückzuführen, der aus den ersten vier Buchstaben der Bezeinung *Pept*one (Spaltprodukte des Pepsinabbaus von Proteinen) und den drei Endbuchstaben des Kohlenhydratbegriffes Polysacchar*ide*, die ebenfalls aus monomeren Bausteinen aufgebaut sind, den Namen für diese Verbindungsklasse prägte. Peptide stehen größenordnungsmäßig zwischen den hochmolekularen Proteinen und den Aminosäuren.

Neben den in ihrer Vielfalt dominierenden *linearen Peptiden* kommen auch ringförmige Verbindungen unterschiedlicher Ringgliederzahl vor, die *cyclischen Peptide*, deren Bildung man sich formal durch Knüpfung einer Peptidbindung aus der Amino- und Carboxyfunktion der N- und C-terminalen Aminosäure eines linearen Peptides vorstellen kann:

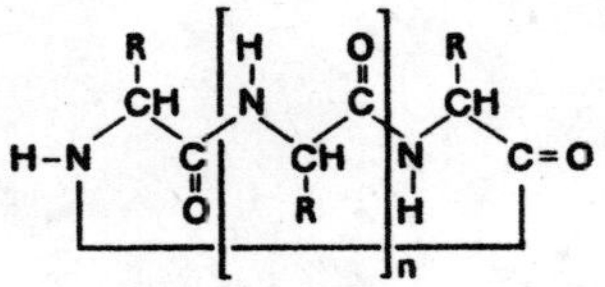

Durch Röntgenkristallstrukturanalyse von Aminosäuren, Aminosäureamiden und einfachen linearen Peptiden konnten PAULING und COREY 1951 nachweisen, daß in der Peptidbindung der C—N-Abstand gegenüber einer normalen Einfachbindung verkürzt ist (Abb. 2—1).

Allgemeine Eigenschaften

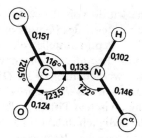

Abb. 2—1. Durchschnittliche Bindungsabstände (nm) und Bindungswinkel einer Peptidbindung

Durch die Mesomerie ergeben sich mit der *trans-Peptidbindung* (*I*) und der *cis-Peptidbindung* (*II*) unter Aufhebung der freien Drehbarkeit um die Bindungsachse zwei verschiedene planare Anordnungen:

I

II

In den 2,5-Dioxopiperazinen, den einfachsten aus zwei Aminosäuren aufgebauten ringförmigen Peptiden, liegen cis-Peptidbindungen vor. Auch cyclische Tripeptide können nur spannungsfrei mit drei cis-Peptidbindungen existieren. Da Prolin neben Sarkosin keine Möglichkeit zur Stabilisierung einer trans-Peptidbindung besitzt, konnte mit dem Cyclotriprolyl ein ringförmiges Tripeptid synthetisch erhalten werden (s. S. 230). In nativen Peptiden und Proteinen dominiert die trans-Peptidbindung. In verschiedenen Proteinen konnten auch cis-Peptidbindungen nachgewiesen werden, bei denen stets Prolin an der Peptidbindung beteiligt ist.

2.1.2. Einteilung und Nomenklatur

Nach der Anzahl der Aminosäuren, die als Bausteine in einem Peptid enthalten sind, unterscheidet man zwischen Di-, Tri-, Tetra-, Penta- ...... Octa-, Nona-, Decapeptiden usw. Zur Umgehung der mit der griechischen Nummerierung längerkettiger Peptide verbundenen Probleme wurde von BODANSZKY der Vorschlag unterbreitet, die Zahl der Aminosäurebausteine des Peptids in arabischen Zahlen vor das Wort Peptid zu setzen, wie z. B. 7-Peptid anstelle von Heptapeptid oder 10-Peptid (Zehn-Peptid) statt Decapeptid. Peptide, in denen weniger als 10 Aminosäuren miteinander verknüpft sind, werden formal als *Oligopeptide*, solche mit bis zu etwa 100 Aminosäurebausteinen als *Polypeptide* bezeichnet. Aus chemischer Sicht ist eine Differenzierung zwischen Polypeptiden und *Proteinen (Makropeptide)* äußerst problematisch. Lediglich didaktische Erwägungen rechtfertigen es, die historisch bedingte Grenze zwischen Polypeptiden und Proteinen bei Verbindungen mit Molekulargewichten von etwa 10000 — bestehend aus etwa 100 Aminosäurebausteinen — zu ziehen, die auf dem Kriterium der Dialysierbarkeit durch natürliche Membrane basiert.

Zur rationellen chemischen Bezeichnung betrachtet man die Peptide formal als Acylaminosäuren, wobei der Aminosäure, deren Carboxygruppe an der Peptidbindung beteiligt ist, die Endung *-yl* zugeordnet wird. Zwangsläufig behält dann nur die C-terminale Aminosäure einer linearen Peptidkette den ursprünglichen Trivialnamen. Entsprechend der bereits erläuterten Kurzschreibweise für Aminosäuren (s. S. 15) resultiert eine weitere Vereinfachung der Formelschreibweise:

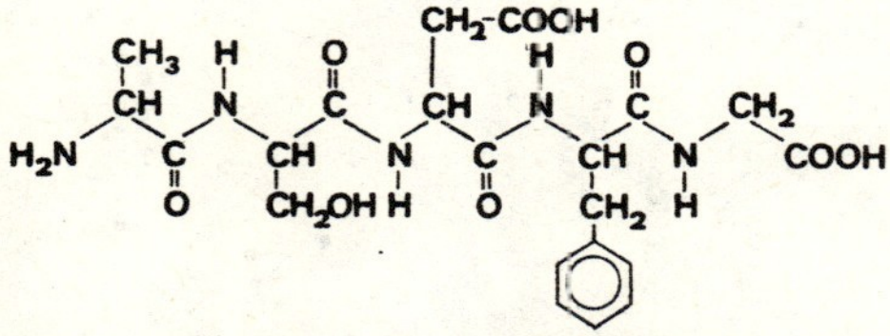

Alanyl ——— seryl ——— asparagyl – phenylalanyl — glycin
Ala ——— Ser ——— Asp ——— Phe ——— Gly

Vereinbarungsgemäß wird in den Formeln linearer Peptide die Aminosäure mit freier α-Aminogruppe, die *N-terminale Aminosäure* genannt wird, in der horizontal angeordneten Peptidkette stets auf die linke Seite geschrieben, während das Kettenende durch die Aminosäure mit freier Carboxygruppe, die *C-terminale Aminosäure*, gekennzeichnet wird. Im vorstehenden Beispiel fungiert entsprechend dieser von BAILEY vorgeschlagenen Schreibweise Alanin als N-terminale Aminosäure und Glycin als C-terminale Aminosäure. FROMAGEOT dagegen empfahl, den die freie α-Aminogruppe tragenden Rest als *Anfangsaminosäure* („initial residue") und den entsprechenden Rest mit freier endständiger Carboxygruppe als *Endaminosäure* („terminal residue") zu bezeichnen. Obwohl dieser Vorschlag einfacher erscheint, hat sich aber die BAILEYsche Empfehlung weitgehend durchgesetzt.

Die Kurzschreibweise Ala-Ser-Asp-Phe-Gly repräsentiert das Pentapeptid unabhängig vom Ionisationszustand. Will man aber besonders unterstreichen, daß

Allgemeine Eigenschaften

das Peptid in unsubstituierter Form vorliegt, kann man nach einem Vorschlag von GREENSTEIN und WINITZ die Amino- bzw. Carboxygruppe in der vereinfachten Formel durch ein zusätzliches H bzw. OH kennzeichnen (*I*). Für das Zwitterion (*II*), Anion (*III*) und Kation (*IV*) sind die nachfolgenden Formelbilder gebräuchlich:

$$\text{H–Ala–Ser–Asp–Phe–Gly–OH} \qquad \text{H}_2^+\text{–Ala–Ser–Asp–Phe–Gly–O}^-$$
$$\text{I} \qquad\qquad\qquad\qquad\qquad \text{II}$$

$$\text{H–Ala–Ser–Asp–Phe–Gly–O}^- \qquad \text{H}_2^+\text{–Ala–Ser–Asp–Phe–Gly–OH}$$
$$\text{III} \qquad\qquad\qquad\qquad\qquad \text{IV}$$

Bei der üblichen Formelschreibweise wird gewöhnlich vorausgesetzt, daß auch trifunktionelle Aminosäuren mit zusätzlichen Amino- bzw. Carboxyfunktionen (Lys, Orn, Glu, Asp) durch α-Peptidbindungen verknüpft sind. Für ω-Peptidbindungen ist in der Kurzformelschreibweise eine besondere Kennzeichnung erforderlich.

In dem biochemisch sehr wichtigen Tripeptid Glutathion findet man beispielsweise neben der α-Peptidbindung auch eine γ-Peptidbindung:

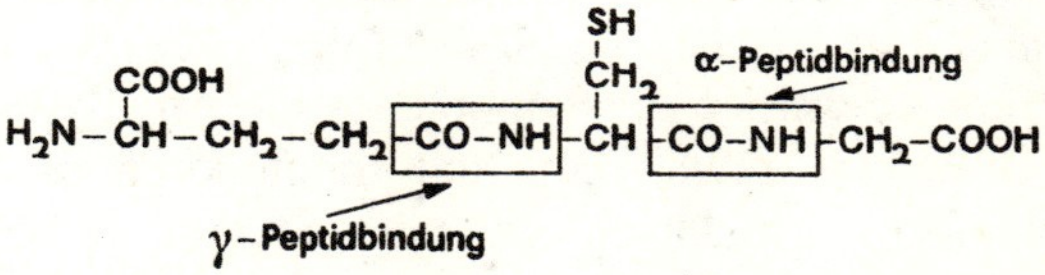

$$\underset{\gamma\text{-Peptidbindung}}{\text{H}_2\text{N–CH–CH}_2\text{–CH}_2\text{–}\boxed{\text{CO–NH}}\text{–CH–}\boxed{\text{CO–NH}}\text{–CH}_2\text{–COOH}}$$

mit COOH (oben links), SH–CH$_2$ (oben Mitte), α-Peptidbindung (oben rechts).

Die Kennzeichnung der γ-Peptidbindung im Glutathion und anderer ω-Peptidbindungen ist den folgenden Beispielen zu entnehmen:

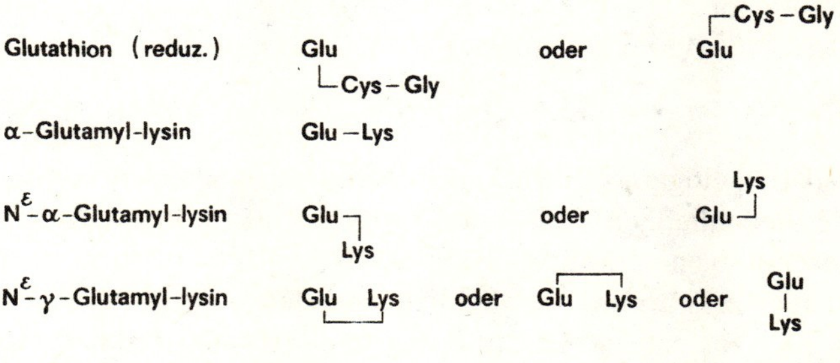

Glutathion (reduz.)	Glu⎤ ⎣Cys–Gly	oder	⎡Cys–Gly Glu
α-Glutamyl-lysin	Glu–Lys		
N^ε-α-Glutamyl-lysin	Glu⎤ Lys	oder	Lys Glu⎦
N^ε-γ-Glutamyl-lysin	Glu⎣⎦Lys	oder	Glu⎯⎯Lys	oder	Glu ⏐ Lys

Eine Peptidbindung zwischen der ε-Aminogruppe des Lysins und der seitenständigen Carboxygruppe der Glutaminsäure bzw. Asparaginsäure wird auch *Isopeptidbindung* genannt, wie z. B. im N^ε-γ-Glutamyl-lysin.

Die Seitenkettensubstitution in der verkürzten Formelschreibweise wird durch die Abkürzung des entsprechenden Substituenten oberhalb oder unterhalb des betreffenden Aminosäuresymbols bzw. in Klammern unmittelbar danach angezeigt. Dies wird durch die Abkürzungsmöglichkeiten des Pentapeptides L-Alanyl-

L-asparagyl(β-tert.-butyl-ester)-glycyl-N$^\varepsilon$-tert.-butyloxycarbonyl-L-lysyl-O-tert.-butyl-L-tyrosin nachstehend erläutert:

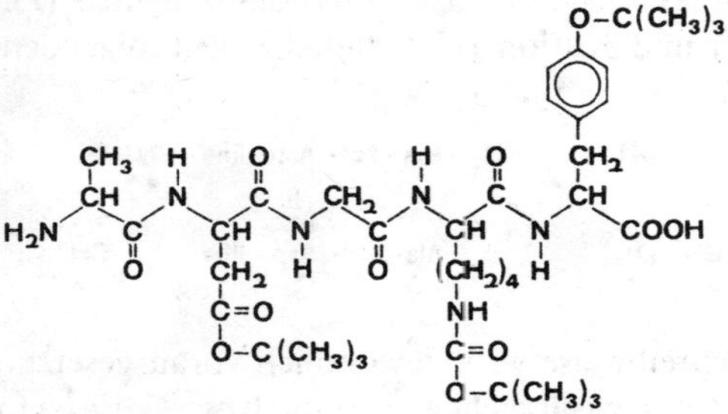

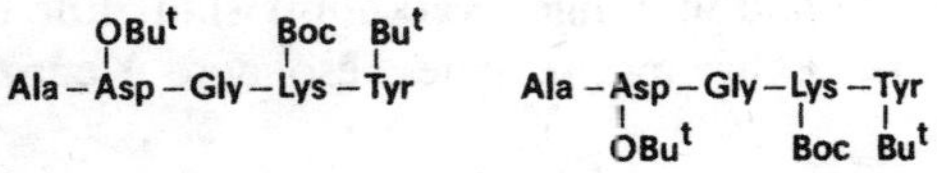

[Strukturformel des Peptids]

```
        OBu^t      Boc  Bu^t                    Bu^t
         |          |    |                       |
Ala–Asp–Gly–Lys–Tyr        Ala–Asp–Gly–Lys–Tyr
                                    |     |    |
                                   OBu^t  Boc  Bu^t

          Ala–Asp(OBu^t)–Gly–Lys(Boc)–Tyr(Bu^t)
```

Die Anzahl und Reihenfolge der verknüpften Aminosäuren in einem Peptid bezeichnet man als *Primärstruktur*. Ist die Reihenfolge oder *Sequenz* eines Peptides vollständig bekannt, so werden die Symbole für die Aminosäure-Reste, wie bereits gezeigt, nacheinander geschrieben und durch kurze Bindestriche (Divis) miteinander verbunden. Schließlich unterscheidet man zwischen dem Peptid selbst, z. B. Ala-Ser-Asp-Phe-Gly (ohne Striche an den Symbolenden) und der Sequenz -Ala-Ser-Asp-Phe-Gly- (mit zusätzlichen Strichen an den endständigen Symbolen). Sind Teilsequenzen eines Peptides noch nicht bekannt, werden die betreffenden Dreibuchstabensymbole, durch Kommata getrennt und in Klammern gesetzt, wie im nachfolgenden Beispiel gezeigt:

Gly–Glu–Ala–Ser–Phe–(Tyr, Phe, Pro, Arg, Lys)–Val–Pro–Gly–Ala

Entsprechend der eingangs getroffenen Definition sollten natürlich vorkommende Peptide ausschließlich Aminosäurebausteine enthalten, die in der Regel durch α-Peptidbindungen verknüpft sind.

Hinsichtlich der Verknüpfungsmöglichkeiten ist durch die proteinogene Aminosäure Cystein eine zusätzliche Variante gegeben, da sich durch Oxidation der Thiol-Funktion eine *Disulfidbindung* ausbilden kann:

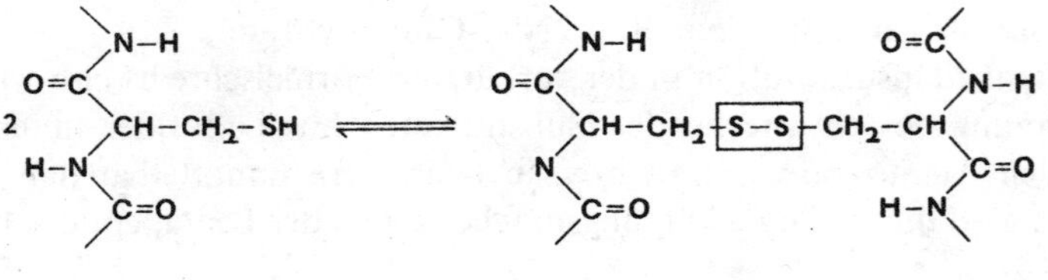

[Reaktionsschema: 2 Cystein-Reste ⇌ Disulfidbrücke -S-S-]

Man unterscheidet zwischen *intramolekularen (intrachenaren) Disulfidbindungen* innerhalb einer Peptidkette und *intermolekularen (interchenaren) Disulfidbindungen* zwischen verschiedenen Peptidketten:

```
             S─────────────S
             |             |
-Ala-Gly-Cys-Pro-Val-Ile-Lys-Cys-Leu-Glu-Asp-Asn-Cys-Pro-Val-
                                                 |
                                                 S
                                                 |
                                                 S
                                                 |
                         -Asn-Lys-Val-Tyr-Cys-Phe-Leu-
```

Intramolekulare Disulfidbindungen findet man beispielsweise im Oxytocin, Vasopressin, in der A-Kette des Insulins und in der Ribonuclease. Intermolekulare Disulfidbindungen verknüpfen verschiedene Peptidketten miteinander, wobei identische, wie in der oxidierten Form des Glutathions, oder verschiedene Ketten, wie im Insulin, kovalent verbunden werden können. Die Disulfidbindung ist von großer Bedeutung für die Ausbildung und Stabilisierung bestimmter Peptid- und Proteinkonformationen.

Bedingt durch die Tatsache, daß man in natürlich vorkommenden Peptidwirkstoffen auch proteinfremde Bausteine, wie Hydroxysäuren, längere Fettsäure-Reste u. a. gefunden hat, aber auch neben den Thiol-Funktionen seitenkettenständige Hydroxy-Funktionen proteinogener Aminosäuren bindungsmäßigen Anteil nehmen können, entspricht die ursprüngliche Peptiddefinition nicht den gegebenen Realitäten. Man muß daher zunächst zwischen *homöomeren Peptiden*, die ausschließlich aus Aminosäuren bestehen, und *heteromeren Peptiden*, die außer Aminosäuren auch proteinfremde Bausteine enthalten, unterscheiden.

Entsprechend der Bindungsart erfolgt eine weitere Differenzierung zwischen *homodeten Peptiden* und *heterodeten Peptiden*, wobei erstere nur Peptidbindungen enthalten, während im zweiten Fall neben peptidartigen Verknüpfungen zusätzlich Ester-, Disulfid- oder Thioesterbindungen u. a. vorliegen können.

Die Sequenz eines cyclischen homodet-homöomeren Peptides läßt sich in der verkürzten Formelschreibweise nach drei verschiedenen Varianten darstellen:

1. Man setzt die Sequenz in Klammern und stellt ein kursiv gedrucktes *cyclo* voran:

    cyclo-(-Val-Orn-Leu-D-Phe-Pro-Val-Orn-Leu-D-Phe-Pro-)

2. Weiterhin kann das als Beispiel gewählte Gramicidin S einzeilig geschrieben werden und wird dann durch einen langen Strich oberhalb oder unterhalb der Sequenz verbunden:

⌊Val–Orn–Leu–D–Phe–Pro–Val–Orn–Leu–D–Phe–Pro⌋

oder

⌈Val–Orn–Leu–D–Phe–Pro–Val–Orn–Leu–D–Phe–Pro⌉

3. Bei zweizeiliger Schreibweise muß die Bindungsrichtung durch einen Pfeil (→), dessen Spitze auf den Stickstoff der Peptidbindung zeigt (—CO→NH—) gekennzeichnet werden:

⌈→Val→Orn→Leu→D — Phe →Pro⌉
⌊Pro← D — Phe ←Leu← Orn← Val←⌋

Ringförmige heterodet-homöomere Peptide werden in der Formelkurzschreibweise analog den substituierten Aminosäuren behandelt.

Homodet-homöomere Peptide
1. lineares Peptid:

H–(AS)→(AS)→(AS)→(AS)→(AS)–OH

Heterodet-homöomere Peptide
1. lineares O-Peptid:

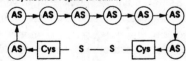

2. verzweigte Peptide:

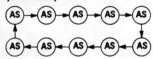

2. lineares S-Peptid

H–(AS)→(AS)→Cys→(AS)→(AS)–OH
  S–(AS)←(AS)–H

3. cyclisches Peptid:

(AS)→(AS)→(AS)→(AS)→(AS)
(AS)←(AS)←(AS)←(AS)←(AS)

3. cyclisches Peptid (Disulfid):

(AS)→(AS)→(AS)→(AS)→(AS)→(AS)
(AS)←Cys— S — S —Cys←(AS)

4. cyclisch verzweigtes Peptid:

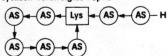

4. cyclisch verzweigtes Peptid (Peptidlacton):

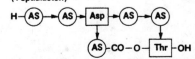

Abb. 2—2. Aufbauschema homöomerer Peptide
AS = Symbol für Aminosäurebausteine

In Abb. 2—2 sind die wichtigsten Strukturen homöomerer Peptide zusammengestellt. Die Kennzeichnung der Richtung der Peptidbindung durch einen Pfeil wurde aus Gründen der Einheitlichkeit durchgängig angewandt, obgleich die Notwendigkeit, wie bereits erwähnt, nur bei zweizeiliger Schreibweise ringförmiger Peptide gegeben ist.

Zu den *heteromeren Peptiden* gehören die Depsipeptide und die Peptoide. Unter *Depsipeptide* versteht man nach SHEMYAKIN alle Peptide, die neben Peptidbindungen auch Esterbindungen enthalten. Definitionsgemäß müssen daher homöomere O-Peptide und Peptidlactone der Hydroxyaminosäuren Serin und Threonin zu den Depsipeptiden gerechnet werden. Eine eindeutige Abgrenzung ist durch den Begriff *Peptolide* für Peptide mit Hydroxysäurebausteinen innerhalb einer Peptidkette möglich. Die meisten Peptolide sind cyclische Verbindungen und haben als Peptidantibiotika Bedeutung erlangt. Für die analog den zusammengesetzten Proteinen aufgebauten heteromeren Peptiden haben LÜBKE und SCHRÖDER die Bezeichnung *Peptoide* vorgeschlagen. Wichtige Vertreter dieser Reihe sind die Lipo-, Glyco-, Phospho- und Chromopeptide, in denen der Heterobestandteil kovalent über Amino- oder Carboxygruppen bzw. Seitenkettenfunktionen an das Peptid gebunden ist.

2.1.3. Vorkommen und Bedeutung

In der Natur sind Peptide weit verbreitet. Ihr Vorkommen erstreckt sich über den gesamten Zellbereich (Peptidpool). Eine systematische Klassifizierung der Peptide nach chemischen oder physikalischen Kriterien ist gegenwärtig praktisch nicht möglich, so daß man die Unterteilung unter Berücksichtigung ihrer physiologischen Rolle vornimmt.

Ohne Zweifel sind die Peptidhormone hinsichtlich ihrer Struktur und biologischen Wirkung die am besten bekannten Peptidwirkstoffe. Wichtige Peptidhormone werden im Hypothalamus (Oxytocin und Vasopressin, Hypothalamus-Hormone mit Hormon-freisetzender bzw. Hormonausschüttungs-hemmender Wirkung), im Pankreas (Insulin, Glucagon), in der Hypophyse (Adrenocorticotropin, Melanocyten-stimulierende Hormone), in der Schilddrüse (Thyrocalcitonine), in der Nebenschilddrüse (Parathormon), im Gastrointestinaltrakt (Gastrine, Sekretin, Cholecystokinin-Pankreozymin) gebildet). Die Peptidhormone des Magen-Darm-Traktes werden nicht von einer speziellen Drüse sezerniert, so daß man sie ebenso wie die Angiotensine und Plasmakinine zu den aglandulären Peptidhormonen (Gewebshormonen) zählt. In einigen Fällen ist es aufgrund einer nicht eindeutigen physiologischen Charakterisierung schwierig, eine Zuordnung zu den Hormonen vorzunehmen. Beispiele hierfür sind Peptide aus

Amphibien und Tintenfischen (Eledoisin, Physalaemin, Caerulin, Ranatensin, Alytensin, Bombesin).

Zunehmende Bedeutung haben auch Peptidwirkstoffe aus tierischen und pflanzlichen Giften sowie die Peptidantibiotika aus Mikroorganismen erlangt.

Biologisch aktive Peptide mit Wirkungen auf das Zentralnervensystem haben in der letzten Zeit steigendes Interesse erfahren. Im Blickpunkt der Neuropeptide (s. Abschn. 2.3.3.) stehen insbesondere Neurotransmitter, Modulatoren der neuralen Aktivität, endogene Opiatpeptide und viele andere mehr. Die Effekte von Neuropeptiden im ZNS sind mannigfaltig. So kennt man Peptide, die den physiologischen Schlaf kontrollieren, andere die physiologisch analgetisch wirken und gar solche, wie bestimmte ACTH- bzw. β-MSH-Fragmente, die bei Kaninchen, Ratten und Katzen eine Sexualwirkung hervorrufen sollen. Die neurohypophysären Hormone spielen eine Rolle in informationsverarbeitenden Prozessen. Wenn auch nicht alle beobachteten Wirkungen von Neuropeptiden auf physiologische Mechanismen zurückzuführen sind, sondern vielmehr in die Kategorie der Arzneimitteleffekte eingegliedert werden müssen, so zeichnet sich doch eine neue interessante Richtung der Peptidforschung ab.

Bestimmte cyclische Peptide, wie das phytotoxische *Tentoxin*, cyclo-(-L-MeAla-L-Leu-MePhe[(Z)Δ]-Gly-), oder das von *Diheterospora chlamydosporia* produzierte *Chlamydocin*, ein zytostatisch wirkendes cyclisches Tetrapeptid, verdeutlichen das breite Aktivitätsspektrum von Peptidwirkstoffen.

Süßpeptide, wie der Dipeptidester *Aspartam* (vgl. S. 311), Bitterpeptide aus Fermentationsprodukten (Sojasoße, Käse u. a.) und auch Peptide mit köstlichem Geschmack aus Fischproteinen bzw. Rindfleisch, wie das 1978 von YAMASAKI und MAEKAWA aus dem Rindfleischsaft isolierte Octapeptid Lys-Gly-Asp-Glu-Glu-Ser-Leu-Ala, werden für die Nahrungsmittelindustrie praktische Bedeutung erlangen.

Die Methoden zur Isolierung, Reinigung und analytischen Charakterisierung werden im Kapitel „Proteine" (s. S. 388) ausführlicher beschrieben.

Der biologische Effekt eines Peptidwirkstoffes und die Nutzung des Wirkungsprinzips sind zwar von eminenter Bedeutung, aber erst die durch Strukturabwandlungen erhältlichen Beziehungen zwischen Struktur und biologischer Wirkung führen zum molekularbiologischen und damit zum pharmakologischen Erkenntnisgewinn. Hierbei geht es um die Aufklärung der für den biologischen Effekt essentiellen aktiven Zentren, um die Lokalisierung der Sequenzbereiche, die für die Rezeptorbindung, den Transport und für das immunologische Verhalten verantwortlich sind. Aber auch die Modifizierung nativer Peptidwirkstoffe hinsichtlich einer verlängerten Wirkung und verbesserten Applikation besitzen großes praktisches Interesse. Derartige Untersuchungen können nur durchgeführt werden, wenn der betreffende natürliche Peptidwirkstoff in ausreichender Menge zur Verfügung steht. Entsprechende Analoga lassen sich durch partiellen enzymatischen Abbau mit Exopeptidasen oder Endopeptidasen bzw. durch spezifische chemische Spaltmethoden (Bromcyan oder N-Bromsuccinimid) darstellen, oder auch durch Substitution, Eliminierung bzw. Umwandlung von funktionellen Gruppen der entsprechenden Sequenz erhalten. Die Möglichkeiten zur Modifizierung nativer Peptidwirkstoffe sind aber dadurch stark eingeschränkt, daß sich in vielen Fällen ihr natürliches Vorkommen im Nanogrammbereich bewegt.

Eine echte Alternative stellt die Chemosynthese von Peptid-Analoga dar, die eine größere Vielfalt von Modifikationen ermöglicht. Für diese Zielstellung bietet sich auch der systematische Aminosäureaustausch in einem Peptidwirkstoff an. Rein mathematisch existiert aber eine unvorstellbar große Sequenzvariationsmöglichkeit. Als allgemeine Formel für die Anzahl der möglichen Analoga (P) gilt:

$$P = \frac{n!}{x!\, y!\, z!}$$

(n = Gesamtzahl der Aminosäurebausteine; x, y, z = Anzahl de sich wiederholenden Aminosäurebausteine)

Das Peptidhormon [8-Arginin]Vasopressin ist z. B. aus 9 Aminosäuren aufgebaut, von denen mit dem Cystein 2 Bausteine identisch sind:

Cys – Tyr – Phe – Gln – Asn – Cys – Pro – Arg – Gly – NH_2

Im Fall eines systematischen Aminosäureaustausches müßten nach

$$P = \frac{9!}{2!} = \frac{362880}{2}$$

181 440 Analoga synthetisiert werden. Es bedarf sicherlich keiner weiteren Erläuterung, daß ein derartiger empirischer Ansatzpunkt unrealistisch ist, um auf diese Weise die Beziehungen zwischen Struktur und Aktivität des Vasopressins zu klären. Nach bestimmten rationellen Konzeptionen wurde aber eine große Anzahl von Analoga biologisch aktiver Peptide synthetisiert. Es erscheint deshalb angebracht, auf die *Regeln für die Benennung synthetischer Analoga natürlicher Peptide* einzugehen, die von der IUPAC-IUB-Kommission für Biochemische Nomenklatur vorgeschlagen wurden (HOPPE-SYLER'S Z. Physiol. Chem. **348**, 262—265 (1967)). In Anlehnung an das genannte Literaturzitat werden nachfolgend die einzelnen Regeln am Beispiel des hypothetischen Pentapeptides „*Iupaciubin*", Ala-Lys-Glu-Tyr-Leu, dessen Name die harmonische Kooperation von IUPAC und IUB symbolisieren soll, illustriert.

1. Bei einem *Austausch von Aminosäure-Resten* in einem Peptid wird die Aminosäure, welche eine andere ersetzt, mit ihrem eigenen vollen Namen und der

Position des Austausches in eckige Klammern vor den Trivialnamen des entsprechenden Peptides gesetzt. In der abgekürzten Form, die nur für Tabellen bestimmt ist, wird die Stellung des Austausches mit der hochgestellten Ziffer der Austauschposition angezeigt. Bei einem mehrfachen Austausch verfährt man analog.

[4-Phenylalanin] Iupaciubin   Ala-Lys-Glu-Phe-Leu
[Phe^4] Iupaciubin   1   2   3   4   5

2. Eine *Erweiterung* eines Peptides kann sowohl N-terminal (a) als auch C-terminal (b) erfolgen. Man wendet dabei die allgemeinen Richtlinien der bereits besprochenen Nomenklatur an.

a) Arginyl-iupaciubin   Arg-Ala-Lys-Glu-Tyr-Leu
   Arg-Iupaciubin   1   5

b) Iupaciubyl-methionin   Ala-Lys-Glu-Tyr-Leu-Met
   Iupaciubyl-Met   1   5

3. Eine *Einfügung von zusätzlichen Aminosäure-Resten* wird durch das Präfix „endo" mit der entsprechenden Positionsangabe angezeigt.

Endo-2a-threonin-iupaciubin   Ala-Lys-Thr-Glu-Tyr-Leu
Endo-Thr^{2a}-iupaciubin   2   2a   3

4. Eine *Auslassung von Aminosäure-Resten* läßt sich durch Angabe der Position und das Präfix „*des*" kennzeichnen.

Des-3-glutaminsäure-iupaciubin   Ala-Lys-Tyr-Leu
Des-Glu^3-iupaciubin   2   4

5. *Seitenkettensubstitutionen* an der Aminogruppe (a) bzw. an der Carboxygruppe (b) sind durch Anwendung der entsprechenden Nomenklaturrichtlinien zu bezeichnen.

a) N$^{\epsilon 2}$-Valyl-iupaciubin   Val⏋
   N$^{\epsilon 2}$-Val-Iupaciubin ε|
                                     Ala-Lys-Glu-Tyr-Leu
                                            2

b) C$^{\gamma 3}$-Iupaciubyl-valin   ⎾Val
   C$^{\gamma 3}$-Iupaciubyl-Val γ|
                                     Ala-Lys-Glu-Tyr-Leu
                                           3

6. Die Bezeichnung von *Teilsequenzen*, die sich von Peptidsequenzen mit bekannten Trivialnamen ableiten, erfolgt in der Weise, daß hinter dem Trivialnamen angeführte Ziffern die Stellungen der ersten und letzten Aminosäure angeben. Daran schließt sich die griechische Bezeichnung der Zahl der Aminosäure-Reste an, aus der die Partialsequenz aufgebaut ist.

Iupaciubin-(2-4)-tripeptid   Lys-Glu-Tyr
                               2   3   4

Die Chemosynthese von Peptiden ist aus noch zu erläuternden Gründen eine sehr wichtige Aufgabenstellung, zumal die dabei entwickelten Methoden unmittelbar auch zur Synthese von Proteinen angewandt werden können. Zwischen der ersten Darstellung eines Peptides durch FISCHER und FOURNEAU (Glycyl-glycin, 1901) und der bis zur Automation vorangetriebenen Polypeptidsynthese und Proteinsynthese unserer Tage liegt ein dreiviertel Jahrhundert intensiver organisch-chemischer Forschung. Zahlreiche Methoden zur gezielten Peptidknüpfung wurden entwickelt. Die wichtigsten sollen ebenso wie die gebräuchlichsten Methoden zum Schutz der Amino-, Carboxy- und Seitenkettenfunktionen behandelt werden. Fragen der Racemisierung, der Strategie und Taktik der Peptidsynthese, Aufbauprinzipien ringförmiger Peptide stehen im Mittelpunkt des Interesses der nachfolgenden Abschnitte. Das Kapitel wird abgeschlossen durch einen ausführlichen Überblick über die wichtigsten natürlich vorkommenden Peptide, wobei neben der Wirkstoffbeschreibung und Bereitstellung durch Chemosynthese auch Fragen zwischen Struktur und Wirkung behandelt werden.

2.2. Peptidsynthesen

2.2.1. Zielstellung der Chemosynthese von Peptiden

Geht man davon aus, daß Proteine im Organismus innerhalb von Sekunden bzw. Minuten biosynthetisch aufgebaut werden, so scheint die recht aufwendige Arbeit der Chemosynthese von Peptiden und Proteinen im Laboratorium wenig erfolgversprechend zu sein. So benötigte man z. B. für die ersten Chemosynthesen des Insulins etwa zwei Jahre. Trotz dieser scheinbar sinnlosen Konkurrenz mit der Natur gibt es verschiedene Gründe, die eine Beschäftigung mit der Synthese und chemischen Modifikation solcher Wirkstoffe rechtfertigen. Nachfolgend soll diese Behauptung belegt werden.

1. **Bestätigung der vorgeschlagenen Primärstrukturen durch die Chemosynthese**
   Es ist ein allgemeingültiges chemisches Prinzip, daß die Totalsynthese den sichersten Strukturbeweis darstellt. Fehlinterpretationen bei der Aufklärung von Primärstrukturen haben trotz Anwendung modernster Techniken zu falschen Strukturvorschlägen geführt, wie z. B. beim ACTH, humanen Somatotropin, Motilin. Durch den Identitätsvergleich zwischen synthetischen und natürlichen Material lassen sich fehlerhafte Sequenzermittlungen aufklären.
   Darüber hinaus konnte in einigen Fällen erst durch die Chemosynthese der endgültige Strukturbeweis erbracht werden. In diesem Zusammenhang sei an

die Sequenzaufklärungen des Scotophobins und des Thyreotropin-freisetzenden Hormons erinnert.

2. **Struktur-Aktivität-Studien mit Hilfe synthetischer Analoga**
Um die für die biologische Wirkung verantwortlichen strukturellen Parameter von Peptidwirkstoffen aufzufinden, wurden bisher mehrere Tausend Analoga biologisch aktiver Peptide synthetisiert. Beim Oxytocin ist es z. B. gelungen, durch Austausch von Glutamin in Position 4 durch Threonin ein Analogon zu synthetisieren, das eine höhere biologische Aktivität besitzt als das native Hormon. Man nimmt an, daß das [4-Threonin]Oxytocin günstiger an den Rezeptor gebunden wird. Wenn es auch etwas übertrieben erscheint, von einer chemischen Mutation zu sprechen, so erkennt man doch die Vorzüge der Bereitstellung von synthetischen Analoga. Möglicherweise hätte sich die entsprechende Mutation erst in sehr ferner Zukunft durchgesetzt. Durch Veränderung der Kettenlänge von Wirkstoffen und andere Manipulationen lassen sich Hinweise über Wirkungszentren, Rezeptorbindungsregionen u. a. erhalten.

In diesem Zusammenhang sind natürlich auch Konformationsstudien nativer Wirkstoffe im Vergleich mit strukturvarierten Analoga von Interesse. Nicht zuletzt soll an die Möglichkeit erinnert werden, durch Synthese radioaktiv markierte Analoga für Bindungsstudien und für den Radioimmunoassay zu erhalten.

3. **Chemische Veränderungen von Peptidwirkstoffen zur Modifikation der pharmakologischen Wirkung**
Die Realisierung dieses Zieles steht in enger Beziehung zum vorangegangenen Punkt, da im Rahmen der Untersuchungen über Beziehungen zwischen Struktur und Aktivität sich zwangsläufig neue Aspekte für die pharmazeutische Nutzung ergeben.

Da die biologische Wirkung eines Peptids nicht an die native Aminosäuresequenz gebunden ist, werden nach verschiedenen Prinzipien Modifikationen durchgeführt, um Wirkstoffe mit verbesserten Eigenschaften zu erhalten. Das besondere Interesse richtet sich zwangsläufig auf eine Verlängerung oder Verstärkung der biologischen Wirkung, aber auch auf eine Dissoziation der der Wirkungen bei Peptidwirkstoffen mit mehreren physiologischen Effekten. Durch Modifikation terminaler Amino- oder Carboxygruppen können Peptidwirkstoffe gegen den enzymatischen Abbau stabilisiert werden, wobei aber nicht alle Peptide in gleicher Weise ohne die Gefahr einer partiellen oder vollständigen Inaktivierung chemisch verändert werden können. Während z. B. beim Oxytocin und Vasopressin die Substitution der N-terminalen Aminofunktion zu einer Wirkungsreduzierung führt, resultiert durch eine vollständige Eliminierung dieser Aminogruppe ein Wirkungsanstieg. Durch Veränderungen der Kettenlänge der Peptide ergeben sich weitere Modifikationsvarianten, wobei aus synthetischen und damit ökonomischen Erwägungen eine Kettenverkürzung ohne Wirkungsverlust angestrebt wird. Oxytocin, Vasopressin, Calcitonin, Bradykinin sind Vertreter von Wirkstoffen, die für ihre volle biologische Wirkung die komplette Sequenz erfordern. Bei vielen anderen Peptidwirkstoffen sind Teilsequenzen des N-terminalen Kettenbereichs (ACTH, Parathormon) bzw. C-terminalen Sequenzabschnittes (Angiotensin, Sekretin, Gastrin, Eledoisin, Substanz P, Physalaemin, Cholecystokinin-Pankreozymin u. a.) bereits biologisch aktiv. Im Falle des aus 17 Aminosäuren aufgebauten gastrointestinalen Hormons Gastrin besitzt bereits das C-terminale Tetrapeptid das biologische Wirkungsspektrum, wenn auch nur etwa ein Zehntel der biologischen Aktivität des Gesamthormons. Das C-terminale Dodecapeptid des aus 33 Aminosäuren bestehenden Cholecystokinin-Pankreozymins weist die 2,5fache Aktivität (Gallenblasenkontraktion) des nativen Hormons auf.

Kettenverlängerungen besitzen prinzipielles Interesse hinsichtlich der Erzielung von Depotwirkungen und zur leichten bzw. in manchen Fällen überhaupt erst dadurch möglichen Darstellung markierbarer Peptidwirkstoffe. Big-Gastrin zeigt bei einer mit dem Gastrin I übereinstimmenden Aktivität eine 6fache Verlängerung des Wirkungszeitraumes. Großes praktisches Interesse besitzen auch die kompetitiven Inhibitoren von Peptidwirkstoffen, die sich ohne Wirkungseffekt aufgrund ihrer ähnlichen Struktur an den entsprechenden Rezeptor anlagern und den natürlichen Wirkstoff verdrängen.

4. Ökonomische Erfordernisse

Das für therapeutische Zwecke in Anwendung kommende Oxytocin wird aufgrund wirtschaftlicher Erwägungen heute ausschließlich durch Chemosynthese hergestellt. Ähnliches gilt auch für andere Wirkstoffe, wie z. B. ACTH und Sekretin. Synthetisches Sekretin ist z. B. etwa ein Zehntel billiger als das aus Schweinedärmen isolierte Naturprodukt. Eine ähnliche Entwicklung zeichnet sich auch bei anderen Peptidwirkstoffen ab. Neben der rein preislichen Frage spielt dabei natürlich auch die bessere Zugänglichkeit von Peptidwirkstoffen durch Chemosynthese eine wichtige Rolle, da beispielsweise verschiedene Wirkstoffe — wie bereits erwähnt — in der Natur nur in Nanogrammengen vorkommen und außerdem bei spezifischen humanen Peptidwirkstoffen eine Bereitstellung nur auf synthetischem Wege möglich ist. Am Beispiel der Synthesen des ACTH, des Glucagons und des Sekretins konnte nachgewiesen werden, daß die synthetischen Produkte einen höheren Reinheitsgrad als die aus natürlichen Quellen isolierten Wirkstoffe aufweisen. Die vollständige Abtrennung sequenzverwandter Peptide mit entgegengesetzter oder andersartiger Wirkung ist mit Hilfe der gegenwärtig angewandten Isolierungs- und Reinigungsverfahren oftmals nicht immer möglich.

5. Darstellung von Modellpeptiden

Modellpeptide zum Studium von Konformationsgesetzmäßigkeiten mittels physikalisch-chemischer Methoden lassen sich in gewünschter Weise beliebig synthetisch darstellen ebenso wie solche zur Untersuchung der antigenen Wirksamkeit von Polypeptiden und Proteinen. Aber auch für die enzymologische Forschung besitzen synthetische Substrate großes Interesse.

2.2.2. Grundprinzip der Peptidsynthese

Die Knüpfung einer Peptidbindung unter Bildung eines Dipeptides ist — so scheint es — ein einfacher chemischer Prozeß. Unter Eliminierung von Wasser wird formal ein Dipeptid erhalten (Abb. 2—3).

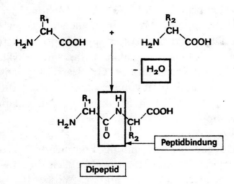

Abb. 2—3. Grundprinzip der Peptidsynthese

Die sukzessive Wiederholung dieses Vorganges sollte zu längeren Peptiden und sogar zu Proteinen führen. Die Realisierung dieses Prinzips ist aber nur unter drastischen Reaktionsbedingungen in unkontrollierter Reaktion möglich. Emil FISCHER, der Begründer der Peptid- und Proteinchemie, erkannte dies bereits 1906:

„Wenn es heute durch einen glücklichen Zufall, mit Hilfe einer brutalen Reaktion, z. B. durch Zusammenschmelzen von Aminosäuren in Gegenwart eines wasserentziehenden Mittels, gelingen sollte, ein echtes Protein darzustellen, und wenn es weiter möglich wäre, was noch unwahrscheinlicher ist, das künstliche Produkt mit einem natürlichen Körper zu identifizieren, so würde damit für die Chemie der Eiweißstoffe wenig und für die Biologie so gut wie nichts erreicht sein."

Peptidsynthesen

Die Synthese der Peptidbindung unter milden Reaktionsbedingungen gelingt nur durch Aktivierung der Carboxykomponente zweier in Reaktion tretender Aminosäuren (Abb. 2—4).

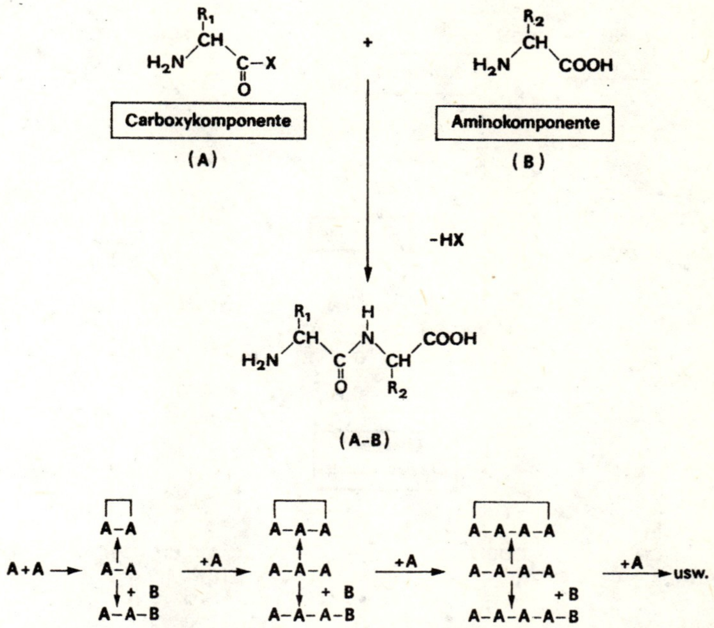

Abb. 2—4. Schematischer Verlauf einer Kupplungsreaktion ohne Blockierung der nicht am Peptidknüpfungsschritt beteiligten funktionellen Gruppen
X = Aktivierungsgruppe

Die mit der Aminofunktion angreifende zweite Aminosäure (B), die *Aminokomponente*, attackiert die aktivierte Carboxykomponente nucleophil unter Bildung der Peptidbindung. Aufgrund der ungeschützten Aminofunktion der Carboxykomponente (A) kann aber diese in unkontrollierter Weise reagieren, wobei, wie im unteren Teil des Formelbildes schematisch dargestellt, lineare und cyclische Peptide als unerwünschte Beiprodukte erhalten werden. Daraus muß die Schlußfolgerung gezogen werden, daß für einen eindeutigen Verlauf jeder Peptidsynthese alle funktionellen Gruppen, die nicht am Peptidknüpfungsschritt beteiligt sind, temporär blockiert werden müssen.

Die Peptidsynthese, d. h. die Knüpfung jeder Peptidbindung, ist danach ein Mehrstufenprozeß (Abb. 2—5).

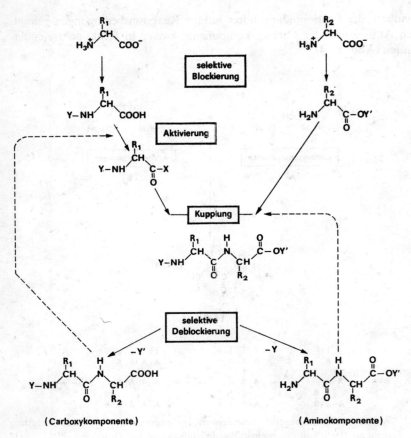

Abb. 2—5. Dreistufenprozeß der Peptidsynthese

Y = Aminoschutzgruppe; X = Aktivierungsgruppe; Y' = Carboxyschutzgruppe; R = Seitenkettenrest

Auf der ersten Stufe erfolgt die Darstellung partiell geschützter Aminosäuren, wodurch diese gleichzeitig aus der reaktionsträgen Zwitterionenstruktur entbunden werden. Die zweite Stufe, die eigentliche Knüpfung der Peptidbindung, verläuft in zwei Teilschritten. Die N-geschützte Carboxykomponente muß zunächst aktiviert werden. Anschließend erfolgt die eigentliche Synthese der Peptidbindung, die entweder im „Eintopf"-Verfahren oder in einem separaten Folgeschritt abläuft. Auf der dritten Stufe werden die Schutzgruppen selektiv abgespalten, wobei die resultierenden partiell blockierten Dipeptid-Derivate für weitere Syntheseschritte als Carboxy- oder Aminokomponente eingesetzt werden. Es versteht sich von selbst, daß im Falle der Synthese eines Dipeptides beide Schutzgruppen gleichzeitig entfernt werden.

Weiterhin wird die Peptidsynthese dadurch kompliziert, daß von den 20 proteinogenen Aminosäuren die folgenden 9 Aminosäuren Ser, Thr, Tyr, Asp, Glu, Lys, Arg, His und Cys noch Drittfunktionen besitzen, die zwangsläufig eines selektiven Schutzes bedürfen. Aufgrund der unterschiedlichen Selektivitätsanforderungen muß man formal zwischen *intermediären* und *konstanten Schutzgruppen* unterscheiden. Die intermediären Schutzgruppen dienen zum Schutz der terminalen Amino- und Carboxygruppen und müssen daher selektiv neben den konstanten abspaltbar sein, während die konstanten Schutzgruppen gewöhnlich erst am Ende der Synthese eines Peptides bzw. manchmal auch auf der Stufe eines Zwischenproduktes entfernt werden. Die gesamte Problematik des Schutzes funktioneller Gruppen während der Peptidsynthese wird in den Abschnitten „Schutzgruppen" und „Taktik der Peptidsynthese" näher erläutert. Die *Aktivierung der Carboxykomponente* und die sich anschließende Bildung der Peptidbindung, die sog. *Kupplungsreaktion*, sollten unter idealen Bedingungen in hoher Geschwindigkeit ohne Racemisierung und Nebenreaktionen, in hoher Ausbeute bei Einsatz äquimolarer Mengen an Carboxy- und Aminokomponente ablaufen. Leider gibt es gegenwärtig noch keine Verknüpfungsmethode, die allen diesen Anforderungen genügt. Aus dem relativ großen Angebot an Kupplungsmethoden muß jeweils die für eine spezifische Zielstellung geeignetste Variante ausgewählt werden, d. h. die Entscheidung wird durch die gewählte taktische Konzeption bestimmt, nach der für jede Schnittstelle einer aufzubauenden Sequenz die optimale Kupplungsmethode einzusetzen ist. Das Reservoir der tatsächlich unter praktischen Synthesebedingungen bewährten Methoden ist relativ klein im Vergleich zu den etwa 130 beschriebenen Kupplungsmethoden.

Da bei der Peptidsynthese Reaktionen an einer mit dem asymmetrischen Zentrum verbundenen Gruppierung ablaufen, existiert ein potentielles Racemisierungsrisiko. Wegen der Wichtigkeit dieser Frage hinsichtlich der Gewinnung sterisch einheitlicher Syntheseprodukte mit voller biologischer Aktivität bedarf es einer Darlegung dieser Probleme in einem gesonderten Abschnitt.

Die *Abspaltung der Schutzgruppen* stellt den letzten Schritt eines Peptidsynthesezyklus dar. Da die Synthese eines Dipeptides mit vollständiger Entfernung der Schutzgruppen nur selten durchgeführt wird, besitzt die selektive Deblockierung, d. h. die wahlweise Abspaltung der Schutzgruppen von der N-terminalen Aminofunktion bzw. von der C-terminalen Carboxygruppe, eine weitaus größere Bedeutung. Diese Frage steht in enger Beziehung zur allgemeinen Planung einer Synthese, die mit dem Begriff *Strategie und Taktik der Peptidsynthese* umschrieben wird.

Unter *Strategie* versteht man die Reihenfolge der Verknüpfung der Aminosäurebausteine zum Peptid, wobei zwischen einem schrittweisen Aufbau und einer Segmentkondensation unterschieden wird. Da größere Peptide für anspruchsvolle Zielstellungen nach wie vor auf konventionellem Wege aufgebaut werden und der schrittweisen Kettenverlängerung Grenzen gesetzt sind, kommt der günstigsten Unterteilung des Syntheseobjektes in die aufzubauenden Segmente, d. h. der Festlegung der Schnittstellen große Bedeutung zu. Die optimale Auswahl der Schutzgruppenkombination und der Einsatz der günstigsten Kupplungsmethode für jede Schnittstelle beinhaltet die *Taktik* der Peptidsynthese.

Eine strategische Modifikation des schrittweisen Aufbaus eines Peptides oder Proteins stellt die von MERRIFIELD 1963 entwickelte *Peptidsynthese an polymeren Trägern* dar. Trotz aufsehenerregender Erfolge dieser im Zweiphasensystem ablaufenden Variante mit der Möglichkeit zur Automation konnten aus noch zu erläuternden Gründen die hohen Erwartungen bisher nicht voll erfüllt werden.

2.2.3. Historische Entwicklung der Peptidsynthese

Bei allen Verdiensten Emil FISCHERs für die Wegbereitung der Peptid- und Proteinchemie darf nicht unerwähnt bleiben, daß bereits 1881 Theodor CURTIUS (1857—1928) in Leipzig — möglicherweise unfreiwillig — die ersten Peptidsynthesen durchführte. Bei Versuchen zur Darstellung der Hippursäure durch Benzoylierung von Glycin erhielt er neben der gewünschten Hippursäure auch Bz-Gly-Gly und die sog. γ-Säure, deren Zusammensetzung erst 21 Jahre später durch CURTIUS und BENRATH als Benzoyl-hexa-glycin ermittelt werden konnte. Die Konstitutionsaufklärung gelang durch schrittweisen Aufbau der benzoylierten Glycinpeptide bis zur Hexapeptidstufe mit Hilfe der Azid-Methode. Schon 1883 hatte CURTIUS durch Zusammenschmelzen von Hippursäureester mit Glycin auf diesem Wege die zu diesem Zeitpunkt noch unbekannte γ-Säure erhalten. Wenn es auch CUTRIUS versagt blieb, freie Peptide zu synthetisieren, so verdanken wir ihm

— die Einführung der Azid-Methode, die nach der Entwicklung selektiv abspaltbarer Schutzgruppen wegen des praktisch racemisierungsfreien Verlaufes der Kupplungsreaktion noch heute zu den brauchbarsten Verknüpfungsmethoden zählt
— den prinzipiellen Nachweis der Eignung acylierter Aminosäureester zur Knüpfung der Peptidbindung
— die Erkenntnis über die Notwendigkeit des Einsatzes von Schutzgruppen, wenn auch zur damaligen Zeit eine selektive Abspaltungsmöglichkeit für den Benzoyl-Rest fehlte (vgl. — aber S. 128).

Emil FISCHER, der eigentliche Wegbereiter der Peptid- und Proteinchemie, hatte 1892 den Lehrstuhl von A. W. VON HOFMANN in Berlin übernommen. Nach seinen hervorragenden Leistungen auf dem Gebiet der Kohlenhydrate und Purine, wofür er 1902 mit dem Nobelpreis für Chemie ausgezeichnet wurde, wandte er sich 1900 der Eiweißchemie zu. Die bereits während eines Zeitraumes von nur 5 Jahren auf diesem neuen Gebiet erzielten Resultate gelten noch heute als eine Pioniertat. In einem seinerzeit stark beachteten Vortrag [1] vor der damaligen Chemischen Gesellschaft am 6. 1. 1906 gab er einen zusammenfassenden Bericht über seine Arbeiten auf dem Gebiet der Aminosäuren, Polypeptide und Proteine und entwickelte dabei die auch heute noch gültigen Grundprinzipien für die Synthese von Peptiden und Proteinen:

„Will man auf diesem schwierigen Gebiet zu sicheren Resultaten kommen, so wird man zuerst eine Methode finden müssen, welche es gestattet, sukzessive und mit definierten Zwischenstufen die Moleküle verschiedener Aminosäuren aneinander zu reihen".

An anderer Stelle führte er aus:

„Ich möchte es deshalb geradezu als ein Glück ansehen, daß die Synthese genötigt ist, zahlreiche neue Methoden des Aufbaues, der Erkennung und Isolierung zu schaffen, und Hunderte von Zwischenprodukten genau zu studieren, bevor man zu den Proteinen gelangen kann."

Diese Voraussage hat sich bestätigt, obgleich FISCHER selbst bis zu seinem Tod im Jahre 1919 mit den von ihm entwickelten Methoden nur Oligopeptide aufbauen konnte. Der damalige Entwicklungsstand der präparativen und analytischen Chemie gestattete keine weiteren Fortschritte auf synthetischem Gebiet.

Das erste freie Peptid, das Glycyl-glycin, erhielten FISCHER und FOURNEAU 1901 durch kurze Verseifung des Dioxopiperazins mit starker Salzsäure:

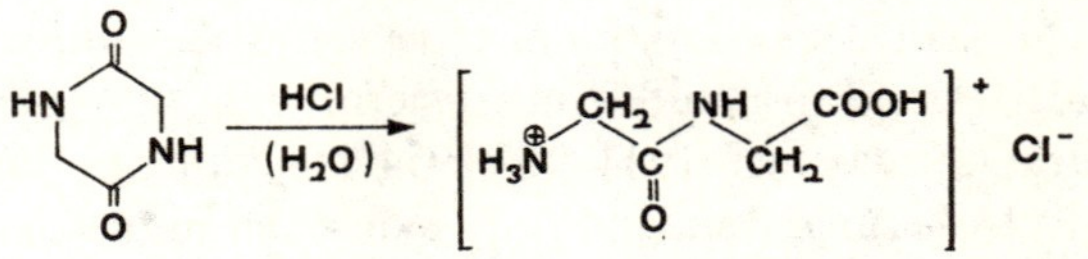

$$\text{Dioxopiperazin} \xrightarrow[(H_2O)]{HCl} [H_3\overset{\oplus}{N}-CH_2-CO-NH-CH_2-COOH]^+ \; Cl^-$$

Wenig später fand FISCHER in den α-Halogencarbonsäure-chloriden geeignete Ausgangsprodukte für die gezielte Peptidsynthese.

Diese Verbindungen reagieren ohne Schwierigkeit mit Aminosäureestern, wobei nach Verseifung und anschließender Aminierung Dipeptide erhalten werden. Unter Weglassung des Aminierungsschrittes können die Halogenacylaminosäuren zunächst in ihre Chloride übergeführt und dann mit Aminosäureestern bzw. auch mit Aminosäuren oder Peptiden in wäßrig alkalischer Lösung umgesetzt werden. Die Substitution des Halogens durch die Aminogruppe mittels Ammoniak wird erst auf der gewünschten Stufe vorgenommen.

Als weiteres Verfahren wurde 1905 die Säurechlorid-Methode entwickelt. Dabei wurden Hydrochloride von Aminosäure- bzw. Peptidchloriden mit Aminosäureestern zu Peptidderivaten umgesetzt.

Mit Hilfe der genannten Methoden hat Emil FISCHER mit seinem Berliner Arbeitskreis etwa 70 kleinere Peptide synthetisiert. Obgleich von ihm die Notwendigkeit des Einsatzes von reversibel abspaltbaren Schutzgruppen erkannt wurde, ließen sich weder die Chloracetyl- noch die ebenfalls vorgeschlagene Carbethoxy-Gruppe selektiv abspalten.

Erst 1971 fanden STEGLICH et al., daß der N-Chloracetyl-Rest mittels 1-Piperidinthiocarbonsäureamid selektiv entfernt werden kann.

Trotz der nicht erfüllten Erwartungen FISCHERS, den Carbethoxy-Rest unter milden Bedingungen abspalten zu können, lenkte er aber intuitiv die Aufmerksamkeit auf Acylschutzgruppen vom Urethantyp, die heute zu den gebräuchlichsten Aminoschutzgruppen überhaupt gehören.

Nach diesen grundlegenden Arbeiten um die Jahrhundertwende vergingen mehr als 20 Jahre ohne wesentliche Fortschritte auf dem Gebiet der Peptidsynthese. Mit dem 4-Toluensulfonyl-Rest wurde 1926 durch SCHÖNHEIMER [2] eine Aminoschutzgruppe gefunden, die sich durch Iodwasserstoffsäure in Gegenwart von Phosphoniumjodid bei 50—65 °C in einigen Stunden selektiv abspalten ließ. Mit Max BERGMANN, Emil ABDERHALDEN und Hermann LEUCHS beschäftigten sich nur drei Schüler FISCHERS mit der Peptid- und Proteinchemie weiter, von denen nur Max BERGMANN in Dresden die Peptidsynthese entscheidend weiterentwickelte.

Zusammen mit Leonidas ZERVAS führte Max BERGMANN 1932 die Benzyloxycarbonyl-Gruppe [3] in die Peptidchemie ein, wodurch die entscheidende Entwicklungsphase der modernen Peptidsynthese eingeleitet wurde. Die faschistische Machtübernahme zwang viele Wissenschaftler, darunter auch BERGMANN und ZERVAS, zu emigrieren, so daß sich vorübergehend der Schwerpunkt der weiteren Entwicklung der Peptidchemie in die USA verlagerte.

BERGMANN et al. nutzten diese neue Aminoschutzgruppe zur Darstellung verschiedener Peptide [4]. Mit dem Glutathion, Carnosin u. a. wurden die ersten natürlich vorkommenden Peptidwirkstoffe synthetisiert.

Durch die im Zeitraum zwischen 1944 bis 1954 geschaffenen analytischen Voraussetzungen für die Isolierung, Reinigung und Konstitutionsaufklärung höherer biologisch aktiver Peptide und einem weiteren methodischen Fortschritt auf dem Synthesegebiet, wie z. B. durch die Entwicklung der Mischanhydrid-Methode im Jahre 1950 durch die Arbeitskreise von WIELAND, BIOSSONNAS und VAUGHAN jr., wurden die Weichen für die Chemosynthese von nativen Wirkstoffen gestellt. 1953 gelang DU VIGNEAUD die erste chemische Synthese eines Peptidhormons. Mit der Totalsynthese des Oxytocins wurde ein erster Höhepunkt erreicht. Diese Leistung wurde 1955 mit der Verleihung des Nobelpreises gewürdigt. Im weiteren Verlauf setzte eine stürmische Entwicklung ein, die durch Erhöhung des Angebotes an geeigneten Schutzgruppen, leistungsfähigeren Kupplungsmethoden und neuen methodischen Varianten — wie der 1962 von MERRIFIELD eingeführten Peptidsynthese an polymeren Trägern — mit den Chemosynthesen des Insulins und der Ribonuclease den synthetischen Vorstoß in den Bereich der Proteine einleitete.

Eine detaillierte Zusammenfassung der wichtigsten peptidsynthetischen Verfahren in Form von Übersichtsreferaten [5—22], Monographien [23—31] und

Berichten der Europäischen [32—46], Amerikanischen [47—52] und Japanischen Peptidsymposien [53—58] sind dem Literaturanhang zu entnehmen.

2.2.4. Schutzgruppen

Durch das Fehlen selektiv abspaltbarer Schutzgruppen konnten die von FISCHER und CURTIUS um die Jahrhundertwende entwickelten Methoden zur Knüpfung der Peptidbindung keine breite Anwendung finden. Die Notwendigkeit der reversiblen Blockierung aller funktioneller Gruppen, die nicht am Peptidknüpfungsschritt beteiligt sind, wurde bereits im Abschn. 2.2.2. erläutert.

Hinsichtlich der Selektivitätsanforderungen muß zwischen *intermediären* und *konstanten Schutzgruppen* unterschieden werden. Eine intermediäre Schutzgruppe hat folgende Bedingungen zu erfüllen:

1. Entbindung der Aminosäuren aus der Zwitterionenstruktur
2. Abspaltungsmöglichkeiten ohne Beeinträchtigung der Stabilität konstanter Schutzgruppen und der Peptidbindungen
3. optimale Ausschaltung der Racemisierung sowohl bei der Einführung und Abspaltung als auch während der Knüpfung der Peptidbindung
4. Erhöhung der Stabilität und Verbesserung der Charakterisierungsmöglichkeiten der entsprechend geschützten Zwischenprodukte
5. eindeutige Gewährleistung der Aktivierung der Carboxygruppe im Falle des α-Aminogruppenschutzes bzw. Erhöhung des nucleophilen Potentials durch zweckgerichteten Schutz der C-terminalen Carboxyfunktion der entsprechenden Aminosäure
6. Verbesserung der Löslichkeitseigenschaften der Reaktionspartner für die Kupplungsreaktion.

Diesen genannten Kriterien werden die gegenwärtig bekannten intermediären Schutzgruppen nicht in allen gestellten Anforderungen optimal gerecht.

Entsprechend der gewählten Bezeichnung werden konstante Schutzgruppen nach Beendigung einer Synthese abgespalten, wobei ein Angriff auf Peptidbindungen bzw. funktionelle Gruppen vermieden werden muß. Neben den verminderten Selektivitätsanforderungen gelten für die konstanten Schutzgruppen sinngemäß die unter 4. und 6. aufgeführten Kriterien.

Der Charakter der Schutzgruppen wird durch die gewählte Synthesestrategie bestimmt, so daß dieses Einteilungsprinzip für die nachfolgende Besprechung der wichtigsten Schutzgruppen nicht beibehalten werden kann. Die der Strategie untergeordnete Taktik der Schutzgruppen wird im Abschn. 2.2.10.2.1. näher erläutert.

Eine Unterteilung der verschiedenen Schutzgruppen kann daher nur nach der zu blockierenden Funktion erfolgen. Während Thiol-, Hydroxy-, Guanido- und Imidazol-Schutzgruppen zwangsläufig in die Gruppe der konstanten Blockierungsgruppen einzuordnen sind, können Amino- und Carboxyschutzgruppen sowohl als intermediäre als auch konstante Schutzgruppen fungieren.

2.2.4.1. Aminoschutzgruppen

Aminoschutzgruppen werden für die N-terminale Aminogruppe und für ω-Aminofunktionen des Lysins und Ornithins benötigt. Aber auch die temporäre Blockierung von Acylaminosäurehydraziden, die die Vorstufen für die Azid-Methode (vgl. Abschn. 2.2.5.1.) darstellen, gelingt mit verschiedenen Schutzgruppen dieses Typs. Eine Salzbildung an der Aminogruppe stellt keinen echten Schutz für peptidsynthetische Zwecke dar.

Prinzipiell kann die Aminofunktion durch Acylierung, Alkylierung und Alkyl-Acylierung reversibel blockiert werden. Den Acyl-Schutzgruppen kommt dabei die größte praktische Bedeutung zu, obgleich auch bestimmte Alkyl- bzw. Alkyl-Acyl-Derivate zum temporären Schutz der Aminogruppe herangezogen werden.

2.2.4.1.1. Aminoschutzgruppen vom Acyltyp

Bereits BERGMANN et al. beschäftigten sich intensiv mit der Verwendung von N-Acetylaminosäuren für die zielgerichtete Peptidsynthese. Durch Acetylierung von Aminosäureestern mit Essigsäureanhydrid und nachfolgender Verseifung erhielten sie optisch aktive Ausgangsprodukte für die Peptidverknüpfung. Da aber die als Schutzgruppe fungierende Carbonsäureamid-Gruppierung strukturell der Peptidbindung gleicht, war es nicht überraschend, daß eine selektive Entfernung dieses Acyl-Restes nicht gelang. Ähnliche Erfahrungen hatten bereits CURTIUS mit der Benzoyl-Gruppe und FISCHER mit der Chloracetyl-Gruppe gemacht.

Durch Modifikation des Acyl-Restes ist es in der Folgezeit gelungen, eine Stabilitätsdifferenzierung zwischen N-terminaler Acyl-Gruppierung und Peptidbindung zu erreichen und damit eine selektive Abspaltung zu ermöglichen. Neben Gruppierungen, die sich von Carbonsäureamiden bzw. Amiden substituierter anorganischer Säuren ableiten, besitzen Schutzgruppen auf Carbamidsäureesterbasis, nachfolgend Schutzgruppen vom Urethantyp genannt, das größte praktische Interesse.

2.2.4.1.1.1. Schutzgruppen vom Urethantyp

BERGMANN und ZERVAS [3] erzielten mit der Einführung der *Benzyloxycarbonyl-Gruppe* den entscheidenden Durchbruch für die Entwicklung der modernen Peptidchemie. Ausgehend von der Tatsache, daß N-Benzyl-Gruppen durch katalytische Hydrierung relativ leicht abspaltbar sind, führte der Austausch der Ethyl-Gruppe gegen die Benzyl-Gruppe des Carbamidsäureesters zu dieser hydrogenolytisch entfernbaren Schutzgruppe. Die Benzyloxycarbonyl-Gruppe, zu Ehren ZERVAS mit Z— abgekürzt, gehört mit zu den am häufigsten benutzten Aminoschutzgruppen. Vielfach findet man in der Literatur auch noch die Bezeichnung Carbobenzoxy-Gruppe (*Cbo-* bzw. *Cbz—*).

Die Einführung der Benzyloxycarbonyl-Gruppe in Aminosäuren gelingt durch Umsetzung mit Chlorkohlensäurebenzylester nach SCHOTTEN-BAUMANN in Gegenwart von Natronlauge, Natriumhydrogencarbonat oder Magnesiumoxid:

$$\text{C}_6\text{H}_5-\text{CH}_2-\text{O}-\text{CO}-\text{Cl} + \text{H}_2\text{N}-\overset{R}{\text{CH}}-\text{COOH} \xrightarrow{\text{NaOH}} \text{C}_6\text{H}_5-\text{CH}_2-\text{O}-\text{CO}-\text{NH}-\overset{R}{\text{CH}}-\text{COOH}$$

Benzyl-4-nitro-phenyl-carbonat und ähnlich aktivierte Benzylester können ebenfalls zur Einführung der Benzyloxycarbonyl-Gruppe, speziell aber für N^ω-Benzyloxycarbonyl-Blockierungen des Lysins bzw. Ornithins nach entsprechender Maskierung der α-Aminofunktion eingesetzt werden.

Die Abspaltung der Benzyloxycarbonyl-Gruppe gelingt neben der katalytischen Hydrierung (a) reduktiv mittels Natrium in flüssigem Ammoniak (b) sowie durch Acidolyse mittels Bromwasserstoff/Eisessig (c) (Abb. 2—6).

Bei der katalytischen Hydrierung in organischen Lösungsmitteln (Essigsäure, Alkoholen DMF u. a.) oder in wäßrig-organischer Phase mit Palladiumschwarz, Palladiumkohle bzw. Palladium/Bariumsulfat entstehen neben dem freien Peptid, das nicht störende Toluen und Kohlendioxid. Die Beendigung

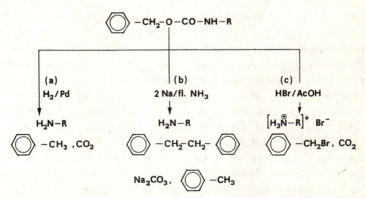

Abb. 2—6. Wichtige Abspaltungsreaktionen der Benzyloxycarbonyl-Gruppe
R = Aminosäure- bzw. Peptid-Rest

der CO_2-Entwicklung zeigt gleichzeitig den vollständigen Verlauf der Abspaltung an. Während die hydrogenolytische Abspaltung der Benzyloxycarbonyl-Gruppe bei Anwesenheit von Cystein- bzw. Cystin-Resten im Peptidverband versagt, können in Gegenwart von Bortrifluorid-etherat [59] bzw. unter bestimmten Vorbedingungen (4 Äquiv.Cyclohexylamin [60]) auch Entacylierungen in Gegenwart von Methionin vorgenommen werden. Bei der reduktiven Spaltung mit Na/fl. NH_3 [61] bildet sich neben dem gewünschten Peptid 1,2-Diphenylethan und geringe Mengen Toluen, während das Kohlendioxid als Natriumcarbonat gebunden wird. Mittels dieser Methode werden gleichzeitig mit dem Benzyloxycarbonyl-Rest N-Tosyl-, N-Trityl-, N^{Im}-, S- und O-Benzyl-Gruppen abgespalten sowie Methyl- und Ethylester partiell in die Amide überführt. Als Nebenreaktionen wurden eine teilweise Zerstörung von Threonin, eine partielle Entmethylierung von Methionin sowie Spaltungen bestimmter Peptidbindungen, wie -Lys-Pro- und -Cys-Pro- beobachtet.

Die acidolytische Spaltung wird bevorzugt mittels Bromwasserstoff in Eisessig (2 N Lösung) vorgenommen, obgleich verschiedene Varianten (Chlorwasserstoff, Iodwasserstoff) und andere Lösungsmittel (Dioxan, Nitromethan, Trifluoressigsäure, Tetrachlormethan u. a.) vorgeschlagen wurden.

Bei dieser Standardmethode können aber auch Nebenreaktionen auftreten, wie z. B. bei Anwesenheit von Threonin und Serin O-Acetylierungen, S-Umetherung in Gegenwart von Methionin, Zerstörung von Tryptophan und Nitroarginin, Spaltung von Benzylestern und Carbonamiden sowie Umesterungen von Methyl- und Ethylestern. Durch Veränderung der Reaktionsbedingungen lassen sich diese unerwünschten Nebenreaktionen weitgehend ausschalten [62]. Die Benzyloxycarbonyl-Gruppe kann auch problemlos mit wasserfreier, flüssiger Fluorwasserstoffsäure [63] abgespalten werden.

Die *HF-Methode* ermöglicht die Abspaltung nahezu aller bekannten Schutzgruppen mit Ausnahme von N-Tosyl-, N-Formyl-, N-Phthalyl-, N-Benzyl- und N-(4-Methoxy-benzyl)-Resten sowie von Methyl- und Ethylester-Gruppen. Von substituierten Benzyloxycarbonyl-Resten erwartete man eine erhöhte Kristallisationstendenz der entsprechend blockierten Aminosäure- und Peptidderivate sowie eine abgestufte Reaktivität gegenüber Abspaltungsreagenzien. Einen methodischen Vorteil besitzt der *4-Methoxy-benzyloxycarbonyl-Rest* [64], der über das kristallisierte Azid leicht eingeführt und selektiv neben dem Benzyloxycarbonyl-Rest mit wasserfreier Trifluoressigsäure bei Temperaturen unter 0 °C entfernt werden kann [65]. Zur Ausschaltung von Nebenreaktionen durch das bei acidolytischen Spaltungen gebildete 4-Methoxy-benzyl-Kation sind Zusätze von Anisol oder Resorcin erforderlich. Von SCHWYZER et al. [66] wurden farbige 4-substituierte Benzyloxycarbonyl-Schutzgruppen, wie z. B. der *4-Phenylazo-benzyloxycarbonyl-Rest* eingeführt, die eine analytische Kontrolle bei Reinigungsoperationen erleichtern. Die 4-Nitro-benzyloxycarbonyl-Gruppe [67] wird hydrogenolytisch leichter abgespalten als der unsubstituierte Rest, wobei aber die Entfernung des als Beiprodukt gebildeten p-Toluidins Schwierigkeiten bereitet. Von steigendem Interesse sind halogensubstituierte Benzyloxycarbonyl-Reste in 3- und 4-Stellung des Phenylringes ebenso wie 3-Nitro- und 4-Cyan-benzyloxycarbonyl-Gruppierungen zur Selektivitätserhöhung bei der acidolytischen Abspaltung des tert.-Butyloxycarbonyl-Restes von Diaminocarbonsäuren-enthaltenen Derivaten. Neben der bereits bekannten photosensitiven *3,5-Dimethoxy-benzyloxycarbonyl-Gruppe* [68] wurden mit dem 6-Nitroveratryloxycarbonyl- und dem 2-Nitrobenzyloxycarbonyl-Rest [69] sowie dem *α,α-Dimethyl-3,5-dimethoxy-benzyloxycarbonyl-Rest* [70] weitere photochemisch abspaltbare Schutzgruppen entwickelt, von denen letztere auch mit 5-proz. Trifluoressigsäure in Methylenchlorid entfernt werden kann.

Die *tert.-Butyloxycarbonyl(Boc-)-Gruppe* [71] ist neben der Benzyloxycarbonyl-Gruppe die bedeutendste Aminoschutzgruppe überhaupt. Von besonderer Wichtigkeit ist die Tatsache, daß Acylschutzgruppen vom Urethantyp beim schrittweisen Aufbau vom C-terminalen Ende die betreffenden Aminosäuren vor Racemisierung schützen (vgl. Abschn. 2.2.6.). Die tert.-Butyloxycarbonyl-Gruppe ist resistent gegenüber katalytischer Hydrierung, Reduktion mit Natrium in flüssigem Ammoniak und alkalischen Hydrolysebedingungen. Sie läßt sich unter sehr milden acidolytischen Bedingungen abspalten.

Zwei Jahre nach Einführung dieser Schutzgruppe in die Peptidchemie durch den Arbeitskreis von ALBERTSON beschrieben SCHWYZER et al. [72] mit dem tert.-Butyloxycarbonyl-azid (tert.-Butyloxycarbonyl-triazen) ein vorzügliches Acylierungsreagens:

$$H_3C-\underset{\underset{CH_3}{|}}{\overset{\overset{CH_3}{|}}{C}}-O-\overset{O}{\underset{\|}{C}}-N_3 \;+\; H_2N-\underset{\underset{}{|}}{\overset{\overset{R}{|}}{CH}}-COOH \xrightarrow{-HN_3} H_3C-\underset{\underset{CH_3}{|}}{\overset{\overset{CH_3}{|}}{C}}-O-\overset{O}{\underset{\|}{C}}-NH-\underset{\underset{}{|}}{\overset{\overset{R}{|}}{CH}}-COOH$$

Es reagiert mit Aminosäuresalzen in Wasser/Dioxan-Mischungen in Gegenwart von Triethylamin bzw. Magnesiumoxid oder unter pH-Kontrolle mit 2 bis 4 N Natronlauge, aber auch mit Aminosäureestern in Pyridin zu den geschützten Aminosäurederivaten. Die zu diesem Zweck von SCHNABEL [73] erarbeitete pH-Stat-Reaktion wurde später mechanisiert [74]. Verständlicherweise wurden für diese wichtige Aminoschutzgruppe viele Einführungsvarianten beschrieben, die nicht alle erwähnt werden können. Trotz der großen Vorzüge des geschilderten Acylierungsverfahrens ist das Interesse an ähnlich effektiven Methoden groß, da bei unsachgemäßer Destillation des tert.-Butyloxycarbonylazids explosive Zersetzungen auftreten können und die während der Acylierungsreaktion freigesetzte Stickstoffwasserstoffsäure als sehr gefährliches Fischgift bekannt ist. Besondere Bedeutung erlangte tert.-Butyloxycarbonyl-fluorid, das aus Carbonylchlorid-fluorid und tert.-Butanol bei Temperaturen um $-25\,°C$ gebildet wird, und unter pH-Stat-Bedingungen in Ausbeuten über 90% tert.-Butyloxycarbonylaminosäuren liefert [75]. Das tert.-Butyl-S-[4,6-dimethylpyrimidyl-2-thio]-carbonat [76] besitzt ebenfalls gute Voraussetzungen zur Einführung der tert.-Butyloxycarbonyl-Gruppe. Di-tert-butyldicarbonat, $(Boc)_2O$, hat sich als ein vorzügliches Reagens zur Einführung der tert.-Butyloxycarbonyl-Gruppe erwiesen [77—79]:

$$(CH_3)_3C-O-\overset{O}{\overset{\|}{C}}-O-\overset{O}{\overset{\|}{C}}-OC(CH_3)_3 + H_2N-CHR-COOH$$

$$\downarrow NaOH, H_2O$$

$$(CH_3)_3C-O-\overset{O}{\overset{\|}{C}}-NH-CHR-COOH + (CH_3)_3COH + CO_2$$

Man arbeitet mit Aminosäuresalzen in wäßriger Lösung unter Zugabe von Dioxan, Tetrahydrofuran u. a. als Lösungsvermittler.

Die mit den tert.-Butyloxycarbonyl-Rest geschützten Aminosäuren und Peptide lassen sich, abgesehen von der Säurechlorid-Methode, mit allen geläufigen Kupplungsmethoden verknüpfen.

Die wichtigsten Abspaltungsreagenzien sind Chlorwasserstoff in Eisessig, Dioxan, Ether, Nitromethan, Essigsäureethylester u. a. Die acidolytische Deblokkierung verläuft nach folgendem Mechanismus:

$$(H_3C)_3-O-CO-NH-R \xrightarrow{H^\oplus} (H_3C)_3\overset{\oplus}{O}-\underset{OH}{\overset{}{C}}-NH-R$$

$$\longrightarrow (H_3C)_2\overset{\oplus}{C}-CH_3 + CO_2 + H_2N-R$$
$$\downarrow -H^\oplus$$
$$(H_3C)_2C=CH_2$$

Auch mit Trifluoressigsäure/Methylenchlorid bzw. mit wasserfreier Trifluoressigsäure bei Temperaturen unter 0 °C wird die tert.-Butyloxycarbonyl-Gruppe glatt abgespalten, wobei der letztgenannten Methode oft der Vorzug gegeben wird. Während der Abspaltungsreaktion können tert.-Butylierungen am Indolringsystem des Tryptophans bzw. an der Thioether-Gruppierung des Methionins vorkommen. Die bereits erwähnten Selektivitätsdifferenzen zwischen der tert.-Butyloxycarbonyl- und der Benzyloxycarbonyl-Gruppe erlauben einen kombinierten Schutz von α- und ω-Aminofunktionen. Allerdings wurde von verschiedenen Autoren eine partielle Deblockierung mit dem Benzyloxycarbonyl-Rest abgedeckter ω-Aminogruppen bei der acidolytischen Abspaltung der tert.-Butyloxycarbonyl-Gruppe beobachtet. Aus diesem Grunde sind andere Deblockierungsreagenzien, wie Bortrifluorid-etherat, 2-Mercapto-ethansulfonsäure, wäßrige Trifluoressigsäure und 98proz. Ameisensäure, die aber nicht in allen Fällen einen glatten Reaktionsverlauf garantieren, empfohlen worden. Eine weitere Alternative

Peptidsynthesen

bietet der Einsatz bestimmter substituierter Benzyloxycarbonyl-Reste mit einer erhöhten Resistenz gegenüber den benutzten Abspaltungsreagenzien. Diese Einschränkungen schmälern jedoch in keiner Weise den hohen peptidsynthetischen Wert der tert.-Butyloxycarbonyl-Schutzgruppe.

Neben den beiden genannten Aminoschutzgruppen wurden weitere Gruppen vom Urethantyp entwickelt, von denen die wichtigsten Vertreter in Tab. 2—1 zusammengestellt sind.

Tabelle 2—1
N-Schutzgruppen vom Urethantyp $Y-\overset{O}{\underset{\|}{C}}-NH-R$
(R = Aminosäure- bzw. Peptid-Rest)

Gruppe	Abk.	Y	Abspaltung
Benzyloxy-carbonyl- [3]	Z-	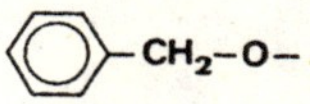 ⟨C₆H₅⟩—CH₂—O—	H_2/Pd; HBr/AcOH; Na/fl. NH_3
4-Methoxy-benzyloxy-carbonyl- [64, 65]	Z(OMe)-	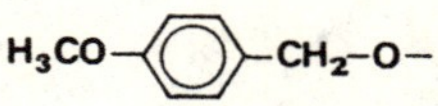 H_3CO—⟨C₆H₄⟩—CH₂—O—	CF_3COOH; H_2/Pd; Na/fl. NH_3
Nitrobenzyloxy-carbonyl-	Z(2-NO_2)- [67] Z(3-NO_2)- [80]	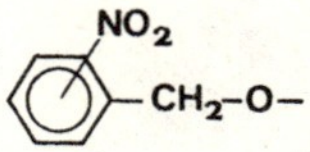 (2-NO_2-C₆H₄)—CH₂—O—	H_2/Pd erleichtert bzw. HBr/AcOH erschwert gegenüber Z-
	Z(2-NO_2)- [69]		zusätzlich photolytisch
Chlor-benzyl-oxycarbonyl-	Z(4-Cl)- [81, 82] Z(3-Cl)- [83, 84]	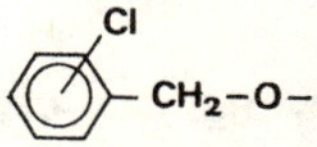 (Cl-C₆H₄)—CH₂—O—	analog Z-, jedoch mit H_2/Pd bzw. HBr/AcOH erschwert
	Z(2-Cl)- [80] Z(2,4-Cl)- [85]		CF_3COOH/CH_2Cl_2 (1:1)
3,5-Dimethoxy-benzyloxycarbonyl- [68]	Z(OMe)-	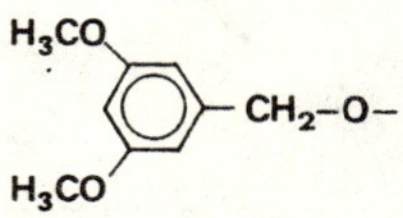 (3,5-(H_3CO)₂-C₆H₃)—CH₂—O—	photolytisch

Tabelle 2—1 (Fortsetzung)

Gruppe	Abk.	Y	Abspaltung
α,α-Dimethyl-3,5-dimethoxy-benzyloxy-carbonyl- [86]	Ddz-	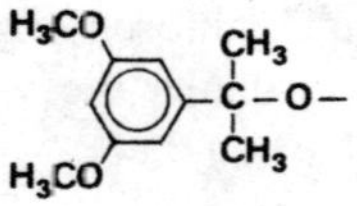 3,5-(H$_3$CO)$_2$C$_6$H$_3$-C(CH$_3$)$_2$-O-	photolytisch; 5-proz. CF$_3$COOH in CH$_2$Cl$_2$
2-Nitro-4,5-dimethoxy-benzyloxycarbonyl-(6-Nitroveratryl-Oxycarbonyl-)	Ndz (Nvoc-)	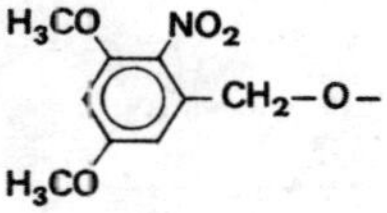 2-NO$_2$-4,5-(H$_3$CO)$_2$C$_6$H$_2$-CH$_2$-O-	analog Z-; photolytisch
Fluorenyl-9-methoxycarbonyl- [87]	Fmoc-	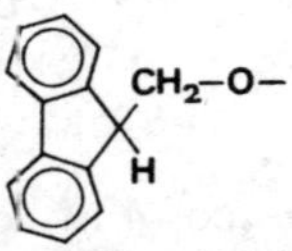 (Fluorenyl-9)-CH$_2$-O-	fl. NH$_3$; 2-Aminoethanol; Morpholin
Furyl-2-methoxy-carbonyl-(Furfuryloxycarbonyl-) [88]	Foc-	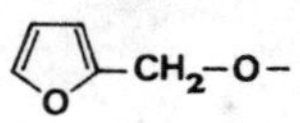 (Furyl-2)-CH$_2$-O-	CF$_3$COOH; HCl/AcOH; H$_2$/Pd
2-(4-Tolyl-sulfonyl)-ethoxycarbonyl- [89]	Tsoc-	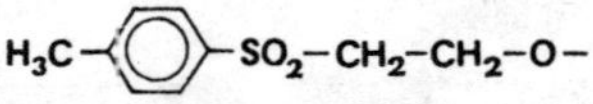 H$_3$C-C$_6$H$_4$-SO$_2$-CH$_2$-CH$_2$-O-	H$_5$C$_2$ONa in Ethanol
Methylsulfonyl-ethoxycarbonyl- [383]	Msc-	H$_3$C-SO$_2$-CH$_2$-CH$_2$-O-	basenkatalysierte β-Eliminierung
4-Phenylazo-benzyloxy-carbonyl- [90]	Paz-	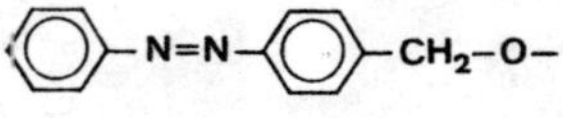 C$_6$H$_5$-N=N-C$_6$H$_4$-CH$_2$-O-	analog Z-

Peptidsynthesen

Tabelle 2—1 (Fortsetzung)

Gruppe	Abk.	Y	Abspaltung
2-Iod-ethoxy-carbonyl- [92]	Iec-	J–CH$_2$–CH$_2$–O–	Zink/Methanol; elektrolytisch
tert.-Butyloxy-carbonyl- [71]	Boc-	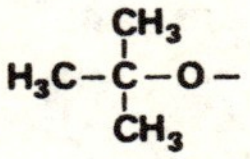 H$_3$C–C(CH$_3$)(CH$_3$)–O–	CF$_3$COOH; CF$_3$COOH/CH$_2$Cl$_2$; HCl in org. Lösungsmitteln
2-Cyan-tert.-butyloxycarbonyl- [93]	Cyoc-	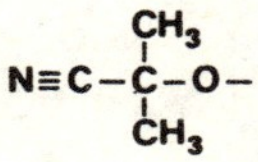 N≡C–C(CH$_3$)(CH$_3$)–O–	schwach basische Reagenzien (wäßr. K$_2$CO$_3$; Triethylamin)
2,2,2-Trichlor-tert.-butyl-oxycarbonyl- [94]	Tcboc-	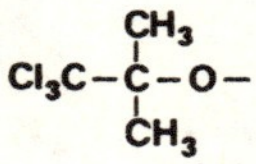 Cl$_3$C–C(CH$_3$)(CH$_3$)–O–	Cobalt(I)-phthalocyanin-Anion in Methanol; Zn/AcOH
Isonicotinyloxy-carbonyl- [95]	iNoc-	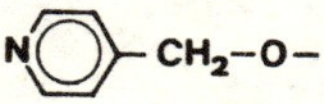 (4-Pyridyl)–CH$_2$–O–	Zn/AcOH; H$_2$/Pd; säurestabil
tert.-Amyloxy-carbonyl- [96]	Aoc-	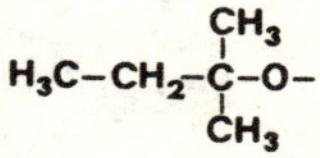 H$_3$C–CH$_2$–C(CH$_3$)(CH$_3$)–O–	CF$_3$COOH (Anisol); CF$_3$COOH/CH$_2$Cl$_2$ (1:1)
Adamantyl-1-oxycarbonyl- [97]	Adoc-	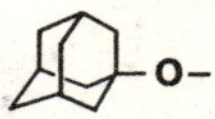 (Adamantyl)–O–	CF$_3$COOH
1-[1-Adamantyl]-1-methyl-ethoxycarbonyl- [91]	Adpoc-	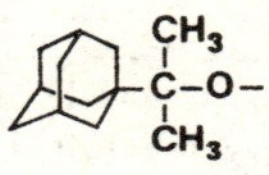 (Adamantyl)–C(CH$_3$)(CH$_3$)–O–	3proz. CF$_3$COOH in CH$_2$Cl$_2$; stabil gegen Hydrogenolyse

Tabelle 2—1 (Fortsetzung)

Gruppe	Abk.	Y	Abspaltung
Isobornyloxy-carbonyl- [98]	Iboc-	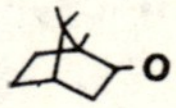	CF_3COOH; resistent gegenüber H_2/Pd u. basische Reagenzien
2-[Biphenylyl-(4)]-propyl-2-oxycarbonyl- [99]	Bpoc-	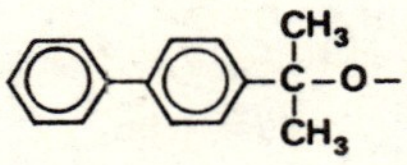	80proz. AcOH
Piperidino- [100]	Pipoc-	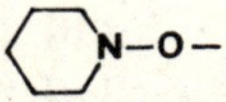	elektrolytische Reduktion; H_2/Pd
Cyclopentyl-oxycarbonyl- [101]	cPoc-	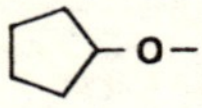	HBr/AcOH; Na/fl. NH_3 nicht durch H_2/Pd
α-Methyl-2,4,5-trimethyl-benzyloxy-carbonyl- [102]	Tmz-	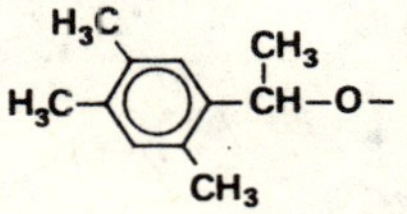	3% (v/v) CF_3COOH in $CHCl_3$; leichter abspaltbar als Boc-, langsamer als Bpoc-
Benzisoxazol-oxycarbonyl- [103]	Bic-	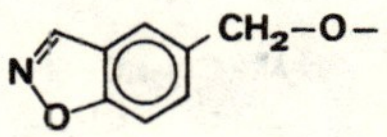	Isomerisierung mit 3 Äquiv. Triethylamin in DMF u. Solvolyse in wäßr. Puffer (pH 7)
(4-Phenylazo-phenyl)-isopropyloxycarbonyl- [104]	Azoc-	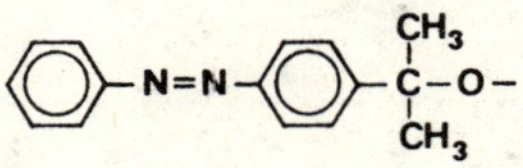	analog Bpoc-

Aufgrund der hohen Spaltungsselektivität bietet die 2-[Biphenylyl-(4)]-propyl-2-oxycarbonyl-Gruppe [99] interessante Einsatzmöglichkeiten, da sie mit ω-Amino-, Hydroxy- und Carboxy-Schutzgruppen auf der Grundlage des tert.-Butyl-Restes zweckmäßig kombiniert werden kann.

Auf eine weitere Besprechung der in der Tab. 2—1 angegebenen Gruppierungen wird aus Platzgründen verzichtet. Anhand der dargestellten wichtigsten Abspaltungsmöglichkeiten sowie den Literaturhinweisen ist eine weiterführende Beschäftigung mit dieser Problematik möglich.

2.2.4.1.1.2. Schutzgruppen vom Säureamidtyp

Hinsichtlich ihrer Anwendungsbreite spielen Aminoschutzgruppen, die sich von Carbonsäureamiden bzw. von Amiden substituierter anorganischer Säuren ableiten, verglichen mit den Schutzgruppen vom Urethantyp eine untergeordnete Rolle. Von den in Tab. 2—2 aufgeführten Gruppen sollen daher nur einige besprochen werden.

Die von GOERDELER und HOLST [105] erstmalig beschriebene und von ZERVAS et al. [106] peptidchemisch näher untersuchte *2-Nitro-phenylthio-Gruppe*, die entgegen einer Empfehlung der IUPAC-IUB-Nomenklaturkommission noch oft als *2-Nitro-phenylsulfenyl-Gruppe* bezeichnet wird, besitzt das größte praktische Interesse. Ihre Einführung gelingt relativ einfach in die Natriumsalze von Aminosäuren (R' = Na) bzw. in Aminosäureester (R' = Alkyl) mit Hilfe von 2-Nitro-phenylsulfenyl-chlorid in Gegenwart einer äquivalenten Menge Natronlauge bzw. Triethylamin:

$$\underset{}{\text{O}_2N\text{-C}_6H_4\text{-S-Cl}} + H_2N-\underset{R}{\overset{}{C}H}-COOR' \xrightarrow[-HCl]{\text{Base}} \underset{}{\text{O}_2N\text{-C}_6H_4\text{-S-NH}}-\underset{R}{\overset{}{C}H}-COOR'$$

Neben einer milden acidolytischen Abspaltung mit 2 Äquiv. Chlorwasserstoff in Ether, Essigester u. a. bzw. mit 1 bis 1,1 Äquiv. Chlorwasserstoff in Methanol oder anderen Alkoholen, wobei im letzteren Fall der nicht störende 2-Nitro-phenylsulfenylester gebildet wird, wurden mit RANEY-Nickel (MEIENHOFER, 1965). Mercaptanen (FONTANA et al. 1966), nucleophilen Thioreagenzien (KESSLER und ISELIN, 1966), Dibenzensulfimiden (PODUŠKA, 1968) u. a. weitere Deblockierungsmöglichkeiten aufgezeigt. Verschiedene Arbeitskreise konnten beweisen, daß bei der Desulfenylierung von Peptiden mit mittelständigem bzw. C-terminalem Tryptophan sich nahezu vollständig 2-(2-Nitro-phenylthio)-indol-Derivate bilden. Diese Nebenreaktion läßt sich weitgehend ausschalten, wenn nach WÜNSCH et al. 10 bis 20 Äquiv. eines Indol-Derivates zugesetzt werden.

Die *4.-Toluensulfonyl-Gruppe*, auch *Tosyl-Gruppe* genannt, wurde von SCHÖNHEIMER 1926 erstmalig für Peptidsynthesen [107] eingesetzt. FISCHER hatte bereits 1915 den Nachweis der Abspaltbarkeit dieser Schutzgruppe aus N-Tosyl-aminosäuren mittels Iodwasserstoff und Phosphoniumjodid erbracht.

Die Darstellung der N-Tosyl-aminosäuren erfolgt durch Umsetzung von Tosylchlorid mit Salzen von Aminosäuren, wobei nach DU VIGNEAUD und

und KATSOYANNIS (1954) die Einhaltung eines pH-Wertes von 9 die Acylierungsreaktion begünstigt:

$$H_3C-\langle\bigcirc\rangle-SO_2Cl + H_2N-\overset{R}{\underset{|}{C}H}-COO^\ominus \xrightarrow{-HCl} H_3C-\langle\bigcirc\rangle-SO_2-NH-\overset{R}{\underset{|}{C}H}-COO^\ominus$$

Die Abspaltung der Tosyl-Gruppe erfolgt nach Du VIGNEAUD et al. [108], durch Reduktion mit Natrium in flüssigem Ammoniak. Die später von NESVADBA und ROTH [109] entwickelte Extraktionstechnik ist dem ursprünglichen Verfahren vorzuziehen. Der Mechanismus der Deblockierungsreaktion ist trotz umfangreicher Untersuchungen, insbesonders durch RUDINGER et al., noch nicht eindeutig geklärt. Auch wurden verschiedene Nebenreaktionen, wie Spaltung der Lys-Pro-Bindung, Entmethylierung von Methionin, partielle Zerstörung von Threonin und Tryptophan u. a. beobachtet.

Eine weitere reduktive Spaltungsmethode durch das aus dem Tetramethylammoniumion durch Entladung an einer Quecksilber-Kathode gebildeten Tetramethylaminyl-Radikals beschrieb HORNER 1965. Mit dieser Methode läßt sich auch der N-Benzoyl-Rest schonend entfernen [110], so daß die von CURTIUS um die Jahrhundertwende empfohlene erste Aminoschutzgruppe überhaupt nun ebenfalls selektiv abspaltbar ist.

Auf die Möglichkeit einer Enttosylierung nach FISCHER mit Iodwasserstoff/Phosphoniumjodid in Eisessig bei 60 °C wurde bereits hingewiesen. Prinzipiell gelingt auch die Deblockierung mit HBr/AcOH in Gegenwart von Phenol nach 16stdg. Reaktion bei Raumtemperatur (RUDINGER et al. 1959).

Aufgrund der hohen Stabilität des Tosyl-Restes gegenüber den Abspaltungsbedingungen der Schutzgruppen vom Urethantyp fand diese Schutzgruppe vielfach Verwendung zur Blockierung von N^ω-Aminofunktionen sowie der Guanido-Funktion des Arginins. Die geschilderten Probleme bei der Detosylierung verweisen auf Alternativlösungen.

Die *Trifluoracetyl-Gruppe* wurde erstmalig 1952 von WEYGAND und CZENDES [111] für peptidchemische Zwecke eingesetzt. Die Einführung gelingt ohne Racemisierung mit Trifluoressigsäureanhydrid in wasserfreier Trifluoressigsäure, aber auch mit Trifluoressigsäurethioethyl- bzw. Trifluoressigsäurephenylester. Die Deblockierung erfolgt mit 0,01—0,02 N Natronlauge bei Raumtemperatur bzw. mit verdünnter Ammoniak- oder Bariumhydroxidlösung. Zur Verknüpfung von N-Trifluoracetylaminosäuren ist die Mischanhydrid-Methode nicht geeignet.

Bei der alkalischen Abspaltung dieser Schutzgruppe wurden verschieden Nebenreaktionen beobachtet. Als Alternative wurde Natriumborhydrid in Ethanol als Abspaltungsreagens vorgeschlagen, wobei als Carboxyschutzgruppe der tert.-Butylester vorliegen muß. Unter diesen Bedingungen werden Benzyloxycarbonyl-, tert.-Butyloxycarbonyl- und tert.-Butylether-Gruppen nicht angegriffen. Generell besteht Racemisierungsgefahr bei Aktivierung von Trifluoracetyl-amino-

Tabelle 2—2
Aminoschutzgruppen vom Säureamidtyp Y—NH—R[1])
(R = Aminosäure- bzw. Peptid-Rest)

Gruppe	Abk.	Y	Abspaltung
Formyl- [112, 113]	For-	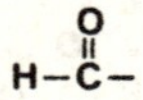 H—C(=O)—	solvolytisch; oxidativ; Hydrazinolyse
Trifluoracetyl- [111]	Tfa-	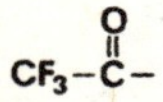 CF_3—C(=O)—	verd. NaOH, Ba(OH)$_2$, Ammoniaklösung
Acetoacetyl- [114]	Aca-	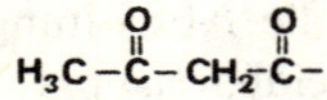 H_3C—C(=O)—CH_2—C(=O)—	C_6H_5-NH-NH_2 bzw. H_2N-OH in essigsaurer Lösung
2-Nitrophenoxyacetyl- [115]	Npa-	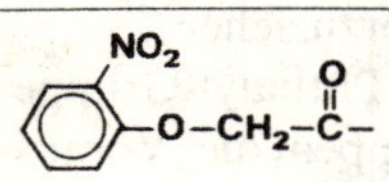 2-NO_2-C_6H_4—O—CH_2—C(=O)—	Reduktion und nachfolgendes Erhitzen auf 100 °C in H_2O
Monochloracetyl- [116]	Mca-	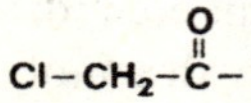 Cl—CH_2—C(=O)—	Piperidin-1-thiocarbonsäureamid
2-Nitro-phenylthio- [105, 106]	Nps-	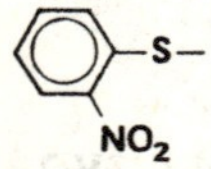 2-NO_2-C_6H_4—S—	Chlorwasserstoff in inerten Lösgm.; RANEY-Nickel, Thiolreagenzien, Dibenzensulfimide
4-Toluensulfonyl- [107]	Tos-	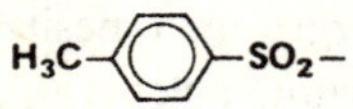 H_3C—C_6H_4—SO_2—	Na/fl. NH_3; HBr/AcOH (Phenol); Iodwasserstoff/ Phosphoniumjodid
Benzylsulfonyl- [108]	Bes-	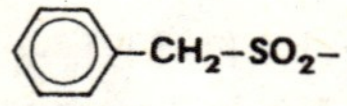 C_6H_5—CH_2—SO_2—	Na/fl. NH_3; hydrogenolytisch
4-Tolylmethylsulfonyl- [117]	Pms-	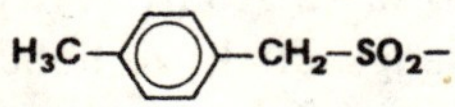 H_3C—C_6H_4—CH_2—SO_2—	HF/Anisol (0 °C, 60 min)

[1]) die Phthalyl-Gruppe konnte aus strukturellen Gründen nicht in die Tabelle aufgenommen werden

säuren, wodurch der Wert dieser Schutzgruppe für Synthesezwecke etwas gemindert wird. Aufgrund ihrer hohen Flüchtigkeit sind N-Trifluoracetyl-aminosäure- bzw. -peptidester für gaschromatographische Trennungen von großer Bedeutung.

Die *Phthalyl-Gruppe* [118] wird wegen ihrer Alkaliempfindlichkeit nur noch selten für Peptidsynthesen eingesetzt. Daran ändert auch die Tatsache wenig, daß die Darstellung mit N-Ethoxycarbonylphthalimid [119] unter schonenden Bedingungen die entsprechend geschützten Aminosäuren in hoher analytischer und optischer Reinheit ergibt:

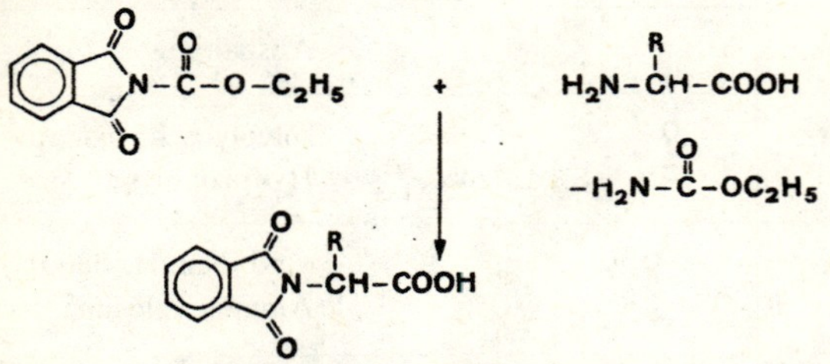

$$\text{Phth-N-C-O-C}_2\text{H}_5 + \text{H}_2\text{N-CH(R)-COOH} \longrightarrow \text{Phth-N-CH(R)-COOH} \quad (-\text{H}_2\text{N-C(O)-OC}_2\text{H}_5)$$

Nach SCHWYZER et al. [120] gelingt die Abspaltung mit Hydrazin-hydroacetat in Methanol. Diese bei einem scheinbaren pH von 6,5 ablaufende milde Deblockierungsmethode ist bei alkalilabilen Peptidderivaten dem üblichen hydrazinolytischen Spaltungsverfahren vorzuziehen.

Allgemein sollte die Stabilität der Phthalyl-Gruppe gegenüber vielen Deblockierungsmethoden anderer Schutzgruppen die Voraussetzung für eine breite Anwendung darstellen. Obgleich für bestimmte Synthesezwecke der Phthalyl-Rest noch hin und wieder genutzt wird, limitieren die bekannten Schwierigkeiten bei der Abtrennung des während der hydrazinolytischen Spaltung gebildeten Phthalylhydrazids vom Peptidderivat sowie die bereits erwähnte Alkalilabilität der Schutzgruppe einen universellen Einsatz.

2.2.4.1.1.3. Schutzgruppen vom Alkyltyp

N-Benzyl- und N,N-Dibenzyl-Schutzgruppen besitzen nur geringes peptidsynthetisches Interesse. Die Deblockierung solcher Gruppierungen ist prinzipiell durch katalytische Hydrierung in Gegenwart von Palladium-Schwarz bei 70 bis 80 °C möglich.

Die *Triphenylmethyl(Trt-)-Gruppe* [121, 122], auch *Trityl-Gruppe* genannt, besitzt dagegen größere Bedeutung. Nach TAMAKI et al. [123] soll die direkte Tritylierung freier Aminosäuren mit 2 Äquiv. Tritylchlorid in Gegenwart von Triethylamin in aprotischen Lösungsmitteln zu hohen Ausbeuten führen:

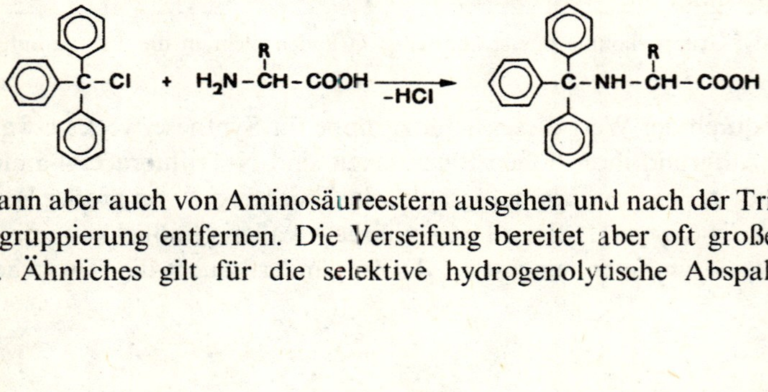

$$\text{Ph}_3\text{C-Cl} + \text{H}_2\text{N-CH(R)-COOH} \xrightarrow{-\text{HCl}} \text{Ph}_3\text{C-NH-CH(R)-COOH}$$

Man kann aber auch von Aminosäureestern ausgehen und nach der Tritylierung die Estergruppierung entfernen. Die Verseifung bereitet aber oft große Schwierigkeiten. Ähnliches gilt für die selektive hydrogenolytische Abspaltung der

Benzylester-Gruppe aus entsprechend tritylierten Aminosäurederivaten. Bei Verwendung von Dioxan als Lösungsmittel soll nur die Benzylester-Gruppierung entfernt werden. Aufgrund der sterischen Hinderung durch die drei sperrigen Phenylreste ist die Aktivierung der Carboxy-Gruppe von Trityl-aminosäuren erschwert. Die besten Ergebnisse wurden mit der DCC-Methode (vgl. S. 173) erzielt. Darüber hinaus wurden auch mit N-Hydroxysuccinimidestern gute Kupplungsausbeuten erreicht [124]. Der negative sterische Einfluß der Trityl-Gruppe wirkt sich nicht mehr auf die Carboxyfunktion von Peptiden aus, so daß Verseifungen und Aktivierungen in solchen Fällen unproblematisch verlaufen. Durch Austausch einer anderen Schutzgruppe gegen den Trityl-Rest auf einer Peptidstufe kann der Vorteil des Trityl-Schutzes im weiteren Syntheseverlauf genutzt werden.

Die Trityl-Gruppe kann unter milden Bedingungen acidolytisch mit Chlorwasserstoff (oder Salzsäure) in verschiedenen organischen Lösungsmitteln, mit Trifluoressigsäure (auch wäßriger Trifluoressigsäure bzw. Trifluoressigsäure in wäßriger Essigsäure) bei 0° bis −10 °C bzw. durch kurzes Erhitzen mit Eisessig oder Behandlung mit etwa 70 bis 80proz. Essigsäure über mehrere Stunden abgespalten werden. Ebenso wird der Trityl-Rest durch katalytische Hydrierung entfernt, wobei die Abspaltung langsamer erfolgt als die der Benzyloxycarbonyl-Gruppe. Die aufgezeigten Abspaltungsmethoden erlauben eine selektive Entfernung des Trityl-Testes neben der Benzyloxycarbonyl-, tert.-Butyloxycarbonyl-, O-Benzyl-, O-tert.-Butyl- und S-Benzyl-Gruppe u. a. Es sind sogar verschiedene Detritylierungsverfahren erarbeitet worden, um den N^{α}-Trityl-Rest selektiv neben N^{ω}-, N^{Im}-, O- und S-Trityl-Gruppen abspalten zu können. Trotz dieser vielfältigen Kombinationsmöglichkeiten ist die Bedeutung der Trityl-Schutzgruppe durch die hohe Säurelabilität und die bereits erwähnten Auswirkungen des sterischen Effektes geschmälert.

Nachfolgend sollen einige Schutzgruppen erwähnt werden, die theoretisch interessante Entwicklungen darstellen, aber bisher nur für spezielle Zielstellungen eingesetzt werden.

Die *1-Methyl-2-benzoyl-vinyl(Mbv-)-Gruppe* wird durch Umsetzung von Benzoylaceton mit Kaliumsalzen von Aminosäuren erhalten und läßt sich durch kurze Behandlung mit verd. Salzsäure oder Essigsäure abspalten (DANE et al., 1962).

Die *5,5-Dimethyl-3-oxo-cyclohexen-1-yl(Dche-)-Gruppe* wird durch Reaktion eines Aminosäureesters mit Dimedon eingeführt (HALPERN et al., 1964). Sie ist gegenüber Säuren und katalytischer Hydrierung weitgehend resistent. Zur Aktivierung von N-[5,5-Dimethyl-3-oxo-cyclohexen-1-yl]-aminosäuren eignen sich das DCC-Verfahren, die Azid-Methode und die WOODWARD-Methode. Auch die entsprechenden Thio- und 4-Nitrophenylester lassen sich bereiten. Die Abspaltung dieser Schutzgruppe erfolgt durch Bromwasser bzw. Natriumnitrit in essigsaurer Lösung.

McINTIRE beschrieb 1947 die Blockierung der Aminofunktion von Aminosäuren mit 2-Hydroxy-substituierten aromatischen Aldehyden. Die resultierenden SCHIFFschen Basen kristallisierten sehr gut und erwiesen sich aufgrund der Ausbildung einer intramolekularen H-Brücke als äußerst stabile Verbindungen.

Die *N-(5-Chlor-salicylal)(Csal-)-Gruppe* wurde 1962 durch SHEEHAN et al. zum Schutz N-terminaler Aminosäuren und nachfolgender Verknüpfung mittels der DCC-Methode zu Dipeptid-Derivaten eingesetzt. Die Deblockierung gelingt mit N HCl bei Raumtemperatur. In den drei aufgeführten Formeln (s. S. 131) symbolisiert R den Rest einer Aminosäure bzw. eines Peptides.

Zunehmendes Interesse erfahren Schutzgruppen, die wie die von TESSER eingeführte Msc-Gruppe (vgl. Tab. 2—1) durch basenkatalysierte Eliminierung abgespalten werden können. Von KUNZ wurde 1976 die *2-(Methylthio)ethoxycarbonyl(Mtc-)-Gruppe* empfohlen: $H_3C-S-CH_2-CH_2-O-CO-NH-R$. Die entsprechenden Derivate lassen sich durch Methylierung bzw. Oxidation zum Sulfon labilisieren und analog der Methode von TESSER durch β-Eliminierung spalten. Aber auch Phosphoniumverbindungen, wie *Phosphoniumethoxycarbonyl-Derivate*, $(C_6H_5)_3P^+-CH_2-CH_2-O-CO-NH-R$, sollen nach KUNZ analoge Eigenschaften und Abspaltungsmöglichkeiten aufweisen, wenn auch die Eliminierung in Abwesenheit von Nucleophilen nicht ohne Nebenreaktionen abläuft.

Die *Diphenylthiophosphinyl(Ppt-)-Gruppe*, $(C_6H_5)_2PS-NH-R$, ist nach UCKI und IKEDA (1976) resistent gegenüber Trifluoressigsäure und abspaltbar durch 1 N HCl in AcOH, 4 N HCl in Dioxan sowie durch Triphenylphosphin-dihydrochlorid.

Die von KÜNZ und STUDER (1975) empfohlene *Tosylaminocarbonyl*(Tac-)-Gruppe (4-Tolylsulfonyl-carbamoyl-Gruppe), $H_3C-C_6H_4-SO_2-NH-CO-NH-R$, läßt sich mittels 4-Tosylisocyanat in Aminosäuren einführen. Die Abspaltung des Tac-Restes gelingt durch Erhitzen mit verschiedenen 95-proz. Alkoholen auf 85—105 °C.

Theoretisch interessant sind auch die von WEISS und FISCHER vorgeschlagenen *Pentacarbonyl(methoxyorganylcarben)-Komplexe des Chroms:*

$$(CO)_5Cr = C \begin{cases} NH-CHR'-COOR \\ CH_3 \end{cases}$$

2.2.4.2. Carboxy- und Amidschutzgruppen

Bereits im Abschn. 2.2.2. wurde erläutert, daß bei der Peptidsynthese auch die Carboxyfunktion der Aminokomponente blockiert werden muß.

Am einfachsten wird der Schutz der Carboxygruppe durch *Salzbildung* erreicht. Neben Alkali- oder Erdalkalimetallsalzen von Aminosäuren, die gewöhnlich in Wasser bzw. Wasser/Dioxan mit der entsprechend aktivierten Carboxykomponente umgesetzt werden können, besitzen die Salze tertiärer Basen (Triethylamin, Tributylamin, N-Methyl-morpholin, N-Ethyl-piperidin, 1,1,3,3-Tetramethyl-guanidin u. a.) von Peptiden große Bedeutung für Peptidverknüpfungen in organischen Lösungsmitteln, insbesondere Dimethylformamid. Für die sog. *Salzkupplung* eignen sich aktivierte Ester, Säurehalogenide sowie die Mischanhydrid- und Azid-Methode. Der Vorteil besteht darin, daß nach beendeter Kupplungsreaktion die Carboxyfunktion durch Ansäuern freigesetzt wird. Schwierigkeiten bereitet die Salzkupplung bei der Synthese von Dipeptid-Derivaten, da durch partielle Verseifung, z. B. eines aktivierten Esters, ein Gemisch aus N-geschütztem Dipeptid und N-geschützter Carboxykomponente resultiert. Die Trennung der als Säuren vorliegenden Produkte ist äußerst problematisch. Es ist deshalb vorteilhafter, Salze von Di- oder Tripeptiden einzusetzen, da sich aufgrund von Löslichkeitsdifferenzen Ausgangs- und Endprodukte besser trennen lassen.

Die geschilderte Verfahrensweise ist nicht universell anwendbar, so daß zum Schutz der Carboxygruppe der zu acylierenden Aminosäure bzw. des entsprechenden Peptides reversibel abspaltbare Gruppierungen eingesetzt werden müssen. Zwangsläufig bieten sich in erster Linie verschiedene Estertypen an. Amid-Gruppierungen bieten in der Regel einen hinreichenden Schutz. Sie sind aber nur dann von Interesse, wenn sie einen echten Bestandteil des aufzubauenden Peptides darstellen. Zur Verbesserung der Löslichkeit von Peptidamiden in organischen Lösungsmitteln ist eine Blockierung von Carbonamid-Funktionen anzustreben. Schließlich muß man zwischen Carboxyschutzgruppen unterscheiden, die nach Beendigung der Synthese eines Peptides bzw. Peptidsegmentes unter Regenerierung der freien Carboxyfunktion deblockiert werden, und solchen, die nach erfolgtem Aufbau eines Segmentes entweder unmittelbar oder nach entsprechender chemischer Umwandlung aminolyseaktive Gruppierungen darstellen. Diese beiden unterschiedlichen Typen werden von WÜNSCH [125] als *echte* bzw. *unechte Carboxyschutzgruppen* bezeichnet. Davon abweichend wird das auf der folgenden Seite aufgeführte Einteilungsprinzip gewählt.

Mit dem Begriff taktische Schutzgruppen soll verdeutlicht werden, daß solche Gruppierungen über den Rahmen des normalen Schutzerfordernisses hinaus zur Realisierung spezieller Synthesestrategien Verwendung finden.

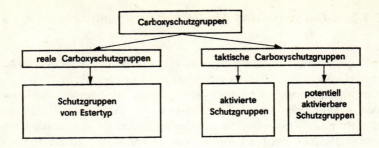

2.2.4.2.1. Reale Carboxyschutzgruppen

Unter realen Carboxyschutzgruppen werden definitionsgemäß solche Gruppierungen verstanden, die nach erfolgter Synthese eines Peptides bzw. eines Peptidsegmentes unter Regenerierung der ursprünglichen Carboxyfunktion abgespalten werden.

2.2.4.2.1.1. Schutzgruppen vom Estertyp

Die überwiegende Anzahl der bekannten Carboxyschutzgruppen leitet sich von primären, sekundären und tertiären Alkoholen ab. Man bedient sich zur Darstellung von Aminosäureestern der aus der organischen Chemie bekannten Methoden, wobei man entweder von freien Aminosäuren oder N-geschützten Aminosäurederivaten ausgeht.

Nach der klassischen Veresterungsmethode von FISCHER wird das Hydrochlorid der Aminosäure mit dem entsprechenden Alkohol in Gegenwart von Chlorwasserstoff als Katalysator umgesetzt [126]:

$$\left[\begin{array}{c} R \\ CH \\ H_3\overset{\oplus}{N} \quad COOH \end{array}\right]^+ Cl^- + CH_3OH \xrightleftharpoons{(H^+)} \left[\begin{array}{c} R \\ CH \\ H_3\overset{\oplus}{N} \quad COOCH_3 \end{array}\right]^+ Cl^- + H_2O$$

Den Erfordernissen des Massenwirkungsgesetzes entsprechend wird eine weitgehend quantitative Überführung der Aminosäure in den entsprechenden Ester dadurch erreicht, daß man den Alkohol im Überschuß einsetzt und gleichzeitig das bei der Reaktion gebildete Wasser aus dem Gleichgewicht entfernt, z. B. durch azeotrope Destillation. Neben Chlorwasserstoff wurden als Katalysatoren auch Bortrifluorid-etherat sowie Acetanhyrid, Acetylchlorid und Thionylchlorid u. a. empfohlen, wobei durch die zuletzt genannten Zusätze die Esterbildung nach einem anderen Mechanismus abläuft. Sehr elegant ist die von

BRENNER et al. [127] vorgeschlagene Veresterung mit Thionylchlorid. Hierbei bildet sich wahrscheinlich als reaktive Zwischenstufe aus $SOCl_2$ und CH_3OH unter HCl-Abspaltung der Chlorsulfinsäure-methylester H_3CO-SO-Cl, der intermediär mit der Aminosäure unter Freisetzung von SO_2 zum Methylester reagiert. Auch Ethyl- und Benzylester lassen sich nach dieser Methode gewinnen. Ausgehend von freien Aminosäuren können Aminosäureester auch durch verschiedene Umesterungs-Verfahren sowie durch Addition von Olefinen, wie z. B. tert.-Butylester dargestellt werden.

Eine blockierte Aminofunktion der Aminosäure erfordert Varianten, bei denen Alkylhalogenide in Gegenwart von tert.-Aminen eingesetzt werden sowie Veresterungen mit Diazomethan bzw. Diazomethan-Derivaten u. a. N-geschützte Aminosäuren bzw. Peptide können über die Zwischenstufe von Cäsiumsalzen mit Alkylhalogeniden unter sehr milden Bedingungen zu den entsprechenden Estern umgesetzt werden [128]. In Tab. 2—3 sind einige wichtige Carboxyschutzgruppen zusammengestellt, von denen die Methyl-, Ethyl-, Benzyl-, 4-Nitrobenzyl- und tert.-Butylester die größte praktische Bedeutung besitzen.

Methylester (-OMe) und *Ethylester* (-OEt) wurden bereits von FISCHER und CURTIUS für Peptidsynthesen verwendet. Die Abspaltung dieser Schutzgruppen nach beendeter Peptidsynthese gelingt durch milde alkalische Hydrolyse in Dioxan, Methanol (Ethanol), Dioxan, Aceton, DMF, wobei unterschiedliche Anteile an Wasser zugesetzt werden. Die genannten Alkylester sollten jedoch nur zur Synthese kleinerer Peptide verwendet werden, da mit zunehmender Kettenlänge die hydrolytische Spaltung erschwert wird und die Anwendung extremer Hydrolysebedingungen die Gefahr von Nebenreaktionen erhöht. Ein Überschuß an Alkali sollte vermieden werden, da neben Racemisierung auch andere Nebenreaktionen beobachtet wurden. Beide Alkylester sind resistent gegen Hydrogenolyse sowie milde protonenkatalysierte Acidolyse. Durch Hydrazinolyse lassen sie sich in Hydrazide überführen, so daß nach entsprechenden Segmentsynthesen eine weiterführende Verknüpfung nach der Azid-Methode möglich ist. Ammonolyse ist für solche Fälle angebracht, in denen die C-terminale Aminosäure eine Amid-Gruppe tragen soll.

Benzylester (-OBzl) [129] freier Aminosäuren werden durch direkte Veresterung mit Benzylalkohol in Gegenwart saurer Katalysatoren (4-Toluensulfonsäure, Chlorwasserstoff, Benzensulfonsäure, Polyphosphorsäure u. a.) erhalten, wobei das bei der Veresterung gebildete Wasser mit einem geeigneten Umwälzmittel (Benzen, Toluen, Tetrachlormethan) durch azeotrope Destillation entfernt wird. Auch die Thionylchlorid-Methode [127] eignet sich zur Herstellung der Benzylester. Die Darstellung von Benzylestern N-geschützter Aminosäuren gelingt durch Aktivierung mit DCC, Thionylchlorid und Sulfurylchlorid und Umsetzung mit Benzylalkohol, aber auch durch Umesterungs-Verfahren. Zur Spaltung der Benzylester-Gruppierung eignen sich katalytische Hydrierung, eine gesättigte

Tabelle 2—3

Carboxyschutzgruppen vom Estertyp Y—O—C(=O)—R

-ester	Y	Spaltungsreaktionen
Methyl-	CH_3-	alk. Hydrolyse; enzymatisch (Trypsin oder Chymotrypsin) mit 0,1 N NaOH, pH 7,0
Ethyl-	H_3C-CH_2-	
Benzyl- [129]	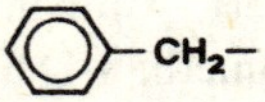 C₆H₅—CH₂—	H_2/Pd; ges. HBr/AcOH; Na/fl. NH_3; fl. HF; alk. Hydrolyse
4-Nitro-benzyl-	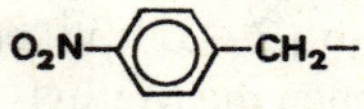 O_2N-C₆H₄$-CH_2-$	H_2/Pd; alk. Hydrolyse; Na/fl. NH_3; resistent gegenüber HBr/AcOH
tert.-Butyl- [130, 131]	$(CH_3)_3C-$	CF_3COOH; ges. HCl/AcOH; 2 N HBr/AcOH; Bortrifluoridetherat/AcOH
4-Methoxy-benzyl- [132, 133]	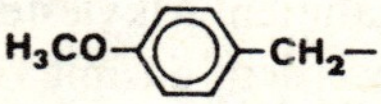 H_3CO-C₆H₄$-CH_2-$	CF_3COOH (Anisol) bei 0 °C; HCl/Nitromethan; H_2/Pd; fl. HF; alk. Hydrolyse
methylsubstituierte Benzyl- [134]	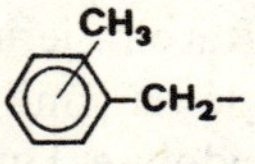 CH₃-C₆H₄-CH₂— (2,4,6-Trimethyl- und Pentamethyl-benzyl-)	CF_3COOH bei 20 °C; 2N HBr/AcOH;
Pyridyl-4-methyl- (4-Picolyl-) [135]	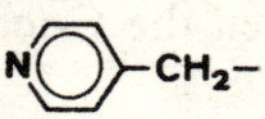 N-C₅H₄—CH_2-	H_2/Pd; Na/fl. NH_3; alk. Hydrolyse; elektrolytische Reduktion
2-(Toluen-4-sulfonyl)- ethyl- [136]	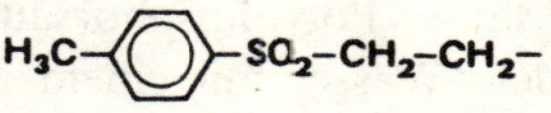 H_3C-C₆H₄$-SO_2-CH_2-CH_2-$	β-Eliminierung in Wasser/Dioxan mit Na_2CO_3-Lösung bei 20 °C
Phenacyl- [137]	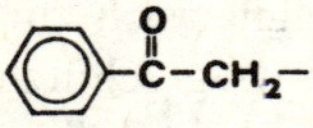 C₆H₅—CO—CH_2-	Natriumthiophenolat; H_2/Pd; Zn/AcOH; photolytisch
4-Methoxy-phenacyl- [138]	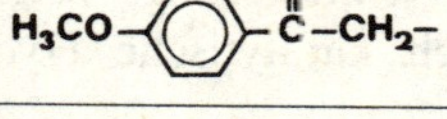 H_3CO-C₆H₄—CO—CH_2-	photolytisch durch UV bei 20 °C

Peptidsynthesen

Tabelle 2—3 (Fortsetzung)

-ester	Y	Spaltungsreaktionen
Diphenylmethyl- (Benzhydryl-) [139]	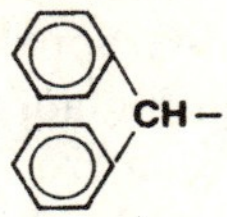 (C$_6$H$_5$)$_2$CH–	H$_2$/Pd; CF$_3$COOH bei 0 °C; ges. HCl/AcOH; Bortrifluorid- etherat/AcOH (1:6) bei 25 °C
Anthrachinon-2- methyl- [140]	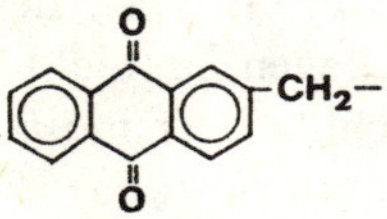 Anthrachinon-2-yl–CH$_2$–	H$_2$/Pd; Na$_2$S$_2$O$_4$ in Dioxan/ H$_2$O, pH 7 bis 8; photolytisch
Phthalimidomethyl- [141]	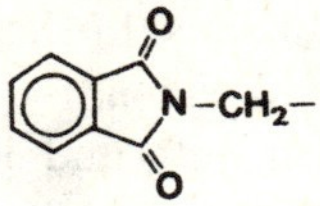 Phthalimido–N–CH$_2$–	Natriumthiophenolat; Zn/AcOH; N$_2$H$_4$; HCl/org. Lsgm.; (CH$_3$)$_2$NH/Ethanol
Phenyl- [142]	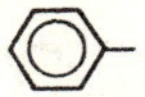 C$_6$H$_5$–	Verseifung pH 10,5 (0,8 Äquiv. H$_2$O$_2$)
Trimethylsilyl- [143, 144]	(CH$_3$)$_3$Si–	solvolytisch durch H$_2$O oder Alkohole
2-Trimethylsilylethyl- [145]	(CH$_3$)$_3$Si–CH$_2$–CH$_2$–	Fluoridionen

Lösung von Bromwasserstoff in Eisessig (12 h bei Raumtemperatur bzw. 1 bis 2 h bei 50—60 °C), Natrium in flüssigem Ammoniak, flüssige Fluorwasserstoffsäure und alkalische Hydrolyse. Unter den genannten Bedingungen der acidolytischen Spaltung können auch Peptidbindungen partiell gespalten werden.

4-Nitro-benzylester (-ONb) sind prinzipiell mittels der für unsubstituierte Benzylester erwähnten Verfahren darstellbar. N-geschützte Aminosäure- bzw. Peptidderivate setzen sich leicht mit 4-Nitro-benzylhalogeniden in Gegenwart einer tert.-Base zu den entsprechenden Estern um. 4-Nitro-benzylester sind gegenüber Bromwasserstoff in Eisessig resistent und werden durch flüssige Fluorwasserstoffsäure nur unvollständig gespalten. Die Abspaltung gelingt dagegen leicht durch Hydrogenolyse, alkalische Hydrolyse und Reduktion mittels Natrium in flüssigem Ammoniak.

tert.-Butylester (-OBu^t) [130, 131] besitzen für die Peptidsynthese eine außerordentlich große Bedeutung. Die tert.-Butylester-Gruppierung ist acidolytisch leicht spaltbar, jedoch stabil gegenüber Hydrogenolyse und weitgehend resistent gegen alkalische Hydrolyse, Hydrazinolyse oder Ammonolyse. Erwähnenswert ist weiterhin die Stabilität gegenüber den sauren Abspaltungsbedingungen der 2-Nitro-phenylthio-, Trityl- und 2-[Biphenylyl-(4)]-propyl-2-oxycarbonyl-Gruppen. Bortrifluorid-etherat in Eisessig eignet sich zur selektiven Spaltung von tert.-Butylestern neben der Benzyloxycarbonyl-Gruppe. Eine differenzierte Acidolyse der tert.-Butyloxycarbonyl-Gruppe scheint auf Ausnahmen beschränkt zu sein. Aminosäure-tert.-butylester lassen sich unter sauren Bedingungen durch Addition von Isobuten an Aminosäuren oder durch Umesterung mit Essigsäure-tert.-butylester darstellen. Hydroxy-Gruppen des Serins bzw. Threonins werden unter den genannten Bedingungen in die tert.-Butylether überführt. Selbstverständlich können auch N-geschützte Aminosäuren (Benzyloxycarbonylaminosäuren) mit Isobuten in Gegenwart von konz. Schwefelsäure oder Essigsäure-tert.-butylester in Anwesenheit von Perchlorsäure u. a. verestert werden. Dieser Weg ist auch zu empfehlen, wenn aus Löslichkeitsgründen bestimmte Aminosäuren nicht direkt verestert werden können.

Die *Pyridyl-4-methylester* [135] erlauben aufgrund ihres basischen Zentrums eine reversible Fixierung des Peptides nach jedem Kupplungsschritt an einem Kationenaustauscher, wodurch eine Abtrennung von Bei- und Nebenprodukten möglich ist. Der Vorteil dieser Methode besteht darin, daß im Gegensatz zur Festphasen-Peptidsynthese alle Reaktionen in homogener Phase ablaufen. Ein ähnliches Verfahren unter Verwendung von 4-Dimethylamino-benzylestern beschrieben WIELAND und RACKY [146].

Unlösliche polymere Ester sind eine äußerst interessante Klasse von Carboxyschutzgruppen, von denen polymere Benzylester den Prototyp der von MERRIFIELD entwickelten Festphasen-Peptidsynthese darstellen. Trotz Abweichung von einer exakten Einteilung soll die gesamte Problematik der Synthese an polymeren Trägern in einem gesonderten Kapitel (s. Abschn. 2.2.7.) behandelt werden.

Die besprochenen Carboxyschutzgruppen können bei Aminodicarbonsäuren sowohl für die α- als auch für die ω-Carboxyfunktion verwendet werden. Relativ einfach lassen sich Peptide mit einer C-terminalen Aminodicarbonsäure aufbauen. Ohne spezielle Blockierungsmaßnahmen können dagegen nicht mehr Peptide mit mittelständiger bzw. N-terminaler Aminodicarbonsäure erhalten werden. Es ist daher für einen strukturspezifischen Aufbau von α- oder ω-Aminodicarbonsäurepeptiden die selektive Blockierung einer Carboxygruppe erforderlich.

2.2.4.2.1.2. Amid-Schutzgruppen

Ein Carbonsäureamid ist vom chemischen Standpunkt eine neutrale funktionelle Gruppe, die praktisch eine Blockierung der sauren Carboxyfunktion darstellt und daher keinen zusätzlichen speziellen Schutz benötigen sollte. Das trifft unter

Peptidsynthesen

den üblichen peptidsynthetischen Bedingungen der Kupplungs- und Deblockierungsreaktionen auch für die terminale α-Carbonsäureamid-Funktion zu, wenn man von einigen selten beobachteten Dehydratisierungen zum Nitril absieht. Weitaus häufiger treten Nebenreaktionen an den ω-Carbonsäureamid-Gruppen des Asparagins und Glutamins auf. Die erwähnte Dehydratisierung der Carbonsäureamid-Gruppe zum Nitril kann bei Anwendung der DCC-Methode leicht erfolgen. Außerdem können ω-Carbonsäureamid-Gruppen im Verlauf peptidsynthetisch notwendiger Hydrazinolysen ebenfalls in Hydrazide überführt werden, wie auch solvolytische Schutzgruppenabspaltungen zur Alkoholyse von Amid-Gruppierungen führen können. Die ebenfalls beobachtete Bildung von Succinimid-Derivaten bei ungeschützter Amid-Funktion von Asparagin-enthaltenden Peptiden zieht unerwünschte Transpeptidierungen (a) nach sich:

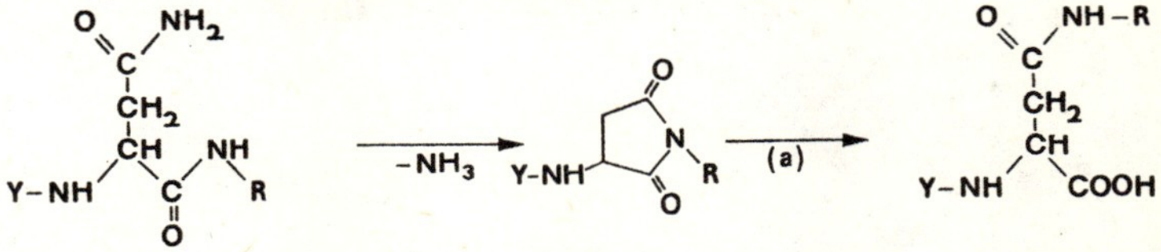

Peptide mit N-terminalem Glutamin, dessen Aminofunktion ungeschützt ist, werden leicht in Pyroglutamyl-Peptide umgewandelt:

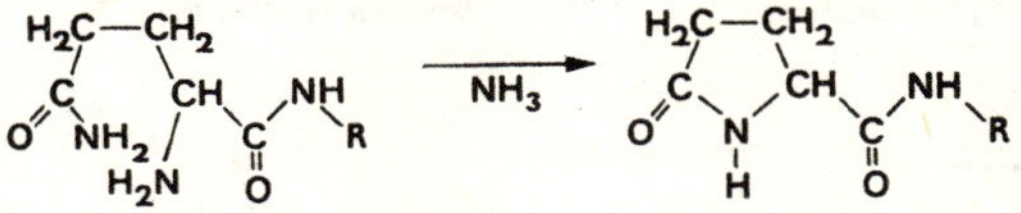

Zur Ausschaltung der geschilderten Nebenreaktionen und besonders auch zur Verbesserung der Löslichkeit von Peptiden mit Carbonsäureamid-Gruppen in organischen Lösungsmitteln ist die reversible Blockierung der Amid-Funktionen von hohem synthetischen Wert. Bekanntlich neigen ungeschützte Amid-Funktionen zur Ausbildung intra- bzw. intermolekularer H-Bindungen, wodurch die Löslichkeit in organischen Lösungsmitteln erschwert wird, aber auch gleichzeitig eine erhöhte, für peptidsynthetische Operationen unerwünschte, Wasserlöslichkeit solcher Peptidderivate resultiert.

Aus der Vielzahl der theoretisch möglichen Blockierungsvarianten haben sich unter den praktischen Bedingungen der Peptidsynthese besonders substituierte Benzyl-Gruppen bewährt, die acidolytisch leicht abgespalten werden können. Zur Einführung methoxy-substituierter Benzyl-Reste bzw. des unsubstituierten Diphenylmethyl-Restes geht man von geschützten Aminosäurederivaten (R) aus, deren freie, später den substituierten Amid-Rest tragenden, Carboxyfunktionen mittels DCC mit den entsprechenden Aminen (R′) verknüpft werden [147]:

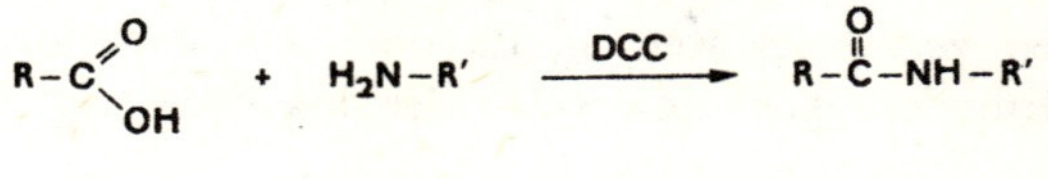

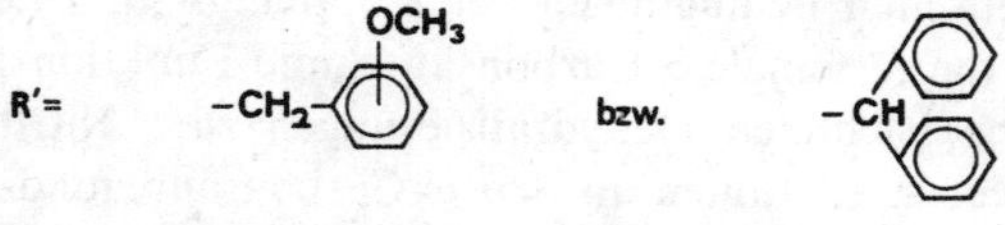

R'=   −CH₂–⟨C₆H₄⟩–OCH₃   bzw.   −CH(C₆H₅)₂

4−Methoxy−benzyl−   Diphenylmethyl−
2,4−Dimethoxy−benzyl−
2,4,6−Trimethoxybenzyl−

Methyl- bzw. methoxy-substituierte Diphenylmethyl-Gruppen werden dagegen ausgehend vom N-geschützten Aminosäureamid durch protonenkatalysierte Umsetzung mit dem entsprechenden Carbinol eingeführt [148]:

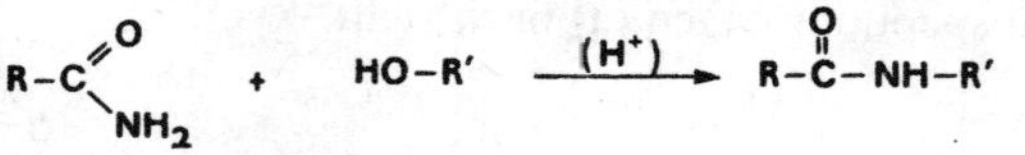

$$R-C(=O)NH_2 + HO-R' \xrightarrow{(H^+)} R-C(=O)-NH-R'$$

R'= −CH(C₆H₄−CH₃)₂ [149]   −CH(C₆H₄−OCH₃)₂ [148]

4,4'−Dimethyl−diphenyl−   4,4'−Dimethoxy−diphenyl−
methyl−   methyl−

Alle Amid-Schutzgruppen können mit wasserfreiem flüssigen Fluorwasserstoff [149] abgespalten werden. Mit Ausnahme der 4-Methoxybenzyl-Gruppe und der Diphenylmethyl-Gruppe gelingt die Deblockierung bereits mit Trifluoressigsäure bei 20 °C. Die Zugabe von Anisol als „Kationenfänger" begünstigt die Abspaltungsreaktion.

2.2.4.2.2. Taktische Carboxyschutzgruppen

Für spezielle Synthesezwecke werden Carboxyschutzgruppen eingesetzt, die nach der Synthese eines Peptidsegmentes nicht wie die realen Schutzgruppen unter Freisetzung der Carboxyfunktion abgespalten werden, sondern unmittelbar oder nach einer chemischen Umwandlung aktivierte Derivate für Segmentverknüpfungen ergeben.

2.2.4.2.2.1. Aktivierte Carboxyschutzgruppen

Carboxyschutzgruppen dieses Typs können nur unter bestimmten Voraussetzungen für Peptidsynthesen verwendet werden, da die Aminokomponenten mit aktivierten Carboxy-Gruppierungen unter den Bedingungen der Peptidver-

Peptidsynthesen

knüpfung nicht nur mit der aktivierten Carboxykomponente in Reaktion treten, sondern darüber hinaus durch inter- bzw. intramolekulare Selbstkondensation unerwünschte Nebenprodukte liefern. Zur Gewährleistung eines eindeutigen Reaktionsverlaufes muß die zur Peptidsynthese eingesetzte Aktivierungsmethode ein höheres Acylierungspotential als die aktivierte Carboxyschutzgruppe besitzen. Dieses besprochene Prinzip wurde 1959 von GOODMAN und STUEBEN [150] in die Peptidsynthese eingeführt und ist — in Ermangelung einer deutschen Kurzbezeichnung — als „*backing-off*"-*Methode* bekannt geworden.

Als aktivierte Carboxyschutzgruppen werden in der Regel verschiedene aktivierte Ester (vgl. Abschn. 2.2.5.3.) verwendet. Prinzipiell sollten auch Methyl- und Ethylester in diese Kategorie eingeordnet werden, da sie ein gewisses Acylierungspotential besitzen (Dioxopiperazinbildung) und auf diese Weise auch durch Ammonolyse in Amide überführt werden. Wegen der für Peptidsynthesen zu geringen Reaktivität sollen die genannten Alkylester aus dieser Betrachtung ausgeklammert werden.

Beim „backing-off"-Verfahren wird eine N-geschützte Aminosäure — zur Vermeidung von Racemisierung werden N-Schutzgruppen vom Urethantyp bevorzugt — in den aktivierten Ester (X = Aktivierungskomponente) überführt, danach deblockiert und anschließend mit einer weiteren N-geschützten Aminosäure (meistens mittels der Mischanhydrid-Methode) zum geschützten Dipeptid-Derivat verknüpft. Durch sukzessive Wiederholung der Reaktionsschritte a und b können die gewünschten Segmente schrittweise vom C-terminalen Ende aufgebaut werden:

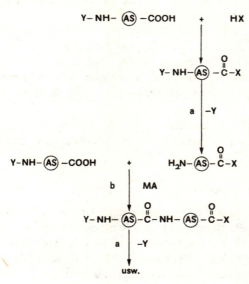

Selbstverständlich eignen sich nicht alle bekannten aktivierten Ester für diese Zielstellung. Das Verfahren hat große peptidchemische Bedeutung erlangt.

2.2.4.2.2.2. Potentiell aktivierbare Carboxyschutzgruppen

Unterschiedlich zu den bereits besprochenen taktischen Schutzgruppen verhalten sich die potentiell aktivierbaren Carboxyschutzgruppen während der Peptidsynthese wie reale Schutzgruppen, d. h. die Gefahr unerwünschter Nebenreaktionen durch Selbstkondensation ist praktisch zu vernachlässigen. Als Prototyp sollen die *4-Methylthio-phenylester* [151] genannt werden. Die Darstellung und der synthetische Einsatz entsprechen der „backing-off"-Methode. Erst unmittelbar vor der Segmentverknüpfung erfolgt die oxidative Aktivierung mittels H_2O_2 bzw. Peroxo-3-chlor-benzoesäure:

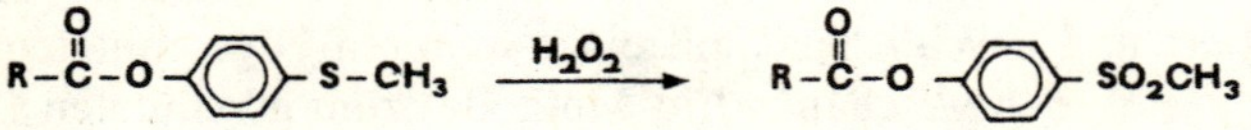

$$R-\overset{O}{\underset{\|}{C}}-O-\langle\bigcirc\rangle-S-CH_3 \xrightarrow{H_2O_2} R-\overset{O}{\underset{\|}{C}}-O-\langle\bigcirc\rangle-SO_2CH_3$$

Der resultierende *4-Methylsulfonyl-phenylester* besitzt die Eigenschaften eines aktivierten Esters, so daß das aufgebaute Segment (R = N-geschützter Peptid-Rest) nunmehr als Carboxykomponente für weitere Synthesen eingesetzt werden kann.

Noch größere Bedeutung besitzen die *N′-substituierten Hydrazide*, die nach der Segmentsynthese selektiv deblockiert werden und danach zur Azid-Kupplung eingesetzt werden können. Zur N′-Substitution des Hydrazids eignen sich mit wenigen Ausnahmen praktisch alle Aminoschutzgruppen, von denen aber die Benzyloxycarbonyl- [152], tert.-Butyloxycarbonyl- [153] und die Trityl-Gruppe [154] am wichtigsten sind.

Die Darstellung gelingt durch Umsetzung der N-geschützten Aminosäure mit dem partiell geschützten Hydrazin-Derivat (Y′) mittels der DCC- oder MA-Methode:

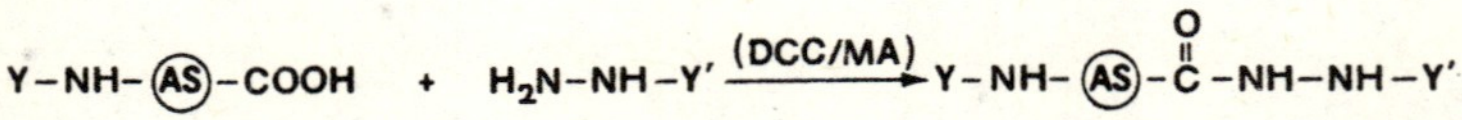

$$Y-NH-\text{(AS)}-COOH + H_2N-NH-Y' \xrightarrow{(DCC/MA)} Y-NH-\text{(AS)}-\overset{O}{\underset{\|}{C}}-NH-NH-Y'$$

Nach Abspaltung von Y wird das entsprechende Derivat in die Segmentsynthese einbezogen und nach Beendigung der Synthese erfolgt die selektive Deblockierung von Y′ (Y′ = Z-, Boc- oder Trt-). Das N-geschützte Peptidhydrazid (R = N-geschützter Peptid-Rest) kann nun ebenfalls nach Überführung in das Azid als Carboxykomponente weiter verknüpft werden:

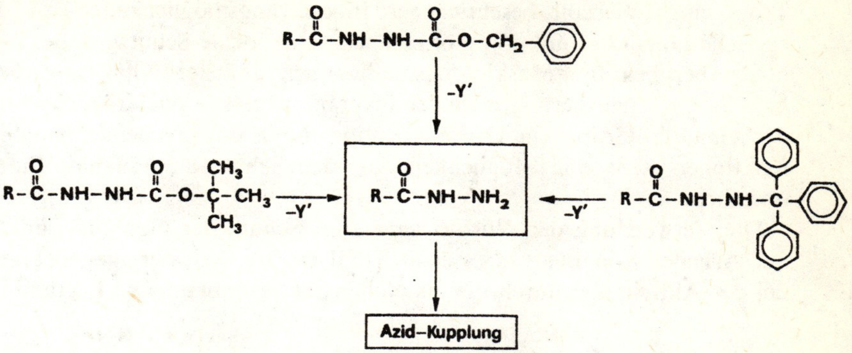

$$R-\overset{O}{\underset{\|}{C}}-NH-NH-\overset{O}{\underset{\|}{C}}-O-CH_2-\text{Ph}$$

$$R-\overset{O}{\underset{\|}{C}}-NH-NH-\overset{O}{\underset{\|}{C}}-O-\overset{CH_3}{\underset{CH_3}{\overset{|}{C}}}-CH_3 \xrightarrow{-Y'} R-\overset{O}{\underset{\|}{C}}-NH-NH_2 \xleftarrow{-Y'} R-\overset{O}{\underset{\|}{C}}-NH-NH-C(\text{Ph})_3$$

↓

Azid-Kupplung

Während der 4-Methylthio-phenylester wegen der notwendigen oxidativen Aktivierung nicht für Segmentsynthesen in Gegenwart schwefelhaltiger Aminosäurebausteine eingesetzt werden kann, ist die Verwendung der N'-substituierten N-Acyl-aminosäurehydrazide nicht limitiert und ermöglicht durch sinnvolle Kombination der α-Amino-, Hydrazid- und Seitenketten-Schutzgruppen eine variantenreiche Syntheseplanung.

2.2.4.3. ω-Schutzgruppen trifunktioneller Aminosäuren

Unabhängig vom Charakter der Seitenkette einer Aminosäure resultiert stets ein Einfluß auf die Reaktivität der α-ständigen Amino- und Carboxyfunktion bei allen peptidsynthetischen Operationen. Es versteht sich von selbst, daß Drittfunktionen von Aminodicarbonsäuren und Diaminosäuren immer geschützt werden müssen. Die dafür benötigten Schutzgruppen unterscheiden sich nicht von denen, die auch für die Blockierung der α-Amino- bzw. Carboxygruppe verwendet werden. Die selektive Blockierung stellt das eigentliche Problem dar, während die Wahl der Schutzgruppenkombination eine taktische Frage ist. Ebenfalls einer permanenten Maskierung bedürfen die Thiol- und Guanido-Funktion. In anderen Fällen ist es oft möglich, durch Einhaltung spezifischer Kupplungsbedingungen die durch Drittfunktionen bedingten Nebenreaktionen auszuschalten oder auf ein Minimum zu reduzieren. Trotz dieser gebotenen Möglichkeiten wird in der Praxis eine maximale Schutzvariante bevorzugt.

2.2.4.3.1. Schutz der Guanido-Funktion des Arginins

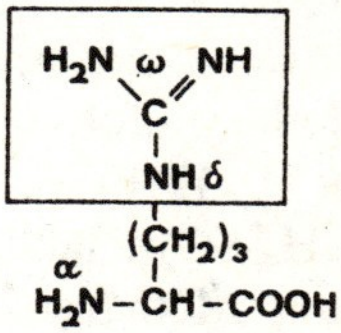

$$\begin{array}{c} H_2N \underset{\omega}{\diagdown} \overset{NH}{\diagup} \\ C \\ | \\ NH \, \delta \\ | \\ (CH_2)_3 \\ \underset{\alpha}{|} \\ H_2N-CH-COOH \end{array}$$

Trotz einer Vielzahl beschriebener Blockierungsmöglichkeiten für die stark basische Guanido-Funktion gibt es noch keine ideale Schutzgruppe. Im wesentlichen beruhen die Maskierungsmaßnahmen auf der Nitrierung, N^ω-Mono- bzw. N^ω,N^δ-Diacylierung oder der Protonierung. Die nachträgliche Einführung der Guanido-Gruppe in Ornithinpeptide durch entsprechende Amidinierungsreaktionen stellt eine Möglichkeit dar, den Schutz der Guanido-Funktion zu umgehen.

Die Verwendung der *Nitro-Gruppe* zum Schutz der Guanido-Funktion geht auf Arbeiten von BERGMANN et al. [155] zurück. Schwierigkeiten ergeben sich bei der Aktivierung durch die als Nebenreaktion ablaufende Lactambildung:

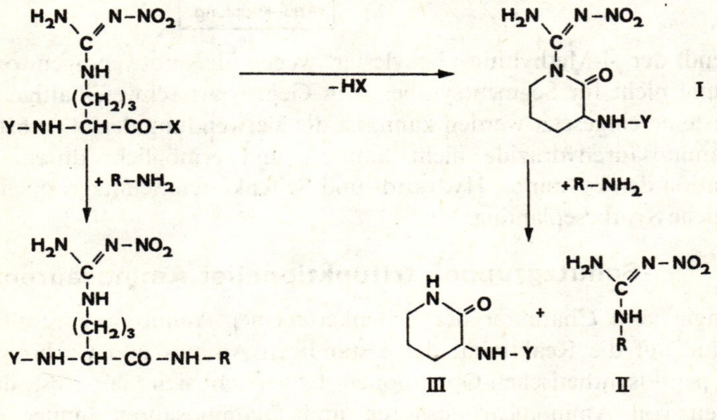

Das als Nebenprodukt gebildete Lactam (*I*) ergibt bei der Aminolyse ein substituiertes Nitro-guanido-Derivat (*II*) und das Lactam des Ornithins (*III*) [156]. Die Nitro-Schutzgruppe soll sich am günstigsten durch Hydrierung mittels Palladium-RANEY-Nickel oder in Anwesenheit von schwefelhaltigen Peptidbausteinen mittels eines Palladium-Katalysators unter Zusatz von Bortrifluoriddiethyletherat [157] abspalten lassen, obgleich diese Deblockierungsmethode nicht frei von Nebenreaktionen ist. Neben weiteren reduktiven Abspaltungsmöglichkeiten wurde auch die HF-Methode [63] erfolgreich eingesetzt.

Zur N^ω-Monoacylierung wurde die *Tosyl-Gruppe* vorgeschlagen, die aber eine Lactambildung auch nicht völlig ausschließt. Zur Detosylierung eignen sich nur die auch zu Nebenreaktionen führenden Behandlungen mit Natrium in flüssigem Ammoniak bzw. mit flüssigem Fluorwasserstoff.

Die unter ähnlichen Bedingungen einführbare *Mesitylen-2-sulfonyl(Mts-)-Gruppe* kann durch HF und darüber hinaus mit Methansulfonsäure oder Trifluormethansulfonsäure abgespalten werden (YAJIMA et al., 1978).

Die *4-Methoxybenzensulfonyl-Gruppe* [165], $H_{23}C-O-C_6H_4-SO_2-$, läßt sich im Gegensatz zur Tosyl-Gruppe leichter und vollständig mit Methansulfonsäure bzw. Bortris(trifluoracetat) abspalten und ist stabil gegen saure Reagenzien (z. B. TFA) sowie Hydrogenolyse.

Schutzgruppen vom Urethantyp können mit Erfolg zur N^ω-Monoacylierung eingesetzt werden, wobei die Darstellung gleichsubstituierter N^α,N^ω-Diacylverbindungen am einfachsten gelingt (R′ = R) *IV*:

$$\begin{array}{c}
\text{R}-\text{O}-\overset{\text{O}}{\underset{\|}{\text{C}}}-\text{NH}\diagdown\quad\diagup\text{NH}\\
\text{C}\\
|\\
\text{NH}\qquad\qquad\textbf{IV}\\
|\\
\overset{\text{O}}{\underset{\|}{\text{R}'-\text{O}-\text{C}}}-\text{NH}-\overset{(\text{CH}_2)_3}{\underset{|}{\text{CH}}}-\text{COOH}
\end{array}$$

Z-Arg(Z)-OH (R′ = R = -CH$_2$C$_6$H$_5$) kann nur mit Hydrochloriden der Aminokomponente (zusätzliche Protonierung der Guanido-Funktion) zu Peptidderivaten verknüpft werden. Ansonsten bildet sich das Lactam. Bei unterschiedlich substituierten N^α,N^ω-Diacyl-Derivaten, wie Z-Arg[Z(4-NO$_2$)]-OH (R′ = = -CH$_2$C$_6$H$_5$; R = -CH$_2$-C$_6$H$_4$NO$_2$) [158] oder Z-Arg(Boc)-OH (R′ = = -CH$_2$C$_6$H$_5$; R = -C(CH$_3$)$_3$) [159] wurde nur eine geringe Lactambildung beobachtet. Die Unterschiede in der Deblockierungsselektivität (die 4-Nitrobenzyloxycarbonyl-Gruppe ist stabil gegenüber HBr/Eisessig) erlauben eine vielseitige peptidsynthetische Verwendung.

ZERVAS et al. [160], die grundlegende Untersuchungen zur Acylierung der Guanido-Funktion durchführten, konnten schließlich auch δ,ω-diacylierte Arginin-Derivate unter extrem alkalischen Bedingungen mit einem großen Überschuß an Chlorameisensäurebenzylester darstellen und den Strukturbeweis erbringen (*V*). Z-Arg(ω,δ-Z$_2$)-OH und besonders die entsprechenden 4-Nitrophenyl- bzw. N-Hydroxysuccinimidester sind vorzügliche Derivate für den Aufbau von Arginin-Peptiden [161]. Ausgehend von Z-Arg-OH läßt sich mittels des Chlorameisensäure-adamantyl-1-esters auch das entsprechende N^ω,N^δ-Di[adamantyl-(1)-oxycarbonyl]-Derivat [162] erhalten, das nach hydrogenolytischer Entfernung der Benzyloxycarbonyl-Gruppe an der α-Aminofunktion unterschiedlich substituiert werden kann.

$$\begin{array}{c}
\bigcirc\!\!-\text{CH}_2-\text{O}-\overset{\text{O}}{\underset{\|}{\text{C}}}-\text{NH}\diagdown\quad\diagup\text{NH}\\
\text{C}\\
|\quad\text{O}\\
\text{N}-\overset{\|}{\text{C}}-\text{O}-\text{CH}_2-\!\bigcirc\\
|\\
(\text{CH}_2)_3\\
\bigcirc\!\!-\text{CH}_2-\text{O}-\overset{\text{O}}{\underset{\|}{\text{C}}}-\text{NH}-\overset{|}{\underset{}{\text{CH}}}-\text{COOH}\\
\textbf{V}
\end{array}$$

PHOTAKI et al. [166] konnten zeigen, daß ein N^α- und carboxygeschütztes Arginin-Derivat mit freier (unprotonierter) Guanido-Funktion nach Überführung in das Diacyl-Derivat mit aktivierten Estern des Benzyloxycarbonyl-glycins durch Umsetzung mit Z-Phe-OH/DCC peracyliert werden kann.

Die Blockierung der Guanido-Funktion durch *Protonierung* [163] hat sich bei Peptidsynthesen durchaus bewährt. Das Benzyloxycarbonyl-arginin-hydrobromid kann sehr einfach durch Behandlung von Z-Arg-OH mit 1,4 N HBr in Methanol und Ausfällen mit absol. Ether gewonnen werden. Aber auch Arginin-hydrobromid-Derivate mit freier α-Amino-Funktion können als Aminokomponenten zur Synthese eingesetzt werden.

Die *nachträgliche Einführung der Guanido-Gruppe in Ornithin-enthaltende Peptide* durch Amidinierung (Guanylierung) stellt ebenfalls einen interessanten Weg zur Umgehung der komplizierten Problematik des Schutzes der Guanido-Funktion dar. Als brauchbares Reagens hat sich das 1-Amidino-3,5-dimethyl-pyrazol [164] erwiesen:

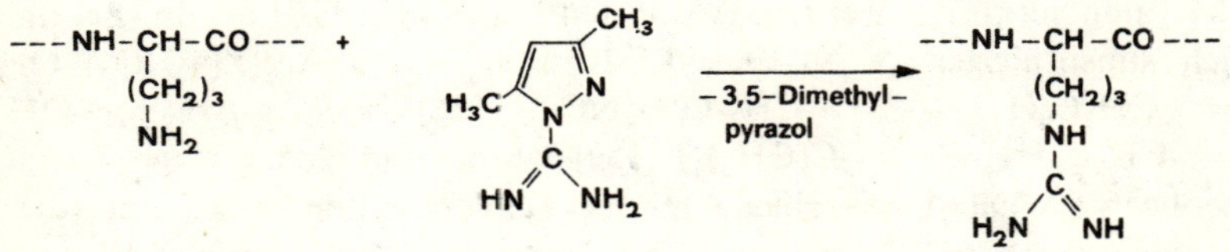

2.2.4.3.2. Schutz der Imidazol-Funktion des Histidins

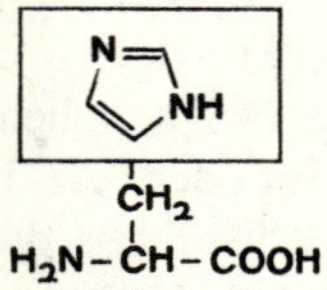

Bei Peptidsynthesen mit ungeschützter Imidazol-Funktion können aufgrund der Acylierbarkeit und der schwachen Basizität des Imidazol-Restes sowie der oft geringen Löslichkeit solcher Peptide Schwierigkeiten auftreten, die durch eine Maskierung der Imidazol-Funktion abgeschwächt werden können. Trotzdem sind etliche Synthesen mit ungeschützter Imidazol-Funktion beschrieben worden, bei denen Histidin Baustein der Aminokomponente war. Erst nachdem 1954 die Isolierung des tert.-Butyloxycarbonyl-histidin-azids gelang (Z-His-OH ist in den für die Peptidsynthese gebräuchlichen Lösungsmitteln praktisch unlöslich), wurden in der Folgezeit auch Kupplungen mit ungeschützten N^{α}-Acyl-histidin-aziden durchgeführt [167]. Allgemein erscheint es jedoch ratsam, das Histidin mit blockierter Imidazol-Funktion peptidsynthetisch zu verwenden. Lange Zeit existierte mit dem N^{Im}-Benzyl-Rest [168] nur eine Maskierungsmöglichkeit. Die in Tab. 2—4 aufgeführten N^{Im}-Schutzgruppen zeigen einen Querschnitt des

Peptidsynthesen 147

Tabelle 2—4
Schutzgruppen für die Imidazol-Funktion des Histidins

N^{Im}-Schutzgruppe	Formel	Deblockierung
Benzyl- [168]	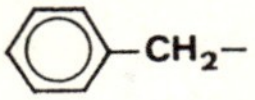 C₆H₅—CH₂—	Na/fl. NH₃
2,4-Dinitrophenyl- [171]	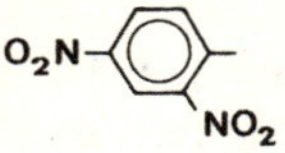 O₂N—C₆H₃(NO₂)—	2-Mercaptoethanol (pH 8; 1 h); acidolytisch stabil
1-Benzyloxycarbonylamino-2,2,2-trifluor-ethyl- [172]	F₃C—CH(Z—NH)—	H₂/Pd; resistent unter Abspaltungsbedingungen von Boc-Resten u. Alkylestern
tert.-Butyloxycarbonyl- [173]	(CH₃)₃C—O—CO—	HBr/AcOH; HBr/TFA; HF; resistent gegen HCl/Dioxan
Adamantyl-1-oxycarbonyl- [174, 175]	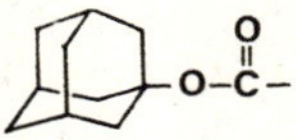 Ad—O—CO—	TFA
Piperidinocarbonyl- [176]	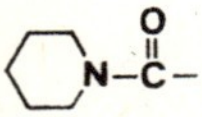 (C₅H₁₀)N—CO—	N₂H₄ · H₂O; 2 N NaOH/Dioxan
Diphenylmethyl- [177]	(C₆H₅)₂CH—	6 N HBr/AcOH (3 h); HCOOH (10 min); TFA (1 h)
Pyridyldiphenylmethyl- [178]	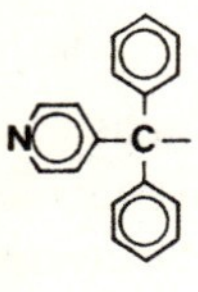 (C₅H₄N)(C₆H₅)₂C—	katalytische oder elektrolytische Reduktion; Zn/AcOH
4-Toluensulfonyl- [179]	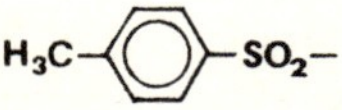 H₃C—C₆H₄—SO₂—	HF; HOBt [180]; alkalische Verseifung

verbreiterten Angebotes, obgleich damit das schwierige Problem des Schutzes der Imidazol-Funktion keineswegs gelöst ist. Aufgrund neuer Darstellungsmöglichkeiten von Z-His-OH [169] und Boc-His-OH [170] ließen sich mit Z-His(Tos)-OH, Z-His(Adoc)-OH und Z-His(Boc)-OH wichtige Ausgangsprodukte bereiten. Selbstverständlich wurden noch andere Schutzgruppen vom Urethantyp, wie die N^{Im}-Benzyloxycarbonyl-Gruppe u. a. einer Prüfung unterzogen. Acylblockierte Histidin-Derivate können als Acyl-imidazolide unerwünschte Acylierungen verursachen und sind außerdem wegen der Aminolyse- und Hydrolyselabilität bei nachfolgenden notwendigen Esterverseifungen bzw. Hydrazinolysen stets gefährdet.

Obgleich N^{Im}-Tosyl-Histidin-Derivate bisher meist für Festphasen-Peptidsynthesen eingesetzt wurden, ist das Interesse an dieser Schutzgruppe auch für Synthesen in Lösung gestiegen. Da nucleophile Verbindungen, wie 1-Hydroxybenzotriazol, Ammoniak u. a. eine Abspaltung ermöglichen [180], ist Vorsicht bei der Darstellung bestimmter aktivierter Ester geboten; zudem besteht die Gefahr, daß durch den nucleophilen Angriff einer Aminokomponente unter partieller Detosylierung N^α-Tosyl-Peptidderivate gebildet werden. Die Pyridyldiphenylmethyl-Gruppe [178] kann in Analogie zu der schon lange bekannten N^{Im}-Trityl-Gruppe [181], durch Hydrogenolyse bzw. acidolytisch entfernt werden. Eine Kombination mit der N^α-Boc-Gruppe ist wegen der nicht hinreichenden Abspaltungsselektivität problematisch. Nach Untersuchungen von JONES und RAMAGE [182] zeigen die isomeren N^α-Z-N^{Im}-phenacyl-L-histidine bei der Kupplung mit Prolinamid unter Anwendung des DCC-Verfahrens (s. S. 173) unterschiedliches Racemisierungsverhalten. Während die Umsetzung des N^α-Z-N^{Im}-(π)-phenacyl-L-histidin (Y = Z) (I) optisch reines Dipeptidamid ergab, führte die gleiche Reaktion bei Einsatz des τ-Isomeren (Y = Z) (II) zu stark racemisiertem Produkt (35% D-His).

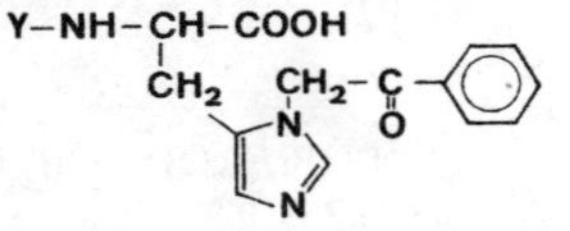

I 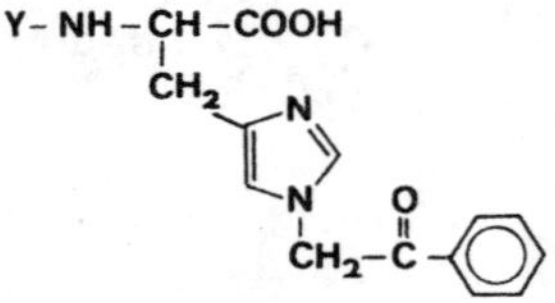   II

Die N^{Im}-(π)-Phenacyl-Gruppe sollte ebenfalls für die Festphasen-Synthese von praktischem Wert sein, nachdem von JONES et al. [183] die Darstellung von I (Y = Boc) beschrieben wurde. Die Deblockierung verläuft schnell und quantitativ mit Zinkstaub in wäßriger Essigsäure.

2.2.4.3.3. Schutz der Indol-Funktion des Tryptophans

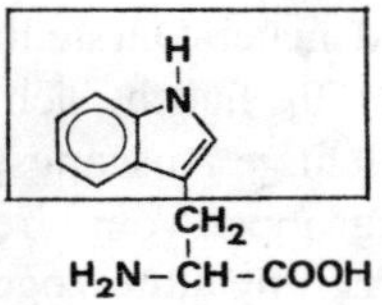

In den überwiegenden Fällen wurde bisher die Indol-Funktion des Tryptophans nicht geschützt. Die geläufigsten Kupplungsmethoden ermöglichen einen unproblematischen Einbau von Tryptophan sowohl als Amino- als auch als Carboxykomponente. Bei nicht exakter Einhaltung der stöchiometrischen Verhältnisse kann es bei der Azidbereitung aus Hydraziden zu einer N-Nitrosierung am Indolring kommen. Mit Ausnahme der Einführung des Phthalyl-Restes [184] können Tryptophan-Derivate im N- und C-terminalen Bereich ohne Schwierigkeiten maskiert werden. Verschiedene Nebenreaktionen wurden dagegen bei Schutzgruppenabspaltungen beobachtet. Aufgrund der Oxidationsempfindlichkeit des Indolsystems ist bei bestimmten Operationen die Verwendung absolut peroxidfreier Lösungsmittel sowie der Ausschluß von Luftsauerstoff ratsam. Bei der acidolytischen Abspaltung von Schutzgruppen des tert.-Butyltyps tritt eine N^{In}-tert.-Butylierung auf [185]. Neben der N-Alkylierung können zusätzliche Positionen des Indolringsystems C-alkyliert werden [186]. Die Deblockierung der Nps-Gruppe mit Chlorwasserstoff in Alkoholen ergibt S-(2-Nitrophenyl)-thioindol-Derivate (*I*). Diese Nebenreaktion kann durch Zusatz eines Überschusses (10 bis 20 Äquiv.) an Methylindol weitgehend zurückgedrängt werden [187].

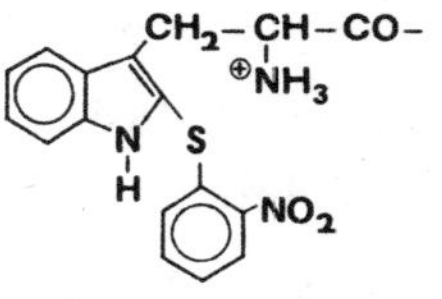

I

Die Möglichkeiten zur Blockierung der Indol-Funktion sind vergleichweise gering. Als erste peptidsynthetisch genutzte Schutzgruppe wurde der N^{In}-Formyl-Rest *II* von IZUMIYA et al. [188] empfohlen. Die Abspaltung gelingt mittels Piperidin innerhalb von 2 Stunden. Eine Kombination des N^{In}-For-Restes mit der N^{α}-Boc-Gruppe ist möglich, da diese mittels 1 N Chlorwasserstoff/Essigsäure bzw. 0,1 N Chlorwasserstoff/Ameisensäure selektiv abgespalten werden

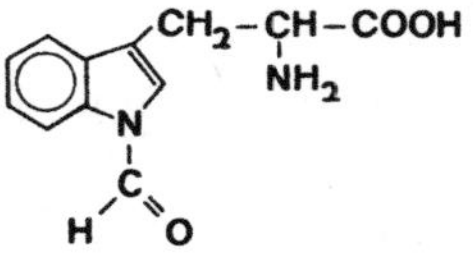

II
III 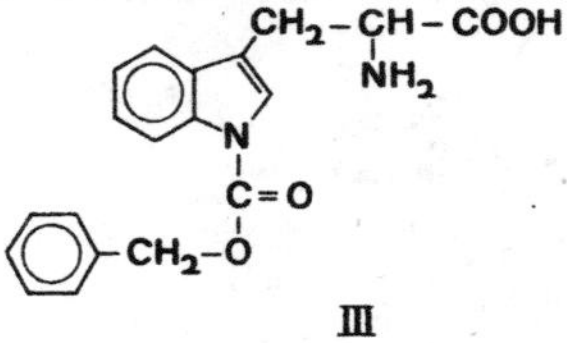

kann. Eine weitere Schutzmöglichkeit wurde mit der N^{In}-Benzyloxycarbonyl-Gruppe *III* aufgezeigt [189]. Ausgehend von Boc-Trp-OEt gelang die Acylierung des Indol-Stickstoffs mittels Benzyl-(4-nitrophenyl)-carbonat in Acetonitril in Gegenwart von Diisopropylethylamin und Kaliumfluorid. Die N^{In}-Z-Gruppe ist unter den acidolytischen Boc-Abspaltungsbedingungen stabil und kann durch Hydrogenolyse, Hydrazinolyse oder flüssigen Flurwasserstoff deblockiert werden.

2.2.4.3.4. Schutz der aliphatischen Hydroxy-Funktion

$$\begin{array}{c} \text{OH} \\ | \\ \text{R}-\text{C}-\text{H} \\ | \\ \text{H}_2\text{N}-\text{CH}-\text{COOH} \end{array}$$

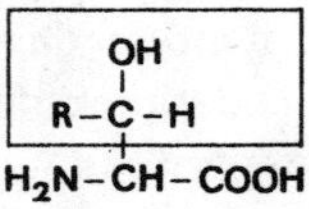

Allgemein ist der Schutz der alkoholischen Hydroxy-Funktion nicht erforderlich, wenn Serin (R = H), Threonin (R = CH$_3$) oder auch Hydroxyprolin Bestandteile der Aminokomponente sind. Ein Überschuß an Acylierungsmittel muß vermieden werden, da es sonst zu einer partiellen O-Aminoacylierung kommen kann:

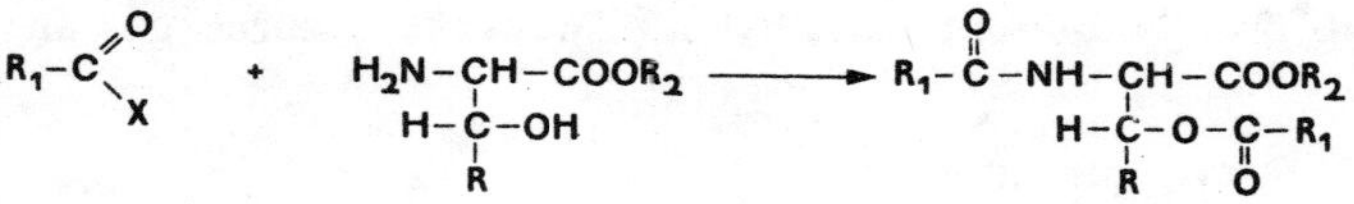

$$R_1-C\underset{X}{\overset{O}{\diagup\!\!\!\diagdown}} + \begin{array}{c}H_2N-CH-COOR_2\\ | \\ H-C-OH \\ | \\ R\end{array} \longrightarrow \begin{array}{c}O\\ \|\\ R_1-C-NH-CH-COOR_2\\ | \\ H-C-O-C-R_1 \\ | \quad\quad \| \\ R \quad\quad O\end{array}$$

Diese Gefahr besteht primär bei MERRIFIELD-Synthesen (s. S. 205), wo in der Regel hohe Überschüsse an aktivierter Carboxykomponente eingesetzt werden.

Für die Verknüpfung von C-terminalen Hydroxyaminosäuren-enthaltenden Carboxykomponenten galt zunächst die Azid-Methode als brauchbarste Variante. Später konnte gezeigt werden, daß auch die Anhydrid-Methode und das DCC-Verfahren zur Aktivierung O-ungeschützter Derivate geeignet sind. Die Verwendung von Aktivestern scheiterte anfangs daran, daß N-geschützte Ester O-unblockierter Hydroxyaminosäuren nicht rein dargestellt werden konnten. Eine Ausnahme bildete der 2,4-Dinitrophenylester [190]. Später wurden dann auch andere Aktivester rein erhalten, wie z. B. Z-Ser-OPcp [191] oder der Boc-Thr-ONSu [192].

Bei den aufgezeigten Synthesemöglichkeiten von Peptiden mit O-ungeschützten Hydroxyaminosäuren werden oft jedoch verschiedene unerwünschte Nebenreaktionen beobachtet. So können unter sauren Bedingungen N→O-Aminoacyl-Umlagerungen [193] mit entsprechenden Folgereaktionen auftreten. Bei der Deblockierung von N$^\alpha$-Aminoschutzgruppen mit HCl/Eisessig besteht die Gefahr einer O-Acetylierung. Im basischen Milieu werden Racemisierungen von Hydroxyaminosäuren festgestellt, wie beispielsweise bei Hydrazinolysen. Aus den genannten Gründen scheint eine Blockierung der Hydroxy-Funktion angebracht zu sein. Einige Schutzgruppen sind in der Tab. 2—5 zusammengestellt.

Peptidsynthesen

Tabelle 2—5
Schutzgruppen für die Hydroxy-Funktion

O-Schutzgruppe	Formel	Deblockierung
Benzyl- [194]	C$_6$H$_5$–CH$_2$–O–	Hydrogenolyse; HF; Na/fl. NH$_3$; HBr/Dioxan
tert.-Butyl- [195]	(CH$_3$)$_3$C–O–	TFA; HCl/TFA; konz. HCl (0 °C, 10 min)
Tetrahydropyranyl- [196]		acidolytisch
1-Benzyloxycarbonylamino-2,2,2-trifluorethyl- [197]	F$_3$C–CH–O– | Z–NH	Hydrogenolyse; Acidolyse
Diphenylmethyl- [198]	(C$_6$H$_5$)$_2$CH–O–	Hydrogenolyse; Erhitzen mit wasserfreier TFA (Rückfluß)
Trimethylsilyl- [199]	(CH$_3$)$_3$Si–O–	Hydrolyse
Methylthiomethyl- [200]	H$_3$C–S–CH$_2$–O	CH$_3$J in feuchtem Aceton (NaHCO$_3$)

In der Praxis haben sich von den aufgeführten Schutzmöglichkeiten vor allem der O-Benzyl- und der O-tert.-Butyl-Rest bewährt. Das O-Benzyl-L-threonin gewinnt man am zweckmäßigsten durch Veresterung von L-Threonin mit Benzylalkohol und 4-Toluensulfonsäure unter gleichzeitiger Veretherung der Hydroxy-Funktion und nachfolgender alkalischer Verseifung des H-Thr(Bzl)-OBzl [201]. Allgemein lassen sich O-Ether-Gruppierungen mittels Iodtrimethylsilan spalten [202].

2.2.4.3.5. Schutz der aromatischen Hydroxy-Funktion

Aus dem aciden Charakter der phenolischen Hydroxy-Gruppe im Vergleich zur alkoholischen Funktion des Serins, Threonins und Hydroxyprolins leitet sich zwangsläufig ein erhöhtes Schutzbedürfnis ab. Prinzipiell kann man natürlich auch Peptidsynthesen mit unmaskierter Hydroxy-Funktion des Tyrosins durchführen, doch resultieren gewöhnlich niedrigere Ausbeuten und außerdem lassen sich zur Kupplung von N-Acyl-tyrosinen nicht mehr alle Aktivierungsmethoden, wie das Säurechlorid- und Phosphoazo-Verfahren u. a. einsetzen. Daneben wurde bei Anwendung der Azid-Methode Kernnitrosierungen und auch Nebenreaktionen beobachtet, die auf eine CURTIUS-Umlagerung zurückgeführt werden können. Beim Einsatz von Carboxykomponenten mit C-terminalem Tyrosin soll ein erhöhtes Racemisierungsrisiko gegeben sein.

Obgleich relativ viele Untersuchungen mit O-acylierten Tyrosin-Derivaten durchgeführt wurden, zeigte es sich, daß die Stabilität von O-Acyl-Gruppen gegenüber nucleophilen Angriffen unzureichend ist und O→N-Acyl-Wanderungen nicht auszuschließen sind. Die O-Tosyl-Gruppe fand Anwendung bei älteren Vasopressin-Synthesen [203]. Aber auch der Einsatz von O-Alkoxycarbonyl-Gruppen (Z-, Boc- u. a.) brachte nicht den erwarteten Erfolg, zumal die Alkyl-phenyl-carbonat-Gruppierung auch zu unerwünschten Blockierungen der Aminofunktion von Aminokomponenten Anlaß geben könnte. Im wesentlichen wurden zum Schutz der aromatischen Hydroxy-Funktion dieselben O-Alkyl-Derivate vorgeschlagen wie sie bereits für die aliphatischen Hydroxyaminosäuren besprochen wurden (vgl. Tab. 2—5). Der *Tyrosin-benzylether* läßt sich nach WÜNSCH et al. [204] durch direkte Alkylierung des Tyrosin-Kupfer-Komplexes mit Benzylbromid darstellen. Die Abspaltung der Schutzgruppe gelingt durch Hydrogenolyse, mit flüssigem Fluorwasserstoff und auch acidolytisch mittels Bromwasserstoff/Essigsäure bzw. Bromwasserstoff/Trifluoressigsäure, wobei aber unvollständige Spaltungen und Nebenreaktionen möglich sind. Bei der Acidolyse besteht die Gefahr der C-Benzylierung, so daß der Zusatz von Kationenfängern (Anisol, Resorcin u. a.) empfohlen wird.

Ein zweites wichtiges Derivat ist der *Tyrosin-tert.-butylether*, der nach verschiedenen Varianten [205, 206] erhalten werden kann. Die Deblockierung kann mittels Trifluoressigsäure (1—2 h bei Raumtemperatur) oder durch Behandlung mit konz. Salzsäure bei 0 °C unter Ausschluß von Luftsauerstoff (8—10 min) erfolgen. Zum Schutz der aromatischen Hydroxy-Funktion wurde auch die Methylthiomethyl-Gruppe vorgeschlagen [207]. Von Interesse könnte auch die beschriebene allgemeine Spaltmethode von Ethern und Estern mittels Iodtrimethylsilan sein [202].

2.2.4.3.6. Schutz der Thiol-Funktion des Cysteins

Die starke Nucleophilie, leichte Oxidierbarkeit und der saure Charakter der Thiol-Gruppe des Cysteins erfordern eine selektive Blockierung bei allen synthetischen Operationen. Es ist das große Verdienst von DU VIGNEAUD, der 1930 erstmalig mit dem S-Benzyl-Rest [208] eine Schutzgruppe für die Thiol-Funktion einsetzte und am Beispiel der Synthese des Oxytocins eine bahnbrechende Entwicklung für alle weiteren synthetischen Arbeiten auf dem Cystin/Cystein-Gebiet einleitete. Da die S-Benzyl-Gruppe nur durch Natrium in flüssigem Ammoniak abspaltbar ist, einer Deblockierungsmethode, die insbesondere bei den Insulinsynthesen zu Schädigungen der aufgebauten Peptid-

Tabelle 2—6
Ausgewählte Thiol-Schutzgruppen

S-Schutzgruppe	Formel	Deblockierungsmethode (Umwandlung in Cystin-Peptide nach A, B, C^1)
Benzyl- [208]	C$_6$H$_5$–CH$_2$–S–	Na/fl. NH$_3$
4-Methoxybenzyl- [212]	CH$_3$–O–C$_6$H$_4$–CH$_2$–S–	HF; siedende TFA; Na/fl. NH$_3$; Hg(II)-Salze [213]
Diphenylmethyl- [214]	(C$_6$H$_5$)$_2$CH–S–	HBr/AcOH; TFA; Na/fl. NH$_3$; Nps-Cl u. anschl. Reduktion (B/C)
Trityl- [215]	(C$_6$H$_5$)$_3$C–S–	HBr/TFA; HF; TFA; HBr/AcOH; wss. HCl/AcOH; Hg(II)-Salze; AgNO$_3$; Nps-Cl u. anschl. Reduktion ($A/B/C$)
Pyridyldiphenyl-methyl- [216]	(Pyridyl)(C$_6$H$_5$)$_2$C–S–	Hg(II)-Salze bei pH 4; Zn/AcOH; elektrolytische Reduktion (A)

Tabelle 2—6 (Fortsetzung)

S-Schutzgruppe	Formel	Deblockierungsmethoden
Acetamidomethyl- [217]	$CH_3-CO-NH-CH_2-S-$	Hg(II)-Salze bei pH 4; Nps-Cl u. anschl. Reduktion (*A/B/C*)
Chloracetamidomethyl- [218]	$Cl-CH_2-CO-NH-CH_2-S-$	1-Piperidinothiocarboxamid
iso-Butyrylamidomethyl- [219]	$(CH_3)_2CH-CH_2-CO-NH-CH_2-S-$	Hg(II)-Salze bei pH 4; (*B*)
Tetrahydropyranyl- [220]	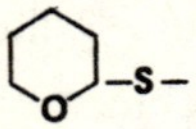 (Tetrahydropyranyl)-S-	HBr oder TFA; verd. Säure; $AgNO_3$; Na/fl. NH_3 (*B*)
Ethylcarbamoyl- [221]	$CH_3-CH_2-NH-\overset{O}{\underset{}{C}}-S-$	alkal. Bedingungen (NH_3, $NaOCH_3$, NaOH); Ag- u. Hg(II)-Salze ab pH 7
Ethylthio- [222]	CH_3-CH_2-S-S-	Thiolyse (Thiophenol, Thioglycolsäure u. a.)
tert.-Butylthio- [223]	$H_3C-\underset{CH_3}{\overset{CH_3}{C}}-S-S-$	Thiolyse [Natrium-thiophenolat, Thiophenol, 1,4-Dithiothreitol (CLELAND-Reagens)]

[1]) *A* = Iodolyse, *B* = Rhodanolyse, *C* = KAMBER-Methode

ketten führte, wurde die Forderung nach effektiveren Blockierungsmöglichkeiten der Thiol-Funktion erhoben. Aus der Vielzahl der nunmehr bekannten Möglichkeiten sind in der Tab. 2—6 einige Beispiele zusammengestellt.

Da wegen der Gefahr der S→N-Acylwanderung S-Acyl-Schutzgruppen in letzter Zeit kaum noch angewandt wurden, wird auf eine Besprechung solcher Typen verzichtet. Dagegen sind von großer Bedeutung solche Schutzgruppen, die direkt zu Cystin-Disulfidknüpfungen einsetzbar sind, wobei durch Iodolyse [209], Rhodanolyse [210] (Dirhodan-Methode bzw. HISKEY-Methode) oder der KAMBER-Methode [211] (mittels Methoxycarbonylsulfenylchlorid, Cl-S-CO-OCH_3) das thiolgeschützte Peptid ohne vorangehende Deblockierung direkt zum Cystin-Peptid umgesetzt werden kann (vgl. Abschn. 2.2.8.2.).

Ihrer chemischen Struktur nach handelt es sich bei den gebräuchlichen Thiol-Schutzgruppen (Tab. 2—6) um Thioether, Acylaminomethylhemithioacetale (S,N-Acetale), Thioacetale, Thiourethane und unsymmetrische Disulfide. Die ebenfalls beschriebenen Thioester (S-Acyl-Schutzgruppen) sind nicht berücksichtigt worden.

Bei den in Tab. 2—6 zuletzt aufgeführten beiden Thiol-Schutzgruppen handelt es sich um unsymmetrische Disulfide des Cysteins. Diese lassen sich durch Thiolyse [224] mit einem Überschuß verschiedener Thiole selektiv reduzieren:

$$-\underset{|}{C}ys- \;+\; 2\,R'-SH \;\rightleftharpoons\; -Cys- \;+\; R-SH \;+\; R'-S-S-R'$$
$$SR$$

Bei dieser Reaktion handelt es sich chemisch um einen Thiol-Disulfidaustausch. Durch den gewählten Überschuß an der Thiolverbindung R'-SH erfolgt eine Verschiebung des Gleichgewichtes in die gewünschte Richtung. Diese Variante eignet sich für die selektive Knüpfung mehrerer Cystin-Disulfidbrücken in einem Peptid. Die Deblockierung der S-Alkylthio-Schutzgruppe kann auf diese Weise selektiv erfolgen, da andere Schutzgruppen einschließlich anderer Typen von Thiol-Schutzgruppen gegen Thiolyse stabil sind.

In diesem Zusammenhang sollte auch der prinzipielle Schutz der Thiol-Funktion durch die S-Sulfo-Gruppe erwähnt werden [225], da die durch oxidative Sulfitolyse aus Cystein- oder S-Alkyl(Aryl)-thio-cystein-Verbindungen erhaltenen S-Sulfo-cystein-Derivate $R-S-SO_3^-$ für bestimmte peptidsynthetische Operationen eine ausreichende Stabilität besitzen. Die Aufhebung der Maskierung ist durch Reduktion mit Thiolglycolsäure bei pH 5 möglich.

Abschließend soll noch einmal darauf hingewiesen werden, daß der Schutz der Thiol-Funktion eine diffizile Problematik darstellt. Von den mehr als 50 beschriebenen Möglichkeiten des Schutzes der Thiol-Gruppe konnte nur eine subjektive Auswahl getroffen werden.

2.2.4.3.7. Schutz der Thioether-Funktion des Methionins

$$\begin{array}{c} CH_3 \\ | \\ S \\ | \\ (CH_2)_2 \\ | \\ H_2N-CH-COOH \end{array}$$

Die Thioether-Gruppierung des Methionins sollte eigentlich bei peptidsynthetischen Operationen keine außergewöhnlichen Komplikationen verursachen. So verläuft die Einführung von Amino- und Carboxyschutzgruppen auch ohne Schwierigkeiten. Weitaus problematischer sind dagegen Schutzgruppendeblockierungen bei Methionin-enthaltenden Peptiden. So wurden bei der Behandlung mit Natrium in flüssigem Ammoniak partielle S-Entmethylierungen zu Homocystein-Derivaten beobachtet. Abspaltungen von Benzyloxycarbonyl-Gruppen durch katalytische Hydrierungen sollen trotz Anwesenheit des Methionin-Schwefels durch Basenzusatz [226] oder Zugabe von Bortrifluorid-diethyletherat [227] möglich sein. Viel gravierender sind jedoch bei der acidolytischen Abspaltung von Schutzgruppen auf Benzyl- und auch auf tert.-Butylbasis die Nebenreaktionen, da sich dabei Sulfoniumsalze durch Reaktionen der intermediär gebildeten Kationen (Benzyl- bzw. tert.-Butyl-Kation) bilden (*I* und *II*). Im Fall des Sulfoniumsalzes *I* ist eine S-Umetherung zum S-Benzyl-homocystein-Derivat *Ia* nachgewiesen worden.

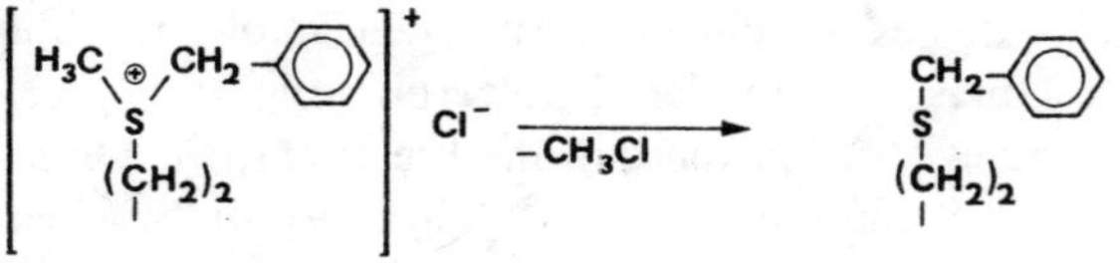

$$\left[\begin{array}{c} H_3C\underset{S}{\overset{\oplus}{\diagup}}CH_2-\!\!\bigcirc \\ (CH_2)_2 \end{array}\right]^+ Cl^- \quad \xrightarrow{-CH_3Cl} \quad \begin{array}{c} CH_2-\!\!\bigcirc \\ S \\ (CH_2)_2 \end{array}$$

$$\qquad\qquad I \qquad\qquad\qquad\qquad\qquad Ia$$

$$\left[\begin{array}{c} H_3C\underset{S}{\overset{\oplus}{\diagup}}C(CH_3)_3 \\ (CH_2)_2 \end{array}\right]^+ Cl^-$$

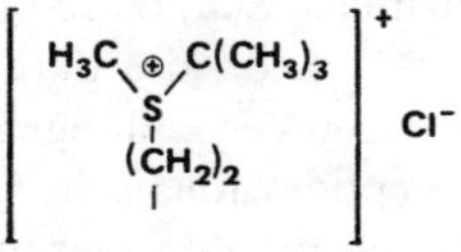

$$\qquad\qquad II$$

Das Sulfoniumsalz *II* wurde von SIEBER et al. [228] identifiziert. Nach einem speziellen Verfahren [229] soll eine Rückführung in das Methionin-Derivat möglich sein. Auch durch Zusatz von Kationenfängern (Methylethylsulfid, Anisol u. a.) kann die Sulfoniumsalzbildung nicht immer vollständig unterbunden werden.

Eine weitere Ursache für unerwünschte Nebenreaktionen resultiert aus der Oxidationsempfindlichkeit der Thioether-Gruppe. Peroxide und andere Oxidationsmittel, wie z. B. auch Luftsauerstoff unter bestimmten Bedingungen und sogar Dimethylsulfoxid, das für Peptidsynthesen oft verwendet wird, führen zur Methionin-S-oxid-Bildung. In den überwiegenden Fällen verlieren entsprechende Peptidwirkstoffe dadurch ihre biologische Aktivität. Durch Ausschaltung oxidierender Einflüsse, Zusatz von Methylethylsulfid oder Methionin bei den gefährdeten Operationen u. a. ist eine Verhinderung bzw. weitgehende Reduzierung der Sulfoxidbildung möglich.

Andererseits wurde die Sulfoxid-Gruppe zum Schutz der Thioether-Funktion vorgeschlagen [230]. Bei der Bildung des S-Oxids tritt ein zweites Chiralitätszentrum auf. Das gebildete Diastereomerengemisch läßt sich über die Pikrinsäuresalze trennen. Durch Reduktion mit Thioglycolsäure bzw. Thioglycol läßt sich die Sulfoxid-Gruppe wieder eliminieren.

Ein müheloses Verfahren zur Darstellung von Methionin-sulfoxid-Derivaten beschrieben SASAKI et al. [231].

2.2.5. Methoden zur Knüpfung der Peptidbindung

Die Knüpfung der Peptidbindung ist mechanistisch in die Kategorie nucleophiler Reaktionen an polaren Doppelbindungen einzuordnen. Aus der organischen Chemie ist bekannt, daß Carbonsäuren in der Kälte nicht mit Ammoniak bzw. Aminen in Reaktion treten. Da aus bereits erläuterten Gründen (vgl. Abschn. 2.2.2.) die Knüpfung der Peptidbindung unter milden Reaktionsbedingungen erfolgen muß, ergibt sich die Notwendigkeit der Aktivierung der Carboxyfunktion der Carboxykomponente (R_1 = Rest der Carboxykomponente). Man erreicht die notwendige Erhöhung des elektrophilen Potentials durch Einführung von elektroaffinen —I- bzw. —M-Substituenten (XR'), die sowohl am Carbonylkohlenstoffatom wie auch am Carbonylsauerstoffatom die Elektronendichte verringern, so daß die Empfindlichkeit gegenüber dem nucleophilen Angriff der Aminokomponente (R_2 = Rest der Aminokomponente) steigt.

$$R_1-C\underset{XR'}{\overset{O}{\diagup\!\!\!\diagdown}} + \underset{H}{\overset{H}{|N-R_2}} \rightleftharpoons R_1-\underset{R'\ X}{\overset{\overset{\ominus}{|\overline{O}|}\ \overset{H}{|}}{\underset{|\ \ \ |}{C-N}-R_2}} \rightleftharpoons R_1-\overset{O}{\overset{\|}{C}}-NH-R_2 + HXR'$$

Die nucleophile Aminokomponente greift mit dem freien Elektronenpaar das Carboxy-C-Atom an und verdrängt ein Bindungselektronenpaar, das von den vorher doppelt gebundenen O-Atom der Carbonyl-Gruppe aufgenommen wird. Die elektrophile Stabilisierung dieser negativen Ladung erfolgt innerhalb der sich intermediär ausbildenden Zwischenverbindung, die aufgrund der erhöhten Reaktivität unter anionischer Dissoziation des nucleofugen Substituenten $R'X^-$ zerfällt. Die Variation der Aktivierungsgruppierung XR' eröffnet eine Vielzahl von Möglichkeiten zur Knüpfung der Peptidbindung, auf die im Rahmen dieser Einführung nicht näher eingegangen werden kann. Die bis zu Beginn der siebziger Jahre beschriebenen Aktivierungsmöglichkeiten der Carboxygruppe sind in der ausgezeichneten Monographie von WÜNSCH [29] zusammengestellt. Später entwickelte Verfahren lassen sich den bekannten Aktivierungsprototypen zuordnen.

Der notwendige Verzicht auf eine umfassende Besprechung aller theoretisch möglichen Varianten wird dadurch erleichtert, daß nur wenige Kupplungsmethoden praktische Bedeutung erlangt haben [28]. Hierzu zählen die Azid-Methode, die Mischanhydrid-Methode mit Kohlensäurehalbesterchloriden als Anhydridbildner, die variantenreiche Methode der aktivierten Ester und die Carbodiimid-Methode, die in ihrer modifizierten Form des DCC-Additiv-Verfahrens von hohem synthetischen Nutzen ist. Diese Methoden werden in den folgenden Abschnitten ausführlicher besprochen.

Schließlich sollen noch einige Verfahren aufgeführt werden, die theoretisches Interesse besitzen bzw. bisher nur für spezifische Zielstellungen genutzt wurden.

2.2.5.1. Azid-Methode

Die 1902 von CURTIUS in die Peptidchemie eingeführte Azid-Methode [232] gehört noch heute zu den leistungsfähigsten Kupplungsmethoden. CURTIUS synthetisierte mit Hilfe dieses Verfahrens verschiedene N-Benzoyl-di- bis -hexapeptide. Als Aminokomponente setzte er neben Aminosäuren und Peptiden in wäßrig-alkalischer Lösung auch Aminosäureester in organischer Phase ein. Im Gegensatz zum FISCHERschen Säurechlorid-Verfahren ist ein zweites Äquivalent Aminokomponente zum Abfangen der während der Reaktion gebildeten Säure nicht erforderlich, da hier die Stickstoffwasserstoffsäure gasförmig aus dem Reaktionsansatz austritt. Mit der Einführung selektiv abspaltbarer N-Schutzgruppen erlebte die Azid-Methode, die lange Zeit die einzige Möglichkeit zur praktisch racemisierungssicheren Peptidverknüpfung darstellte, ihre eigentliche Blütezeit.

Ausgangsprodukte für die Azidkupplung sind die gut kristallisierenden N-geschützten Aminosäure- oder Peptidhydrazide, die aus den entsprechenden Estern durch Hydrazinolyse erhalten werden. Zur Überführung in das Azid wird das entsprechende Hydrazid in salzsaurer Lösung bei $-10\,°C$ mit der berechneten Menge Natriumnitrit versetzt. Als Lösungsmittel eignen sich auch Mischungen aus Essigsäure, Tetrahydrofuran bzw. Dimethylformamid mit Salzsäure u. a. Das gebildete Azid wird in der Kälte mit Essigester extrahiert, gewaschen, getrocknet und anschließend mit der Aminokomponente umgesetzt:

$$R-\overset{O}{\underset{\|}{C}}-NH-NH_2 + HNO_2 \xrightarrow{-2\,H_2O} \left[R-\overset{O}{\underset{\|}{C}}_{\underset{N=\overset{\oplus}{N}=\overset{\ominus}{N}|}{}} \longleftrightarrow R-\overset{O}{\underset{\|}{C}}_{\underset{|\overset{\ominus}{N}-\overset{\oplus}{N}\equiv N|}{}} \right.$$

$$\left. \longleftrightarrow R-C\underset{\underset{\overset{\oplus}{N}-\overset{}{N}\equiv N|}{}}{\overset{|\overset{\ominus}{O}|}{}} \right] \xrightarrow[-HN_3]{+H_2N-R'} R-\overset{|O|}{\underset{\|}{C}}-NH-R'$$

Einige Azide lassen sich durch Verdünnen mit Eiswasser ausfällen und nach Aufnahme in einem geeigneten organischen Lösungsmittel mit den Aminokomponenten zur Reaktion bringen. Infolge der Instabilität der Azide und der damit verbundenen Explosionsgefahr müssen derartige Operationen bei tiefen Temperaturen durchgeführt werden. Nach einer Methode von HONZL und RUDINGER [233] können bei Verwendung von tert.-Butylnitrit Azidkupplungen direkt in organischen Lösungsmitteln vorgenommen werden.

Die Hydrazinolyse von Estergruppen längerer N-geschützter Peptide bereitet oftmals Schwierigkeiten. Eine Alternative bietet der Einsatz N'-substituierter Hydrazide (vgl. Abschn. 2.2.4.2.2.2.). Die nach der „backing-off"-Methode

Peptidsynthesen

aufgebauten Segmente werden nach selektiver Entfernung der Hydrazid-Schutzgruppe für die Azidkupplung eingesetzt.

Obgleich die Azid-Methode als racemisierungssicher gilt, wurden in einigen Fällen doch erhebliche Racemisierungen beobachtet [234]. Da Acylaminosäureazide basenkatalytisch leicht racemisiert werden [235], sollte bei Azidkupplungen jeglicher Basenkontakt vermieden werden. Zur Neutralisation von Salzen der Aminokomponente ist die Verwendung von N,N-Diisopropylethylamin und N-Alkylmorpholinen an Stelle von Triethylamin ratsam.

Da bei einem quantitativen Verlauf der Azidkupplung als einziges Nebenprodukt nur die gasförmige Stickstoffwasserstoffsäure gebildet wird, sollte es bei der Aufarbeitung des Reaktionsansatzes keine Schwierigkeiten geben. Leider erschweren jedoch die durch verschiedene Nebenreaktionen gebildeten unerwünschten Produkte diesen Prozeß, wenngleich bei Einhaltung der genauen Arbeitsvorschrift viele Konkurrenzreaktionen weitgehend zurückgedrängt werden.

So kann es bereits bei der Überführung des Hydrazids in das Azid zur Amidbildung kommen:

$$R-\overset{O}{\underset{\|}{C}}-NH-NH_2 \xrightarrow[-H_2O]{+HNO_2} R-\overset{O}{\underset{\|}{C}}-NH-N=N-OH \xrightarrow{-N_2O} R-\overset{O}{\underset{\|}{C}}-NH_2$$

Nach RUDINGER läßt sich diese Nebenreaktion weitgehend dadurch ausschalten, daß die Umsetzung in wasserfreiem Medium mit Alkylnitriten (tert.-Butylnitrit) in Gegenwart von Chlorwasserstoff erfolgt [233].

Ebenfalls entstehen 1,2-Bis-acylhydrazine sehr leicht durch Reaktion noch nicht umgesetzten Hydrazids mit bereits gebildetem Azid:

$$R-\overset{O}{\underset{\|}{C}}-NH-NH_2 + N_3-\overset{O}{\underset{\|}{C}}-R \xrightarrow{-HN_3} R-\overset{O}{\underset{\|}{C}}-NH-NH-\overset{O}{\underset{\|}{C}}-R$$

Andere Nebenreaktionen lassen sich als Folgereaktionen des CURTIUS-Abbau interpretieren, wobei das intermediär gebildete Isocyanat mit Aminogruppen Harnstoff-Derivate bzw. mit Hydroxy-Gruppen Urethan-Derivate liefert:

$$R-\overset{O}{\underset{\|}{C}}-N_3 \xrightarrow{-N_2} \left[R-\overset{O}{\underset{\|}{C}}-\underline{N}\right] \longrightarrow R-N=C=O$$

$$R-N=C=O + H_2N-R' \longrightarrow R-NH-\overset{O}{\underset{\|}{C}}-NH-R'$$

$$R-N=C=O + HO-R' \longrightarrow R-NH-\overset{O}{\underset{\|}{C}}-O-R'$$

N-geschütztes Serinisocyanat mit ungeschützter Hydroxy-Funktion ergibt ein Oxazolin-2-on-Derivat:

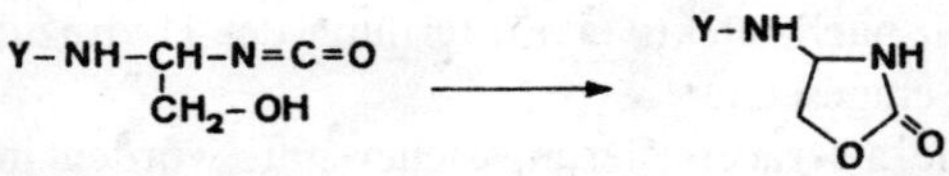

$$\text{Y-NH-CH-N=C=O} \atop \text{CH}_2\text{-OH} \longrightarrow \text{[Y-NH-oxazolidinone]}$$

Weiterhin wurden bei Azidkupplungen Kernnitrierung von Tyrosin, Oxidation von S-Benzyl-cystein-Derivaten zu Sulfoxiden, die Bildung von N-Nitroso-Verbindungen von Tryptophan sowie Zersetzungen von α-Tosyl-aminosäureaziden beobachtet. Eine ausführliche Zusammenfassung der bei der Azid-Methode möglichen Nebenreaktionen erfolgte durch SCHNABEL [236].

Obgleich durch eine exakte Beachtung der Reaktionsbedingungen die potentiellen Nebenreaktionen entscheidend zurückgedrängt werden können, wird — wie bereits erwähnt — die Aufarbeitung durch die Bildung von Nebenprodukten erheblich erschwert. Der benötigte Zeitaufwand für eine Azidkupplung (einschließlich der Hydrazidbereitung) liegt in Abhängigkeit vom Syntheseobjekt im Bereich zwischen 2 und 6 Tagen. Die erzielten Ausbeuten bewegen sich zwischen 30 und 70%.

Aufgrund der weitgehenden Racemisierungssicherheit, der Möglichkeit des Einsatzes von Serin und Threonin ohne Schutz der Hydroxy-Funktionen sowie der variantenreichen Verwendung N'-substituierter Hydrazide besitzt die Azid-Methode nach wie vor großes praktisches Interesse.

2.2.5.2. Anhydrid-Methode

Die entscheidenden Impulse zur Anwendung von Anhydriden für die Peptidsynthese gehen gleichfalls auf CURTIUS (1881) zurück. Beim Versuch zur Darstellung von Benzoyl-glycin (Hippursäure) aus dem Silbersalz des Glycins und Benzoylchlorid in siedendem Benzol wurden neben Hippursäure auch Benzoyldiglycin und Benzoyl-hexaglycin isoliert. Schon damals wurde vermutet, daß Anhydride N-benzoylierter Aminosäuren bzw. Peptide mit Benzoesäure reaktive Zwischenprodukte bilden. Basierend auf diesen Befunden hat etwa 70 Jahre später WIELAND mit seiner Arbeitsgruppe die Methode der gemischten Anhydride für die zielgerichtete Peptidsynthese nutzbar gemacht. Neben asymmetrischen Anhydriden lassen sich Peptidknüpfungen auch mit symmetrischen Anhydriden und intramolekularen Anhydriden der Carbaminsäure (N-Carbonsäureanhydride) durchführen.

2.2.5.2.1. Mischanhydrid-Methode

Generell eignen sich Carbonsäuren und anorganische Säuren als Anhydridbildner für die Mischanhydrid(MA)-Methode (Methode der gemischten Anhydride). Eine Übersicht über die Vielzahl der methodischen Varianten und verwendeten

Hilfssäuren ist der weiterführenden Literatur [237] zu entnehmen. Der größte Teil der theoretisch und methodisch sehr interessanten Entwicklungen hat aber aus unterschiedlichen Gründen keine breite praktische Anwendung gefunden. Vorrangig benutzt werden Chlorameisensäure-alkylester (Chlorkohlensäure-alkylester), insbesondere der von WIELAND und BERNHARD [238] sowie BOISSONNAS [239] unabhängig voneinander empfohlene Chlorameisensäure-ethylester und der Chlorameisensäure-isobutylester [240].

Die aminolytische Aufspaltung des aus der Carboxykomponente und dem Chlorameisensäure-alkylester gebildeten asymmetrischen (gemischten) Anhydrids (Abb. 2—7) ist von der Elektronendichte an den beiden konkurrierenden Carboxy-C-Atomen und von sterischen Effekten abhängig und erfolgt in der Regel am Carboxy-C-Atom der Acylaminosäure unter Bildung des gewünschten Peptidderivates sowie unter Freisetzung der Hilfssäure (Weg A).

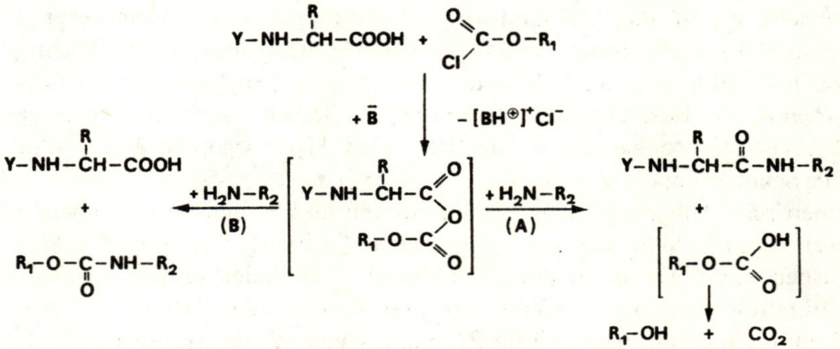

Abb. 2—7. Mechanismus der Mischanhydrid-Methode
Y = Aminoschutzgruppe; R = Seitenkettenrest; $\bar{B}$ = tert. Base; R_1 = Rest der Hilfssäure; R_2 = Rest der Aminokomponente

Letztere ist bei Verwendung von Chlorameisensäure-alkylestern (R_1 = Ethyl- bzw. Isobutyl-) sehr instabil und zerfällt sofort in CO_2 und den entsprechenden Alkohol. Allerdings sind auch Beispiele eines nucleophilen Angriffes der Aminokomponente auf das „falsche" Carboxy-C-Atom bekannt [241, 242], wobei die eingesetzte Acylaminosäure freigesetzt wird und als Nebenprodukt ein Urethan (Weg B) resultiert. Eine völlige Unterbindung dieser Nebenreaktion ist nach WIELAND selbst bei Reaktionstemperaturen von —15 °C nicht zu gewährleisten. Signifikante Nebenreaktionen treten beim Einsatz von N-Tosyl-, N-Trityl- und N-Tfa-aminosäuren auf. Eine Anhydridaktivierung von N-Acylasparagin sollte zweckmäßigerweise mit Pivalinsäure vorgenommen werden.

Zur Bereitung der gemischten Anhydride werden die N-geschützten Aminosäuren oder Peptide in Tetrahydrofuran, Dioxan, Acetonitril, Essigsäureethylester oder Dimethylformamid gelöst, mit der äquivalenten Menge einer tert. Base (N-Methylmorpholin, Tributylamin, N-Ethyl-piperidin) versetzt und bei −5 bis −15 °C mit dem entsprechenden Chlorameisensäure-alkylester umgesetzt.

Nach ANDERSON et al. [243] läßt sich die Racemisierung bei Verwendung von Chlorameisensäureisobutylester als Hilfssäure und N-Methylmorpholin als Base unter Einhaltung einer Anhydridbildungszeit von 30 s bei −5 bis −15 °C vollständig ausschalten. Dieser Befund wurde von KEMP mittels des sensitiven Isotopenverdünnungs-Tests bestätigt. Im Racemisierungstest nach IZUMIYA wurden überraschenderweise 2,4% Racemat gefunden. Durch Zugabe von N-Hydroxysuccinimid ließ sich dieser Anteil auf 0,2% reduzieren [244]. Bei Einhaltung der von ANDERSON vorgeschlagenen Bedingungen und unter Vermeidung jeglichen Basenüberschusses ist die Mischanhydrid-Methode praktisch racemisierungssicher. Während die Bereitung des asymmetrischen Anhydrids unter Feuchtigkeitsausschluß erfolgen muß, läßt sich die eigentliche Acylierungsreaktion in wäßrig-organischen Lösungsmitteln durchführen. Obgleich manchmal eine geringe O-Acylierung beobachtet wurde, benötigen Hydroxyaminosäuren allgemein keine Schutzgruppe.

Asymmetrische Anhydride aus Acylaminosäuren und Pivalinsäure (Trimethylessigsäure) lassen sich in analoger Weise nach ZAORAL [245] bereiten und in guten Ausbeuten mit Aminokomponenten kuppeln. Durch den starken +I-Effekt der tert.-Butyl-Gruppierung wird das elektrophile Potential des Carboxy-C-Atoms der Hilfssäure erniedrigt, wodurch im Zusammenspiel mit der sterischen Hinderung eine falsche aminolytische Aufspaltung zurückgedrängt wird.

Mit der „*REMA*"-*Methode* (**R**epetitive **E**xcess **M**ixed **A**nhydride Method) beschrieb TILAK [246] eine Schnellsynthese-Variante ohne Zwischenproduktreinigung. Bei der Anhydridbereitung mittels Chlorameisensäureisobutylester in Gegenwart von N-Methylmorpholin in DMF bei −15 °C wird ein 6proz. Überschuß an Benzyloxycarbonylaminosäure verwendet und das resultierende Anhydrid in 50proz. Überschuß mit der Aminokomponente gekuppelt. Das nicht umgesetzte asymmetrische Anhydrid läßt sich mit gesättigter $KHCO_3$-Lösung bei 0 °C (30 min, pH 8) hydrolytisch zersetzen.

Aufgrund des postulierten Mechanismus ist die *EEDQ-Methode* [247] als Variante der Mischanhydrid-Methode aufzufassen. Das als Kupplungsreagens verwendete *1-Ethoxycarbonyl-2-ethoxy-1,2-dihydro-chinolin* (engl. Abk.: EEDQ) soll nach folgendem Mechanismus intermediär in langsamer Reaktion ein gemischtes Anhydrid bilden, das durch den schnellen Verbrauch bei der Kupplungsreaktion unerwünschte Nebenreaktionen ausschließen soll:

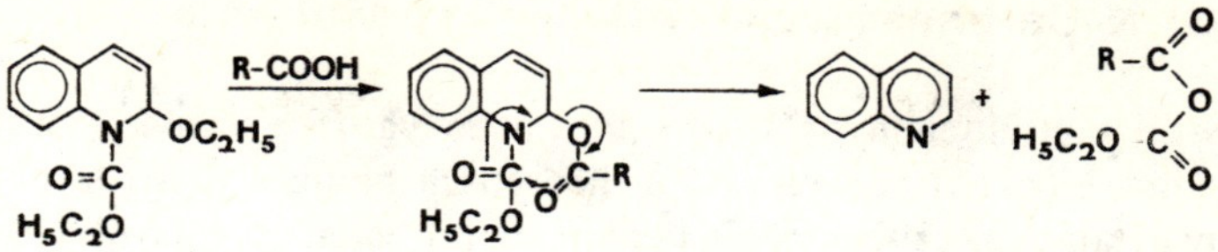

Daneben wurde mit dem *1-Isobutyloxycarbonyl-2-isobutyloxy-1,2-dihydro-chinolin* (engl. Abk.: IIDQ) ein analoges Reagens empfohlen [248]. Mit beiden Komponenten wurden gute Resultate erzielt, wobei Hydroxyaminosäuren ohne speziellen Seitenkettenschutz eingesetzt werden können und Acyl-asparagin ohne Nebenreaktionen verknüpft werden kann.

Vom mechanistischen Standpunkt erscheint es aber auch nicht abwegig, daß das postulierte Intermediärprodukt 1-Ethoxycarbonyl-2-acyloxy-1,2-dihydro-chinolin bereits als aktivierter Ester im Sinne der Chinolyl-8-ester-Aminolyse (vgl. S. 197) mit der Aminokomponente reagiert [249].

2.2.5.2.2. Methode der symmetrischen Anhydride

Obgleich die Gefahr der Disproportionierung asymmetrischer Anhydride beim besprochenen Verfahren durch die gewählten Reaktionsbedingungen nahezu vollständig unterdrückt wird, ist diese Möglichkeit und auch eine falsche aminolytische Aufspaltung beim Einsatz symmetrischer Anhydride für die Peptidsynthese ausgeschlossen. Die zu erreichenden Peptidausbeuten betragen nur 50%. Der bei der aminolytischen Aufspaltung des symmetrischen Anhydrids gebildete Anteil an Acylaminosäure läßt sich durch Extraktion mit Natriumhydrogencarbonat zum größten Teil zurückgewinnen.

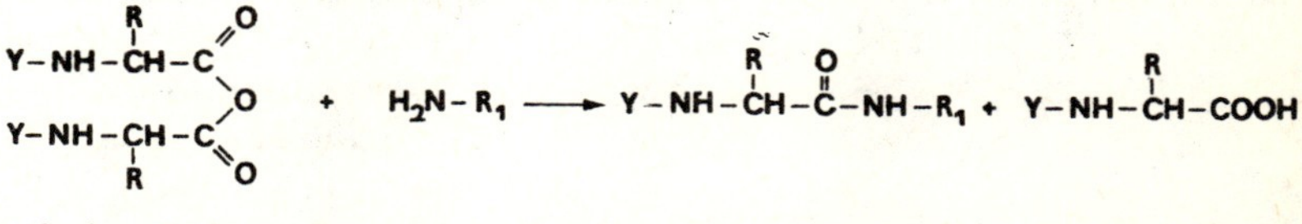

Symmetrische Anhydride von Acylaminosäuren können durch Umsetzung mit Dicyclohexylcarbodiimid (DCC), Ethoxyacetylen, Inaminen oder durch Disproportionierung asymmetrischer Anhydride erhalten werden. Da Boc-Aminosäuren nicht ohne Nebenreaktionen mit DCC zu symmetrischen Anhydriden umgesetzt werden können, bietet sich als Alternative die Umsetzung von 2 Äquivalenten des Natriumsalzes einer Boc-Aminosäure mit 1 Äquivalent Phosgen bei $-40\,°C$ in Tetrahydrofuran an [250].

2.2.5.2.3. N-Carbonsäureanhydrid[NCA]-Methode

In den N-Carbonsäureanhydriden ist die Carboxygruppe aktiviert, während die Aminogruppe blockiert vorliegt. Rein theoretisch besitzen daher solche Aminosäurederivate ausgezeichnete Voraussetzungen für einen peptidsynthetischen Einsatz.

Diese Verbindungsklasse wurde 1906 von LEUCHS, einem Schüler Emil Fischers, in Berlin entdeckt [251]. Durch thermische Eliminierung von Ethylchlorid aus N-Carbethoxyaminosäure-chloriden wurden die ersten N-Carbonsäureanhydride [1,3-Oxazolidin-2,5-dione] erhalten, die auch nach dem Entdecker LEUCHSsche Anhydride genannt werden:

$$H_5C_2-O-\overset{O}{\underset{}{C}}-NH-\overset{R}{\underset{}{CH}}-\overset{O}{\underset{}{C}}-Cl \xrightarrow{\Delta} \text{[Oxazolidindion]} + H_5C_2-Cl$$

Bessere Ausgangsprodukte für die Darstellung sind N-Benzyloxycarbonylaminosäure-chloride. Eine elegante Synthesevariante ist die Umsetzung freier Aminosäuren mit Phosgen, wobei als Zwischenstufe das entsprechende Carbamoylchlorid gebildet wird:

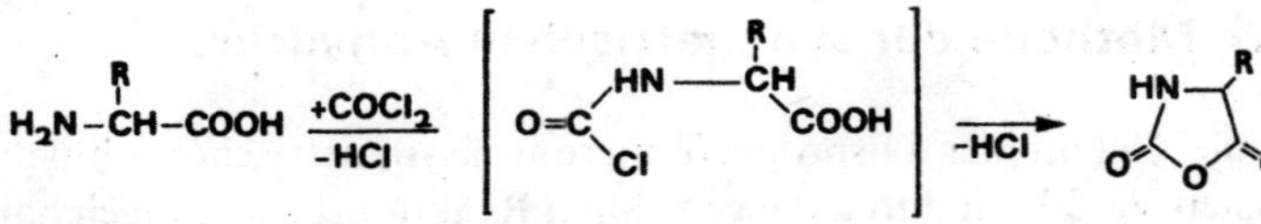

$$H_2N-\overset{R}{\underset{}{CH}}-COOH \xrightarrow[-HCl]{+COCl_2} \left[O=C\underset{Cl}{\overset{HN-\overset{R}{\underset{}{CH}}}{\diagdown}} COOH \right] \xrightarrow{-HCl} \text{[NCA]}$$

Da bereits durch Wasserspuren N-Carbonsäureanhydride zu Polypeptiden polymerisieren, bereitete deren Verwendung zur Synthese definierter Peptide große Schwierigkeiten. Unter Ausschaltung der zur Polymerisation führenden Konkurrenzreaktion gelang es 1949 BAILEY, durch gleichzeitige Einwirkung von Aminosäureestern und Triethylamin auf N-Carbonsäureanhydride in gezielter Reaktion zunächst das Salz der Carbaminsäure des Peptidesters zu erhalten, das durch vorsichtiges Erhitzen in Peptidester, CO_2 und Base gespalten wird:

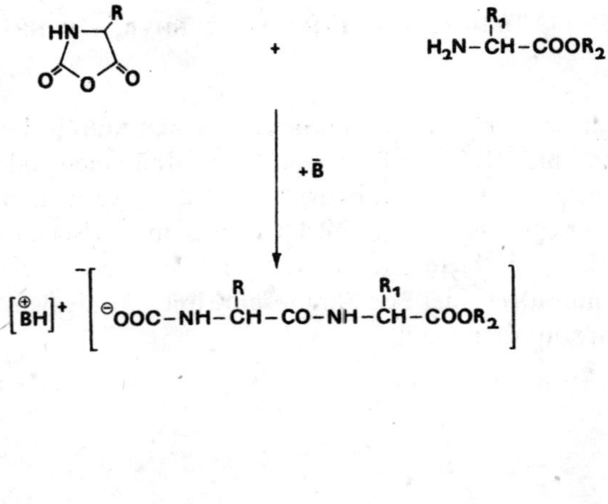

$$\text{[NCA]} + H_2N-\overset{R_1}{\underset{}{CH}}-COOR_2$$

$$\downarrow +\bar{B}$$

$$[\overset{\oplus}{BH}]^+ \left[{}^{\ominus}OOC-NH-\overset{R}{\underset{}{CH}}-CO-NH-\overset{R_1}{\underset{}{CH}}-COOR_2 \right]$$

Peptidsynthesen

$$\underset{H_2N-\overset{R}{\underset{|}{C}}H-CO-NH-\overset{R_1}{\underset{|}{C}}H-COOR_2}{\xrightarrow{(30-40\,°C) \quad -CO_2\,;\ -\bar{B}}}$$

Für diese Reaktion wurde von LANGENBECK als Base Tribenzylamin vorgeschlagen, da das entsprechende Salz der Carbaminsäure schwerer löslich ist. Trotz der geschilderten inhärenten Vorzüge der N-Carbonsäureanhydride wurden sie im großen Umfang für gezielte Peptidsynthesen nicht angewandt. Erst 1966 gelang es HIRSCHMANN et al. [252] durch Abwandlung der methodischen Bedingungen die Grundlagen für eine *kontrollierte Peptidsynthese im wäßrigen Medium* zu entwickeln. Aminosäuren bzw. Peptide werden in der Kälte durch kristalline N-Carbonsäureanhydride bei pH 10,2 schnell acyliert. Durch pH-Erniedrigung auf pH 3 bis 5 werden die gebildeten Peptidcarbamate decarboxyliert. Nach pH-Erhöhung auf 10,2 und Zugabe des nächsten N-Carbonsäureanhydrids beginnt ein neuer Zyklus. Nach 3 Zyklen betrug die Ausbeute über 50%:

$$H_2N-\overset{R}{\underset{|}{C}}H-COOH \xrightarrow[(pH\ 10,2)]{\overset{HN-\overset{R_1}{|}}{\underset{O}{\diagup}\diagdown\underset{O}{\diagdown}\diagup O}} {}^-OOC-NH-\overset{R_1}{\underset{|}{C}}H-CO-NH-\overset{R}{\underset{|}{C}}H-COO^-$$

$$\xrightarrow[-CO_2]{pH\ 3-5} H_3\overset{+}{N}-\overset{R_1}{\underset{|}{C}}H-CO-NH-\overset{R}{\underset{|}{C}}H-COO^- \xrightarrow[(pH\ 10,2)]{\overset{HN-\overset{R_2}{|}}{\underset{O}{\diagup}\diagdown\underset{O}{\diagdown}\diagup O}}$$

$${}^-OOC-NH-\overset{R_2}{\underset{|}{C}}H-CO-NH-\overset{R_1}{\underset{|}{C}}H-CO-NH-\overset{R}{\underset{|}{C}}H-COO^- \xrightarrow[-CO_2]{pH\ 3-5} usw.$$

Um die Gefahr des unerwünschten Carboxylat-Austausches zwischen dem intermediär gebildeten Peptidcarbamat und der Aminokomponente mit der damit verbundenen Inaktivierung auszuschalten, sind extrem hohe Rührgeschwindigkeiten erforderlich. Eine ebenso wesentliche Voraussetzung für einen glatten Verlauf der Acylierungsreaktion ist die exakte pH-Kontrolle (pH 10,2 bis 10,5 für Aminosäuren bzw. pH 10,2 für Peptide), da bei einem pH > 10,5 durch Hydrolyse Hydantoinsäuren als Nebenprodukte gebildet werden. Aufgrund der größeren Stabilität der Thiocarbamatsalze wurden auch die Schwefelanalogen der N-Carbonsäureanhydride, die *N-Thiocarbonsäureanhydride* (Abk.: *NTA's* [1,3-Thiazolidin-2,5-dione]), zur Peptidsynthese herangezogen. Die Acylierungen können mit diesen Verbindungen bereits bei einem pH zwischen 9 und 9,5 vorgenommen werden, wodurch die Sicherheit gegenüber einer möglichen hydrolytischen Umwandlung in Hydantoinsäuren erhöht wird [253, 254].

Die NCA/NTA-Methode eignet sich besonders zur Synthese von Segmenten ohne Isolierung von Zwischenprodukten in racemisierungsfreier Reaktion, wobei trifunktionelle Aminosäuren mit Ausnahme von Lysin und Cystein keines speziellen Schutzes der Seitenkettenfunktionen bedürfen. Mittels dieser Methode gelang es HIRSCHMANN und DENKEWALTER [255], einen großen Teil der Segmente des S-Proteins der Ribonuclease zu synthetisieren, die dann mit Hilfe der Azid-Methode zum S-Protein zusammengefügt wurden (vgl. S. 451).

Nach Untersuchungen von IWAKURA et al. [256] ist die NCA-Methode auch ohne pH-Kontrolle in einem heterogenen Lösungsmittelsystem anwendbar. In Acetonitril/wäßr. Na_2CO_3 (60:50) findet die Reaktion an der Phasengrenze statt, wodurch das NCA in der organischen Phase vor Nebenreaktionen geschützt wird, während das resultierende Carbamat in der Na_2CO_3-Phase stabilisiert wird. Auch diese Variante verläuft racemisierungsfrei.

2.2.5.3. Methode der aktivierten Ester

Bereits in der Anfangsphase der synthetischen Peptidchemie wurde die Acylierungsfähigkeit von Aminosäuremethyl- und Aminosäureethylestern zur Knüpfung der Peptidbindung ausgenutzt. Die wiederum von CURTIUS und FISCHER geleistete Pionierarbeit fand zwar methodisch keine weitere Anwendung, führte aber zu der Erkenntnis, daß Ester acylierter Aminosäuren und Peptide energiereiche Verbindungen darstellen. Etwa 80 Jahre nach diesen ersten Studien wurde von WIELAND et al. [257] durch Verwendung von N-geschützten Aminosäurethiophenylestern zur Peptidverknüpfung auch diese Kupplungsmethode der modernen synthetischen Peptidchemie zugänglich gemacht. Wenig später gelang es SCHWYZER et al. [258] die unzulänglich reaktiven Acylaminosäuremethylester durch Einführung von —I-Substituenten in die Alkoholkomponente in hinreichend aktive Zwischenprodukte zur Knüpfung der Peptidbindung zu überführen. Inzwischen hat eine große Anzahl von aktivierten Estern erfolgreiche peptidsynthetische Anwendung gefunden.

Die Knüpfung der Peptidbindung durch Esteraminolyse wird analog der Verseifung von Estern als eine durch Basen katalysierte bimolekulare Spaltung der Carboxygruppe zwischen Acyl-Rest und Sauerstoff mit dem Symbol $B_{Ac}2$ klassifiziert:

$$R-\bar{N}H_2 + \underset{R_1}{\overset{|\overline{O}|}{\underset{|}{C}}}-XR_2 \underset{\text{schnell}}{\overset{\text{langsam}}{\rightleftarrows}} R-\underset{H}{\overset{H}{N}}-\underset{R_1}{\overset{\oplus|\overline{O}|^{\ominus}}{\underset{|}{C}}}-XR_2 \underset{\text{langsam}}{\overset{\text{schnell}}{\rightleftarrows}} R-\underset{H}{\overset{H}{N}}-\overset{O}{\underset{}{C}}-R_1 + R_2XH$$

(X = O, S oder Se; R = Rest der Aminokomponente; R_1 = Rest der Carboxykomponente; R_2 = substituierter oder unsubstituierter Alkyl- oder Arylrest)

Der nucleophile Angriff der Aminokomponente auf das Carboxy-C-Atom führt im geschwindigkeitsbestimmenden Schritt dieser Reaktion zum tetrahedralen Addukt, einer real existierenden Zwischenverbindung, wobei dessen Bildung durch stark elektronenziehende Gruppierungen ($-XR_2$) begünstigt wird. Die Knüpfung der Peptidbindung wird zwangsläufig schnell verlaufen, wenn R_2XH eine schwache Base bzw. die konjugierte Base einer relativ starken Säure ist. Die Ursache der hohen Reaktivität liegt dann gewissermaßen in dem innerhalb des Anions wirkenden Elektronenzug, der eine Spaltung der $C-XR_2$-Bindung erleichtert.

Nach MENGER und SMITH (1972) soll bei der Aminolyse von Phenylestern in organischen Lösungsmitteln nicht die Bildung des tetrahedralen Adduktes den geschwindigkeitsbestimmenden Schritt darstellen, sondern vielmehr dessen Zerfall.

Im Gegensatz zu der nach dem klassischen $B_{Ac}2$-Mechanismus ablaufenden Esteraminolyse von substituierten Alkyl- bzw. unsubstituierten oder substituierten Arylestern (X = O) sowie den isologen Schwefel- (X = S) und Selenoestern (X = Se) wurde 1965 durch die Arbeitsgruppen von YOUNG [259] und JAKUBKE [260] ein neuer Typ von Aktivestern vorgeschlagen. Bedingt durch eine geeignete Protonakzeptorgruppierung bildet sich sowohl bei den N-Hydroxypiperidinestern [259] als auch bei den Chinolyl-8-estern [260] während der Aminolyse ein H-Brücken-stabilisierter cyclischer Übergangszustand (Hydrogen-Bonded Transition State) aus, wodurch einmal eine hohe Aminolyseaktivität und zum anderen eine weitgehende Ausschaltung der zur Racemisierung (vgl. Abschn. 2.2.6.1.1.) führenden Oxazolonbildung resultiert. Dieses allgemeine Prinzip der Carboxylaktivierung durch intramolekulare Basenkatalyse unter Ausbildung eines cyclischen Übergangszustandes ist in vereinfachter Weise in Abb. 2—8 dargestellt.

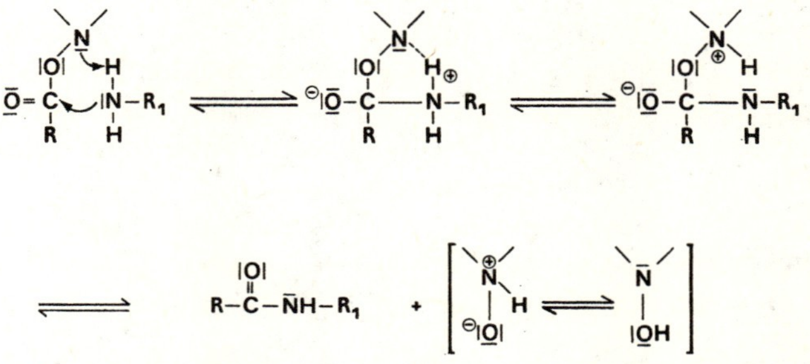

Abb. 2—8. Prinzip der Carboxylaktivierung durch intramolekulare Basenkatalyse unter Ausbildung eines cyclischen Übergangszustandes

R = Rest der Carboxykomponente; R_1 = Rest der Aminokomponente

Tabelle 2—7

Aktivierte Ester R—C(=O)—A (R = Rest der Acylaminosäure; A = Aktivierungskomponente)

Nr.	-ester		Abk.	Formel von A	Literatur
1	Thiophenyl-		-SPh	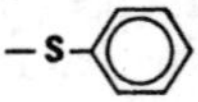 —S—C$_6$H$_5$	[257]
2	Cyanmethyl-		-OCm	—O—CH$_2$CN	[258]
		4-Nitro-	-ONp		[263]
3	Nitrophenyl-	2-Nitro-	-O2Np	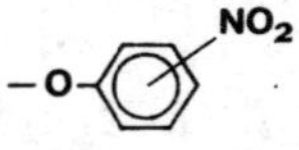 —O—C$_6$H$_4$—NO$_2$	[263, 265]
		2,4-Dinitro-	-2,4Np		[263, 265]
		2,4,5-Tri-	-OTcp		[266)
4	Chlorphenyl-			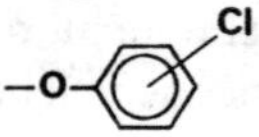 —O—C$_6$H$_4$—Cl	
		Pentachlor-	-OPcp		[267]
5	Pentafluorphenyl-		-OPfp	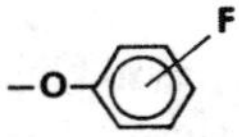 —O—C$_6$F$_5$	[268]
6	Phenylazophenyl-		-OPap	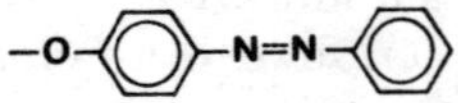 —O—C$_6$H$_4$—N=N—C$_6$H$_5$	[269, 270]
7	4-Methylsulfonylphenyl-			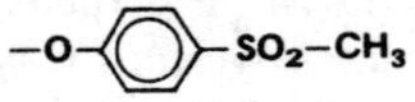 —O—C$_6$H$_4$—SO$_2$—CH$_3$	[271[
8	2-Nitro-4-sulfophenyl-		-ONs	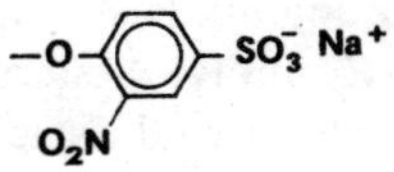 —O—C$_6$H$_3$(NO$_2$)—SO$_3^-$ Na$^+$	[272]
9	Selenophenyl-		-SePh	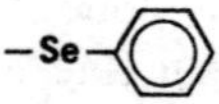 —Se—C$_6$H$_5$	[273]
10	Vinyl-		-OVi	—O—CH=CH$_2$	[274]
11	N-Hydroxypiperidin-		-OPip	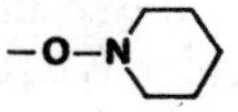 —O—N(piperidin)	[259]
12	Chinolyl-8-		-OQ	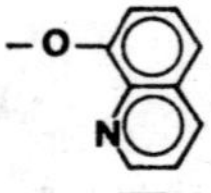 —O—(8-chinolyl)	[260, 262]
13	5-Chlor-chinolyl-8-		-OQCl	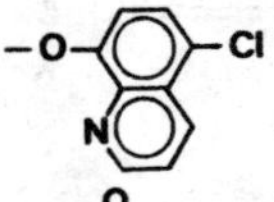 —O—(5-Cl-8-chinolyl)	[261]
14	N-Hydroxysuccinimid-		-ONSu	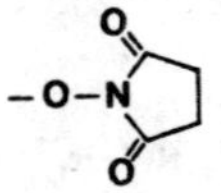 —O—N(succinimid)	[275]
15	N-Hydroxyphthalimid-		-ONPh	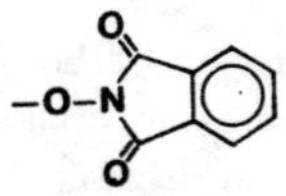 —O—N(phthalimid)	[276]

Peptidsynthesen

Tabelle 2—7 (Fortsetzung)

Nr.	-ester	Abk.	Formel von A	Literatur
16	N-Hydroxyglutarimid-	-ONGl	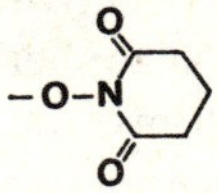	[277]
17	N-Hydroxyurethan-	-ONUr	$-O-NH-COOC_2H_5$	[278]
18	N-Hydroxypyridin-2,3--dicarboximid-		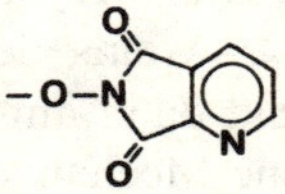	[279]
19	2-Hydroxy-3-ethylamino-carbonyl-phenyl-		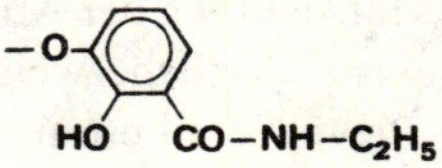	[280]
20	N-Hydroxymorpholin-	-ONMor	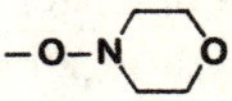	[281]
21	2-Methoxy-4-nitro-phenyl-		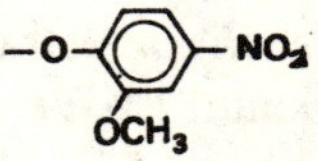	[282]
22	2-Hydroxyphenyl-		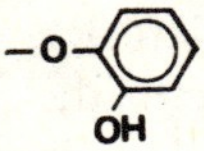	[283]
23	3-Hydroxy-4-oxo-3,4-dihydrochinazolin-	-OOCh	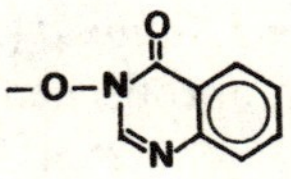	[284]
24	1-Hydroxybenzotriazol-	-OBt	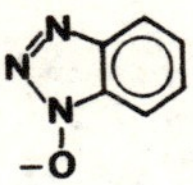	[285]
25	Pyridyl-2-thio-	-SPyr	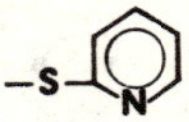	[286]
26	3-Hydroxypyridazon-6-	-OPn	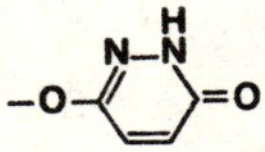	[287]
27	N-Hydroxy-5-norbornen-2,3-dicarboximid-	-ONB	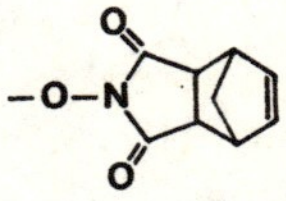	[316, 317]

Bei Esteraminolysen nach dem $B_{Ac}2$-Mechanismus werden zu den stark aktivierten Estern nur solche Verbindungen gezählt, deren Suszeptibilität gegenüber einem nucleophilen Angriff aus einer Erhöhung des elektrophilen Potentials am Carboxy-C-Atom durch stark elektromere Effekte resultiert. Vergleichsweise beträgt der pK_a-Wert des p-Nitrophenols 7,21 und erklärt somit die starke Aktivierung des Carboxy-C-Atoms, da die Acylspaltung wie die Stabilisierung des bei der Aminolyse eliminierten Anions durch die gleichen elektronischen Kräfte bedingt werden. Demgegenüber ließen die hohen pK_a-Werte des Hydroxypiperidins (12 bis 13) und des 8-Hydroxychinolins (9,89) nur eine schwache Positivierung des Carboxy-C-Atoms der entsprechenden Ester erwarten. Der zunächst postulierte [259] und dann am Beispiel der Chinolyl-8-ester-Aminolyse [261, 262] kinetisch bewiesene Mechanismus führte zu dem neuen Aktivierungsprinzip, das besonders hinsichtlich der Ausschaltung von Racemisierung von großer praktischer Bedeutung ist. Möglicherweise ist dieser Mechanismus auf den Peptidknüpfungsschritt der Proteinsynthese in vivo zu übertragen.

Einige ausgewählte aktivierte Ester sind in Tab. 2—7 zusammengestellt. Weitere Angaben sind der Literatur zu entnehmen [63, 288—290].

Während die Aminolyse der in Tab. 2—7 unter 1 bis 10 aufgeführten Estertypen entsprechend der bisherigen Betrachtungsweise nach dem $B_{Ac}2$-Mechanismus interpretiert werden kann, ist für die Aktivester 11 bis 27 in Analogie zu den N-Hydroxypiperidin- bzw. Chinolyl-8-estern das Prinzip der Carboxylaktivierung durch intramolekulare Basenkatalyse unter Ausbildung eines cyclischen Übergangszustandes zutreffend.

Ein interessantes neuartiges Aktivierungsmittel wurde mit dem *4,6-Diphenylthieno[3,4-d] [1,3]-dioxol-2on-5,5-dioxid* (*I*) durch STEGLICH et al. [291] für Peptidsynthesen vorgeschlagen. In aprotischen Lösungsmitteln reagiert dieser cyclische Kohlensäureester *I* mit N-geschützten Aminosäuren unter Bildung des entsprechenden aktivierten Esters *II*:

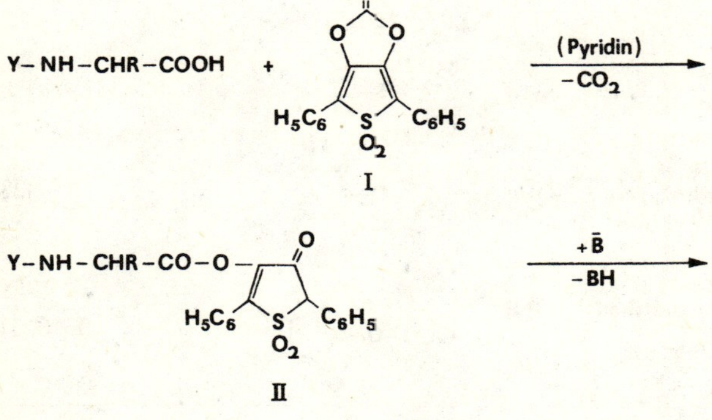

Y–NH–CHR–CO–O–[III: thiophene-S,S-dioxide ring with H₅C₆ and C₆H₅ substituents, enolate O⁻] $+ H_2N-CHR'-COOR''$

III

Y–NH–CHR–CO–NH–CHR'–COOR''

Wie aus dem Formelschema ersichtlich, setzt sich der aktivierte Ester im „Eintopf"-Verfahren oder auch nach Isolierung mit Aminokomponenten zu geschützten Dipeptid-Derivaten um. Die hohe Reaktivität gegenüber Aminen wird auf die intramolekulare, allgemeine Basenkatalyse durch die nachbarständige Enolat-Gruppierung im gefärbten Anion *III* erklärt. Das Acylierungspotential soll höher sein als das von 4- bzw. 2-Nitrophenylestern.

Zur Synthese von Peptid- und Proteowirkstoffen wurden bisher im größeren Umfang vorrangig 4-Nitrophenyl-, N-Hydroxysuccinimid- und halogensubstituierte Phenylester eingesetzt. Für die Darstellung der zuerst von BODANSZKY beschriebenen *4-Nitrophenylester* eignen sich die Mischanhydrid-Methode, die DCC-Methode (s. u.) und das Carbonat-Verfahren [292].

Großes ökonomisches Interesse besitzt eine von WOLMAN et al. [293] entwickelte Darstellungsvariante. Danach erhält man bei der Reaktion von Benzyl-(4-nitrophenyl)-carbonat mit Aminosäuresalzen die entsprechenden Benzyloxycarbonyl-aminosäuresalze, die nach Ansäuern und Zugabe von DCC mit dem intermediär freigesetzten 4-Nitrophenol in Ausbeuten zwischen 65 und 80% zu den geschützten Aktivestern kuppeln. Wird von tert.-Butyl-(4-nitrophenyl)-carbonat ausgegangen, so gelingt auch die Darstellung von Boc-Aminosäure-4-nitrophenylestern. Durch entsprechende Wahl der Carbonatkomponente lassen sich mit Hilfe dieses „Eintopf"-Verfahrens auch andere Aktivester herstellen.

Die gut kristallisierbaren und im Dunkeln bei Raumtemperatur lange beständigen 4-Nitrophenylester zeichnen sich durch hohe Aminolyseaktivität in Dimethylformamid, N,N-Dimethylacetamid und Dimethylsulfoxid aus, wobei durch katalytische Zusätze, wie Essigsäure, Pivalinsäure, Azole und N-Hydroxyverbindungen die Aminolysegeschwindigkeit erhöht wird. Die Abtrennung des während der Aminolyse freigesetzten 4-Nitrophenols ist oftmals schwierig. Die Entfernung des besonders bei nachfolgender Hydrogenolyse störenden Produktes gelingt u. a. durch Umfällen aus DMF/Wasser bzw. DMF/Ether, durch Adsorption an neutralem Aluminiumoxid und durch Komplexbildung mit Pyridin (pH 6,5).

Die von ANDERSON et al. erstmalig für die Peptidsynthese angewandten *N-Hydroxysuccinimidester* zeichnen sich durch gutes Kristallisationsvermögen und hohe Aminolyseaktivität aus, wobei ihre geringe Hydrolyse- und Alkoholyseempfindlichkeit besonders hervorgehoben werden muß, die Peptidsynthesen auch in wäßrigen Medien zuläßt. In Ethanol/Wasser, Dioxan/Wasser oder Tetrahydrofuran/Wasser lösliche Salze von Aminosäuren oder Peptiden lassen sie sich in guten Ausbeuten mit N-geschützten Aminosäure-N-hydroxysuccinimidestern kuppeln. Von Vorteil ist gleichfalls die Wasserlöslichkeit des während der Aminolyse freigesetzten N-Hydroxysuccinimids.

Von großer praktischer Bedeutung sind ebenfalls *Halogen-substituierte Phenylester* N-geschützter Aminosäuren, die von KUPRYSZEWSKI et al. für die synthetische Peptidchemie entdeckt wurden. Bei der mit den 4-Nitrophenylestern vergleichbaren Aminolyseaktivität entfallen die dort geschilderten Schwierigkeiten der Abtrennung der während der Aminolyse eliminierten Aktivierungskomponente und außerdem besitzen Trichlorphenylester eine größere Beständigkeit gegen basische Hydrolyse. 2,4,5- und 2,4,6-Trichlorphenylester haben vielseitige Anwendung bei der Synthese verschiedener Peptidwirkstoffe gefunden.

Besonders geschätzt sind die gut kristallisierbaren und auch sehr beständigen *Pentachlorphenylester*, die sich durch hohe Aminolyseaktivität auszeichnen. Sie lassen sich leicht mittels der DCC-Methode darstellen. Zur Synthese optisch reiner N-Acyl-peptid-pentachlorphenylester eignet sich neben der „backing-off"-Methode der aus Pentachlorphenol und DCC erhältliche kristalline *Isoharnstoff-Pentachlorphenol-Komplex* [294] (X = Cl):

$$\text{HO}-\underset{X}{\bigcirc}\ \cdots\ \left[\bigcirc-\text{NH}-\underset{\underset{\underset{X}{\bigcirc}}{\overset{\|}{\text{O}}}}{\text{C}}=\text{N}-\bigcirc\right]\ \cdots\ \underset{X}{\bigcirc}-\text{OH}$$

(X = F oder Cl)

Die genannten Darstellungsmethoden lassen sich auch auf die *Pentafluorphenylester* übertragen, die sich bei verschiedenen Syntheseobjekten als vorzügliche Acylierungsmittel erwiesen haben. Der *Isoharnstoff-Pentafluorphenol-Komplex (F-Komplex)*, der eine analoge Konstitution besitzt wie der 1:3 DCC-Pentachlorphenol-Komplex (X = F), läßt sich für Segmentkondensationen einsetzen.

Die von WOODWARD und OLOFSON [295] zur Knüpfung der Peptidbindung empfohlene *Isoxazoliumsalz-Methode* ist aus mechanistischen Gesichtspunkten in dieses Kapitel einzuordnen, da das N-Ethyl-5-phenyl-isoxazolium-3'-sulfonat (WOODWARD-Reagens K) mit N-geschützten Aminosäuren und Peptiden unter milden basischen Bedingungen einen energiereichen Enolester bildet der ohne Isolierung mit Aminosäuren kuppelt:

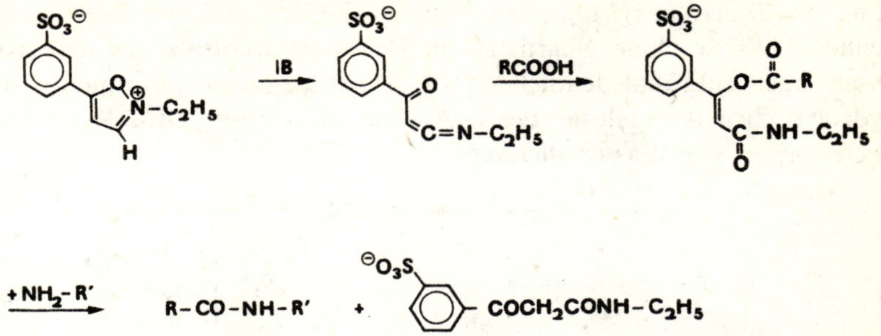

Das gebildete Acylacetamid-Derivat ist gut wasserlöslich und kann daher leicht abgetrennt werden. Von der genannten Arbeitsgruppe wurden weitere Isoxazolium-Verbindungen auf ihre peptidsynthetische Eignung untersucht [296].

Die als Hilfsmittel für die Peptidsynthese vorgeschlagenen „Push-Pull"-Acetylene [297] reagieren über Enolesterzwischenstufen und sollen daher hier kurz erwähnt werden.

2.2.5.4. Carbodiimid-Methode

Die Eignung von Carbodiimiden zur Knüpfung der Peptidbindung wurde zuerst von SHEEHAN und HESS [298] erkannt. Nach umfangreichen Studien verschiedener Arbeitskreise wird der in Abb. 2—9 aufgeführte Reaktionsmechanismus angenommen.

An das protonierte Carbodiimid addiert sich das Anion der Carboxykomponente unter Ausbildung des Acyl-ureids *I* (0-Acyllactim, Isoharnstoff-Derivat), das mit der Aminokomponente unter Abspaltung des Harnstoff-Derivates direkt das Peptid liefert (Weg A), oder allein über die im Gleichgewicht vorhandene protonierte Lactimform *Ia* mit einem weiteren Äquivalent Acylaminsäure unter Austritt von N,N'-disubstituierten Harnstoff zum symmetrischen Anhydrid *III* reagiert (Weg C). Letzteres kann durch die Aminokomponente aminolytisch aufgespalten werden, wobei neben dem Peptidderivat ein Mol Acylaminosäure freigesetzt wird (Weg D).

Eine unerwünschte Nebenreaktion ist die basenkatalysierte Umlagerung des 0-Acyllactims *I* in ein nicht mehr aminolytisch spaltbares Acylharnstoff-Derivat *II* (Weg B). Die 0→N-Acylwanderung wird nicht nur durch überschüssige tert. Basen katalysiert, vielmehr genügt bereits die Basizität der Aminokomponente und der Carbodiimid-Derivate für die Katalyse.

2.2.5.4.1. Verwendung von Dicyclohexylcarbodiimid

Das N,N'-Dicyclohexylcarbodiimid (R = Cyclohexyl) hat sich als Kupplungsreagens besonders bewährt, da das Produkt relativ billig und in den zur Peptidsynthese vorrangig benutzten Lösungsmitteln gut löslich ist. Bei Anwendung des *Dicyclohexylcarbodiimid(DCC-)-Verfahrens* kristallisiert der sich bildende N,N'-Dicyclohexylharnstoff in hohem Prozentsatz aus dem Reaktionsansatz aus. Aufgrund deutlicher Differenzen zwischen der aminolytischen und hydrolytischen Aufspaltung des O-Acyllactims können DCC-Kupplungen auch in Gegenwart von Wasser ablaufen.

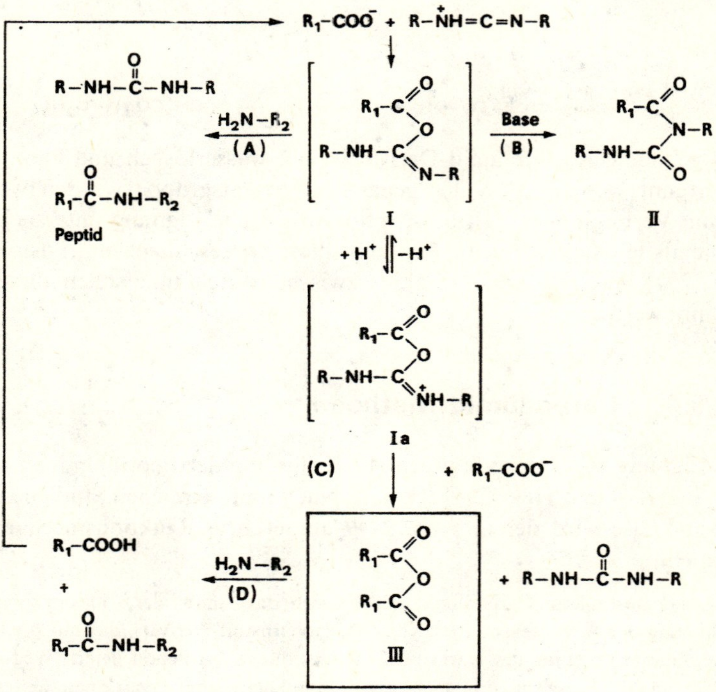

Abb. 2—9. Mechanismus der DCC-Kupplung

R = Cyclohexyl; R_1 = N-geschützter Aminosäure- oder Peptid-Rest; R_2 = C-geschützter Aminosäure- oder Peptid-Rest

Die DCC-Methode hat sich beim schrittweisen Aufbau von Peptidsegmenten und zahlreichen Peptidwirkstoffen bewährt. Mit Ausnahme von C-endständigen Glycin und Prolin können dagegen andere Peptidsegmente wegen des Racemisierungsrisikos nicht mittels dieser Kupplungsmethode verknüpft werden. Ein weiterer Nachteil ist die bereits erwähnte Acylharnstoffbildung. Durch Einhaltung tiefer Temperaturen und Verwendung unpolarer Lösungsmittel, die aber den sich bildenden Dicyclohexylharnstoff relativ gut lösen, kann diese Nebenreaktion etwas zurückgedrängt werden. Bei Verwendung von Dimethylformamid und N,N-Dimethylacetamid als Lösungsmittel begünstigt das auch bei hoher

Reinheit in geringen Konzentrationen vorliegende Dimethylamin die O→N-Acylwanderung zum Acylharnstoff-Derivat. Weiterhin führen DCC-Aktivierungen von unmaskierten Glutamin- bzw. Asparagin-Resten durch Dehydratisierung der Carbonamid-Gruppierungen zu Nitril-Derivaten. Es ist daher zweckmäßig, bei DCC-Kupplungen auf einen vollständigen Schutz der Seitenkettenfunktionen zu achten.

2.2.5.4.2. Verwendung von modifizierten Carbodiimiden

Während bei der Synthese kurzkettiger Peptide die Abtrennung des N,N'-Dicyclohexylharnstoffes keine großen Schwierigkeiten bereitet, ist seine restlose Entfernung bei anspruchsvolleren Synthesen ebenso problematisch wie die Eliminierung der N-Acylharnstoffe. Zur Vermeidung dieser Schwierigkeiten wurden verschiedene mit tertiären Amino- bzw. quartären Ammonium-Gruppen substituierte Carbodiimide entwickelt, die aufgrund der Säure- oder Wasserlöslichkeit die Abtrennung der Nebenprodukte erleichtern. Derartige Verbindungen, wie das 1-Ethyl-3-(3-dimethylaminopropyl)-carbodiimid-hydrochlorid [299] oder das 1-Cyclohexyl-3-(3-dimethylaminopropyl)-carbodiimid-methoiodid [300], ermöglichen die Durchführung von Reaktionen in wäßrigen Lösungen, so z. B. auch Peptidcyclisierungen und Reaktionen an Proteinen.

Mit den *polymeren Carbodiimiden* bietet sich eine weitere Verbindungsklasse an. WOLMAN et al. [301] synthetisierten das Polyhexamethylencarbodiimid, -(CH$_2$)$_6$-N=C=N-[(CH$_2$)$_6$-N=C=N]$_n$-(CH$_2$)$_6$-. Der nach der Reaktion in trägergebundener Form vorliegende Harnstoff läßt sich aus dem Reaktionsansatz leicht abtrennen. Von ITO et al. [302] wurden *unsymmetrische Carbodiimide* entwickelt, deren N-Atome eine unterschiedliche Elektronendichte aufweisen, und die dadurch bei der Peptidsynthese die unerwünschte O→N-Acylwanderung zum N-Acylharnstoff verringern. Die Verwendung des 1-Benzyl-3-ethyl-carbodiimids ergab eine signifikante Erniedrigung der N-Acylharnstoffbildung. Gleichzeitig konnte im YOUNG-Test (vgl. Abschn. 2.2.6.2.) nachgewiesen werden, daß im Vergleich zum DCC eine weitaus geringere Racemisierung auftritt.

2.2.5.4.3. DCC-Additiv-Verfahren

Trotz der genannten Einschränkungen hat sich die DCC-Methode als eine der leistungsfähigsten Kupplungsmethoden erwiesen. Das Augenmerk konzentrierte sich auf die Ausschaltung bzw. Verminderung der N-Acylharnstoffbildung und der Racemisierungsgefahr bei Segmentkondensationen.

1966 fanden WÜNSCH und DRESS [303] sowie WEYGANG et al. [304], daß durch gleichzeitige Anwendung von 1 Äquiv. DCC und 2 Äquiv. N-Hydroxysuccinimid die Peptidknüpfung praktisch racemisierungsfrei und ohne Acylharnstoffbildung verläuft. Das WÜNSCH-WEYGAND-*Verfahren* stellt aufgrund dieser Befunde eine echte Alternative zur Azid-Methode bei Segmentkondensationen dar.

Obgleich mit Hilfe dieses DCC-Kombinations-Verfahrens bemerkenswerte Segmentkondensationen und Cyclisierungen erfolgreich durchgeführt wurden, besitzt diese Variante den Nachteil, daß insbesondere bei der Verknüpfung sterisch gehinderter Peptide eine interne Konkurrenzreaktion zwischen DCC und N-Hydroxysuccinimid ablaufen kann. Nach Untersuchungen von GROSS und BILK [305] beruht diese Nebenreaktion auf einer Ringöffnung des aus je einem Mol DCC und N-Hydroxysuccinimid gebildeten O-Acyllactims durch ein weiteres Mol N-Hydroxysuccinimid unter Abspaltung von Dicyclohexylharnstoff. Die dabei gebildete Acylnitren-Zwischenstufe stabilisiert sich im Sinne einer LOSSEN-Umlagerung zum Isocyanat, das seinerseits ein drittes Mol N-Hydroxysuccinimid unter Bildung des Succinimido-oxycarbonyl-β-alanin-N-hydroxysuccinimidesters addiert. Dieser Aktivester kann als konkurrierendes Acylierungsreagens auftreten und einen unkontrollierbaren β-Alanineinbau in die Peptidkette zur Folge haben. Eine Bestätigung dieses Mechanismus erbrachten die von JESCHKEIT [306] durchgeführten Untersuchungen bei der Umsetzung von DCC mit N-Hydroxyglutarimid, wobei in analoger Weise das γ-Aminobuttersäure-Derivat gebildet wird.

Zwangsläufig wurde nach weiteren 1,2-Dinucleophilen gesucht, die aufgrund besonderer Strukturmerkmale derartige Nebenreaktionen ausschließen. Mit Hydroxycarbonaten [278], 1-Hydroxybenzotriazolen [308], 3-Hydroxy-4-oxo-3,4-dihydrochinazolin [309], 2-Hydroxyimino-2-cyan-essigsäureethylester (Isonitrosocyanessigester) [310], 4-Nitro- bzw. 4-Chlor-benzolsulfhydroxamsäure [311], Isonitroso-malodinitril, HO-N = C(CN)$_2$ [312], weiteren Isonitroso-Derivaten [313], 5,7-Dichlor-8-hydroxychinolin [307] sowie dem N-Hydroxy-5-norbornen-2,3-dicarboximid [314, 315] wurden neben vielen anderen Komponenten weitere Additive für die DCC-Methode vorgeschlagen.

Lange Zeit galten das WÜNSCH-WEYGAND- und das GEIGER-KÖNIG-Verfahren [308] als die brauchbarsten Varianten. Bezüglich der Racemisierungssicherheit müssen jedoch neueren Erkenntnissen zufolge [310, 312, 316, 317] auch beim DCC/HOBt-Verfahren [308] Einschränkungen gemacht werden.

Zunehmende praktische Bedeutung muß dem *N-Hydroxy-5-norbornen-2,3-dicarboximid (HONB)* eingeräumt werden:

HONB

Das von FUJINO et al. [314, 315] vorgeschlagene Additiv verursacht nur eine geringe Racemisierung und wurde bei einigen anspruchsvollen Synthesen (ACTH, LH-RH u. a.) erprobt. Auch die entsprechenden Ester können in Substanz synthetisiert werden.

Die vorzüglichen Eigenschaften des *3-Hydroxy-4-oxo-3,4-dihydro-1,2,3-benzotriazins* (*I*) als Additiv für die DCC-Methode [309] werden durch die unerwünschte Nebenreaktion zwischen dem Triazin und dem DCC stark beeinträchtigt. Es bildet sich das 3-(2-Azido-benzoyl-oxy)-4-oxo-3,4-dihydro-1,2,3-benzotriazin (*II*), das schließlich die Aminokomponente (R = Rest der Aminokomponente) acyliert:

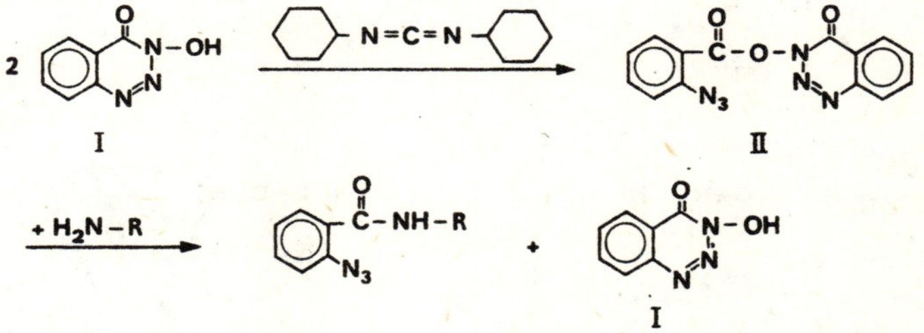

An verschiedenen Beispielen konnte nachgewiesen werden, daß das *3-Hydroxy-4-oxo-3,4-dihydro-chinazolin* als Zusatzkomponente sowohl für den schrittweisen Aufbau als auch für Segmentkondensationen geeignet ist [284].

Acide Additive, wie das N-Hydroxybenzotriazol, können die Dimerisierung des Dicyclohexylcarbodiimids zum *1,3-Dicyclohexyl-2,4-bis-(cyclohexylimino)-1,3-diazetidin* katalysieren [318].

Zur Interpretation des Einflusses 1,2-dinucleophiler Additive auf den Reaktionsablauf des modifizierten DCC-Verfahrens wird von der Annahme ausgegangen [319], daß sich das aus der Carboxykomponente und DCC primär gebildete sehr reaktionsfähige O-Acyl-isoharnstoff-Derivat (*III*) mit den zugesetzten N-Hydroxyverbindungen, wie z. B. N-Hydroxysuccinimid (*IV*) bzw. N-Hydroxybenzotriazol (*V*) in sehr schneller Reaktion zu den entsprechenden Aktivestern *IVa* bzw. *Va* umsetzt. Im Gegensatz zum stark racemisierungslabilen O-Acylharnstoff-Derivat verläuft die Aminolyse der intermediär gebildeten Aktivester auch in langsamerer Reaktion ohne Racemisierungsrisiko (Abb. 2—10).

Die Ausschaltung der N-Acylharnstoffbildung wird auf die relativ hohe Acidität der N-Hydroxyverbindungen *IV* und *V* zurückgeführt.

Nach PRZYBYLSKI et al. [313] soll der in polaren Lösungsmitteln die Racemisierung begünstigende dimere Azlacton-Komplex durch das Additiv in einen Azlacton-Additiv-Komplex überführt und die Racemisierungsgefahr dadurch vermindert werden. Offenbar ist der Reaktionsablauf des DCC-Additiv-Verfahrens weitaus komplizierter als im Formelschema dargestellt.

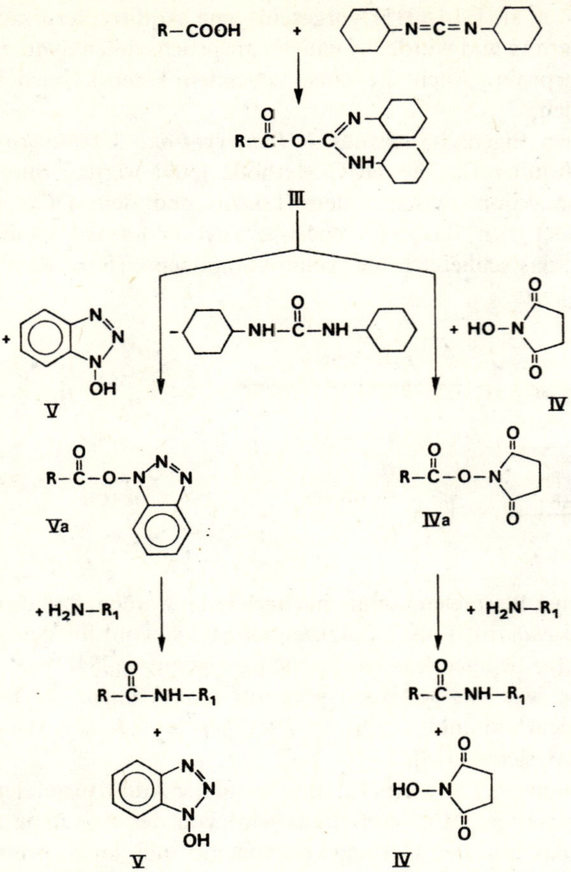

Abb. 2—10. Postulierter Verlauf des DCC-Additiv-Verfahrens mit N-Hydroxyverbindungen

R = Rest der Carboxykomponente; R_1 = Rest der Aminokomponente

Durch den erfolgreichen Einsatz von LEWIS-*Säuren als DCC-Additive* [320] konnte gezeigt werden, daß die Ausbildung aminolyseaktiver Intermediärprodukte nicht unbedingt die Voraussetzung für eine racemisierungssenkende Zusatzkomponente sein muß. Praktisch ohne Racemisierung verlief die Synthese von Tfa-Pro-Val-Pro-OMe mit DCC und $SbCl_3$ bzw. $AlCl_3$ als Zusatzkomponente. Aufgrund der geringen Peptidausbeute mit diesen LEWIS-Säuren ist deren praktische Bedeutung relativ gering. Dagegen ist $ZnCl_2$ als Additiv gut geeignet. Die Racemisierung wird ebenso stark gesenkt wie mit N-Hydroxybenzotriazol und außerdem konnten in präparativer Hinsicht mit dieser Zusatzkomponente gute Ergebnisse erzielt werden. Am Beispiel des optisch-aktiven 1,3-Oxazolin-5-on, dem 2-(1'-Benzyloxycarbonylpyrrolidin-2-yl)-L-4-isopropyl-5-oxo-4,5-dihydro-oxazol, das der Carboxykomponente des WEYGANDschen Modellpeptides entspricht, konnte erstmalig nachgewiesen werden, daß die Oxazolonringöffnung mit Pro-OMe durch LEWIS-Säuren sowohl hinsichtlich der Racemisierungssenkung als auch der Geschwindigkeit der Ringöffnungsreaktion [321] katalysiert wird. Danach wird die Oxazolonringöffnung unter Erhalt der optischen Aktivität nicht nur durch N-Hydroxyverbindungen, sondern prinzipiell durch elektrophile Zusätze erreicht, die die Oxazolonringöffnung beschleunigen und die Basizität des Mediums herabsetzen.

2.2.5.5. Peptidsynthesen mit Phosphorverbindungen

Die Verwendung von Phosphorverbindungen zur Knüpfung der Peptidbindung erscheint schon deshalb gerechtfertigt, weil bei der Proteinbiosynthese die Aktivierung der Aminosäuren durch Reaktion mit Adenosintriphosphat erfolgt, wobei sich unter Eliminierung von Pyrophosphat ein Aminosäure-adenylsäureanhydrid bildet. Neben der klassischen *Phosphorazo-Methode* [322] ist eine Vielzahl von Kupplungsverfahren beschrieben worden. In den überwiegenden Fällen handelt es sich um Anhydride mit Säuren des Phosphors. Nachfolgend sollen nur einige interessante Varianten besprochen werden.

2.2.5.5.1. MITIN-Verfahren

Durch Umsetzung von N-Acylaminosäuren mit Aminosäureestern in Gegenwart von Triphenylphosphit und 2 Äquiv. Imidazol erhält man nach MITIN et al. [323, 324] bei 40 °C in Acetonitril, Dioxan oder Dimethylformamid in einer „Eintopf"-Reaktion die entsprechenden N-Acyl-peptidester in guten Ausbeuten. Es wurde folgender Reaktionsablauf vorgeschlagen:

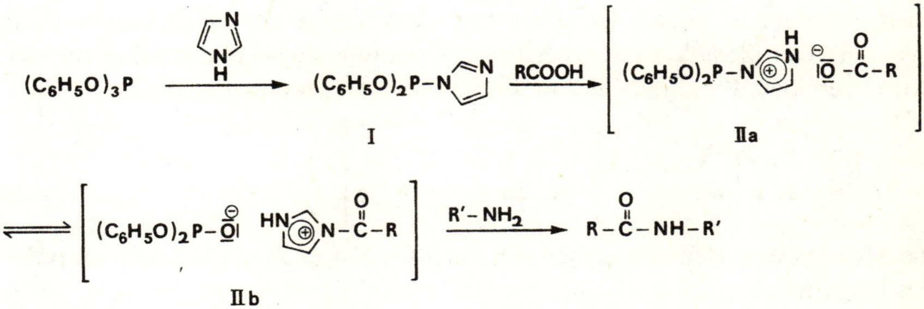

Obgleich noch andere Zwischenstufen denkbar sind, verläuft die Reaktion wahrscheinlich direkt über das N-Acyl-imidazolium-(diphenyl)-phosphit *IIb*, das sich aus dem Imidazolyl-(diphenyl)-phosphit *I* und der Carboxykomponente bildet. Als N-Schutzgruppen sollten Benzyloxycarbonyl- oder tert.-Butyloxycarbonyl-Reste verwendet werden, da z. B. Arylsulfenyl-Gruppen Nebenreaktionen eingehen.

2.2.5.5.2. MUKAIYAMA-Verfahren

Bei der von MUKAIYAMA et al. [325] als Oxidations-Reduktions-Kondensation bezeichneten Synthesevariante werden Acylaminosäure-Kupfer(II)-Salze und 2-Nitro-phenylthio-aminosäureester mit Triphenylphosphin umgesetzt, wobei das Cu^{2+}-Ion als Thiolfänger fungiert:

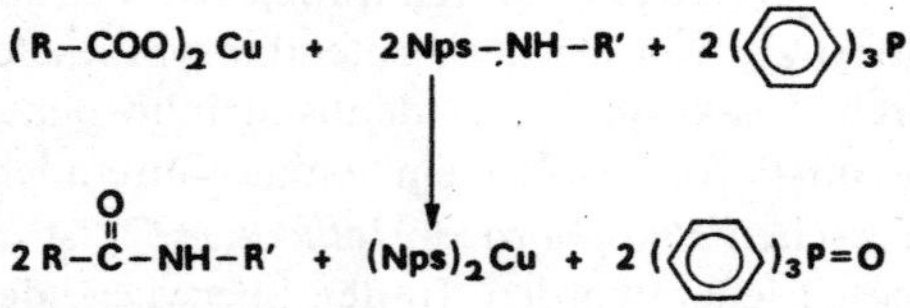

$$(R-COO)_2 Cu + 2 Nps-NH-R' + 2(C_6H_5)_3P$$

$$\downarrow$$

$$2 R-\overset{O}{\underset{\|}{C}}-NH-R' + (Nps)_2Cu + 2(C_6H_5)_3P=O$$

Freie N-Acylaminosäuren und Aminosäureester können ebenfalls mit Triphenylphosphin umgesetzt werden, wenn dem Reaktionsansatz Di-(2-nitrophenyl)-disulfid, Quecksilber(II)-chlorid als Thiolfänger und Triethylamin zur Chlorwasserstoffbindung zugesetzt wird:

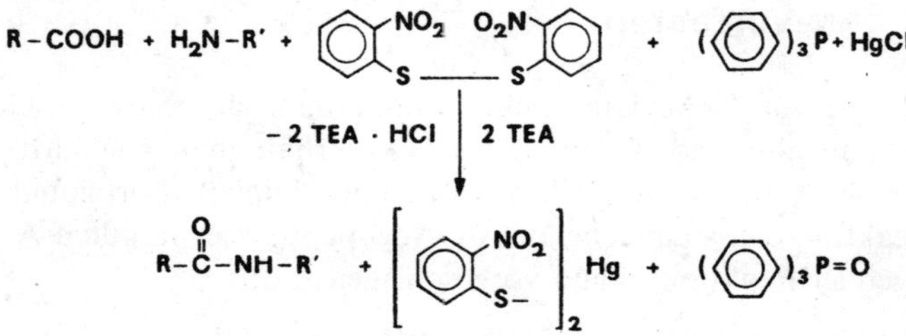

$$R-COOH + H_2N-R' + \text{(o-NO}_2\text{-C}_6\text{H}_4\text{-S-S-C}_6\text{H}_4\text{-o-NO}_2) + (C_6H_5)_3P + HgCl_2$$

$$\xrightarrow[-2\,TEA\cdot HCl]{2\,TEA}$$

$$R-\overset{O}{\underset{\|}{C}}-NH-R' + [\text{o-NO}_2\text{-C}_6\text{H}_4\text{-S-}]_2 Hg + (C_6H_5)_3P=O$$

Noch günstiger ist es, als Disulfidkomponente das Dipyridyl-2-disulfid [326] einzusetzen. Der Zusatz eines Thiolfängers entfällt, da sich das während der Reaktion gebildete Pyridin-2-thiol in das stabilere Thion umlagert:

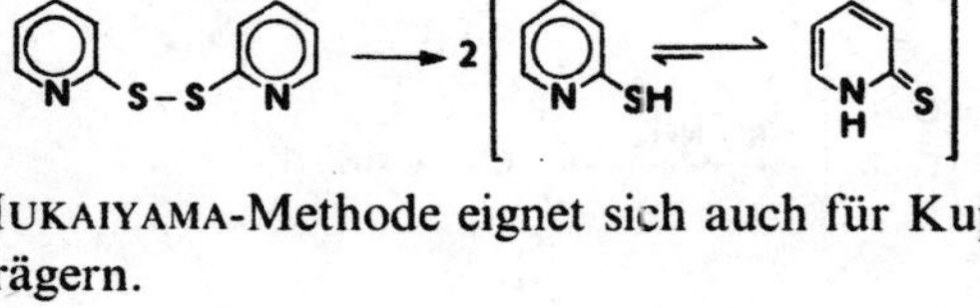

$$\text{(Py-S-S-Py)} \longrightarrow 2\,[\text{Py-SH} \rightleftharpoons \text{Py(=S)H}]$$

Die MUKAIYAMA-Methode eignet sich auch für Kupplungsreaktionen an polymeren Trägern.

2.2.5.5.3. Verwendung weiterer Phosphor-Derivate

KENNER, SHEPPARD et al. [327] entwickelten eine Kupplungsmethode unter Verwendung von Hexamethylphosphorsäuretriamid (HMPTA) und 4-Toluensulfonsäureanhydrid. Die zunächst postulierten Zwischenprodukte konnten schließlich isoliert werden [328]. Durch Zugabe von 4-Toluensulfonsäureanhydrid zu HMPTA bildet sich bei 20 °C innerhalb von 5 bis 20 Minuten zunächst das Monokation-Tosylat *I*, das sich beim Erwärmen auf 55 °C wieder löst und in das Dikation-Ditosylat *II* übergeht.

$$\left[\begin{array}{c} N(CH_3)_2 \\ (H_3C)_2N-\overset{\oplus}{P}-O-Tos \\ N(CH_3)_2 \end{array}\right]^+ \quad Tos-O^- \qquad \left[\begin{array}{c} (H_3C)_2N \quad N(CH_3)_2 \\ (H_3C)_2N-\overset{\oplus}{P}-O-\overset{\oplus}{P}-N(CH_3)_2 \\ (H_3C)_2N \quad N(CH_3)_2 \end{array}\right]^{2+} \quad 2\ Tos-O^-$$

$$\qquad\qquad I \qquad\qquad\qquad\qquad\qquad\qquad\qquad II$$

Das sehr hygroskopische Ditosylat *II* kann in trocknem Acetonitril mit Natriumtetrafluoroborat quantitativ in das kristalline, nicht hygroskopische Bis-(tetrafluoroborat) *III* überführt werden, das als BATES-*Reagens* bekannt geworden ist und im Eintopf-Verfahren hohe Kupplungsausbeuten liefert. Allerdings ist diese Methode nicht racemisierungssicher, so daß die Zugabe von racemisierungssenkenden Additiven (N-Hydroxybenzotriazol u. a.) empfohlen wird [328].

$$\left[(Me_2N)_3\overset{\oplus}{P}-O-\overset{\oplus}{P}(NMe_2)_3\right]^{2+} \quad 2\ BF_4^- \qquad III$$

$$+ R-COO^- \quad\downarrow\quad -(Me_2N)_3P=O$$

$$\left[\begin{array}{c} O \\ R-\overset{\|}{C}-O-\overset{\oplus}{P}(NMe_2)_3 \end{array}\right]^+ \quad BF_4^- \qquad IV$$

$$+ H_2N-R' \quad\Big\downarrow\quad -(Me_2N)_3P=O \qquad\qquad + R-COO^- \quad\Big\downarrow\quad -(Me_2N)_3P=O$$

$$\qquad\qquad\qquad\qquad\qquad + H_2N-R'$$
$$R-\overset{O}{\overset{\|}{C}}-NH-R' \quad\longleftarrow\quad\quad\quad\quad R-\overset{O}{\overset{\|}{C}}-O-\overset{O}{\overset{\|}{C}}-R$$
$$\qquad\qquad\qquad -R-COO^-$$

Es bildet sich intermediär ein Acyloxyphosphonium-Salz *IV*, das durch die Aminokomponente nucleophil angegriffen wird. Daneben wird auch noch ein Weg über das symmetrische Anhydrid diskutiert.

Ein strukturell ähnliches Reagens, das *Benzotriazolyloxytris-(dimethylamino)-phosphonium-hexafluorophosphat* (*V*), kann auf folgendem Weg relativ einfach hergestellt werden [329]:

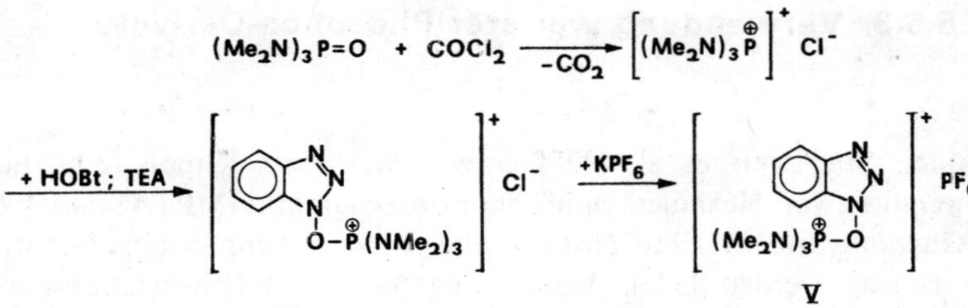

$$(Me_2N)_3P=O + COCl_2 \xrightarrow{-CO_2} [(Me_2N)_3\overset{\oplus}{P}]^+ Cl^-$$

$$\xrightarrow{+HOBt; TEA} \left[\underset{O-\overset{\oplus}{P}(NMe_2)_3}{\text{Bt}} \right]^+ Cl^- \xrightarrow{+KPF_6} \left[\underset{(Me_2N)_3\overset{\oplus}{P}-O}{\text{Bt}} \right]^+ PF_6^-$$
$$V$$

Die Asparagincarbonamid-Gruppe wird bei Kupplungen mittels *V* nicht zur Nitril-Gruppierung dehydratisiert. Auch diese Synthesevariante ist nicht racemisierungssicher [330].

Praktisches Interesse besitzt das *Phosphoryl-azid* (*VI*) als direkt einsetzbares Kupplungsreagens [331]. Neben dem unsymmetrischen Anhydrid *VII* kann auch das Acyl-azid *VIII* als Intermediat auftreten:

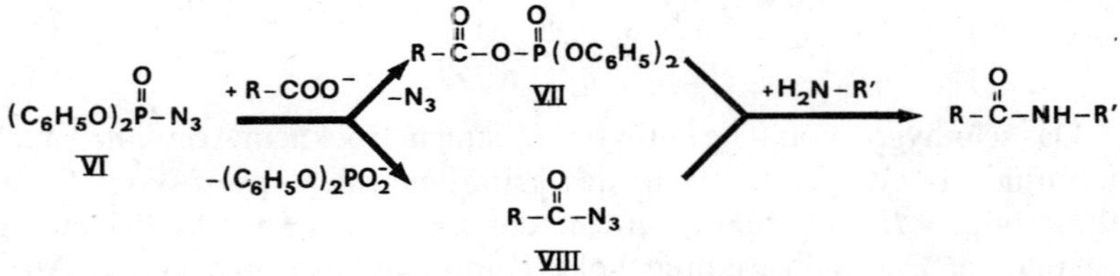

$$(C_6H_5O)_2\overset{O}{\overset{\|}{P}}-N_3 \quad \underset{-(C_6H_5O)_2PO_2^-}{\overset{+R-COO^-}{\xrightarrow{-N_3}}} \quad \begin{array}{c} R-\overset{O}{\overset{\|}{C}}-O-\overset{O}{\overset{\|}{P}}(OC_6H_5)_2 \\ VII \\ R-\overset{O}{\overset{\|}{C}}-N_3 \\ VIII \end{array} \quad \xrightarrow{+H_2N-R'} \quad R-\overset{O}{\overset{\|}{C}}-NH-R'$$

$$VI$$

Durch Umsetzung von Triaryl(Trialkyl)-phosphinen mit Tetrahalogenmethan bzw. Halogenen (X = Cl, Br) werden die Addukte *IX* [332] bzw. *X* [333, 334] erhalten, die mit Acylaminosäuren aminolyseaktive Acyloxy-triaryl(trialkyl)-phosphonium-Salze (*XI*) bilden.

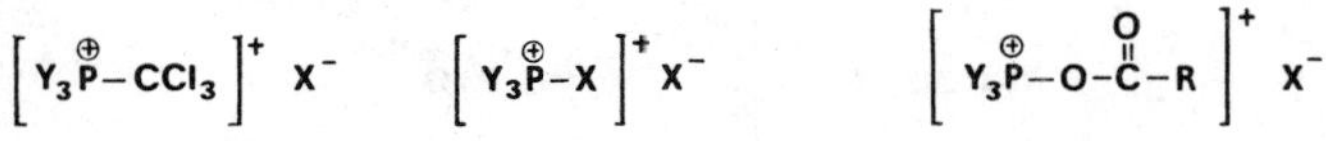

$$[Y_3\overset{\oplus}{P}-CCl_3]^+ X^- \qquad [Y_3\overset{\oplus}{P}-X]^+ X^- \qquad [Y_3\overset{\oplus}{P}-O-\overset{O}{\overset{\|}{C}}-R]^+ X^-$$
$$\text{IX} \qquad\qquad \text{X} \qquad\qquad \text{XI}$$

Im Gegensatz zu *IX* postulierten CASTRO und DORMOY [335] für das Reaktionsprodukt zwischen Tris-(dimethylamino)-phosphin [Y = N(CH$_3$)$_2$] und Tetrachlormethan ein strukturell unterschiedliches Addukt *XII*, das nach folgendem Mechanismus bei Peptidsynthesen reagiert:

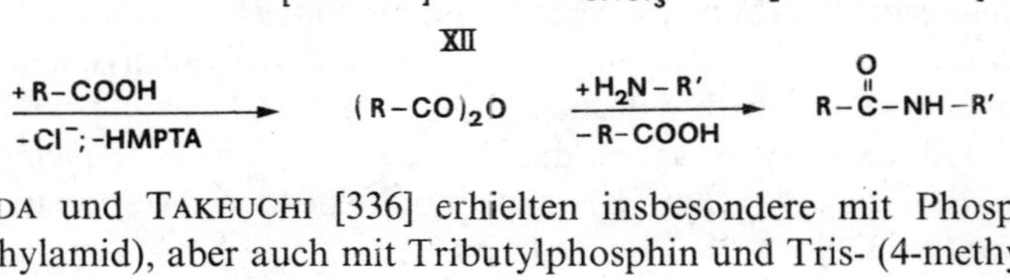

$$Y_3P + CCl_4 \longrightarrow [Y_3\overset{\oplus}{P}-Cl]^+ CCl_3^- \xrightarrow[-CHCl_3]{+R-COOH} [R-\overset{O}{\overset{\|}{C}}-O-\overset{\oplus}{P}Y_3]^+ Cl^-$$
$$XII$$

$$\xrightarrow[-Cl^-;-HMPTA]{+R-COOH} (R-CO)_2O \xrightarrow[-R-COOH]{+H_2N-R'} R-\overset{O}{\overset{\|}{C}}-NH-R'$$

YAMADA und TAKEUCHI [336] erhielten insbesondere mit Phosphorigsäure-tris-(diethylamid), aber auch mit Tributylphosphin und Tris-(4-methyl)-piperazino-phosphin bessere Resultate als mit Triphenylphosphin bzw. Trimethylphosphit (Y = -OCH$_3$). Die Racemisierungssicherheit dieser Varianten ist umstritten [337].

2.2.5.6. UGI-Verfahren (Vierkomponenten-Kondensation)

Von UGI et al. [338] wurde ein von der klassischen Peptidsynthese abweichendes Konzept für den Aufbau von Peptidsegmenten und auch für die Verknüpfung von Segmenten entwickelt, das ohne Zweifel eine revolutionierende, methodisch sehr interessante Entwicklungsrichtung für die Synthese von Peptiden und Proteinen eingeleitet hat. Die von der genannten Arbeitsgruppe in fast 20 Jahren geleistete Grundlagenforschung hat bereits etliche Probleme dieser modernen, jedoch mechanistisch und in verschiedenen experimentellen Details sehr anspruchsvollen Methode gelöst, so daß die Voraussetzungen für eine breitere Erprobung gegeben sind.

Beim UGI-Verfahren, das als eine Kombination der PASSERINI-Reaktion mit der MANNICH-Kondensation betrachtet werden kann, werden zur Darstellung von Peptidsegmenten N-Acylaminosäuren *I*, substituierte Amine *II*, Aldehyde *III* und α-Isonitril-Derivate von Aminosäuren oder Peptiden *IV* in einer „Eintopf"-Reaktion umgesetzt:

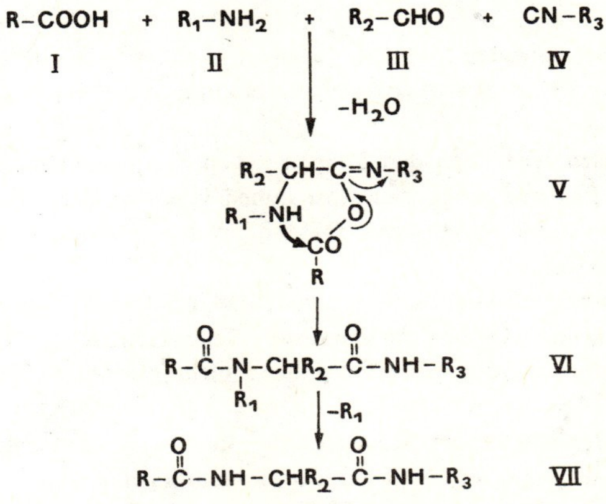

$$R-COOH + R_1-NH_2 + R_2-CHO + CN-R_3$$
$$\quad I \qquad\qquad II \qquad\qquad III \qquad\qquad IV$$

$$\downarrow -H_2O$$

$$\underset{R_1-NH\quad\; O}{R_2-CH-C=N-R_3} \qquad V$$
$$\qquad\qquad\overset{\curvearrowleft}{CO}$$
$$\qquad\qquad\;\; R$$

$$\underset{R_1}{R-\overset{O}{\overset{\|}{C}}-N-CHR_2-\overset{O}{\overset{\|}{C}}-NH-R_3} \qquad VI$$

$$\downarrow -R_1$$

$$R-\overset{O}{\overset{\|}{C}}-NH-CHR_2-\overset{O}{\overset{\|}{C}}-NH-R_3 \qquad VII$$

Aus den vier Komponenten bildet sich zunächst das instabile α-Additionsprodukt *V*, das spontan und unmeßbar schnell in einer intramolekularen Reaktion 1. Ordnung über eine fünfgliedrige cyclische Zwischenstufe in das N-substituierte Peptid-Derivat *VI* umgelagert wird. Nach Abspaltung von R_1 resultiert das gewünschte Peptid *VII*.

Die entscheidende Voraussetzung für die praktische Anwendung des UGI-Verfahrens ist die leichte Zugänglichkeit von

— Isonitril-Derivaten von α-Aminosäuren und Peptiden
— von geeigneten optisch aktiven Aminkomponenten, die so strukturiert sein müssen, um durch asymmetrische Induktion eine stereoselektive Peptidsynthese zu garantieren, und außerdem die Umwandlung von *VI* in *VII* unter milden Bedingungen zu gewährleisten.

α-Isonitril-Derivate lassen sich aus den entsprechenden N-Formylaminosäuren und -peptiden mit Hilfe der Phosgen-Methode [339] darstellen. Als brauchbare Amine haben sich (α-Ferrocenyl-alkyl)-amine (*VIII*) erwiesen (R = Isopropyl), da der (α-Ferrocenyl-alkyl)-Rest aus dem Peptidderivat *VI* relativ leicht mittels Trifluoressigsäure oder Ameisensäure entfernt werden kann.

Am Beispiel der Synthese eines Tetra-valinpeptid-Derivates konnten UGI et al. [340] die prinzipielle Eignung der 4-Komponenten-Kondensation für die Synthese von Peptidsegmenten mit 3 bis 5 Aminosäurebausteinen nachweisen.

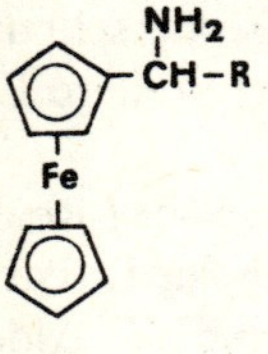

VIII

Gegenüber der klassischen Synthesemethodik besitzt die 4-Komponenten-Kondensation (4 KK) folgende Vorteile [341, 342]:

— für die Synthese von Peptidsegmenten ist eine geringere Zahl von Reaktionsschritten erforderlich, da durch einen 4 KK-Schritt zwei Peptidbindungen geknüpft werden und eine neue Aminosäure gebildet wird
— ausgehend von den entsprechenden Aldehyden können neben den proteinogenen Aminosäuren (mit Ausnahme von Pro und möglichen Ausnahmen von Asp, His, Phe, Trp und Tyr) auch nichtproteinogene Aminosäuren sowie D-Aminosäuren und Isotopen-markierte Aminosäuren direkt eingebaut werden
— die Verknüpfung sterisch gehinderter Aminosäuren bereitet keine Schwierigkeiten
— die 4-Komponenten-Kondensation erfordert nur minimalen Seitenkettenschutz (für Amino-, Carboxy- und SH-Funktionen), da nur vier funktionelle Gruppen am Reaktionsablauf beteiligt sind
— durch die nachgewiesene Möglichkeit der Regenerierung des nach dem ersten Zyklus abgespaltenen (α-Ferrocenyl-alkyl)-Restes ergibt sich ein ökonomischer Vorteil
— für den Einbau der Aminosäuren existiert eine Vielzahl von Synthesevarianten (für die A-Kette des Insulins mit 21 Aminosäuren sind theoretisch 139 Millionen unterschiedliche 4 KK-Synthesen möglich).

Für die *Segmentkondensation* besitzt die 4-Komponenten-Kondensation den entscheidenden Vorteil, daß keine racemisierungssensitiven aktivierten Peptidderivate wie bei der konventionellen Segmentverknüpfung auftreten und somit eine Reaktion zweiter Ordnung vermieden wird. Bei der Umsetzung einer N-

Peptidsynthesen

geschützten Carboxykomponente *IX* mit einer C-geschützten Aminokomponente *X* mit einem Isocyanid *XI* und einem Aldehyd *XII* entspricht der Verknüpfungsschritt kinetisch einer Reaktion 1. Ordnung.

$$
\begin{array}{c}
\text{R--COOH} + \text{H}_2\text{N--R}_4 \\
\underline{IX} \qquad \underline{X} \\
+ \text{R}_5\text{--NC} + \text{OHC--R}_6 \\
\underline{XI} \qquad \underline{XII}
\end{array}
\longrightarrow
\begin{array}{c}
\text{R--C=O} \quad \text{NH--R}_4 \\
\quad | \qquad\qquad | \\
\text{O--C--CH--R}_6 \\
\text{R}_5\text{--N} \\
\underline{XIII}
\end{array}
\longrightarrow
$$

$$
\begin{array}{c}
\qquad\quad\text{O} \\
\qquad\quad\| \\
\quad\text{R--C--N--R}_4 \\
\qquad\quad | \\
\text{R}_5\text{--NH--C--CH--R}_6 \\
\qquad\quad \| \\
\qquad\quad\text{O} \\
\underline{XIV}
\end{array}
\longrightarrow
\begin{array}{c}
\text{O} \\
\| \\
\text{R--C--NH--R}_4 \\
\underline{XV}
\end{array}
+
\begin{array}{c}
\text{Sekundärprodukte} \\
\text{von} \\
\text{R}_5\text{--NH--C--CH--R}_6 \\
\qquad\quad \|_\oplus \\
\qquad\quad\text{O} \\
\underline{XVI}
\end{array}
$$

Nur das α-Addukt *XIII* ist racemisierungsempfindlich. Da es sich aber sehr schnell nach einem cyclischen Mechanismus 1. Ordnung (vgl. S. 183) in das stabile Produkt *XIV* umlagert, besteht kaum Racemisierungsgefahr.

Für Segmentkondensationen nach dem UGI-Verfahren ist das Zwischenprodukt *XIV* sehr nützlich, da der N-Substituent R_5-NH-CO-CH-R_6 die Löslichkeit in organischen Lösungsmitteln erhöht. Nach selektiver C- oder N-terminaler Deblockierung kann es für weitere Segmentverknüpfungen nach der 4 KK-Methode verwendet werden, wodurch die bei konventionellen Verfahren oft auftretenden Löslichkeitsschwierigkeiten umgangen werden können.

Der limitierende Faktor für die 4 KK-Segmentverknüpfung ist der Abspaltungsschritt *XIV→XV*, der durch den Charakter der Aldehydkomponente *XII* bestimmt wird. Von Wichtigkeit ist ein abspaltungsfördernder Rest R_6, der die Substitution der Hilfsgruppierung in Verbindung *XIV* durch ein Proton unter milden, vorzugsweise unter neutralen oder sauren Bedingungen begünstigt. Bei Modellreaktionen erwies sich N-Boc-β-formyl-indol (*XVIIa*) als brauchbare Aldehydkomponente, die aber bei 4 KK-Peptidverknüpfungen zu Nebenreaktionen neigt. Bei der systematischen Suche nach weiteren geeigneten Aldehyden zeigten die Verbindungen *XVIIb* und *XVIIc* recht gute Eigenschaften, da sich die 4 KK-Produkte mit kalter Trifluoressigsäure spalten ließen.

<u>XVII</u>a : N-Boc-indol-3-carbaldehyd

<u>XVII</u>b : 3,5-di-Bu^t-4-hydroxybenzaldehyd

<u>XVII</u>c : adamantyl-O-CO-CH=CH-CHO

Vom Auffinden einer optimalen Aldehydkomponente wird es u. a. abhängen, ob das UGI-Verfahren in absehbarer Zeit eine Alternative zur klassischen Segmentkondensation darstellen kann.

2.2.5.7. Kupplungsmethoden mit theoretisch interessanten Aspekten

Bei den nachfolgend aufgeführten Methoden zur Knüpfung der Peptidbindung handelt es sich um originelle Lösungswege, die bisher noch keine breite Anwendung gefunden haben, jedoch potentielle Möglichkeiten mit praktischer Relevanz darstellen.

Eine *photochemische Kupplungsmethode* zur Verknüpfung von Peptidsegmenten wurde auf der Grundlage der zunächst als Carboxyschutzgruppe beschriebenen 5-Brom-7-nitro-indolinyl(Bni)-Gruppe von PATCHORNIK et al. [343] entwickelt. Die Bni-Gruppe ist relativ stabil und läßt sich in Gegenwart von Wasser durch Bestrahlung ($\lambda < 400$ nm) abspalten. Allgemein werden in nichtwäßrigen Lösungen auch andere nucleophile Verbindungen (Amine, Alkohole, Phenole, Thiole u. a.) durch 1-Acyl-5-brom-7-nitro-indoline photochemisch acyliert. Diese Ergebnisse führten zur Anwendung der Bni-Gruppe für die photochemische Segmentkondensation.

Zu diesem Zweck schützt man den C-Terminus beim Aufbau eines Peptidsegmentes mit dem Bni-Rest:

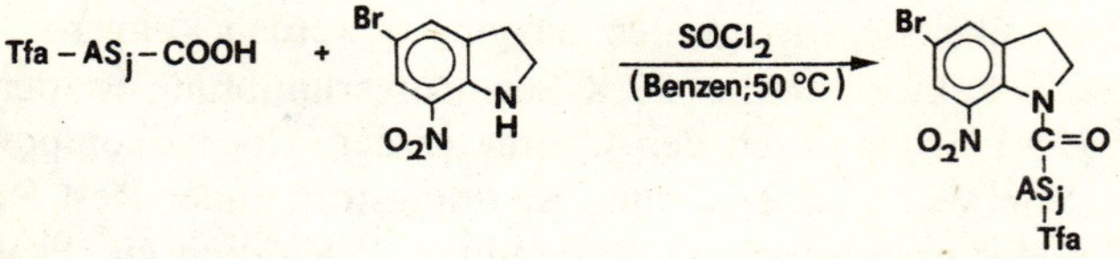

Tfa–AS$_j$–COOH + [5-Brom-7-nitro-indolin] $\xrightarrow{\text{SOCl}_2 \text{ (Benzen; 50 °C)}}$ [1-Acyl-5-brom-7-nitro-indolin mit AS$_j$–Tfa]

Danach wird das Segment auf üblichem Wege synthetisiert. Die photochemische Kupplungsreaktion erfolgt mit einem zweiten Segment, dessen Aminofunktion frei vorliegt:

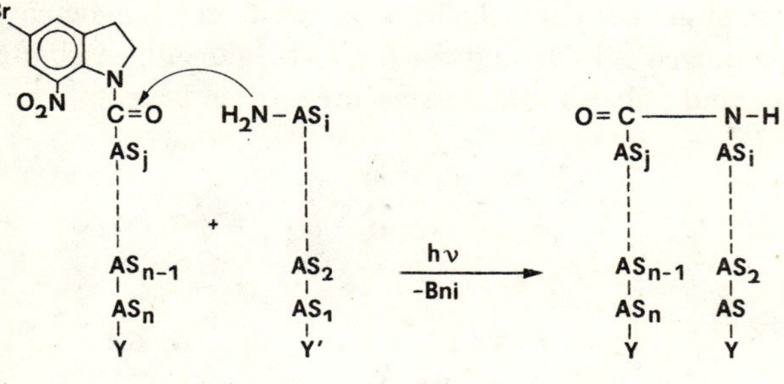

[Bni–AS$_j$–...–AS$_n$–Y] + [H$_2$N–AS$_i$–AS$_2$–AS$_1$–Y′] $\xrightarrow{h\nu, -\text{Bni}}$ [O=C–AS$_j$–...–AS$_n$–Y ; N–H–AS$_i$–AS$_2$–AS–Y]

Durch 2 + 3- bzw. 4 + 1-Kupplung konnten auf diesem Wege Pentapeptide aufgebaut werden.

Die Hauptschwierigkeit bei der konventionellen Peptidsynthese in Lösung besteht nach wie vor in der Verknüpfung von Peptidsegmenten, die aus 50 und mehr Aminosäurebausteinen bestehen. Da die Verknüpfungsreaktion als Reaktion 2. Ordnung verläuft, sind für eine schnelle Segmentkupplung hohe Konzentrationen der Reaktionspartner erforderlich. Wegen der oft schlechten Löslichkeit von längeren geschützten Peptiden in den für die Kupplungsreaktion geeigneten Lösungsmitteln verlaufen die Verknüpfungsreaktionen aufgrund der niedrigen Konzentration sehr langsam. Unter diesen Bedingungen werden irreversible intramolekulare Nebenreaktionen oder Lösungsmittelwechselwirkungen 1. Ordnung begünstigt. Eine stärkere Carboxylaktivierung stellt keine echte Alternative dar, da damit die Racemisierungsgefahr erhöht wird. Hilfreich könnte eine Art „Molekülklammer" sein mit deren Hilfe die reaktiven Gruppen der beiden zu verknüpfenden Segmente in enge Nachbarschaft gebracht werden und die Knüpfung der Peptidbindung in einer konzentrationsunabhängigen intramolekularen Umlagerung ermöglichen. Eine prinzipielle Möglichkeit zur Realisierung dieser Konzeption bietet das UGI-Verfahren (vgl. Abschn. 2.2.5.6.), dessen universelle Anwendbarkeit in der Praxis aber noch nicht gegeben ist.

In diesem Zusammenhang sei auf die klassischen Untersuchungen der Arbeitskreise von Theodor WIELAND und MAX BRENNER verwiesen, die sich konzeptionell und auch experimentell mit dieser komplizierten Aufgabenstellung auseinandergesetzt haben.

Die BRENNER-Reaktion beinhaltet das Aufbauprinzip von Peptiden mit Hilfe einer intramolekularen Umlagerung, die als *Aminoacyl-Einlagerung* bekannt geworden ist. Vorbedingung für diese Umlagerung ist die Anwesenheit einer Hydroxy-Gruppe in β-Position zur Carboxygruppe:

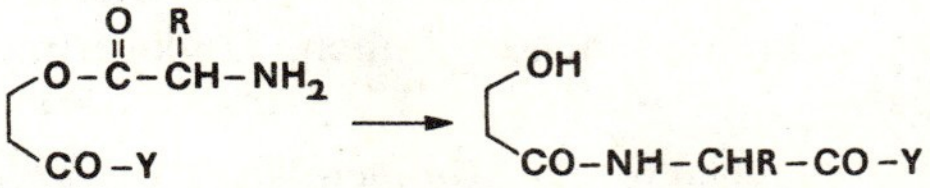

Für diese Einlagerungsreaktion eignen sich freie Carbonsäuren (Y = OH), Ester (Y = OR), Amide (Y = NH_2) sowie substituierte Amide (Y = NH-R). Da N-Acylaminosäuren substituierte Amide (Y = NH-CHR-CO-Y′) darstellen, kann man durch Wiederholung der Reaktion auch Peptide synthetisieren. Von BRENNER et al. [344] wurde folgender Mechanismus diskutiert:

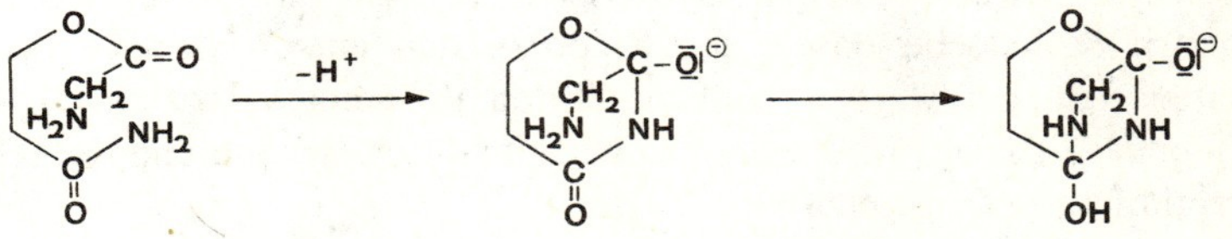

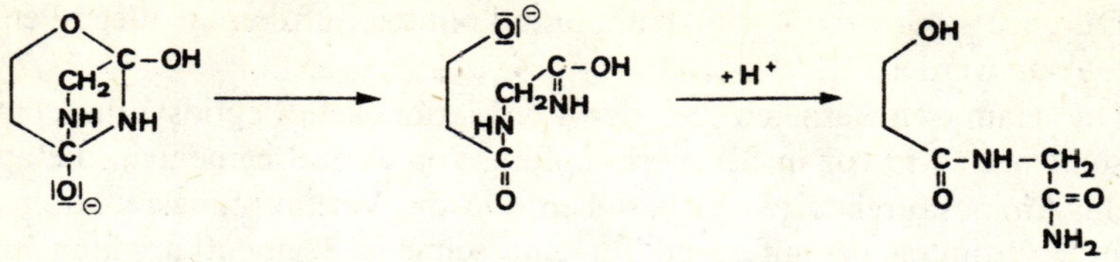

Die Umlagerung verläuft sehr leicht mit Salicylsäure als Hydroxykomponnente:

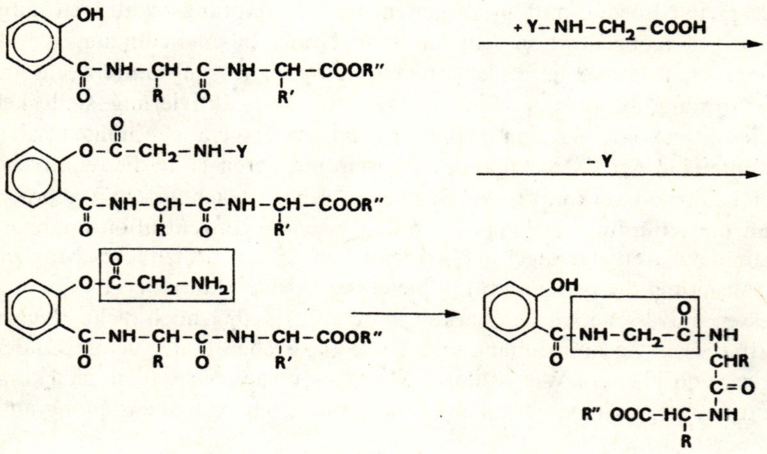

Nach Einführung des O-Aminoacyl-Restes und nachfolgender Abspaltung der Aminoschutzgruppe Y erfolgt spontan die Umlagerung zum Salicoyl-tripeptidester. Die allgemeine Anwendung dieses Verfahrens wird dadurch limitiert, daß die Abspaltung des Salicoyl-Restes nach erfolgter Kettenverlängerung sehr schwierig ist. Eine von Diacylamiden ausgehende ähnliche Umlagerungsreaktion beschrieben WIELAND et al. (1956).

In dem von KEMP et al. [345] beschriebenen *„Amineinfang"-Verfahren* (amine capture approach) ist die Aminokomponente kovalent an einem elektrophilen Zentrum in unmittelbarer Nähe der Esterfunktion eines aktivierten Acyl-Derivates gebunden. Die Knüpfung der Peptidbindung erfolgt durch intramolekulare Umlagerung.

Als Amineinfang-System bewährte sich der 4-Methoxy-3-acyloxy-2-hydroxybenzaldehyd. Dieser Aldehyd bildet sehr schnell mit Aminosäureestern in Acetonitril SCHIFFsche Basen, die leicht zu den entsprechenden Benzylamin-Derivaten reduziert werden können. Durch intramolekulare O→N-Acylumlagerung bildet sich das N-Benzylamid, aus dem durch Behandlung mit HBr/HOAc das Peptidderivat freigesetzt wird:

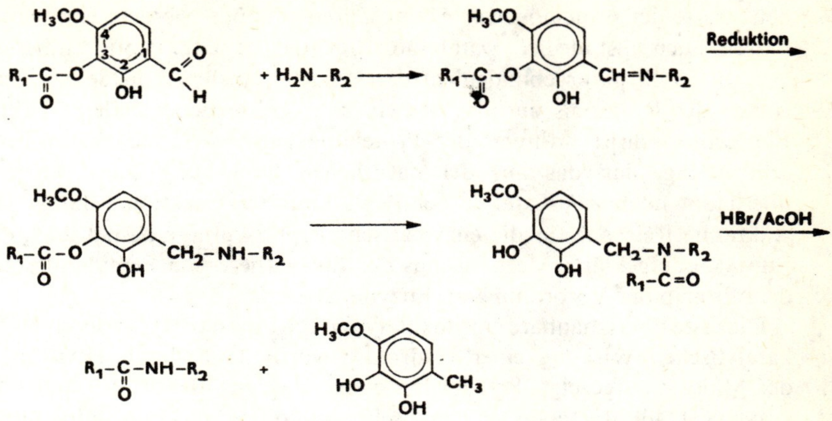

Ausgehend von 4-Methoxy-3-benzyloxycarbonyl-glycyl-2-hydroxybenzaldehyd konnten nach Umsetzung mit dem Tetramethylguanidinsalz von H-Leu-Gly-OH, Reduktion und Umlagerung in 92proz. Ausbeute Z-Gly-Leu-Gly-OH mit dem 4-Methoxy-2,3-dihydroxybenzyl-Rest am Leucinstickstoff erhalten werden.

Diese Variante besitzt ebenso wie das UGI-Verfahren nach Klärung verschiedener ungelöster Probleme ohne Zweifel erfolgversprechende Aussichten, dem schwierigen Anliegen der Verknüpfung großer Peptidsegmente beizukommen.

2.2.5.8. Enzymatische Peptidsynthese

Noch vor der ersten chemischen Knüpfung einer Peptidbindung wurden Versuche unternommen, mit Hilfe von Enzymen Eiweißstoffe zu synthetisieren. 1886 konnte DANILEWSKI zeigen, daß bei der Inkubation von Eiweißspaltprodukten mit einem Rohenzymextrakt des Magensaftes ein Eiweißniederschlag entsteht. Von SAWJALOW et al. wurden 1901 solche Syntheseprodukte als Plasteine bezeichnet. In der Folgezeit beschäftigten sich verschiedene Arbeitskreise mit der Synthese hochmolekularer Plasteine durch Einwirkung proteolytischer Enzyme auf stark konzentrierte Lösungen geeigneter Oligopeptide (vgl. S. 238).

Der Einsatz von Enzymen als Katalysatoren für die Peptidknüpfungsreaktion im Laboratorium stellt immer noch eine Herausforderung dar, sie hat seit der Jahrhundertwende nicht an Interesse verloren. Bei der Proteinbiosynthese ist die ribosomale Peptidyltransferase das die Peptidknüpfung katalysierende Enzym. Da durch dieses Enzym Peptidbindungen unabhängig vom Charakter der Seitenkettenreste der proteinogenen Aminosäuren geknüpft werden, erscheint es theoretisch auch als idealer Katalysator für die gezielte Peptidsynthesereaktion. Wegen der Strukturgebundenheit der Peptidyltransferase in der großen Untereinheit des Ribosoms und der Mitwirkung verschiedener anderer Faktoren am Elongationsschritt während der Proteinbiosynthese ist die Wahrscheinlichkeit sehr gering, daß das aus der natürlichen Umgebung herausgelöste Enzym überhaupt noch zur Katalyse der Peptidknüpfungsreaktion befähigt ist. Keine praktische Relevanz für die enzymatische Peptidsynthese besitzt auch der durch LIPMANN aufgeklärte Mechanismus der Biosynthese von Peptidantibiotika nach dem Prinzip der Vorordnung an Enzymmatrizen.

Die erste überschaubare enzymkatalysierte Synthesereaktion durch Nutzung der katalytischen Wirkung einer Hydrolase wurde 1898 durch HILL am Beispiel der Maltase aufgezeigt. Erst 40 Jahre später gelang BERGMANN und FRAENKEL-CONRAT [346] die erste enzymatische Knüpfung einer Amidbindung durch Einwirkung von Papain auf Hippursäure und Anilin unter Bildung von Hippursäureanilid:

$$\text{Ph-CO-NH-CH}_2\text{-COOH} + \text{H}_2\text{N-Ph} \xrightarrow{\text{Papain}} \text{Ph-CO-NH-CH}_2\text{-CO-NH-Ph}$$

Damit konnte nachgewiesen werden, daß Proteasen prinzipiell auch die Synthesereaktion katalysieren können, wenn

— durch den Einsatz geeigneter Derivate anstelle freier Aminosäuren bzw. Peptide die ansonsten aufzuwendende Ionisierungsenergie verringert wird und
— das Produkt aufgrund der Schwerlöslichkeit ausfällt und somit die Einstellung des Gleichgewichtes zugunsten der Hydrolyse verhindert wird.

Auf der Grundlage der klassischen Arbeiten über die Reversibilität proteasekatalysierter Reaktionen [384] und weiterführenden Studien durch die Arbeitskreise um FRUTON, BENDER, EPAND, FASTREZ und FERSHT u. a. wurde etwa ab Mitte der siebziger Jahre der eindeutige Nachweis erbracht, daß Proteasen als Biokatalysatoren für den Peptidknüpfungsschritt prinzipiell im präparativen Maßstab angewandt werden können und daher für die Synthese von Peptidwirkstoffen durchaus praktische Bedeutung besitzen.

Neben den japanischen Arbeitsgruppen um ISOWA (SAGAMI Chemical Research Center) und MORIHARA (SHINOGI Research Laboratory) trugen LUISI und Mitarbeiter aus der Schweiz mit ihren Pionierarbeiten dazu bei, daß die enzymatische Peptidsynthese in den Blickpunkt des Interesses rückte und sich bei weiterer intensiver methodischer Beschäftigung eine vielversprechende Entwicklungsphase sowohl als Ergänzung bzw. Alternative zu den klassischen chemischen Kupplungsmethoden als auch für semisynthetische Aufgabenstellungen abzeichnet.

Als Enzyme wurden Proteasen tierischer, pflanzlicher und mikrobieller Herkunft eingesetzt. Isowa et al. [347] studierten die Eignung von Papain, Pepsin, Nagarse (Subtilisin BPN') sowie der bakteriellen Metallproteasen Prolisin (*Bacillus subtilis var. amyloliquefaciens*), Tacynase N (*Streptomyces caesptitosus*), Thermolysin und Thermoase (*Bacillus thermoproteoliticus*) als Katalysatoren für die Knüpfung der Peptidbindung.

Besonders gute Eigenschaften besitzt aufgrund der geringen Substratspezifität bei der Spaltung die pflanzliche Thiolprotease Papain (*Carica papaya*) als Katalysator für die Synthesereaktion, wie es am Beispiel zweier Modellreaktionen nach Isowa gezeigt wird:

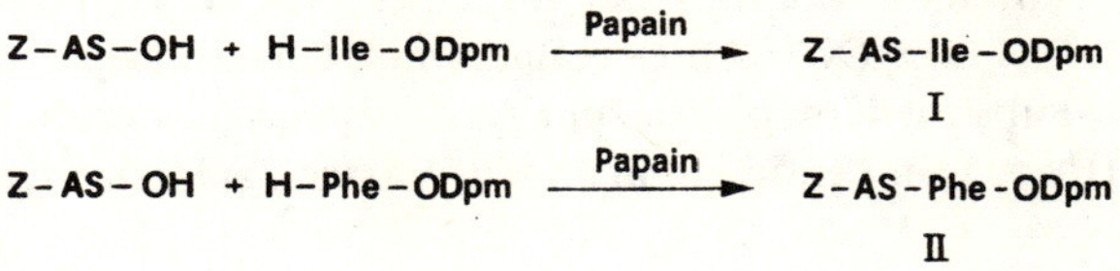

$$Z-AS-OH + H-Ile-ODpm \xrightarrow{Papain} Z-AS-Ile-ODpm \quad (I)$$

$$Z-AS-OH + H-Phe-ODpm \xrightarrow{Papain} Z-AS-Phe-ODpm \quad (II)$$

Ausbeute (%)

AS	I	II	AS	I	II
Gly	53	77	Gln	55	98
Ala	92	89	Arg(NO$_2$)	73	96
Leu	59	92	Lys(Z)	100	80
Phe	37	95	Glu	71	—
Ser	21	72	Met	—	96
Thr	73	78	His(Bzl)	—	97

Aber auch mit den anderen genannten Proteasen konnten vielversprechende Umsatzraten bei Kupplungsreaktionen erzielt werden. Am Beispiel der Synthese von kleineren biologisch aktiven Peptiden bzw. deren Segmenten konnten Isowa et al. die Brauchbarkeit der enzymatischen Peptidsynthese nachweisen, wie z. B. bei der Synthese von [1-Asparagin,5-Valin]Angiotensin II:

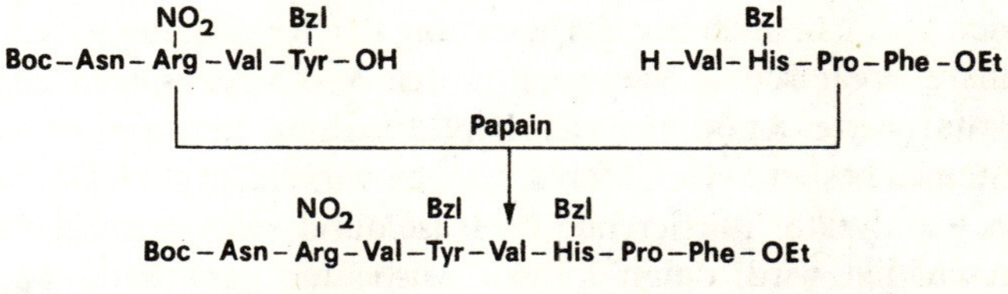

$$\text{Boc-Asn-Arg(NO}_2\text{)-Val-Tyr(Bzl)-OH} + \text{H-Val-His(Bzl)-Pro-Phe-OEt} \xrightarrow{Papain}$$
$$\text{Boc-Asn-Arg(NO}_2\text{)-Val-Tyr(Bzl)-Val-His(Bzl)-Pro-Phe-OEt}$$

In einem Puffer (pH 5,5)/Methanol-Gemisch 1/1 (v/v) betrug die Kupplungsausbeute 78 %.

Viel Aufmerksamkeit verdient eine von KULLMANN [348] beschriebene enzymatische Synthese von Leu- und Met-Enkephalin (vgl. S. 327) unter ausschließlicher Nutzung proteasekatalysierter Kupplungsschritte, wobei von den insgesamt sieben enzymatischen Verknüpfungen fünf mittels Papain vorgenommen wurden.

Durch den Einsatz von Alkylestern als Carboxykomponenten für die gezielte papainkatalysierte Peptidsynthese wird im Vergleich zu N-geschützten Aminosäuren bzw. Peptidsäuren die Kupplungsgeschwindigkeit signifikant erhöht (JAKUBKE et al., 1981).

Umfangreiche experimentelle Ergebnisse zur Eignung von α-Chymotrypsin und Trypsin als Katalysatoren für die Knüpfung der Peptidbindung wurden mit den Arbeiten von MORIHARA und OKA [350] vorgelegt. Das als Carboxykomponente eingesetzte Ac-Phe-OEt (X = OEt) reagiert mit Chymotrypsin nach der Bildung eines Enzym-Substrat-Komplexes zum Acylenzym, das sowohl mit einer Aminokomponente (IN≡) ein Peptid, als auch mit Wasser das Hydrolyseprodukt ergeben kann:

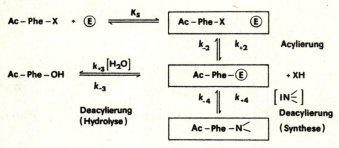

Da im Falle der Peptidsynthese aus einem Estersubstrat und einem Aminosäure- oder Peptid-Derivat $k_4 > k_3$, wird so lange im überwiegenden Maße die Synthese des kinetisch kontrollierten Peptidproduktes erfolgen, wie Estersubstrat im Reaktionsansatz vorliegt. Die Arbeitsgruppe von LUISI [353, 354] verwendete dagegen Substrate mit freier Carboxyfunktion und setzte als Aminokomponenenten Amide bzw. Alkylester ein, wobei letztere zwangsläufig weniger gute Ausbeuten lieferten.

Aufgrund der Tatsache, daß organische Cosolvenzien das Gleichgewicht proteasekatalysierter Reaktionen in Richtung der Synthese verschieben (LASKOWSKI et al., 1978) werden vielfach, auch zur Verbesserung der Reaktandenlöslichkeit, mit Wasser mischbare organische Lösungsmittel den Syntheseansätzen zugefügt.

Die enzymkatalysierte Knüpfung der Peptidbindung in wäßrig-organischen Zweiphasensystemen besitzt nach Untersuchungen von KUHL et al. [356] den Vorteil, daß die als Katalysator fungierende Protease durch das organische Lösungsmittel nicht geschädigt wird, damit höhere Ausbeuten garantiert und darüber hinaus durch Phasentrennung eine Rückgewinnung des Biokatalysators ermöglicht wird. Weiterhin konnten KÖNNECKE et al. [386] erstmalig mit immobilisiertem

Chymotrypsin erfolgreiche Peptidsynthesen durchführen. Neben weiterführenden Studien mit immobilisiertem Trypsin und Thermolysin wurde am Beispiel einer Kupplung mit Kieselgel-gebundenem Chymotrypsin ohne Produktausfällung die Möglichkeit einer kontinuierlichen Prozeßführung aufgezeigt [443]. OKA und MORIHARA [352] sowie SEMENOV und MARTINEK [466] beschrieben Synthesen ohne Produktausfällung unter Verwendung löslicher Proteasen. Von der Arbeitsgruppe MARTINEK wurden auch Untersuchungen im Zweiphasensystem unter Einsatz carboxylungeschützter C-Komponenten durchgeführt. Auch Thermitase eignet sich als Katalysator für Peptidsynthesen (KÖNNECKE und JAKUBKE, 1981), obgleich wegen der hohen esterolytischen Aktivität die Ausbeuten nicht in allen Fällen befriedigen konnten.

Sehr gute Voraussetzungen für die enzymatische Peptidsynthese besitzt dagegen die Carboxypeptidase Y (CPD-Y) aus Bäckerhefe, die von der Arbeitsgruppe JOHANSEN [349] für verschiedene Syntheseobjekte, u. a. auch für Enkephalin eingesetzt wurde. Große praktische Bedeutung muß der CPD-Y für die Semisynthese, insbesondere für die Umwandlung von Schweineinsulin in Humaninsulin, die auch mit anderen Proteasen beschrieben wurde [351], eingeräumt werden. Über die Bedeutung von Proteasen für die Semisynthese [540] wird im Abschn. 2.2.10.1.3. berichtet.

Von den Aspartatproteasen besitzt das Pepsin für die Katalyse der Peptidbindung das größte Interesse [355].

Proteasekatalysierte Kupplungsreaktionen besitzen gegenüber chemosynthetischen Verfahren verschiedene Vorteile, wie Ausschaltung von Racemisierung, einfache Prozeßführung, Wegfall des reversiblen Schutzes von Seitenkettenfunkfunktionen u. a., die auch inzwischen experimentell belegt werden konnten. Ein Nachteil ist aber die fehlende Möglichkeit des universellen Einsatzes von Proteasen aufgrund der bekannten Primär- und Sekundärspezifität. Ferner ist eine generelle Reaktionsvoraussage erschwert. Bei weiterer methodischer Vervollkommnung sollte sich aber die enzymkatalysierte Kupplungsmethode zu einem wertvollen Hilfsmittel der Peptidsynthese entwickeln.

2.2.6. Racemisierungsprobleme bei Peptidsynthesen

Alle peptidsynthetischen Operationen, die an einer mit dem asymmetrischen Zentrum verknüpften funktionellen Gruppe vorgenommen werden, sind mit einem Racemisierungsrisiko belastet.

Für den Aufbau langkettiger optisch aktiver Peptide ist ein racemisierungsfreier Kupplungsverlauf von entscheidender Bedeutung, da sich Stereoisomere nicht mehr wie bei kleineren Peptiden durch bestimmte Reinigungsoperationen, wie Kristallisation, Ionenaustauschchromatographie u. a. vollständig oder teilweise trennen lassen. Die optische Reinheit eines synthetischen Peptides hängt vom Ausmaß der auf jeder einzelnen Kupplungsstufe erfolgten Racemisierung ab. Bedenkt man, daß bei Annahme eines Racemisierungsgrades von nur 1% pro Kupplungsstufe nach 100 Kupplungsreaktionen ein Endprodukt resultiert, daß nur noch 61% des gewünschten Stereoisomeren enthält, dann erkennt man die eminente Bedeutung der Racemisierungsfrage bei Peptidsynthesen. Da die Zielstellung der Peptidsynthese auf die Darstellung von Peptid- und Proteowirkstoffen ausgerichtet ist, deren biologische Aktivität weitgehend von der optischen Reinheit abhängt, muß der absoluten oder zumindest weitestgehenden Ausschaltung der Racemisierung größte Beachtung geschenkt werden.

2.2.6.1. Racemisierungs-Mechanismen

Freie Aminosäuren besitzen eine relativ stabile sterische Konfiguration. Bei den für die Peptidsynthese wichtigen carboxyaktivierten N-Acylaminosäuren ist die Racemisierungsgefahr weitaus größer. Durch reversible Abspaltung eines Protons vom α-C-Atom wird die Racemisierung verursacht:

$$\begin{array}{c} X \\ | \\ C=O \\ | \\ Y-NH-C-H \\ | \\ R \end{array} \rightleftharpoons \begin{array}{c} X \\ | \\ C=O \\ | \\ Y-NH-C^{\ominus} \\ | \\ R \end{array} + H^{\oplus}$$

An das sich intermediär ausbildende Carbanion mit trigonalplanarer Ligandenanordnung lagert sich das Proton unter Racemisierung an. Die Stabilität der C-H-Bindung hängt entscheidend vom Charakter der Substituenten ab. Racemisierung kann sowohl durch Basen als auch durch Säuren katalysiert werden, wobei hohe Temperaturen und polare Lösungsmittel den Prozeß begünstigen. Unter Kupplungsbedingungen spielt nur die basenkatalysierte Racemisierung eine entscheidende Rolle, für die im wesentlichen zwei unterschiedliche Mechanismen diskutiert werden.

2.2.6.1.1. Azlacton-Mechanismus

Die unter Kupplungsbedingungen auftretende Racemisierung wird hauptsächlich durch die intermediäre Bildung „optisch labiler" *Azlactone (1,3-Oxazolin-5-one)* verursacht. Bei der Aktivierung von N-Acylaminosäuren *I* (Abb. 2—11) können

Peptidsynthesen 195

sich unter Abspaltung von HX Azlactone bilden, die bekanntlich sehr leicht racemisieren [357]. Die Bildungsgeschwindigkeit des Azlactons *II* hängt von verschiedenen Faktoren ab. Durch stark elektronenziehende Substituenten X wird das C-Atom der Carboxyfunktion positiviert, wodurch der intramolekulare nucleophile Angriff des Carbonyl-O-Atoms begünstigt wird. N-Acyl-Gruppen, wie Acetyl-, Benzoyl-, Trifluoracetyl-, Aminoacyl-Reste u. a. erleichtern die Azlactonbildung, weil sie durch einen verhältnismäßig starken mesomeren Valenzausgleich in der Carbonsäureamid-Gruppe (*Ia*) die Nucleophilie des Carbonyl-O-Atoms verstärken. Die Azlactonbildung wird weiterhin durch die Basizität des Mediums, die Art des Lösungsmittels und durch die Reaktionstemperatur beeinflußt. So kann durch eine Base in einem schnellen Reaktionsschritt das Amidproton abgespalten werden. Durch den nucleophilen Sauerstoff des resultierenden Amid-Anions (*Ib*) erfolgt dann die Ringschlußreaktion zum Azlacton (*II*). Die Cyclisierung stellt den geschwindigkeitsbestimmenden Schritt dar. Polare Lösungsmittel fördern die Bildung des Amid-Anions [358, 359].

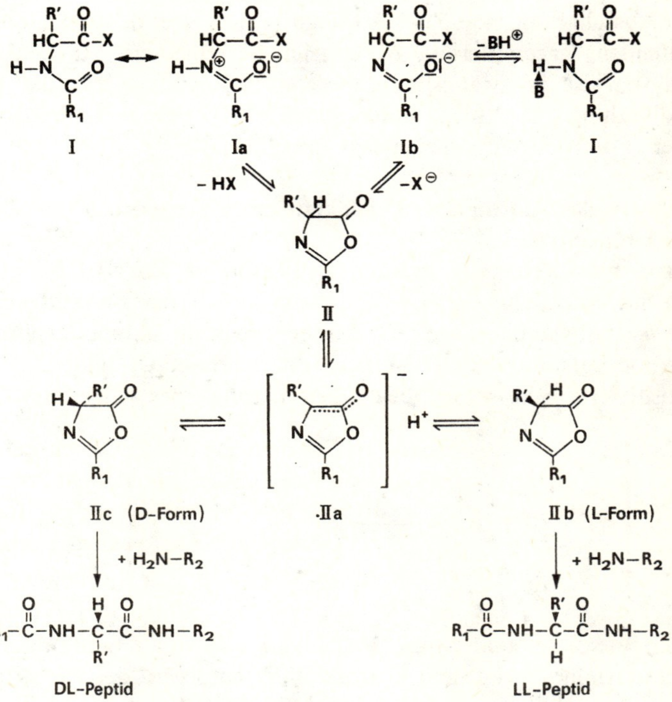

Abb. 2—11. Azlacton-Mechanismus

R' = Rest der C-terminalen Aminosäure; R_1 = Peptid-Rest; X = Aktivierungsgruppe; R_2 = Rest der Aminokomponente; $\bar{B}$ = Base

Unter Kupplungsbedingungen kann das gebildete Azlacton *II* durch Basen (Aminokomponente, basische Aktivierungsmittel u. a.) leicht racemisiert werden, wobei sich über eine pseudoaromatische Zwischenstufe *IIa* ein basenkatalysiertes Gleichgewicht zwischen den beiden Enantiomeren *IIb* und *IIc* ausbildet. Neben der Aminolyse der aktivierten Carboxykomponente *I* (im Formelbild nicht eingezeichnet) spaltet die optisch aktive Aminokomponente die enantiomeren Azlactone unter Bildung des LL- bzw. DL-Peptidderivates.

Die Ringöffnung erfolgt mit unterschiedlicher Geschwindigkeit [360]. Das Verhältnis der gebildeten Diastereomeren wird durch das CURTIN-HAMMET-Prinzip determiniert. Bei der Azlactonringöffnung mit L-Aminosäureestern dominiert die DL-Peptidbildung.

Der bei der Knüpfung einer Peptidbindung über den Azlacton-Mechanismus resultierende Racemisierungsgrad hängt sowohl von der Azlactonbildungstendenz als auch von der Geschwindigkeit der Azlactonringöffnung durch die Aminokomponente ab. Eine wichtige Rolle spielt dabei das Nucleophilie/Basizitäts-Verhältnis der Aminokomponente.

Zur Ausschaltung bzw. Zurückdrängung einer über den Azlacton-Mechanismus ablaufenden Racemisierung bieten sich verschiedene Möglichkeiten an. Am günstigsten ist es zwangsläufig, solche Bedingungen für die Knüpfung der Peptidbindung zu wählen, unter denen sich keine Azlactone bilden können. können. Folgende Wege bieten sich an:

1. Schrittweiser Aufbau einer Peptidkette unter Verwendung von N^α-Schutzgruppen des Urethantyps

Derartig blockierte Aminosäuren (vgl. Abschn. 2.2.4.1.1.1.), nicht aber entsprechend geschützte Peptide, bilden im aktivierten Zustand keine Azlactone. Alkoxycarbonylaminosäuren *III* können zwar in aktivierter Form (X = Cl) N-Carbonsäureanhydride [1,3-Oxazolidin-2,5-dione] *IV* bilden, jedoch verhindert die positivierte Alkoxy-Gruppe die Formierung eines Azlactons:

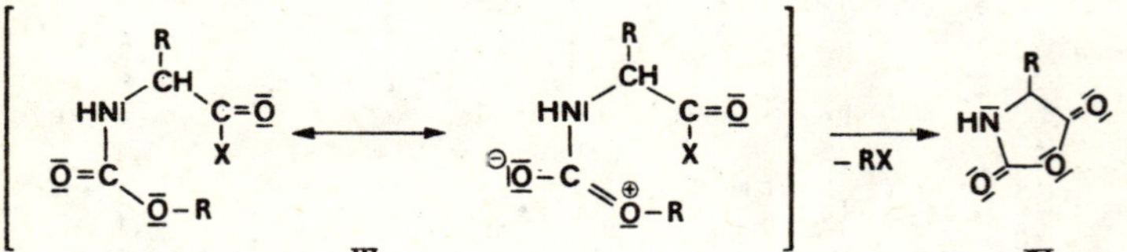

Nach BENOITON und CHEN [361] bilden sich unter bestimmten Bedingungen aus Boc-Aminosäuren und Carbodiimid entgegen der bisherigen Annahme 2-Alkoxyoxazolone, die aber im Gegensatz zu den optisch labilen 2-Alkyloxazolonen eine weitaus höhere Stabilität besitzen und ohne Racemisierung mit Aminokomponenten kuppeln.

2. Aktivierung von N-geschützten Peptidsegmenten mit C-terminalem Prolin

Bei Einsatz von Carboxykomponenten mit Prolin als Kopfaminosäure ist keine Azlactonbildung möglich, so daß C-terminale Prolin-Reste stets ohne Racemisierungsrisiko aktiviert werden können. Wegen der fehlenden α-Chiralität des Glycins entfällt auch die Racemisierungsgefahr bei Aktivierung dieser Aminosäure in C-terminaler Position eines Segmentes.

3. Einsatz der Azid-Methode

Bei Vermeidung jeglichen Überschusses an tert. Base und Einhaltung tiefer Reaktionstemperaturen ist eine racemisierungssichere Peptidverknüpfung auch mit der Azid-Methode (vgl. Abschn. 2.2.5.1.) möglich. Die Ausschaltung der Azlactonbildung wird auf eine elektrostatische Stabilisierung der N-Acylaminosäureazid-Gruppierung zurückgeführt [357].

4. Verwendung des UGI-Verfahrens

Der Vorteil der 4-Komponenten-Kondensation (vgl. Abschn. 2.2.5.6.) besteht darin, daß keine racemisierungsempfindlichen aktivierten Peptidderivate wie bei der konventionellen Technik verwendet werden.

5. Einsatz von Aktivestern, deren Aminolyse über einen H-Brücken-stabilisierten cyclischen Übergangszustand verläuft

Obgleich bei Kupplungsreaktionen mittels dieser und nachfolgender Aktivierungsvarianten eine vollständige Unterbindung der Azlactonbildung nicht abgesichert ist, tritt bei Peptidsynthesen keine oder nur geringfügige Racemisierung auf.

1965 wurden mit den Acylaminosäure-N-hydroxypiperidinestern und den Chinolyl-8-estern die ersten Aktivester dieses neuen Aktivierungsprinzips für die Peptidsynthese vorgeschlagen (vgl. Abschn. 2.2.5.3.). Der zu verallgemeinernde Mechanismus ist am Beispiel der Chinolyl-8-ester-Aminolyse nachfolgend aufgezeigt [262]:

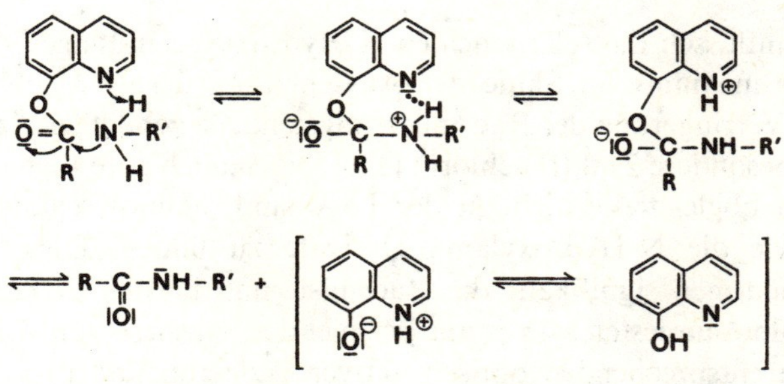

Durch die relativ schwache Aktivierung des Carboxy-C-Atoms wird die Azlactonbildung ausgeschaltet bzw. stark vermindert, während die gesteigerte

Aminolysegeschwindigkeit auf die intermediäre Ausbildung des cyclischen Übergangszustandes zurückgeführt wird. Die gesamte Problematik wurde im Abschn. 2.2.5.3. ausführlich besprochen. Auch bei Aktivierungen mit KEMPs Reagens, dem *7-Hydroxy-2-ethyl-(benzo-1,2-oxazolium)-tetrafluoroborat*, mit dem (bzw. mit analogen Verbindungen) die entsprechenden N-Acylaminosäure-2-hydroxyethylaminocarbonyl-phenylester ebenso racemisierungsfrei hergestellt werden können wie auch direkt Acylpeptide, wird ein analoger Reaktionsmechanismus diskutiert [362].

6. Verwendung des DCC-Additiv-Verfahrens

Diese Methode (vgl. Abschn. 2.2.5.4.3.) gehört zu den am häufigsten angewandten Kupplungsverfahren. Zur Interpretation der racemisierungssenkenden Wirkung von N-Hydroxyverbindungen bei der DCC-Methode wird von Studien ausgegangen, die GOODMAN et al. [363, 364] an optisch aktiven Peptidazlactonen durchgeführt haben. Danach soll eine racemisierungsfreie Azlactonringöffnung prinzipiell durch vicinale bifunktionelle Nucleophile (sog. α-Nucleophile oder 1,2-Dinucleophile), insbesondere durch Hydroxylamin- oder Hydrazin-Derivate möglich sein, wenn

— deren Nucleophilie größer ist als ihre Basizität,
— bei der Anlagerung an das Azlacton ein zusätzliches Ringsystem mit einer H-Brücke zum Carbonyl-O-Atom ausgebildet werden kann und
— das nucleophile Zentrum über ein abspaltbares Proton verfügt.

Am Beispiel des N-Hydroxysuccinimids soll die Azlactonstabilisierung und nachfolgende racemisierungsfreie Ringöffnung zum Acylaminosäure-N-hydroxysuccinimidester demonstriert werden:

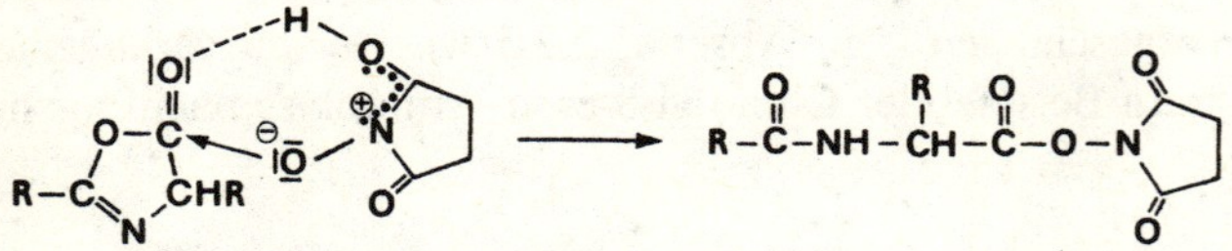

Gleichzeitig beeinflussen die relativ aciden N-Hydroxyverbindungen die Basizität des Reaktionsmediums im Sinne der Ausschaltung der N-Acylharnstoffbildung sowie der Verringerung der Racemisierungstendenz gebildeter Azlactone. LEWIS-Säuren, insbesondere Zink(II)-chlorid [320] zeigen auch gute Eigenschaften als DCC-Additive, obgleich sie nicht in der Lage sind, aminolyseaktive Intermediärprodukte wie die N-Hydroxylamin-Derivate zu bilden. Diese Zusatzkomponenten erniedrigen signifikant die Racemisierung bei der Azlactonringöffnung durch Aminosäureester, wie es am Beispiel der Synthese von Z-Pro-Val-Pro-OMe aus dem entsprechenden optisch aktiven Azlacton und Pro-OMe gezeigt werden konnte. Dieser Effekt ist sowohl auf die katalytische Beeinflussung der Ringöffnungsgeschwindigkeit als auch auf die Verringerung der Azlacton-

Racemisierung durch die Erniedrigung der Basizität des Reaktionsmediums zurückzuführen.

Neben den angeführten Möglichkeiten zur Vermeidung einer auf der Azlactonbildung beruhenden Racemisierung sind aber noch Kupplungsmethoden bekannt, die, wie die Mischanhydrid-Methode (vgl. Abschn. 2.2.5.2.1.) unter Einhaltung bestimmter Reaktionsbedingungen als praktisch racemisierungssicher einzustufen sind.

Weitere Einzelheiten sowie vorhergehende Literatur über die Racemisierungsproblematik sind den ausgezeichneten Übersichtsreferaten von YOUNG [365] und GOODMAN [357] zu entnehmen.

2.2.6.1.2. Racemisierung durch direkten α-Protonentzug

Die Stabilität der α-C-H-Bindung von Aminosäuren wird entscheidend vom Charakter der Substituenten beeinflußt. Insbesondere N^α-Benzyloxycarbonylaminosäure-aktivester, die elektronenziehende β-Substituenten tragen, werden basenkatalytisch leicht racemisiert. Eine Racemisierung über Azlactone ist aus bereits erläuterten Gründen auszuschließen. Nach LIBEREK [366] verläuft die Racemisierung in diesen Fällen durch direkten α-Protonentzug, wobei sich das resultierende Carbanion durch Mesomerie stabilisiert. Der ursprünglich für die Racemisierung des N-Benzyloxycarbonyl-S-benzyl-L-cystein-4-nitrophenylesters postulierte β-Eliminierungs-Readditions-Mechanismus konnte durch Untersuchungen von KOVACS et al. [367] widerlegt werden. Studien mit anderen Aktivestern dieser geschützten Aminosäure führten zu der Annahme, daß es sich um Isoracemisierung [368] handeln könnte [369].

Auch die Racemisierung von N-Phthalyl-aminosäure-aktivestern ist auf eine direkte Protonablösung zurückzuführen [370]:

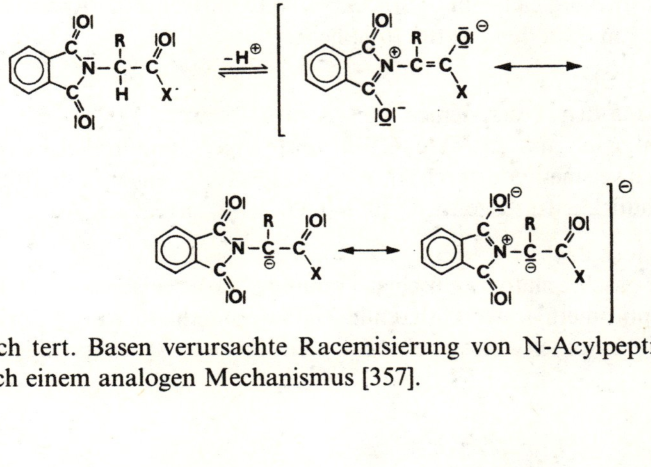

Die durch tert. Basen verursachte Racemisierung von N-Acylpeptidaziden verläuft nach einem analogen Mechanismus [357].

2.2.6.2. Methoden zur Racemisierungsprüfung

Der Racemisierungsgrad einer Kupplungsreaktion und die sterische Einheitlichkeit des synthetisierten Peptides sind nicht ohne weiteres miteinander in Beziehung zu setzen. Ein racemisierungsfreier Verlauf kann beispielsweise dadurch vorgetäuscht werden, daß durch Reinigungsoperationen mehr oder weniger zufällig eine Trennung der Steroisomeren erfolgt. Aus der Vielzahl der beschriebenen Racemisierungsteste ist erkennbar, daß es kein ideales Prüfverfahren gibt. Da alle chemischen Testsysteme auf ausgewählten Modellpeptiden beruhen, ist eine Verallgemeinerung der ermittelten Resultate aufgrund der ungeheuren Vielzahl der auf den 20 proteinogenen Aminosäuren basierenden Peptidsequenzen fragwürdig. In Ermangelung besserer Methoden sollte daher eine neue Verknüpfungsmethode an unterschiedlichen Modellsystemen getestet werden.

1. ANDERSON-CALLAHAN-Test [371]
   Bei dem durch Kupplung von Z-Gly-Phe-OH mit Gly-OEt erhaltenen Modellpeptid (ANDERSON-Peptid) Z-Gly-Phe-Gly-OEt ist es möglich, die sterisch einheitliche Verbindung vom gegebenenfalls gebildeten Racemat durch fraktionierte Kristallisation zu trennen. Die Empfindlichkeitsgrenze der Racemisierungserkennung beträgt etwa 1 bis 2%.

2. YOUNG-Test [372]
   Für diese polarometrische Methode wurde anfangs Ac-Leu-Gly-OEt als Modellpeptid benutzt. Bessere Eigenschaften besitzt der bei der Verknüpfung von Bz-Leu-OH mit Gly-OEt erhaltene Dipeptidester Bz-Leu-Gly-OEt. Aus dem spezifischen Drehwert des Rohproduktes kann der Anteil der optisch reinen Verbindung berechnet werden. Nach der Esterverseifung läßt sich zusätzlich die Menge des DL-Peptides durch fraktionierte Kristallisation bestimmen. Die Empfindlichkeitsgrenze wird ebenfalls mit 1—2% angegeben, wobei aber im Vergleich zum ANDERSON-CALLAHAN-Test die Racemisierungsanfälligkeit um etwa den Faktor 10 höher ist.

3. KEMP-Test [373]
   Basierend auf den Testsystemen von ANDERSON bzw. YOUNG entwickelten KEMP et al. eine um mehrere Größenordnungen empfindlichere Racemisierungsnachweismethode durch Anwendung der Isotopenverdünnungstechnik. Die Empfindlichkeitsgrenze wird mit ~0,001—1% angegeben.

4. WEYGAND-Test [374]
   Die auf der gaschromatographischen Trennung diastereoisomerer N^α-Trifluoracetyl-dipeptid-methylester basierende Nachweismethode wurde in drei verschiedenen Varianten entwickelt, die sich in den Modellpeptiden unterscheiden:

Variante I: Tfa-Val + Val-OMe → Tfa-L/D-Val-Val-OMe [374]
Variante II: Z-Leu-Phe + Val-OBu^t → Z-Leu-L/D-Phe-Val-OBu^t [375]
Variante III: Tfa-Pro-Val + Pro-OMe → Tfa-Pro-L/D-Val-Pro-OMe [376].

Bei der zweiten Variante wird nach Abspaltung der Schutzgruppen mit Trifluoressigsäure/Anisol aus dem Tripeptid durch Partialhydrolyse racemisierungsfrei Phe-Val erhalten, das nacheinander mit methanolischer HCl verestert und mit Trifluoressigsäuremethylester trifluoracetyliert wird. Das mittels gaschromatographischer Analyse bestimmte Verhältnis der beiden Diastereoisomeren Tfa-L/D-Phe-Val-OMe gibt den Racemisierungsgrad an. Variante III besticht durch die Einfachheit der Durchführung. Die Empfindlichkeitsgrenze bewegt sich zwischen ∼0,1—1%.

5. IZUMIYA-Test [377]
Unter Verwendung des Modellpeptidsystems

Z-Gly-Ala-OH + H-Leu-OBzl → Z-Gly-L/D-Ala-Leu-OBzl

werden die nach der hydrogenolytischen Schutzgruppenabspaltung erhaltenen Diastereoisomere ionenaustauschchromatographisch getrennt und nach Anfärbung mit Ninhydrin quantitativ bestimmt. Die Empfindlichkeitsgrenze liegt bei ∼0,1—1%.

6. BODANSZKY-Test [378]
Die bei einem nicht racemisierungsfreien Verlauf der Kupplungsreaktion

Ac-Ile-OH + H-Gly-OEt → Ac-L/(D-a)Ile-Gly-OEt

und nachfolgender Totalhydrolyse gebildete Menge an D-allo-Isoleucin wird im automatischen Aminosäureanalysator quantitativ neben Isoleucin bestimmt (Empfindlichkeitsgrenze ∼1—2%).

7. HALPERN-WEINSTEIN-Test [379]
Aufgrund der unterschiedlichen Methyl-Signale in den Kernresonanzspektren lassen sich ohne vorgeschaltete Diastereoisomerentrennung Racemisierungsermittlungen durchführen.

Ac-Ala-OH + H-Phe-OMe → Ac-L/D-Ala-Phe-OMe
Ac-Phe-OH + H-Ala-OMe → Ac-L/D-Phe-Ala-OMe

Die unterschiedliche chemische Verschiebung der Methyl-Gruppe des Alanins beim L-L-Peptid im Vergleich zum L-D-Isomeren ermöglicht eine quantitative Bestimmung des D-L-Peptides (Empfindlichkeitsgrenze ∼3%).
Durch Verwendung eines ^{13}C-H Satelliten-Signals des L-L-Peptides als internen

Standard kann bei niedrigen D-L-Anteilen die Empfindlichkeitsgrenze auf das 10fache gesteigert werden [380].

8. BERGER-SCHECHTER-BOSSHARD-Test [381, 382]
Nach der Synthese des Testpeptides und anschließender hydrogenolytischer

Z-Ala-D-Ala-OH + H-Ala-Ala-OBzl → Z-Ala-D/L-Ala-Ala-Ala-OBzl

Abspaltung der Schutzgruppen resultiert bei einem nicht racemisierungsfreien Kupplungsverlauf ein L-D-L-L-/L-L-L-L-Isomerengemisch. Bei Inkubation mit Leucinaminopeptidase wird nur das all-L-Isomere enzymatisch gespalten. Das L-Alanin wird durch quantitative Aminosäureanalyse bestimmt und entspricht dem vierfachen Betrag der am C-terminalen D-Alanin der Carboxykomponente erfolgten Racemisierung.

Da noch 0,1% L-L-L-L-Peptid neben dem Ausgangspeptid bestimmt werden können, gehört dieser Test zu den anspruchsvollsten Racemisierungsnachweismethoden.

9. FUJINO-Test [387]
Das entwickelte Testsystem basiert auf der Kupplung von Boc-Ala-Met-Leu-OH mit tert. Butylestern von Leucin, Isoleucin bzw. Asparaginsäure-β-tert.-butylester, nachfolgender Bromcyanspaltung und Bestimmung des Diastereomeren-Verhältnis im Aminosäureanalysator:

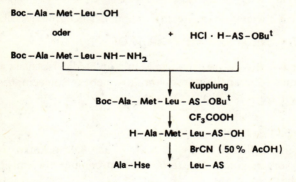

Die L- und D-Isomeren von H-Leu-AS-OH (AS = Leu, Ile, Asp) lassen sich unter den angegebenen Bedingungen vollständig trennen. Mit Hilfe dieses Testsystems konnte der Einfluß der Aminokomponente auf den Racemisierungsgrad untersucht werden. Es zeigte sich, daß Asp(OBu^t) im stärkeren Maße die Racemisierung begünstigt als Leu oder Ile, sogar in Abwesenheit von Triethylamin-hydrochlorid. Die Ergebnisse sind in Tab. 2—8 zusammengestellt.

Am Beispiel der DCC/HONB-Methode wurde der Einfluß verschiedener Lösungsmittel bei Segmentkondensationen untersucht. Aus den Resultaten kann kann geschlußfolgert werden, daß DMF—DMSO (1:1), N-Methyl-pyrrolidon (NMP), Pyridin und DMF—H_2O (7:3) ungeeignet sind. Eine Mischung von DMF—NMP (1:1) erwies sich im Vergleich zu den anderen Lösungsmitteln als brauchbarer.

Neben den besprochenen Racemisierungsnachweis-Methoden wurden in der Literatur noch weitere Testsysteme beschrieben, auf die aber nicht weiter eingegangen werden soll. Es kann die Schlußfolgerung abgeleitet werden, daß die Resultate nur eines Testsystems keine Verallgemeinerungen zulassen. Diese Aussage unterstreichen die erhaltenen Ergebnisse von FUJINO et al. am Beispiel der Variation der Aminokomponente. BENOITON et al. [388] untersuchten die Sequenzabhängigkeit der Racemisierung anhand einer Serie von Modellpeptiden. Sie konnten nachweisen, daß der Racemisierungsgrad nicht nur durch den Charakter der bei der Kupplung aktivierten C-terminalen Aminosäuren bestimmt

Tabelle 2—8
Racemisierungsgrad nach FUJINO *et al.* [387]

-Methode (in DMF)	Temperatur (°C)	Nachweismethode[1])		
		Leu-Ile	Leu-Leu	Leu-Asp
DCC/HONB-	0	0,7	1,5	3,42 (6,0)
DCC/HONSu-	0	1,6	2,9	9,24
DCC/HOBt-	0	0,7	1,9	9,1
DCC-	0	8,7 (8,0)	9,3 (4,6)	14,8 (20,1)
EEDQ-	0	0,7	1,2	9,1
MUKAIYAMA-	0	19,8 (9,6)	26,5 (13,5)	11,7
Azid- (RUDINGER)	—30	1,3	2,3	8,03
Azid- (in situ)	—15	4,2	4,5	7,02
Azid- (extrahiert)	—15	1,6	2,7	5,5
MA-	—20	3,9	—	—
Pepsin (30proz. MeOH)		1,6	—	—
schrittweiser Aufbau		0,8	—	—

[1]) in Gegenwart von 1 Äquiv. Triethylamin-hydrochlorid; ( ) Aminokomponente wurde als freie Base eingesetzt

wird, sondern auch der voranstehende Aminosäure-Rest und in Übereinstimmung mit FUJINO auch die N-terminale Aminosäure der Aminokomponente einen entscheidenden Einfluß auf die Racemisierung ausüben.

2.2.7. Peptidsynthesen an polymeren Trägern

Im Jahre 1962 wurde von MERRIFIELD [389] eine neue Strategie für die Chemosynthese von Peptiden und Proteinen entwickelt, die wie die Proteinbiosynthese an einer zweiten Phase verläuft. Obgleich schon 1955 NICHOLLS [390] über ein Verfahren berichtete, bei dem eine über eine quaternäre Ammoniumhydroxid-Gruppierung an einen Ionenaustauscher fixierte Aminosäure nach Lösungsmittelaustausch mit einer zweiten Aminosäure zum Dipeptid-Derivat verknüpft wird, gebührt MERRIFIELD das Verdienst, die Peptidsynthese an polymeren Trägern mit kovalenter Verankerung in ihrer ganzen Tragweite erkannt zu haben.

Der verblüffend einfache Grundgedanke dieser neuen Synthesevariante besteht darin, eine Aminosäure über ihre Carboxygruppe an ein unlösliches, leicht filtrierbares Polymer zu knüpfen, und dann vom C-terminalen Ende her die Peptidkette schrittweise aufzubauen. Zu diesem Zweck wird eine N-geschützte Aminosäure mit einer reaktiven Gruppierung des Kunstharzes zur Reaktion gebracht. Von der am Trägerpartikel kovalent verankerten Aminosäure wird die N^{α}-Schutzgruppe entfernt und das resultierende Aminoacyl-Polymer mit der nächsten N-geschützten Aminosäure umgesetzt. Prinzipiell wird im Inneren der Harzmatrix die Peptidkette schrittweise verlängert. Auf der letzten Stufe einer solchen MERRIFIELDE-Synthese wird die kovalente Bindung zwischen der C-terminalen Aminosäure der aufgebauten Polypeptidkette und der Ankergruppierung des polymeren Trägers gespalten. Der unlösliche Träger kann durch einfache Filtration von dem nun in Lösung vorliegenden Polypeptid abgetrennt werden. Der entscheidende Vorteil der MERRIFIELD-Methode besteht darin, daß die umständliche und zeitraubende Reinigung der Zwischenprodukte entfällt. Das wertvollste Reaktionsprodukt bleibt immer am polymeren Träger gebunden, während überschüssige Reagenzien und Beiprodukte der Reaktion durch einfaches Filtrieren entfernt werden. Die Einfachheit der technischen Operationen und die Möglichkeit zur Automation führten anfangs sogar zu der Ansicht, daß durch das neue Synthesekonzept die Chemosynthese von Enzymen und anderen Proteinen gelöst sei. Bei genauerer Betrachtung und intensiver Beschäftigung mit dieser neuen Technik zeigten sich jedoch bald ernsthafte limitierende Faktoren, die dann auch zu einer realistischeren Einschätzung dieser Methode führten. Allerdings bedeutet die Reduzierung der mühseligen Fällungs- und Reinigungsschritte der konventionellen Synthese in homogener Lösung auf einfache Filtrationsprozesse bei der Festkörper-Synthese einen unbestreitbaren Vorteil.

Einheitliche Syntheseendprodukte werden nur erhalten, wenn sowohl die Kupplungs- als auch die Deblockierungsreaktion praktisch quantitativ verlaufen. Da diese Forderung gegenwärtig nicht erfüllt werden kann, akkumulieren sich die Verunreinigungen am Träger. Nach der Ablösung des Peptides vom Träger werden daher an die Endproduktreinigung sehr hohe Anforderungen gestellt. Der zunächst bei der MERRIFIELD-Synthese als günstig deklarierte Wegfall der Zwischenproduktreinigung erweist sich dadurch zwangsläufig als Bumerang.

Nachfolgend sollen neben dem MERRIFIELD-Verfahren einige Varianten dieses Synthesekonzeptes besprochen werden.

2.2.7.1. Festphasen-Peptidsynthese (MERRIFIELD-Synthese)

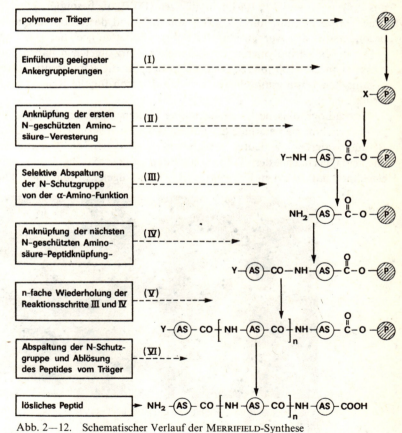

Abb. 2—12. Schematischer Verlauf der MERRIFIELD-Synthese

Obgleich alle beschriebenen Verfahren zur Peptidsynthese unter Verwendung unlöslicher oder löslicher polymerer Träger auf dem von MERRIFIELD eingeführten Grundkonzept beruhen, soll unter dem Begriff MERRIFIELD-Synthese speziell die Festkörper-Peptidsynthese abgehandelt werden. Wegen der kaum überschaubaren Anzahl der seit 1963 erschienenen Arbeiten ist eine vollständige Literaturangabe im Rahmen dieser Einführung nicht möglich. Es wird daher auf die Übersichtsdarstellungen [391—395] und auf eine spezielle Monographie [396] verwiesen, in der zwar die Arbeitstechnik umfassend behandelt wird, die aber hinsichtlich einer kritischen Wertung einige Wünsche offen läßt [397, 398].

Das Prinzip der MERRIFIELD-Methode ist in Abb. 2—12 schematisch dargestellt.

Als *polymerer Träger* (nachfolgend allgemein als ⓟ gekennzeichnet) hat sich — trotz einer Vielzahl weiterer vorgeschlagener Varianten — ein Copolymerisat aus Polystyren und 2% 1,4-Divinylbenzen (DVB) als besonders günstig erwiesen. Eine Vernetzung mit nur 1% DVB soll aufgrund des erhöhten Quellvermögens besonders für den Aufbau längerer Polypeptidketten geeignet sein.

Die durch Perlpolymerisation erhaltenen Harzkügelchen haben einen Durchmesser von 20—100 µm. Sie quellen in den für die Peptidsynthese verwendeten organischen Lösungsmitteln und werden dadurch für die Reagenzien permeabel (Abb. 2—13).

Autoradiographische Untersuchungen zeigen, daß sich die bildenden Peptidketten gleichmäßig innerhalb der Polymerkügelchen verteilen (Abb. 2—14). Dieser Befund widerlegt eindeutig Annahmen, nach denen die Reaktionen lediglich an der Oberfläche des Trägers ablaufen sollen. So hat man beispielsweise errechnet, daß in einem Polystyren/1% DVB-Kügelchen mit einem Durchmesser

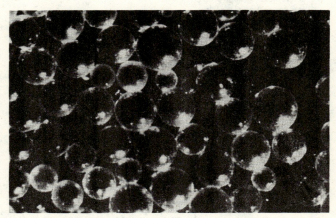

Abb. 2—13. Photographie von Polystyren/1% DVB-Kügelchen nach MERRIFIELD [467]

von 50 µm bei einem Substitutionsgrad von 0,3 mMol/g ungefähr 10^{12} Peptidketten mit einem individuellen Raumbedarf eines kleinen Proteins untergebracht werden können.

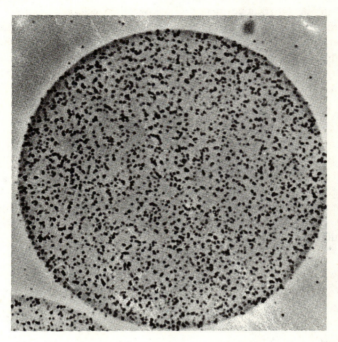

Abb. 2—14. Autoradiographische Verteilung H^3-markierten Peptiden in einem Polystyren/1 % DVB-Kügelchen nach MERRIFIELD [467]

Der polymere Träger soll chemisch inert, vollständig unlöslich in den verwendeten Lösungsmitteln und leicht filtrierbar sein. Diesen Anforderungen wird der klassische MERRIFIELD-Träger weitgehend gerecht. Trotzdem wurden zahlreiche andere Trägertypen getestet, um bestimmte Unzulänglichkeiten, wie ungenügende mechanische Stabilität, nicht ausreichende Beladung, Ausschaltung sterischer Faktoren, unterschiedliche Solvatation zwischen Träger und wachsender Peptidkette, Diffusionsprobleme u. a. zu überwinden. So sind Modifikationen am Polystyren/DVB-Träger vorgenommen, aber auch strukturell andere Polymere in diese Studien einbezogen worden.

Um Diffusionsprobleme bei den heterogenen Reaktionen am polymeren Träger weitgehend auszuschalten, wurden verschiedene Trägertypen empfohlen, die nur Reaktionen an der Trägeroberfläche erlauben. Nicht quellende, hoch vernetzte Copolymere aus Styren und DVB, makroporöse Träger mit starrer Matrix aber großer innerer Oberfläche, „Pellicular"- und „Bürsten"-Harze sollen als Beispiele solcher Entwicklungen angeführt werden.

Die Pellicular-Träger [399] wurden durch Polymerisation einer dünnen Harzschicht auf die Oberfläche inerter Glaskügelchen erhalten. Ein solcher Träger besitzt aber nur eine geringe mechanische Stabilität und ist deshalb nur für Säulenverfahren verwendbar. Für den gleichen Anwendungsbereich bieten sich die Bürsten-Harze an, bei denen die funktionellen Ankergruppen wie die Borsten einer Bürste aus der Oberfläche herausragen [400]:

$$Br-CH_2-\langle\bigcirc\rangle-CH_2-O-Si\begin{matrix}O-Si\langle\\O-Si\langle\\O-Si\langle\end{matrix}$$

Auch die Anwendung von Polymeren in Bänder-, Film- oder Faserform, insbesondere für automatische Verfahren wurde erprobt. Ein möglicher Nachteil solcher Trägertypen ist die geringe Beladungskapazität.

Nach SHEPPARD [401] sind verschiedene limitierende Faktoren der MERRIFIELD-Synthese auf die Differenzen in der Polarität zwischen dem Kohlenwasserstoffrückgrat der Polystyren-Matrix und der wachsenden Peptidkette am Träger zurückzuführen (Abb. 2—15).

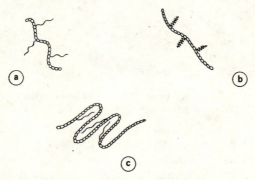

Abb. 2—15. Schematische Darstellung des Verhaltens von trägergebundenen Polypeptidketten in Abhängigkeit von Lösungsmitteln wechselnder Polarität (nach SHEPPARD [401])

Bei der schematischen Darstellung dieser Verhältnisse in Abb. 2—15 ist unter (*a*) die ideale Konstellation wiedergegeben. Die gewöhnlich verwendete Polystyren-Matrix ist unpolar und quillt in unpolaren Lösungsmitteln (CH_2Cl_2 u. a.), während die polare Peptidkette unter diesen Bedingungen sich eng zusammenlagert (*b*). Schließlich schrumpft die Trägermatrix in polaren Lösungsmitteln (Eisessig, DMF, Alkoholen u. a.), wobei die solvatisierten kürzeren Peptid-

Peptidsynthesen

ketten eingeschlossen werden können (c). Zur Lösung dieses Problems wurden vernetzte Polyacrylamid-Träger mit polaren Eigenschaften vorgeschlagen [402] und für die Synthese nur polare Lösungsmittel verwendet.

Generell verändern sich die Eigenschaften des konventionellen MERRIFIELD-Polymers mit wachsender Peptidkette. Bei einer normalen Trägerbeladung von 0,1—0,5 mMol/g erhöht sich bereits nach Anknüpfung von 13 Aminosäure-Resten das Gewicht um etwa die Hälfte. Mehr als 50 % des Peptidyl-Harzes bestehen nun aus Peptid, wodurch sich die Eigenschaften bezüglich des Quellverhaltens in unpolaren Lösungsmitteln signifikant ändern. Durch Zusatz von DMF oder Harnstoff lassen sich in einigen Fällen die Umsatzraten verbessern.

Die *Einführung geeigneter Ankergruppierungen I* (vgl. Abb. 2—12) in einen polymeren Träger ist für die kovalente Anknüpfung der ersten Aminosäure erforderlich. Die klassische Ankergruppe ist die Chlormethyl-Gruppe, die relativ leicht durch Chlormethylierung des Polystyren/DVB-Harzes nach FRIEDEL-CRAFTS in Gegenwart von Zinn(IV)-chlorid eingeführt werden kann [403]. Aus der Vielzahl der beschriebenen Varianten sind in Abb. 2—16 [404] einige

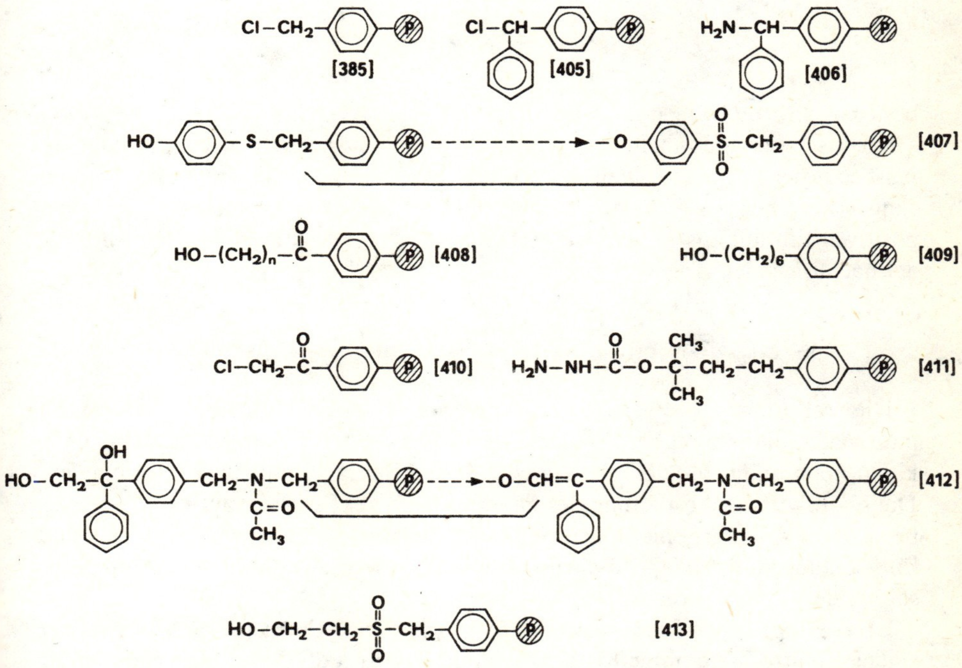

Abb. 2—16. Ankergruppierungen für die MERRIFIELD-Synthese (nach BUIS [404])

repräsentative Beispiele zusammengestellt, die besonders unter dem Gesichtspunkt der Abspaltung von geschützten Peptidsegmenten vom polymeren Träger entwikkelt wurden.

Daneben wurden weitere interessante Prinzipien entwickelt, von denen nur einige Beispiele aufgeführt werden sollen. Nach GROSS et al. [414] eignet sich Dehydroalanin als Ankergruppierung für die Synthese von Peptiden mit C-terminalen Amidgruppen:

$$R-NH-CHR'-CO-NH-\underset{\substack{\|\\CH_2}}{C}-COO-CH_2-\text{\textregistered}$$

$$\downarrow \text{N HCl / HOAc}$$
$$\text{1 Aquiv. H}_2\text{O (50 °C; 30 min)}$$

$$R-NH-CHR'-\overset{O}{\underset{\|}{C}}-NH_2 \;+\; CH_3-\overset{O}{\underset{\|}{C}}-\overset{O}{\underset{\|}{C}}-O-CH_2-\text{\textregistered}$$

Von großer praktischer Bedeutung sind auch Ankergruppierungen, die die Peptidablösungsrate während der säurekatalysierten N^α-Schutzgruppenabspaltung vermindern. 4-(Hydroxymethyl)-phenylacetamidoalkyl-Gruppierungen (R = H bzw. n-C_6H_{13})

$$HO-\bigcirc-CH_2-\overset{O}{\underset{\|}{C}}-\underset{R}{N}-CH_2-\bigcirc-\text{\textregistered}$$

besitzen derartige Eigenschaften [415, 416]. Die Abspaltung des Peptides vom Träger ist aber nur noch mittels HF möglich. Hinsichtlich der Erhöhung der Ausbeute bei Festphasen-Peptidsynthesen scheinen auch längere Spacergruppierungen zwischen der C-terminalen Aminosäure und dem polymeren Träger einen positiven Einfluß auszuüben, wie Arbeiten von SPARROW et al. [417] am Beispiel der nachfolgenden Ankergruppierung zeigten:

$$Br-CH_2-\bigcirc-CH_2-\overset{O}{\underset{\|}{C}}-NH-(CH_2)_{10}-\overset{O}{\underset{\|}{C}}-NH-(CH_2)_{10}-\overset{O}{\underset{\|}{C}}-NH-CH_2-\bigcirc-\text{\textregistered}$$

Die Variationsvielfalt an Ankergruppierungen verdeutlicht die ständigen Bemühungen, die inhärenten Probleme des MERRIFIELD-Verfahrens zu lösen. Es ist kaum noch möglich, auch nur die wichtigsten Beiträge umfassend abzuhandeln. Die photolytische Abspaltung des Peptides nach der Synthese auf der Grundlage besonderer Ankergruppierungen soll daher stellvertretend für weitere interessante Entwicklungen abschließend ebenso besprochen werden wie die Anwendung des sog. „safety-catch"-Prinzips.

LH-RH wurde beispielsweise in analytisch reiner Form (65% Ausbeute) an einem 3-Nitro-4-aminomethyl-benzoylamid-Träger aufgebaut, der eine photolytische Ablösung des Peptides bei 350 nm ermöglicht [418]:

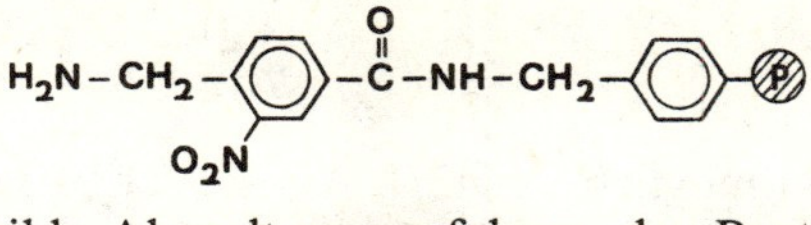

Peptidsynthesen 211

$$H_2N-CH_2-\underset{O_2N}{\underset{|}{\bigcirc}}-\overset{O}{\overset{\|}{C}}-NH-CH_2-\bigcirc-Ⓟ$$

Dieses milde Abspaltungsverfahren, das Peptide mit C-terminalen Amid-Gruppierungen liefert, führt auch bei der Ablösung von Peptiden mit endständigen sterisch gehinderten Aminosäure-Resten zu hohen Ausbeuten. Die Photolyse von α-Methylphenacylestern wurde auch auf die Festphasen-Peptidsynthese übertragen [419]. Prinzipiell erlauben die photolytischen Abspaltungsmethoden die Synthese von geschützten Peptidsegmenten.

Basierend auf einer photolabilen Ankergruppierung wurde von MERRIFIELD die sog. „orthogonale" Schutzkonzeption für die Festphasen-Peptidsynthese weiterentwickelt [420]. Zu diesem Zweck werden verschiedene Schutzgruppentypen eingesetzt, die jeweils selektiv abgespalten werden können.

Unter den Bedingungen der Abspaltung einer Schutzgruppenklasse sind die übrigen Schutzgruppen vollständig resistent, da die Spaltungsmechanismen unterschiedlich sind. In Abb. 2—17 wird diese Möglichkeit schematisch dargestellt.

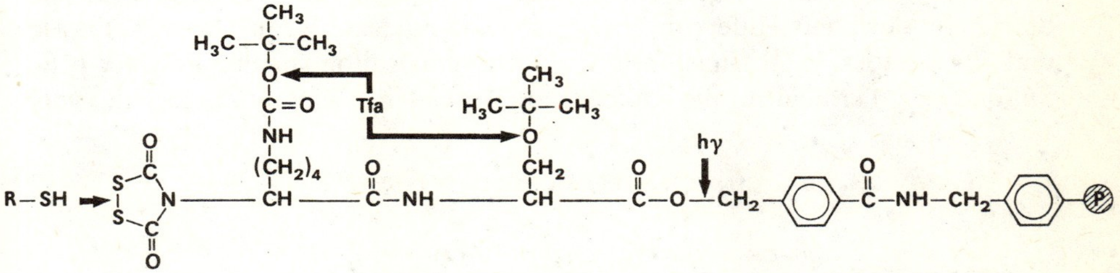

Abb. 2—17. Prinzip des orthogonalen Schutzes nach MERRIFIELD [420]

Während die Seitenkettenschutzgruppen acidolytisch und die Ankergruppe photolytisch gespalten werden können, ist die unter diesen Bedingungen stabile *Dithiasuccionyl(Dts-)-Gruppe* durch milde Reduktion mit einer Thiolkomponente zu entfernen.

Vollständige Stabilität während der Festphasen-Synthese und eine anschließende milde Spaltbarkeit sind praktisch kaum zu realisierende Anforderungen an eine Peptid-Trägerbindung. Die sog. „dual-function"- oder „safety-catch"-Träger scheinen theoretisch diesen Ansprüchen am ehesten zu genügen. Hierbei wird eine Ankerbindung benutzt, die unter Synthesebedingungen absolut stabil ist, und anschließend nach einer vorangestellten chemischen Labilisierung unter milden Bedingungen gespalten werden kann. So ist beispielsweise die Acylsulfonamidbindung gegenüber Trifluoressigsäure oder HBr/Eisessig vollständig stabil, während nach N-Methylierung die Spaltung der Bindung unter milden alkalischen

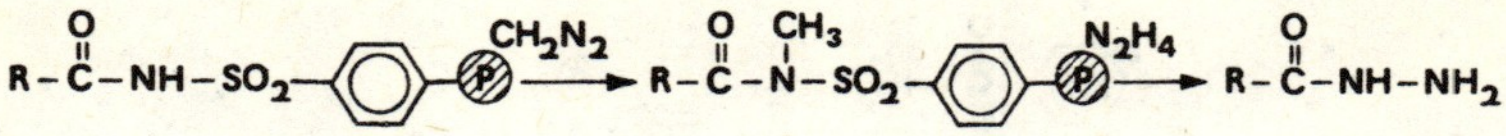

$$R-\overset{O}{\underset{}{C}}-NH-SO_2-\underset{}{\bigcirc}-\textcircled{P} \xrightarrow{CH_2N_2} R-\overset{O}{\underset{}{C}}-\overset{CH_3}{\underset{}{N}}-SO_2-\underset{}{\bigcirc}-\textcircled{P} \xrightarrow{N_2H_4} R-\overset{O}{\underset{}{C}}-NH-NH_2$$

Bedingungen (N_2H_4, NaOH, NH_3) möglich ist [421]. Auf der Grundlage dieses Prinzips sind weitere Verfahren beschrieben worden.

Die *Anknüpfung der ersten Aminosäure II* (vgl. Abb. 2—12) kann über eine Ester-, Hydrazid- oder Amidbindung erfolgen. In den meisten Fällen werden Esterbindungen benutzt:

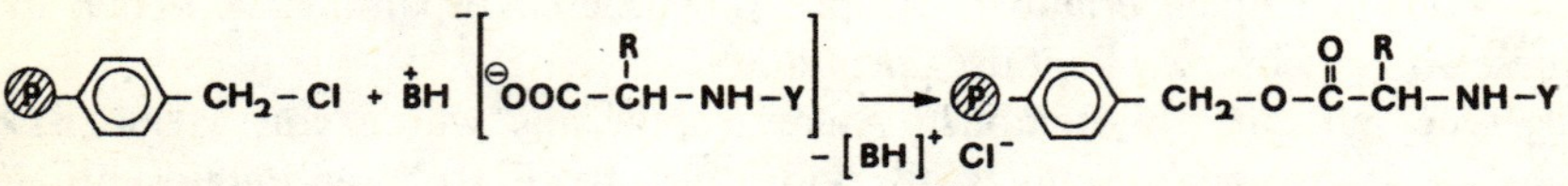

$$\textcircled{P}-\underset{}{\bigcirc}-CH_2-Cl + \overset{+}{B}H \left[OOC-\overset{R}{\underset{|}{C}H}-NH-Y \right]^{\ominus} \xrightarrow[-[BH]^+ Cl^-]{} \textcircled{P}-\underset{}{\bigcirc}-CH_2-O-\overset{O}{\underset{}{C}}-\overset{R}{\underset{|}{C}H}-NH-Y$$

Die Veresterung des Chlormethyl-Harzes mit dem N-geschützten Aminosäuresalz erfolgt in Ethanol, THF, Benzen u. a. durch Erhitzen unter Rückfluß (24 bis 50 h), wobei die Ausbeuten zwischen 14 und 50% d. Th. liegen. Tetramethylammoniumhydroxid anstelle von Triethylamin soll nicht nur höhere Veresterungsraten ergeben, sondern auch die Bildung quaternärer Ammonium-Gruppen am Träger verhindern [422].

Hydroxymethylierte Träger ermöglichen die Anknüpfung der N-geschützten Startaminosäure mit Hilfe von N,N-Carbonyldiimidazol [423]. Das von TESSER und ELLENBROEK [424] eingeführte 2-Hydroxyethylsulfonylmethyl-Polymer („β-Sulfon-Harz") ermöglicht die Anknüpfung der ersten Aminosäure mit Hilfe von

$$\textcircled{P}-CH_2-SO_2-CH_2-CH_2-OH + HOOC-\overset{R}{\underset{|}{C}H}-NH-Y \xrightarrow{DCC}$$

$$\textcircled{P}-CH_2-SO_2-CH_2-CH_2-O-\overset{O}{\underset{}{C}}-\overset{R}{\underset{|}{C}H}-NH-Y$$

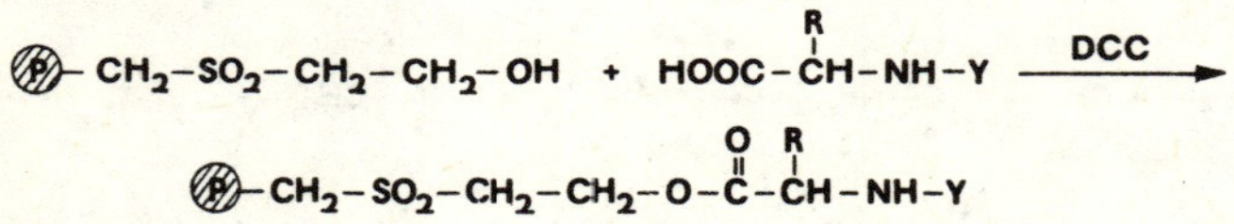

milden Peptidkupplungsmethoden, wie z. B. mittels Dicyclohexylcarbodiimid. Nach der Synthese kann das Peptid über eine β-Eliminierung unter milden alkalischen Bedingungen abgelöst werden.

Neben den angeführten Beispielen sind viele andere Varianten zur Anknüpfung der Startaminosäure beschrieben worden [391—396].

Nach Verknüpfung der ersten N-geschützten Aminosäure mit dem Träger werden alle folgenden Operationen in einem besonderen Glasreaktor mit Fritte, Absaugvorrichtung und Tubus (Abb. 2—18) durchgeführt. Zur Durchmischung sind verschiedene Bewegungsformen des Reaktionsgefäßes beschrieben worden. Die Prozeßführung ist sowohl manuell als auch automatisiert unter Verwendung kommerziell zugänglicher „Synthesizer" (s. u.) möglich. Vor Beginn der Synthese muß die Aminosäurebeladung analytisch ermittelt werden. Eine Beladung zwischen 0,1 bis 0,5 mMol Aminosäure/g Harz hat sich in der Praxis als günstig erwiesen. Die Bestimmung der Beladung ist für die

Dosierung der Reagenzien erforderlich und dient als Berechnungsstandard für die Ausbeuten.

Die *selektive Abspaltung der N^α-Schutzgruppe III* (vgl. Abb. 2—12) beinhaltet den nächsten Schritt einer MERRIFIELD-Synthese. Die Wahl einer geeigneten N^α-Aminoschutzgruppe ist sowohl von der Stabilität der Ankerbindung zwischen Startaminosäure und polymeren Träger als auch von den verwendeten Schutzgruppen der Drittfunktionen abhängig. Die Anforderungen an die für Festphasen-Synthesen verwendeten Schutzgruppen sind bezüglich ihrer selektiven Spaltbarkeit eminent hoch.

Abb. 2—18. Reaktionsgefäß für die MERRIFIELD-Synthese

Als brauchbare Kombination hat sich die Verwendung der N^α-tert.-Butyloxycarbonyl-Gruppe mit einer Seitenkettenblockierung auf Benzyl-Basis erwiesen. Zur Abspaltung der Boc-Gruppe werden 1 N Chlorwasserstofflösungen in Eisessig oder in Ameisensäure, 4 N Chlorwasserstofflösungen in Dioxan, Trifluoressigsäure sowie Trifluoressigsäure in Methylenchlorid in unterschiedlichen Mischungsverhältnissen, 98proz. Ameisensäure u. a. eingesetzt.

Wegen der partiellen Deblockierungsgefahr von N^ω-Benzyloxycarbonyl-Gruppen am Lysin oder Ornithin bzw. des Benzyl-Restes am Tyrosin ist eine Kombination mit der N^α-Boc-Gruppe nicht zu empfehlen.

Verschieden substituierte Benzyloxycarbonyl-Reste (vgl. Abschn. 2.2.4.1.1.1.) für den Schutz von N^ω-Aminofunktionen besitzen den Vorteil einer weitaus höheren Stabilität. Hinreichend stabil sind auch bei Deblockierungen der N^α-Boc-Gruppe mittels Trifluoressigsäure/Methylenchlorid (1:1) die ω-Benzylester der Asparagin- und Glutaminsäure sowie O-Benzylether des Threonins und Serins.

Die säurelabilere N^α-Bpoc-Gruppe (vgl. S. 126) läßt sich auch bei Festphasen-Peptidsynthesen in Verbindung mit Seitenfunktionen-Schutzgruppen auf der Grundlage des tert.-Butylrestes anwenden.

Selbstverständlich ist auch der Einsatz photolytisch spaltbarer N^α-Aminoschutzgruppen möglich. Eine günstige Schutzgruppenkombination bieten die Fmoc-Gruppe für den α-Aminoschutz sowie Seitenkettenschutzgruppen vom tert.-Butyltyp [425, 426]. Die Fmoc-Gruppe läßt sich unter milden basischen Bedingungen, wie z. B. mit 50proz. Piperidin in CH_2Cl_2 abspalten.

Der Schutz des Imidazolstickstoffs des Histidins ist — ebenso wie bei der konventionellen Peptidsynthese in Lösung — problematisch. Bei Verwendung der N^{Im}-Benzyl-Gruppe treten Schwierigkeiten bei der Abspaltung auf, da Natrium in fl. NH_3 eine wenig schonende Methode darstellt und bei Hydrogenolyse unter extremen Bedingungen auch der Imidazol-Rest angegriffen werden kann. Die Tosyl-Gruppe bildet eine weitere Schutzmöglichkeit, die aber zur Abspaltung flüssige Fluorwasserstoffsäure erfordert. Die Guanido-Gruppe des Arginins kann durch Nitrierung oder auch durch den Tosyl-Rest blockiert werden. Der letzteren Blockierungsmethode wird offenbar ein Vorzug eingeräumt, weil der Tosyl-Rest sowohl durch HF als auch mit Hilfe der Bortris-(trifluoracetat)-Spaltungsmethode [427] entfernt werden kann. Beim Nitroarginin soll eine Abbaugefahr zum Ornithin bestehen. Das Problem des Cystein-Schutzes bei Festphasen-Synthesen ist noch unbefriedigend gelöst, obgleich sich die Zahl der Möglichkeiten vergrößert hat. Die Carbonsäureamid-Gruppen von Asparagin und Glutamin sollten zweckmäßigerweise geschützt werden. Die allgemein bekannten Nebenreaktionen bei Verwendung mehrfunktioneller Aminosäuren, wie z. B. Transpeptidierungen im Falle der Asparaginsäure oder der Bildung von Pyrrolidon-5-carbonsäure-2 beim Glutamin stellen auch bei MERRIFIELD-Synthesen eine ständige Gefahr dar.

Die Oxidationslabilität des Tryptophans unter den acidolytischen Abspaltungsbedingungen von N^α-Aminoschutzgruppen erfordert einen Zusatz von 2-Mercaptoethanol oder Dithiothreitol bzw. von anderen geeigneten Reduktionsmitteln. Neue Möglichkeiten zum Schutz der Thioether-Funktion des Methionins werden gefordert, da die Verwendung des Sulfoxids als geschütztes Derivat keine optimale Variante darstellt.

Die geschilderte Schutzgruppenproblematik bei Festphasen-Peptidsynthesen verdeutlicht, daß verschiedene limitierende Faktoren der MERRIFIELD-Methode eng mit den angedeuteten ungelösten bzw. unbefriedigend gelösten Fragen verbunden sind. Die Komplexität dieses Problems erlaubt in diesem Rahmen keine umfassende Darstellung, so daß auf entsprechende Literaturhinweise verzichtet wurde (vgl. Übersichtsdarstellungen [391—396, 420]).

Nach der acidolytischen Entfernung der am häufigsten benutzten N^α-Boc-Aminoschutzgruppe liegt die α-Aminofunktion protoniert vor. Mit Triethylamin

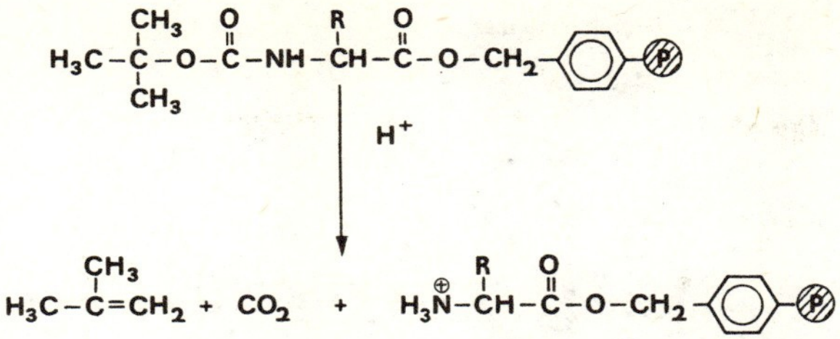

$$\text{H}_3\text{C}-\underset{\underset{\text{CH}_3}{|}}{\overset{\overset{\text{CH}_3}{|}}{\text{C}}}-\text{O}-\overset{\overset{\text{O}}{\|}}{\text{C}}-\text{NH}-\underset{\underset{\text{H}^+}{\downarrow}}{\overset{\overset{\text{R}}{|}}{\text{CH}}}-\overset{\overset{\text{O}}{\|}}{\text{C}}-\text{O}-\text{CH}_2-\bigcirc\!\!-\!\!\text{Ⓟ}$$

$$\text{H}_3\text{C}-\underset{\underset{\text{CH}_3}{|}}{\text{C}}=\text{CH}_2 \;+\; \text{CO}_2 \;+\; \overset{\oplus}{\text{H}_3\text{N}}-\overset{\overset{\text{R}}{|}}{\text{CH}}-\overset{\overset{\text{O}}{\|}}{\text{C}}-\text{O}-\text{CH}_2-\bigcirc\!\!-\!\!\text{Ⓟ}$$

in Chloroform, DMF oder Methylenchlorid wird die Aminogruppe freigesetzt und durch Titration des mit Triethylamin eluierten Chlorids deren Gehalt quantitativ bestimmt.

Zur *Anknüpfung der nächsten N-geschützten Aminosäure IV* (vgl. Abb. 2—12) wurden nahezu alle bekannten Methoden zur Knüpfung der Peptidbindung — mit Ausnahme der Azid-Methode — erprobt. Die DCC-Methode (vgl. Abschn. 2.2.5.4.) hat sich bisher als das brauchbarste Kupplungsverfahren erwiesen:

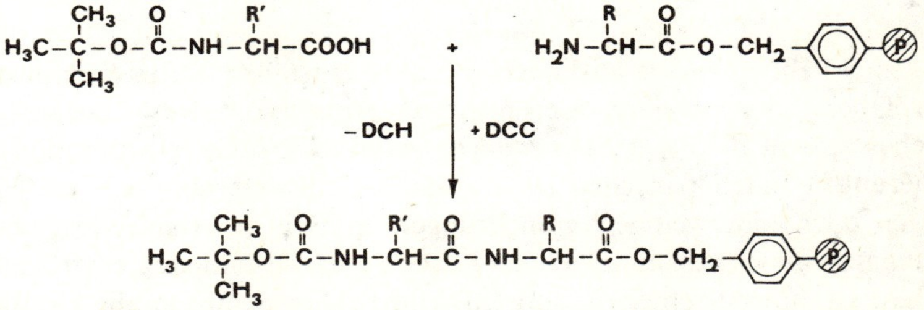

$$\text{H}_3\text{C}-\underset{\underset{\text{CH}_3}{|}}{\overset{\overset{\text{CH}_3}{|}}{\text{C}}}-\text{O}-\overset{\overset{\text{O}}{\|}}{\text{C}}-\text{NH}-\overset{\overset{\text{R}'}{|}}{\text{CH}}-\text{COOH} \quad + \quad \text{H}_2\text{N}-\overset{\overset{\text{R}}{|}}{\text{CH}}-\overset{\overset{\text{O}}{\|}}{\text{C}}-\text{O}-\text{CH}_2-\bigcirc\!\!-\!\!\text{Ⓟ}$$

$$\downarrow\; -\text{DCH} \;\; +\text{DCC}$$

$$\text{H}_3\text{C}-\underset{\underset{\text{CH}_3}{|}}{\overset{\overset{\text{CH}_3}{|}}{\text{C}}}-\text{O}-\overset{\overset{\text{O}}{\|}}{\text{C}}-\text{NH}-\overset{\overset{\text{R}'}{|}}{\text{CH}}-\overset{\overset{\text{O}}{\|}}{\text{C}}-\text{NH}-\overset{\overset{\text{R}}{|}}{\text{CH}}-\overset{\overset{\text{O}}{\|}}{\text{C}}-\text{O}-\text{CH}_2-\bigcirc\!\!-\!\!\text{Ⓟ}$$

Nach REBEK [428] verläuft die DCC-Kupplung unter Festphasen-Bedingungen vorrangig über die Stufe des symmetrischen Anhydrids, während in homogener Phase das O-Acyllactim als intermediäre Zwischenstufe dominiert. Der sich abscheidende Dicyclohexylharnstoff (DCH) beeinträchtigt die Diffusion innerhalb des gequollenen Harzes. Aus diesem Grunde ist das Verfahren von HAGEMAIR [429] zu empfehlen, bei dem aus der Boc-Aminosäure und DCC im Verhältnis 2:1 außerhalb des MERRIFIELD-Gefäßes zunächst das aktivierte Aminosäurederivat in der Lösung gebildet und nach Abtrennung des DCH in den Reaktor überführt wird.

Das Hauptproblem der MERRIFIELD-Synthese besteht darin, alle am Träger gebundenen freien Aminogruppen bei jedem Kupplungsschritt quantitativ zu acylieren und danach die N^α-Aminoschutzgruppe wieder quantitativ abzuspalten. Da diese Forderung bei heterogenen Reaktionen nicht durchgehend erfüllbar ist, kommt es zur Bildung von *Fehlsequenzen* oder *Rumpfsequenzen* [430, 431] (Abb. 2—19).

Bei der Synthese eines Pentapeptides A—B—C—D—E können sich bei nicht vollständiger Kupplung 4 Rumpfsequenzen und lediglich auf das Pentapeptid

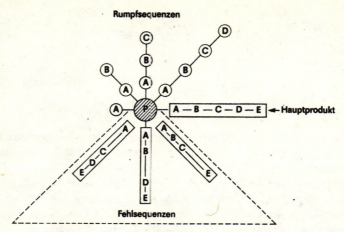

Abb. 2—19. Schematische Darstellung von Rumpf- und Fehlsequenzen

bezogen 3 Fehlsequenzen ausbilden. Letztere entstehen, wenn Rumpfsequenzen unter Überspringung einer oder mehrerer Aminosäure-Reste acyliert werden. Daneben spricht man von *Fehlpeptiden*, wenn bei korrekter Aminosäuresequenz Acylierungen (nach partieller Drittfunktion-Deblockierung) in der Seitenkette erfolgen oder anderweitige Veränderungen an Drittfunktionen resultieren. Die Abtrennung dieser verunreinigenden Peptide nach Beendigung einer Festphasen-Synthese ist äußerst schwierig und aufwendig. Daher müssen alle Möglichkeiten genutzt werden, um die Reaktionen in heterogener Phase quantitativ zu gestalten. So setzt man große Überschüsse an Acylierungsmittel ein, die bei sterisch gehinderten Aminosäuren oft 6 Äquiv. betragen. Ansonsten arbeitet man mit 3 bis 4 Äquiv. und wiederholt bei nicht vollständigem Umsatz die Kupplungsreaktion ein- bis zweimal. Unter solchen Bedingungen können natürlich Aminoacyl-Einschiebungen ablaufen, wie sie auch tatsächlich beobachtet wurden [432].

Bei der Synthese eines Analogons von Cytochrom c (104 Aminosäurebausteine) wurde zur Anknüpfung der letzten 45 Aminosäuren der Acylierungsmittel-Überschuß auf das 30- bis 70fache erhöht und die Kupplungsdauer auf 24 Stunden verlängert. Andererseits beschrieben ANFINSEN et al. [433] eine Synthese des Bradykinins mit einem 10fachen Überschuß an Acylierungsmittel, wobei die Kupplungszeiten auf 3 Minuten begrenzt und für den Aufbau des Nonapeptides weniger als 5 Stunden benötigt wurden. Ökonomisch ist ein solcher Überschuß an N-geschützten Aminosäuren kaum vertretbar, zumal eine Rückgewinnung bei Anwendung des DCC-Verfahrens wegen der N-Acylharnstoffbildung erschwert sein soll.

Zur Umgehung dieser Schwierigkeiten wurde eine Variante beschrieben [434, 435], bei der vor Zugabe von DCC die N-geschützten Aminosäuren ionogen an die freien Aminogruppen des Trägers fixiert werden und durch Waschen mit Methylenchlorid eine Rückgewinnung des Überschusses möglich ist. Aktivester können prinzipiell zurückgewonnen werden. Die verschiedensten Typen von Aktivestern wurden für MERRIFIELD-Synthesen herangezogen. Allerdings benötigen sie bedeutend längere Reaktionszeiten als Kupplungen mit dem DCC-Verfahren [436]. Aber auch andere Aktivierungs-Methoden sind nicht so effektiv wie die DCC-Methode einschließlich ihrer verschiedenen Durchführungsvarianten.

Die *Bestimmung des Umsatzgrades* bei Festphasen-Peptidsynthesen ist für die Prozeßführung von großer Bedeutung. Relativ einfach durchführbar sind verschiedene titrimetrische Methoden, wie z. B. die DORMAN-Methode [437], bei der nach vorangegangener Protonierung nicht umgesetzter Aminogruppen mit Pyridin-hydrochlorid oder Pyridin-hydrobromid [438] das mit Triethylamin eluierte Halogenid bestimmt wird, oder die direkte Titration nicht umgesetzter Aminogruppen mit 0,1 N $HClO_4$ [439]. Daneben wurden verschiedene Farbreaktionen (Ninhydrin, Fluorescamin u. a.) entwickelt, um die Vollständigkeit des Ablaufes der Kupplungsreaktion zu überprüfen. Das Angebot an analytischen Verfahren ist relativ groß (vgl. Übersichten [391—396]), ohne daß ein Verfahren als ideal bezeichnet werden kann.

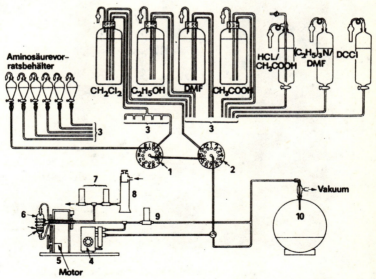

Abb. 2—20. Aufbauschema des ersten MERRIFIELDschen „Synthesizer" [440]

Hat sich nun trotz mehrmaliger Wiederholung der Kupplungsreaktion mittels der genannten analytischen Methoden herausgestellt, daß die Acylierung nicht vollständig verlaufen ist, werden im weiteren Verlauf zwangsläufig Rumpf- und Fehlsequenzen auftreten. Um eine leichtere Abtrennung dieser unerwünschten Peptide zu ermöglichen, werden nach der Kupplungsreaktion Acylierungen mit bestimmten Reagenzien, wie N-Acetyl-imidazol, 3-Nitro-phthalsäureanhydrid u. a. durchgeführt, wobei aber aufgrund der diffusionsabhängigen Reaktion eine quantitative reversible Blockierung kaum möglich erscheint.

Durch *n-fache Wiederholung der Reaktionsschritte III und IV* (vgl. Abb. 2—12) *wird in einem Zyklus V* die gewünschte Peptidsequenz am polymeren Träger aufgebaut. Trotz der bereits geschilderten Unzulänglichkeiten hat die Festphasen-Peptidsynthese bezüglich einer möglichen Automation doch neue Maßstäbe gesetzt. Die erste Maschine wurde von MERRIFIELD et al. [440] konstruiert (Abb. 2 bis 20).

Dieser „Synthesizer" besteht aus zwei Hauptkomponenten, dem Kontrollsystem und dem Reaktorsystem. Die Reaktoreinheit umfaßt das Reaktionsgefäß, die Ventilsysteme für Lösungsmittel und Reagenzien sowie Vorratsbehälter für diese Flüssigkeiten. Durch die Programmiereinheit werden die Schütteleinrichtung für das Reaktionsgefäß sowie die verschiedenen Pumpen und Ventilsysteme gesteuert.

Abb. 2—21 Erstes kommerzielles Modell eines „Peptide Synthesizer" nach BRUNFELDT

Aufbauend auf dieser klassischen Maschine wurden Verbesserungen sowohl im mechanischen Bereich als auch bezüglich einer weitgehenden Automation beschrieben. BRUNFELDT et al. [441] entwickelten den Prototyp des ersten kommerziellen Modells für die SCHWARZ/MANN Company, Orangenburg, N. Y. Weitere Geräte sind kommerziell zugänglich (Beckman-Spinco Instruments, Inc., Palo Alto, Calif.; Vega Engineering Comp., Tuscon Ariz.; Chemtrox Corporation, Rochester, N. Y. u. a.). Das erste kommerzielle „Synthesizer"-Modell zeigt Abb. 2—21. Eine Weiterentwicklung ist auch bei den Reaktionsgefäßen zu verzeichnen. Neben dem bewährten Schüttelprinzip wurden auch starre Gefäßanordnungen beschrieben, die das Harz entweder in einem temperierten Gefäß durch Umpumpen der Reaktionslösung, Durchleiten eines Inertgases oder mechanisches Rühren bewegen. Eine interessante Entwicklung ist der von WIELAND, BIRR et al. [442] konstruierte Zentrifugal-Reaktor.

Die *Abspaltung des synthetisierten Peptides vom polymeren Träger VI* (vgl. Abb. 2—12) bildet den letzten Schritt einer MERRIFIELD-Synthese; die nachfolgende intensive Reinigung des Produktgemisches ist die wichtigste Operation. Die Ablösung vom Polymer gelingt mittels Reagenzien, die entweder die Ankerbindung zwischen C-terminaler Aminosäure und Träger selektiv spalten oder auch gleichzeitig eine partielle bzw. vollständige Deblockierung ermöglichen. Die alkyl-substituierte Benzylesterbindung wird am zweckmäßigsten protonensolvolytisch gelöst. Lösungen von Bromwasserstoff in Trifluoressigsäure sind hierfür oft verwendet worden, weil Eisessig als Lösungsmittel wegen der potentiellen Acetylierungsgefahr von Hydroxyaminosäuren weniger gut geeignet ist. Sehr viele Abspaltungen wurden auch mit wasserfreiem, flüssigem Fluorwasserstoff [63] bei 0 °C in Gegenwart von Anisol als „Scavenger" beschrieben, womit neben der Spaltung der Ankerbindung alle N- und O-Schutzgruppen auf tert.-Butyl- bzw. Benzyl-Basis, die Nitro-Gruppe von Arginin-Resten und die S-Methoxybenzyl-Gruppe abgespalten werden. Die bereits erwähnte Methode von PLESS und BAUER [427] mittels Bortris-(trifluoracetat) soll zu ähnlich guten Resultaten führen. Nicht abspaltbar durch HF sind die N^{Im}-Benzyl-, S-Alkylthio-, N^{Im}-2,4-Dinitrophenyl-Reste sowie die 4-Nitrobenzylester-Gruppierung.

Das Racemisierungsrisiko und eine mögliche Umesterungsgefahr von seitenständigen Benzylestern stehen einer Abspaltung durch alkalische Hydrolyse bzw. basenkatalysierten Umesterungen in Gegenwart von starken Anionenaustauschern entgegen. Prinzipiell sind auch ammonolytische und hydrazinolytische Peptidablösungen möglich. Trotzdem sollten zur Darstellung von Amiden oder Hydraziden die bereits besprochenen modifizierten Ankergruppierungen benutzt werden. Abschließend soll aber noch einmal darauf hingewiesen werden, daß acidolytische Spaltungen, insbesondere mit flüssigem Fluorwasserstoff in manchen Fällen auch zu einer Endproduktschädigung führen können.

Die MERRIFIELD-Methode diente seit 1963 zur Synthese einer Vielzahl von

Peptiden, von denen die wichtigsten in Tab. 2—9 zusammengestellt sind. Viele dieser Peptide wurden allerdings aufgrund der geschilderten methodischen Unzulänglichkeiten — hierzu zählen vor allem die längerkettigen Polypeptide und Proteine — als sehr unreine Produkte erhalten.

Tabelle 2—9
Einige nach dem MERRIFIELD-*Verfahren synthetisierte Peptide*

Peptid	Aminosäureanzahl	Jahr	Literatur
Bradykinin	9	1964	[444]
Angiotensin II	8	1965	[445]
Insulin-Ketten	21/30	1966	[446]
Ferredoxin	55	1968	[447]
Oxytocin	9	1968	[448]
Ribonuclease A	124	1969	[449]
Cytochrom c	104	1969	[450]
Staphylokokken-Nuclease (6—47)	42	1969	[451]
Antamanid	10	1969	[452]
menschl. Wachstumshormon	188	1970	[453]
Parathormon (1—34)	34	1971	[454]
Lysozym	129	1971	[455]
Acyl Carrier Protein	74	1971	[456]
basischer Trypsininhibitor (Rind)	58	1971	[457, 458]
Substanz P	11	1971	[459]
Gramicidin S	10	1971	[460]
LH-RH/FSH-RH	10	1971	[461]
Cobotroxin	62	1972	[462]
Ribonuclease T_1	104	1972	[463]
Somatostatin	14	1973	[464]
menschl. ACTH	39	1975	[465]
Glucagon	29	1978	[420]

Betrachtet man die durchgeführten MERRIFIELD-Synthesen (Tab. 2—9), so beobachtet man eine starke Aktivität in dem Zeitraum zwischen 1968 und 1972. Diese Periode ist dadurch gekennzeichnet, daß durch den anfänglich überbetonten Enthusiasmus in vielen neuen Laboratorien — in den USA hat sich seit dem Bekanntwerden des MERRIFIELDschen Synthesekonzeptes deren Anzahl verzehnfacht — mittels der neuen Technik Peptidsynthesen am Träger durchführt wurden, wobei die kommerzielle Zugänglichkeit von Syntheseapparaten diese Entwicklung entscheidend begünstigt hat. Offenbar haben jedoch die teilweise ernüchternden Resultate bei den Syntheseversuchen von Proteinen zu einer realistischeren Einschätzung der Möglichkeiten geführt. Der Versuch der Synthese des Lysozyms ergab z. B. ein Polypeptidgemisch, das eine spezifische Aktivität von 0,5—1% zeigte [455]. Weitaus erfolgreicher waren die synthetischen Arbeiten an der Ribonuclease A [449], obgleich die Ausbeute auch hier nur 16% betrug. Interessante Struktur-Aktivitäts-Studien an diesem Enzym konnten mittels der Festphasen-Technik durchgeführt werden [467]. Sicherlich ist die biologische Aktivität kein Kriterium für den glatten Verlauf einer Festphasen-Peptidsynthese. Die Synthese eines aus 188 Aminosäuren bestehenden Proteins, dessen Sequenz ursprünglich dem menschlichen Wachstumshormon zugeordnet worden war, ergab ein Proteingemisch mit einer deutlichen biologischen Aktivität, obgleich wenig später gezeigt werden konnte, daß die der Synthese zugrundegelegte Primärstruktur nicht stimmte [453, 468]. Die Synthese von langkettigen Polypeptiden und von Proteinen mittels des MERRIFIELD-Verfahren kann gegenwärtig und sicherlich auch in absehbarer Zeit noch nicht den hohen Anforderungen der organischen Chemie an eine Chemosynthese gerecht werden.

Trotzdem wurde von MERRIFIELD eine richtungsweisende Entwicklung eingeleitet, die nicht unbedingt nur als eine Alternative zur konventionellen Synthesetechnik betrachtet werden soll, sondern unter Nutzung der Vorteile beider Konzepte müssen Wege gefunden werden, um die bereits von Emil FISCHER im ersten Dezennium unseres Jahrhunderts vorausgesagte Synthese von Proteinen im Laboratorium zu realisieren.

Unter Nutzung der unbestreitbaren Vorteile der MERRIFIELD-Methode ist ein relativ schneller Aufbau von Peptidsegmenten, die mit Hilfe der vorhandenen Fraktionierungstechniken hoch gereinigt werden können, schon heute möglich. Die Verknüpfung solcher Segmente mittels konventioneller Methoden, die nach jeder Kupplung eine sorgfältige Reinigung und Analyse erlauben, zeigt den Weg für die nahe Zukunft. Daneben wurden mit der Festphasen-Peptidsynthese kleinere Peptidwirkstoffe und vor allem sehr viele Analoga dargestellt. Obgleich es schwierig ist, ein Größenlimit für eine erfolgversprechende Festphasen-Synthese anzugeben, so scheinen Peptide mit 10 bis 15 Aminosäuren — von Ausnahmen abgesehen — das bevorzugte Syntheseobjekt zu sein. In der Entwicklung brauchbarerer polymerer Träger, effektiverer Kupplungsmethoden (mit durchschnittlichen Kupplungsraten von über 99%!), von Schutzgruppen hoher Selektivität, verbunden mit sorgfältigen kinetischen Untersuchungen aller Teilreaktionen und davon abgeleiteten analytischen Kontrollmöglichkeiten der Reaktionen in heterogener Phase, sowie in der allgemeinen Erhöhung der Effektivität der Trenn- und Reinigungsverfahren der Peptid- und Proteinchemie sind die Zielstellungen zusammengefaßt, die die gegenwärtigen Grenzen überwinden können.

Im Gegensatz zur geschilderten strategischen Variante MERRIFIELDs beschrieben LETSINGER et al. [469] den Aufbau einer Peptidkette am polymeren Träger durch schrittweise Kettenverlängerung vom N-terminalen Ende. Zu diesem Zweck wurde die N-terminale Startaminosäure an einen polymeren Chlorkohlensäurebenzylester geknüpft:

$$\text{Ⓟ}\text{—}\bigcirc\text{—}CH_2-O-\overset{O}{\underset{\|}{C}}-Cl \;+\; H_2N-\overset{R}{\underset{|}{CH}}-COOR'$$

$$\downarrow$$

$$\text{Ⓟ}\text{—}\bigcirc\text{—}CH_2-O-\overset{O}{\underset{\|}{C}}-NH-\overset{R}{\underset{|}{CH}}-COOR'$$

Nach Verseifung konnte der nächste Aminosäureester mittels der Anhydrid-Methode angeheftet werden. Der Nachteil dieser Konzeption besteht darin, daß ab der Dipeptidstufe zur weiteren Anknüpfung der C-geschützten Aminosäuren nur noch racemisierungssichere Kupplungsmethoden verwendet werden können und darüber hinaus ein Mangel an geeigneten Carboxyschutzgruppen bestand. Durch den Einsatz von Aminosäure-tert.-butyloxycarbonylhydraziden läßt sich die Azid-Methode zur Kettenverlängerung heranziehen [470].

Trotz der Entwicklung weiterer Modifikationen hat sich die schrittweise Kettenverlängerung vom N-terminalen Kettenende bei Peptidsynthesen an polymeren Trägern in der Praxis bisher nicht durchgesetzt.

2.2.7.2. Flüssigphasen-Methode

Bereits 1965 wurde von SHEMYAKIN et al. [471] die Verwendung löslicher polymerer Träger für die Peptidsynthese vorgeschlagen, um auf diese Weise einige der geschilderten Nachteile der Festphasen-Technik zu überwinden. Unter Verwendung eines löslichen Polystyren-Trägers können die Kupplungsreaktionen in Lösung durchgeführt werden. Allerdings ließen sich überschüssige Reagenzien nach jedem Kupplungsschritt nur durch umständliche Ausfällungsoperationen abtrennen. Durch Einsatz von Polyethylenglycol (*PEG*) als C-terminale Schutzgruppe für die wachsende Peptidkette und die Anwendung der Ultrafiltration zur Abtrennung der niedermolekularen Kupplungsreagenzien gelang MUTTER et al [472] eine entscheidende Verbesserung der „*liquid-phase*"-Methode.

Eine weitere Möglichkeit ergab sich durch die Entwicklung der „*Kristallisations-Methode*" [473]. Durch Zusatz eines geeigneten organischen Lösungsmittels (Diethylether) kann das Peptidyl-PEG schnell und quantitativ in Form einer Helixstruktur unter Vermeidung von Einschlüssen zur Kristallisation gebracht werden, wodurch eine einfache Abtrennung von den niedermolekularen Kupplungskomponenten und Reagenzien gelingt (Abb. 2—22).

Obgleich die Kupplungszeiten denen der konventionellen Technik entsprechen, sind zur Erreichung optimaler Umsatzraten Überschüsse an Acylierungsmittel und auch Nachkupplungen notwendig. Mit wachsender Peptidkette ist eine

Beeinflussung der Löslichkeitseigenschaften verbunden, so daß selbst bei Verwendung von DMF viskose Lösungen resultieren können [474, 475].

Die Flüssigphasen-Peptidsynthese konnte ebenfalls wie die Festphasen-Methode weitgehend automatisiert werden.

Unter Verwendung der NCA-Methode (vgl. Abschn. 2.2.5.2.3.) und eines Polyethylenimin-Trägers beschrieben PFAENDER et al. [476] eine Peptidsynthesevariante in wäßriger Phase. Für diesen Zweck wurde ein automatischer Peptidsynthese-Apparat entwickelt.

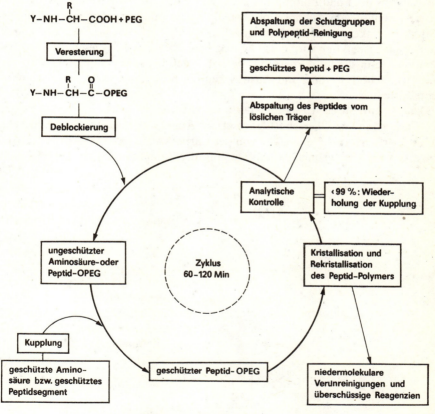

Abb. 2—22. Schematischer Verlauf der Flüssigphasen-Peptidsynthese nach MUTTER und BAYER [473]

2.2.7.3. Alternierende Fest-Flüssigphasen-Peptidsynthese

Zur Vermeidung von Rumpf- und Fehlsequenzen ist bei Peptidsynthesen an polymeren Trägern ein möglichst vollständiger Umsatz erforderlich. Trotz großer Anstrengungen ist diese Zielsetzung nicht erreicht worden. Mit der alternierenden Fest-Flüssigphasen-Methode wurde von FRANK und HAGENMAIER [477] eine strategische Variante beschrieben, die unter Verwendung polymerer Träger auf jeder Synthesestufe die einfache Abtrennung sowohl der im Überschuß zur Kettenverlängerung eingesetzten Aminosäuren als auch der nicht verlängerten Peptidkette vom gewünschten Peptid ermöglicht. Der Grundgedanke dieses Verfahrens besteht darin, daß eine schrittweise zu verlängernde Peptidkette im Verlauf der Kupplungsreaktion physikalisch so verändert wird, daß Ausgangsprodukt und Endprodukt leicht zu trennen sind. Zu diesem Zweck wird die zu verknüpfende Aminosäure über die Aminofunktion mittels einer selektiv spaltbaren Ankergruppe an einen unlöslichen polymeren Träger geknüpft. Durch die Kupplungsreaktion wird die in Lösung befindliche, carboxygeschützte Aminokomponente in die feste Phase transferiert. Nach beendeter Kupplung läßt sich durch einfache Filtration und Auswaschen die nicht umgesetzte Aminokomponente abtrennen.

Danach wird durch Abspaltung der polymeren Aminoschutzgruppe das Peptid gemeinsam mit im Überschuß eingesetzter Aminosäure wieder in die lösliche Phase überführt. In Abhängigkeit von der Carboxyschutzgruppe und der Kettenlänge des Peptides gelingt die Abtrennung der Aminosäure vom Peptid durch

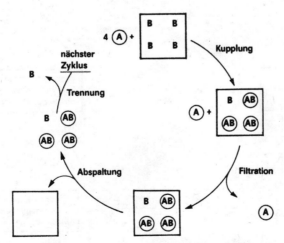

Abb. 2—23. Schema eines Synthesezyklus der alternierenden Fest-Flüssigphasen-Peptidsynthese nach FRANK und HAGENMAIR [477]

Ausschütteln, Ultrafiltration, Gelpermeations-Chromatographie oder Umfällen. Danach beginnt der nächste Synthesezyklus mit der Verknüpfung der folgenden N^α-polymerblockierten Aminosäure.

Durch diese Reaktionsfolge, bei der die wachsende Polypeptidkette alternierend in fester und flüssiger Phase vorliegt, ist eine vollständige Entfernung sowohl nicht umgesetzter Aminokomponente als auch nicht deblockierten Peptides möglich. Das Verfahren ist flexibel einsetzbar und kann mit Ausnahme der MERRIFIELD-Methode auf bestimmten Stufen mit anderen Strategien kombiniert werden. Als Carboxyschutzgruppen wurden vor allem solubilisierende monofunktionelle Polymere, wie Polyethylenglycolmonoalkylether vorgeschlagen. Durch Durchflußanalyse mit Ninhydrin oder Fluorescamin können Kupplungs- und Deblockierungsverlauf analytisch kontrolliert werden. Als erste polymere Aminoschutzgruppe wurde ein trägergebundener Benzhydryloxycarbonyl-Rest verwendet, der eine Peptidfreisetzung mit 10proz. Trifluoressigsäure in Methylenchlorid erlaubt:

$$\text{(P)}-\text{C}_6\text{H}_4-\underset{\underset{\text{C}_6\text{H}_5}{|}}{\text{CH}}-\text{O}-\underset{\underset{\text{O}}{\|}}{\text{C}}-\text{NH}-\underset{\underset{\text{R}}{|}}{\text{CH}}-\text{COOH}$$

Bezüglich des polymeren Trägers und der Ankergruppe existieren mehrere Variationsmöglichkeiten. Nach einer breiten praktischen Erprobung wird es sich zeigen, ob diese Synthesekonzeption eine Alternative zu den bereits besprochenen Synthesemethoden an polymeren Trägern darstellen kann.

2.2.7.4. Polymer-Reagens-Peptidsynthese

Bei dieser Synthesevariante handelt es sich primär nicht um eine Synthese am polymeren Träger, da sich die wachsende Peptidkette ständig in Lösung befindet. Vielmehr werden unlösliche polymer-aktivierte Carboxy-Derivate mit Aminokomponenten zur Reaktion gebracht, wobei unter Freisetzung des Polymers das lösliche, geschützte Peptidderivat gebildet wird. Der Vorteil dieses Verfahrens besteht darin, daß die polymeren Reagenzien im Überschuß eingesetzt werden können und die Abtrennung des synthetisierten Peptides vom unlöslichen Polymer keine Schwierigkeiten bereitet. Es eignen sich verschiedene Typen von polymeren Aktivestern für diesen Zweck, wobei die grundlegenden Untersuchungen durch die Arbeitsgruppen von PATCHORNIK [478] und WIELAND [479] vorgenommen wurden. Solche polymeren Reagenzien müssen mechanisch stabil sein, gute Quelleigenschaften besitzen und hohe Reaktivität verbunden mit einer geringen sterischen Hinderung aufweisen.

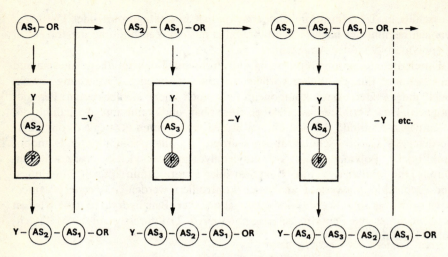

Abb. 2—24. Prinzip der kontinuierlichen Polymer-Reagens-Synthese nach WIELAND

Interessant sind die von WIELAND et al. initiierten Studien, den Prozeß kontinuierlich zu führen (Abb. 2—24).

Durch den Einsatz von photolytisch abspaltbaren Aminoschutzgruppen scheinen gute Voraussetzungen für eine praktikable Realisierung vorhanden zu sein, da acidolytische Deblockierungen mit nachfolgender Neutralisation die Salzkonzentration der Reaktionslösung ständig erhöhen.

Aus der Vielzahl der bereits beschriebenen polymeren Reagenzien sollen nachfolgend einige Vertreter besprochen werden. Mit Hilfe des Poly-([4-hydroxy-3-nitro-benzyl]-styrens) (*I*) lassen sich polymere Aktivester herstellen, mit deren Hilfe das geschützte LH-RH in einer Totalausbeute von 68,8% aufgebaut werden konnte [480]. Vorzügliche Eigenschaften besitzt auch das Poly-([1-hydroxybenzotriazol]-styren) (*II*). Durch Kupplung mit DCC können die entsprechenden polymeren Aktivester bei 4 °C innerhalb von 15—20 Minuten mit einer durchschnittlichen Beladung von 0,6—1,3 mMol/g Harz erhalten werden [481]. Die Polymer-1-hydroxy-benzotriazolester haben sich bei verschiedenen Peptidsynthesen bewährt.

Aber auch polymer gebundenes Carbodiimid [482, 483], polymer gebundenes Triphenylphosphin/2,2′-Dipyridyldisulfid [484] und das Poly-(1-ethoxycarbonyl-2-ethoxy-1,2-dihydro-chinolin) (*III*), das aus 6-Isopropenyl-chinolin, Styren und Divinylbenzen durch Umsetzung mit Chlorameisensäurethylester und Ethanol in Gegenwart von Triethylamin erhalten werden kann [485], konnten u. a. erfolgreich für Kupplungsreaktionen eingesetzt werden. Mit Verbindung *III* können Segmentkondensationen racemisierungsfrei durchgeführt werden.

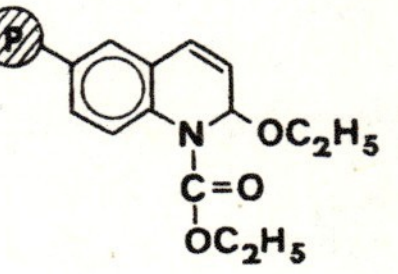

III

Die kombinierte Verwendung von polymeren Aktivestern mit löslichen polymeren Trägern als Carboxyschutzgruppe für die eingesetzte Aminokomponente beschrieben JUNG et al. [486]:

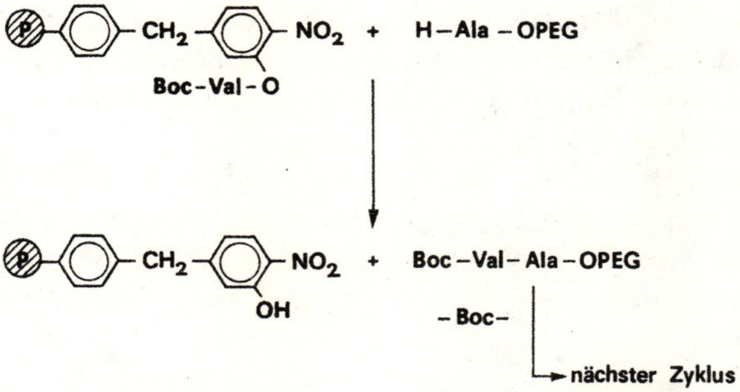

Die Effektivität dieser Methode könnte noch erhöht werden, wenn die Darstellung der polymeren Aktivester optimiert werden kann und andere Ankergruppen für das Polyethylenglycol eine mildere Abspaltung dieser Schutzgruppe nach Beendigung der Peptidsynthese ermöglichen. Durch die Entwicklung von Ankergruppen auf Benzyl-Basis, die eine hydrogenolytische Entfernung des PEG gewährleisten, konnte eine entscheidende Verbesserung der Flüssigphasen-Methode und somit auch der kombinierten Polymer-Reagens-Flüssigphasen-Methode erreicht werden [487].

2.2.8. Synthese cyclischer Peptide

Unter den natürlich vorkommenden Peptiden besitzen verschiedene Wirkstoffe auch ringförmige Strukturen, so daß für die Chemosynthese entsprechende

Aufbauprinzipien erarbeitet werden mußten. Relativ einfach gelingt die Synthese eines homodet cyclischen Peptides, da in diesem Fall eine Peptidbindung zwischen der Carboxy- und Aminogruppe derselben Peptideinheit geknüpft wird. Weitaus komplizierter ist die Situation bei der Synthese ringförmiger heterodet-homöomerer Peptide, bei denen der Ringschluß über Heterobindungen vom Disulfid- oder Estertyp erfolgt.

Während über die Darstellung von cyclischen Peptiden mit Disulfidbrücken umfangreiche systematische Untersuchungen vorliegen, konzentrierte sich das methodische Interesse hinsichtlich des Aufbaus von Peptidlactonen weitgehend auf die Actinomycine. Die Esterbindung besitzt dagegen eine größere Bedeutung bei heteromeren Peptiden, die neben Aminosäuren auch Hydroxysäuren innerhalb der Peptidkette enthalten, und in der Mehrzahl in der Natur als ringförmige Strukturen auftreten (cyclische Peptolide).

2.2.8.1. Synthese homodet cyclischer Peptide

Neben der dominierenden Ringschlußreaktion über die α-Peptidbindung ist auch der Aufbau homodet cyclischer Strukturen unter Einbeziehung von ω-Peptidbindungen möglich. Die letztere Variante wird gewöhnlich für die Synthese cyclisch verzweigter Peptide genutzt.

Prinzipiell eignen sich die zur Synthese linearer Peptide benutzten Kupplungsmethoden auch für die Cyclisierungsreaktion. Aufgrund der unblockierten Aminofunktion des linearen Peptides können sich bei der Aktivierung der Carboxygruppe neben dem ringförmigen Peptid *I* auch lineare Polymere *II* bilden (Abb. 2—25).

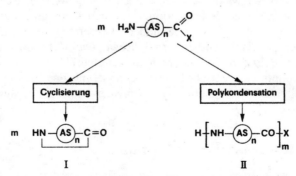

Abb. 2—25. Schematische Darstellung der Konkurrenz zwischen Ringschlußreaktion und Polykondensation

Der leichter verlaufenden intermolekularen Linearverknüpfung wird nach dem RUGGLI-ZIEGLERschen Verdünnungsprinzip dadurch begegnet, daß man die Reaktion in großer Verdünnung ausführt. Unter diesen Bedingungen wird die Wahrscheinlichkeit der monomolekular verlaufenden Ringschlußreaktion nicht, die der bimolekularen Polykondensation dagegen im starken Maße verringert. In der Praxis führt man die zu cyclisierende Komponente sehr langsam in das Reaktionsmedium ein. Die Aktivierung der Carboxyfunktion der linearen Peptidsequenz kann nach verschiedenen Varianten vorgenommen werden:

1. **Aktivierung bei blockierter Aminofunktion**
Diese Methode wird in Form der N-geschützten Peptidaktivester sehr häufig angewandt. Nach Abspaltung der N^α-Schutzgruppe resultiert eine intermediäre Blockierung der Aminofunktion durch Salzbildung, die zum gewünschten Zeitpunkt durch Basenzugabe aufgehoben wird.

2. **Aktivierung des ungeschützten Peptides**
Die zu cyclisierende Peptidsequenz wird im Reaktionsmedium mit Dicyclohexyl-carbodiimid (auch in Gegenwart von Additiven), wasserlöslichen Carbodiimiden bzw. anderen Aktivierungsmitteln umgesetzt.

3. **Aktivierung bei protonierter Aminofunktion**
Durch Salzbildung wird die Aminofunktion intermediär blockiert. Die Aktivierung kann als Azid, gemischtes Anhydrid u. a. erfolgen. Durch Basenzugabe wird dann die Aminofunktion aus der Ammoniumsalzform entbunden.

4. **Aktivierung als polymerer Aktivester**
Das Prinzip der am polymeren Träger aktivierten Carboxygruppe wurde erstmalig von FRIDKIN et al. [488] auch zur Synthese cyclischer Peptide genutzt. Die zu cyclisierende N-geschützte Peptidsequenz wird an ein geeignetes polymeres Aktivierungsreagens geknüpft.

Nach der Deblockierung bildet sich durch intramolekulare Aminolyse das cyclische Peptid:

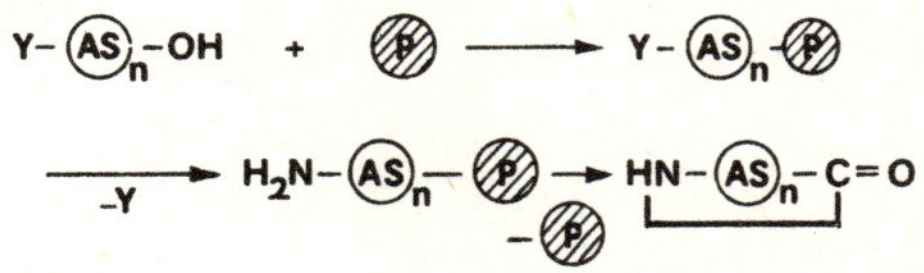

$$Y-(AS)_n-OH + \text{⊘} \longrightarrow Y-(AS)_n-\text{⊘}$$
$$\xrightarrow{-Y} H_2N-(AS)_n-\text{⊘} \longrightarrow \underset{-\text{⊘}}{HN-(AS)_n-C=O}$$

Bei Anwendung des „safety-catch"-Prinzips wird dagegen die lineare Sequenz am entsprechenden Träger schrittweise aufgebaut, danach die Ankergruppierung aktiviert und nach Abspaltung der N^α-Schutzgruppe greift die freie Aminogruppe die aktivierte polymere Carboxyfunktion nucleophil unter Bildung des cyclischen Peptides an [489].

Aus sterischen und energetischen Gründen kann nicht jede beliebige lineare Peptidsequenz in das entsprechende Cyclopeptid überführt werden. Die 2,5-Dioxopiperazine zeigen als Cyclodipeptide eine leichte Bildungstendenz. Sie enthalten zwei cis-Peptidbindungen, wobei der darauf zurückzuführende Energieverlust durch die Ausbildung des energetisch begünstigten 6-Ringes ausgeglichen wird. Die Dioxopiperazine bilden sich leicht aus Dipeptidalkylestern, aber auch schon aus Aminosäureestern durch Cyclodimerisierung. Nach Untersuchungen von SCHWYZER et al. [490, 491] cyclisieren lineare Vorstufen mit einer ungeraden Anzahl von Aminosäurebausteinen ($n = 1, 3$ und 5) unter Dimerisierung zu den cyclischen Di-, Hexa- und Decapeptiden. Bei der Cyclisierung von linearen Pentapeptiden bildet sich unter Cyclodimerisierung nicht nur das Decapeptid, sondern auch das Cyclopentapeptid.

So erhielten IZUMIYA et al. bei der Synthese von Gramicidin S (s. S. 345) ausgehend vom linearen aktivierten Pentapeptid-Derivat neben dem gewünschten ringförmigen Decapeptid auch das Cyclopentapeptid in 34proz. Ausbeute.

Für ein Cyclotripeptid wird das Auftreten aller drei Peptidgruppen in der energiereichen cis-Konfiguration gefordert. Aus energetischen Gründen ist auch die geringe Bildungstendenz eines 9gliedrigen Cyclotripeptides nicht unerwartet, denn schon im Dreiding-Modell erkennt man die hohe Ringspannung, die auf die sterische Hinderung der nach innen stehenden 3α-H-Atome (PRELOG-Spannung) zurückgeführt werden kann. Die Cyclodimerisierung wird durch eine antiparallele Aneinanderlagerung zweier Tripeptidmoleküle über H-Brücken ohne Zweifel begünstigt. Die Möglichkeit einer Dimerisierung über H-Brücken entfällt, wenn Prolin in ein Tripeptid eingebaut wird; außerdem sind in diesem Fall die cis- und trans-Konfigurationen der Peptidbindungen energetisch praktisch gleichwertig. 1965 beschrieben ROTHE et al. [492] die Synthese des Cyclotriprolyls, des einzig möglichen Cyclotripeptides überhaupt (Abb. 2—26).

Cyclische Tetrapeptide mit 4 trans-Peptidbindungen lassen sich im Modell nicht völlig spannungsfrei aufbauen, dagegen solche mit alternierenden cis- und trans-Konfigurationen. Cyclopentapeptide enthalten nur trans-Peptidbindungen, ebenso wie die am besten untersuchten Cyclohexapeptide.

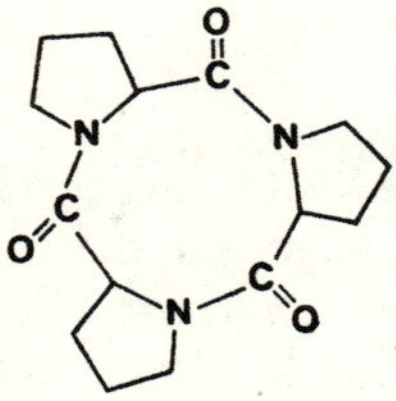

Abb. 2—26. Struktur von Cyclotriprolyl

Peptidsynthesen

2.2.8.2. Synthese heterodet cyclischer Peptide

Von den in ringförmigen Peptiden vorkommenden Heterobindungen kommt der Disulfidbindung bezüglich der Häufigkeit ihres Vorkommens in Peptiden und Proteinen eine größere Bedeutung als der Esterbindung in Depsipeptiden zu.

In Einkettenmolekülen liegen intrachenare Disulfidbindungen vor. Kommt nur eine intrachenare Disulfidbrücke vor, wie beispielsweise im Oxytocin, Vasopressin, Somatostatin, so spricht man von monocyclischen Einkettenmolekülen, im Gegensatz zu solchen, die mehrere intrachenare Disulfidbrücken enthalten (Wachstumshormon, Ribonuclease u. a.), und daher zwangsläufig polycyclischen Charakter besitzen.

Die Synthese einfacher monocyclischer Cystinpeptide bereitet keine nennenswerten Schwierigkeiten. Beim Aufbau der linearen Ausgangspeptidsequenz schützt man zweckmäßigerweise beide Thiol-Funktionen mit der gleichen Schutzgruppe. Nach Abspaltung der Schutzgruppen kann der intramolekulare Disulfidring nach dem RUGGLI-ZIEGLERschen Verdünnungsprinzip durch Oxidation mit Luftsauerstoff selektiv geschlossen werden, wobei als unerwünschte Nebenprodukte zwei ringförmige Dimere mit paralleler (*I*) bzw. antiparalleler Struktur (*II*) sowie polymere Produkte gebildet werden:

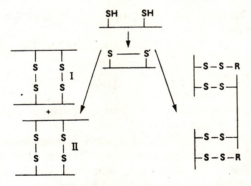

Diese Synthesekonzeption wurde von DU VIGNEAUD [493] für die erste Chemosynthese eines Peptidhormons im Laboratorium, für das Oxytoxin entwickelt.

Wesentlich schwieriger gestaltet sich die Synthese von Peptiden, die mehrere Disulfidbrücken enthalten, insbesondere von Mehrkettenmolekülen mit zusätzlichen interchenaren Disulfidbindungen. Cystinpeptide lassen sich auf zwei verschiedenen Wegen aufbauen:
1. Ausgangsbasis für den Aufbau des Peptides ist ein Cystin-Derivat.

2. Aufbau eines S-geschützten Cysteinpeptides und nachfolgende Überführung in das Cystinpeptid.

Die Synthese symmetrischer Cystinpeptide nach der 1. Variante bereitet keine Schwierigkeiten, da keine gesonderten Thiol-Schutzgruppen benötigt werden. Weitaus komplizierter ist es auf diesem Wege unsymmetrische Cystinpeptide aufzubauen, da hohe Anforderungen an die Selektivität der verwendeten Amino- und Carboxyschutzgruppen gestellt werden müssen.

Basierend auf dem schon 1973 von KAMBER [494] hergestellten unsymmetrischen Cystinpeptid A(20-21)-B(17-20) gelang SIEBER et al. [495] die vollständige

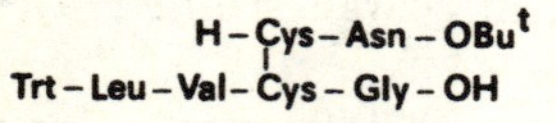

```
              H-Cys-Asn-OBu^t
                  |
     Trt-Leu-Val-Cys-Gly-OH
```

Synthese des Human-Insulins unter sukzessiver Knüpfung der Disulfidbrücken.

Die angeführte 2. strategische Variante dient der selektiven Knüpfung von Disulfidbindungen, wobei ein entsprechendes Reagens mit dem S-geschützten Peptid ohne vorangegangene Demaskierung zum Cystin-Derivat reagiert. Dabei wird Cystein oder ein mit einer elektrophil abspaltbaren S-Schutzgruppe blockiertes Cystein-Derivat zunächst mit Iod bzw. Dirhodan [496] oder Methoxycarbonylsulfenylchlorid [494, 495] in eine aktivierte Sulfenylzwischenstufe überführt, die mit weiterem Cystein oder S-blockiertem Cystein (R = H oder eine elektrophil abspaltbare Schutzgruppe, wie Trt, Dpm, Acm, Thp u. a.) das Cystin-Derivat liefert:

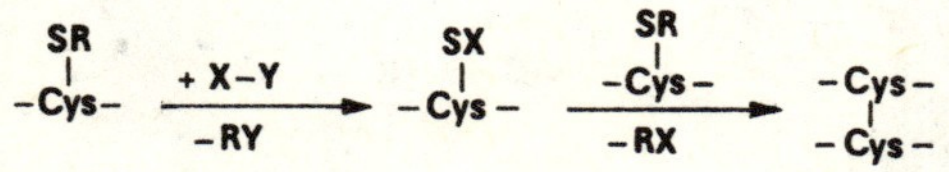

```
     SR                    SX             SR
     |        +X-Y         |              |
    -Cys-    ------>      -Cys-   ----->  -Cys-     -Cys-
             -RY                   -RX             -Cys-
```

[X-Y = J$_2$, (SCN)$_2$, CH$_3$O-CO-S-Cl; X=J, SCN, S-CO-OCH$_3$]

Die Verwendung selektiv abspaltbarer S-Schutzgruppen wurde erstmalig von ZERVAS et al. [497] vorgeschlagen. Das Heptapeptidsegment des Schaf-Insulins mit der intrachenaren Disulfidbrücke sowie einer mit dem Trt- bzw. Dpm-Rest maskierten dritten Thiol-Funktion konnte dieser Synthesekonzeption folgend aufgebaut werden:

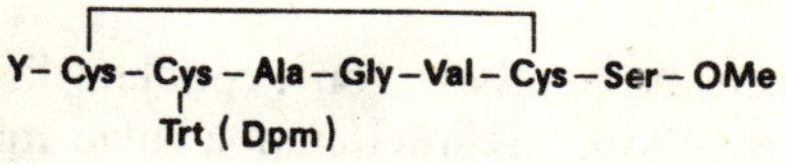

```
         ┌─────────────────────┐
     Y-Cys-Cys-Ala-Gly-Val-Cys-Ser-OMe
             |
           Trt(Dpm)
```

Als Aminoschutzgruppe Y wurde der Z- bzw. Boc-Rest mit der Dpm-Thiol-Schutzgruppe kombiniert, während in einer zweiten Variante die S-Trt-Gruppe gemeinsam mit dem Nps-Rest eingesetzt wurde.

HISKEY et al. [498] beschäftigten sich eingehend mit der gezielten Synthese der unsymmetrischen Disulfidbindung. Wie bereits erwähnt gelang es dieser Arbeitsgruppe, geeignete S-Schutzgruppen selektiv in Medien abgestufter Acidität abzuspalten, wobei mittels Dirhodan die intermediär auftretenden Sulfenylthiocyanate als aktivierte Thiol-Gruppierungen fungieren:

$$\begin{array}{c}\text{Trt}\\|\\-\text{Cys}-\end{array} \xrightarrow{(\text{SCN})_2} \begin{array}{c}\text{SCN}\\|\\-\text{Cys}-\end{array} \xrightarrow[-\text{Trt}-\text{SCN}]{+\,-\text{Cys}(\text{Trt})-} \begin{array}{c}-\text{Cys}-\\|\\-\text{Cys}-\end{array}$$

Unter Anwendung dieser Sulfenylthiocyanat-Methode wurde das insulinähnliche Modellpeptid aufgebaut:

```
         S ─────────────── S
         |                 |
Z – Cys – Cys – Gly – Phe – Gly – Cys – Phe – Gly – Cys – Gly – Val – OH
         S                 S
          \                 \
           S                 S
           |                 |
HO – Gly – Cys ──── Gly ── Gly ── Gly ──── Cys – Z
```

Basierend auf der unterschiedlichen Reaktivität der Trityl- und Diphenylmethyl-Thiolschutzgruppe wurde die selektive Knüpfung von Disulfidbrücken auch an anderen Cystinpeptiden beschrieben [494].

Eine unerwünschte Nebenreaktion bei der Synthese unsymmetrischer Disulfide ist der Disulfidaustausch [499]:

$$2\,R^1-S-S-R^2 \rightleftharpoons R^1-S-S-R^1 + R^2-S-S-R^2$$

Die sukzessive Knüpfung der Disulfidbrücken unter Ausschluß von Disulfidaustausch ist das kritische Problem dieser Strategie, da sich in den meisten Fällen symmetrische und unsymmetrische Disulfide nur schwer voneinander trennen lassen.

Es darf natürlich nicht unerwähnt bleiben, daß auch unsymmetrische Cystinpeptide durch eine statistische Oxidation von zwei unterschiedlichen Cysteinpeptiden gebildet werden können. Dieser Weg wurde beispielsweise bei den ersten Totalsynthesen des Insulins beschritten (vgl. Abschn. 2.3.1.8.).

Neben der Disulfidbrücke findet man in vielen biologisch aktiven Peptidwirkstoffen mit Ringstruktur auch *Esterbindungen*. Dieser Bindungstyp dominiert in verschiedenen Peptidantibiotika (vgl. Abschn. 2.3.5.).

Auf die spezielle Problematik der Synthese homöomerer Peptidlactone soll nicht näher eingegangen werden. Peptolide sind heteromere Peptide, in denen Aminosäuren durch α- bzw. β-Hydroxysäuren ausgetauscht sind, und die in den überwiegenden Fällen Cyclostruktur besitzen. Zur Ringschlußreaktion höherer Peptolide werden zwei unterschiedliche Wege beschritten:
1. Cyclisierung linearer Peptolide analog der Ringschlußreaktion bei Peptiden

2. Hydroxyacyl-Einlagerung.

Die strategischen und taktischen Fragen bei der Synthese von Peptoliden unterscheiden sich nur unwesentlich von denen der Peptidsynthese. Der Aufbau von Peptoliden mit periodischer Struktur, d. h. mit alternierend angeordneten Dipeptolid-Einheiten — nach LOSSE und BACHMANN [500] als reguläre Peptolide bezeichnet — kann sowohl stufenweise durch abwechselnde Knüpfung von Ester- und Amidbindungen als auch durch Segmentkondensation erfolgen, wobei im letzteren Fall je nach der Wahl der Schnittstellen nur Amid- oder Esterbindungen geknüpft werden müssen:

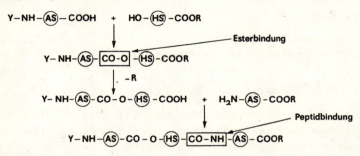

Ein dritter Weg geht von Verbindungen aus, die erst im Verlauf der Kupplungsreaktion zur Bildung von Hydroxysäure- bzw. Hydroxysäure- und Aminosäure-Resten führen. Basierend auf Untersuchungen von CURTIUS konnten durch Umsetzung von Diazoessigsäure-benzyl- [501] bzw. -4-nitro-benzylester [502] mit N-geschützten Aminosäuren Peptolide erhalten werden:

$$Y-NH-\text{(AS)}-COOH + {}^{\oplus}IN\equiv N-\overset{\ominus}{C}H-COOR$$
$$\downarrow -N_2$$
$$Y-NH-\text{(AS)}-CO-O-CH_2-COOR$$

Die hier im Gegensatz zu CURTIUS verwendeten Estergruppierungen können hydrogenolytisch entfernt werden. Bei Alkylester-Verseifungen besteht dagegen die Gefahr der Spaltung der Esterbindung. Die Anwendung der PASSERINI-Reaktion führte nach UGI und FETZER [503] zur gleichzeitigen Bildung einer Peptid- und Esterbindung:

$$Y-NH-\overset{R_1}{C}H-COOH + H-\overset{R_2}{C}=O + CN-\overset{R_3}{C}H-COOR_4$$
$$\downarrow$$
$$Y-NH-\overset{R_1}{C}H-CO-O-\overset{R_2}{C}H-CO-NH-\overset{R_3}{C}H-COOR_4$$

Für die Segmentkondensation sowie für die Ringschlußreaktion linearer Peptolid-Vorstufen besitzt die Verknüpfung über die Peptidbindung den Vorzug.

Bei Cyclisierungen nach der Aktivester-Methode besteht die Gefahr der aminolytischen Spaltung der Peptolid-Esterbindung. In der Regel verwendet man die Säurechlorid-Methode, wobei die ungeschützten Peptolide mit Phosphor(V)-chlorid [504] oder mit Thionylchlorid [505] zunächst in die Peptolidsäurechlorid-hydrochloride überführt werden und danach durch Freisetzung der Aminofunktion mittels einer tert. Base die Ringschlußreaktion eingeleitet wird. Durch die konkurrierende Polykondensationsreaktion, die wie bei der normalen Peptidcyclisierung das Arbeiten in verdünnten Lösungen fordert, durch die sterische Hinderung der am Verknüpfungsschritt beteiligten Hydroxy- bzw. Aminosäure sowie durch die diffizile Problematik der Cyclooligomerisierung werden die Ausbeuten am gewünschten cyclischen Peptolid beträchtlich vermindert. Trotz der mit der Cyclooligomerisierung [490, 506, 507] verbundenen Schwierigkeiten benutzt man dieses Syntheseprinzip zum Aufbau ringförmiger Peptolide mit periodischer Struktur, da auf diese Weise die aufwendige Synthese offenkettiger Vorstufen auf die synthetische Bereitstellung des Grundbausteines reduziert wird [508, 509].

Mit Hilfe der Phosphit-Methode untersuchten ROTHE und KREISS [510] die lösungsmittelabhängige Bildung von Ringhomologen des Valinomycins. Ausgehend von der originalen linearen Sequenz konnte das Dodecadepsipeptid in Toluen ($c = 0,001$ mol/l) in 56proz. Ausbeute erhalten werden.

Durch Einlagerung von β-Hydroxysäuren in die Peptidbindung ringförmiger homöomerer Peptide können cyclische Peptolide mit periodischer Struktur, d. h. mit alternierend angeordneten β-Hydroxysäure- und Aminosäure-Resten erhalten werden. [511]. Ausgehend vom Dioxopiperazin des Serins mit acetylierten Hydroxy-Funktionen erhielten SHEMYAKIN et al. [511] nach Umsetzung mit D-β-Benzyloxydecansäure-chlorid das 1,4-Bis(β-benzyloxy-decanoyl)-2,5-dioxopiperazin (*I*), das nach hydrogenolytischer Abspaltung der O-Benzyl-Gruppen über eine Cyclostruktur in das O-geschützte Derivat umgelagert wird, das nach Abspaltung der Acetyl-Reste (R = -CO-CH$_3$) das *Serratamolid* (*II*) ergibt:

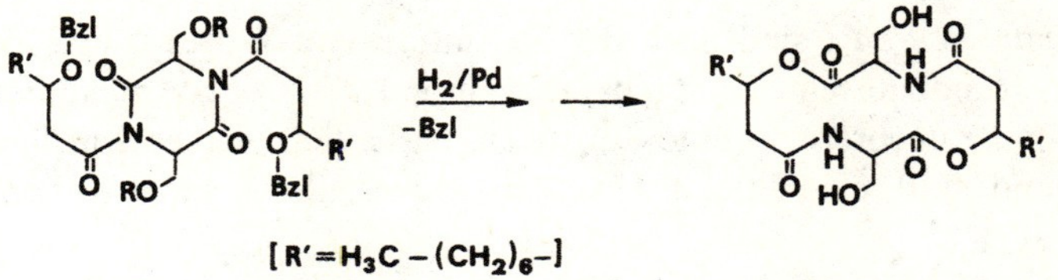

2.2.9. Synthese von Polyaminosäuren und Sequenz-Polypeptiden

Unter dem Begriff Polyaminosäuren und Sequenz-Polypeptide sollen nachfolgend synthetische Polypeptide verstanden werden, die durch Polykondensation von Aminosäuren bzw. von kleineren Peptidsequenzen erhalten werden und im Gegensatz zu systematisch aufgebauten Peptiden keine einheitliche Verbindungen, sondern Gemische homologer Makromoleküle darstellen. Die Verwendung verschiedener Nomenklaturen gestaltet das Schrifttum sehr unübersichtlich. Durch die IUPAC-IUB-Kommission für Biochemische Nomenklatur wurden Regeln empfohlen [512], die im Folgenden auch verwendet werden sollen. Die Gleichsetzung solcher synthetischen Polypeptide mit polymerisierten Aminosäuren bzw. Polymersegmenten steht allerdings im Widerspruch zu der in der makromolekularen Chemie üblichen Bezeichnung Polykondensation für den Prozeß der Vielfachverknüpfung von Aminosäuren oder Peptidsequenzen anstelle des darauf basierenden Terminus „Polymerisation".

Polyaminosäuren und Sequenz-Polypeptide (sequentielle Polypeptide) besitzen als Protein-Modelle für physikalische, chemische und biologische Studien große Bedeutung. Obgleich solche Verbindungen in der Natur nicht vorkommen, sind sie doch interessante Modellverbindungen für Untersuchungen unterschiedlicher Einflußgrößen auf die Struktur und das Verhalten von Peptidketten. Das biochemische Interesse an derartigen Verbindungen ist ebenfalls groß, da mit deren Hilfe wichtige neue Erkenntnisse in Enzymologie und Immunologie u. a. erzielt werden konnten. In verschiedenen Monographien und Übersichtsdarstellungen wird auf die Darstellung und Charakterisierung dieser synthetischen Polypeptide sowie deren generelle Bedeutung detailliert eingegangen [513—518].

2.2.9.1. Synthese von Homo- und Heteropolyaminosäuren

Homopolyaminosäuren I sind nach der Definition von WÜNSCH aus identischen Aminosäuregrundbausteinen aufgebaut, während *Heteropolyaminosäuren II* als Grundbausteine mehrerer Aminosäurearten enthalten, dementsprechend nicht identisch sind und eine statistische Bausteinverteilung in den Peptidketten aufweisen:

poly-AS bzw. $(AS)_n$ (*I*)
poly-AS_1, AS_2 bzw. $(AS_1, AS_2)_n$ (*II*)

Allgemein bevorzugt man bei allen Polykondensationsmethoden einen maximalen Schutz aller Drittfunktionen, wobei die verwendeten Schutzgruppen unter Synthesebedingungen stabil sein müssen und nach der Polykondensation eine vollständige Abspaltung aus den hochmolekularen Polypeptiden ermöglichen.

Die thermische Polykondensation von freien Aminosäuren führt nur bei einigen Aminosäuren zum Erfolg (Asp, Asn, Gly, Lys u. a.). Der Einsatz aktivierter Aminosäurederivate ist erfolgversprechender. Mit der NCA-Methode (vgl. Abschn. 2.2.5.2.3.) bietet sich ein leistungsfähiges Verfahren an, das sowohl die Erreichung optimaler Polykondensationsgrade ($\bar{n} = 10^4$) als auch eine Regulierung des Polykondensationsgrades im mittleren Bereich ($\bar{n} = 10^2-10^3$) ermöglicht.

Für die bevorzugte Polykondensation der N-Carbonsäureanhydride in Lösung sind Initiatoren erforderlich. Die Art des Initiators bestimmt den Mechanismus der Polykondensation und die Höhe des „Polymerisationsgrades". Mittels starker Basen, wie tert. Aminen, Alkalimetall-alkoholaten, Alkylmetall-Verbindungen erhält man Homopolyaminosäuren mit einer engen Molekülmasse-Verteilung und hohen Polykondensationsgraden ($\bar{n} > 10^2$). Durch die starke Base wird das N-Carbonsäureanhydrid am Stickstoff deprotoniert, wobei das resultierende Anion die Anlagerung eines zweiten NCA-Moleküls unter Öffnung des Anhydridringes ermöglicht:

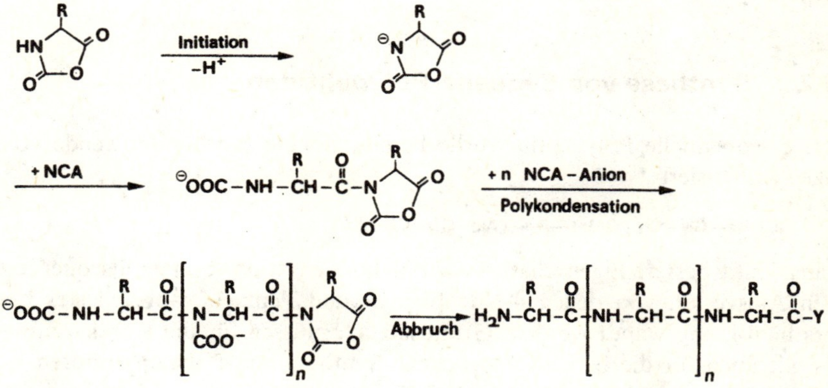

Der Abbruch der Polykondensation erfolgt durch Hydrolyse (Y = OH) bzw. auch durch tert. Amine (Y = NR$'_2$). Verwendet man Alkohole, primäre oder sekundäre Amine etc., so bildet sich zunächst ein Aminosäurederivat, dessen freie Aminofunktion den nächsten Kondensationsschritt einleitet. Nach der Polykondensation erhält man Homopolyaminosäuren mit C-terminaler Ester- oder Amid-Gruppierung ($\bar{n} = 20-100$).

Durch Copolykondensation lassen sich Heteropolyaminosäuren herstellen, wobei man in der Regel ein Polypeptid mit statistischer Aminosäurebaustein-Verteilung über die Gesamtkette erhält. Für diesen Zweck eignet sich auch das thermische Verfahren. Selbstverständlich können auch aktivierte Aminosäuren verwendet werden. Die besten Resultate werden mit der NCA-Methode erzielt.

Beträgt die Zusammensetzung des Polykondensats z. B. 56% Glu, 38% Tyr und 6% Ala, so gibt es folgende Möglichkeiten für eine abgekürzte formelmäßige Schreibweise:

$$\text{poly-Glu}^{56}\text{Tyr}^{38}\text{Ala}^{6} \quad \text{bzw.} \quad (\text{Glu}^{56}\text{Tyr}^{38}\text{Ala}^{6})_n$$

Das ursprüngliche Mischungsverhältnis der Monomeren findet man im Copolykondensat nicht wieder, weil die Reaktionsgeschwindigkeit von den Seitenketten-Resten der Aminosäuren abhängig ist und im Verlauf des Kettenwachstums die Reaktivität der jeweils terminalen Aminosäure-Reste unterschiedlich ist.

Verzweigte Heteropolyaminosäuren lassen sich auf zwei prinzipiell unterschiedlichen Synthesewegen erhalten, wobei die Verzweigungen über die Drittfunktionen vorrangig von Lys, Glu und Asp erfolgen. Am häufigsten geht man von einer vorgegebenen Gerüstkette aus, beispielsweise Polylysin oder ein lysinhaltiges Copolykondensat und verzweigt durch Polykondensation mittels geeigneter Monomerer. Bei der zweiten Variante synthetisiert man primär den Polypeptid-Anteil für die Seitenkette und verknüpft dann mit einer geeigneten Drittfunktion der Gerüstkette.

2.2.9.2. Synthese von Sequenz-Polypeptiden

Das erste sequentielle Polypeptid wurde bereits um die Jahrhundertwende von FISCHER synthetisiert:

$$n \; \text{Ala}-\text{Gly}-\text{Gly}-\text{OMe} \longrightarrow (\text{Ala}-\text{Gly}-\text{Gly})_n$$

Zwangsläufig bessere Eigenschaften zur Polykondensation von Peptidsequenzen besitzen Aktivester, von denen 4-Nitrophenyl- und Pentachlor-phenylester besonders häufig angewandt werden. Grundsätzlich müssen für die Kondensation — das gilt auch für die bereits besprochene Synthese von Polyaminosäuren — sehr reine Monomere eingesetzt werden, da nur dann hohe Polymerisationsgrade erreicht werden können. Die Reinheitsforderung bezieht sich auch auf die sterische Einheitlichkeit des Ausgangsproduktes. Die Polykondensation der Peptidaktivester wird gewöhnlich in Lösung vorgenommen, jedoch wurden auch bereits gute Resultate in Suspension erreicht [519, 520], wobei Produkte mit um eine Zehnerpotenz höheren Molekulargewichten erhalten wurden. Wegen der konkurrierenden Dioxopiperazinbildung eignen sich Dipeptidester weniger für die Polykondensation. Es werden daher bevorzugt Tri-, Tetra- und Pentapeptid-Monomere eingesetzt. Im Vergleich zu den Polyaminosäuren erhält man bei der Polykondensation von Peptiden Produkte mit kürzerer Kettenlänge, wobei die Grenzen bei etwa 25 bis 55 Peptid-Einheiten liegen.

Eine Bildung von Sequenz-Polypeptiden findet auch bei der *Plastein-Reaktion*

[521, 522] statt, bei der unter dem katalytischen Einfluß verschiedener Proteasen (Trypsin, Chymotrypsin, Pepsin, Kathepsin etc.) aus den sog. plasteinaktiven Peptid-Monomeren die als Plasteine bezeichneten Kondensationsprodukte entstehen. Als Substrate eignen sich enzymatische Partialhydrolysate von Proteinen (Peptone, Albumosen u. a.). Das erste plasteinaktive, synthetisch erhaltene Peptid hatte die Sequenz Tyr-Ile-Gly-Glu-Phe.

Trotz großer Bemühungen wurden mit synthetischen Substraten Plasteine mit viel geringeren Molekulargewichten erhalten als mit den enzymatisch gewonnenen Proteinspaltprodukten. Obgleich der Mechanismus der Plastein-Reaktion noch nicht völlig aufgeklärt ist, handelt es sich formal um die Umkehrung der durch Proteasen katalysierten Spaltung der Peptidbindung (vgl. Abschn. 2.2.5.8.).

2.2.10. Strategie und Taktik der Peptidsynthese

Während die Synthese von Di- und Tripeptiden hinsichtlich der Wahl der Schutzgruppen und Aktivierungsmethoden meist keine Schwierigkeiten bereitet, ist für den Aufbau längerer Peptidsequenzen eine exakte Planung unerläßlich. Von Bedeutung ist natürlich auch die Reihenfolge der Verknüpfung der Aminosäurebausteine zum gewünschten Peptid, wobei die statistischen Möglichkeiten weitaus größer sind als die Zahl sinnvoller Synthesevarianten, die praktischen Erwägungen untergeordnet sind. Vor Beginn jeder Synthese muß der möglichst optimale Syntheseweg bekannt sein. Der Erfolg einer Peptidsynthese ist ein Problem der einzuschlagenden Strategie und Taktik und erfordert neben der Kenntnis der theoretischen Möglichkeiten auch umfangreiche experimentelle Erfahrungen.

2.2.10.1. Strategie der Peptidsynthese

Unter der Strategie versteht man die Reihenfolge der Verknüpfung der Aminosäurebausteine zum Peptid. Mit der Einführung der Festphasen-Peptidsynthese im Jahre 1962 hat sich ein zusätzlicher Entscheidungszwang ergeben, wonach eine Synthese in homogener Lösung (konventionelle Peptidsynthese) oder an einer zweiten Phase durchgeführt werden kann. Kompliziert wird die Situation dadurch, daß die Synthese an einer zweiten Phase entweder als heterogene Reaktion (Festphasen-Synthese), als homogene Reaktion bei Verwendung von löslichen polymeren Trägern (Flüssigphasen-Synthese) oder sowohl als heterogene als auch homogene Reaktion (alternierende Fest-Flüssigphasen-Synthese) ablaufen kann. Aus diesem Grunde wird nachfolgend unter Strategie nur die Art der Verknüpfung verstanden, wodurch sich die Differenzierung auf die *schrittweise Kettenver-*

längerung und die *Segmentkondensation* beschränkt. Die sich aus den unterschiedlichen Reaktionsbedingungen ergebenen Besonderheiten werden im Rahmen der gewählten Unterteilung besprochen.

2.2.10.1.1. Schrittweiser Aufbau einer Peptidkette

Prinzipiell läßt sich eine Peptidkette bei Anwendung der schrittweisen Methode sowohl vom N-terminalen als auch vom C-terminalen Kettenende aufbauen (Abb. 2—27).

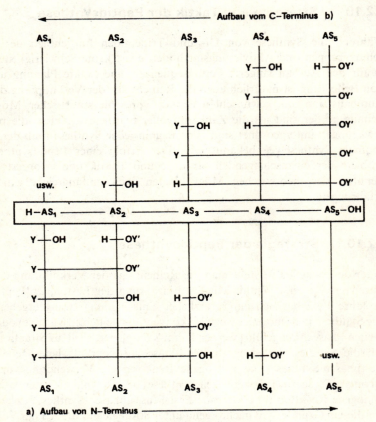

Abb. 2—27. Strategie der schrittweisen Kettenverlängerung

Obgleich eine *schrittweise Kettenverlängerung vom N-terminalen Ende* dem biosynthetischen Weg entspricht, besitzt diese strategische Variante in der Praxis nur eine untergeordnete Bedeutung. Die Hauptursache liegt darin, daß bei der Aktivierung ab der Dipeptidstufe ein permanentes Racemisierungsrisiko besteht. Von LETSINGER et al. [469] wurde diese Konzeption am polymeren Träger realisiert (vgl. S. 221). Trotz der Entwicklung weiterer praktisch racemisierungssicherer Kupplungsmethoden ist das Interesse gering geblieben.

Die *schrittweise Methode vom C-terminalen Ende* unter Verwendung von N^α-Schutzgruppen vom Urethantyp (vgl. Abschn. 2.2.4.1.1.1.) besitzt den Vorteil der Racemisierungssicherheit unabhängig von der gewählten Kupplungsmethode. Außerdem ist es ökonomischer, zur Erreichung möglichst quantitativer Umsatzraten die aktivierte Carboxykomponente im Überschuß einzusetzen. Diese strategische Variante wurde erstmalig 1959 von BODANSZKY angewandt und wird gegenwärtig sowohl bei konventionellen als auch bei Synthesen an einer zweiten Phase mit Erfolg praktiziert.

Bei den *konventionellen Verfahren* ist die schrittweise Kettenverlängerung vom C-Terminus mit weitgehender Reinigung und Charakterisierung der Zwischenprodukte die nach wie vor dominierende Variante. Für die Kupplung werden vorrangig Aktivester eingesetzt. Reinigung und Charakterisierung der Zwischenprodukte erfolgen gewöhnlich auf der Stufe des vollgeschützten Zwischenproduktes, während das nach Abspaltung der α-Aminoschutzgruppe resultierende Derivat direkt zur Kupplung verwendet wird. Der Aufbau von Peptidwirkstoffen bzw. von Segmenten auf diesem Wege ist die anspruchsvollste Synthesevariante, die auch einen großen experimentellen Aufwand erfordert. Der limitierende Faktor dieser Strategie äußert sich in der abnehmenden Löslichkeit der wachsenden Peptidkette in den zur Verfügung stehenden organischen Lösungsmitteln. Am Beispiel der Totalsynthese des Heptacosapeptidamids Sekretin (vgl. Abschn. 2.3.1.12.2.) konnte BODANSZKY zeigen, daß die anhand praktischer Erfahrungen aufgestellte Grenze bei Peptiden bzw. Segmenten mit 10 bis 15 Aminosäurebausteinen in Ausnahmefällen überschritten werden kann. Die durchschnittlichen Ausbeuten pro Kupplungsschritt betragen etwa 94%.

Diese Synthesestrategie ist — gegebenenfalls in Verbindung mit der Segmentkondensation in homogener Lösung — die einzige Methode, die eine verläßliche Totalsynthese eines isolierten Naturproduktes garantiert.

Der *schrittweise Aufbau eines Peptides in homogener Lösung ohne Isolierung von Zwischenprodukten* wurde bereits Mitte der sechziger Jahre von den Arbeitskreisen um KNORRE [523], SHEEHAN [524] und PODUŠKA [525] an unterschiedlichen Objekten studiert. Durch den Wegfall der aufwendigen Reinigungsoperationen auf den einzelnen Synthesestufen resultiert ein bedeutender Zeitgewinn. Die von TILAK entwickelte REMA-*Methode* (vgl. S. 162) und besonders die *NCA/NTA-Technik* der Arbeitsgruppe von HIRSCHMANN (vgl. S. 165), die einen Aufbau von Peptidsegmenten in wäßriger Lösung erlaubt, eröffneten neue Möglichkeiten mit großer praktischer Relevanz. In der Folgezeit wurden weitere „*in-situ*"-*Methoden* entwickelt. Die Abtrennung der Nebenprodukte erfolgt entweder

a) durch Waschen der nicht mit Wasser mischbaren organischen Phase, oder
b) durch Ausfällung der Reaktionszwischenprodukte und Beseitigung der Nebenprodukte und Verunreinigungen durch entsprechende Waschoperationen.

Die unter a) aufgeführte Reinigungsvariante findet z. B. bei der sog. *Zweiphasen-Methode* („two-phase method") [526] und der sog. „*hold-in-solution*"-*Methode* [527] bzw. z. T. auch bei der „*schnellen*" *Pentafluorphenylester-Kupplungsvariante* nach KISFALUDY et al. [528] Verwendung. Das zweite Reinigungsprinzip wird bei der KISFALUDY-Methode sowie beim REMA-Verfahren und der „*in-situ*"-*2-Nitrophenylester-Methode* [529] u. a. benutzt. Voraussetzung für die Anwendung der „in-situ"-Techniken ist eine hinreichende Kenntnis über die Eigenschaften der Reaktionszwischenstufen, um eine korrekte Auswahl des Lösungs- bzw. Fällungsmittels vornehmen zu können. Nach Untersuchungen von BEYERMAN und VAN ZON [530] beträgt bei der REMA-Methode der Zeitaufwand pro Kupplung etwa einen Tag. Octapeptide wurden dagegen nach der „in-situ"-Pentafluorphenylester-Variante innerhalb von 10 Stunden synthetisiert [531]. Vergleichende Studien von PENKE et al. [532] führten zu der Schlußfolgerung, daß von den sog. Schnellsynthese-Methoden das Pentafluorphenylester-Verfahren für die Darstellung kleiner und mittlerer Peptide am geeignetesten sei.

Der *schrittweise Aufbau eines Peptides unter Einbeziehung einer zweiten Phase* wurde erstmalig 1962 durch MERRIFIELD am Beispiel der Festphasen-Peptidsynthese verifiziert (vgl. Abschn. 2.2.7.1.). Bei Reaktionen in heterogener Phase ist die Wahrscheinlichkeit des Zusammentreffens der Reaktionspartner weitaus geringer als in homogener Lösung. Zur Erreichung vertretbarer Umsatzraten sind beträchtliche Überschüsse des Acylierungsmittels erforderlich. Die Einfachheit der technischen Operationen verbunden mit der möglichen Automation sind die charakteristischen Vorteile dieser Strategie. Die Reduzierung der mühseligen Reinigungsoperationen der konventionellen Synthesemethode auf einfache Filtrations- und Waschprozesse bei der Festphasen-Synthese führt aber nur dann zu einheitlichen Syntheseendprodukten, wenn jede Reaktion in heterogener Phase praktisch quantitativ verläuft. Trotz hoher Überschüsse der Carboxykomponente, die wiederum die Gefahr der N-Acylierung von Peptidbindungen erhöhen, ist eine vollständige Umsetzung auf jeder Kupplungsstufe gegenwärtig nicht erreichbar. In der Praxis werden nur durchschnittliche Kupplungsausbeuten zwischen 95 bis 99% pro Kupplungsschritt erreicht, die aber für die Synthese längerer Peptide oder Proteine unzureichend sind. Die Beziehungen zwischen konstanten mittleren Ausbeuten pro Kupplungsschritt und den Totalausbeuten in Abhängigkeit von der Kettenlänge zeigt Tab. 2—10. In Übereinstimmung mit praktischen Erfahrungen lassen sich kurzkettige Peptidwirkstoffe bzw. Analoga bis zu etwa 15 Aminosäurebausteinen meistens noch recht gut mittels der Festphasen-Methode aufbauen. Die Schwierigkeiten bei der Synthese kleinerer Proteine werden nachdrücklich durch die Daten in Tab. 2—10 demonstriert. Noch gravierender wirkt sich die Akkumulation von Rumpf- und Fehlsequenzen u. a. im Verlauf der Festphasen-Synthese aus, da die Reinigung erst am Endprodukt erfolgen kann. So müssen z. B. bei der Synthese des ACTH mit 39 Aminosäurebausteinen bei einer Einzelschrittausbeute von 98% die als Gesamtausbeute erhaltenen 45% von 55% uneinheitlichen Sequenzen abgetrennt werden, die zum größten Teil aus n-1 (38 Aminosäure-Resten) und n-2 (37 Aminosäure-Resten) bestehen und aufgrund der großen Ähnlichkeit mit dem ACTH äußerst schwierig zu separieren sind. Die kürzeren Sequenzen lassen sich selbstverständlich leichter entfernen. Im Fall der Ribonuclease erhält man bei einer Einzelschrittausbeute von 98% das gewünschte Enzym in nur 8,3% Ausbeute (vgl. Tab. 2—10). Die 91,7% uneinheitlichen Sequenzen enthalten 123 unterschiedliche Molekülspezies. Die Situation wird aber noch weitaus komplizierter, wenn die auf jeder Kupplungsstufe nicht in Reaktion getretenen Peptidketten (2% pro Schritt) in den nachfolgenden Reaktionszyklen weiter reagieren. Über 4 Milliarden verschiedene Rumpf- oder Fehlsequenzen wären dann Bestandteil der 91,7% unreinen Produktes.

Tabelle 2—10
Beziehungen zwischen mittleren konstanten Ausbeuten pro Kupplungsschritt und Totalausbeuten in Abhängigkeit von der Kettenlänge bei MERRIFIELD-*Synthesen nach* MEIENHOFER [533]

Syntheseobjekt	Anzahl der Reste	Totalausbeuten (%)			
		Ausbeuten pro Kupplungsschritt[1])			
		95%	98%	99%	99,9%
Wachstumshormon	191	0,006	2,2	15,0	82,8
Ribonuclease A	124	0,2	8,3	29,1	88,4
Cytochrom c	104	0,5	12,4	35,5	90,2
Trypsin-Inhibitor (Rind)	58	5,4	31,6	56,4	94,5
Ferrodoxin	55	6,3	33,6	58,1	94,7
B-Kette (Insulin)	30	22,6	55,7	74,7	97,1
A-Kette (Insulin)	21	35,8	66,8	81,8	98,0

[1]) Berechnung erfolgte auf der Grundlage der C-terminalen Startaminosäure

Diese Rechenbeispiele zeigen deutlich, daß für eine akzeptable Proteinsynthese die Ausbeuten pro Kupplungsschritt wenigstens 99,9% betragen müssen.

Trotz umfangreicher Bemühungen ist es bisher noch nicht gelungen, die Festphasen-Peptidsynthese entscheidend zu optimieren. In den letzten Jahren sind vielmehr eine ganze Reihe zusätzlicher Nebenreaktionen aufgefunden worden [534].

Durch den Einsatz von löslichen polymeren Trägern wurde versucht, bestimmte Unzulänglichkeiten der Festphasen-Technik zu umgehen.

Die *Flüssigphasen-Peptidsynthese* ermöglicht zwar ebenfalls keine Zwischenproduktreinigung, besitzt aber den Vorteil, daß die Reaktionsbedingungen weitgehend denen der konventionellen Methode entsprechen. Trotzdem können vollständige Kupplungen auch erst mit hohen Acylierungsmittelüberschüssen und mehrfachen Nachkupplungen erzielt werden. Darüber hinaus beeinflußt die wachsende Peptidkette — in manchen Fällen schon ab der Heptapeptidstufe — die Löslichkeitseigenschaften des polymeren Trägers. Die dann selbst bei Verwendung von Dimethylformamid resultierenden viskosen Lösungen erschweren den weiteren Syntheseverlauf. Obgleich auch die Flüssigphasen-Methode weitgehend automatiert werden konnte, ist die Anwendungsbreite der MERRIFIELD-Synthese nicht erreicht worden.

Eine Kombination der beiden abgehandelten Syntheseprinzipien an einer zweiten Phase stellt die alternierende *Fest-Flüssigphasen-Peptidsynthese* (vgl. Abschn. 2.2.7.3.) dar, die konzeptionell überzeugt, deren praktische Relevanz jedoch noch erbracht werden muß.

Die *Synthese am Feststoff* (vgl. Abschn. 2.2.7.4.) erlaubt einen schrittweisen Aufbau am polymeren Träger mit Hilfe von polymeren Aktivestern bzw. anderen polymeren Reagenzien. Die wachsende Peptidkette bleibt stets in homogener Lösung, so daß eine Zwischenproduktreinigung möglich ist.

Das von YOUNG näher untersuchte *Prinzip der reversiblen Fixierung* bedient sich Carboxyschutzgruppen mit einem basischen Zentrum, so daß nach jedem Kupplungsschritt in homogener Lösung die wachsende Peptidkette zwecks Abtrennung überschüssiger Carboxykomponente sowie von Bei- und Nebenprodukten reversibel an einen Ionenaustauscher fixiert werden kann. Verschiedene kleinere Peptide ließen sich auf diese Weise synthetisieren.

Die Verwendung von *Silicagel als festen Träger* für die Peptidsynthese wurde von ZAPEVALOVA, MAXIMOV und MITIN [535] vorgeschlagen. Zu diesem Zweck wird Silicagel mit einem polaren Lösungsmittel (DMF, Acetonitril, HMPT u. a.) imprägniert und mit der Aminokomponente adsorptiv beladen. Die Umsetzung mit Boc-Aminosäure-pentafluorphenylester erfolgt mit der in Hexan oder Petrolether suspendierten, an Silicagel-fixierten Aminokomponente. Die Peptidsynthese findet in einer dünnen Schicht des polaren Lösungsmittels an der Silicageloberfläche statt, in der die Reaktionspartner in hoher Konzentration vorliegen. Durch

Waschen mit Diethylether wird der überschüssige Aktivester entfernt. Nach Abspaltung der Boc-Gruppe mit HCl in Dibutylether wird der nächste Kupplungszyklus eingeleitet. Prinzipiell können mit einem Überschuß an polaren Lösungsmitteln die Synthesezwischenprodukte vom Silicagel abgelöst werden. Geschütztes Oxytocin, Gastrintetrapeptid und weitere kurzkettige Peptide ließen sich mittels dieser Methode synthetisieren.

Die genannten schrittweisen Methoden zum Aufbau von Peptidketten unterstreichen die Variationsvielfalt dieser Strategie.

2.2.10.1.2. Strategie der Segmentkondensation

Die erwähnten limitierenden Faktoren der schrittweisen Methode in homogener Lösung sowie die noch vorhandenen Unzulänglichkeiten der schrittweisen Kettenverlängerung an einer zweiten Phase erlauben keinen durchgängigen Aufbau langkettiger Polypeptide bzw. Proteine. Als Alternative bietet sich die Segmentkondensation an.

Entsprechend einer Empfehlung von PETTIT [26] wird von uns der bisher in der Peptidsynthese übliche Begriff *Fragmentkondensation* durch den sicherlich zutreffenderen Ausdruck *Segmentkondensation* ersetzt, da hierbei nicht Sequenzbruchstücke sondern Sequenzabschnitte zu größeren Einheiten zusammengefügt werden. Dagegen werden bei der Semisynthese (vgl. Abschn. 2.2.10.1.3.) vorrangig echte Proteinfragmente als Synthesezwischenstufen verwendet, so daß der Begriff Fragmentkondensation in diesem Zusammenhang gültig sein sollte. Es soll aber nicht unerwähnt bleiben, daß oftmals die Fragmente vor der Verknüpfung modifiziert werden und dadurch den Charakter eines echten Fragmentes (Bruchstückes) verlieren.

Von entscheidender Bedeutung für den Erfolg der Synthese eines langkettigen Syntheseobjektes ist die richtige Unterteilung der Gesamtsequenz in die zu verknüpfenden Segmente. Prinzipiell existieren keine verallgemeinerungsfähigen Regeln für die Segmentaufgliederung. Man kann sowohl eine Unterteilung in zwei etwa gleich große Segmente vornehmen, wodurch die der Synthese folgende Reinigung aufgrund der Differenzen zwischen Ausgangsprodukten und Endprodukt erleichtert wird, als auch verschieden große Segmente mit verkürzter Carboxy- oder Aminokomponente einsetzen. Längere Carboxykomponenten lassen sich schwieriger aktivieren und außerdem sind notwendige Überschüsse aus ökonomischer Sicht kaum zu verantworten. Aufgrund schlechter Löslichkeitseigenschaften lassen sich aber längerkettige Aminokomponenten bei nicht vollständiger Umsetzung schwieriger abtrennen.

Die Festlegung der Schnittstellen sollte nach dem geringsten Racemisierungsrisiko erfolgen und eine komplikationsfreie Peptidverknüpfung ermöglichen. Eine Unterteilung an Prolin- bzw. Glycinbindungen erlaubt z. B. beliebige Aktivierungen ohne jegliche Racemisierungsgefahr. Selbstverständlich existieren nicht immer günstige Voraussetzungen hinsichtlich des Vorkommens und der Verteilung von Glycin- und Prolinbausteinen in Peptiden und Proteinen. Andererseits haben sich für die Aktivierung zu bevorzugende C-terminale Aminosäure-Reste in der Carboxykomponente herauskristallisiert und auch als N-terminale Aminosäure der Aminokomponente sollten sterisch weniger gehinderte Bausteine gewählt werden, die möglichst hohe Kupplungsausbeuten garantieren. Die Ausschaltung von Racemisierung bei Segmentkondensation ist nach wie vor ein ungelöstes Problem. So beobachteten RINIKER et al. [536] bei der Kondensation des Insulinsegmentes B(1—16) mit C-terminalem Tyrosin mit dem Segment A(14—21)/B(17—30) unter Einsatz der GEIGER-KÖNIG-Methode starke Racemisierung am Tyrosin-Rest. Das D-Tyr-B^{16}-Diasteromere hatte sich in 30proz. Ausbeute gebildet. Auch bei der veränderten Knüpfung zwischen Leu^{15}-Tyr^{16} wurde mittels DCC/HOBt das unerwünschte D-Leu-B^{15}-Diastereomere in 10proz. Ausbeute nachgewiesen. Die optische Reinheit der Aminosäurebausteine wurde nach Totalhydrolyse und Überführung in Tfa-Aminosäure-isopropylester gaschromatographisch nach der Methode von GIL-AV und FEIBUSCH [537] bzw. KÖNIG und NICHOLSON [538] bestimmt. Aus diesen Resultaten ist erkennbar, daß Kupplungsmethoden, deren praktische Racemisierungssicherheit anhand von Racemisierungsnachweis-Methoden (vgl. Abschn. 2.2.6.2.) bestätigt wurde, unter veränderten Sequenzbedingungen unerwartete Ergebnisse liefern. Möglicherweise könnten Enzyme bei entsprechender Weiterentwicklung der enzymatischen Peptidsynthese (vgl. Abschn. 2.2.5.8.) eine echte Alternative zur chemischen Segmentverknüpfung bei besonders racemisierungsgefährdeten Schnittstellen darstellen.

Schließlich sei an die wechselseitige Beziehung zwischen Strategie und Schutzgruppentaktik erinnert, da durch bestimmte Schutzgruppenkombinationen zwangsläufig strategische Variationsmöglichkeiten eingeengt werden.

Die Segmentkondensation wird vorrangig in homogener Lösung durchgeführt, so daß Probleme der Löslichkeit und Aktivierbarkeit sich zu limitierenden Faktoren entwickeln können. Die Verknüpfung von zwei Segmenten verläuft nach einer Kinetik 2. Ordnung, wobei schnelle Kupplungen nur beim Vorliegen hinreichend hoher Konzentrationen beider Reaktionspartner möglich sind. Wegen der abnehmenden Löslichkeit mit wachsender Peptidkette läßt sich eine hinreichende Konzentration der Reaktionspartner bei Segmenten mit über 50 Aminosäurebausteinen kaum noch erreichen. Auswege könnten Segmentverknüpfungen bieten, die auf konzentrationsunabhängigen intramolekularen Umlagerungen beruhen. Mit dem UGI-Verfahren und der Amineinfang-Methode (vgl. Abschn. 2.2.5.7.) sind theoretische Ansatzpunkte zur Lösung dieses Problems aufgezeigt worden.

Selbstverständlich ist auch eine *Segmentkondensation an einer zweiten Phase* möglich. Dieses Prinzip wurde bereits 1966 von WEYGAND und RAGNARSSON

[539] beschrieben. Verschiedene Segmentsynthesen wurden auf diesem Wege durchgeführt. Aufgrund der allgemein bekannten Unzulänglichkeiten der Festphasen-Methode bietet diese Variante keinen entscheidenden Ausweg.

2.2.10.1.3. Semisynthese [540,541]

Aus den dargelegten Ausführungen über die strategischen Möglichkeiten der Synthese von Peptiden und Proteinen läßt sich die Schlußfolgerung ableiten, daß gegenwärtig der Chemosynthese von modifizierten Proteinen mit mehr als 100 Aminosäurebausteinen Grenzen gesetzt sind. Andererseits ist das Interesse an modifizierten Proteinen für molekularbiologische und medizinische Studien beträchtlich gestiegen. Obgleich mittels chemischer Synthesemethoden einige kleinere Proteine aufgebaut werden konnten, steht der dafür notwendige Aufwand in keiner vertretbaren Relation zu den erzielten Ausbeuten. Weiterhin sind gegenwärtig nur wenige hochspezialisierte Laboratorien in der Lage, solche Synthesen durchzuführen.

In den sechziger Jahren begannen sich einige Gruppen mit der Semisynthese von Polypeptiden und Proteinen zu beschäftigen. Bei der Semisynthese werden Fragmente natürlich vorkommender Proteine als Zwischenprodukte für den Aufbau neuer Proteine mit veränderter Sequenz verwendet. Über die theoretischen und praktischen Aspekte der Semisynthese wurde von OFFORD, einem Wegbereiter dieser Strategie, zusammenfassend berichtet [540].

Danach wird zwischen einer nichtkovalenten und einer kovalenten Semisynthese unterschieden.

Nichtkovalente Semisynthesen basieren auf der Tatsache, daß verschiedene Proteine nach der Spaltung in Fragmente und deren Trennung bei der Rekombination wieder biologisch aktiv nichtkovalente Komplexe bilden. Ein klassisches Beispiel hierfür ist die Ribonuclease A aus Rinderpankreas (vgl. S. 449), die durch die bakterielle Protease Subtilisin in das sog. S-Peptid (1—20) und das S-Protein (21—124) gespalten wird, und nach Rekombination der getrennten Spaltprodukte volle enzymatische Aktivität zeigt. Von verschiedenen Arbeitskreisen wurden chemisch synthetisierte Analoga des S-Peptides zur Rekombination mit dem nativen S-Protein eingesetzt, wodurch wertvolle Hinweise über die Beziehungen zwischen Struktur und Funktion erhalten werden konnten.

Andere geeignete Proteine für nichtkovalente semisynthetische Operationen sind z. B. die Staphylokokken-Nuclease, Cytochrom c, Thioredoxin und Myoglobin. Cytochrom c läßt sich mittels Bromcyan in die Fragmente 1—65 und 66—104 spalten. Obgleich CORRADIN und HARBURY 1971 zunächst die Ausbildung eines nichtkovalenten Komplexes postulierten, konnten sie später zeigen, daß der nach der Bromcyan-Spaltung resultierende Homoserinlactonring[65] durch die α-Aminogruppe des Fragmentes 66—104 unter Knüpfung einer Peptidbindung aufgespalten wird und das [Hse[65]]Cytochrom c ergibt. Semisynthetische Studien am Cytochrom c wurden durch die Arbeitskreise um HARBURY, WALLACE, HARRIS und TESSER [540] beschrieben.

Kovalente Semisynthesen können durch Knüpfung von Disulfidbrücken oder Peptidbindungen verwirklicht werden. Beispiele für den zuerst genannten Fall sind die umfangreichen Kombinationen von natürlichen und chemisch synthetisierten Insulinketten zu Hybridinsulinen. Die meisten allgemein anwendbaren Formen der Semisynthese basieren auf der Knüpfung von Peptidbindungen.

Die *Semisynthese durch Knüpfung von Peptidbindungen* läßt sich wiederum in eine schrittweise Semisynthese und eine Semisynthese durch Fragmentkondensation untergliedern.

Allgemein sind für Semisynthesen folgende Operationen notwendig:

— Reversibler Schutz vor der Spaltung
— Spaltung und Trennung der Fragmente
— Reversibler Schutz nach der Spaltung
— Modifikation oder Austausch eines Fragmentes
— Kupplung der Fragmente
— Deblockierung, Reinigung und Charakterisierung der Analoga

Schrittweise Semisynthesen

Schrittweise Semisynthesen umfassen die selektive Abspaltung eines oder mehrerer Aminosäure-Reste von einem Kettenende mit Hilfe der EDMAN-Methode (vgl. S. 414) und nachfolgender Substitution durch neue Aminosäure-Reste. Ein vieluntersuchtes Syntheseobjekt ist das Insulin, von dem ungefähr 30 bis 40 Analoga mittels der schrittweisen Semisynthese aufgebaut wurden. Ein klassisches Beispiel für eine semisynthetische Modifikation am N-Terminus der B-Kette des Insulins zeigt Abb. 2—28.

Entscheidenden Anteil an den Insulinarbeiten haben insbesondere die Arbeitsgruppen um BRANDENBURG, KRAIL, GEIGER und OFFORD.

Andere Syntheseobjekte waren oder sind u. a. Trypsin, Ferredoxin, Phospholipase A2′, Myoglobin, Cytochrom c.

Fragmentsemisynthesen

Semisynthesen durch Fragmentkondensation sind weitaus komplizierter als die schrittweise Semisynthese. Ein schwieriges Problem stellt der selektive Schutz von terminalen und seitenkettenständigen Amino- und Carboxygruppen dar. GOLDBERGER und ANFINSEN (1962) schlugen bezüglich einer Differenzierung zwischen den ε-Aminogruppen und der α-Aminogruppe folgenden Weg vor:

Peptidsynthesen

```
H₂N—Arg——Lys——Lys——Arg——Lys—COOH
         |      |            |
         NH₂    NH₂          NH₂
                    ↓ Schutz der Aminogruppen
R—NH—Arg——Lys——Lys——Arg——Lys—COOH
         |      |            |
         NH     NH           NH
         |      |            |
         R      R            R
                    ↓ tryptische Spaltung
R—HN—Arg—COOH + H₂N—Lys——Lys——Arg—COOH + H₂N—Lys—COOH
                     |      |                   |
                     NH     NH                  NH
                     |      |                   |
                     R      R                   R
```

Für eine praktische Anwendung ist es wichtig, daß durch die Schutzgruppe die Löslichkeit nicht verringert wird. Leider haben die meisten reversiblen Carboxyschutzgruppen einen negativen Einfluß auf die Löslichkeit. Für die Veresterung wird oft das 4-Methoxyphenyldiazomethan verwendet.

Zur Fragmentierung wird neben Trypsin vorrangig die Bromcyan-Methode (vgl. S. 411) eingesetzt. Über die Bromcyan-Spaltung von Cytochrom c wurde be-

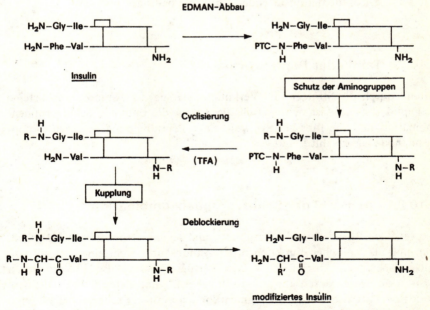

Abb. 2—28. Semisynthetische Modifikation am N-Terminus der Insulin-B-Kette nach OFFORD [541]

reits berichtet. Zusätzlich wurde über Fragmentsemisynthesen am Lysozym (REES und OFFORD, 1976), an der Carboanhydrase B (FÖLSCH et al., 1974), an der Staphylokokken-Nuclease (DI BELLO, 1975) sowie an Melanotropinen (BURTON und LANDE, 1970) u. a. gearbeitet. Nicht zuletzt sollen die umfangreichen semisynthetischen Untersuchungen von LASKOWSKI et al. am Sojabohnen-Trypsininhibitor (Kunitz) erwähnt werden.

Es hat sich gezeigt, daß der Kupplungsschritt bei Fragmentsemisynthesen die größten Schwierigkeiten beinhaltet. Der Einsatz von Enzymen als Katalysatoren für die Peptidknüpfungsreaktion [540] gewinnt zunehmend an Bedeutung (vgl. Abschn. 2.2.5.8.).

Verbesserungen sind auf dem Sektor der Lösungsmittelsysteme, der Aktivierungsreagenzien und Schutzgruppen notwendig, wobei das Interesse an Schutzgruppen zunimmt, die die Ladungsverteilung der geschützten Fragmente nicht verändern. In diesem Zusammenhang ist eine Zuwendung zu wäßrigen und halbwäßrigen Lösungsmittelsystemen erkennbar.

Zusammenfassend ist zu konstatieren, daß auch die Semisynthese nicht in allen Fällen einfach zu verifizieren ist. Ebenso wie bei der Chemosynthese sollten kontinuierliche Verbesserungen in methodischer Hinsicht eine universellere Anwendung ermöglichen, so daß schließlich beide Methoden als sich ergänzende Strategien zur Lösung der anstehenden Probleme beitragen können.

2.2.10.2. Taktik der Peptidsynthese

Während durch die Strategie die Verknüpfungsfolge der Aminosäurebausteine zum Peptid festgelegt ist, wird durch die Taktik die optimale Schutzgruppenkombination und die für jede Synthese einer Peptidbindung geeignete Kupplungsmethode ausgewählt.

2.2.10.2.1. Auswahl der Schutzgruppenkombination

Zur reversiblen Blockierung der terminalen und seitenkettenständigen basischen, sauren und alkoholischen Funktionen der Aminosäuren steht eine Vielzahl von Schutzgruppen (vgl. Abschn. 2.2.4.) zur Verfügung. Die Auswahl wird durch die Strategie sowie durch die Abspaltungsselektivität determiniert. Kleinere Peptide bzw. Partialsequenzen für Segmentkondensationen werden am günstigsten durch schrittweise Kettenverlängerung vom C-terminalen Ende aufgebaut. Bei der Besprechung der einzelnen Schutzgruppen zeigte es sich bereits, daß verschiedene funktionelle Gruppen unbedingt geschützt werden müssen, während andere geschützt werden können, aber nicht in jedem Fall des Schutzes bedürfen. Ein permanenter Schutzzwang besteht für Aminogruppen, die nicht an der Peptidkupplung beteiligt sind, sowie für die Thiol-Funktion des Cysteins. Selbst zusätzliche Carboxygruppen müssen nicht unbedingt geschützt werden. Arginin kann bereits mit protonierter Guanido-Funktion für Synthesen eingesetzt werden. Das Ausmaß des Schutzes von Seitenkettenfunktionen trifunktioneller Aminosäuren hängt vom Syntheseobjekt und den verwendeten Kupplungsmethoden ab. Beispielsweise können bei konventionellen Synthesen die Seitenkettenfunktionen von Serin, Threonin, Tyrosin oder Histidin unblockiert bleiben, wenn man für die Kupplung die Azid-Methode oder bestimmte Aktivester einsetzt. Da bei Peptidsynthesen an einer zweiten Phase gewöhnlich hohe Acylierungsmittelüberschüsse eingesetzt werden, ist wegen der Acylierung von Hydroxy- und Imidazol-Funktionen eine Blockierung essentiell.

Bedient man sich der konventionellen Technik, so ist in Abhängigkeit von der gewählten Strategie eine Maximal- oder Minimalschutz-Taktik möglich.

Die *Maximalschutz-Taktik* wurde von WÜNSCH bei der Totalsynthese des Glucagons praktiziert. Die Vorteile der taktischen Variante mit globaler Maskierung bestehen in der maximalen Absicherung gegenüber unerwünschten Nebenreaktionen und einer flexiblen Anwendung von Kupplungsmethoden. Zwangsläufig ergeben sich bezüglich der Löslichkeit ernsthafte Probleme, so daß die Grenze in Abhängigkeit von der spezifischen Sequenz bei Syntheseprodukten mit etwa 30 bis 50 Aminosäurebausteinen zu ziehen ist. Die von IVANOV et al. durchgeführte Totalsynthese des α-Bungarotoxins mit 74 Aminosäure-Resten unter Anwendung der Maximalschutz-Variante verdeutlicht aber, daß dieses genannte Limit ohne weiteres überschritten werden kann. Allgemein besitzt aber die Taktik der maximalen Blockierung den Nachteil, daß im Verlauf der Deblockierung Ausbeuteverluste resultieren können.

Die *Minimalschutz-Taktik* wurde von HIRSCHMANN in eindrucksvoller Weise bei der Totalsynthese des S-Proteins der Ribonuclease A demonstriert. Mit Ausnahme des Tryptophans enthält die aus 103 Aminosäuren bestehende Sequenz alle trifunktionellen Aminosäuren, von denen aber nur die ε-Amino- und Thiol-Funktionen maskiert wurden. Das hatte aber zur Folge, daß für den Aufbau der Segmente und die nachfolgenden Segmentkondensationen nur noch wenige Kupplungsmethoden (NCA/NTA-, N-Hydroxysuccinimidester- und Azid-Methode) eingesetzt werden konnten. Selbstverständlich ist bei minimaler Maskierung die Gefahr von Nebenreaktionen groß, so daß die Segmente sehr sorgfältig gereinigt werden müssen. Die Deblockierung bereitet aber zwangsläufig geringere Probleme.

Am Beispiel von drei Nonapeptiden wird in Abb. 2—29 der Unterschied zwischen der Maximalschutz- und Minimalschutz-Taktik demonstriert.

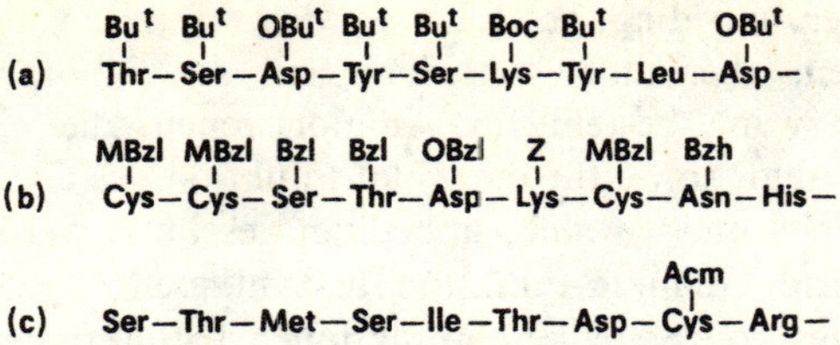

```
              Buᵗ  Buᵗ  OBuᵗ Buᵗ Buᵗ  Boc  Buᵗ         OBuᵗ
               |    |    |    |   |    |    |            |
(a)          Thr—Ser—Asp—Tyr—Ser—Lys—Tyr—Leu—Asp—

             MBzl MBzl Bzl  Bzl OBzl  Z   MBzl  Bzh
              |    |    |    |   |    |    |    |
(b)          Cys—Cys—Ser—Thr—Asp—Lys—Cys—Asn—His—

                                            Acm
                                             |
(c)          Ser—Thr—Met—Ser—Ile—Thr—Asp—Cys—Arg—
```

Abb. 2—29. Prinzipien des Maximal- und Minimalschutzes

In der Praxis werden aber nicht immer die beiden extremen Taktiken angewandt. Vielmehr erfolgt in Abhängigkeit von der aufzubauenden Sequenz eine Annäherung an die eine oder andere Variante.

Die Einteilung der Schutzgruppen in intermediäre und konstante Schutzgruppen sowie deren Bedeutung wurde bereits im Abschn. 2.2.2. und 2.2.4. ausführlich besprochen. Das wichtigste Problem der Schutzgruppentaktik ist eine ausreichende Selektivität bei der Abspaltung zwischen intermediären und konstanten Schutzgruppen. Darüber hinaus muß die Finaldeblockierung der konstanten Schutzgruppen ohne Nebenreaktionen und Schädigung des Syntheseproduktes ablaufen. Die Realisierung dieser Anforderungen ist äußerst diffizil. Aufgrund des Fehlens universell anwendbarer Methoden müssen zur differenzierten Schutzgruppenabspaltung unterschiedliche Prinzipien angewandt werden. Die Deblockierungsselektivität muß sowohl zwischen den terminalen intermediären Schutzgruppen einerseits und insgesamt gegenüber den konstanten Schutzgruppen gewährleistet sein.

Eine nur annähernd befriedigende Darstellung dieser insgesamt komplizierten Problematik ist im Rahmen dieser Einführung nicht möglich. Für die *differenzierte Schutzgruppenabspaltung* sind verschiedene Varianten entwickelt worden, von denen einige vorgestellt werden sollen.

Die klassischen Oxytocin/Vasopressin- und Insulin-Synthesen waren z. B. so konzipiert, daß die intermediären Schutzgruppen durch *Acidolyse* und die konstanten Schutzgruppen nach Beendigung der Synthese durch *Reduktion* entfernt wurden. Der Schutz der α-Aminofunktion erfolgte mit der Benzyloxycarbonyl-Gruppe, die durch Bromwasserstoff in Eisessig deblockiert wurde, während die ε-Aminogruppe des Lysins (und auch die Guanido-Funktion des Arginins) mit dem Tosyl-Rest abgedeckt wurde, der nur reduktiv mit Natrium in flüssigem Ammoniak entfernt werden konnte. Da aber verschiedentlich durch Natrium in flüssigem Ammoniak Schädigungen des Endproduktes resultierten, wird diese reduktive Spaltmethode nur noch selten angewandt.

In Abwesenheit schwefelhaltiger Aminosäuren im Peptidverband kann andererseits die zur intermediären Blockierung benutzte Benzyloxycarbonyl-Gruppe hydrogenolytisch abgespalten werden, wenn die gegen Reduktion beständigen

Schutzgruppen vom tert.-Butyltyp als konstante Schutzgruppen Verwendung finden. Die Deblockierung erfolgt dann acidolytisch.

Große Anstrengungen wurden unternommen, um verbesserte selektive Abspaltungsbedingungen für säurelabile Schutzgruppen gegeneinander zu finden. Der Schwerpunkt dieser Arbeiten richtete sich auf die selektive Abspaltung von Aminoschutzgruppen, insbesondere der Boc-Gruppe neben dem Benzyloxycarbonyl-Rest, da die Selektivität bei Anwendung von Trifluoressigsäure und auch von HCl in organischen Lösungsmitteln nicht durchgängig befriedigen konnte. Nach SCHNABEL et al. [542] besitzt 70proz. wäßrige Trifluoressigsäure eine hohe Spaltungsselektivität, wie auch eine Mischung von 70% Trifluoressigsäure und 30% Essigsäure [543]. In Gegenwart von Tryptophan im Syntheseobjekt ist für acidolytische Boc-Abspaltungen 0,1 N HCl in Ameisensäure vorzuziehen [544], die von OHNO et al. (1972) bereits bei Festphasen-Synthesen eingesetzt wurde. In unpolaren Lösungsmitteln kann die Boc-Gruppe mit äquimolaren Mengen Trimethylsilylperchlorat selektiv neben der Z-Gruppe entfernt werden [545]. Die *differenzierte Acidolyse* wurde von RINIKER et al. [546] zu hoher Perfektion entwickelt. So konnte die Trityl-Gruppe selektiv neben den anderen, nachfolgend genannten Aminoschutzgruppen mit HCl in Trifluorethanol abgespalten werden. Durch kinetische Untersuchungen wurde nachgewiesen, daß die Boc-Gruppe in HCl/Trifluorethanol bei „pH 1" etwa 2500mal stabiler ist als die Bpoc-Gruppe und bei „pH 0" ca. 1500mal stabiler als die 2-Phenyl-isopropyloxycarbonyl-Gruppe.

In den letzten Jahren zeichnete sich ein interessanter Trend zu säurestabilen, unter milden alkalischen Bedingungen abspaltbaren intermediären Schutzgruppen (vgl. Tab. 2—1, sowie S. 132) ab, die sich mit konstanten Schutzgruppen des tert.-Butyltyps u. a. kombinieren lassen. Diese Schutzgruppenkombination wurde auch mit Erfolg bei MERRIFIELD-Synthesen (s. S. 214) angewandt. Die sog. orthogonale Schutzkonzeption für Festphasen-Synthesen verlangt aus taktischer Sicht besondere Beachtung (vgl. S. 211). Schließlich sei noch an die bereits besprochene Möglichkeit der photolytischen Abspaltung von Schutzgruppen hingewiesen und an Schutzgruppen erinnert, die unter ganz speziellen Bedingungen entfernt werden können. Hierzu gehören auch solche, die mit Hilfe von Proteasen abgespalten werden können. Der *enzymatischen Deblockierung* [476, 552—555] dürfte auch in Zukunft zunehmende Bedeutung zukommen.

Interessant erscheint auch der durch die Festphasen-Technik initiierte Entwicklungstrend zur *globalen Deblockierung* am Ende der Synthese mit Hilfe stark saurer Reagenzien, wie HF [63], Bortribromid in Methylenchlorid [547], $B(CF_3COO)_3$ [427], Trifluormethansulfonsäure, CF_3SO_3H [548], Methansulfonsäure, CH_3SO_3H [549] und den HF-Pyridin-Komplex [550] u. a. Schließlich lassen sich auch verschiedene Schutzgruppen, wie der Tosyl-, Trityl-, Diphenylmethyl-, Benzyl- und Z-Rest elektrochemisch entfernen [551].

Intermediäre Schutzgruppen →		Aminoschutzgruppen										Carboxyschutzgruppen					
		Z		Boc		Nps		Bpoc		Trt		OMe/OEt		OBzl		OtBu	
Konstante Schutzgruppen ↓		s	g	s	g	s	g	s	g	s	g	s	g	s	g	s	g
Aminoschutzgruppen	Z	–	H$_2$/NH$_3$, HBr	TFA	HBr	HCl	HBr	AcOH	HBr	AcOH	H$_2$/NH$_3$, HBr	OH$^\ominus$	–	OH$^\ominus$, H$_2$	H$_2$/NH$_3$, HBr	TFA	HBr
	Boc	H$_2$	HBr	–	TFA	SH/HCl	TFA	AcOH	TFA	AcOH	TFA	OH$^\ominus$	–	OH$^\ominus$, H$_2$	HF	TFA	TFA
	Tos	H$_2$/HBr	Na/NH$_3$	TFA	–	HCl	–	AcOH	–	AcOH	Na/NH$_3$	OH$^\ominus$	–	OH$^\ominus$, H$_2$	Na/NH$_3$	TFA	–
Carboxyschutzgruppen	OMe/OEt	H$_2$/HBr	–	TFA	TFA	HCl	–	AcOH	–	AcOH	OH$^\ominus$	–	OH$^\ominus$	OH$^\ominus$, H$_2$	OH$^\ominus$	TFA	–
	OtBu	H$_2$/Na/NH$_3$	H$_2$/NH$_3$	TFA	TFA	SH/HCl	TFA	AcOH	TFA	AcOH	TFA	OH$^\ominus$	–	H$_2$/Na/NH$_3$, HF	H$_2$/Na/NH$_3$, HF	–	HF (HBr)
	OBzl	(HBr)	HBr	TFA	HF	HCl	HF	AcOH	HF	AcOH	H$_2$/Na/NH$_3$, HF	OH$^\ominus$	OH$^\ominus$	–	–	TFA	TFA
Hydroxyschutzgruppen	Bzl	H$_2$/Na/NH$_3$	H$_2$/NH$_3$, HF	TFA	TFA	SH/HCl	TFA	AcOH	TFA	AcOH	H$_2$/Na/NH$_3$, HF	OH$^\ominus$	–	OH$^\ominus$, H$_2$	HF	TFA	TFA
	tBu	HBr	HBr	TFA	HF	HCl	HF	AcOH	HF	AcOH	TFA	OH$^\ominus$	–	OH$^\ominus$	H$_2$/HF	TFA	TFA
Guanidoschutzgruppen	NO$_2$	H$_2$	H$_2$/NH$_3$	TFA	HF	HCl	HF	AcOH	HF	AcOH	Na/NH$_3$, HF	OH$^\ominus$	–	OH$^\ominus$, H$_2$	Na/NH$_3$, HF	TFA	HF
	Tos	HBr (H$_2$)	H$_2$/HF	TFA	HF	SH/HCl	HF	AcOH	HF	AcOH	Na/NH$_3$	OH$^\ominus$	–	OH$^\ominus$	Na/NH$_3$	TFA	HF
	Bzl	HBr	HBr	TFA	HF	SH/HCl	–	AcOH	HF	AcOH	Na/NH$_3$	OH$^\ominus$	–	OH$^\ominus$	Na/NH$_3$	TFA	HF
Imidazolschutzgr.	Bzl	–	Na/NH$_3$, HF	TFA	HF	HCl	–	AcOH	–	AcOH	Na/NH$_3$, HF	OH$^\ominus$	–	OH$^\ominus$	Na/NH$_3$, HF	TFA	HF
Thiol-Schutzgruppen	BzlOMe	HBr	Na/NH$_3$, HF	TFA	HF	HCl	HF	AcOH	HF	AcOH	Na/NH$_3$, HF	OH$^\ominus$	–	OH$^\ominus$	Na/NH$_3$, HF	TFA	HF
	Trt	–	–	TFA	–	SH/HCl	–	AcOH	–	AcOH	–	(OH$^\ominus$)	–	(OH$^\ominus$)	–	TFA	–
	Acm	HBr	Na/NH$_3$	TFA	HF	HCl	HF	AcOH	–	AcOH	Na/NH$_3$	OH$^\ominus$	–	OH$^\ominus$	Na/NH$_3$	TFA	–
	S-tBu/S-Et	HBr	Na/NH$_3$	TFA	HF	HCl	HF	AcOH	–	AcOH	Na/NH$_3$	OH$^\ominus$	–	OH$^\ominus$	Na/NH$_3$	TFA	–

Abb. 2—30. Kombinationsmöglichkeiten einiger Schutzgruppen nach LÜBKE, SCHRÖDER und KLOSS [30]

Für den strukturspezifischen Aufbau von α- und ω-Peptiden der Aminodicarbonsäuren ist die selektive Blockierung einer Carboxygruppe erforderlich. Bezüglich dieser komplexen Problematik sei auf die ausgezeichnete Monographie von WÜNSCH [29] verwiesen.

In Abb. 2—30 sind Angaben über Abspaltung und Stabilität einiger weniger Schutzgruppen unter Standardbedingungen enthalten. Der Wert solcher Darstellungen ist erfahrungsgemäß stark umstritten, da eine Verallgemeinerung nicht durchgängig vorgenommen werden kann. Insbesondere hängt die Deblokkierbarkeit bzw. Stabilität von genau definierten Bedingungen ab, die in einer solchen Form unberücksichtigt bleiben müssen. Darüber hinaus sind nicht alle Schutzgruppen den üblichen Abspaltungsreaktionen unterzogen worden, so daß eine exakte Beurteilung kaum möglich ist. Eine erste zusammenfassende Untersuchung dieser Art wurde bereits 1953 von BOISSONNAS und PREITNER [556] für verschiedene N-Schutzgruppen vorgenommen. Die Spaltungsgeschwindigkeit verschieden substituierter Benzyloxycarbonyl-Reste mit HBr/Eisessig untersuchten BLAHA und RUDINGER [557], während LOSSE et al. [558] auch über die Kinetik der sauren Deblockierung von Amino- und Carboxyschutzgruppen berichteten. Durch die Vielzahl der in den letzten Jahren entwickelten neuen Blockierungsmöglichkeiten sind umfassende Studien über die Abspaltungsselektivität unter definierten Bedingungen und Einbeziehung aller bekannten Schutzgruppen kaum noch durchzuführen. Die in Abb. 2—30 nach LÜBKE, SCHRÖDER und KLOSS [30] gewählte Form ist nur als eine Anregung zur Beschäftigung mit der Schutzgruppentaktik anzusehen. Eine sinnvolle Kombination verschiedener Schutzgruppen setzt exakte Kenntnisse über die einzelnen Blockierungsmöglichkeiten sowie auch hinreichende experimentelle Erfahrungen voraus.

2.2.10.2.2. Auswahl der Kupplungsmethode

Betrachtet man die Vielzahl der beschriebenen Kupplungsmethoden, so erscheint es auf dem ersten Blick äußerst schwierig für eine bestimmte Synthesezielstellung das brauchbarste Aktivierungsverfahren auszuwählen. Die festgelegte Strategie und Schutzgruppentaktik grenzt jedoch die Variationsbreite entscheidend ein. Außerdem haben sich von den mehr als 130 bekannten Kupplungsmethoden, wie bereits in Abschn. 2.2.5. erwähnt, nur einige wenige in der Praxis bewährt.

Die Knüpfung der Peptidbindung kann als *Einstufen-Prozeß* („Eintopf"-Verfahren) oder als *Zweistufen-Prozeß* ablaufen (vgl. S. 112).

Beim *Einstufen-Prozeß* erfolgt die Aktivierung der freien Carboxygruppe der Carboxykomponente in Anwesenheit der Aminokomponente. Prototyp dieser Variante ist die Kupplung mit Dicyclohexylcarbodiimid. Unter diesen Bedingungen müssen alle nicht an der Knüpfung der Peptidbindung beteiligten Carboxygruppen maskiert vorliegen. Nur beim Einsatz der Reaktionspartner in äquimolaren Mengen kann auf einen Schutz von Hydroxy-Funktionen verzichtet werden.

Beim *Zweistufen-Prozeß* ist die Aktivierung der Carboxykomponente der eigentlichen Kupplungsreaktion vorgelagert. Als Beispiel sei die Mischanhydrid-Methode angeführt. Bei der variantenreichen Aktivester-Methode ist in den überwiegenden Fällen zur Aktivierung der Carboxygruppe, d. h. für die Bildung des Aktivesters, der Einsatz einer Kupplungs-Methode — vorrangig DCC- bzw. Anhydrid-Methode — notwendig. Für die eigentliche Peptidknüpfungsreaktion gelten die gleichen Schutzanforderungen wie beim Einstufen-Prozeß, wobei aber zusätzliche Carboxygruppen in der Aminokomponente unblockiert bleiben können.

Einen Sonderfall des Zweistufen-Prozesses mit eminenter taktischer Bedeutung stellt die Azid-Kupplung dar. Ausgehend von einer Ester-Gruppierung verläuft die Aktivierung über die Hydrazid-Zwischenstufe. Weitere hydrazinolysesensitive Gruppierungen dürfen in der Carboxykomponente nicht vorhanden sein. Die Azid-Methode erlaubt die Verwirklichung der Taktik des Minimalschutzes. Synthesen mit ungeschützten Hydroxy-Funktionen besitzen größere praktische Relevanz als solche mit möglichen unblockierten zusätzlichen Carboxygruppen sowohl in der Carboxy- als auch in der Aminokomponente.

Ein wesentlicher Gesichtspunkt für die Auswahl einer Kupplungsmethode ist die Racemisierungssicherheit. Die Möglichkeiten der Ausschaltung bzw. weitgehenden Zurückdrängung der Racemisierung wurde bereits in Abschn. 2.2.6.1.1. ausführlich besprochen und auch bei der Abhandlung der Strategie der Segmentkondensation (vgl. Abschn. 2.2.10.1.2.) diskutiert.

2.2.10.3. Möglichkeiten und Grenzen der Peptidsynthese

Nach der knappen Darlegung der Strategie und Taktik der Peptidsynthese wird der gegenwärtige Entwicklungsstand kurz skizziert. Die vorhandenen Möglichkeiten auf methodischem Gebiet reichen aus, um die Chemosynthese kleinerer Proteine zu verifizieren. Die in Tab. 2—9 aufgeführten Syntheseleistungen der Festphasen-Peptidsynthese unterstreichen nachdrücklich, daß mittels dieser Technik relativ schnell längere Peptidsequenzen aufgebaut werden können. Da aber meistens nur schwer oder nicht zu reinigende Endprodukte resultieren, sollten auf diesem Wege nur kleinere Peptide bzw. Analoga oder Segmente bis zu einer Bausteinanzahl von maximal 10 bis 15 Aminosäuren synthetisiert werden.

Unter Anwendung moderner Trenntechniken, insbesondere der präparativen Hochleistungsflüssigkeitschromatographie lassen sich Tri- bis Decapeptide relativ gut reinigen. Für den Aufbau langkettiger Polypeptide und kleinerer Proteine kann nur die konventionelle Segmentkondensation angewandt werden. Die Synthese der Segmente kann sowohl durch schrittweise Kettenverlängerung in homogener Lösung als auch in bestimmten Fällen nach der MERRIFIELD-Technik erfolgen. In Tab. 2—11 sind einige Beispiele konventionell synthetisierter Peptide bzw. Proteine aufgeführt.

Tabelle 2—11
Nach der konventionellen Methode in homogener Lösung aufgebaute biologisch aktive Peptide bzw. Proteine

Syntheseobjekt	Zahl der Aminosäurebausteine	Jahr	Literatur
Lysozym (Analogon)	129	1979[1])	[559]
Ribonuclease A	124	1981	[560]
Ribonuclease-S-Protein	104	1969	[255]
Proinsulin (Mensch)	86	1977	[561, 562]
Insulin	51	1974	[495]
ACTH (Schwein)	39	1963	[563]
ACTH (Mensch)	39	1967	[564]
Bungarotoxin	74	1979	[565]
Glucagon	29	1967	[566]
Sekretin	27	1966	[567]
Oxytocin	9	1953	[493]

[1]) noch nicht abgeschlossen

Die keinen Anspruch auf Vollständigkeit erhebenden Angaben in Tab. 2—11 verdeutlichen den Trend der Anwendung konventioneller Synthesemethoden auch zur Darstellung von Proteinen. Allgemein stellen Syntheseobjekte dieser Größenordnung die derzeitigen Grenzen der Chemosynthese dar, obgleich in Ausnahmefällen dieses Limit überschritten werden wird. Die Ursachen hierfür wurden bereits mehrfach angeführt. Die größte Schwierigkeit besteht in der Verknüpfung von Segmenten mit 50 und mehr Aminosäurebausteinen.

Die Peptidsynthetiker werden mit Sicherheit in der Zukunft Mittel und Wege zur Lösung der anstehenden Probleme finden. Die Chemosynthese von Proteinen mit vertretbarer Homogenität wird in den nächsten Dezennien ein wertvolles Hilfsmittel zur Klärung molekularbiologischer Fragestellungen an Enzymen und anderen Proteinen darstellen. Ansatzpunkte sind in der kombinierten Anwendung chemosynthetischer und semisynthetischer Methoden gegeben. Es bleibt abzuwarten, inwieweit die bereits in einigen Fällen praktizierte experimentelle Übertragung synthetischer Gene in bakterielle Chromosomen die Bereitstellung von biologisch aktiven Peptiden und Proteinen im größeren Maßstab ermöglichen kann (vgl. Abschn. 2.3.1.7.7.).

Abschließend sollen die gegenwärtigen Möglichkeiten und Probleme der *industriellen Produktion von Peptiden* erläutert werden. Verglichen mit der Vielzahl der chemosynthetisch zugänglichen Peptidwirkstoffe ist der Produktionsanteil an Peptidpharmaka sehr gering. Die Ursachen sind vielschichtig. Einmal werden von den Gesundheitsbehörden berechtigt hohe Anforderungen an die Reinheit des produzierten Peptidpharmakons gestellt. Erst nach umfangreichen, sehr aufwendigen biologischen, pharmakologischen und medizinischen Tests ist eine Zulassung als Arzneimittel möglich. Diese Erlaubnis erhielten bisher nur relativ wenige biologisch aktive Peptide. Andererseits sind die Produktionskosten hoch, da abgesehen von den Kosten der Ausgangsprodukte und Hilfs-

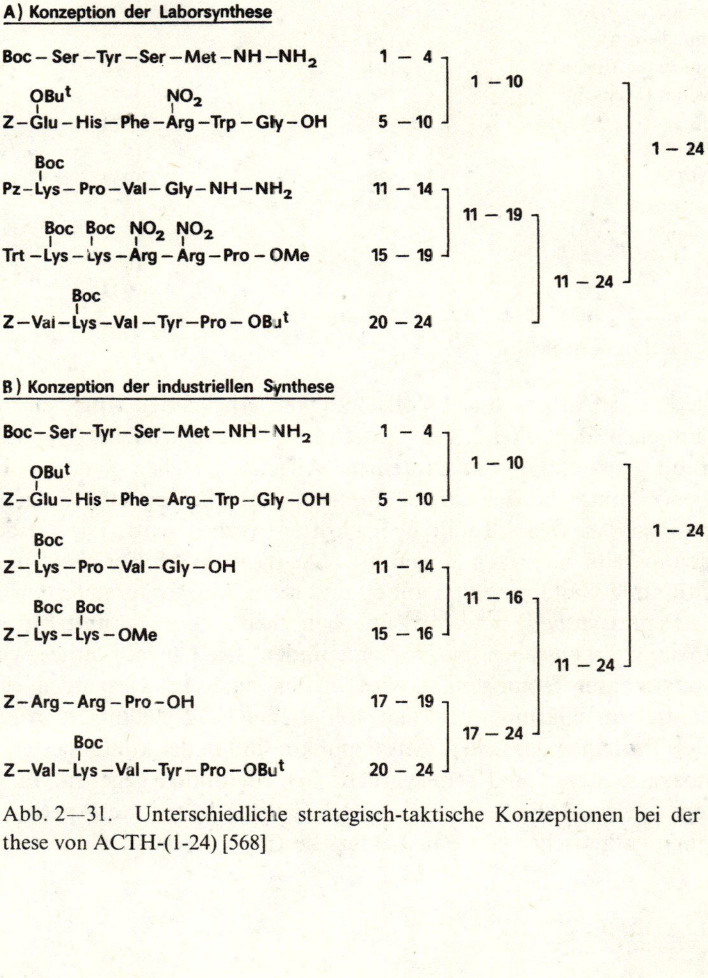

A) Konzeption der Laborsynthese

Boc – Ser – Tyr – Ser – Met – NH – NH$_2$ 1 – 4

OBu^t NO$_2$
Z – Glu – His – Phe – Arg – Trp – Gly – OH   5 – 10

1 – 10

Boc
Pz – Lys – Pro – Val – Gly – NH – NH$_2$ 11 – 14

Boc Boc NO$_2$ NO$_2$
Trt – Lys – Lys – Arg – Arg – Pro – OMe   15 – 19

11 – 19

1 – 24

Boc
Z – Val – Lys – Val – Tyr – Pro – OBu^t 20 – 24

11 – 24

B) Konzeption der industriellen Synthese

Boc – Ser – Tyr – Ser – Met – NH – NH$_2$ 1 – 4

OBu^t
Z – Glu – His – Phe – Arg – Trp – Gly – OH   5 – 10

1 – 10

Boc
Z – Lys – Pro – Val – Gly – OH   11 – 14

Boc Boc
Z – Lys – Lys – OMe   15 – 16

11 – 16

1 – 24

Z – Arg – Arg – Pro – OH   17 – 19

Boc
Z – Val – Lys – Val – Tyr – Pro – OBu^t 20 – 24

17 – 24

11 – 24

Abb. 2–31. Unterschiedliche strategisch-taktische Konzeptionen bei der Synthese von ACTH-(1-24) [568]

Peptidsynthesen 259

mittel die Prozeßführung aufwendig ist und jedes Zwischenprodukt der vielstufigen Peptidsynthese analytisch eindeutig charakterisiert werden muß. Sehr viel Aufmerksamkeit muß auch der industriellen Reinigung des Finalproduktes gewidmet werden.

Hinsichtlich der Strategie und Taktik der Chemosynthese eines Peptidwirkstoffes auf den Stufen der Forschung, Entwicklung und Produktion bestehen generell unterschiedliche Anforderungen. Während eine Laborsynthese zur Bereitstellung geringer Mengen des Peptides zur Stoffcharakterisierung und erster pharmakologischer Untersuchungen dient, und zur Ausschaltung von Risikofaktoren meist nach dem taktischen Prinzip des Maximalschutzes konzipiert wird, wird auf der nächsten Stufe die Synthese den Erfordernissen der industriellen Produktion angepaßt. Es erfolgt eine Aufteilung in die geeignetesten Segmente, verbunden

Abb. 2—32. Reaktor für die industrielle Peptidsynthese nach FEURER [568]

mit der Realisierung des Minimalschutzes und der Anwendbarkeit einfacher Kupplungs- und Reinigungsmethoden.

In Abb. 2—31 sind die beiden unterschiedlichen Synthesekonzeptionen für das ACTH-(1—24) aufgeführt [568]. In der Entwicklungsphase einer industriellen Peptidsynthese wird auch die notwendige Maßstabsvergrößerung vorgenommen. Allgemein bestehen keine signifikanten Unterschiede zwischen Pilot- und Produktionsanlagen hinsichtlich der Durchsatzmenge.

Die Produktion erfolgt meist in rostfreien oder glasausgekleideten Stahlkesseln, die mit normalen Rührern, Dampfleitungen, Kühlern und Vorlagen versehen sind. Einen typischen 200-Gallonen-Reaktor für die Peptidproduktion zeigt Abb. 2—32 [568]. Heiz- und Kühlsysteme ermöglichen eine kontinuierliche Temperaturregulierung zwischen −20 °C und +70 °C im Reaktionsgefäß.

Tabelle 2—12
Ausgewählte industriell produzierte Peptidhormone

Peptide	Anzahl der Aminosäuren	Handelsname	Einführung
Oxytocin	9	SYNTOCINON	SANDOZ 1956
Methyl-oxytocin	9	REMESTYP	SPOFA 1967
[Asn^1, Val^5]Angiotensin II	8	HYPERTENSIN	CIBA 1959
[Lys^8]Vasopressin	9	VASOPRESSIN	SANDOZ 1961
		DIAPID (USA)	SANDOZ 1970
ACTH-(1—24)	24	SYNACTHEN	CIBA 1967
ACTH$_b$-(1—28) bzw. (1—32)	28(32)	HUMACTHID	GEDEON-RICHTER 1970
Pentagastrin	5	PEPTAVLON	ICI 1969
Desamino-oxytocin	9	SANDOPART	SANDOZ 1971
Desamino-D-Arg-vasopressin [DDAVP]	9	MINIRIN	FERRING 1973
Thyreoliberin	3	TRF	ROCHE 1974
		TIREGAN	HOECHST
		THYPIONONE	ABBOTT
Salmon-Calcitotinin	32	CALCITONIN	SANDOZ 1974
		CALCIMAR	ARMOUR 1975
Gonadoliberin	10	RELISORM L	ABBOTT 1975
Human-Calcitonin	32	CIBACALCIN	CIBA-GEIGY 1977
Triglycyl-[Lys^8]-vasopressin	12	GLYPRESSIN	FERRING 1977
Human-ACTH	39		ARMOUR 1977

Für Hydrogenolysen werden zur Verkürzung der Reaktionsdauer spezielle Hochgeschwindigkeitsrührer eingesetzt. Die Endproduktreinigung wird gesondert durchgeführt. Die Gegenstromverteilung soll für diese Zielstellung auch im industriellen Maßstab gut geeignet sein [568]. In Tab. 2—12 sind einige industriell hergestellte Peptidhormone aufgeführt.

2.3. Biologisch aktive Peptide

In den vergangenen Jahren ist die Zahl der in lebenden Systemen aufgefundenen Peptide stark angestiegen. Während im Zeitraum zwischen 1944 und 1954 die prinzipiellen analytischen Voraussetzungen für die Reinigung, Isolierung und Konstitutionsaufklärung von Peptiden geschaffen wurden, stagnierte die Erforschung vieler Peptidwirkstoffe, besonders der im Gehirn gebildeten Peptide, weil eine entsprechende Analytik zur Bestimmung der oft im Nanogrammbereich (10^{-9} g) und auch darunter vorkommenden Mengen nicht vorhanden war. Erst mit der Entwicklung des sogenannten Radioimmunoassy (*RIA*) durch Rosalyn S. YALOW (Nobelpreis für Physiologie und Medizin 1977) und ihrem bereits verstorbenen Mitarbeiter Samuel BERSON wurde es möglich, auch Peptidwirkstoffe in äußerst geringen Konzentrationen zu bestimmen; von einem Hormon kann z. B. noch ein tausendstelmilliardstel Gramm in einem m*l* Blut genau bestimmt werden. Mit dieser Entwicklung wurde der Weg zur Erforschung der Hypothalamus-Neurohormone geebnet. Roger GUILLEMIN und Andrew V. SCHALLY, die gemeinsam mit Rosalyn S. YALOW den Nobelpreis für Physiologie und Medizin erhielten, konnten den experimentellen Nachweis erbringen, daß das Zentralnervensystem (*ZNS*) die Aktivität des Hypothalamus zur Ausschüttung winziger Mengen an Releasing-Hormonen moduliert, wodurch die endokrine Regulation kontrolliert wird. Beiden Wissenschaftlern gelang es schließlich unabhängig voneinander, die ersten Hypothalamus-Hormone sequentionell aufzuklären und auch im Laboratorium zu synthetisieren.

Mit der Entdeckung eines stereospezifischen Opiatrezeptors im Nervensystem setzte eine intensive Suche nach einem endogenen Substrat für diesen Rezeptor ein. Zuerst wurden aus Gehirnauszügen die Enkephaline isoliert. Hierbei handelt es sich um zwei Pentapeptide, deren Sequenz sich nur in einem Aminosäurebaustein unterscheidet. Danach wurden weitere aktive Peptide aufgefunden, wie das β-Endorphin aus der Hypophyse und das α- und γ-Endorphin aus Hypothalamus-Neurohypophyse. Diese insgesamt als Endorphine bezeichnete Verbindungsklasse besitzt eine eminente Bedeutung für Physiologie und Pharmakologie bezüglich der Gewinnung neuer Erkenntnisse über Schmerzempfindung und Schmerzdämpfung sowie möglicherweise auch für die Pathogenese geistiger Störungen.

Sicherlich stehen wir am Anfang einer noch nicht überschaubaren Entwicklung, die dadurch gekennzeichnet ist, daß ZNS-aktive Peptidwirkstoffe immer stärker in den Vordergrund des Interesses rücken.

Viele natürlich vorkommende Peptidwirkstoffe unterscheiden sich strukturell von denen, die aus Proteinvorstufen gebildet werden. Häufig findet man nichtproteinogene Aminosäuren, wie β-Alanin, γ-Aminobuttersäure, D-Aminosäuren und N^α-alkylierte Aminosäuren u. a. als Peptidbausteine. Aber auch ω-Peptidbindungen und Ringstrukturen sind charakteristisch für viele niedermolekulare Peptide. Solche Strukturvariationen und beispielsweise Pyroglutamyl-Reste stellen einen wirksamen Schutz gegen den Angriff von Proteasen dar, die normalerweise eine Substratspezifität für Peptide aus α-Aminosäuren mit normaler Peptidbindung besitzen.

Glutathion, das in allen Zellen höherer Tiere vorkommt, ist ein einfaches Tripeptid mit einem N-terminalen Glutaminsäure-Rest, der über eine γ-Peptidbindung verknüpft ist:

$$H_2N-CH-CH_2-CH_2-CO-NH-CH-CO-NH-CH_2-COOH$$
$$\quad\quad\;\; COOH \quad\quad\quad\quad\quad\quad\quad CH_2-SH$$

Die Biosynthese solcher Peptide erfolgt nicht nach dem Prinzip der Proteinbiosynthese, sondern verläuft in einer enzymkatalysierten Zweistufenreaktion unter ATP-Verbrauch:

Glutamat + Cystein + ATP $\xrightarrow{E_1}$ γ-Glutamyl-cystein + ADP + P_{an}

γ-Glutamyl-cystein + Glycin + ATP $\xrightarrow{E_2}$ Glutathion + ADP + P_{an}

(E_1 = γ-Glutamylcystein-Synthetase; E_2 = Glutathion-Synthetase)

Glutathion ist ein biochemisch wichtiger Aktivator für bestimmte Enzyme, schützt Lipide gegen Autoxidation und ist Bestandteil des Transportsystems von Aminosäuren in bestimmte tierische Gewebe (γ-Glutaminsäure-Zyklus). Weitere *γ-Glutamyl-Peptide* findet man im Pflanzenreich, wie z. B. in Zwiebeln, Knoblauch und in Samen von Hülsenfrüchten. Aber auch bestimmte Abkömmlinge der *Pteroylglutaminsäure (Folsäure)* enthalten zusätzliche Glutaminsäure-Reste, die über γ-Peptidbindungen miteinander verknüpft sind.

Einen wirksamen Schutz gegen enzymatischen Abbau durch Aminopeptidasen bietet die Pyroglutaminsäure (Pyrrolidon-carbonsäure) als N-terminaler Aminosäurebaustein in den *Pyroglutamyl-Peptiden*:

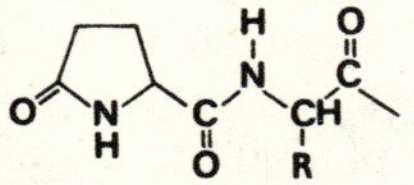

Vertreter solcher Peptide wurden in Algen aufgefunden, wie z. B. das *Eisenin*, Pyr-Gln-Ala, oder das *Pelvetin*, Pyr-Gln-Gln. Aber auch in verschiedenen Releasing-Hormonen kommt diese Gruppierung vor. Neben dieser intramolekularen γ-Verknüpfung der α-Aminogruppe mit der Carboxyfunktion in der Seitenkette kommen auch weitere ω-Peptidverknüpfungen von Aminodicarbonsäuren in natürlich vorkommenden Peptiden nachgewiesen werden. Verschiedene einfache *β-Asparagyl-Peptide* wurden im menschlichen Harn aufgefunden, während das im Mycel verschiedener Penicillium-Arten entdeckte δ-Aminoadipyl-cysteinyl-valin ein Beispiel für eine sehr selten vorkommende *δ-Peptidverknüpfung* darstellt:

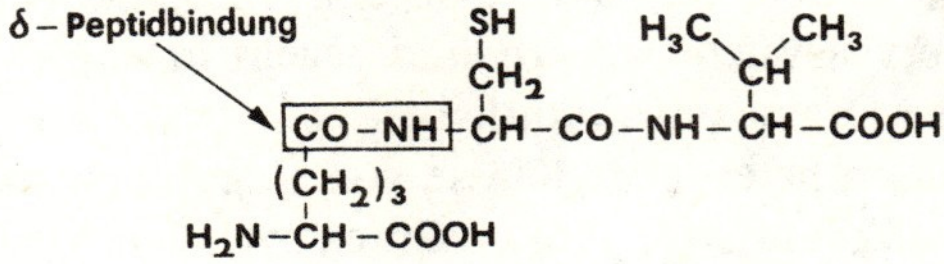

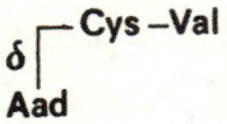

$$\delta\text{-Peptidbindung} \quad \underset{\underset{H_2N-CH-COOH}{(CH_2)_3}}{\boxed{CO-NH}}-\underset{\underset{CH_2}{SH}}{CH}-CO-NH-\underset{CH_3}{\overset{H_3C}{\underset{|}{CH}}}\!\!\!\!\!\!\!\!\!\!-COOH$$

$$\underset{Aad}{\delta\lceil}\ {}^{-Cys-Val}$$

Verknüpfungen über die ε-Aminofunktion des Lysins werden seltener beansprucht, obgleich verschiedene acylierte N^ε-Lysin-Derivate, wie das Biotinyl-Derivat eines Enzym-Lysin-Restes *I* und das N^ε-Lipoyl-Lysin-Derivat *II*, biochemische Bedeutung besitzen. Im Bacitracin andererseits liegt eine über die

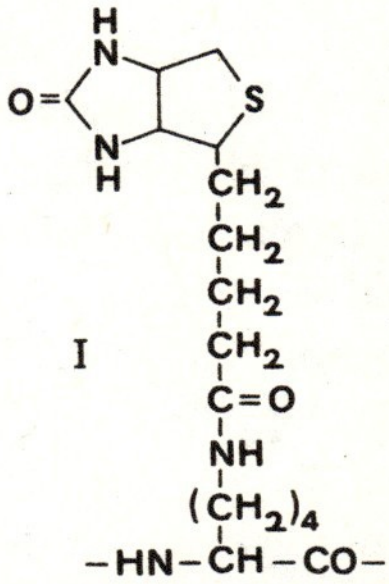

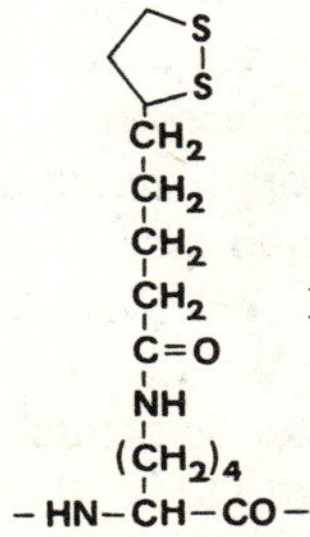

ε-Aminofunktion des Lysins verknüpfte cyclisch-verzweigte Struktur vor (s. S. 336).

2.3.1. Peptid- und Proteohormone

Hormone sind organisch-chemische Verbindungen, die in Drüsen oder spezialisierten Zellen gebildet werden, über ein Transportsystem (Blutbahn) einen oder mehreren Wirkorten zugeführt werden und durch die Bindung an einen spezifischen Rezeptor eine zellspezifische Aktivität auslösen. Die Hormonwirkung ist durch eine Weitergabe von Informationen gekennzeichnet, wobei unterschiedlich zum Nervensystem keine Informationsspeicherung möglich ist. Phylogenetisch ist eine gleichzeitige Entwicklung der beiden koordinierenden Systeme zu verzeichnen, wobei mit der Neurosekretion, die schon bei Würmern und Gliederfüßlern in Erscheinung tritt, eine qualitativ höhere Entwicklungsstufe erreicht wird. Aber erst bei den Wirbeltieren finden wir ein hierarchisch organisiertes endokrines System. Über die Umschaltstation der neurosekretorischen Zellen werden nervöse Reize in hormonale Signale (Neurohormone) umgewandelt, wodurch verschiedene Umwelteinflüsse über das Nervensystem auf die innersekretorischen Organe transferiert werden, die dann eine entsprechende Adaptation realisieren. Hormon- und Nervensystem steuern und regeln in enger Wechselwirkung im höher entwickelten Organismus sämtliche Lebensprozesse.

Hormone stellen eine chemisch heterogene Klasse von Regulationssubstanzen dar, zu der Steroide, Fettsäureabkömmlinge, Aminosäuren bzw. von Aminosäuren abgeleitete Derivate sowie Peptide und Proteine gehören, von denen letztere nachfolgend ausführlicher besprochen werden sollen. Eine gesonderte Besprechung der Proteohormone im Kapitel „Proteine" erscheint nicht angebracht, da eine Differenzierung zwischen Peptiden und Proteinen historisch motiviert ist und heute kaum noch aufrecht erhalten werden kann.

Nach dem Bildungsort teilt man die Hormone in Neurohormone, Drüsenhormone und Gewebshormone ein. Die Klassifizierung ist oft schwierig, da nicht in allen Fällen Bildungsort und Hormonwirkung klar definiert sind. Obgleich nach der üblichen Definition des Begriffes „Hormon" solche Stoffe, die vorübergehend in der Nähe ihres Bildungsortes durch Diffusion ihre Wirkung entfalten, nicht als Hormone bezeichnet werden sollten, werden trotzdem oft Neurotransmitter (Acetylcholin, Dopamin, Noradrenalin, Serotonin, Histamin, Glutamat, Glycin, γ-Aminobutyrat, Taurin, Substanz P und viele andere Peptide) und auch Modulatoren neuraler Aktivität den Neurohormonen zugeordnet [569]. Möglicherweise ist es nicht abwegig, die „klassische" Endokrinologie als ein Teilgebiet der Neuroendokrinologie zu betrachten. Das Gehirn wurde bereits als eine hochspezialisierte „endokrine Drüse" bezeichnet, da im allgemeinen die Neurotransmission an sekretorische Vorgänge gebunden ist, während die elektrische Neurotransmission den Ausnahmefall darstellt. Obgleich eine klare Abgrenzung kompliziert ist, sollten alle ZNS-aktiven Peptide als Neuropeptide (vgl. Abschn. 2.3.3.) bezeichnet werden, wobei der Begriff des Neurohormons der bisher noch gültigen Hormondefinition entsprechen sollte.

Eine entscheidende Voraussetzung für die Erfüllung der Funktion eines „first messenger" ist, daß ein Hormon von seinem Erfolgsorgan differenziert von anderen Verbindungen erkannt wird. Dieser Erkennungsprozeß ist durch die Bindung des betreffenden Hormons an einem spezifischen Rezeptor der Zielzelle („target"-Zelle) charakterisiert. Hormon-Rezeptoren sind Proteine, die das Hormon erkennen und binden, und nachfolgende Voraussetzungen erfüllen müssen [570]:

- ein Rezeptor muß eine hohe Spezifität aufweisen, um den Relationen zwischen Struktur des Hormons und der biologischen Aktivität gerecht zu werden
- die sehr niedrigen physiologischen Konzentrationen des Hormons erfordern eine sehr hohe Affinität zum Hormon
- ein Rezeptor muß eine limitierte Anzahl von Bindungsstellen für das Hormon besitzen
- die Reversibilität der Bindung des Hormons an den Rezeptor muß gewährleistet sein, da die Beendigung des physiologischen Effektes die Voraussetzung für eine neue Stimulierung ist.

Das Prinzip des Hormon-Rezeptor-Komplexes wurde bereits um die Jahrhundertwende von Paul EHRLICH postuliert. Hormon-Rezeptoren sind entweder in der Zelloberfläche (Zellmembran) oder in der Zelle im Cytoplasma lokalisiert. Die hier interessierenden Peptid- und Proteohormone treten mit Zellmembrangebundenen Hormon-Rezeptoren in Wechselwirkung. Der experimentelle Nachweis der ersten membrangebundenen Rezeptoren gelang erst durch den Einsatz radioaktiv markierter Peptidhormone (ACTH, Insulin, Angiotensin) in den Jahren 1969 bis 1970 [571—573]. Danach wurden allen Hormonen spezifische Rezeptoren zugeordnet und die Problematik des Hormon-Rezeptor-Konzeptes entscheidend weiterentwickelt. In diesem Zusammenhang sei auf die ausgezeichnete Übersicht von LÜBKE et al. [574] verwiesen.

Tritt ein Peptid- oder Proteohormon mit einem membrangebundenen Rezeptor in Wechselwirkung, so wird in vielen Fällen durch die Aktivierung des Adenylat-Cyclase-Systems cyclisches AMP als „second messenger", gebildet das dann die weiteren intrazellulären Reaktionsschritte auslöst (Abb. 2—33). Das cyclo-AMP wurde schon in den frühen fünfziger Jahren von SUTHERLAND et al. entdeckt.

Der dadurch initiierte intrazelluläre Hormoneffekt wird durch die Eigenschaften der Zelle determiniert. Das adrenocorticotrope Hormon (*ACTH*) und

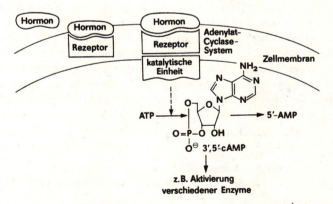

Abb. 2—33. Schematische Darstellung der Hormonwirkung über einen membrangebundenen Rezeptor (nach LÜBKE et al. [574])

das Interstitialzellen-stimulierende Hormon (*ICSH, LH*) stimulieren beispielsweise mit der Umwandlung von Cholesterin in Pregnenolen die gleiche Reaktion. Es ist auf die unterschiedliche Enzym-Ausrüstung der Zellen zurückzuführen, daß in der Nebennierenrinde aus dem Pregnenolon Corticoide (Aldosteron, Cortisol) und in den Keimdrüsen bevorzugt Androgene, Gestagene und Östrogene gebildet werden. Insulin wird an einen Rezeptor in der Membran der Fettzellen gebunden. Durch die Interaktion mit dem spezifischen Rezeptor wird die Konzentration an cyclischem GMP erhöht, die des cAMP dagegen verringert. Die Bildung von cGMP durch Aktivierung der Guanylat-Cyclase und die dadurch stimulierten Membranveränderungen in Fettzellen bei der Insulinbindung an den Rezeptor zeigen eindeutig, daß auch cGMP als „second messenger" fungieren kann. Adrenalin und Glucagon dagegen aktivieren das Adenylat-Cyclase-System. Daraus wurde abgeleitet, daß cAMP und cGMP in reziproker Weise agieren („yin-yang"-Hypothese), d. h. die antagonistische Funktion der Hormone Insulin und Glucagon manifestiert sich in einer gegenläufigen Konzentrationsveränderung der regulatorischen cyclischen Nucleotide. Zur Klärung dieser Annahme sind weitergehende Untersuchungen notwendig.

Es wird angenommen, daß auch Peptidhormone (Insulin, Prolactin, Wachstumshormon, Parathormon, Gonadotropine, sowie hormonähnliche Wachstumsfaktoren u. a.) durch die Zellmembran in das Zellinnere gelangen können [575]. Diese Möglichkeit wurde bereits in den fünfziger Jahren von zwei Forschungsgruppen diskutiert, aber die Endokrinologen beharrten auf dem Konzept der Wechselwirkung von Peptidhormonen mit ausschließlich Zellmembran-gebundenen Rezeptoren. Gegenwärtig besteht die Auffassung, daß durch den Eintritt der Peptidhormone in die Zelle die schwer interpretierbaren Langzeiteffekte besser verstanden werden können, wie z. B. im Falle des Insulins die Beeinflussung des Zellwachstums und der Proteinsynthese. Kurzzeiteffekte sollen nach den entwickelten Vorstellungen in der bekannten Weise durch die Wechselwirkung mit dem Zellmembran-gebundenen Rezeptor ausgelöst werden. Hinsichtlich des Eintrittsvorganges in die Zelle werden unterschiedliche Meinungen vertreten, wie z. B. die Mitwirkung hochmolekularer Carrierproteine (α_2-Macroglobulin für Insulin bzw. den epidermalen Wachstumsfaktor, EGF), oder die gemeinsame Passage des Peptidhormons mit dem Zellwand-Rezeptor in die Zelle. Generell besteht noch keine Klarheit über die Funktion der Polypeptidhormone in den Zellen. Mögliche Antworten darauf sind:

— Nach dem Eintritt der Peptidhormone in die Zellen treten sie mit intrazellulären Rezeptoren in Wechselwirkung und lösen Langzeiteffekte aus.
— Der biologische Effekt in der Zelle setzt den gemeinsamen Transport mit dem Zellwandrezeptor voraus.
— Die gemeinsame Passage dient dem Abbau des Rezeptors.
— Die Peptidhormone werden in der Zelle selbst abgebaut.

Die Sekretion und auch der Abbau der Hormone wird durch ein kompliziertes Kontrollsystem reguliert. Über das Nervensystem übertragende äußere Stimuli werden in den Ganglienzellen des Hypothalamus durch eine Transformation nervöser (elektrischer) Impulse in hormonelle (chemische) Signale (Releasing-Hormone) umgewandelt, die über die Nervenfasern in die Adenohypophyse gelangen und dort die Ausschüttung eines bestimmten Hormons induzieren oder auch hemmen. Die Adenohypophysen-Hormone werden dann auf dem Blutwege zu den sekundären Zielorganen transportiert, wie z. B. das ACTH zur Nebennierenrinde, wo es die Produktion der Adrenocorticoide anregt. Daneben werden im Hypothalamus mindestens noch zwei weitere Neurohormone mit dem Oxytocin und Vasopressin gebildet, die über den Tractus paraventriculo-hypophyseus bzw. den Tractus supraoptico-hypophyseus an Transportproteine gebunden (Neurophysine) als Neurosekret zur Neurohypophyse gelangen. Aus diesem Speicherort können sie bei Bedarf in den Blutkreislauf entlassen werden.

Durch negative Rückkopplung bestimmter Stoffwechselprodukte kann die Bildung oder Ausschüttung bestimmter Hormone gesteuert werden (Feedback-Mechanismus). Andere Hormone können durch einen Regelkreis übergeordneter Hormone beeinflußt werden. Nach der durch ein bestimmtes Hormon ausgelösten Wirkung folgt sehr schnell eine Inaktivierung bzw. ein Abbau der Regulationssubstanz. Die Halbwertzeit der Peptid- und Proteohormone beträgt in der Regel weniger als 30 min. Verschiedene Endo- und Exopeptidasen sorgen für eine schnelle Inaktivierung. Viele der bisher bekannten Peptidhormone werden aus inaktiven proteinogenen Vorstufen enzymatisch freigesetzt. Interessant sind auch jene Konzepte, nach denen bestimmte Hormone auch Präkusoren für völlig unterschiedliche Hormontypen darstellen können.

Aus umfangreichen Struktur-Aktivitäts-Studien wurde abgeleitet, daß der Sequenzabschnitt eines Peptidhormons, der die Information für den biologischen Effekt trägt, als *aktives Zentrum* (active site) bzw. als *Botschaftsabschnitt* (message part) bezeichnet wird, während die verschlüsselte Erkennungsregion für den spezifischen Rezeptor in einem als *Adresse* (adress) bzw. *Bindungszentrum* (binding site) bezeichneten Sequenzabschnitt lokalisiert sein soll.

Keine Aufnahme fanden in der auf S. 268 folgenden Tab. 2—13 Peptidwirkstoffe aus tierischem Material, die hormonähnliche Wirkungen zeigen. ZNS-wirksame Peptide (Neuropeptide) und auch Wirkstoffe aus Amphibien und Tintenfischen (Eledoisin, Physalaemin, Phyllomedusin, Uperolein, Kassinin, Caerulein, Phyllocaerulein) sowie die interessante Bombesin-Gruppe (Bombesin, Ranatensin, Alytensin, Litorin) werden gesondert besprochen.

Die Tabelle mit den glandulären und aglandulären Peptid- und Proteohormonen ist nicht vollständig. Auch bei der nachfolgenden Besprechung einzelner Peptid- und Proteohormone konnten nicht alle Vertreter und nicht alle endokrinologischen sowie peptidchemischen Aspekte berücksichtigt werden. So ist es nahezu unmög-

Tabelle 2—13
Peptid- und Proteohormone

Bezeichnung	Bildungsort	Wirkung	chemische Klassifizierung
Thyreotropin (TSH) Thyreoidea stimulierendes Hormon	Hypophyse (HVL)	Bildung u. Ausschüttung der Schilddrüsenhormone	Glykoprotein 2 Untereinheiten (α: 96, β: 113 AS)
Follikel-stimulierendes Hormon (FSH) Follitropin [577]	Hypophyse (HVL)	fördert Wachstum u. Reifung der Follikel bis zum GRAAFschen Follikel; fördert Spermatogenese	Glykoprotein 2 Untereinheiten [576] Gonadotropin
Luteinisierendes Hormon (LH) Lutropin synonym: Interstitialzellenstimulierendes Hormon (ICSH) [577]	Hypophyse (HVL)	fördert Produktion von Östrogen und damit Endreifung des Follikels; bewirkt zusammen mit FSH die Ovulation	Glykoprotein 2 Untereinheiten (α: 96, β: 120 AS) [578] Gonadotropin
Prolactin (PRL) synonym: Luteotropes Hormon (LTH), Luotropin	Hypophyse (HVL)	stimuliert Milchdrüsenwachstum u. Milchsekretion der Brustdrüse (auch Human-PRL bekannt [579])	Einkettenprotein (Schaf: 198 AS, 3 S-S-Bindungen)
Somatotropes Hormon (STH) Somatotropin Wachstumshormon	Hypophyse (HVL)	essentiell für normales Wachstum, fördert insbesondere Wachstum des Epiphysenknorpels und damit Längenwachstum der Knochen	Einkettenprotein (Human-STH: 191 AS)
Lipotropes Hormon (LPH) Lipotropin	Hypophyse (HLVL)	stimuliert die Bildung freier Fettsäuren aus Triglyceriden	β-LPH: 91 AS
Adrenocorticotropes Hormon (ACTH) Corticotropin	Hypophyse (HVL)	stimuliert die Nebennierenrinde zur Ausschüttung der Glucocorticoide	lineares Peptid (39 AS)
Melanocyten-stimulierende Hormone (MSH) Melanotropine	Hypophyse (HML)	fördert bei wechselwarmen Vertebraten die Ausbreitung der Melanophoren; Wirkung beim Menschen nicht bekannt	α-MSH: 13, β-MSH: 18—22 AS (Human-β-MSH: 22 AS)
Oxytocin	Bild.: Hypothalamus, Speich.: Hypophyse (HHL)	bewirkt Milchejektion u. fördert Uteruskontraktion	heterodet cyclisches Peptid: 9 AS

Tabelle 2—13 (Fortsetzung)

Bezeichnung	Bildungsort	Wirkung	chemische Klassifizierung
Vasopressin	Bild.: Hypothalamus, Speich.: Hypophyse (HHL)	wirkt blutdruckerhöhend und antidiuretisch	heterodet cyclisches Peptid: 9 AS
Thyreotropin Releasing-Hormon (TRH), Thyreoliberin	Hypothalamus	Ausschüttung von TSH	Tripeptid
Gonadotropin Releasing-Hormon (GRH), Gonadoliberin (Luliberin, LH-RH bzw. Folliberin, FSH-RH)	Hypothalamus	Ausschüttung von LH und und FSH	Decapeptid
Corticotropin Releasing-Hormon (CRH), Corticoliberin	Hypothalamus	Ausschüttung von ACTH	Peptid
Prolactin Releasing-Hormon (PRH), Prolactoliberin	Hypothalamus	Ausschüttung von PRL	Peptid
Somatotropin Releasing-Hormon (SRH), Somatoliberin	Hypothalamus	Ausschüttung von STH	Peptid
Melanotropin Releasing-Hormon (MRH), Melanoliberin	Hypothalamus	Ausschüttung von MSH	Peptid
Prolactin Release inhibierendes Hormon (PIH), Prolactostatin	Hypothalamus	Hemmung der PRL-Ausschüttung	Peptid
Somatotropin Release inhibierendes Hormon (SIH), Somatostatin	Hypothalamus	Hemmung der STH-Ausschüttung	heterodet cyclisches Peptid (14 AS)
Melanotropin Release inhibierendes Hormon (MIH), Melanostatin	Hypothalamus	Hemmung der MSH-Ausschüttung	Peptid
Substanz P	Hypothalamus, Dünndarmmuskulatur	neurale Wirkung, Blutdrucksenkung, Stimulation der glatten Muskulatur	lineares Peptid (11 AS)
Neurotensin	Hypothalamus	Kininaktivität, Regulation des Leberglykogenstoffwechsels	lineares Peptid (13 AS)

Tabelle 2—13 (Fortsetzung)

Bezeichnung	Bildungsort	Wirkung	chemische Klassifizierung
Insulin	Pankreas	Senkung des Blutzuckerspiegels, reguliert Kohlenhydratstoffwechsel, Einfluß auf Fett- und Eiweißstoffwechsel	heterodet cyclisches Peptid (A-Kette: 21 AS, B-Kette 30 AS)
Glucagon	Pankreas	Erhöhung des Blutzuckerspiegels durch Stimulierung der Glykogenolyse in der Leber	lineares Peptid (29 AS)
Calcitonin (CT)	Schilddrüse	calciumsenkende Wirkung	heterodet cyclisches Peptid: 32 AS
Parathormon	Nebenschilddrüse	Aufrechterhaltung des normalen Calciumspiegels im Blutplasma	lineares Polypeptid (84 AS)
Relaxin [580]	Gelbkörper	Erweiterung des Uterushalses u. Lockerung der Schambeinsymphyse zwecks Erleichterung der Geburt	heterodet cyclisches Peptid (A-Kette: 22 AS B-Kette: 26 AS)
Human-Choriogonadotropin (HCG)	Placenta	ähnliche Wirkung wie LH	Glycoprotein 2 Untereinheiten (α: 92 AS, β: 174 AS)
Human-Choriosomatomammotropin (HCS)	Placenta	ähnliche Wirkungen wie STH und PRL	Einkettenprotein (190 AS, 2 intrachenare Disulfidbrücken)
Gastrin	Schleimhaut der Pylorusregion des Magens	Stimulation der Säuresekretion im Magen u. der Enzymproduktion im Pankreas	lineares Peptid (17 AS)
Sekretin	Schleimhaut des Zwölffingerdarmes	stimuliert Produktion u. Abgabe des Pankreassaftes; Erhöhung des Galleflusses	lineares Peptid (27 AS)
Cholecystokinin-Pankreozymin (CCK-PZ)	Schleimhaut des Zwölffingerdarmes	Kontraktion der Gallenblase und Sekretion von Pankreasenzymen	lineares Peptid (33 AS)
Angiotensin II	α_2-Globulinfraktion des	blutdrucksteigernd; stimuliert Nebennieren-	lineares Peptid (8 AS)

Tabelle 2—13 (Fortsetzung)

Bezeichnung	Bildungsort	Wirkung	chemische Klassifizierung
	Plasmas	rinde zur Aldosteronproduktion	
Bradykinin (Kinin-9)	Plasma	blutdrucksenkend; in vitro Kontraktion der glatten Muskulatur	lineares Peptid (9 AS)
Kallidin (Kinin-10)	Plasma	ähnliche Wirkung wie Bradykinin	lineares Peptid (10 AS)
Methionyl-lysyl-bradykinin (Kinin-11)	Plasma	ähnliche Wirkung wie Bradykinin	lineares Peptid (11 AS)

lich, die Vielzahl der synthetisierten Analoga der verschiedenen Peptidhormone auch nur annähernd in die Diskussion einzubeziehen. Ähnliches gilt auch für die Problematik der umfangreichen Untersuchungen der Konformation von Peptidwirkstoffen. Viele Monographien und Übersichtsartikel informieren umfassend über das interessante Gebiet der Peptid- und Proteohormone [581—590]. Mit Sicherheit wird man im Gehirn, Eingeweiden, Amphibienhäuten, Lymphozyten etc. weitere natürliche Peptidwirkstoffe mit Hormoncharakter entdecken, strukturell aufklären und den Wirkungsmechanismus untersuchen.

Eine wesentliche Hilfe für die Peptidhormonbestimmung ist die radioimmunologische Bestimmung, der *Radioimmunoassay*, da sich diese Methode durch hohe Spezifität und Empfindlichkeit auszeichnet. Voraussetzung für die Durchführung einer radioimmunologischen Hormonbestimmung ist, daß

— das zu bestimmende Hormon in möglichst reiner Form zugänglich ist und radioaktiv markiert werden kann (^{125}Iod- oder Tritiummarkierung)
— und spezifische Hormonantikörper zur Verfügung stehen. Solche Antikörper gegen Peptid- und Proteohormone lassen sich relativ einfach gewinnen, da diese Hormone aufgrund ihrer Artspezifität selbst immunogen sind. Zu diesem Zweck injiziert man einem geeigneten Versuchstier (Meerschweinchen, Kaninchen) das zu bestimmende Hormon, wobei dieses im Blut des Versuchstieres als Antigen wirkt und die Bildung von Antikörpern induziert.

Zur Hormonbestimmung wird das markierte Hormon mit den Hormonantikörpern gemischt. Es bildet sich ein z. B. ^{125}I-Hormon-Antikörper-Komplex aus. Bei Zugabe der zu untersuchenden Körperflüssigkeit konkurriert das in der Untersuchungslösung befindliche, unmarkierte Hormon mit dem markierten Hormon um die Antikörperbindungsstellen und verdrängt das markierte Hormon aus dieser Bindung. Mit Hilfe elektrophoretischer, chromatographischer oder Fällungs-Methoden wird nun das freie vom gebundenen Hormon getrennt und durch Radioaktivitätsmessung das Mengenverhältnis bestimmt. Daraus läßt sich die Menge des gesuchten (unmarkierten) Hormons berechnen, da die gemessene Radioaktivität des freien Hormons um so höher ist, je mehr markiertes Hormon aus dem Antigen-Antikörper-Komplex verdrängt worden ist. Einzelheiten sind der weiterführenden Literatur [582, 591] zu entnehmen.

2.3.1.1. Corticotropin [592, 593]

Corticotropin (Adrenocorticotropin, adrenocorticotrophes Hormon, Abk. ACTH) ist ein lineares Polypeptid mit 39 Aminosäurebausteinen. Durch die Revision der Aminosäuresequenzen des Human-, Rinder- und Schaf-ACTH [594, 595] verringerten sich die ursprünglichen Speziesunterschiede beträchtlich. Vom nachfolgend aufgeführten Human-ACTH unterscheiden sich die anderen Sequenzen nur noch in den Positionen 31 und 33:

Ser – Tyr – Ser – Met – Glu – His – Phe – Arg – Trp – Gly – Lys – Pro – Val –
1   5   10

Gly – Lys – Lys – Arg – Arg – Pro – Val – Lys – Val – Tyr – Pro – Asn – Gly –
15   20   25

Ala – Glu – Asp – Glu – Ser – Ala – Glu – Ala – Phe – Pro – Leu – Glu – Phe
30   35

Schwein: — Leu – Ala – Glu —

Rind, Schaf: — Ser – Ala – Gln —

Die erste Totalsynthese des Schwein-ACTH mit der ursprünglich angenommenen Sequenz beschrieben 1963 SCHWYZER und SIEBER [596], die des Human-ACTH 1967 BAJUSZ et al. Nach der Revision der ACTH-Sequenzen synthetisierten beide Arbeitskreise das Human-ACTH mittels der konventionellen Synthesetechnik, während YAMASHIRO und LI eine Festphasen-Synthese beschrieben. Seit 1956 wurden vorrangig von den zuerst genannten Arbeitskreisen und den Gruppen um GEIGER, HOFMANN, FUJINO, BOISSONNAS u. a. viele Teilsequenzen und Analoga synthetisiert. Als vorläufiges, vereinfachtes Ergebnis der umfangreichen Struktur-Aktivitäts-Studien läßt sich die ACTH-Sequenz formal in verschiedene Sequenzabschnitte mit unterschiedlicher biologischer Bedeutung unterteilen. Aus diesem Grunde muß zunächst etwas über die biologische Wirkung des ACTH ausgesagt werden. Durch verschiedene Funktionszustände des Körpers, wie Stress oder einem zu geringen Blutspiegel der Nebennierenrindenhormone, wird der Hypophysenvorderlappen durch das Hypothalamushormon Corticoliberin zur ACTH-Ausschüttung angeregt. Das gebildete ACTH gelangt dann über die Blutbahn zu den Targetzellen, speziell zu den Zellen der Nebennierenrinde, die zur Sekretion und Neusynthese der Steroidhormone Cortisol, Cortison und

Corticosteron angeregt werden. Sobald der Blutspiegel der Nebennierenhormone den Sollwert erreicht, wird durch einen Feedback-Mechanismus die Ausschüttung des ACTH durch die Hirnanhangdrüse verringert. Durch den Hauptregelkreis Hypophyse-Nebennierenrinde übt das ACTH auch eine Wirkung auf den Fettabbau der Fettzellen aus. Die eindimensionale Organisation der biologischen Information in der Aminosäuresequenz wurde durch verschiedene Arbeitskreise, insbesondere von SCHWYZER et al. intensiv untersucht. In der N-terminalen Sequenz 1—18 sind praktisch alle Informationen für die Nebennierenrinde, für Fettzellen und für Melanophorenzellen enthalten, wobei die Pigmentausbreitung in den zuletzt genannten Zellen möglicherweise keine physiologische Funktion des ACTH darstellt, sondern auf die im ACTH enthaltene α-MSH-Sequenz zurückzuführen ist. Durch die Sequenz 19—24 wird die steroidogene Aktivität auf die Zellen der Nebennierenrinde noch etwas verstärkt, während dadurch kein Einfluß auf die Fettzellen und Melanophorenzellen ausgeübt wird. Aus Hormon-Rezeptor-Studien wurde weiter abgeleitet, daß der N-terminale Bereich 1—10, speziell die Sequenz 5—10, das aktive Zentrum darstellt, wogegen die Rezeptorbindungsregion durch den Abschnitt 11—18 gekennzeichnet ist (HOFMANN et al., 1972). Nach SCHWYZER ist die Botschaft in der Sequenz 5—10 verschlüsselt und die Adresse im Abschnitt 11—24 enthalten. Im C-terminalen Sequenzbereich 25—39 ist die Information für die Speziesspezifität, für die Antigenizität und für bestimmte Transporteigenschaften lokalisiert. ACTH-Präparate, insbesondere das synthetische ACTH-1-24 (Synacthen) werden bei Allergien, bei speziellen Formen der Hypophyseninsuffizienz, bei Arthritis, zur Entzündungshemmung und anderen Krankheiten therapeutisch genutzt. Von Bedeutung sind auch bestimmte ACTH-Teilsequenzen wegen ihrer ZNS-Wirksamkeit (vgl. S. 323).

Biosynthetisch entsteht das ACTH aus dem gemeinsamen Präkursor *Pro-Opiomelanocortin* [597, 598]. Da aus diesem Glykoprotein durch noch näher zu charakterisierende Proteasen neben ACTH und β-Lipotropin auch Endorphine und Melanophoren-stimulierende Hormone freigesetzt werden, stellt sich die Frage nach der Definition des Begriffes Prohormon, Prä-Prohormon usw. Auf S. 274 wird der ACTH-LPH-Stammbaum schematisch dargestellt.

Mit Hilfe der Technik der DNS-Klonierung [599] und der Nucleotidsequenzanalyse [600] ermittelten NAKANISHI et al. [601] die Nucleotidsequenz der mRNA des Corticotropin-β-Lipotropin-Präkursors. Die Numerierung der entsprechenden Aminosäuresequenz ist positiv rechts von der N-terminalen Aminosäure der ACTH-Sequenz, während nach links negativ gezählt wird. Das Präkursorprotein enthält acht Paare basischer Aminosäuren und ein Doppelpaar (-Lys-Lys-Arg-Arg-). An diesen Positionen erfolgt die enzymatische Spaltung unter Freisetzung der verschiedenen Peptide. β-Lipotropin bildet den C-Terminus und kann vom Rest des Präkursors direkt abgespalten werden. Allgemein ist aber die Reihenfolge der enzymatischen Spaltungen und die Art der Fragmentierung

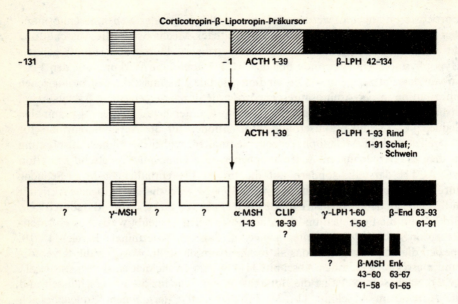

noch nicht aufgeklärt. Unterschiedlich zur bekannten Sequenz des β-Lipotropins des Schweines und des Schafes enthält das β-LPH des Rindes zwischen den Positionen 35 und 36 zwei zusätzliche Aminosäuren (-Ala-Glu-), wodurch die unterschiedlichen Kettenlängen im Schema ihre Erklärung finden. Die Computeranalyse der Aminosäuresequenz des „negativen" Teiles des Präkursors führte zu dem interessanten Befund, daß zwischen den Positionen −55 und −44 eine Aminosäuresequenz (Tyr-Val-Met-Gly-His-Phe-Arg-Trp-Asn-Arg-Phe-Gly) enthalten ist, die große Ähnlichkeit mit den α-MSH und β-MSH besitzt. NAKANISHI et al. [601] nannten daher dieses neue Peptid γ-MSH. Da noch eine vierte modifizierte Sequenz in Sequenzbereich −111 bis −105 mit struktureller Ähnlichkeit zu den MSH-Peptiden vorkommt, wird eine Serie von Genduplikationen — ähnlich wie bei den Immunoglobulinen — angenommen. Über die Bedeutung des β-Lipotropins (β-LPH), des β-Endorphins (β-End) sowie des Methionin-Enkephalins (Enk) wird in nachfolgenden Kapiteln berichtet. *CLIP* ist die Abkürzung für „corticotropin-like intermediatelobe peptide", dessen Sequenz neben der des α-MSH im ACTH enthalten ist.

2.3.1.2. Wachstumshormon [602—604]

Das Wachstumshormon (GH = growth hormone, auch Somatotropin bzw. somatotropes Hormon, STH genannt) wird im HVL unter Kontrolle des

Somatotropin Releasinghormons bzw. des Somatostatins gebildet. Entsprechend der Bezeichnung Somatotropin, d. h. auf den ganzen Körper gerichtet, besitzt es durch seine anabole Wirkung ein sehr breites Aktivitätsspektrum, wobei die Wachstumsregulation die Hauptfunktion darstellt. GH stimuliert insbesondere das Wachstum des Epiphysenknorpels und dadurch das Längenwachstum der Knochen. In der Pubertätsperiode verursachen Androgene den Epiphysenverschluß, wodurch das Wachstum beendet wird.

Das humane GH besteht aus einer Polypeptidkette mit 191 Aminosäurebausteinen. Die Sequenzen anderer Spezies unterscheiden sich sowohl in den Kettenlängen als auch im Homologiegrad, so daß beim Menschen nur das Hormon von Primaten wirkt. Recht gering sind dagegen die Sequenzunterschiede im Vergleich zum Human-Choriosomatomammotropin (HCS), das bekanntlich auch ähnlich wirkt wie das Wachstumshormon und das PRL.

Das Human-Wachstumshormon (HGH) wurde durch Li et al. 1956 erstmalig isoliert. Die Sequenzvorschläge wurden in den folgenden Jahren mehrmals revidiert. 1970 berichtete Li über eine MERRIFIELD-Synthese dieses Proteins [605], das im Tibia-Test 10% Wachstumsaktivität und im Taubenkropf-Test 5% PRL-Aktivität zeigte. Dieses Resultat war deshalb so überraschend, weil wenig später die der Chemosynthese zugrunde gelegte Primärstruktur revidiert werden mußte. Daraus kann eindeutig abgeleitet werden, daß die biologische Aktivität niemals als ein Kriterium für eine erfolgreiche Synthese herangezogen werden darf. Die Suche nach dem aktiven Zentrum des HGH steht im Mittelpunkt der synthetischen Bemühungen, weil die Kettenlänge gegen eine totalsynthetische Bereitstellung dieses therapeutisch wichtigen Hormons spricht. So versucht man durch enzymatische Spaltungen, hinreichend aktive Partialsegmente zu erhalten, die dann nach entsprechender Modifizierung im größeren Umfang für die therapeutische Nutzung durch Synthese hergestellt werden könnten.

1979 beschrieben GOODMAN und BAXTER (University of California, San Francisco) sowie GOEDDEL et al. (GENENTECH, San Francisco) die Synthese des menschlichen Wachstumshormons mit Hilfe der Gentechnologie. Während die zuerst genannte Arbeitsgruppe die Gensequenz isolierte, setzten GOEDDEL et al. ein teils chemisch teils enzymatisch synthetisiertes Gen ein. Die Gewinnung dieses Hormons mittels der DNA-Rekombinationstechnik (vgl. S. 295) besitzt wegen der geschilderten Schwierigkeiten bei der Chemosynthese große Bedeutung.

Eine Applikation von HGH ist bei hypophysären Zwergwuchs die nahezu einzige Behandlungsmöglichkeit. Ein solches Krankheitsbild ist durch Ausfall des Wachstumshormons (Geburtstraumen, Tumore) gekennzeichnet. Mangelerscheinungen führen ebenfalls zu Zwergwuchs, wobei oft durch Ausbleiben der Pubertät Infantilismus resultiert. Eine zu hohe HGH-Ausschüttung im Wachstumsalter führt zum Riesenwuchs (Gigantismus), dagegen verursacht ein Überangebot dieses Hormons im Erwachsenenalter das Krankheitsbild der Akromegalie (charakterisiert durch zusätzliches Wachstum der Körperenden, wie Nase, Kinn, Ohren, Händen, Füßen u. a.). Neben der Behandlung des Zwergwuchses wird HGH auch bei Muskeldystrophie, Osteoporose (geringe Knochenentkalkung) und blutenden Magengeschwüren u. a. eingesetzt.

Allgemein ist das GH durch seine anabole Wirkung auch am Wachstum im weiteren Sinne beteiligt (Förderung des Aminosäuretransportes in die Zelle als auch der Proteinbiosynthese, Stimulierung der Fettsäuremobilisierung etc.). Das Wachstumshormon wirkt auch diabetogen, so daß es bei verstärkter Ausschüttung auch zur Zuckerkrankheit kommen kann. Die Ursachen sind dabei auf eine Hemmung der peripheren Glucoseverwertung zurückzuführen.

In bestimmten Geweben, z. B. im Skelettgewebe, wird die GH-Wirkung durch Plasmafaktoren, die *Somatomedine* genannt werden, vermittelt.

Die biologische Funktion des sequentionell aufgeklärten Somatomedins B ist noch unklar. Die Polypeptidkette besteht aus 44 Aminosäurebausteinen mit N-terminaler Asparaginsäure und C-terminalem Threonin sowie 8 Cystein-Resten [606]. Die von FRYKLUND und SIEVERTSSON ermittelte Primärstruktur zeigt strukturelle Ähnlichkeit mit kleineren Trypsininhibitoren. Somatomedin B inhibiert Trypsin, jedoch nicht Plasmin, Thrombin oder Kallikrein.

2.3.1.3. Prolactin

Die Bildung des Prolactins (PRL, synonym: luteotropes Hormon, LTH, lactogenes Hormon, Lactotropin) im HVL wird durch die Wechselbeziehung zwischen dem Prolactin Releasinghormon und dem Prolactin Release inhibierenden Hormon gesteuert. Prolactin stimuliert die Milchsekretion der Brustdrüse und das Milchdrüsenwachstum. Während der Schwangerschaft und der Stillperiode wird es verstärkt gebildet. Daneben wirkt es wachstumsfördernd, beeinflußt den Pigmentstoffwechsel und die Osmoregulation und löst bei verschiedenen Tieren Brutinstinkte aus. In den Erfolgsorganen wird der biologische Effekt über das Adenolat-Cyclase-System vermittelt.

Die Aufklärung der Primärstruktur des Schaf-Prolactins beschrieben LI et al. Es ist ein Einkettenprotein mit 198 Aminosäuren und drei intrachenaren Disulfidbrücken. Aus Rinder- bzw. Schafs-Hypophysen kann Prolactin relativ leicht isoliert werden und läßt sich vom GH differenzieren. Analoge Experimente mit menschlichen Hypophysen verliefen lange Zeit erfolglos, so daß ursprünglich die Existenz des Human-PRL angezweifelt wurde. Erst 1973 konnte das menschliche Prolactin als ein vom HGH unterschiedliches Hormon identifiziert werden [607]. Das *Prä-Prolactin* wurde 1977 von MAURER et al. [608] beschrieben.

2.3.1.4. Lipotropin [598]

Lipotropin (lipotropes Hormon, Abk. *LPH*) wurde von LI et al. [609] 1964 bei Versuchen zur Verbesserung der ACTH-Isolierung entdeckt. Er nannte die beiden Verbindungen β- und γ-Lipotropin, da sie im Fettgewebe von Kaninchen die Fettmobilisierung beeinflußten. Diese fettmobilisierende Wirkung konnte nur bei Kaninchen, nicht aber bei anderen tierischen Spezies nachgewiesen werden, so daß sich die Bezeichnung Lipotropin als unglücklich erwies [610].

Nach GRAF et al. [611] besitzt das β-Lipotropin des Schweines folgende Primärstruktur:

Glu – Leu – Ala – Gly – Ala – Pro – Pro – Glu – Pro – Ala – Arg – Asp – Pro – Glu – Ala –
1   5   10   15

Pro – Ala – Glu – Gly – Ala – Ala – Ala – Arg – Ala – Glu – Leu – Glu – Tyr – Gly – Leu –
                      20   25   30

Val – Ala – Glu – Ala – Glu – Ala – Ala – Glu – Lys – Lys – Asp – Glu – Gly – Pro – Tyr –
                      35   40   45

Lys – Met – Glu – His – Phe – Arg – Trp – Gly – Ser – Pro – Pro – Lys – Asp – Lys – Arg –
                      50   55   60

Tyr – Gly – Gly – Phe – Met – Thr – Ser – Glu – Lys – Ser – Gln – Thr – Pro – Leu – Val –
                      65   70   75

Thr – Leu – Phe – Lys – Asn – Ala – Ile – Val – Lys – Asn – Ala – His – Lys – Lys – Gly – Gln
                      80   85   90

Die N-terminale Sequenz 1—58 entspricht der Primärstruktur des γ-Lipotropins (γ-LPH). Das Rinder-β-LPH unterscheidet sich besonders im N-terminalen Sequenzbereich recht deutlich von der Primärstruktur des Schweine-β-LPH und besteht aus insgesamt 93 Aminosäuren [612]. Zwischen den Positionen 35 und 36 der aufgeführten Sequenz ist zusätzlich das Dipeptid -Ala-Glu- enthalten. Wie bereits bei der Besprechung des Corticotropins (vgl. 2.3.1.1.) ausführlich abgehandelt entstehen β-Lipotropin und folgerichtig auch die Endorphine (vgl. 2.3.3.2.) aus dem gemeinsamen Präkursor Pro-Opiomelanocortin [598]. Außerdem enthält β-LPH die Sequenzen des γ-LPH sowie des β-MSH (vgl. 2.3.1.5.). Diese Sequenzübereinstimmungen sind nachfolgend aufgeführt:

β-Lipotropin	Peptidhormon
1—58	γ-Lipotropin
41—58	β-MSH
61—91	β-Endorphin
61—76	α-Endorphin
61—77	γ-Endorphin
61—79	δ-Endorphin
61—65	Met-Enkephalin

β-Lipotropin selbst besitzt beim Menschen keine Hormoneigenschaften, so daß es als Prohormon des β-Endorphins und auch des β-MSH betrachtet werden kann. Mit Hilfe des Radioimmunoassays für β-Endorphin konnten YOSHIMI et al. [613] zeigen, daß ein sog. Big-β-Lipotropin (auch „big-big"-β-Endorphin genannt) mit einem Molekulargewicht von 37000 in menschlichen Drüsenextrakten bzw. mit einem Molekulargewicht von 31000 im Ratten-Drüsenextrakten vorkommt. Eine Übereinstimmung mit dem von MAINS und anderen Autoren beschriebenen gemeinsamen Präkursor Pro-Opiomelanocortin [598] bietet sich an.

2.3.1.5. Melanocyten-stimulierende Hormone [617]

Die Bildung des Melanocyten-stimulierenden Hormons (Melanotropin, Abk. *MSH*) erfolgt im Hypophysenmittellappen — daneben auch bei fehlenden Mittellappen im Vorderlappen — unter der Kontrolle der Hypothalamus-Hormone Melanoliberin und Melanostatin. Melanotropin stimuliert bei wechselwarmen Vertebraten die Ausbreitung von Pigmenten in den Melanophorenzellen, wodurch eine Dunkelfärbung und Anpassung an die Umgebung erreicht wird. Bei Vögeln und Säugern ist zwar die biologische Bedeutung des Melanotropins noch nicht hinreichend geklärt, doch zeigt z. B. das α-Melanotropin starke Effekte auf eine Vielzahl von Geweben bei Säugetieren und in einem gewissen Ausmaß auch beim Menschen [614].

Es wurde bereits bei der Besprechung der Biosynthese des Corticotropins (vgl. 2.3.1.1.) und β-Lipotropins (vgl. 2.3.1.4.) erwähnt, daß die MSH-Sequenzen im gemeinsamen Präkursor Pro-Opiomelanocortin enthalten sind. Neben den bisher bekannten α- und β-MSH entdeckten NAKANISHI et al. [601] in diesem Biosynthesevorläufer eine dritte MSH-Sequenz, die als γ-MSH bezeichnet wurde. Für die drei Melanotropine des Rindes wurden folgende Sequenzen ermittelt [610]:

α – MSH   Ser – Tyr – Ser – Met – Glu – His – Phe – Arg – Trp – Gly – Lys – Pro – Val – Gly
            1   5   10   14

β – MSH   Tyr – Lys – Met – Glu – His – Phe – Arg – Trp – Gly – Ser – Pro – Pro – Lys – Asp
            1   5   10   14

γ – MSH   Tyr – Val – Met – Gly – His – Phe – Arg – Trp – Asp – Arg – Phe – Gly
            1   5   10   12

Gewisse strukturelle Ähnlichkeiten mit einer vierten modifizierten MSH-Sequenz im Pro-Opiomelanocortin unterstützen die Annahme einer Serie von Genduplikationen.

Beim α-MSH handelt es sich um ein N^α-Acetyl-tridecapeptidamid, dessen Sequenz mit der des ACTH 1—13 übereinstimmt (HARRIS u. LERNER, 1957):

Ac—Ser—Tyr—Ser—Met—Glu—His—Phe—Arg—Trp—Gly—Lys—Pro—Val—NH_2
1⠀⠀⠀⠀⠀⠀⠀⠀⠀5⠀⠀⠀⠀⠀⠀⠀⠀⠀⠀⠀⠀10⠀⠀⠀⠀⠀⠀13

Die bereits erwähnte Mannigfaltigkeit der α-MSH-Wirkungen [614] scheint auf die Tatsache zurückzuführen sein, daß nichtidentische Botschaftssequenzen für die Stimulierung des Wirkungseffektes in unterschiedlichen Zielzellen verantwortlich sind [615]. So fanden EBERLE et al. [616], daß der α-MSH-Rezeptor der Amphibienmelanophoren zwei Botschaftserkennungsregionen besitzt, eine für -Glu-His-Phe-Arg-Trp- und eine andere für -Gly-Lys-Pro-Val-NH_2.

β-Melanotropin (β-MSH) besitzt in Abhängigkeit von der Spezies eine unterschiedliche Kettenlänge. Für das β-MSH des Schweines wird folgende, mit der Teilsequenz 41—58 des β-Lipotropins übereinstimmende Primärstruktur angegeben:

Asp—Glu—Gly—Pro—Tyr—Lys—Met—Glu—His
1⠀⠀⠀⠀⠀⠀⠀⠀⠀⠀⠀5

Phe—Arg—Trp—Gly—Ser—Pro—Pro—Lys—Asp
10⠀⠀⠀⠀⠀⠀⠀⠀⠀15⠀⠀⠀⠀⠀⠀⠀18

Aus verschiedenen Untersuchungen geht hervor, daß MSH-Peptide auch in verschiedenen Regionen des ZNS vorkommen. Ihnen wird eine Funktion als Neuromodulator oder Neurotransmitter zugeschrieben. Aufgrund des Vorkommens unterschiedlicher MSH-Sequenzen im Pro-Opiomelanocortin erscheint es nicht abwegig, daß daraus freigesetzte Peptide in neurale Funktionen einbezogen sind.

2.3.1.6. Oxytocin und Vasopressin [584, 618, 619]

Die Bildung der neurohypophysären Hormone Oxytocin und Vasopressin erfolgt nicht in der Neurohypophyse (Hypophysenhinterlappen, HHL), da diese selbst kein innersekretorisches Organ ist, sondern nur eine Depot- und Abgabefunktion der Hormone der neurosekretorischen Zellen des Hypothalamus erfüllt. Als Transportproteine für die Neurohypophysenhormone wurden lange Zeit die Neurophysine angesehen, die wie Oxytocin und Vasopressin im Hypothalamus gebildet werden. Bei den Neurophysinen handelt es sich um lineare, cysteinreiche Proteine, die aus 93 bis 95 Aminosäureresten aufgebaut sind. In der Regel enthält eine Spezies zwei oder drei Neurophysine, die geringfügig in der Kettenlänge und/oder Sequenz differieren. Verschiedene Befunde unterstützen die Annahme, daß sowohl Oxytocin und eines der Neurophysine als auch Vasopressin und das andere Neurophysin einen gemeinsamen Biosynthesevorläufer haben, dessen Polypeptidkette in Neurophysin und Peptidhormon gespalten wird [620].

Die Strukturaufklärung des Oxytocins wurde 1953 durch Du Vigneaud et al. sowie unabhängig davon von Tuppy et al. beschrieben:

$$\overset{\mid\text{——————————}\mid}{\underset{1\ \ \ \ 2\ \ \ \ 3\ \ \ \ 4\ \ \ \ 5\ \ \ \ 6\ \ \ \ 7\ \ \ \ 8\ \ \ \ 9}{\text{Cys—Tyr—Ile—Gln—Asn—Cys—Pro—Leu—Gly—NH}_2}}$$

Während in den Hypophysen des Schweines das [Lys^8]Vasopressin vorkommt (Du Vigneaud, 1953), findet man beim Rind und anderen Säugern das [Arg^8]Vasopressin (Du Vigneaud sowie Acher et al., 1953):

$$\underset{1\ \ \ \ 2\ \ \ \ 3\ \ \ \ 4\ \ \ \ 5\ \ \ \ 6\ \ \ \ 7\ \ \ \ 8\ \ \ \ 9}{\text{Cys—Tyr—Phe—Gln—Asn—Cys—Pro—Arg—Gly—NH}_2}$$

Dagegen tritt bei den Säugern stets das identische Oxytocin auf.

Oxytocin (*OT*) wirkt auf die glatte Muskulatur des Uterus und fördert dessen Kontraktion (wehenauslösende Wirkung). Außerdem bewirkt OT die Milchejektion durch Zusammenziehen der Myoepithelzellen in der Milchdrüse. Im geringen Ausmaß zeigt OT die biologischen Wirkungen des Vasopressins.

Vasopressin (*VP*), Antidiuretin bzw. Adiuretin (*ADH*), wirkt antidiuretisch, d. h. es bewirkt eine Rückresorption von Wasser durch die Niere, wodurch unter dem Einfluß von VP die in den distalen Teil gelangende Menge an Primärharn von etwa 15 *l* auf eine tägliche Menge von etwa 1 bis 1,5 *l* konzentriert wird. In relativ hohen Dosen wirkt VP auch blutdruckerhöhend. Da 2 ng VP beim Menschen einen nachweisbaren antidiuretischen Effekt auslösen können, gehört dieses Hormon physiologisch-pharmakologisch gesehen mit zu den aktivsten Verbindungen. Bei Mangel an VP tritt das Krankheitsbild des Diabetes insipidus auf, wobei wegen der mangelnden Rückresorption tägliche Harnmengen bis zu 20 *l* ausgeschieden werden. VP zeigt auch eine geringe Oxytocinwirkung, d. h. es besitzt aufgrund der nahen strukturellen Verwandtschaft der beiden Hormone eine geringe Affinität zu Oxytocin-Rezeptoren. Das umgekehrte Verhalten wird — wie bereits erwähnt — beim Oxytocin beobachtet. Darüber hinaus ist Vasopressin physiologisch auch an Gedächtnisprozessen beteiligt [738].

Phylogenetisch interessant ist das *Vasotocin*, das die physiologischen Wirkungen sowohl des Oxytocins als auch des Vasopressins in sich vereinigt, und aus diesem Grunde als Urhormon der neurohypophysären Hormone bezeichnet werden könnte:

$$\underset{1\ \ \ \ 2\ \ \ \ 3\ \ \ \ 4\ \ \ \ 5\ \ \ \ 6\ \ \ \ 7\ \ \ \ 8\ \ \ \ 9}{\text{Cys—Tyr—Ile—Gln—Asn—Cys—Pro—Arg—Gly—NH}_2}$$

Vasotocin kann als [Ile^3, Arg^8]Vasopressin oder als [Arg^8]Oxytocin betrachtet werden. Man findet es bei niederen Wirbeltieren, wo es für die Regulation des Wasser- und Mineralstoffwechsels verantwortlich ist. Ausgehend vom Vasotocin läßt sich die Differenzierung in die Vasopressin- oder Oxytocin-Reihe durch schrittweise Genmutation unter vorangegangener Genduplikation erklären.

In der Neurohypophyse der verschiedenen Klassen von Vertebraten sind 9 biologisch aktive Peptide nachgewiesen worden (Abb. 2—34).

	H–Cys–Tyr–X–Y–Asn–Cys–Pro–Z–Gly–NH$_2$			
	X	Y	Z	Vorkommen
Oxytocin	Ile	Gln	Leu	Säuger
[Arg^8]-Vasopressin	Phe	Gln	Arg	Säuger
[Lys^8]-Vasopressin	Phe	Gln	Lys	Säuger
Vasotocin	Ile	Gln	Arg	Vögel, Reptilien, Amphibien, Fische
Isotocin	Ile	Ser	Ile	Knochenfische
Mesotocin	Ile	Gln	Ile	Vögel, Reptilien, Amphibien, Lungenfische
Glumitocin	Ile	Ser	Gln	Knorpelfische (Rochen)
Valitocin	Ile	Gln	Val	Knorpelfische (Haie)
Aspartocin	Ile	Asn	Leu	Knorpelfische (Haie)

Abb. 2—34. Primärstrukturen der natürlich vorkommenden Neurohypophysen-Hormone

Die verschiedenen Hormone unterscheiden sich nur in der Besetzung der Positionen 3, 4 und 8. Von PLIŠKA [621] wurde mathematisch mit Hilfe eines Computers ein phylogenetischer Baum der Neurohypophysen-Hormone abgeleitet, wonach [Gln^8]Oxytocin anstelle des bisher angenommenen [Arg^8]Vasotocin das Urprinzip der Vertebraten-Hormone darstellen soll (die noch nicht identifizierten Hormone sind durch einen Stern gekennzeichnet):

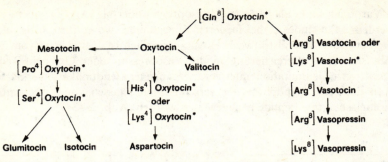

Bereits ein Jahr nach der Strukturaufklärung gelang Du Vigneaud et al. [622] die Totalsynthese des Oxytocins, die zugleich die erste Chemosynthese eines Peptidhormons überhaupt war. Nach anderen strategischen Varianten wurde das Oxytocin 1955 von den Arbeitskreisen Rudinger und Boissonnas synthetisiert. In der Folgezeit sind verschiedene verbesserte Synthesen bekannt geworden, die auch zur vollsynthetischen Produktion dieses Hormons bzw. von Analoga genutzt werden.

Zum Studium der Beziehungen zwischen Struktur und Aktivität wurden mehrere Hundert Analoga der neurohypophysären Hormone synthetisch aufgebaut. In der Zielstellung solcher Untersuchungen gibt es unterschiedlich motivierte Ansätze. So interessieren Bindeglieder im Evolutionsprozeß ebenso wie Analoga mit verbesserten pharmakologischen Eigenschaften, wie z. B. solche mit verlängerter Wirkung, mit dissoziierter Wirkung und besonders auch Analoga mit Inhibitoreigenschaften. Essentiell für die biologische Aktivität ist das 20gliedrige Ringsystem. Substituiert man ein oder beide Schwefelbrückenatome durch die isostere CH_2-Gruppe, so erhält man biologisch aktive Carba-Analoga. Sehr oft wird auch die α-Aminogruppe eliminiert, wodurch eine Aktivitätserhöhung hervorgerufen wird. Von Rudinger und Jošt wurden verschiedene Desamino-carba-oxytocin-Analoga synthetisiert:

$$CH_2 \text{\textemdash} CH_2 \text{\textemdash} S \text{\textemdash} CH_2$$
$$| \qquad\qquad\qquad\qquad |$$
$$CH_2 - CO - Tyr - Ile - Gln - Asn - NH - CH - CO - Pro - Leu - Gly - NH_2$$

Desamino−carba^1−oxytocin

$$CH_2 \text{\textemdash} CH_2 \text{\textemdash} CH_2 \text{\textemdash} CH_2$$
$$| \qquad\qquad\qquad\qquad\qquad |$$
$$CH_2 - CO - Tyr - Ile - Gln - Asn - NH - CH - CO - Pro - Leu - Gly - NH_2$$

Desamino−dicarba−oxytocin

Dieses von den genannten Autoren verifizierte Konzept wurde auch auf das Vasopressin übertragen und hat sich ebenfalls für die Darstellung von Analoga mit unterschiedlichen pharmakologischen Eigenschaften bewährt. Von Interesse sind insbesondere auch Analoga mit weitgehend dissoziierten Wirkungen auf die Milchdrüse oder den Uterus. So zeigt z. B. das [2-O-Methyltyrosin]Oxytocin eine spezifische uteronische Aktivität in situ (RUDINGER et al., 1967), während das Desamino-[4-Glutaminsäure-γ-methylester, carba^1]Oxytocin (JOŠT, BARTH et al.) bevorzugt auf die Milchdrüse wirkt. Viel Aufmerksamkeit erregte das von MANNING et al. [623] synthetisierte [Thr^4]Oxytocin, das eine deutlich höhere und spezifischere Wirkung zeigt als das native Hormon. Der erhöhte biologische Effekt resultierte aus einem einfachen Aminosäureaustausch ohne weitere strukturelle Modifikationen, wie sie bei vielen potenten Analoga vorgenommen wurden, und wird auf eine vom natürlichen Oxytocin unterschiedliche, noch nicht exakt interpretierbare verbesserte Hormon-Rezeptor-Wechselwirkung zurückgeführt. Dieses Phänomen wurde bereits als „chemische" Mutation apostrophiert.

Allgemein wurden auch große Anstrengungen unternommen, um die chemischen und biologischen Eigenschaften der neurohypophysären Hormone sowie deren Analoga mit den Konformationsdaten in Lösung zu korrelieren. Auf der Grundlage von NMR-Untersuchungen [624] wurde von WALTER et al. [625] für das Oxytocin ein Vorschlag für die „biologisch aktive Konformation" (Abb. 2—35) unterbreitet. Diese räumliche Anordnung unterscheidet sich vom URRY-WALTER-Modell [626] dadurch, daß die Tyrosin-Seitenkette über den 20gliedrigen Ring ragt. Allerdings sprechen etliche Anzeichen dafür, daß man nicht nur von einer „biologisch aktiven Konformation" sprechen sollte. Vielmehr dürfte sich ein Gleichgewicht zwischen verschiedenen Konformeren einstellen, von denen ein

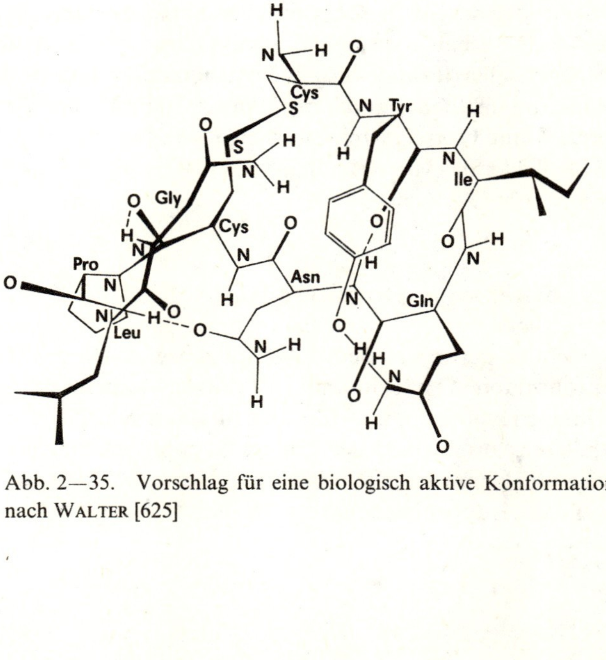

Abb. 2—35. Vorschlag für eine biologisch aktive Konformation des Oxytocins nach WALTER [625]

Konformeres bevorzugt mit dem Rezeptor in Wechselwirkung tritt. Von WALTER et al. [627] wurden auf der Grundlage der Modellvorstellungen bestimmte Prinzipien für die Synthese effektiver Analoga abgeleitet.

Von praktischer Bedeutung sind natürlich auch Analoga mit prolongierten sowie dissoziierten vasopressorischen und antidiuretischen Aktivitäten in der Vasopressin-Reihe. Aus der kaum überschaubaren Vielzahl synthetischer Analoga sollen nur einige wenige Beispiele erwähnt werden. Hochwirksame Analoga sind insbesondere für die bequeme nasale Applikation von Interesse, da bedingt durch die begrenzte Resorption der Nasenschleimhaut eine Dosisreduzierung möglich ist.

Beim industriell produzierten 1-Desamino-[D-Arg^8]Vasopressin (*DDAVP*) (ZAORAL, KOLC und SORM, 1967) ist die Nierenwirksamkeit verglichen mit dem nativen Vasopressin um das 400fache gesteigert, wobei praktisch keine Blutdruckwirkung auftritt. Mit dem 1-Desamino-[Val^4, D-Arg^8] Vasopressin wurde ein weiteres Derivat synthetisiert [628], das ein Verhältnis von Antidiurese/Blutdruck von über 125000 zeigt ([Arg^8]Vasopressin besitzt ein Verhältnis von 1), und daher auch für die Behandlung von Diabetes insipidus prädestiniert ist. Vasopressin-Analoga mit spezifischer Pressoraktivität andererseits haben Bedeutung in der Gynäkologie zur Substitution von Adrenalin in Lokalanästhetica. Aufgrund der Hormonogen-Natur besitzt das N$^\alpha$-Glycyl-glycyl-glycyl[Lys^8]Vasopressin (Glypressin) in-vitro-Tests eine verlängerte Wirkung [631] und ist daher praktisch ebenso interessant wie das [Des-Gly-NH$_2^9$]Glypressin wegen seiner ZNS-Aktivität. Die Bedeutung neurohypophysärer Hormone sowie bestimmter Analoga hinsichtlich der ZNS-Wirksamkeit wird in Abschn. 2.3.3. behandelt.

Aufmerksamkeit wird der Synthese spezifischer Antagonisten entgegengebracht. In der Oxytocin-Reihe erhält man beispielsweise durch den Austausch von Cystein in der N-terminalen Position gegen Penicillinamin bzw. β-Mercapto-β,β-dimethylpropionsäure [629] oder durch bestimmte Modifikationen am Tyrosin in 2-Stellung Derivate mit Oxytocin-Inhibitor-Eigenschaften, wie z. B. das [o-Iod-Tyr^2]Oxytocin [630] oder das von JOŠT, BLAHA, BARTH et al. synthetisierte N^2-Acetyl-[2-O-Methyl-tyrosin]Oxytocin.

2.3.1.7. Hypothalamus-Hormone [632—638]

Nach der Besprechung der in den neurosekretorischen Zellen des Hypothalamus gebildeten Neurohormone Oxytocin und Vasopressin erscheint es zunächst paradox, die Bezeichnung Hypothalamus-Hormone für die in verschiedenen Kerngebieten des Hypothalamus ausgeschiedenen und im Hypophysenvorderlappen wirkenden freisetzenden und hemmenden Peptidhormone zu verwenden. In Ermangelung einer befriedigenden Gruppenbezeichnung für die freisetzenden und hemmenden

Hypothalamus-Hormone soll aber diese Abgrenzung nachfolgend beibehalten werden, zumal in der Fachliteratur Oxytocin und Vasopressin nach wie vor als neurohypophysäre Hormone klassifiziert werden.

Der Hypothalamus ist ein Teil des Zwischenhirns. Als organisch nicht abgegrenzter Hirnbereich beeinflußt der Hypothalamus viele lebenswichtige physiologische Vorgänge im Säugetierorganismus. Er stellt eine wichtige Umschaltstation dar, in der nervöse Reize in hormonale Impulse transferiert werden und auf diese Weise resultiert eine relativ schnelle Anpassung des innersekretorischen Systems an veränderte Umweltbedingungen. Die Existenz von hypothalamischen Hormonen wurde bereits zwischen 1937 und 1949 durch HINSEY sowie GREEN und HARRIS postuliert. Umfangreiche Forschungen in den folgenden zwanzig Jahren führten aufgrund der erarbeiteten biologischen Resultate zu der Erkenntnis, daß es sieben freisetzende und drei freisetzungshemmende Hormone geben müßte, die den Hypophysenvorderlappen zur Hormonproduktion anregen bzw. die Freisetzung hemmen. Nach dem sog. Einheitskonzept sollte stets ein Hypo-

Tabelle 2—14
Hypothalamus-Hormone mit freisetzender bzw. freisetzungshemmender Wirkung

Hormon	Abkürzung	IUPAC-IUB (CBN)-Name
Thyreotropin Releasing-Hormon	TRH	Thyreoliberin
Gonadotropin Releasing-Hormon	GRH	Gonadoliberin
Luteinisierendes Hormon Releasing-Hormon	LRH	Luliberin
Follikelstimulierendes Hormon Releasing-Hormon	FSH-RH	Folliberin
Corticotropin Releasing-Hormon	CRH	Corticoliberin
Prolactin Releasing-Hormon	PRN	Prolactoliberin
Somatotropin Releasing-Hormon	SRH	Somatoliberin
Melanotropin Releasing-Hormon	MRH	Melanoliberin
Prolactin Release inhibierendes Hormon	PIH	Prolactostatin
Somatotropin Release inhibierendes Hormon	SIH	Somatostatin
Melanotropin Release inhibierendes Hormon	MIH	Melanostatin

thalamus-Hormon ein Hormon in der Adenohypophyse kontrollieren. Nach neueren Erkenntnissen (1969 bis 1971) gelangte man dann zu der Auffassung, daß zumindest in einem Fall dieses Einheitskonzept durchbrochen wurde. Sowohl LH als auch FSH werden durch ein Hypothalamus-Hormon freigesetzt. In der Tab. 2—14 sind die bisher bekannten Hypothalamus-Hormone zusammengestellt.

Entsprechend einer Empfehlung der IUPAC-IUB-Kommission für biochemische Nomenklatur (CBN) sollen Releasing-Hormone als *Liberine* und die Release inhibierenden Hormone als *Statine* bezeichnet werden [639]. Betrachtet man die funktionelle Vielfalt einiger Hypothalamus-Hormone, wie z. B. das Somatostatin, das als Neurohormon des Hypothalamus, als Gewebshormon im Intestinaltrakt und als Neurotransmitter im Zentralnervensystem auftritt, so erkennt man die diffizile Problematik einer exakten Bezeichnung. Ungelöst ist weiterhin die Bezeichnung der gesamten Hormon-Gruppe. Es muß abgewartet werden, ob sich der von GUILLEMIN vorgeschlagene Name *Cybernine* oder der Sammelbegriff *hypophyseotrope Hormone* in Zukunft durchsetzen wird.

Die Hypothalamus-Hormone werden in bestimmten Kerngebieten des Hypothalamus gebildet, gelangen dann in die Eminentia mediana und von dort in das hypophysäre Pfortaderblutgefäßsystem. Für die Synthese wurde auch ein Weg über nichtribosomale Enzymsysteme diskutiert. Möglicherweise ist dies nicht aufrechtzuerhalten, da die bisher bekannten Hypothalamus-Hormone keine ungewöhnlichen strukturellen Besonderheiten (ω-Peptidbindungen, D-Aminosäuren, N-Methylaminosäuren etc.) aufweisen. Die Bildung aus Prohormonen erscheint dagegen nicht abwegig zu sein. Im Hypophysenvorderlappen stimulieren sie durch Hormon-Rezeptor-Wechselwirkungen an Zellmembranrezeptoren über das Adenylat-Cyclase-System die Ausschüttung der glandotropen Hormone. Danach erfolgt rasche Inaktivierung und Abbau durch in der Nähe lokalisierter proteolytischer Enzyme. Für die Regulation des Hypothalamus-Hormonstoffwechsels ist ein außerordentlich fein abgestimmtes hormonelles und nervales System verbunden mit einer Vielzahl von Feedbackwechselwirkungen zwischen höheren Gehirnzentren, Hypothalamus, Hypophyse und den endokrinen Drüsen verantwortlich. In Abb. 2—36 ist in vereinfachter Form die Regulation des Hypophysenvorderlappens und die Wirkung der Hypothalamus-Hormone mit den entsprechenden Feedbackmechanismen schematisch dargestellt.

Die Hypothalamus-Hormone sind äußerst wirksame chemische Verbindungen. Erst durch die Entwicklung radioimmunologischer Hormonbestimmungsmethoden wurde es möglich, in diesen neuen Bereich biologisch aktiver Peptide vorzustoßen. Es ist nicht uninteressant zu erwähnen, daß 1 ng TRH an der Maus biologische Aktivität zeigt und an der isolierten Hypophyse sogar im pg-Bereich mit TRH Untersuchungen durchgeführt werden können. Die Bedeutung der Hypothalamus-Hormone ist zunächst auf diagnostischem Gebiet (Hypophysen-Funktionsprüfung) zu suchen. Der weitere Fortschritt auf dem Gebiet

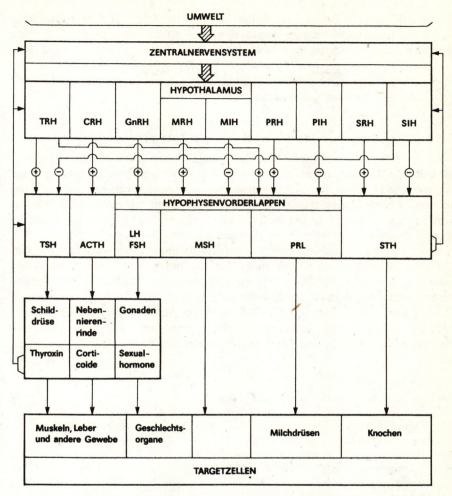

Abb. 2—36. Regulation des Hypophysenvorderlappens durch Hypothalamus-Hormone und Wirkung der glandotropen Hormone (verändert nach BLECH [638])

der Grundlagenforschung wird mit Sicherheit weitere therapeutische Nutzungen in der Human- und Veterinärmedizin eröffnen.

Nach diesen einleitenden Bemerkungen zu den hypothalamischen Hormonen, die an der Regulation der Adenohypophyse beteiligt sind, soll noch einmal nachdrücklich darauf hingewiesen werden, daß die gewählte Gruppenbezeichnung Hypothalamus-Hormone letztlich auch nicht befriedigen kann. Der Hypothalamus enthält auch andere Peptide mit hoher biologischer Aktivität. Die Substanz P und das Neurotensin sind bekannte Beispiele, wobei sich die Zahl der im Hypothalamus entdeckten Peptide in der Zukunft sicherlich erhöhen wird.

Über die Biochemie und Physiologie der Hypothalamus-Hormone ist die Literatur so umfangreich geworden, so daß zur näheren Information auf Übersichtsarbeiten verwiesen werden muß [632—638].

2.3.1.7.1. Thyreotropin Releasing-Hormon (Thyreoliberin)

Die Isolierung und Strukturaufklärung des TRH verdeutlicht die Schwierigkeiten, die mit der Bearbeitung der Hypothalamus-Hormone verbunden sind. Einmal kommen die Hormone im Hypothalamus nur in Nanogrammengen vor und zum anderen ist ein Schweine-Hypothalamus nur etwa 500 mg schwer, so daß schon die korrekte Entnahme der für die Strukturaufklärung benötigten, winzigen Gewebeteile (ca. 300 000 Hypothalami) ein Problem darstellt.

Hohe Anforderungen mußten an die Entwicklung und Verfeinerung der in-vivo- und/oder in-vitro-Testsysteme für die biologische Überwachung der Isolierung sowie an die Konstitutionsaufklärung der schließlich erhaltenen, äußerst geringen Mengen an Reinsubstanz gestellt werden. Nach jahrelanger Arbeit gelang es schließlich den Arbeitsgruppen von SCHALLY [640] und GUILLEMIN [641] aus Schweine- bzw. Schafs-Hypothalamusgewebe, das TRH rein darzustellen. Der Ablauf der einzelnen Reinigungsstufen ist in der Tab. 2—15 angegeben.

Tabelle 2—15
Reinigungsstufen bei der Isolierung von TRH nach [642]

Reinigungsstufen	Gewicht	TRH-Einheiten/mg
Ausgangsmaterial [gefriergetrocknetes Schafshypothalamusgewebe (ca. 300 000 Hypothalami)]	25 kg	
Extraktion mit Alkohol/$CHCl_3$	294 g	1
Ultrafiltration	71 g	3
2fache Sephadex-G-25-Trennung	16 g	16
2fache Verteilungschromatographie	246 mg	800
2fache Adsorptionschromatographie	4,2 mg	30 500
Verteilungschromatographie	2,0 mg	58 500
Verteilungschromatographie	1,0 mg	57 000

Die Strukturaufklärung erwies sich als ungemein schwierig. Nach der Strukturbestätigung durch die Totalsynthese konnte das TRH als L-Pyroglutamyl-L-histidyl-L-prolinamid charakterisiert werden:

Biologisch aktive Peptide

└Glu-His-Pro-NH₂

Seit 1969 wurde eine Vielzahl von TRH-Synthesen beschrieben und die Zahl der für das Studium der Beziehungen zwischen Primärstruktur und biologischer Aktivität dargestellten Analoga beträgt über 100. Nahezu alle erhaltenen Analoga zeigten eine geringere biologische Wirkung als das native Hormon. Mit dem [3-Me-His^2-TRH wurde ein Derivat mit höherer biologischer Aktivität (800% bezogen auf TRH = 100%) synthetisiert [643].

TRH steuert in der Adenohypophyse die Synthese und Sekretion des schilddrüsenstimulierenden Hormons Thyreotropin (vgl. Abb. 2—36). Es soll auch einen stimulierenden Effekt auf die Prolactin-Ausschüttung ausüben. Diese Frage scheint aber noch nicht endgültig geklärt zu sein. Aus Konformationsuntersuchungen und den Daten über die biologische Aktivität von synthetischen TRH-Analoga wurde von PETERSON und GUILLEMIN [644] ein dreidimensionales Modell des TRH in Wechselwirkung mit dem Rezeptor vorgeschlagen (Abb. 2—37).

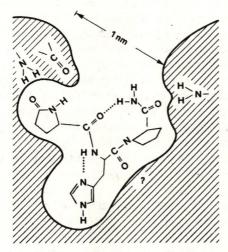

Abb. 2—37. Schematische Modellvorstellung über die TRH-Rezeptor-Wechselwirkung (nach [644])

TRH ist nicht toxisch. Es kann intravenös, intramuskulär und auch per os appliziert werden. Man verwendet es zur Diagnostik und Therapie von Schilddrüsenerkrankungen. Daneben wurden weitere therapeutische Einsatzgebiete aufgezeigt. Die beobachtete antidepressive Wirkung beim Menschen ist noch nicht völlig geklärt, wobei möglicherweise durch die Entwicklung geeigneter Analoga eine Wirkungsdissoziation erreicht werden könnte.

2.3.1.7.2. Gonadotropin Releasing-Hormon (Gonadoliberin)

Aus Schweine- bzw. Schafs-Hypothalamusgewebe gelang SCHALLY et al. [645] im Jahre 1971 und der Arbeitsgruppe von GUILLEMIN [646] drei Jahre später auch die Isolierung des Gonadotropin Releasing-Hormons (Literaturübersicht [647]). Das *GRH* ist als eine Ausnahme des sog. Einheitskonzeptes zu betrachten, da es sowohl das Luteinisierende Hormon (*LH*) als auch das Follikelstimulierende Hormon (Abk.: *FSH*) freisetzt. Antikörper gegen synthetisches Hormon hemmen die LH- und FSH-Ausschüttung. Die Suche nach einem zweiten Hormon geht aber weiter.

Nach der Konstitutionsermittlung durch die Arbeitsgruppe von SCHALLY [648] besitzt das Gonadoliberin folgende Sequenz:

$$\overset{\ulcorner}{\underset{1}{Glu}} - \underset{2}{His} - \underset{3}{Trp} - \underset{4}{Ser} - \underset{5}{Tyr} - \underset{6}{Gly} - \underset{7}{Leu} - \underset{8}{Arg} - \underset{9}{Pro} - \underset{10}{Gly} - NH_2$$

Verschiedene Synthesevarianten wurden bisher beschrieben, wobei sich dieses Decapeptidamid relativ gut auch nach der Festphasen-Peptidsynthese aufbauen läßt. Sehr viele Analoga wurden schon synthetisiert. Man hofft durch die Untersuchungen zwischen Struktur und biologischer Aktivität Einblicke in die Hormon-Rezeptor-Wechselwirkungen sowie Hinweise über den Mechanismus der Bindung des Hormons an den Rezeptor und die Auslösung des Wirkungseffektes zu erhalten. Weiterhin interessieren GRH-Antagonisten im Hinblick auf die Entwicklung von Antikonzeptiva mit einer längeren Wirkung. Die noch immer interessierende Frage nach der Existenz von zwei unterschiedlichen Gonadoliberinen entsprechend des Einheitskonzeptes könnte im Rahmen solcher Studien ebenfalls einer Klärung näher gebracht werden. Steigerungen der biologischen Aktivität zeigen [D-Ala^6, MeLeu^7, Des-Gly-NH$_2^{10}$, Pro-ethylamid^9]GRH, [Phe^5, D-Ala^6, Des-Gly-NH$_2^{10}$, Pro-ethylamid^9]GRH und [D-Ser^4, D-Leu^4, Des-Gly-NH$_2^{10}$, Pro-ethylamid^9]GRH etc., wobei das zuletzt genannte Derivat eine prolongierte Wirkung aufweist und darüber hinaus parenteral, oral und intranasal appliziert werden kann. Brauchbare Inhibitoreigenschaften besitzen u. a. [Des-His^2, D-Ala^6]GRH [649].

GRH und Analoga werden für die Diagnostik und Therapie von männlichen und weiblichen Fertilitätsstörungen eingesetzt. Eine breite Anwendung zur Steuerung der Fertilität in der Human- und Veterinärmedizin zeichnet sich ab.

2.3.1.7.3. Corticotropin Releasing-Hormon (Corticoliberin)

Obgleich in Hypothalamusextrakten vielfach *CRH*-Aktivitäten nachgewiesen wurden, ist die Struktur dieses Releasing-Hormons (Literaturübersicht [650]), das die ACTH-Ausschüttung stimuliert, noch nicht bekannt. Die Peptidstruktur eines solchen Hormons ist unbestritten. Durch die Entwicklung einer äußerst empfindlichen Nachweismethode [651] haben sich die Aussichten zur Isolierung des CRH verbessert. Die sich vom α-MSH (α-CRH) bzw. vom Vasopressin (β-CRH) abgeleiteten Strukturvorschläge konnten bisher nicht als Corticoliberin bestätigt werden.

2.3.1.7.4. Prolactin Releasing-Hormon (Prolactoliberin) und Prolactin Release inhibierendes Hormon (Prolactostatin) [650]

PRH und *PIH* regulieren die Bildung und Ausschüttung des Prolactins im Hypophysenvorderlappen. Trotz einer Vielzahl von sich teilweise auch widersprechenden Befunden gibt es keine klare strukturelle Vorstellung für die beiden postulierten Hormone. Es wird aber vermutet, daß es sich analog zu den bekannten Releasing-Hormonen auch um Peptidhormone oder Neurotransmitter handeln könnte.

Abgeleitet von verschiedenen Befunden, wonach TRH bei einigen Tieren und beim Menschen auf dem Wege über eine erhöhte Prolactinausschüttung die Milchsekretion stimuliert, wurde eine Identität zwischen TRH und PRH postuliert [652]. Der Beweis hierfür muß aber noch erbracht werden. Wahrscheinlicher erscheint dagegen eine strukturelle Ähnlichkeit des noch unbekannten PRH mit dem TRH.

2.3.1.7.5. Melanotropin Releasing-Hormon (Melanoliberin) und Melanotropin Release inhibierendes Hormon (Melanostatin) [650]

Obgleich die physiologische Rolle des MSH beim Menschen noch unklar ist, interessiert doch der Regulationsmechanismus der MSH-Freisetzung in der Adenohypophyse. Als Melanostatin (*MIH*) wurden Peptide vorgeschlagen, die sich weitgehend vom Oxytocin ableiten:

>   MIH-I   H–Pro–Leu–Gly–NH$_2$
>
>   MIH-II   H–Pro–His–Phe–Arg–Gly–NH$_2$

Das MIH-I [653, 654] bildet sich aus dem Oxytocin durch enzymatische Abspaltung des C-terminalen Tripeptidamids. Die entsprechende membrangebundene Peptidase konnte durch WALTER et al. [655] in der Eminentia mediana des Hypothalamus nachgewiesen werden. Hiermit wurde durch WALTER erstmalig gezeigt, daß ein definiertes Hormon (Oxytocin) als Präkursor für ein neues Hormon (MIH) fungieren kann. Aus dem „second order prohormone" Oxytocin bildet sich ein Hormon mit völlig unterschiedlicher biologischer Wirkung. Dieses Konzept wurde inzwischen auf andere Beispiele übertragen [656]. Dem Strukturvorschlag des MIH-II scheint geringere Bedeutung beigemessen zu werden.

Über das *MRH* ist weitaus weniger bekannt. Als Vorschläge existieren der offene Ring der Tocinsäure bzw. ein davon abgeleitetes Pentapeptid:

H – Cys – Tyr – Ile – Gln – Asn – Cys – OH   Tocinsäure

H – Cys – Tyr – Ile – Gln – Asn – Cys – OH
H – Cys – Tyr – Ile – Gln – Asn – OH   MRH

Das aus Oxytocin MRH-freisetzende Enzym wurde in Mitochondrien von Eminentia mediana bzw. Nucleus paraventricularis hypothalami-Gewebe durch die Arbeitsgruppe von WALTER nachgewiesen. Trotz dieser Befunde ist die Gesamtproblematik der Regulation der MSH-Ausschüttung noch nicht klar interpretierbar. MIH-I wurde zur Behandlung der PARKINSONschen Krankheit empfohlen.

2.3.1.7.6. Somatotropin Releasing-Hormon (Somatoliberin) [658]

1969 wurde von SCHALLY et al. [657] aus dem Schweine-Hypothalamus ein Decapeptid mit folgender Primärstruktur isoliert:

Val – His – Leu – Ser – Ala – Glu – Glu – Lys – Glu – Ala
 1   2   3   4   5   6   7   8   9   10

Es zeigt eine auffallende Ähnlichkeit mit dem N-terminalen Sequenzbereich der β-Kette des Schweine-Hämoglobins. Obgleich dieses isolierte Peptid und ein von VEBER et al. synthetisiertes Produkt die Freisetzung des Wachstumshormons sowohl in vitro als auch in vivo stimulierten, erwiesen sich beiden Peptide im radioimmunologischen Test als negativ. Die Struktur des echten *SRH* scheint daher noch ungeklärt zu sein.

2.3.1.7.7. Somatostatin (Somatotropin Release inhibierendes Hormon, Abk. SIH) [658, 659]

Bei den Versuchen zur chromatographischen Reinigung des SRH bemerkten GUILLEMIN et al. eine Fraktion, die in vitro einen inhibierenden Effekt auf die Sekretion des Wachstumshormons ausübte. Dieser überraschende Befund führte dann zur Reindarstellung des Somatostatins (*SST*), für die die Aufarbeitung von

490 000 lyophilisierten Schafshypothalami mit einem Gesamtgewicht von 36,8 kg notwendig war. Nach 8 Reinigungsstufen konnten 8,5 mg reines SST erhalten werden, das sich nach der Sequenzermittlung und Bestätigung durch Totalsynthese als ein heterodet cyclisches Tetradecapeptid erwies [660]:

$$\text{H-Ala-Gly-\overset{\lceil}{Cys}-Lys-Asn-Phe-Phe-Trp-Lys-Thr-Phe-Thr-Ser-\overset{\rceil}{Cys}}$$
$$1\quad 2\quad 3\quad 4\quad 5\quad 6\quad 7\quad 8\quad 9\quad 10\quad 11\quad 12\quad 13\quad 14$$

Aus Schweinehypothalami wurde drei Jahre später von SCHALLY et al. [661] die Isolierung des gleichen Hormons beschrieben.

Mit dem *Somatostatin-28* konnte eine Prohormon-Form aus dem Intestinaltrakt (PRADAYROL, 1978) sowie aus Hypothalami (GUILLEMIN, SCHALLY, 1980) isoliert und durch Totalsynthese (WÜNSCH et al., 1981) strukturell bestätigt werden: Ser-Ala-Asn-Ser-Asn-Pro-Ala-Met-Ala-Pro-Arg-Glu-Arg-Lys-SST.

SST kommt nicht nur im Hypothalamus, sondern auch extrahypothalamisch im ZNS und außerdem im Intestinaltrakt und Pankreas vor. So hemmt es nicht nur die Ausschüttung des Wachstumshormons, vielmehr auch die Sekretion des Insulins und seines Gegenspielers Glucagon und hat damit beim Zuckerstoffwechsel eine wichtige Funktion. In der Adenohypophyse wird die Somatropin-Ausschüttung durch das SST unabhängig von der Art der induzierten Sekretion sowohl in vivo als auch in vitro gehemmt. Es greift auch in die Regulation des Thyreotropin-Systems ein und wirkt dort antagonistisch zum TRH. Im in-vitro-Experiment inhibiert SST die Prolactin-Sekretion, obgleich in dieser Hinsicht auch widersprüchliche Ergebnisse bekannt geworden sind. Über die Beeinflussung der MSH-Freisetzung gibt es keine Hinweise. Die Sekretion von ACTH und der Gonadotropine wird durch SST nicht gehemmt. Neben TRH wurde SST auch in der Neurohypophyse nachgewiesen, wo es wahrscheinlich die [Arg^8]Vasopressin-Ausschüttung stimuliert. Ebenso wie TRH, GRH und MIH-I wirkt das SST extrahypothalamisch als Neurotransmitter und hier wohl speziell als Gegenspieler des TRH. Neben anderen Wirkungen wird durch SST die Neuronenaktivität im ZNS moduliert. Im Magen verursacht SST die Hemmung der Gastrin-, Salzsäure- und Pepsin-Sekretion und weiterhin die Motilität und die Durchblutung des Magens, während im Dünndarm die Sekretion von Sekretin und CCK-PZ inhibiert wird. Der Nachweis von SST in den D-Zellen der LANGERHANSschen Inseln im Pankreas erregte besonderes Interesse hinsichtlich der Beeinflussung der Insulin- und Glucagon-Freisetzung in den B- bzw. A-Zellen. Es zeichnet sich eine diagnostische und therapeutische Nutzung des SST in der Medizin ab, wobei neben der Behandlung des Diabetes mellitus auch andere Erkrankungen, wie Akromegalie (vgl. S. 276), Pancreatitis, ZOLLINGER-ELLISON-Syndrom, Magenulcus und Magenblutung u. a. einzubeziehen sind.

Die Fülle der biologischen Effekte schränkt die Anwendung des SST erfahrungsgemäß ein. Von praktischer Bedeutung ist daher die synthetische

Abwandlung des nativen Hormons mit der Zielrichtung einer Wirkungsdissoziation und der Darstellung oral wirksamer Analoga. In den bisherigen Prüfungen zeigte das native SST nicht vernachlässigbare Nebenwirkungen.

Struktur-Aktivitäts-Untersuchungen offenbarten, daß das N-terminale Dipeptid für die Wirkung nicht essentiell zu sein scheint und besonders das [D-Trp^8]Somatostatin eine achtmal höhere biologische Aktivität im Vergleich zum nativen Hormon besitzt. Das ungewöhnlich starke Interesse an Analoga mit prolongierter Wirkung (die Halbwertzeit des nativen Hormons beträgt nur wenige Minuten), und gerichteter Spezifität kann man daran ermessen, daß die Zahl der synthetisierten Verbindungen ungewöhnlich hoch ist [662—664]. Bezüglich der Wirkungsdissoziation liegen bereits erste, ermutigende Ergebnisse vor (Tab. 2—16).

Tabelle 2—16
Biologische Wirkungen einiger Somatostatin-Analoga hinsichtlich der Sekretionshemmung von Insulin, Glucagon und Somatotropin in % spezifischer Wirkung (nach BLECH [658])

Verbindung	Insulin	Glucagon	Somatotropin
1 SST	100	100	100
2 [D-Trp^8]-SST	821	639	800
3 [Des-Asn^5]-SST	10	1	4
4 [Des-Ser^{13}]-SST	4	1	10
5 [Des-Asn^5, D-Trp^8]-SST	60	1	13
6 [Des-Asn^5, D-Ser^{13}]-SST	481	1	1
7 [D-Trp^8, D-Ser^{13}]-SST	261	1	70
8 [Des-Asn^5,D-Trp^8,D-Ser^{13}]SST	1753	100	13
9 [Des-AS^{1,2,4,13},D-Trp^8]SST	75	8	8
10 [Des-AS^{1,2,4,12,13},D-Trp^8]SST	72	1	1
11 [Des-AS^{1,2,4,5,13},D-Trp^8]SST	36	7	25
12 [Des-AS$^{1,2,4,5\ 12}$,D-Trp^8]SST	70	21	—
13 [Des-AS^{1,2,4,5,12,13},D-Trp^8]SST	45	7	9

AS = Aminosäure-Rest

Insbesondere von der Arbeitsgruppe VEBER [663] wurden systematische Untersuchungen mit der Zielrichtung einer Erhöhung der metabolischen Stabilität von Somatostatin-Analoga durchgeführt. Hierbei erwiesen sich sequenzverkürzte, cyclische Derivate als besonders wirkungsvoll. Bezüglich der Wirkungsdissoziation sind synthetisierte Analoga zu erwähnen, die selektiv die Freisetzung des Wachstumshormons, des Wachstumshormon und Glucagon sowie des Wachstumshormons und Insulin inhibieren, wie z. B. das von GARSKY et al. [665] synthetisierte [D-Trp^{5,8}]Somatostatin.

Biologisch aktive Peptide 295

Am Beispiel des Somatostatins wurde die erste Synthese eines biologisch aktiven Peptides mit Hilfe eines chemischen synthetisierten Gens erfolgreich durchgeführt [666]. Das synthetische Gen für Somatostatin konnte mit dem *E. coli* β-Galactosidase-Gen im isolierten Plasmid pBR 322 vereinigt werden. Danach wurde dieses Gen *E. coli*-Zellen inkorporiert. Die chimäre Plasmid-DNS führte zur Biosynthese eines Polypeptides, das die Aminosäuresequenz des Somato-

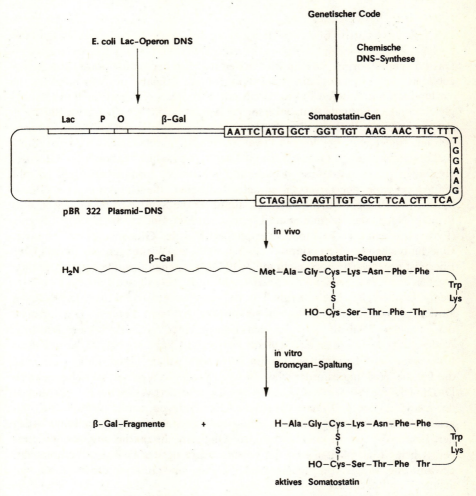

Abb. 2—38. Schematische Darstellung der Synthese des Somatostatins durch Fusion des totalsynthetischen Gens mit dem *E. coli*-β-Galactosidase-Gen am Plasmid BR 322 (nach [666])

statins enthielt. In vitro konnte dann aus dem großen chimären Polypeptid mit Hilfe von Bromcyan das biologisch aktive Somatostatin spezifisch abgespalten werden (Abb. 2—38).

Die experimentelle Übertragung synthetischer Gene in bakterielle Chromosomen eröffnet neue Möglichkeiten zur Synthese biologisch aktiver Peptidwirkstoffe [586].

2.3.1.8. Insulin [667—670]

Das Polypeptidhormon Insulin wird in den B-Zellen der LANGERHANSschen Inseln gebildet. Der physiologische Reizeffekt für die Abgabe des Hormons ist in Verbindung mit anderen Faktoren ein erhöhter Glucosespiegel im Blut (Hyperglykämie). Der normale Blutzuckerspiegel beträgt beim Menschen etwa 100 mg% (100 mg/100 ml). Während bei Wiederkäuern der Normalwert etwa nur 50 mg% beträgt, findet man bei Vögeln etwa 200 mg%. Durch Insulin wird der Blutzuckerspiegel gesenkt. Generell erhöht Insulin die Zellpermeabilität für Glucose, aber auch für Aminosäuren, Lipide und K^+-Ionen. Insulin beeinflußt sowohl die Aktivierung der Glycogensynthetase als auch die Induktion von Glucokinase und Phosphofructokinase. Es stimuliert die Synthese von Glycogen und Protein. Neben der Hemmung der Lipolyse wird die Bildung bestimmter Enzyme (Pyruvatcarboxylase, Fructosediphosphatase) bei der Gluconeogenese inhibiert. Eine hinreichende Interpretation dieser vielfältigen Wirkungen auf molekularer Ebene ist gegenwärtig noch nicht möglich. Die typischen Insulinmangelsymptome ergeben das Krankheitsbild des Diabetes mellitus, über dessen Entstehung relativ wenig bekannt ist. Diese Krankheit ist auf eine Unterfunktion der B-Zellen zurückzuführen, deren Ursachen genetischer Art sein können. Die Ursache des juvenilen Diabetes soll auf den Folgen einer Viruserkrankung beruhen. Andererseits kennt man eine seltene Form des Diabetes, bei der ausreichend bzw. sogar ein Überschuß an Insulin vorhanden ist. In diesem Fall ist offenbar die für die Wirkung erforderliche Hormon-Rezeptor-Wechselwirkung blockiert. Das ungeklärte Problem des Diabetes mellitus erfordert verstärkte Anstrengungen der medizinischen und pharmazeutischen Forschungen, zumal weltweit mit steigendem Lebensstandard (Überernährung und Bewegungsmangel) auch ein Anstieg der Erkrankungen zu verzeichnen ist. Obgleich durch die gegebenen therapeutischen Möglichkeiten sich die Lebenserwartung der Diabetiker erhöht hat, gewinnt die Frage von Spätschäden (Angio- und Retinopathien u. a.) zunehmend an Bedeutung.

Insulin wurde 1921 von BANTING (Nobelpreis 1923) und BEST als Diabetes kompensierendes Prinzip des Pankreas entdeckt. Die Reindarstellung und Kristallisation gelang 1926 ABEL, während die vollständige Aufklärung der Primärstruktur 1955 durch SANGER et al. beschrieben wurde. Diese hervorragende Leistung wurde 1958 ebenfalls mit dem Nobelpreis anerkannt. Durch Röntgenkristallstrukturanalyse ermittelte 1969 schließlich die Nobelpreisträgerin Dorothy HODGKIN mit ihren Mitarbeitern die Raumstruktur des Insulins (vgl. Abb. 2—42).

Insulin besteht aus zwei Peptidketten, der A-Kette mit 21 und der B-Kette mit 30 Aminosäurebausteinen, die durch zwei interchenare Disulfidbrücken zu einem bicyclischen System verknüpft sind. Weiterhin ist in der A-Kette eine intrachenare Disulfidbrücke enthalten (vgl. Abb. 2—40). Es ist interessant, daß die Insuline verschiedener Spezies trotz unterschiedlicher Aminosäuresequenz in den üblichen biologischen Testsystemen (Krampf-Test an der Maus, Glucoseoxidation im epydimalen Fettgewebe bzw. in isolierten Fettzellen u. a.) etwa die gleiche biologische Wirksamkeit zeigen. Das Meerschweinchen-Insulin unterscheidet sich beispielsweise von dem der Ratte in nicht weniger als 17 Positionen. Allgemein sind die Differenzen in der Primärstruktur um so größer, je weiter die Spezies in der phylogenetischen Entwicklung voneinander entfernt sind.

Aufgrund des Molekulargewichtes von etwa 6000 und der Anzahl der miteinander verknüpften Aminosäuren wird Insulin formal zu den Polypeptiden gerechnet. Die von verschiedenen Bedingungen abhängige Aggregation zu Dimeren sowie die hexamere Anordnung im Insulinkristall (mit zwei koordinativ gebundenen Zink-Atomen) rechtfertigt jedoch auch eine Zuordnung zu den Proteinen. Zu erwähnen ist weiterhin die Komplexbildungstendenz mit anderen niedermolekularen Liganden, aber auch hochmolekularen Verbindungen. Von Bedeutung ist z. B. der therapeutisch genutzte Komplex aus Zink, Insulin und Protamin.

Insulin wird industriell durch Extraktionsverfahren vorrangig aus Pankreata von Schwein und Rind gewonnen. Pro kg Drüsen erhält man aus Rinderpankreas 2000 IE (27 IE = 1 mg) Insulin. Zur Extraktion wird salzsaurer 70proz. Ethanol (pH 1—2) verwendet, um das darin lösliche Insulin von den unlöslichen Proteasen (mehr als 40 g/kg Rinderpankreas) schnell abzutrennen. Nach weiteren Reinigungsschritten kann das isolierte Insulin kristallisiert werden. Das erhaltene Kristallinsulin ist aber nicht rein und kann auch durch mehrfaches Kristallisieren nicht weiter gereinigt werden. Zur Feinreinigung (Abtrennung des Insulin-Präkursors, Umwandlungsprodukte, Desamidoinsulin und partiell verestertes Insulin u. a.) setzt man chromatographische Techniken, Gegenstromverteilung und für anspruchsvolle Zwecke (Entfernung höhermolekularer, immunogener Produkte) die Gelchromatographie ein.

Anfang 1960 war die Entwicklung der Peptidsynthese so weit fortgeschritten, daß die Kettensynthese des Insulins in Angriff genommen werden konnte. Nicht weniger als 10 Arbeitskreise beschäftigten sich mit dieser Aufgabenstellung, aber nur die Gruppen von ZAHN in Aachen, KATSOYANNIS in Pittsburgh und CHU WANG in Shanghai erreichten nach mehrjähriger Arbeit das Ziel.

Die gewählte strategische Konzeption aller drei Gruppen bestand im getrennten Kettenaufbau und anschließender statistischer Oxidation zum biologisch aktiven Insulin. Berechtigte Zweifel auf diesem Wege überhaupt Insulin zu erhalten, wurden durch Arbeiten von DIXON und WARDLAW zerstreut, die bei der gemeinsamen Oxidation reduzierter A- und B-Kette ein Produkt mit 1—2% Insulinaktivität erhielten. In der Sicht, daß unter diesen Bedingungen neben 12 isomeren Insulinen noch vier intramolekular verknüpfte Monomere der A- und B-Kette und eine Vielzahl von Polymeren gebildet werden (Abb. 2—39), erschien das Ergebnis hoffnungsvoll.

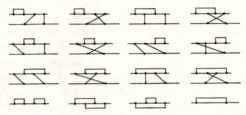

Abb. 2—39. Schematische Darstellung von Insulinisomeren und intramolekular verknüpften Monomeren der A- und B-Kette des Insulins (nach ZAHN)

DU et al. [671] erhielten mit Hilfe einer verbesserten Kombinationsmethode (50% A-Ketten-Überschuß, pH 10,6) Aktivitätsausbeuten zwischen 10 und 20% und konnten aus dem Reaktionsansatz kristallines Insulin gewinnen. Die bei der ersten Chemosynthese von ZAHN et al. [672] gewählte strategisch-taktische Konzeption ist Abb. 2—40 zu entnehmen.

Die Synthesepläne der amerikanischen bzw. chinesischen Gruppe unterschieden sich hiervon nur in methodischen Details.

Bereits Mitte 1963 gelang KATSOYANNIS et al. die Totalsynthese der A-Kette des Schaf-Insulins, die bei der Kombination mit natürlicher B-Kette durch DIXON ein Produkt mit einem Insulingehalt von 0,26% ergab. Noch im Jahr 1963 beschrieb die Arbeitsgruppe von ZAHN [672] die Totalsynthese beider Ketten und deren Kombination mit einer Aktivitätsausbeute von ca. 1%. Die Totalausbeute der geschützten A-Kette betrug 2,9% und die der B-Kette 7%. Für den Aufbau der A-Kette waren 89 und für den der B-Kette 132 Syntheseschritte erforderlich zuzüglich der drei Schritte für die Kettenkombination. 1964 wurde von KATSOYANNIS et al. [673] ebenfalls die Chemosynthese beider Ketten publiziert und 1965 folgte die Gruppe um WANG mit der Synthese von Rinder-Insulin [674], das ausgehend von synthetischen Ketten erstmalig kristallin erhalten werden konnte und mit nativem Rinder-Insulin in allen Eigenschaften übereinstimmte. In der Folgezeit gelang es, effektivere Kettensynthesen durchzuführen und auch die Kombinationsausbeuten zu erhöhen [669].

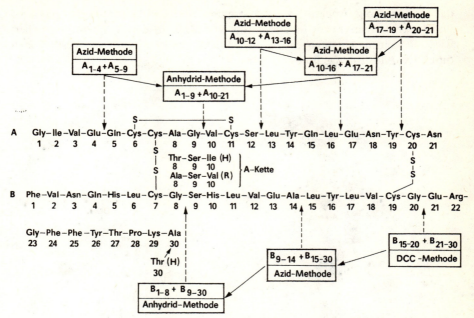

Abb. 2—40. Synthesestrategie des Schaf-Insulins nach ZAHN et al. [672]

Human-Insulin (*H*) und Rinder-Insulin (*R*) unterscheiden sich vom Schaf-Insulin im A-Kettenabschnitt 8—10.
Human-Insulin differiert weiterhin in der Position B^{30}.

Eine neue strategische Variante für die Insulinsynthese ergab sich aus der Entdeckung des *Proinsulins* durch STEINER et al. [675], der 1967 nachweisen konnte, daß die Biosynthese über einen einkettigen Insulin-Präkursor verläuft. Das Einkettenpeptid Proinsulin ermöglicht durch die räumliche Anordnung eine optimale Schließung der Disulfidbrücken. Nach Reduktion der Disulfidbindungen und nachfolgender Reoxidation konnte das Proinsulin in etwa 70proz. Ausbeute erhalten werden. Abbildung 2—41 zeigt die Primärstruktur des aus 84 Aminosäuren aufgebauten Proinsulin vom Schwein. Das primäre Produkt der Biosynthese ist nicht das Proinsulin, sondern das *Prä-Proinsulin* [676]. Die während der Biosynthese gebildete Vorstufe enthält entsprechend der sog. Signal-Hypothese (vgl. S. 442) N-terminal eine Signalpeptidsequenz mit der Information, daß die nachfolgende Sequenz des Proinsulins direkt an der Membran des endoplasmatischen Reticulms (Abk.: *ER*) aufzubauen ist und daß diese Insulinvorstufe noch während der Synthese durch die Membran in das Innere der Kanälchen des ER geschleust werden soll. Noch während der Biosynthese wird die Signalpeptidsequenz durch eine „Signal"-Peptidase abgespalten. Das Proinsulin gelangt danach zum Golgi-Apparat, wo es enzymatisch in Insulin und C-Peptid gespalten und in kristalliner Form in Gegenwart von Zink in den Vesikeln gespeichert wird. Bei einem entsprechenden physiologischen Reiz wird der Vesikelinhalt durch Exozytose an das Blut abgegeben.

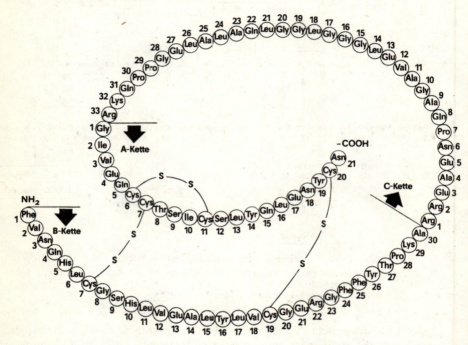

Abb. 2—41. Primärstruktur des Schweine-Proinsulins nach STEINER et al. [675]

Die Länge der C-Ketten differiert in speziesabhängiger Weise (Mensch 35 AS, Schwein 33 AS, Rind 30 AS) und außerdem existieren beträchtliche Sequenzunterschiede, die auch die Ursachen für die immunogenen Eigenschaften der in handelsüblichen Insulinen in geringen Mengen vorkommenden Proinsuline sind.

Die Totalsynthese des Human-Proinsulins mit 86 Aminosäurebausteinen wurde von YANAIHARA et al. [677] 1977 beschrieben und auch durch die Arbeitsgruppe von ZAHN [678] nach folgendem Aufbauschema in Angriff genommen:

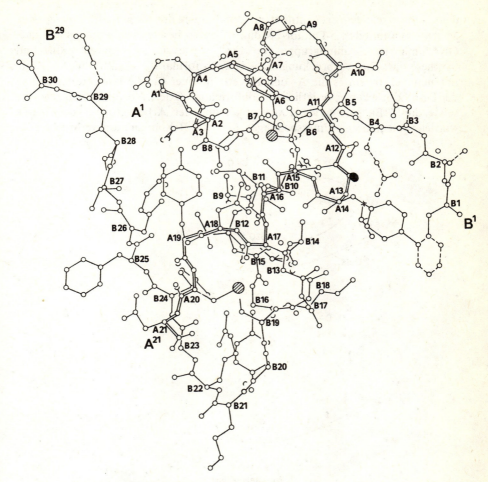

Abb. 2—42. Dreidimensionales monomeres Insulinmodell nach BLUNDELL et al. [679]

Abgesehen von diesen bemerkenswerten wissenschaftlichen Leistungen ist ein solcher Syntheseweg zu aufwendig, um über die Stufe des Proinsulins das Pankreashormon im größeren Maßstab herzustellen.

Interessante neue Aspekte für die Insulinsynthese ergaben sich aus der Raumstruktur (Abb. 2—42). Man kann dem Strukturmodell des momoneren Insulins [679] entnehmen, daß das N-terminale Ende der A-Kette und der C-Terminus der B-Kette, d. h. die Verknüpfungsstellen der Insulinketten mit dem C-Fragment, nur etwa 1 nm auseinander liegen. Die intramolekulare Vernetzung von dem heute erreichten Erkenntnisstand eine brauchbare Variante für eine gezielte Synthese dar. Das Verbrückungsreagens kann formal die Funktion der C-Kette übernehmen, indem es die A- und B-Kette in einer für die korrekte Knüpfung der Disulfidbrücken erforderlichen Konformation fixiert. Vorrangig von LINDSAY sowie durch BRANDENBURG, ZAHN et al. und der Arbeitsgruppe von GEIGER wurden systematische Untersuchungen über die Rekombination verbrückter A-

MEIENHOFER mittels 1,5-Difluor-2,4-dinitrobenzen beschrieben wurde, stellt nach Gly^{A1} mit der ε-Aminogruppe von Lys^{B29}, wie sie 1958 durch ZAHN und

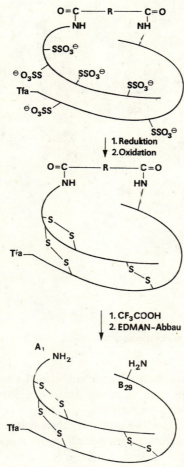

Abb. 2—43. Kettenkombination des Insulins unter Verwendung von Verbrückkungsreagenzien (nach GEIGER und OBERMEIR [680])

und B-Ketten durchgeführt, wobei schließlich durch Verwendung abspaltbarer Vernetzungsreagenzien die prinzipielle Möglichkeit der Synthese des Insulins auf diesem Wege aufgezeigt werden konnte (Abb. 2—43).

Der eindeutige Strukturbeweis für die von SANGER vorgeschlagene Primärstruktur des Insulins kann nur erbracht werden, wenn auch die Disulfidbrücken im Verlauf der Chemosynthese in eindeutiger Weise unter Vermeidung von Disulfidaustausch geknüpft werden. Nach Vorarbeiten von ZERVAS und PHOTAKI sowie HISKEY et al. (vgl. Abschn. 2.2.8.2.) gelang es der Arbeitsgruppe von RITTEL [495] 1974, das Human-Insulin auf diesem Wege aufzubauen. Ausgehend von dem bereits 1973 von der gleichen Arbeitsgruppe beschriebenen asymmetrischen Cystinpeptid A(20—21)-B(17—20) wurde nach Anknüpfung von Bpoc-A(14—19)-OH an den A-Kettenteil bzw. von H-B(21—30)-OBu^t an den B-Kettenabschnitt das große asymmetrische offenkettige Cystin-Segment I mit der Disulfidbrücke zwischen A^{20} und B^{19} erhalten:

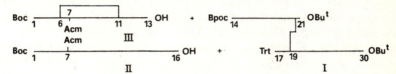

Die Gesamtsynthesekonzeption stellte extrem hohe Anforderungen an die Schutzgruppenselektivität, wobei Bedingungen zur selektiven Abspaltung der N$^\alpha$-Trityl-Schutzgruppe neben der äußerst säurelabilen Bpoc-Gruppe erarbeitet werden mußten. Durch pH-kontrollierte Acidolyse des N-Trityl-Restes neben der N-Bpoc-Gruppe in Trifluorethanol als Lösungsmittel wurde schließlich ein Weg gefunden. Danach wurde das Segment II mit dem partiell geschütztem Segment I unter Verwendung von DCC/HOBt verknüpft. Nach selektiver Entfernung der Bpoc-Gruppe erfolgte die Anknüpfung des Segmentes III, dessen Synthese ebenfalls große Schwierigkeiten bereitete. Die Schließung der intrachenaren Disulfidbrücke A^6—A^{11}, ausgehend von den entsprechenden S-Tritylgeschützten Cysteinbausteinen durch Iodoxidation, erforderte Reaktionsbedingungen, unter denen die Iodolyse-empfindliche S-Acm-Schutzgruppe nicht angegriffen wird.

Nach der Abspaltung der beiden N$^\alpha$-Boc-Schutzgruppen, der C-terminalen tert.-Butylester-Reste sowie aller Drittfunktionen-Schutzgruppen auf tert.-Butylbasis wurde durch Iodoxidation die interchenare Disulfidbrücke A^7—B^7 geknüpft und das Human-Insulin durch Gegenstromverteilung gereinigt:

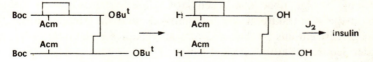

Während der Gesamtsynthese konnten unerwünschte Disulfid-Austauschreaktionen nicht nachgewiesen werden. Die Ausbeute an reinem Human-Insulin betrug ca. 50%. Daneben wurden etwa 25% [D-Tyrosin B^{16}]Human-Insulin isoliert, das auf eine starke Racemisierung bei der Kondensation von *II* mit dem teilgeschützten Segment *I* mittels des GEIGER-KÖNIG-Verfahrens zurückgeführt wird. Bei Ausschaltung oder Unterdrückung der Racemisierung könnten zukünftig weitaus höhere Cyclisierungsausbeuten erreicht werden.

Abschließend soll noch erwähnt werden, daß im Rahmen der Untersuchungen zwischen Struktur und biologischer Wirkung umfangreiche Ketten-Synthesen mit veränderter Sequenz durchgeführt wurden. Nach der Kombination mit natürlichen Gegenketten, aber auch mit synthetischen Ketten wurde die biologische Wirkung solcher Analoga ermittelt. Da das natürliche Insulin relativ leicht zugänglich ist, können Strukturabwandlungen auch mit Hilfe semisynthetischer Operationen durchgeführt werden, wobei solche Partialsynthesen ausschließlich auf chemischem Wege, jedoch auch unter Einbeziehung enzymatischer Methoden möglich sind. Einzelheiten sind den angegebenen Übersichten zu entnehmen. Da Insulin als Makromolekül immunogen wirkt, ist es für die therapeutische Nutzung von großer Bedeutung, daß sich der Antikörpertiter bei Diabetikern auf einem möglichst niedrigen Niveau bewegt. In der Regel ist es bei den meisten Diabetikern der Fall. In speziellen Situationen ist man auf die Applikation von Insulin mit veränderten Antigeneigenschaften angewiesen (Insuline anderer Spezies, spezielle modifizierte Insuline mit verringerter Antikörperbildung).

Für das Verständnis der komplexen Struktur-Wirkungsbeziehungen auf molekularer Ebene ist die Beschäftigung mit spezifischen Insulinrezeptoren von großer Bedeutung [681]. In diesem Zusammenhang sei an die diskutierte Möglichkeit des direkten Eintritts des Insulins in die Zelle (vgl. S. 266) erinnert, wodurch sich die Langzeiteffekte des Insulins besser interpretieren lassen könnten.

Schließlich gelang es auch sowohl die Insulin-Ketten als auch das Human-Proinsulin mit Hilfe der Gentechnologie zu synthetisieren [586, 682, 683].

2.3.1.9. Glucagon

Ebenso wie Insulin wird Glucagon im Pankreas gebildet, jedoch in den A-Zellen der LANGERHANSschen Inseln. Glucagon ist wie Adrenalin ein Insulin-Antagonist. Es wirkt durch Stimulierung der Glycogenolyse und der Gluconeogenese blutzuckersteigernd. Es besitzt weiterhin lipolytische Eigenschaften. Die Wirkungsvermittlung erfolgt über das Adenylat-Cyclase-System. Ebenso steigert das Glucagon die Kontraktilität des Herzmuskels und die Herzfrequenz.

Glucagon ist ein aus 29 Aminosäuren aufgebautes einkettiges Polypeptid mit folgender Sequenz (BROMER et al., 1956):

Biologisch aktive Peptide

His – Ser – Gln – Gly – Thr – Phe – Thr – Ser – Asp – Tyr – Ser – Lys – Tyr – Leu – Asp –
 1   2   3   4   5   6   7   8   9   10   11   12   13   14   15

Ser – Arg – Arg – Ala – Gln – Asp – Phe – Val – Gln – Trp – Leu – Met – Asn – Thr
 16   17   18   19   20   21   22   23   24   25   26   27   28   29

Auffallend sind die mit dem Sekretin, VIP und GIP übereinstimmende Primärstrukturbereiche im N-terminalen Abschnitt 1—12:

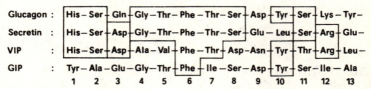

Es ist interessant, daß alle 4 Hormone in Position 6 mit dem Phenylalanin einen übereinstimmenden Aminosäure-Rest besitzen, die ersten drei im N-terminalen Dipeptidabschnitt übereinstimmen (hämodynamische Aktivität?) und nur das die Pankreassekretion stimulierende Sekretin in 10-Stellung einen Leucin-Rest trägt, während bei den anderen in dieser Position ein Tyrosin-Rest auftritt. Diese Befunde veranlaßten WÜNSCH, die 4 Hormone zur Glucagon-Familie zusammenzufassen.

Die Totalsynthese des Glucagons war mit einer Vielzahl sequenzbedingter Schwierigkeiten verbunden. Der hohe Anteil an Hydroxyaminosäuren (Ser, Thr), die Anwesenheit von Tryptophan und Methionin, die terminalen Aminosäuren Histidin und Threonin, die für den Aufbau diffizilen Arg-Arg- bzw. Asp-Thr-Sequenzen sowie das Fehlen geeigneter racemisierungssicherer Schnittstellen stellten u. a. hohe Anforderungen. Unter Anwendung der taktischen Maximal-schutz-Variante konnten WÜNSCH et al. [684] nach mehrjähriger intensiver Arbeit die Totalsynthese beenden. Nach Gelfiltration an Sephadex G-50 wurde das totalsynthetische Hormon in kristalliner Form erhalten, das sich bei voller biologischer Aktivität als identisch mit nativem Glucagon erwies [685]. Hinsichtlich der Beziehungen zwischen Struktur und biologischer Aktivität (Erhöhung des Blutzuckerspiegels) ist erwähnenswert, daß lediglich die beiden C-terminalen Aminosäure-Reste (Thr^{29} und Asp^{28}) ohne Beeinträchtigung der Wirkung abgespalten werden können, während z. B. die Sequenzen 9—23 und 7—29 keinerlei Aktivität zeigen, jedoch eine immunologisch volle Reaktivität aufweisen.

Glucagon findet therapeutische Verwendung bei hypoglykämischen Krankheitsbildern (Insulin-Überdosierung bzw. Hyperinsulinismus) oder bei Glykogenspeicherkrankheiten.

TAGER und STEINER [686] isolierten aus kristallinem Glucagon (Rind bzw. Schwein) ein aus 37 Aminosäure-Resten aufgebautes Polypeptid mit einer dem Glucagon entsprechenden Immunreaktivität und vermuteten, daß es sich um ein Fragment des Proglucagons handeln könnte. Die N-terminalen 29 Aminosäure-

Reste sind identisch mit denen des Glucagons vom Rind oder Schwein. Das C-terminale Octapeptid besitzt die Sequenz:

$$-\text{Lys}-\text{Arg}-\text{Asn}-\text{Asn}-\text{Lys}-\text{Asn}-\text{Ile}-\text{Ala}$$
$$3031323334353637$$

1979 postulierten PATZELT et al. [687] einen Strukturvorschlag für das Proglucagon.

2.3.1.10. Parathormon

Das Parathormon (engl.: parathyroid hormone) der Nebenschilddrüse ist neben Calcitonin und 1,25-Dihydroxycholecalciferol an der Regulation des Ca^{2+}- und Phosphatstoffwechsels in Säugetieren beteiligt. Bei Abfall des normalen Calciumspiegel des Blutes erfolgt die Sekretion des Parathormons durch die Nebenschilddrüse (Parathyreoidea). Es erhöht die Ca^{2+}-Konzentration des Blutes und stimuliert die Phosphatexkretion in den Harn, wodurch der Phosphatspiegel des Blutes sinkt. Die wichtigsten Angriffspunkte sind der Dünndarm (Erhöhung der Ca^{2+}-Resorption), die Knochen (vermehrte Ca^{2+}-Mobilisation) und die Niere (Steigerung der Phosphatexkretion und Stimulierung der Sekretion von 1,25-Dihydroxycholecalciferol aus dessen Präkursor 25-Hydroxycholecalciferol). Durch die Wirkung als stimulierendes (tropes) Hormon für das 1,25-Dihydroxycholecalciferol, das die Absorption von Ca^{2+}-Ionen aus dem Dünndarm ins Blut fördert, resultiert eine Wirkungsergänzung bezüglich der Erhöhung des Blutcalciumspiegels.

Die Primärstrukturen des Parathormons verschiedener Spezies sind nachfolgend aufgeführt [688—690]:

	1	2	3	4	5	6	7	8	9	10	11	12
Rind	Ala	Val	Ser	Glu	Ile	Gln	Phe	Met	His	Asn	Leu	Gly
Schwein	Ser						Leu					
Mensch	Ser						Leu					

	13	14	15	16	17	18	19	20	21	22	23	24
Rind	Lys	His	Leu	Ser	Ser	Met	Glu	Arg	Val	Glu	Trp	Leu
Schwein					Leu							
Mensch			Asn									

	25	26	27	28	29	30	31	32	33	34	35	36
Rind	Arg	Lys	Lys	Leu	Gln	Asp	Val	His	Asn	Phe	Val	Ala
Schwein												
Mensch												

Biologisch aktive Peptide

	37	38	39	40	41	42	43	44	45	46	47	48
Rind	Leu	Gly	Ala	Ser	Ile	Ala	Tyr	Arg	Asp	Gly	Ser	Ser
Schwein						Val	His				Gly	
Mensch				Pro	Leu		Pro			Ala	Gly	

	49	50	51	52	53	54	55	56	57	58	59	60
Rind	Gln	Arg	Pro	Arg	Lys	Lys	Glu	Asp	Asn	Val	Leu	Val
Schwein												
Mensch												

	61	62	63	64	65	66	67	68	69	70	71	72
Rind	Glu	Ser	His	Gln	Lys	Ser	Leu	Gly	Glu	Ala	Asp	Lys
Schwein												
Mensch				Glu								

	73	74	75	76	77	78	79	80	81	82	83	84
Rind	Ala	Asp	Val	Asp	Val	Leu	Ile	Lys	Ala	Lys	Pro	Gln
Schwein		Ala										
Mensch						Thr				Ser		

Die Primärstruktur des Parathormons vom Rind unterscheidet sich von der des Schweines in 7 Positionen, während sich das Human-Parathormon in der Aminosäuresequenz von der des Rindes bzw. des Schweines in 11 Positionen unterscheidet.

Offenbar sind nicht alle 84 Aminosäurebausteine für die biologische Aktivität erforderlich. Die nach der MERRIFIELD-Methode von POTTS et al. synthetisierte N-terminale Sequenz 1—34 des Rinder- und Schweine-Parathormons — das Tetratriacontapeptid des menschlichen Hormons hatten bereits 1973 ANDREATTA et al. durch konventionelle Segmentkondensation aufgebaut — zeigte spezifische Aktivität am Knochen und an der Niere, die qualitativ der des nativen Hormons entsprach.

Anfang der siebziger Jahre konnten COHN, HAMILTON et al. [690] zeigen, daß das Parathormon zunächst als Prohormon synthetisiert wird. 1977 wurde schließlich als biosynthetische Vorstufe ein Prä-Proparathormon beschrieben [691].

2.3.1.11. Calcitonin

Calcitonin wird durch ansteigenden Blutcalciumspiegel bei den Säugern in den C-Zellen der Schilddrüse gebildet. Bei niederen Vertebraten bis herauf zu den Vögeln ist der Bildungsort des Calcitonins der Ultimobranchialkörper. Aufgrund dieser Tatsachen sollte die ältere Bezeichnung Thyreocalcitonin nicht mehr verwendet werden. Calcitonin inhibiert die Abgabe von Ca^{2+} aus den Knochen in das Blut und fungiert damit als Gegenregulator zum Parathormon.

1968 berichteten vier verschiedene Arbeitskreise über die Strukturaufklärung und Synthese des Calcitonins aus Schweine-Schilddrüsen. Die wenig später aus verschiedenen Spezies isolierten Calcitonine [692] weisen überraschend große Differenzen in ihren Aminosäuresequenzen auf. Gemeinsames Strukturmerkmal aller Calcitonine ist eine Peptidkette bestehend aus 32 Aminosäurebausteinen mit einem C-terminalen Prolinamid-Rest, sowie eine Disulfidbrücke zwischen den Halbcystin-Resten in den Positionen 1 und 7. Interessanterweise zeigen die Calcitonine, die im Ultimobranchialkörper gebildet werden, eine 30—40fach höhere hypocalcaemische Aktivität verglichen mit den Hormonen der Säuger. Aus umfangreichen Struktur-Aktivitäts-Studien leiteten am Beispiel des menschlichen Calcitonins (Calcitonin M, *HCT*) RITTEL et al. [693] ab, daß im Gegensatz zu anderen Peptidhormonen (ACTH, Gastrin, Parathormon u. a.) beim HCT nicht nur ein begrenzter Teil der Primärstruktur, ein sog. aktives Zentrum, zur Wirkungsauslösung genügt. Im Sinne der von SCHWYZER entwickelten Vorstellungen handelt es sich offenbar um einen „rhegnylogischen" Peptidwirkstofftyp bei dem die zur Stimulation des Rezeptors erforderlichen Sequenzbereiche getrennt sind, d. h. für die Auslösung der Wirkung des HCT ist praktisch die gesamte Peptidkette essentiell.

Nachfolgend sind die Primärstrukturen des Calcitonins verschiedener Spezies aufgeführt:

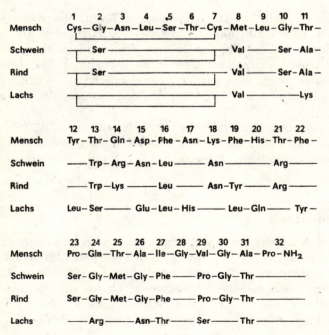

JULIENNE et al. (1980) schlußfolgerten aus in-vitro-Biosynthesestudien, daß Human-Calcitonin vor der Sekretion aus einem höhermolekularen Prohormon (Procalcitonin) vom MG 11 800 freigesetzt wird.

Wegen der therapeutischen Bedeutung von Calcitonin bzw. Analoga mit höherer und verlängerter Wirkung wurden verschiedene Synthesewege erarbeitet. Calcitonine verschiedener Spezies (Calcitonin M, Lachs- und Aal-Calcitonin u. a.) und insbesondere stabilere Carba-Analoga werden als Pharmaka angeboten.

Bei der Behandlung der Osteodystrophia deformans, einer Knochenkrankheit, die durch starke Entkalkungserscheinungen des Skeletts gekennzeichnet ist, konnten bereits gute Erfolge erzielt werden. Aber auch zur Behandlung der im Alter auftretenden Osteoporose (Schwund der Knochenmasse) und bei Knochenbrüchen ist ein therapeutischer Einsatz absehbar.

2.3.1.12. Gastrointestinale Hormone

Die Peptidhormone des Magen-Darm-Traktes sind aglanduläre Hormone, d. h. sie werden nicht von einer speziellen Drüse sezerniert, sondern in bestimmten Gewebebereichen gebildet, deren primäre Funktion nicht unmittelbar durch eine Hormonproduktion gekennzeichnet ist. Diese Hormone werden daher auch Gewebshormone genannt. Neben den gut charakterisierten Peptidhormonen Gastrin, Sekretin, Cholecystokinin-Pankreozymin und Motilin wurden weitere Wirkstoffe im Gastrointestinaltrakt aufgefunden und strukturell aufgeklärt.

So wird die gesamte gastrische Sekretion durch einen Inhibitor blockiert [694], der abgeleitet von der engl. Bezeichnung **G**astric **I**nhibitory **P**olypeptide den Namen *GIP* erhielt und folgende Primärstruktur besitzt:

Tyr – Ala – Glu – Gly – Thr – Phe – Ile – Ser – Asp – Tyr – Ser – Ile – Ala – Met – Asp –
1   5   10   15

Lys – Ile – Arg – Gln – Gln – Asp – Phe – Val – Asn – Trp – Leu – Leu – Ala – Gln – Gln –
                        20   25   30

Lys – Gly – Lys – Lys – Ser – Asp – Trp – Lys – His – Asn – Ile – Thr – Gln
                             35   40   43

Es wurde bereits erwähnt, daß der N-terminale Bereich 1—13 gewisse Übereinstimmungen mit den Primärstrukturen des Glucagons und Sekretins aufweist. Ähnliches gilt auch für das vasoaktive Intestinal-Peptid *VIP* (engl.: **V**asoactive **I**ntestinal **P**olypeptide). VIP ist ein herzaktiver Peptidwirkstoff, zeigt etwa ein Drittel der hyperglykämischen Glucagonwirkung und besitzt u. a. einen stimulierenden Einfluß auf die glatte Muskulatur [695, 696]. Die Primärstruktur ist nachfolgend aufgeführt:

His – Ser – Asp – Ala – Val – Phe – Thr – Asp – Asn – Tyr – Thr – Arg – Leu – Arg –
1 5 10
Lys – Gln – Met – Ala – Val – Lys – Lys – Tyr – Leu – Asn – Ser – Ile – Leu – Asn – NH$_2$
15 20 25 28

Auch C-terminale Partialsequenzen, wie VIP 14—28 (1%) und VIP 7—28 (5%) zeigen biologische Wirkungen (BODANSZKY, 1973). Aufgrund des breiten Spektrums der biologischen Aktivität ist die physiologische Rolle von VIP noch nicht endgültig geklärt.

Aus menschlichem Urin isolierte GREGORY [697] mit dem UROGASTRON ein Polypeptid, das eine zum Gastrin antagonistische Wirkung zeigt. Die beiden isolierten Inhibitoren enthalten 53 bzw. 52 Aminosäurebausteine, wobei der Unterschied nur in einem C-terminalen Arginin-Rest besteht, sowie drei intrachenare Disulfidbrücken.

2.3.1.12.1. Gastrin [698]

Gastrin wird durch die Schleimhaut der Pylorusregion des Magens sezerniert und auf dem Blutweg zu den Fundusdrüsen des Magens transportiert. Es stimuliert die Salzsäuresekretion im Magen, die Enzymsekretion im Pankreas sowie die gastrointestinale Muskulatur zur Erhöhung der Darmmotilität.

Der Name Gastrin ist auf EDKINS zurückzuführen, der bereits 1905 die sog. Gastrin-Hypothese aufstellte, wonach Extrakte der Pyrolusschleimhaut die Freisetzung von Salzsäure stimulieren und damit den Verdauungsprozeß durch Pepsin in Gang setzen. 1964 beschrieben GREGORY und TRACY die Isolierung von zwei Gastrinen aus der Antrumschleimhaut des Schweinemagens. Die Sequenzaufklärung ergab, daß es sich beim Gastrin I um ein Heptadecapeptidamid mit N-terminalem Pyroglutamyl-Rest handelt und das Gastrin II die gleiche Aminosäuresequenz besitzt, jedoch am Tyrosin in Position 12 eine O-Sulfat-Gruppe trägt:

Mensch	⌐Glu	– Gly	– Pro	– Trp	– Leu	– Glu	– Glu	– Glu	– Glu	– Glu –
	1	2	3	4	5	6	7	8	9	10
Schwein					— Met —					
Hund					— Met —		— Ala —			
Rind (Schaf)					— Val —		— Ala —			
Katze					— Leu —		— Ala —			

	(SO_3H)
Mensch	Ala – Tyr – Gly – Trp – Met – Asp – Phe – NH_2
	11 12 13 14 15 16 17
Schwein	—————————————————————
Hund	—————————————————
Rind (Schaf)	—————————————————————
Katze	—————————————

In allen Spezies treten die Gastrine I und II in verschiedenen Verhältnissen auf. Während der Gastrin-Synthese durch KENNER et al. in Liverpool wurde das C-terminale N-geschützte Tetrapeptidamid Z-Met-Asp-Phe-NH_2 durch GREGORY biologisch getestet und zeigte überraschenderweise die physiologische Wirkung des nativen Gastrins, die etwa 1/10 (pro Mol) der biologischen Aktivität des Gesamthormons entspricht. Von MORLEY wurden im Rahmen intensiver Struktur-Aktivitäts-Studien über 500 Analoga synthetisiert [699]. Das Pentagastrin Boc-β-Ala-Trp-Met-Asp-Phe-NH_2 („Peptavlon") ist als ein Produkt dieser umfangreichen Studien kommerziell zugänglich und wird klinisch für die Diagnostik der Magensekretion verwendet.

Im Rahmen einer Gastrintetrapeptid-Synthese machte SCHLATTER in den Laboratorien von SEARLE in Chicago die zufällige, aber äußerst interessante Entdeckung, daß der Dipeptidester H-Asp-Phe-OMe süß schmeckt (100 bis 200fache Süßkraft der Saccharose). Die beim Umkristallisieren erlangte Erkenntnis führte zum kommerziell genutzten Süßstoff „Aspartam".

Die Umwandlung des durch Chemosynthese erhaltenen Gastrin I in das entsprechende Gastrin II ist durch Umsetzung mit einem Pyridin-Schwefeltrioxid-Komplex bei pH 10 möglich. Während verschiedene Veränderungen in dem für die biologische Aktivität essentiellen Sequenzbereich 14—17, wie Austausch des Tryptophans, Oxidation des Methionins zum Methionin-S-oxid, Desamidierung u. a. mit einem Verlust der biologischen Aktivität verbunden sind, kann ohne Änderung der Aktivitätsverhältnisse Met^{15} gegen Leu^{15} ausgetauscht werden. Dieser Befund ist von großer praktischer Bedeutung, weil das [Leu^{15}]Human-Gastrin I keinen Methionin-Rest enthält und aufgrund der fehlenden Oxidationsempfindlichkeit eine erhöhte Lagerbeständigkeit besitzt. Sequenzvariationen im Bereich 1—13 haben keinen Einfluß auf den biologischen Wirkungsgrad. Dafür sprechen die Sequenzen anderer Spezies, aber auch entsprechend modifizierte synthetische Analoga.

Es gilt als sehr wahrscheinlich, daß die Gastrine primär keine N-terminalen Pyroglutamyl-Reste tragen, sondern nach der Spaltung aus dem Präkursor an dieser Stelle einen Glutamin-Rest aufweisen, der während der Aufarbeitungsoperation in Pyroglutaminsäure umgewandelt wird. Nach Studium von NOYES et al. [700] fungiert als Präkursor das *Progastrin* mit einem MG von ca. 10000.

Mit dem *Human-Big-Gastrin I* wurde bereits 1975 von GREGORY und TRACY ein Vorläufer beschrieben, der nach der Revision folgende Sequenz besitzt:

```
  Glu – Leu – Gly – Pro – Gln – Gly – Pro – Pro – His – Leu – Val – Ala –
   1                 5                             10

  Asp – Pro – Ser – Lys – Lys – Gln – Gly – Pro – Trp – Leu – Glu – Glu –
                    15                      20

  Glu – Glu – Glu – Ala – Tyr – Gly – Trp – Met – Asp – Phe – NH₂
   25                      30                            34
```

Entsprechend dem revidierten Strukturvorschlag (CHOUDHURY et al., 1980) beschrieben WÜNSCH et al. [701] eine neue Totalsynthese des Human-Big-Gastrin I.

Einen weiteren Vertreter der Gastrin-Familie isolierten GREGORY und TRACY [702] aus Gastrin-produzierenden Tumoren des ZOLLINGER-ELLISON-Typs, dem die C-terminale Sequenz 22—34 des Human-Big-Gastrin I bzw. 5—17 des Human-Gastrin I zugeschrieben wurde und den Namen *Human-Minigastrin I* erhielt. Nach einem Vorschlag von WALSH wird das Human-Gastrin I als Human Little Gastrin I (HG-17 I) bezeichnet und das Human-Minigastrin I erhält dementsprechend die Abkürzung HG-13 I. Danach wurde die Sequenz des Human-Minigastrins korrigiert und durch Synthese bestätigt, wonach es aus 14 Aminosäure-Resten mit N-terminalem Tryptophan besteht und der Sequenz 21—34 des Human-Big-Gastrins bzw. 4—17 des Human-Gastrins I entspricht [703].

2.3.1.12.2. Sekretin

Das in der Dünndarmschleimhaut gebildete Sekretin stimuliert die Bauchspeicheldrüse zur Sekretion eines $NaHCO_3$-haltigen Verdauungssaftes, die Leber zur Bildung von Gallenflüssigkeit und soll nach verschiedenen Befunden die Bauchspeicheldrüse auch zur Insulin-Ausschüttung veranlassen. Ferner wurde postuliert, daß Sekretin der Produktion von Magensäure entgegenwirkt.

Das Hormon wurde 1902 durch BAYLISS und STARLING entdeckt, 1961 von JORPES und MUTT in reiner Form isoliert und vier Jahre später von den zuletzt genannten Autoren strukturell aufgeklärt [704]. Eine Bestätigung des Strukturvorschlages erfolgte durch zwei von BODANSZKY et al. 1967 bis 1968 beschriebene Totalsynthesen, die nach unterschiedlichen strategischen Konzeptionen (stufenweiser Aufbau mit Hilfe von Nitrophenylestern und Segmentkondensation) vorgenommen wurden. Das Sekretin besitzt folgende Primärstruktur:

```
 His – Ser – Asp – Gly – Thr – Phe – Thr – Ser – Glu – Leu – Ser – Arg – Leu – Arg –
  1                 5                             10

 Asp – Ser – Ala – Arg – Leu – Gln – Arg – Leu – Leu – Gln – Gly – Leu – Val – NH₂
  15                      20                            25              27
```

Eine weitere, mittels der Segmentkondensation durchgeführte Chemosynthese im „100-Gramm-Maßstab" durch WÜNSCH [705] führte zu einem „Rohsekretin" mit 50proz. biologischer Aktivität. Nach einmaliger Ionenaustauschchromatographie resultierte ein synthetisches Produkt, das mit dem nativen Hormon identisch war. Kettenverlängerung am N-Terminus beeinflußt nicht die biologische Aktivität, ist jedoch mit einer Erhöhung der Wirkungsdauer verbunden. Ohne biologische Wirkung sind dagegen verkürzte oder Partialsequenzen.

2.3.1.12.3. Cholecystokinin-Pankreozymin

Die etwas kompliziert erscheinende Bezeichnung Cholecystokinin-Pankreozymin (*CCK-PZ*) ist historisch bedingt. 1928 berichteten IVY und OLDBERG über eine in Rohextrakten der Intestinalmucosa auftretende Substanz mit gallenblasenkontrahierender Wirkung, die als Cholecystokinin (CCK) bezeichnet wurde. In den gleichen Extrakten wurde von HARPER und RAPER 1943 das die Enzymsekretion des Pankreas steigernde Pankreozymin (PZ) aufgefunden. Schließlich erbrachten 1964 JORPES et al. [706] den Nachweis, daß beide Hormonwirkungen in einem Peptidwirkstoff vereinigt sind, der den Namen Cholecystokinin-Pankreozymin erhielt. Nach JORPES und MUTT [707] besitzt das CCK—PZ folgende Sequenz:

Lys—Ala—Pro—Ser—Gly—Arg—Val—Ser—Met—Ile—Lys—Asn—Leu—Gln—Ser—Leu—Asp—
1   5   10   15

Pro—Ser—His—Arg—Ile—Ser—Asp—Arg—Asp—Tyr—Met—Gly—Trp—Met—Asp—Phe—NH$_2$
     20   25 | 30   33
                                         (SO$_3$H)

Im C-terminalen Bereich erkennt man einen hohen Homologiegrad mit Gastrin und Caerulin. Das durch tryptische Spaltung erhaltene C-terminale Octapeptidamid und auch das entsprechende Dodecapeptid zeigen eine höhere biologische Aktivität als das native Hormon. Das CCK-PZ-(26—33)-Octapeptidamid besitzt die 10fache biologische Wirkung des Hormons per mg bzw. die 2,5fache pro Mol. Beim CCK-PZ-(22—33)-Dodecapeptidamid wurde eine 2,5fache Aktivität (Gallenblasenkontraktion) gegenüber dem natürlichen Hormon festgestellt, wobei aber ein beträchtlicher Anstieg der ansonsten nur schwach ausgeprägten Gastrinaktivität zu verzeichnen war.

2.3.1.12.4. Motilin

Das von MUTT und BROWN et al. strukturell aufgeklärte Motilin stimuliert die die Magenmotilität und die Pepsinausschüttung. Es beeinflußt aber nicht den

Säureausstoß. Das aus 22 Aminosäure-Resten aufgebaute Hormon besitzt nachfolgende Primärstruktur [708]:

```
Phe – Val – Pro – Ile – Phe – Thr – Tyr – Gly – Glu – Leu – Gln –
 1                  5                      10
Arg – Met – Gln – Glu – Lys – Glu – Arg – Asn – Lys – Gly – Gln
       15                          20             22
```

Aus der Sequenz lassen sich keine verwandtschaftlichen Beziehungen zu den bisher bekannten Peptidhormonen des Gastrointestinaltraktes ableiten. Auffallend ist die Verteilung der hydrophoben und hydrophilen Aminosäurebausteine. In den Jahren 1975—1976 wurden Totalsynthesen dieses Hormons durch die Arbeitsgruppen von YAJIMA, YAMADA und MIHARA beschrieben, während WÜNSCH et al. [709] die Analoga [Nle^{13}, Glu^{14}]Motilin und [Leu^{13}, Glu^{14}]Motilin aufbauten. Diese Arbeiten zeigten, daß Methionin in Position 13 für die biologische Wirkung nicht essentiell ist und durch die Substitution des Methionin-Restes die mit der Arg-Met-Sequenz verbundenen synthetischen Schwierigkeiten zu umgehen sind. Während D-Phenylalanin in 5-Stellung zu einem vollständigen Wirkungsverlust führt, zeigt das [D-Phe^1]Motilin noch etwa $^1/_5$ der Aktivität [710] und das [13-Methionin-S-Oxid]Motilin ca. $^4/_5$ der biologischen Wirkung des authentischen Hormons.

2.3.1.13. Angiotensin [711—713]

Angiotensin II wirkt stark blutdrucksteigernd, stimuliert in der Nebennierenrinde die Aldosteronproduktion und hat einen starken Einfluß auf die glatte Muskulatur des Uterus sowie des Intestinaltraktes, wobei der glattmuskuläre Effekt ohne physiologische Bedeutung ist. Die Inaktivierung erfolgt durch die Angiotensinase im Blut.

Das Angiotensin II (Angiotonin, Hypertensin) wird aus einem Plasmaprotein der α_2-Globulin-Fraktion durch einen enzymatischen Zweistufenprozeß freigesetzt. Zunächst wird aus dem Angiotensinogen („Renin-Substrat") im Blut durch die in der Niere gebildeten Protease Renin das biologisch inaktive Decapeptid Angiotensin I gebildet. Durch das Umwandlungs-Enzym (converting enzyme), eine chloridabhängige, EDTA-empfindliche Dipeptidase, erfolgt im zweiten Schritt die Freisetzung des vasoaktiven Octapeptides Angiotensin II unter Abspaltung des Dipeptides His-Leu:

Durch Einwirkung von Trypsin auf eine α_2-Globulin-Fraktion konnte ein Tetradecapeptid, das sog. Polypeptid-Renin-Substrat, isoliert, sequentiell aufgeklärt und auch synthetisiert werden. Das im Formelschema aufgeführte [Ile^5]-Angiotensin II (Mensch, Schwein, Pferd) unterscheidet sich in der biologischen Wirkung nicht von [Val^5]Angiotensin II des Rindes.

Von SCHWYZER et al. wurden 1957/58 die ersten Totalsynthesen von [Ile^5]-Angiotensin II sowie [Val^5]Angiotensin I und II durchgeführt. Die von zahlreichen Arbeitsgruppen durchgeführten Struktur-Aktivitäts-Studien bestätigten die essentielle Bedeutung von Tyr, His-Pro-Phe sowie Ile oder Val in Position 5, während der N-terminale Asparagin-Rest gegen Glu, Gln oder Pyroglutaminsäure ohne Aktivitätsverlust ausgetauscht werden kann. Analoga mit D-Asp bzw. D-Asn in 1-Stellung u. a. zeigen eine erhöhte Wirkung aufgrund der Resistenz gegenüber enzymatischem Abbau durch Aminopeptidasen. Die Carboxygruppe des C-terminalen Phe muß frei vorliegen. Obgleich das Angiotensin zu den am besten untersuchten Peptidhormonen zählt (mehr als 200 Analoga wurden aufgebaut), hat das Interesse an Studien über die physiologische Rolle in Verbindung mit der Konformation und Rezeptorwechselwirkungen keineswegs nachgelassen. Verschiedene Antagonisten, wie [Phe^4, Tyr^8]Angiotensin II, [Sar^1, Leu^8]Angiotensin II und [Ile^8]Angiotensin II u. a. konnten dargestellt werden.

2.3.1.14. Substanz P [714, 715]

1931 konnten v. EULER und GADDUM im Darm und Gehirn des Pferdes eine Substanz nachweisen, die den Kanninchendarm kontrahierte und eine blutdrucksenkende Wirkung zeigte. Der getrocknete Extrakt wurde von den Autoren mit „P" bezeichnet (abgeleitet von „powder"), woraus der Name Substanz P (SP) für diesen Wirkstoff entstand. 1967 isolierten LEEMAN et al. aus Rattenhypothalami einen Wirkstoff mit Peptidcharakter, der die Speicheldrüsensekretion stimulierte, und daher „Sialogen" genannt wurde. Der genannten Arbeitsgruppe gelang es 1970/71, die Sequenz aufzuklären und durch Totalsynthese zu bestätigen:

Arg—Pro—Lys—Pro—Gln—Gln—Phe—Phe—Gly—Leu—Met—NH$_2$
1   5   10

Der Beweis für die Identität von Substanz P und Sialogen wurde 1973 durch STUDER et al. [716] erbracht. SP wurde im Intestinaltrakt verschiedener Säuger und im Gehirn von Menschen, Säugetieren, Vögeln, Reptilien und Fischen u. a. aufgefunden. Mit Hilfe radioimmunologischer Techniken konnte SP im zentralen und peripheren Nervensystem nachgewiesen werden. Die Freisetzung von SP erfolgt wahrscheinlich bei der Reizung primärer sensorischer, afferenter Nerven, so daß es in diesem Teil des Nervensystems als Neurotransmitter wirken kann. SP soll weiter die Wirkung von Morphin und endogener Opiate (Endorphine) unterdrücken und auch bei Morphintoleranz die Abstinenzerscheinungen völlig aufheben. Es wird weiterhin angenommen, daß es bei der Verhinderung des irreversiblen hämorrhagischen Schocks eine Rolle spielen könnte. Eine allgemeine Funktion des SP bei der Abwehr stressbedingter Störungen ist nicht auszuschließen. Neben der Stimulation der glatten Muskulatur des Intestinaltraktes sowie der blutdrucksenkenden und speichelfördernden Wirkung zeigt SP eine Vielzahl physiologischer und pharmakologischer Effekte.

Aus den genannten Gründen ist es äußerst schwierig, die Substanz P einer bestimmten Klasse von Peptidwirkstoffen zuzuordnen. Es wird vielfach zu den Hypothalamus-Hormonen gezählt, andererseits findet man es auch in die Familie der Tachykinine eingegliedert und schließlich erscheint es nicht abwegig, SP zu den Neurotransmittern zu rechnen.

2.3.1.15. Neurotensin [717, 718]

Das 1973 von CARRAWAY und LEEMAN aus Rinder-Hypothalami isolierte vasoaktive Peptid wurde von den genannten Autoren zwei Jahre später strukturell aufgeklärt und synthetisiert:

⌐Glu—Leu—Tyr—Glu—Asn—Lys—Pro—Arg—Arg—Pro—Tyr—Ile—Leu
1   5   10   13

Neben den typischen biologischen Wirkungen der Plasmakinine, wie Blutdrucksenkung, Erhöhung der Kapillarpermeabilität sowie Darm- und Uteruskontrahierende Wirkung, zeigt das Neurotensin (NT) weitere biologische Aktivitäten. So erhöht NT die LH- und FSH-Sekretion ohne Beeinflußung der Freisetzung von Somatotropin und Thyreotropin. Es wirkt weiterhin hyperglykämisch und besitzt noch andere biologische Effekte. Aus Struktur-Aktivitäts-Untersuchungen ging hervor, daß das Pentapeptid Arg-Pro-Tyr-Ile-Leu die kürzeste Sequenz mit voller intrinsischer Aktivität darstellt. Interessant ist die Tatsache, daß die Aminosäuresequenz des aus der Haut des Frosches *Xenopus laevis* isolierten Peptides *Xenopsin*, Pyr-Gly-Lys-Arg-Pro-Trp-Ile-Leu, deutliche Ähnlichkeiten mit dem C-terminalen Bereich des NT aufweist. Das von ARAKI et al. [719] aufgefundene Xenopsin besitzt etwa 20% der Aktivität von NT hinsichtlich der Blutdrucksenkung, Cyanose und der hyperglykämischen Wirkung bei Ratten. Diese Aktivität stimmt mit der des Neurotensin-(6—13)-octapeptides überein.

2.3.1.16. Kinine des Blutplasmas [720, 721]

Die Plasmakinine wirken blutgefäßerweiternd und damit blutdrucksenkend, erhöhen die Gefäßpermeabilität und kontrahieren die glatte Muskulatur von Darm, Uterus und Bronchien. Es handelt sich um Gewebshormone, die aus α-Globulinen des Blutplasmas durch die Protease Kallikrein freigesetzt werden.

Die aus verschiedenen inaktiven Vorstufen gebildeten Kallikreine im Blut und Pankreas zeigen unterschiedliche Substratspezifität. Während das Kallikrein des Blutplasmas unter Spaltung einer Lys-Arg-Bindung das *Bradykinin* aus dem Blutplasmaprotein bildet, wird das *Kallidin* durch das Kallikrein des Pankreas unter Hydrolyse einer Met-Lys-Bindung aus demselben Substrat freigesetzt. Neben den beiden genannten Plasmakininen *Bradykinin (Kinin-9)* und *Kallidin (Kinin-10)* entsteht nach Verdünnen des Blutplasmas spontan das *Methionyllysyl-bradykinin (Kinin-11)*. Die Aminosäuresequenzen der Plasmakinine sind nachfolgend aufgeführt:

Bradykinin	Arg – Pro – Pro – Gly – Phe – Ser – Pro – Phe – Arg
Kallidin	Lys – Arg – Pro – Pro – Gly – Phe – Ser – Pro – Phe – Arg
Met-Lys-Bradykinin	Met – Lys – Arg – Pro – Pro – Gly – Phe – Ser – Pro – Phe – Arg

Hinsichtlich der biologischen Wirkungen der Plasmakinine existieren nur quantitative Unterschiede. Während an der Entdeckung und Strukturaufklärung der Plasmakinine die Arbeitsgruppen von WERLE, ELLIOT u. a. entscheidenden Anteil hatten, sind die Totalsynthesen und auch der Aufbau von mehr als 200 Analoga mit den Namen von BOISSONNAS, NICOLAIDES, BODANSZKY, SCHRÖDER, STUDER, STEWAROLD u. a. verbunden.

2.3.2. Peptide tierischer Herkunft mit hormonanalogen Aktivitäten

Aus tierischen Materialien werden im zunehmenden Maße Peptidwirkstoffe isoliert und strukturell aufgeklärt, die hormonähnliche Effekte auslösen. Besonders reich an solchen kurzkettigen vasoaktiven Peptiden scheint die Amphibienhaut zu sein. Aber auch das aus Speicheldrüsen von Tintenfischen isolierte Eledoisin zeigt wie die anderen Peptidwirkstoffe hypotensive Wirkung sowie kontrahierende Aktivität gegenüber glattmuskulären Organen. In den überwiegenden Fällen ist die physiologische Funktion dieser Peptide noch ungeklärt, so daß es sich bei den an bestimmten Modellen beobachteten Aktivitäten durchaus nur um pharmakologische Effekte handeln dürfte.

2.3.2.1. Tachykinin-Familie

Unter der Bezeichnung Tachykinine wird eine Gruppe von Peptidwirkstoffen zusammengefaßt, die im Gegensatz zu den langsam wirkenden Kininen einen schnellen stimulierenden Effekt auf die glatte Muskulatur ausüben [722]. Folgende Vertreter wurden bisher dieser Familie zugeordnet:

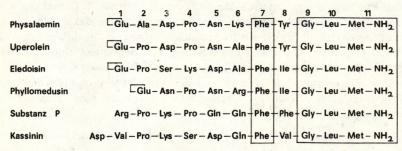

Substanz P wurde bereits gesondert besprochen (vgl. Abschn. 2.3.1.14.), da dieses Peptid einmal auch im Hypothalamus vorkommt und darüber hinaus neben den Wirkungen der Tachykinine ein Spektrum weiterer biologischer Effekte zeigt.

Eledoisin wurde 1949 von ERSPAMER in den Speicheldrüsen von Kopffüßlern aus dem Mittelmeer (*Eledone moschata* und *Eledone aldrovandi*) entdeckt (ältere Bezeichnung Moschatin). 1962 gelang dann die Isolierung und Strukturaufklärung dieses blutdrucksenkenden Peptides mit erregender Wirkung auf extravasale glatte Muskulatur [723]. Den schlüssigen Strukturbeweis erbrachten SANDRIN und BOISSONNAS [724] durch die Totalsynthese. Durch Eledoisin wird beim Menschen der arterielle Blutdruck gesenkt, wobei eine höhere Dosierung zu einer Steigerung der Atmungsfrequenz führt. Anhand quantitativer, aber auch qualitativer Wirkungsunterschiede in vitro und in vivo kann Eledoisin pharmakologisch von den Plasmakininen differenziert werden. Der hypotensive Effekt hält länger an als der von Bradykinin. Subkutane Applikation führt zu einer Stimulierung der Speicheldrüsen und zur gastrointestinalen Sekretion. Aus Struktur-Aktivitäts-Studien kann abgeleitet werden, daß die Nona- und Decapeptide doppelt so wirksam sind wie das native Hormon, während das C-terminale Heptapeptid die volle Aktivität des Eledoisins zeigt. Wirksame Analoga konnten durch N-Acylierung bestimmter Penta- und Hexapeptidsequenzen erhalten werden.

Physalaemin zeigt etwa die 3—4fache blutdrucksenkende Wirkung des Eledoisins, während die glattmuskuläre Aktivität und auch die Stimulierung der Speicheldrüsensekretion im Vergleich zum Eledoisin geringer ist. Die Isolierung des Physalaemins gelang ERSPAMER 1964 aus Hautextrakten des südamerikanischen Sumpffrosches (*Physalaemus fuscumaculatus*), im gleichen Jahr wurde die Totalsynthese durch BERNARDI et al. [725] beschrieben.

Phyllomedusin wurde 1970 durch ANASTASI und FALCONIERI ERSPAMER [726] aus der Haut des südamerikanischen Greiffrosches (*Phyllomedusa bicolor*) isoliert. Die Strukturaufklärung ergab eine weitgehende Ähnlichkeit mit den bereits besprochenen Tachykininen, die sich auch in der Wirkung manifestiert. Die Totalsynthese dieses Decapeptides beschrieben DE CASTIGLIONE und ANGELUCCI [722].

Uperolein konnte durch ANASTASI et al. [727] aus Methanolextrakten der Haut des australischen Frosches *Uperoleia rugosa* gewonnen werden. Die ermittelte Primärstruktur wurde durch Totalsynthese bestätigt [722]. Die Aktivität ist mit der des Phyllomedusins vergleichbar.

Kassinin wurde aus den Methanolextrakten der Haut des afrikanischen Frosches *Kassina senegalesis* durch ANASTASI et al. [728] isoliert und in der Struktur aufgeklärt. Es enthält wie alle Tachykinine die C-terminale Tripeptidsequenz -Gly-Leu-Met-NH$_2$ und Phenylalanin in übereinstimmender Position 5 vom C-Terminus. Im Vergleich zu anderen Vertretern dieser Familie ist es aus 12 Aminosäure-Resten aufgebaut und trägt wie Substanz P N-terminal keinen Pyroglutamylsäure-Rest. Es ist interessant, daß für die Isolierung des Kassinins die frische Haut von 12000 Fröschen benötigt wurde. Durch Segmentkondensation wurde das Kassinin 1977 von der Arbeitsgruppe YAJIMA synthetisch erhalten [729]. Die relative kontrahierende Aktivität des synthetischen Kassinins betrug 0,41 ± 0,01 % der der synthetischen Substanz P am isolierten Meerschweinchen-Ileum.

2.3.2.2. Bombesin-Familie

Strukturell ähnlich sind auch die folgenden aus Amphibienhäuten isolierten Peptide, die zur Bombesin-Gruppe zusammengefaßt werden:

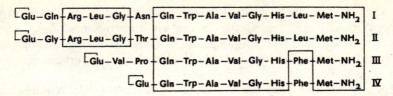

Bombesin (I), ein Tetradecapeptidamid mit N-terminaler Pyroglutamyl-Gruppe, wurde aus den Methanolextrakten der Haut zweier europäischer Frösche (*Bombina bombina* und *Bombina variegata*) durch ANASTASI et al. [730] isoliert. Es besitzt blutdrucksenkende Eigenschaften, kontrahiert die glatte Muskulatur und zeigt einen stimulierenden Effekt auf die Niere und den Magen. Von besonderer Bedeutung ist die außerordentlich starke Wirkung des Bombesins auf den Wärmehaushalt. Die Injektion von weniger als 1 ng Bombesin in die Cisterna cerebri einer bei 4 °C gehaltenen ausgewachsenen Ratte verursacht innerhalb von 15 min ein Absinken der Rektaltemperatur um 5 °C und bleibt über 2 h auf diesem erniedrigten Niveau [731]. Die zentral wirkenden Peptide Neurotensin (s. Abschn. 2.3.1.15.) und das Xenopsin besitzen im Vergleich zum Bombesin eine um mehrere Zehnerpotenzen verringerte thermoregulierende Aktivität. Aufgrund der Tatsache, daß sich die Hautdrüsen des Frosches vom Neuralrohr ableiten, erscheint das Vorkommen eines solchen thermoregulierenden Peptides im Zentralnervensystem höherer Tiere nicht unwahrscheinlich zu sein.

Alytesin (II) aus der Haut der Geburtshelferkröte (*Alytes obstetricans*) unterscheidet sich vom Bombesin nur in zwei Aminosäure-Resten.

Ranatensin (III) wurde aus der Haut des amerikanischen Leopardfrosches (*Rana pipiens*) isoliert und zeigt vasoaktive und myotrope Aktivität.

Litorin (IV), das im Vergleich zum Ranatensin um zwei Aminosäuren verkürzte Mitglied der Bombesin-Familie, konnte aus den Methanolextrakten des australischen Frosches *Litoria (Hyla) aurea* gewonnen werden. Die Synthese beschrieben DE CASTIGLIONE und ANGELUCCI [732].

Es ist mit Sicherheit anzunehmen, daß die Bombesin-Familie [732, 733] in Zukunft noch weitere Mitglieder erhalten wird.

2.3.2.3. Caerulein-Familie

Aus der Haut des australischen Baumfrosches (*Hyla caerula*) wurde durch ERSPAMER 1967 das *Caerulein* isoliert, während das in der Sequenz sehr ähnliche Nonapeptidamid *Phyllocaerulein* in der Haut des südamerikanischen Frosches *Phyllomedusa sauvagi* aufgefunden wurde:

Caerulein	Glu–Gln–Asp–	SO₃H | Tyr–Thr–Gly–Trp–Met–Asp–Phe–NH₂
Phyllocaerulein	Glu–Glu–	SO₃H | Tyr–Thr–Gly–Trp–Met–Asp–Phe–NH₂

Caerulein zeichnet sich durch eine im Vergleich zum Bradykinin länger anhaltende blutdrucksenkende Wirkung aus, während die kontrahierende Aktivität gegenüber glattmuskulären Organen geringer ist. Aufgrund der strukturellen Ähnlichkeit des Caeruleins mit dem C-terminalen Sequenzabschnitt des Cholecystokinin-Pankreozymin (vgl. Abschn. 2.3.1.12.3.) besitzt das Caerulein eine diesem Intestinal-Hormon entsprechende Wirkung. Beide Peptidwirkstoffe stimmen darüber hinaus im C-terminalen Pentapeptidabschnitt mit dem Gastrin überein. Das Phyllocaerulein zeigt in abgeschwächter Form das Wirkungsspektrum des Caeruleins.

2.3.2.4. Bradykinin-Familie aus Amphibien

Aus den Methanolextrakten der Amphibienhaut wurden verschiedene Bradykinine und analoge Peptide isoliert, so z. B. Bradykinin aus *Rana temporaria* [734], *Rana nigromaculata* [735], *Rana pipiens* [736] sowie *Bombina orientalis* und zwei unterschiedliche Analoga aus *Rana nigromaculatus* [735] und *Bombina orientalis*.

Bradykinin Arg–Pro–Pro–Gly–Phe–Ser–Pro–Phe–Arg
              1   2   3   4   5   6   7   8   9

Neben dem Bradykinin wurde das [Thr⁶]Bradykinin und das [Val¹, Thr⁶]-Bradykinin aufgefunden. YASUHARA und NAKAJIMA [737] isolierten aus der frifrischen Haut von *Rana rugosa* neben dem [Thr⁶]Bradykinin drei C-terminal verlängerte Analoga:

[Thr⁶] Bradykinyl–tetrapeptid   –Ile–Ala–Pro–Glu
[Thr⁶] Bradykinyl–pentapeptid   –Ile–Ala–Pro–Glu–Ile
[Thr⁶] Bradykinyl–hexapeptid   –Ile–Ala–Pro–Glu–Ile–Val
                                 10   11   12   13   14   15

Mit dem *Granuliberin-R*, einem Dodecapeptidamid mit Mastzellen-degranulierender Wirkung, wurde ein weiteres interessantes Peptid aus der Haut von *Rana rugosa* isoliert, das folgende Sequenz besitzt [737]:

Phe–Gly–Phe–Leu–Pro–Ile–Tyr–Arg–Arg–Pro–Ala–Ser–NH₂
 1   5   10   12

Interessanterweise befinden sich im N-terminalen Bereich hydrophobe Aminosäure-Reste, während im C-terminalen Teil hydrophile und basische Aminosäuren enthalten sind. Es besitzt daher die Eigenschaften eines natürlichen Detergens.

Weiterhin kennt man mit dem Bradykinyl-pentapeptid aus *Rana nigromaculata* (-Val-Ala-Pro-Ala-Ser), dem Bradykinyl-tetrapeptid aus *Bombina orientalis* (Gly-Lys-Phe-His) und dem *Phyllokinin* aus dem Greiffrosch (*Phyllomedusa rohdei*) weitere C-terminal verlängerte Abkömmlinge des Amphibien-Bradykinin.

$$\text{Arg}-\text{Pro}-\text{Pro}-\text{Gly}-\text{Phe}-\text{Ser}-\text{Pro}-\text{Phe}-\text{Arg}-\text{Ile}-\overset{\overset{\text{SO}_3\text{H}}{|}}{\text{Tyr}}$$
$$1\qquad\qquad\qquad 5\qquad\qquad\qquad\qquad 10$$
Phyllokinin

Ein Bestandteil des Wespengiftes, das *Polisteskinin* (vgl. S. 354), stellt eine N-terminal verlängerte Bradykinin-Sequenz dar.

Die strukturelle Übereinstimmung zwischen den Plasma-Bradykinin und dem Bradykinin aus Amphibienhäuten zeigt interessante genetische Zusammenhänge, die aber noch nicht geklärt sind.

2.3.3. Neuropeptide [738—750]

In den letzten Jahren richtete sich das Interesse der Peptidforschung im zunehmenden Maße auf biologisch aktive Peptide mit einer Wirkung auf das Zentralnervensystem. Zu nennen sind die bereits besprochenen Wirkstoffe, wie ACTH, α-MSH, β-MSH, die Hypothalamus-Hormone, Oxytocin, Vasopressin, Substanz P, Neurotensin, CCK, VIP, Gastrin, Angiotensin II, Bombesin, weiterhin das Delta-Schlaf-induzierende Peptid (DSIP), β-Lipotropin, Neurophysine, Insulin, Carnosin, Taurin, Tryptophyl-Peptide, die noch zu besprechenden Enkephaline, Endorphine, Exorphine, Kyotorphin u. a. sowie etwa 50 in Invertebraten nachgewiesene Faktoren.

Die beobachteten Effekte von Peptiden im ZNS sind sehr mannigfaltig. Peptide können beispielsweise als Neurotransmitter wirken, wie z. B. die Substanz P (vgl. Abschn. 2.3.1.14.), sie können den physiologischen Schlaf kontrollieren, zeigen Einfluß auf den Lernprozeß, oder besitzen eine physiologische analgetische Wirkung u. a. Diese Entwicklung hat zu Überlegungen geführt, die traditionellen Vorstellungen über die Wirkung und Funktion von Hormonen unter Einbeziehung der neuen Aspekte zu überdenken. Es wird tatsächlich immer schwieriger, die Wirkung eines Hormons von anderen ebenfalls initiierten biologischen bzw. pharmakologischen Effekten eindeutig abzugrenzen. Verschiedene Peptidhormone wirken direkt auf das Gehirn und beeinflussen Lernen und Verhalten. Zwangsläufig werden aufgrund solcher beobachteten Effekte verschiedene Peptide klinisch getestet, um Möglichkeiten für einen therapeutischen Einsatz zur Behandlung der Parkinson'schen Krankheit, der Schizophrenie, depressiver Verstimmungen und von Lernstörungen u. a. zu erkunden. Im Mittelpunkt des Interesses standen zunächst das ACTH, MSH und das Vasopressin, deren Wirkung auf das ZNS aus den Resultaten bestimmter Verhaltensexperimente an Tieren abgeleitet wurden. Von den verschiedenen praktikablen Verhaltenstests soll zunächst das sog. Vermeidungsverhalten (engl.: avoidance behavior) erwähnt werden, bei dem das Tier passiv oder aktiv lernt, unangenehme Situationen (z. B. Elektroschocks) zu meiden. Diese erworbenen Reflexe werden nach einer bestimmten Konsolidierungsphase allmählich wieder ausgelöscht. DE WIED [751] gelang es, aus dem Hirn der als Versuchstiere verwendeten Ratten ein Peptid zu isolieren, das als [Des-Gly-NH$_2^9$]Vasopressin (DG-VP) charakterisiert werden konnte. DG-VP, wahrscheinlich aus [Arg^8]Vasopressin oder einer Vorstufe gebildet, hat einen deutlichen Einfluß auf das Vermeidungsverhalten. So wird durch intrazerebrale Applikation von DG-VP — oder auch von Vasopressin selbst — die Resistenz des erworbenen Verhaltens entscheidend erhöht. Die Auslöschungsphase wird verlangsamt. Bei sexueller Motivation tritt dieser Wirkungseffekt besonders deutlich in Erscheinung.

Aber auch ACTH beeinflußt das erlernte Verhalten. So wurde bei Ratten von der DE WIEDschen Schule eine direkte Beziehung zwischen der Aufrechterhaltung einer passiven Vermeidungsreaktion und dem korrespondierenden ACTH-Spiegel im Plasma festgestellt. Es zeigte sich bald, daß bestimmte ACTH-Fragmente mit fehlenden hormonalen Effekten auch das Leistungsvermögen von Ratten beeinflussen. Insbesondere die Partialsequenzen ACTH 4—10 (*I*), ACTH 4—9 (*II*) sowie das von ORGANON hergestellte Analogon von *II*, das als Org 2766 (*III*) bezeichnet wird, bewirken eine Verlangsamung der Extinktions-

    Met – Glu – His – Phe – Arg – Trp – Gly   I

    Met – Glu – His – Phe – Arg – Trp   II

    Met (O) – Glu – His – Phe – D – Lys – Phe   III

phase verschiedener konditionierter Verhaltensweisen, wie z. B. die konditionierte Geschmacksaversion (bait shyness) oder auch das furchtmotivierte konditionierte Verhalten, und verbessern auch mangelhafte Ergebnisse hypophysektomierter Ratten im Labyrinth-Test. Diese Peptide und auch Vasopressin sind darüber hinaus in der Lage, eine experimentell induzierte Amnesie (bei Ratten kann ein Gedächtnisverlust u. a. durch Puromycin oder Kohlendioxid hervorgerufen werden) für Vermeidungsreaktionen aufzuheben. Interessanterweise konnte die antiamnestische Wirkung sogar bei einer nach 14 Tagen der experimentellen Amnesie folgenden Behandlung erreicht werden.

Das durch ACTH-Peptide beeinflußte Leistungsvermögen von Ratten ist nach den vorliegenden Resultaten möglicherweise auf eine gesteigerte Motivation und Aufmerksamkeit zurückzuführen. Mit dem oral applizierbaren Peptid Org 2766 und anderen ACTH-Peptiden wurden Untersuchungen am Menschen durchgeführt, die möglicherweise Bedeutung für eine Verbesserung des geistigen Leistungsvermögens haben könnten [752].

Aufgrund indirekter, jedoch überzeugender Beweise scheint Vasopressin an informationsverarbeitenden Prozessen beteiligt zu sein. Hinsichtlich der erwähnten Verhaltensreaktionen ist der Wirkungseffekt von DG-VP oder Vasopressin nur auf das ZNS begrenzt und tritt praktisch auch nur nach intrazerebraler Verabfolgung auf. Antikörper gegen DG-VP bzw. Vasopressin heben desweiteren die ZNS-Wirkung spezifisch auf. Schließlich konnten STERBA et al. histologisch nachweisen, daß die Ausläufer der hypothalamischen, peptidergischen Neuronen nicht nur in die Neurohypophyse, sondern auch zu anderen Hirnbereichen führen, wobei die Verbindung zur sog. Amygdala besonders hervorzuheben ist. Möglicherweise ist dieser Bereich, der das Zentrum der Angstempfindungen darstellt, der intrazerebrale Wirkort der Neurohypophysenhormone. Läsionen in diesem Abschnitt führen zu einer allgemeinen Verminderung der Reaktionen auf bedrohliche Umweltsituationen, insbesondere der Hypersexualität und zu unkontrollierter Nahrungsaufnahme u. a.

Die Bedeutung von Neuropeptiden als Modulatoren neuraler Aktivität und als Neurotransmitter nimmt ständig zu. Es wurde bereits erwähnt, daß der Substanz P eine Neurotransmitter-Funktion zugeschrieben wird. Die Schaltstelle zwischen zwei Neuronen (Nervenzellen) wird als Synapse bezeichnet. Die Informationsübertragung von einer (praesynaptischen) Nervenzelle auf eine andere (postsynaptische) Nervenzelle erfolgt mittels Neurotransmittern, wie Acetylcholin, Noradrenalin, Dopamin, Histamin, Serotonin, Glycin, Glutamat, γ-Aminobutyrat, Taurin u. a. Neben diesen kleinen Molekülen und der Substanz P scheinen weitere Peptide am Informationstransfer beteiligt zu sein. Der Transmitter tritt bei Erregung der praesynaptischen Zelle in den synaptischen Spalt, diffundiert von der praesynaptischen Membran zur Membran der postsynaptischen Zielzelle und löst nach der Wechselwirkung mit hochspezifischen Rezeptoren elektrische Signale aus oder unterdrückt Signale, die durch andere Neurotransmitter in anderen Synapsen derselben Zelle ausgelöst werden. Neuronen, die Peptidtransmitter synthetisieren, werden peptiderge Neuronen genannt entsprechend dem „output"-Ordnungsprinzip, wie z. B. cholinerge, adrenerge, dopaminerge Neuronen.

Das Thyreoliberin (vgl. Abschn. 2.3.1.7.1.) soll in einem beträchtlichen Anteil außerhalb des Hypothalamus des Rattenhirns in bestimmten septalen und präoptikalen Regionen vorkommen. Es ist offenbar an der Steuerung neuraler Aktivitäten im ZNS beteiligt.

Ausgehend von etwa 125 kg Schaben der Art *Periplaneta americana* (der

Menge entsprechen etwa 125000 Schaben) wurden von BROWN et al. [753, 754] 180 µg eines Pentapeptides erhalten, das *Proctolin* genannt wurde und folgende Sequenz besitzt:

Arg – Tyr – Leu – Pro – Thr

Die vorgeschlagene Sequenz wurde 1977 vom genannten Arbeitskreis durch Totalsynthese bestätigt. Es gibt Anzeichen dafür, daß diese myotrope Substanz möglicherweise universell bei den Insekten verbreitet ist. Proctolin wirkt als exzitatorischer Neurotransmitter in der Darmmuskulatur. Es löst bereits bei einer Konzentration von 10^{-9} mol/l heftige Kontraktionen am Enddarm aus.

Es bedarf sicherlich keiner besonderen Erwähnung, daß neben den erwähnten Neuropeptiden auch andere hypothalamische Hormone, wie Melanostatin (MIH-I), Somatostatin, Gonadoliberin u. a. bezüglich bestimmter neuraler Effekte im Blickpunkt intensiver Untersuchungen stehen. Darüber hinaus werden in absehbarer Zeit neue interessante Wirkprinzipien von Peptiden das Interesse nicht nur der Neurobiologen wecken. Mit dem *Satietin* wurde von KNOLL et al. (1979) eine Substanz angereichert, die eine Reduzierung der Futteraufnahme von Ratten bewirkt.

In vielen Fällen scheint es sich bei den verschiedenartigen Wirkungen von Neuropropeptiden nicht immer um physiologische, sondern vielmehr um pharmakologische Effekte zu handeln. Hinsichtlich der Funktion der Neuropeptide sowie der Art ihrer Wirkungen existieren noch widersprüchliche Meinungen. Die komplexe Problematik der Peptidpharmakologie [755] stellt eine diffizile Aufgabenstellung dar.

2.3.3.1. Peptide mit „gedächtnisübertragender Wirkung" [756 bis 758]

Große Aufmerksamkeit wird in den letzten Jahren der biochemischen Erforschung der Gedächtnisleistungen des Gehirns entgegengebracht. An der Speicherung der Information sollen RNS, Proteine und möglicherweise auch Peptide beteiligt sein. Eine Verbindung mit dem RNS-Stoffwechsel wird aus Versuchen mit Plattwürmern abgeleitet. Untrainierte Würmer zeigten nach Einverleibung der RNS von Würmern, denen ein bestimmtes unnatürliches Verhalten beigebracht wurde, auch ohne Training diese Verhaltensform. Obgleich nicht unumstritten, wird von verschiedenen Seiten die Auffassung vertreten, daß im Zusammenhang mit einer Gedächtnisleistung Makromoleküle synthetisiert werden. George UNGAR vom Baylor College of Medicine stellte die Hypothese auf, daß die dem Organismus zufließende Information in der Aminosäuresequenz bestimmter Proteine gespeichert werden könnte. Das Gehirn von Ratten, die mit der „Furcht vor Dunkelheit" ein bestimmtes Verhalten erlernt hatten, wurde chemisch aufgearbeitet und das wirksame Prinzip nichttrainierten Ratten oder Mäusen appliziert, die danach ebenfalls dieses unnatürliche Verhalten zeigten. Dieses erste Peptid mit „gedächtnisübertragender Wirkung" wurde *Scotophobin* (gr.: scotos = dunkel; phobos = Furcht) genannt und besitzt folgende, durch Synthese (PARR und HOLZER, 1971) bestätigte Sequenz:

$$\underset{1}{\text{Ser}}-\text{Asp}-\text{Asn}-\text{Asn}-\underset{5}{\text{Gln}}-\text{Gln}-\text{Gly}-\text{Lys}-\text{Ser}-\underset{10}{\text{Ala}}-\text{Gln}-\text{Gln}-\text{Gly}-\text{Gly}-\underset{15}{\text{Tyr}}-\text{NH}_2$$

Mit dem Scotophobin wurde nach UNGAR das erste Codewort eines neuralen Codierungssystems aufgefunden, das für die Informationsspeicherung im ZNS verantwortlich sein soll. Obgleich in einigen Laboratorien die Experimente von UNGAR bestätigt werden konnten, existieren doch noch große Zweifel, ob das 15-Peptid tatsächlich die gespeicherte Information „Angst vor Dunkelheit" besitzt.

Mit dem *Ameletin* isolierte UNGAR [759] aus dem Hirn von Ratten ein Hexapeptid mit der Sequenz Pyr-Ala-Gly-Tyr-Ser-Lys, das die Information für eine Verhaltensweise auf ein Schallsignal enthalten soll.

Schließlich soll das *Chromodiopsin* als Folge eines erlernten Verhaltens hinsichtlich der Farbunterschiedung im Gehirn von Goldfischen gebildet werden. Für dieses Peptid wurde folgender Sequenzvorschlag unterbreitet:

$$\underset{1}{\ulcorner\text{Glu}}-\text{Ile}-\text{Gly}-\text{Ala}-\underset{5}{\text{Val}}-\text{Phe}-\text{Pro}-\text{Leu}-\text{Lys}-\underset{10}{\text{Tyr}}-\text{Gly}-\text{Ser}-\underset{13}{\text{Lys}}$$

2.3.3.2. Endorphine [742, 760—764]

Unter dem Namen Endorphine werden Peptide mit morphinähnlichen Wirkungen zusammengefaßt, die vom Organismus gebildet werden und die körpereigenen Liganden (*endo*genes M*orphin* = Endorphin) der Opiatrezeptoren darstellen. Daneben wird aber auch zunehmend die Bezeichnung *Opiatpeptide* (opioid peptides) benutzt.

Die medizinisch wichtige akute Wirkung des Morphins sowie der halb- und totalsynthetischen Derivate (Opiate) ist die Analgesie (Aufhebung der Schmerzempfindung). Neben der Schmerzlinderung wird auch die angstlösende Wirkung medizinisch genutzt, obgleich die potentielle Gefahr der Entwicklung von Abhängigkeit (Sucht) im unmittelbaren Zusammenhang mit dem analgetischen Effekt steht. Aus Modelluntersuchungen wurde abgeleitet, daß die Empfindung „Schmerz" mit einer Erhöhung des cyclo-AMP-Spiegels in den entsprechenden Nervenzellen verbunden ist. Eine Senkung des cyclo-AMP-Spiegels und ein gleichzeitiger Anstieg des cyclo-GMP-Spiegels („yin-yang"-Hypothese) läßt sich mit Schmerzlinderung und gleichzeitig starkem Wohlbefinden in Beziehung setzen.

Basierend auf konzeptionellen Überlegungen von GOLDSTEIN et al. [765] beschrieben 1975 SNYDER [766] und IVERSEN [767] die Identifizierung und Charakterisierung der Opiatrezeptoren im Nervensystem, wodurch eine intensive Suche nach den körpereigenen Liganden dieser Opiatrezeptoren eingeleitet wurde. Nachdem TERENIUS und WAHLSTRÖM sowie andere Gruppen in den Jahren 1974/75 die tatsächliche Existenz von endogenen Opiaten durch Bindung von Substanzen aus Säugetierhirn-Extrakten an den Opiatrezeptor in vitro nachweisen konnten, beschrieben HUGHES und KLOSTERLITZ et al. [768, 769] die Isolierung und Strukturaufklärung des ersten endogenen Opiats, das den Namen *Enkephalin* (Enkephalos = Gehirn) erhielt [770, 771]. Dieses aus Schweinehirn gewonnene körpereigene Opiat erwies sich als ein Gemisch zweier Pentapeptide, die sich lediglich in der C-terminalen Aminosäure unterscheiden:

Methionin – Enkephalin   H – Tyr – Gly – Gly – Phe – Met – OH

Leucin – Enkephalin   H – Tyr – Gly – Gly – Phe – Leu – OH

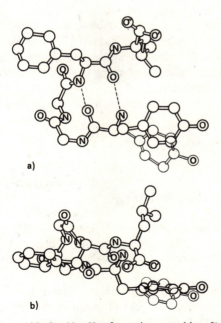

Abb. 2—44. Konformationsvorschlag für Leucin-Enkephalin (*a*) (nach [774]) Das Modell *b* ist eine Ansicht von *a* nach Drehung um 90° aus der Papierebene heraus. Die schwachen Linien zeigen eine zweite Anordnung der Tyrosinseitenkette.

Wenig später wurden diese beiden Pentapeptide durch SIMANTOV und SNYDER [772] auch aus dem Rinderhirn isoliert. Das natürliche Verhältnis von Met-Enkephalin zu Leu-Enkephalin ist unterschiedlich. Schon bald nach der Sequenzermittlung der Enkephaline sind verschiedene Totalsynthesen beschrieben worden [773]. Die durch Röntgenkristallstrukturanalyse ermittelte Raumstruktur des Leu-Enkephalins [774] ist der Abb. 2—44 zu entnehmen.

Gleichzeitig mit den Totalsynthesen begannen intensive Untersuchungen über Struktur-Wirkungsbeziehungen der Enkephaline, da das Interesse an therapeutisch nutzbaren Analoga mit analgetischen Eigenschaften ohne die bekannten schädlichen Nebenwirkungen der Opiate, wie Toleranz, Abhängigkeit, Abstinenzsymptome u. a. groß ist. Die Schwierigkeiten pharmakologischer Untersuchungen solcher Peptidwirkstoffe sind eng mit einem schnellen enzymatischen Abbau sowie bei systemischer Applikation mit den Problemen des Passierens der Blut-Hirnschranke gekoppelt. Eine direkte Applikation der Enkephaline in das Gehirn bzw. in die darin enthaltenen Flüssigkeitsräume (Ventrikelsystem) zeigte, daß möglicherweise aufgrund des schnellen enzymatischen Abbaus nur eine geringe Wirkung resultiert.

Durch Substitution des Glycins in Position 2 durch D-Alanin bzw. andere D-Aminosäuren und weitere Veränderungen am nativen Wirkstoff konnte eine erhöhte Resistenz gegenüber dem enzymatischen Abbau erreicht werden. Für die analgetische Wirksamkeit ist nach BAJUSZ und PATTHY [775] die enzymatische Resistenz nur eine Forderung. Darüber hinaus werden durch die strukturellen Veränderungen die Transporteigenschaften begünstigt und die Wechselwirkung mit dem analgetischen Rezeptor verbessert.

Als Beispiele besonders potenter synthetischer Analoga sollen folgende 5 Verbindungen angeführt werden:

H—Tyr—D—Met—Gly—Phe—Pro—NH_2 [776]

H—Tyr—D—Thr—Gly—Phe—Thz—NH_2 [777] Thiazolin-4-carbonsäureamid

H—Tyr—D—Met—Gly—Phe—Thz—NH_2 [777]

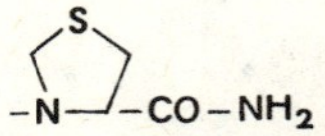

H—Tyr—D—Ala—Gly—MePhe—Met(O)—ol [778] Methioninolsulfoxid

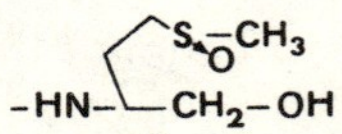

H—Tyr—D—Ala—Gly—Phe—Hse—lacton [779] Homoserinlacton

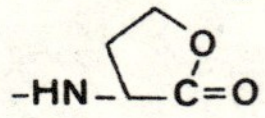

Mit dem *Kyotorphin* der Sequenz H-Tyr-Arg-OH aus dem Ratten-Hypothalamus wurde eine interessante Substanz entdeckt (TAKAGI et al., 1979), die wie auch das synthetische Analogon H-Tyr-D-Arg-OH eine vier- bis zwanzigfache Enkephalinwirkung zeigt.

Als *Exorphine* werden Opiatpeptide bezeichnet, die in Pepsinhydrolysaten von Weizengluten und α-Casein gefunden wurden, und diesen Namen aufgrund ihres exogenen Ursprungs und der Morphin-ähnlichen Aktivität erhalten haben (KLEE et al., 1979). Das *β-Casomorphin-7*, ein Fragment aus der β-Kette des Rindercaseins, hat folgende Sequenz: Tyr-Pro-Phe-Pro-Gly-Pro-Ile.

Im Zusammenhang mit dem Hinweis von HUGHES und KLOSTERLITZ, wonach die Sequenz des Met-Enkephalins mit dem Sequenzabschnitt 61—65 des β-Lipotropins (s. Abschn. 2.3.1.4.) übereinstimmt, richtete sich zunächst das Augenmerk auf Teilfragmente dieses Hormons. CHOH HAO LI hatte kurz zuvor aus der Kamel-Hypophyse ein aus 31 Aminosäuren bestehendes Fragment des β-Lipotropins isoliert, das nur eine geringe fettmobilisierende Wirkung zeigte, jedoch die Sequenz des Met-Enkephalins enthielt. Die opiatähnliche Aktivität dieses Peptides wurde durch GOLDSTEIN bestätigt. LI nannte dieses Fragment β-Endorphin, wovon sich schließlich die Bezeichnung für die Familie der endogenen Opiate ableitet. Wenig später wurden weitere Endorphine entdeckt.

Ausgehend von einem partiell gereinigten Extrakt einer Mischung von Neurohypophysen-Hypothalamusgeweben des Schweines gelang Roger GUILLEMIN sowohl die Isolierung des β-Endorphins als auch zweier weiterer Endorphine, des α-Endorphins und des γ-Endorphins [780]. Das aus dem Hypophysengewebe verschiedener Spezies isolierte C-Fragment des β-Lipotropins [781] ist mit dem β-Endorphin identisch. Aber auch das sog. C'-Fragment verhält sich wie ein Opiat [781]. Die Beziehungen der Primärstrukturen der Methionin-enthaltenden Endorphine zum C-terminalen Teil des β-Lipotropins vom Schwein sind nachfolgend aufgeführt:

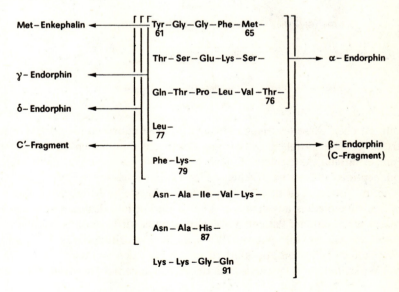

Die chemische Verwandtschaft ist unverkennbar. Alle diese Endorphine enthalten N-terminal die Sequenz des Met-Enkephalins. Das formal als Muttersubstanz erscheinende β-Lipotropin besitzt selbst keine opiatartige Wirkung. Die Sequenzunterschiede der β-Endorphine verschiedener Spezies sind relativ gering und haben keinen Einfluß auf die biologische Aktivität. Vom nachfolgend aufgeführten Human-β-Endorphin unterscheiden sich die Primärstrukturen anderer Spezies nur in den Positionen 23, 27 und 31 [782]:

Thr–Gly–Gly–Phe–Met–Thr–Ser–Glu–Lys–Ser–Gln–Thr–Pro–Leu–Val–Thr–
1   5   10   15

Leu–Phe–Lys–Asn–Ala–Ile–Ile–Lys–Asn–Ala–Tyr–Lys–Lys–Gly–Glu
        20   23   25   27   31

	23	27	31
Schwein:	Val	His	Gln
Kamel, Rind, Schaf:	Ile	His	Gln

Da eine Beziehung zur Sequenz des Leu-Enkephalins im β-Lipotropin fehlt, muß für dieses endogene Opiatpeptid ein anderer Präkursor existieren. 1979 wurde von KANGAWA et al. [783] die Isolierung eines „big"-Met-Enkephalins aus Schweinehypothalamusextrakten beschrieben. Das als α-*Neo-Endorphin* bezeichnete Präkursorpeptid ist aus 15 Aminosäuren aufgebaut, dessen N-terminale Sequenz 1—9 bekannt ist. Da der Leu-Enkephalinsequenz drei basische Aminosäuren folgen, läßt sich die enzymatische Freisetzung des Leu-Enkephalins aus dieser Vorstufe recht gut erklären:

α–Neo–Endorphin
Thr–Gly–Gly–Phe–Leu–Arg–Lys–Arg–Pro–(Gly, Tyr$_2$, Lys$_2$, Arg)
↓
Tyr–Gly–Gly–Phe–Leu
↑
Tyr–Gly–Gly–Phe–Leu–Thr–Ser–Glu–Lys–Ser–Gln · · · · · · ·
Leu^5–β–Endorphin

Vom gleichen Arbeitskreis wurde das α-Neo-Endorphin-(1—9)-NH$_2$ synthetisiert [784]. Die mittels Bioassay am elektrisch stimulierten Meerschweinchen-Ileum ermittelte Aktivität war noch etwas höher als die des nicht amidierten Nonapeptides und des natürlichen α-Neo-Endorphins.

Die im unteren Teil des Formelschemas dargestellte Möglichkeit der Bildung des Leu-Enkephalins aus dem sog. Leu^5-β-Endorphin, das man aus dem Hamodialysat schizophrener Patienten isolieren konnte, wird ebenfalls diskutiert.

Generell scheint die gesamte Problematik der Bildung des Leu- und Met-Enkephalins noch nicht abgeklärt zu sein. So wurden von SMYTH und ZAKARIAN [785] Vorstellungen entwickelt, nach denen neben dem α-Neo-Endorphin als Vorstufe für das Leu-Enkephalin auch für das Met-Enkephalin eine ädiquate Vorstufe — β-Neo-Endorphin — existieren müßte, die wiederum aus Präkursoren (Pro-α-Neo-Endorphin bzw. Pro-β-Neoendorphin) gebildet werden.

Endorphine wurden bisher im zentralen Nervensystem, in der Hirn-Rückenmarksflüssigkeit, in der Niere, in den Nervengepflechten des Magen-Darm-Traktes, im Blut, in der Plazenta und in der Hypophyse aufgefunden. Zum Studium der Verteilung der Endorphine bewährten sich immuncytochemische Techniken sowie Radioimmunassays. Trotz der nicht signifikanten strukturellen Unterschiede der Opiatpeptide konnten für alle Peptide spezifische Antiseren erhalten werden. Es zeigte sich, daß die höhermolekularen Endorphine konzentriert im Hypophysen-Hypothalamus-System auftreten, vor allem das möglicherweise gegenüber Proteasen stabiliere β-Endorphin. Die Enkephaline findet man überwiegend in den anderen Gehirnbereichen, daneben in der Substantia gelationosa des Rückenmarks und in Nervenplexus, aber auch in exokrinen Zellen des Magen-Darm-Traktes. Da die Enkephalin-Konzentration in Gehirnextrakten nach Hypophysektomie unverändert ist, erscheint die Annahme zweier unterschiedlicher β-Endorphin bzw. Enkephalin-enthaltener neuronaler Systeme bestätigt zu sein.

Als bevorzugtes pharmakologisches Testsystem für die Endorphine haben sich das Meerschweinchen-Ileum und der Samenleiter der Maus bewährt. In den Nervenzellen dieser peripheren Gewebe sind Opiatrezeptoren enthalten. Die Endorphine wirken als Opiat-Agonisten und verursachen eine dosisspezifische Herabsetzung der Kontraktionsschwelle des vas deferens der Maus und des Meerschweinchen-Ileums. Mit Hilfe des Opiatantagonisten Naloxon läßt sich die durch Endorphine ausgelöste Kontraktion aufheben, woraus auf eine spezifische Wechselwirkung mit den Opiatrezeptoren geschlossen werden kann. Endorphine zeigen ihre Opiatwirksamkeit nicht nur an den genannten isolierten Präparaten, vielmehr wirken sie auch analgetisch. Bei intravenöser Applikation sind die Enkephaline — möglicherweise wegen ihrer geringen enzymatischen Abbauresistenz — analgetisch nur wenig wirksam. Dagegen erreicht man bei intracerebraler oder intraventrikulärer Injektion in hohen Dosen eine kurzzeitige Analgesie. Aus diesem Grunde bieten sich synthetische Analoga an, die gegenüber enzymatischen Abbau stabiler sind. Bessere Eigenschaften als Analgetikum besitzt das β-Endorphin, das unter bestimmten Voraussetzungen stärker analgetisch wirksam ist als Morphin. Leider hat sich die anfangs gehegte Hoffnung, daß Endorphine schmerzstillende Mittel sein könnten, die zu keiner Gewöhnung führen, nicht bestätigt. Allgemein ist es schwer zu verstehen, daß der Organismus gegenüber seinen eigenen „Opiaten" abhängig sein kann. Die direkte Applikation von Endorphinen und auch synthetischen Analoga ins Gehirn verursacht Schmerzfreiheit und nach wiederholter Zufuhr einen hohen Grad an Toleranz und Abhängigkeit (Sucht). Geht man aber davon aus, daß Endorphine — ebenso wie Morphin — die Adenylatcyclase von Neuroblastomzellen hemmen, und die Wechselbeziehung von Opiaten mit der Adenylatcyclase mit Abhängigkeit und Toleranz in Beziehung gesetzt wird, so ist die Wahrscheinlichkeit äußerst gering, mit den Endorphinen „suchtfreie" Analgetika zu erhalten.

Die neuromodulierende Funktion der Endorphine bei der Steuerung der Schmerzempfindlichkeit hat auch zu der Annahme geführt, daß Endorphine bei der Akupunkturanalgesie eine Rolle spielen könnten. Akupunktur führt tatsächlich zu einem Anstieg der Endorphinkonzentration in der Hirn-Rückenmarksflüssigkeit. Die durch Akupunktur bewirkte Beseitigung der Schmerzen läßt sich durch Naloxon blockieren. Auf mögliche Zusammenhänge zwischen Stress und dem Endorphinsystem wurde bereits hingewiesen. Auch wird den Endorphinen eine Rolle in der Pathogenese von geistigen Störungen (Schizophrenie, Halluzinationen u. a.) zugeschrieben. Enkephalin wirkt hemmend auf die Freisetzung verschiedener Neurotransmitter. Erwähnt werden soll auch die Beeinflussung der Natriumpermeabilität neuronaler Membranen durch Endorphine. Es wird angenommen, daß Endorphine als Bestandteile peptiderger Neuronen im Wechselspiel mit anderen Neuronen neuroregulatorische Funktionen ausüben können. Obgleich gegenwärtig die physiologischen Funktionen der Endorphine nur lückenhaft bekannt sind, dürfte als gesichert gelten, daß die Kontrolle der Schmerzempfindlichkeit nur einen Aspekt ihres Wirkungsspektrums berührt. Wechselbeziehungen mit Mechanismen des autonomen Nervensystems (wie z. B. Kreislauf, Körpertemperatur, Schlaf, Appetit) sind ebenso wahrscheinlich wie solche mit bekannten Hormonfunktionen. Praktische Aspekte zeichnen sich für die Senkung des Blutdruckes sowie der Regulation der Prolactinfreisetzung mittels geeigneter Analoga ab.

2.3.4. Peptide mit immunologischer Bedeutung

In den letzten Jahren ist das Interesse an Peptiden mit immunologischer Relevanz bedeutend angestiegen. Nachfolgend sollen einige Beispiele aufgeführt werden.

Das Tetrapeptid *Tuftsin* (*I*) wird aus einer γ-Globulin-Fraktion enzymatisch freigesetzt und stimuliert die Phagozytose.

    Thr – Lys – Pro – Arg   I

Der Begriff Phagozytose entstammt dem Griechischen (phagein = fressen; kytos = Zelle). Zellen mit phagozytärer Fähigkeit sind in der Lage, Partikel aufzunehmen. Hinsichtlich der Größe der phagozytierenden Partikel differenziert man zwischen Makrophagen, die zur Endozytose großer Partikel befähigt sind, und den polymorphonukleären Leukozyten, die nur kleine Partikel aufnehmen können, und von dem russischen Zoologen METCHNIKOFF als Mikrophagen bezeichnet wurden.

Tuftsin wurde 1970 von Najjar und Nishioka [786] aus Leukokinin erstmalig isoliert. Es wird aus dem Protein enzymatisch mittels Leukokinase oder durch limitierten tryptischen Abbau erhalten. Es konnte gezeigt werden, daß der stimulierende Effekt von Leukokinin auf polymorphonukleäre Leukozyten in der Tuftsinsequenz enthalten ist, die mit dem Fc-Fragment des γ-Globulins verbunden ist [787]. Das synthetische Tuftsin [787] zeigte in der biologischen Wirkung und den physikalisch-chemischen Eigenschaften vollständige Übereinstimmung mit dem natürlichen Peptid. Nicht zuletzt die potentielle therapeutische Verwendung von Tuftsin als ein Pharmakon gegen verschiedene Infektionskrankheiten hat zu umfangreichen Studien der Beziehungen zwischen Struktur und Aktivität [787—790] geführt.

Aus Thymus-Extrakten konnten in der letzten Zeit verschiedene Peptide isoliert werden [791]. Die Synthese von *Thymosin* α_1 wurde 1979 unabhängig voneinander durch Wang et al. sowie Birr und Stollenwerk beschrieben.

Thyomopoietin II (II) wurde 1975 von Schlesinger und Goldstein [792] aus Kalb-Thymus isoliert:

Ser – Gln – Phe – Leu – Glu – Asp – Pro – Ser – Val – Leu – Thr – Lys – Gly – Lys – Leu –
1   5   10   15

Lys – Ser – Glu – Leu – Val – Ala – Asn – Asn – Val – Thr – Leu – Pro – Ala – Gly – Glu –
                           20   25   30

Gln – Arg – Lys – Asp – Val – Tyr – Val – Gln – Leu – Tyr – Leu – Glu – Thr – Leu – Thr –
                           35   40   45

Ala – Val – Lys – Arg   II
49

Thymopoietin stimuliert die Bildung von T-Zellen.

Goldstein et al. [793] gelang zwei Jahre später die Isolierung eines zweiten Hormons aus dem Thymus (Kalb), das als *Thymosin* α_1 *(III)* bezeichnet wurde und nachfolgende Sequenz besitzt:

Ac – Ser – Asp – Ala – Ala – Val – Asp – Thr – Ser – Ser – Glu – Ile – Thr – Thr – Lys – Asp –
1   5   10   15

Leu – Lys – Glu – Lys – Lys – Glu – Val – Val – Glu – Glu – Ala – Glu – Asn   III
                           20   25   28

Gegenwärtig laufen umfangreiche Studien über die Funktion der Polypeptide der Thymusdrüse bei der Regulation des immunologischen Abwehrapparates im Körper.

Im Gegensatz zu den aus Thymus-Extrakten erhaltenen längerkettigen Hormonen *II* und *III* isolierten Bach et al. [794] aus Schweineblut ein Nonapeptid. Zwischen den Sequenzen von *II* und *III* und dem sog. *Serum-Thymus-Faktor (STF) (IV)* besteht keine Homologie, so daß es sich beim STF um kein

⌐Glu
│   – Ala – Lys – Ser – Gln – Gly – Gly – Ser – Asn   IV
Gln

Metabolit des Thymopoietins II bzw. des Thymosins α_1 handeln kann. Es ist noch nicht sicher, ob der Pyroglutamyl-Rest nativen Charakter besitzt oder durch in-vitro-Cyclisierung aus dem N-terminalen Glutamin-Rest entstanden ist. Die von BRICAS et al. [795] beschriebene Synthese beider alternativer Nonapeptide führte zu Produkten übereinstimmender Aktivität sowohl in vitro als auch in vivo. Das C-terminale Hexapeptid erwies sich als biologisch inaktiv.

2.3.5. Peptidantibiotika

Antibiotika sind Stoffwechselprodukte von Bakterien und Pilzen, die das Wachstum oder die Vermehrung anderer Mikroorganismen hemmen. Sie stellen aus chemischer Sicht eine äußerst heterogene Stoffklasse dar.

Ebenso kompliziert ist die Klassifizierung der mehr als 300 bekannten Peptidantibiotika. Recht häufig wird eine Unterteilung in lineare Peptide und cyclische Verbindungen vorgenommen, wobei letztere in homodet cyclische und heterodet cyclische Peptide (Depsipeptide) untergliedert werden. Bekannte lineare Peptidantibiotika sind neben den Gramicidinen A—C das von *Streptococcus lactis* produzierte *Nisin* und das strukturell ähnliche *Subtilin* (GROSS et al., 1971 bzw. 1973), die aufgrund des Gehaltes von Lanthionin (Ala-S-Ala), β-Methyllanthionin(Abu-S-Ala) eine heterodet pentacyclische Struktur aufweisen und darüber hinaus Dehydroalanin (Dha) und α-Amino-dehydrobuttersäure (Dhb) enthalten:

```
                5
         Ile—Dha—Leu              S                      15
Ile—Dhb—Ala          Ala—Abu      Ala—Lys—Abu—Gly—Ala
  1         S                S               Leu
                      Pro—Gly    S    Ala—Gly—Met
                         10
                             Asn  20
                              Met
                              Lys
       Nisin                Abu—Ala
                         S
                           Ala — Abu
                                    S
                           His—Ala
                                    Ser—Ile—His—Val—Dha—Lys
                                    30                    34
```

Am Beispiel von Nisin und Subtilin sowie anderer Peptide wurde das natürliche Vorkommen α,β-ungesättigter Aminosäuren bestätigt. Jedes dieser beiden Antibiotika enthält zwei Dehydroalanin- und einen α-Amino-dehydrobuttersäure-Rest. Subtilin besteht aus insgesamt 32 Aminosäurebausteinen und wird von *Bacillus subtilis* produziert.

Das aus *Streptomyces carzinostaticus* isolierte Antibiotikagemisch enthält neben drei antibakteriell aktiven Substanzen A—C das aus 109 Aminosäuren aufgebaute lineare Polypeptid *Neocarzinostatin*. Im Gegensatz zu Substanz A mit 87 Aminosäurebausteinen und einer intrachenaren Disulfidbrücke, wurden im Neocarzinostatin zwei Disulfidbrücken nachgewiesen. In Dosierungen von 0,1—1,6 mg/kg zeigt Neocarzinostatin krebshemmende Aktivitäten.

Als Beispiel eines kurzkettigen Antibiotikums sei das aus Kulturmedien des Pilzes *Keratinophyton terreum* isolierte Tripeptid L-Arginyl-D-allo-threonyl-L-phenylalanin erwähnt, das das Wachstum von Pilzen jedoch nicht das von Bakterien hemmt und dessen antibiotische Wirkung durch L-Histidin aufgehoben wird (KÖNIG et al., 1973).

Die meisten Peptidantibiotika besitzen ringförmige Strukturen, die neben Peptidbindungen auch Esterbindungen und andere Verknüpfungselemente enthalten können. Der cyclische Aufbau und der Gehalt an D-Aminosäuren sowie anderer nichtproteinogener Bausteine verleiht den Peptidantibiotika die bekannte hohe Resistenz gegenüber proteolytischen Enzymen. Die oft komplizierten Strukturen verhindern eine generelle chemosynthetische Zugänglichkeit. Aufgrund der hohen Toxizität werden nur wenige Peptidantibiotika systemisch angewandt.

Die Biosynthese der Peptidantibiotika erfolgt nicht nach dem Mechanismus der Eiweißsynthese im Ribosom, sondern nach dem Prinzip der S-Aminoacyl-Aktivierung mit Vorordnung an Enzymmatrizen, wie es Untersuchungen, die vorrangig von LIPMANN [796] vorgenommen wurden, am Beispiel der bakteriellen Peptidsynthese der Grammicidine oder des Tyrocidins durch *B. brevis* bzw. des Bacitracins durch *B. lichenformis* zeigten.

Nachfolgend werden einige Vertreter der Peptidantibiotika ausführlicher besprochen, wobei als Klassifizierungsprinzip entsprechend einer Empfehlung von HASSALL [797] der Wirkungsmechanismus der Peptidantibiotika dient.

2.3.5.1. Peptidantibiotika mit hemmender Wirkung auf die Bakterienzellwand-Biosynthese

Neben Cephalosporinen, D-Cycloserin, Phosphonomycinen fungieren als Inhibitoren der Zellwand-Biosynthese natürliche und halbsynthetische Penicilline sowie die Peptidantibiotika Bacitracin, Vancomycin und das Janiemycin u. a. Das von *Penicillium notatum* produzierte *Penicillin* (FLEMING, 1928) besteht aus einem Thiazolinring mit ankondensiertem Lactamring und einer variablen Gruppierung R:

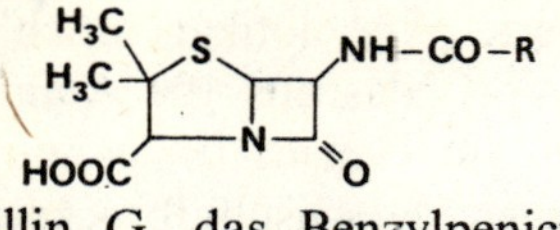

[Struktur: Penicillin G Grundgerüst mit H₃C, H₃C, S, NH-CO-R, HOOC, N, O]

Penicillin G, das Benzylpenicillin $\left(R = -CH_2-\bigcirc\right)$, 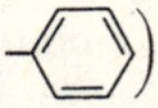 wird medizinisch am häufigsten genutzt. Aufgrund der biosynthetischen Bildung aus Aminosäuren (Cystein, Valin u. a.) ergibt sich eine formale Beziehung zu den Peptidantibiotika. Die antibiotische Aktivität des Penicillins ist eng mit der Labilität des Lactamringes, insbesondere mit der reaktiven Amid-Gruppierung verknüpft. Penicillin hemmt auf der letzten Stufe der Zellwandsynthese die Quervernetzung zwischen den parallelen Peptidoglykanketten.

Mit *Phosphonopeptiden* wurde eine neue Klasse synthetischer antibakterieller Verbindungen beschrieben [798]. Ein typischer Vertreter ist das *Alaphosphin*, ein Dipeptid bestehend aus Alanin und 1-Aminoethylphosphonsäure:

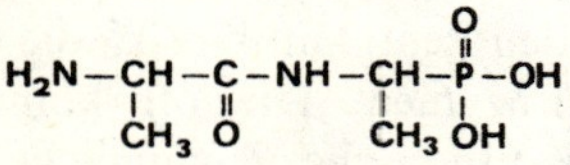

$$H_2N-CH(CH_3)-C(=O)-NH-CH(CH_3)-P(=O)(OH)-OH$$

Die von *Bacillus licheniformis* produzierten Bacitracine wurden bereits 1945 entdeckt und durch Gegenstromverteilung getrennt (CRAIG et al.). Die Hauptkomponente das *Bacitracin A* besitzt folgende Struktur:

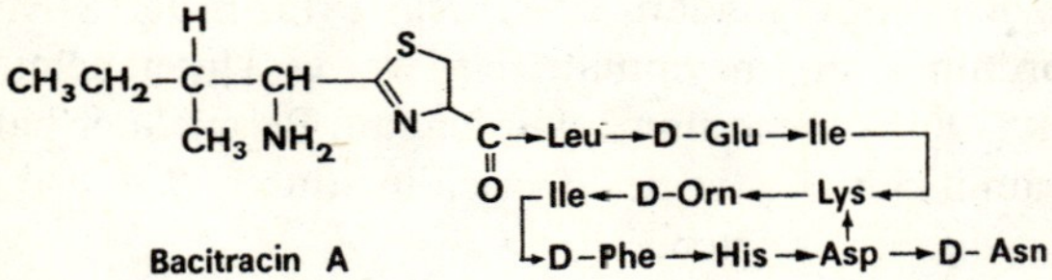

```
CH₃CH₂-C(H)(CH₃)-CH(NH₂)-[Thiazolring]-C(=O)→Leu→D-Glu→Ile
                                        ↓                    ↓
                                        Ile←D-Orn←Lys
                                        ↓
                                        D-Phe→His→Asp→D-Asn
Bacitracin A
```

Bacitracine wirken gegen grampositive Bakterien. Das kommerzielle Präparat enthält ca. 70% der A-Komponente und wird zur Behandlung von Hautinfektionen verwendet. Durch Komplexbindung mit dem Undecaprenylpyrophosphat, einer Biosynthesezwischenstufe der Bakterienzellwand, hemmt das Bacitracin die enzymatische Hydrolyse zum entsprechenden Orthophosphatester. Für die Wirkung ist ein intakter Thiazolring sowie der Histidin-Rest essentiell.

2.3.5.2. Peptidantibiotika mit hemmender Wirkung auf die Synthese und Funktion von Nucleinsäuren

Nur ein Peptid, das α-Amanitin (S. 350), inhibiert sowohl die Synthese und den Metabolismus von Nucleotiden als auch die DNS-abhängige RNS-Polymerase II (oder B), die im Plasma des Zellkerns die Synthese der mRNS katalysiert. Das α-Amanitin ist ein Vertreter der Amatoxine, die vom grünen Knollenblätterpilz (*Amanita phalloides*) gebildet werden und aufgrund ihrer Toxizität für die Pilzvergiftung verantwortlich sind. Es kann daher kaum als ein Antibiotikum charakterisiert werden. Von Bedeutung ist die hohe Spezifität der Hemmung, da sie das genannte Enzym nur in tierischen Zellen, nicht aber in Bakterien inhibiert.

Zu den intercalierenden Antibiotika, die die Matrizenfunktion der DNS blockieren, gehören die Actinomycine und die Chinoxaline.

Die von *Streptomyceten*-Stämmen produzierten *Actinomycine* [799, 800] sind orange-rote, antibiotisch und cytostatisch hoch aktive, allerdings sehr toxische Chromopeptide. Mit dem Actinomycin A isolierten WAKSMAN und WOODRUFF 1940 das erste kristalline Antibiotikum überhaupt. Gegenwärtig kennt man über dreißig natürliche und eine Vielzahl synthetischer und semisynthetischer Actinomycine. Die charakteristische Grundstruktur besteht aus zwei Pentapeptidlactonringen, die mit einem Aminophenoxazinon-Chromophor verknüpft sind. Der bekannteste und am meisten verwendete Vertreter der Actinomycine ist das *Actinomycin* C_1, das in der angelsächsischen Literatur als Actinomycin D bezeichnet wird, und nach einem Vorschlag von MEIENHOFER und ATHERTON [801] als [Di-(2'-D-valin)]actinomycin (Abk.: Val_2-AM) bezeichnet werden soll (Abb. 2—45).

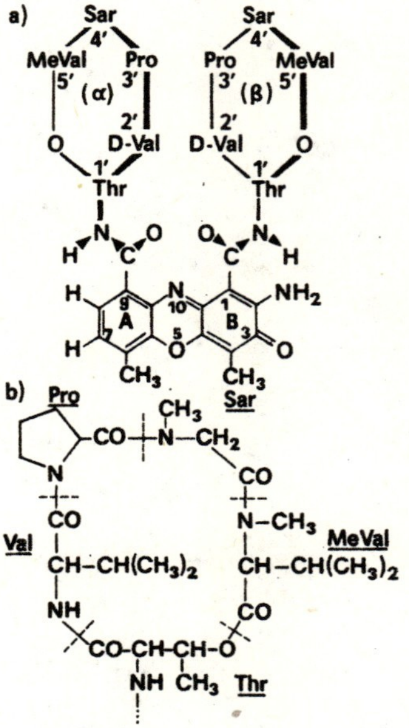

Abb. 2—45. Primärstruktur des Actinomycins C_1 (*a*) sowie des Pentapeptidlactonringes (*b*) nach LACKNER [800]

Actinomycine inhibieren das Wachstum grampositiver Mikroorganismen noch in Konzentrationen <0,1 µg/ml und besitzen somit einen den Penicillinen entsprechende Wirksamkeit. Allerdings limitiert die sehr hohe Toxizität eine breite Anwendung. Für Mäuse wurde eine letale Dosis (LD_{50}) bei Actinomycin C_1 von 0,5—1 mg/kg ermittelt und die maximale, über mehrere Tage verteilte Toleranzdosis beträgt um 0,1 mg/kg. Aufgrund der cytostatischen Wirksamkeit wird Actinomycin C_1 zur Krebsbehandlung bei selteneren Tumorarten des Men-

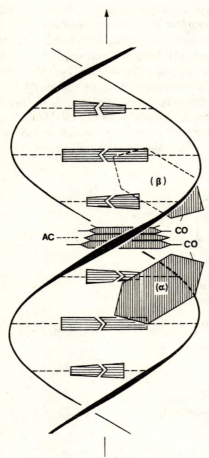

Abb. 2—46. Schematische Darstellung der biologischen Wirkung des Actinomycins C_1 (nach LACKNER [800])

Der chromophore Actinocin-Rest (AC) schiebt sich zwischen G-C-Paare der DNS-Doppelhelix. Durch (α) und (β) werden die Peptidlacton-Reste gekennzeichnet.

Biologisch aktive Peptide

schen (WILMS-Tumor, Chorioncarcinom, Lymphogranulomatose) eingesetzt, wobei besonders im Fall des WILMS-Tumors Erfolge erzielt werden konnten.

Die biologische Wirkung der Actinomycine resultiert auf einer Komplexbildung mit Desoxyribonucleinsäuren (Abb. 2—46), wodurch die DNS-abhängige RNS-Synthese (Transkription) gehemmt wird. Bereits ein gebundenes Actinomycinmolekül auf ungefähr 1000 Basenpaare verursacht eine 50proz. Inhibition der mRNS-Synthese. Höhere Konzentrationen an Actinomycin hemmen auch die DNS-Replikation. Da Actinomycin im Gegensatz zu den Penicillinen keine prinzipielle Wirkungsdifferenzierung zwischen Bakterienzellen und den Zellen des infizierten Wirtsorganismus aufweist, ergibt sich zwangsläufig die hohe Toxizität dieses Peptidantibiotikums. Man verwendet es daher zunehmend für zellbiologische Studien.

Die *Chinoxaline* [802] zeigen interessante cytostatische, antivirale und antibakterielle Wirkungen mit allerdings sehr hoher Säugetiertoxizität. Sie werden von verschiedenen *Streptomyces*-Stämmen produziert. Wichtige Vertreter sind die *Chinomycine* und *Triostine*, von denen das *Triostin A* folgende Konstitution besitzt:

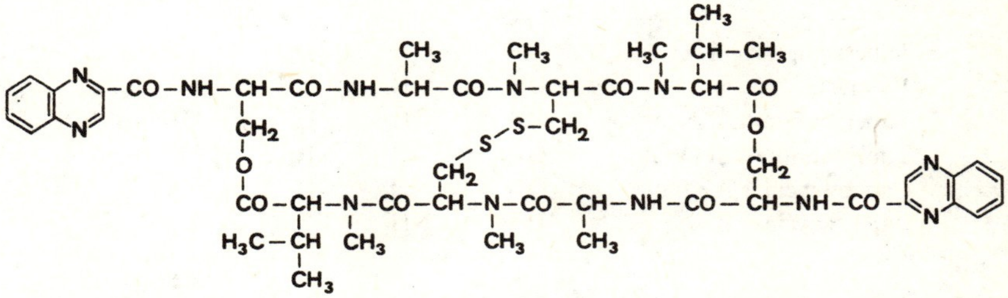

Streptogramin B und *Edein A* u. a. sind Peptidantibiotika, die die Proteinbiosynthese durch Inhibierung der Funktion der großen bzw. kleinen Ribosomenuntereinheit hemmen. Sie werden zunehmend zur Untersuchung bestimmter Schritte bei der Proteinbiosynthese verwendet.

Das *Streptogramin B* (R_1 = -CH_2-CH_3; R_2 = -$N(CH_3)_2$) ist folgendermaßen aufgebaut:

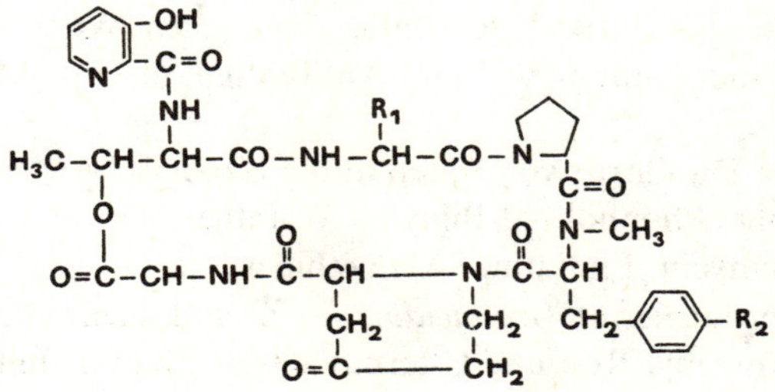

Zwei weitere Vertreter der Streptogramin-Gruppe, das Pristinamycin I und das Staphylomycin S, besitzen begrenzte Anwendung in der Humantherapie; ein strukturell ähnliches Peptid, das Mikamycin, wird in Japan in der Veterinärmedizin als wachstumsförderndes Mittel eingesetzt.

Aufgrund ihrer tuberkulostatischen Aktivität besitzen die aus *Streptomyces*-Arten gewonnenen *Tuberactinomycine*, *Capreomycin* und *Viomycin* besonderes Interesse (Viomycin = Tuberactinomycin B):

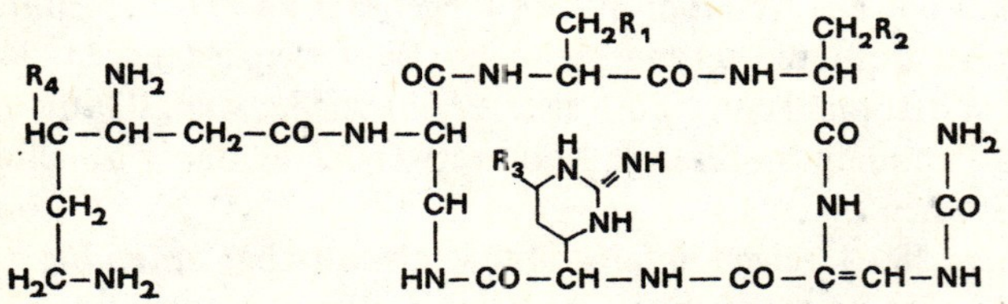

	R_1	R_2	R_3	R_4
Tuberactinomycin A	OH	OH	OH	OH
Viomycin	OH	OH	OH	H
Tuberactinomycin N	OH	OH	H	OH
Tuberactinomycin O	OH	OH	H	H
Capreomycin 1 A	OH	NH_2	H	H
Capreomycin 1 B	H	NH_2	H	H

Die Struktur der Tuberactinomycine wurde durch SHIBA et al. aufgeklärt und am Beispiel der Synthese von Tuberactinomycin O bestätigt. Der gleichen Arbeitsgruppe gelang auch die Totalsynthese des Capreomycins.

2.3.5.3. Membranaktive Peptidantibiotika

Viele Peptidantibiotika wurden isoliert und charakterisiert, die eine bestimmte Membranaktivität aufweisen. Aufgrund der unterschiedlichen Wirkung unterscheidet man oft zwischen Ionophoren [803] und Antibiotika, die eine Membranschädigung verursachen.

Ionophore induzieren den Durchtritt von Ionen durch biologische Membranen, aber auch durch künstliche Phopholipid-Bilayer. Wichtige Vertreter sind die Gramicidine A—C, Valinomycin, Enniatine, Alamethicin u. a.

Die von *Bacillus brevis* produzierten *Gramicidine A—C* sind lineare Pentadecapeptide mit N-terminalem Formyl-Rest und C-terminaler β-Ethanolamid-Gruppe

(SARGES und WITKOP, 1965). In Abhängigkeit von der N-terminalen Aminosäure (Valin oder Isoleucin) differenziert man zwischen den Valin-Gramicidinen A—C und den Isoleucin-Gramicidinen A—C. Vom nachfolgend aufgeführten *Valin-Gramicidin A* unterscheiden sich die Formen B und C durch den Austausch von Trp[11] gegen Phenylalanin bzw. Tyrosin:

$$HCO-Val-Gly-Ala-D-Leu-Ala-D-Val-Val-D-Val-Trp-D-Leu-$$
$$1 \qquad\qquad\qquad 5 \qquad\qquad\qquad\qquad\qquad 10$$
$$Trp-D-Leu-Trp-D-Leu-Trp-NH-CH_2-CH_2-OH$$
$$15$$

Hervorzuheben ist die alternierende Anordnung von L- und D-Aminosäuren. Gramicidin A bewirkt den Transport von K^+, Na^+ und anderen monovalenten Kationen durch Mitochondrien- und Erythrozytenmembranen, aber auch durch synthetische Bilayer. Die Gramicidine A—C werden in der Medizin gelegentlich angewandt, hauptsächlich zur lokalen Applikation gegen grampositive Erreger.

Valinomycin, ein cyclisches Dodecadepsipeptid, ist aus drei gleichen Teilsequenzen aufgebaut:

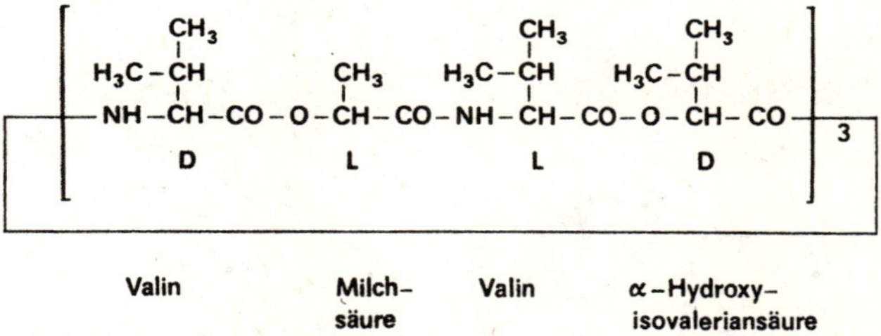

$$\left[\begin{array}{cccc} & CH_3 & & CH_3 & CH_3 \\ H_3C-CH & & CH_3 & H_3C-CH & H_3C-CH \\ -NH-CH-CO-O-CH-CO-NH-CH-CO-O-CH-CO- \\ D & L & L & D \end{array} \right]_3$$

Valin	Milch-	Valin	α-Hydroxy-
	säure		isovaleriansäure

Valinomycin besitzt wie viele andere Ionophore eine Ringstruktur und induziert spezifisch einen K^+-Transport durch biologische oder künstliche Membranen. Valinomycin ist der klassische Vertreter der Ionophore und das erste Peptidantibiotikum, dessen Raumstruktur exakt aufgeklärt wurde (IVANOV et al., 1969). Das K^+-Ion bildet mit Valinomycin einen Komplex (Abb. 2—47) [804].

Durch die hydrophoben Seitenketten-Reste besitzt der K^+-Valinomycin-Komplex gute Löslichkeitseigenschaften in der unpolaren Kohlenwasserstoffschicht der Membran und ermöglicht auf diese Weise den K^+-Transport durch die Membran. Für den Ionentransport des Gramicidins A wird dagegen ein Kanal-Mechanismus diskutiert. Man nimmt an, daß das lineare Peptid eine Kanalstruktur mit einer Pore durch die Membran ausbildet, durch die der Ionentransport erfolgt, ohne daß der Kanalbildner (channel former) eine Bewegung ausführt.

Die *Enniatine* sind ringförmige Hexadepsipeptide mit einer sich wiederholenden Dipeptolidsequenz D-α-Hydroxyvaleryl-L-methyl-isoleucin (*Enniatin A*) bzw. D-α-Hydroxyvaleryl-L-methylvalin (*Enniatin B*):

```
          CH₃                           CH₃
     H₃C-CH      H₃C   R            HC-CH₃
       O-CH — CO — N — CH — CO — O — CH — C=O
          D              L              D

       O=C — CH — N — OC — CH —— O — OC — CH — N
            L         R    CH₃    D         L    R    CH₃
                              HC-CH₃
                               CH₃
```

Enniatin A : R = -CH-CH₂-CH₃
                        CH₃

Enniatin B : R = -CH-CH₃
                        CH₃

Das *Beauvericin* (R = -CH₂-⟨⟩) besitzt eine ähnliche Struktur.

Die Enniatine wurden 1947/48 durch PLATTNER et al. aus Fusarium-Arten isoliert und von VOGLER, STUDER et al. 1963 synthetisiert.

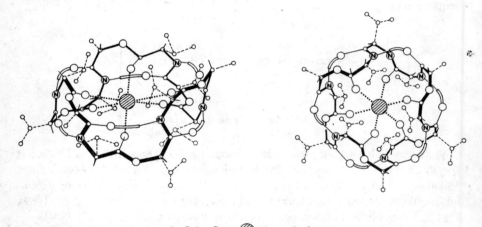

∘C   ○O   ⓝN   ◍K   ⚌ Bindung

Abb. 2—47. Konformation des Valinomycin-K⁺-Komplexes [804]
links: Seitenansicht;
rechts: Ansicht entlang der Symmetrieachse

Das *Serratomolid* ist ein Tetrapeptolid mit den sich wiederholenden Bausteinen D-β-Hydroxydecansäure (D-Hyd) und L-Serin, cyclo-(D-Hyd-Ser-)₂ (vgl. S. 235). Vertreter der unsymmetrischen Peptolide sind die *Sporidesmolide*, von denen das *Sporidesmolid I* folgende Struktur (Hyv = L-α-Hydroxyisovaleriansäure) aufweist:
cyclo-(-Hyv-D-Val-D-Leu-Hyv-Val-Leu-).

Eine Vielzahl von Peptolid-Synthesen wurden von SHEMYAKIN et al. durchgeführt. Seine Schüler OVCHINNIKOV, IVANOV et al. haben im Rahmen der Untersuchungen zwischen Struktur und Aktivität in der Peptolid-Reihe mehr als 60 Analoga des Enniatins und etwa 100 Analoga des Valinomycins synthetisiert und umfangreiche Konformationsstudien vorgenommen. Es hat sich u. a. gezeigt, daß die antibakteriellen Eigenschaften der cyclo-Depsipeptide in enger Beziehung zur Kationenkomplexierung stehen. So besitzen Analoga, die keine Komplexe ausbilden. auch keine antibakterielle Wirkung. Die antibiotisch wirksamen Ionophore Valinomycin, die Enniatine und auch das Antidot Antamanid (vgl. S. 351) sowie zahlreiche synthetische Analoga bilden mit Kationen (1:1)-Komplexe. IVANOV et al. konnten darüber hinaus nachweisen, daß unter bestimmten Bedingungen auch Komplexe anderer Stöchiometrie beständig sind. Abbildung 2—48 zeigt die von IVANOV [805] vorgeschlagene Struktur eines „sandwich"-Komplexes in der Reihe der Valinomycin-Antibiotika.

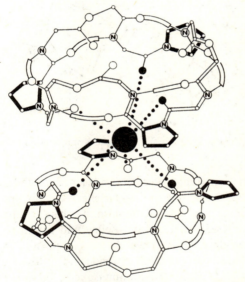

Abb. 2—48. Vorgeschlagene „sandwich"-Struktur für ein Analogon des Valinomycins (nach FONINA et al. [806])

Eine Zwischenstellung zwischen den Ionophoren und der zweiten Gruppe der membranaktiven Peptidantibiotika scheint das *Alamethicin* einzunehmen. Es wurde 1967 aus Kulturflüssigkeiten des Pilzes *Trichoderma viride* isoliert. Das sehr lipophile Peptid besitzt nur eine ionisierbare Gruppe in Form der Carboxyfunktion des C-terminalen Glutamin-Restes. Zusätzlich zu der γ-Glutamylpeptidbindung tragen sieben α-Aminoisobuttersäure-Reste (Aib) zu den charakteristischen Eigenschaften des Alamethicins bei. Die Sequenz wurde 1970 durch PAYNE et al. [807] aufgeklärt. Eine mögliche Konformation, basierend auf Berechnungen von BURGESS und LEACH [808], zeigt gemeinsam mit der Primärstruktur Abb. 2 bis 49.

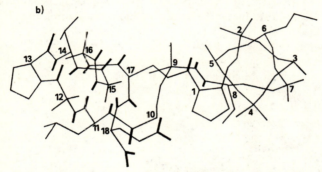

Abb. 2—49. Primärstruktur (*a*) und mögliche Konformation (*b*) von Alamethicin (nach [808])

Umfangreiche Konformationsstudien wurden von JUNG et al. [809] durchgeführt. Alamethicin besitzt nur eine schwache antibakterielle Aktivität und bildet vermutlich mit Na^+, K^+, Rb^+ und Cs^+ Komplexe. Es besitzt eine Membranaktivität gegenüber EHRLICH ascites Karzinom-Zellen und Erythrozyten, so daß diese Wirkung wichtiger als die antibiotischen Eigenschaften ist.

Dem Alamethicin ähnelnde membranmodifizierende und auflösende Wirkungen zeigt auch das aus einem *Trichoderma viride*-Stamm isolierte *Suzukacillin A*, dessen Primärstruktur und Konformation durch JUNG et al. [810] untersucht wurde. Auch die Sequenz ähnelt weitgehend der des Alamethicins, wobei von den 23 Aminosäurebausteinen zehn α-Aminoisobuttersäure-Reste sind und außerdem ein Phenylalaniol-Rest auftritt.

Die nachfolgend aufgeführten cyclischen Peptide greifen Membranstrukturen an, indem sie zunächst durch Adsorption und Penetration in die poröse Zellwand gelangen und durch Interaktion mit Lipid-Protein-Komplexen eine Membranauflösung verursachen. Die antibakterielle Aktivität von Gramicidin S und der strukturell ähnlichen Tyrocidine basiert wahrscheinlich auf einen solchen „Detergenzien"-Effekt.

Gramicidin S wurde 1944 von der sowjetischen Arbeitsgruppe um GAUSE und BRAZHNIKOVA aus *Bacillus brevis* isoliert und 1946 durch SYNGE et al. strukturell aufgeklärt. Die vorgeschlagene Primärstruktur eines aus zwei identischen Pentapeptidsequenzen aufgebauten ringförmigen Decapeptides wurde 1956 durch die von SCHWYZER und SIEBER [811] durchgeführte Totalsynthese bestätigt:

$$\underset{1}{\text{Val}} - \text{Orn} - \text{Leu} - \text{D} - \text{Phe} - \underset{5}{\text{Pro}} - \text{Val} - \text{Orn} - \text{Leu} - \text{D} - \text{Phe} - \underset{10}{\text{Pro}}$$

Aus aktiviertem Pentapeptid-Derivat erhielten WAKI und IZUMIYA 1967 neben dem durch Cyclodimerisierung gebildeten Gramicidin S in 32proz. Ausbeute auch das cyclische Pentapeptid. Dieses Semi-Gramicidin S erwies sich als biologisch inaktiv.

Gramicidin S wirkt gegen grampositive, jedoch nicht gegen gramnegative Erreger. Struktur-Aktivitäts-Studien zeigten u. a., daß der Prolin-Rest gegen Glycin und Sarcosin und der Ornithin-Rest gegen Lysin ohne Aktivitätsverlust austauschbar ist. Ersetzt man D-Phenylalanin durch D-Alanin bzw. Glycin, resultieren Analoga mit schwacher biologischer Wirkung, während der Einbau von L-Alanin in diese Position zum vollständigen Wirkungsverlust führt (KAWAI et al., 1976). Abbildung 2—50 zeigt ein aus Konformationsstudien des Gramicidin S [812, 813] abgeleitetes Modell. Man erkennt eine antiparallele

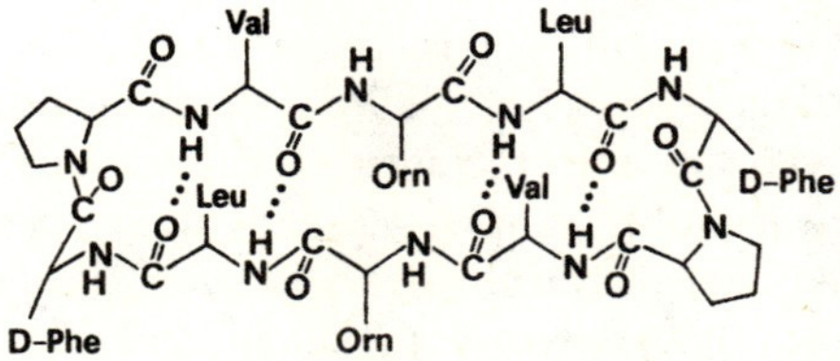

Abb. 2—50. Konformationsmodell von Gramicidin S

β-Struktur mit vier intramolekularen H-Bindungen zwischen Valin- und Leucin-Resten und zwei spezielle räumliche Anordnungen um die beiden D-Phe-Pro-Sequenzen.

Die *Tyrocidine* werden ebenfalls von *Bacillus brevis* produziert und wurden 1952 durch BATTERSBY und CRAIG entdeckt. Die Tyrocidine A—E unterscheiden sich im wesentlichen durch ihre aromatischen Aminosäuren (CRAIG et al. 1954 bis 1956):

Tyro-cidin	Sequenz									
A	cyclo-(-Val	-Orn	-Leu	-D-Phe	-Pro	-Phe	-D-Phe	-Asn	-Gln	-Tyr-)
	1	2	3	4	5	6	7	8	9	10
B	cyclo-(—	—	—	—	—	Trp	—	—	—	—)
C	cyclo-(—	—	—	—	—	Trp	-D-Trp	—	—	—)
D	cyclo-(—	—	—	—	—	—	—	—	—	Phe)
E	cyclo-(—	—	—	—	—	—	—	Asp	—	Phe)

Sie besitzen eine mit dem Gramicidin S übereinstimmende Pentapeptidsequenz. An der Totalsynthese der Gramicidine haben Izumiya et al. entscheidenden Anteil. Die Gramicidine wirken vorrangig gegen grampositive Keime. Man verwendet Tyrocidin-Gemische, oft kombiniert mit etwa 20% Gramicidin, zur Behandlung von Hautinfektionen sowie des Mund- und Rachenraumes. Offenkettige Tyrocidin-Analoga sind biologisch inaktiv, während die entsprechende Sequenz des Gramicidin S noch etwa 1/12 der biologischen Wirkung des nativen Produktes aufweist.

Polymyxine sind Fettsäure-enthaltende cyclische Peptide, die von *Bacillus polymyxa* produziert werden, und gegen gramnegative Erreger, u. a. auch gegen *Pseudomonas* wirken.

Die Strukturaufklärung der Polymyxine erwies sich als äußerst kompliziert und führte zunächst zu keinen korrekten Konstitutionsformeln. Erst in Verbindung mit umfangreichen Arbeiten zur Totalsynthese durch Studer, Vogler et al. (1959—1965) sowie Suzuki et al. (1963—1965) gelang es, den eindeutigen Strukturbeweis für die Polymyxine zu erbringen und auch den aus Kulturfiltraten von *Bacillus circulans* isolierten *Circulinen* A und B (Murray und Tetrault, 1948) sowie den aus Kulturflüssigkeiten von *Bacillus colistinus* entdeckten *Colistinen* (Koyama, 1950) Polymyxin-analoge Strukturen zuzuordnen. Es handelt sich in allen Fällen um cyclisch verzweigte Heptapeptide mit einem α,γ-Diaminobuttersäure-Rest in der Verzweigungsposition, der über die γ-Aminofunktion mit der Carboxygruppe eines Threonin-Restes die Ringstruktur ausbildet, und an dessen α-Aminogruppe eine Tetrapeptidsequenz geknüpft ist. Die terminale Aminogruppe trägt einen verzweigten Fettsäurerest, der entweder die (+)-6-Methyloctansäure, (Abk.: MOA [(+)-Isopelargonsäure]), oder die 6-Methylheptansäure (Abk.: MOA [Isooctansäure]) sein kann.

Bemerkenswert hoch, ist der Gehalt an L-α,γ-Diaminobuttersäure (Dbu). Ursprünglich hatte man dem N-terminalen Diaminobuttersäure-Rest die D-Konfiguration zugeschrieben.

(R)–Dbu–Thr–(X)–Dbu–Dbu–(Y)–(Z)–Dbu–Dbu–Thr

Polymyxin	R	X	Y	Z
B_1	MOA	Dbu	D-Phe	Leu
B_2	IOA	Dbu	D-Phe	Leu
D_1	MOA	D-Ser	D-Leu	Thr
D_2	IOA	D-Ser	D-Leu	Thr
Colistin A = E_1	MOA	Dbu	D-Leu	Leu
Colistin B = E_2	IOA	Dbu	D-Leu	Leu
Circulin A	MOA	Dbu	D-Leu	Ile

Alle Vertreter der Polymyxin-Gruppe sind recht toxische Verbindungen. Polymyxine und Colistine verwendet man lokal bei Infektionen des Gastrointestinal-Traktes. Sie besitzen jedoch eine nephrotoxische Nebenwirkung.

Schließlich sollen noch als letzte Vertreter dieser Gruppe die *Monamycine*, eine Familie von 15 Hexapeptidmitgliedern, erwähnt werden. Es sind ebenfalls Ionophore, die mit K^+, Rb^+ und Cs^+ starke Komplexe bilden, aber nur schwache Komplexe, wenn überhaupt, mit Li^+ und Na^+ unter gleichen Bedingungen. Sie besitzen folgende Struktur:

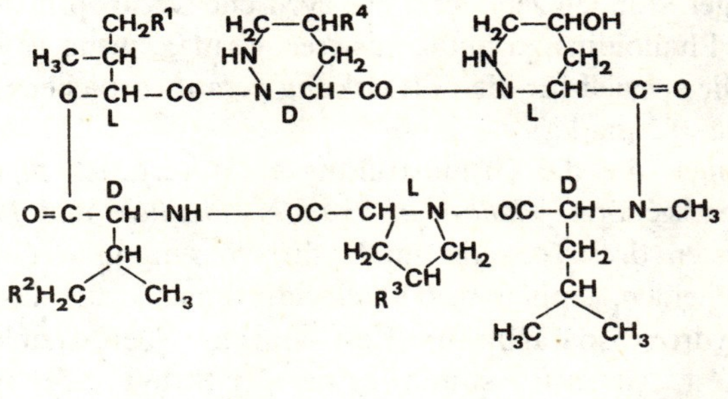

Monamycin	R^1	R^2	R^3	R^4
A	H	H	CH_3	H
B_1	H	H	CH_3	H
B_2	H	CH_3	H	H
B_3	CH_3	H	H	H
C	CH_3	H	CH_3	H
D_1	CH_3	H	CH_3	H
D_2	H	CH_3	CH_3	H
E	CH_3	CH_3	CH_3	H

Monamycin	R^1	R^2	R^3	R^4
F	CH_3	CH_3	CH_3	H
G_1	H	H	CH_3	Cl
G_2	H	CH_3	H	Cl
G_3	CH_3	H	H	Cl
H_1	CH_3	H	CH_3	Cl
H_2	H	CH_3	CH_3	Cl
I	CH_3	CH_3	CH_3	Cl

2.3.6. Peptidtoxine

Zu den in den letzten Jahren besonders intensiv untersuchten Naturstoffen gehört auch eine Reihe von Peptidtoxinen, die aus tierischem oder pflanzlichen Material sowie aus Mikroorganismen isoliert wurden.

Die Giftstoffe des grünen Knollenblätterpilzes (*Amanita phalloides*) wurden durch WIELAND et al. [814, 815] strukturell aufgeklärt und auch weitgehend synthetisiert. Der grüne Knollenblätterpilz produziert Dutzende von cyclischen Peptiden: die giftigen *Phallotoxine* (LD_{50} bei der Maus ca. 2 mg/kg), die die Leber innerhalb weniger Stunden zerstören, das cyclische Decapeptid *Antamanid*, das die Wirkung des Phalloidins zu antagonisieren vermag, wenn es rechtzeitig appliziert wird, und die speziell für die Giftwirkung verantwortlichen *Amatoxine* (LD_{50} bei der Maus ca. 0,5 mg/kg).

Zu den Phallotoxinen, die die Grundstruktur eines verbrückten cyclischen Heptapeptides besitzen, gehören *Phalloidin*, *Phalloin*, *Phallicin* und *Phallacidin*. Während sich die ersten drei Vertreter im Hydroxylierungsgrad des erythro-Leucin-Restes unterscheiden, enthält das Phallacidin anstelle des D-Threonins einen D-erythro-β-Hydroxyasparaginsäure-Rest und in Nachbarstellung statt Alanin einen Valin-Rest. Ansonsten stimmt es mit der Struktur des Phalloidins überein:

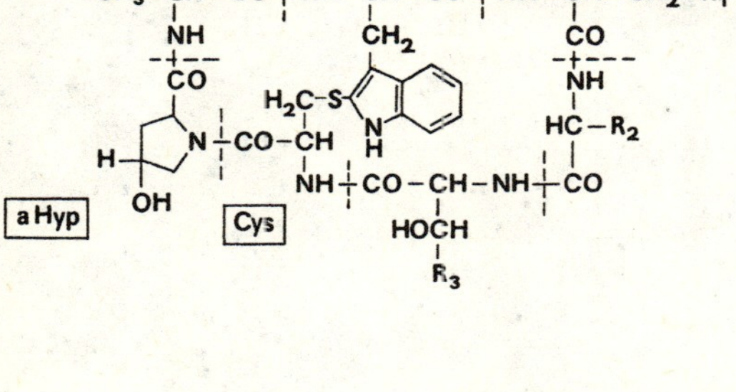

Biologisch aktive Peptide

Phallotoxin	R_1	R_2	R_3
Phalloidin	$-\underset{\underset{OH}{\mid}}{\overset{\overset{CH_2OH}{\mid}}{C}}-CH_3$	$-CH_3$	$-CH_3$
Phalloin	$-\underset{\underset{OH}{\mid}}{\overset{\overset{CH_3}{\mid}}{C}}-CH_3$	$-CH_3$	$-CH_3$
Phallicin	$-\underset{\underset{OH}{\mid}}{\overset{\overset{CH_2OH}{\mid}}{C}}-CH_2-OH$	$-CH_3$	$-CH_3$
Phallacidin	$-\underset{\underset{OH}{\mid}}{\overset{\overset{CH_2OH}{\mid}}{C}}-CH_3$	$-CH\underset{\diagdown CH_3}{\diagup CH_3}$	$-COOH$

Die Giftwirkung der Phallotoxine ist an die Cycloheptapeptid-Struktur sowie an die Thioetherbrücke des Tryptathion-Mittelteils gebunden, die die Thiol-Gruppe eines ursprünglichen Cystein-Restes mit der 2-Stellung einer Tryptophan-Seitenkette verknüpft. Bei der Aufklärung der Beziehungen zwischen Struktur und Aktivität wurden verschiedene Analoga der Phallotoxine synthetisiert. MUNEKATA, FAULSTICH und WIELAND [816] beschrieben die Totalsynthese von Analoga, in denen das allo-Hydroxyprolin (Position 4) oder das γ,δ-Dihydroxyleucin (Position 7) durch andere Aminosäuren aufgetauscht wurden, nach folgendem Aufbauschema (X, Y = ausgetauschte Aminosäuren):

$$\begin{array}{c}
\text{TFA} \cdot \text{H} - \text{Ala} - \text{Trp} - \text{X} - \text{OBu}^t \\
+ \\
\underset{\text{HO} - \text{Y} - \text{Cys} - \text{D} - \text{Thr} - \text{Ala} - \text{Boc}}{\overset{\text{S-Cl}}{|}}
\end{array} \longrightarrow \begin{array}{c}
\text{H} - \text{Ala} - \text{Trp} - \text{X} - \text{OBu}^t \\
| \\
\text{S} \\
| \\
\text{HO} - \text{Y} - \text{Cys} - \text{D} - \text{Thr} - \text{Ala} - \text{Boc}
\end{array}$$

$$\xrightarrow{\text{MA}} \begin{array}{c}
\rightarrow \text{Ala} - \text{Trp} - \text{X} - \text{OBu}^t \\
 | \\
 \text{S} \\
 | \\
\hookrightarrow \text{Y} - \text{Cys} - \text{D} - \text{Thr} - \text{Ala} - \text{Boc}
\end{array} \xrightarrow[\text{MA}]{\text{CF}_3\text{COOH}} \begin{array}{c}
\overset{5}{}\ \overset{6}{}\ \overset{7}{} \\
\rightarrow \text{Ala} - \text{Trp} - \text{X} \\
 | \searrow \text{Ala 1} \\
 \text{S} \nearrow \\
 | \\
\hookrightarrow \text{Y} - \text{Cys} - \text{D} - \text{Thr} \\
 4 3 2
\end{array}$$

Vom gleichen Arbeitskreis wurde auch das sog. *Miniphallotoxin* synthetisiert, das als Anfangsglied der Phallotoxin-Reihe Interesse besitzt. Diese Verbindung ist ungiftig und zeigt auch keine Affinität zu F-Aktin.

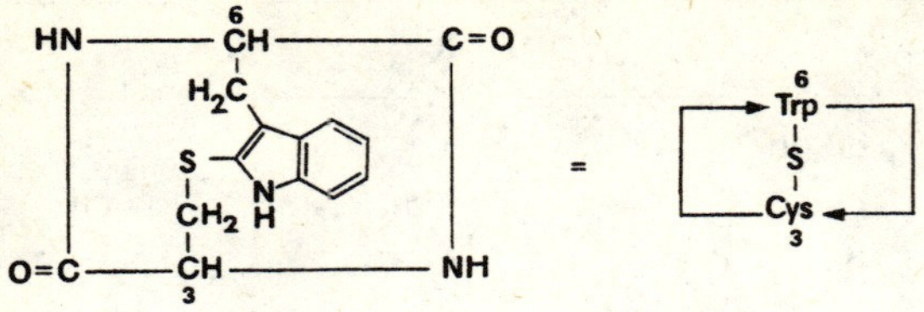

Die nur aus L-Aminosäuren aufgebauten *Amatoxine* sind cyclische Octapeptide und enthalten anstelle der Thioether-Gruppe eine Sulfoxidbrücke:

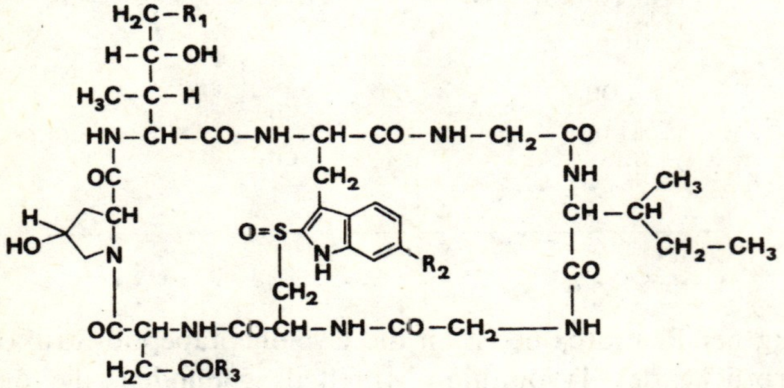

Amatoxin	R_1	R_2	R_3
α-Amanitin	—OH	—OH	—NH$_2$
β-Amanitin	—OH	—OH	—OH
γ-Amanitin	—H	—OH	—NH$_2$
Amanin	—OH	—H	—OH

Über 90% der tödlichen Pilzvergiftungen sind auf die Amatoxine zurückzuführen [817]. Diese Gifte kommen in hoher Konzentration (0,2 bis 0,4 mg/g Frischgewicht) im grünen Knollenblätterpilz (*Amanita phalloides*) daneben aber auch in der weißen Art (*Amanita virosa*) vor. Außerdem wurden Amatoxine in anderen Pilzarten, wie in den braunen Baumpilzen der Gattung *Galerina* und in den kleinen Schirmlingsarten der Gattung *Lepiota*. FIUME und STIRPE haben 1966 den Mechanismus der Amatoxin-Wirkung aufgeklärt. Amatoxine hemmen schon in einer Konzentration von 10^{-8} M die Transkription der DNS in die mRNS vollständig (vgl. S. 439). Die Folge ist, daß in der Leber die Proteinbiosynthese blockiert wird und es zum Absterben (Nekrose) eines großen Teils der Leberzellen kommt. Obgleich die Wirkung der Amatoxine wahrscheinlich bereits nach einer halben Stunde einsetzt, erfolgt der Zerfall der Leberzellen erst am 2. oder 3. Tag der Vergiftung.

Von WIELAND wurde ein relativ einfacher Nachweistest für Amatoxine beschrieben basierend auf einer blauvioletten Farbreaktion, die Amatoxine mit Zimtaldehyd in Gegenwart von Chlorwasserstoffdämpfen geben. Da das im Zeitungspapier enthaltene Lignin ähnlich reagierende Aldehyde aufweist, wird folgendermaßen vorgegangen: Ein frisch abgeschnittenes Stückchen des vermeintlichen Amanita-Pilzes wird mit der Messerklinge auf den Zeitungsrand gepreßt bis ein deutlicher feuchter Fleck entsteht. Man trocknet das Papier an der Luft und befeuchtet es mit 8 N Salzsäure. Eine nach etwa 15 min auftretende deutliche blaue Farbe zeigt den toxischen Pilz an.

Besonderes Interesse erregte die Entdeckung, daß der grüne Knollenblätterpilz neben den bereits besprochenen Toxinen in geringer Konzentration auch ein cyclisches Decapeptid enthält, das die Giftwirkung des Phalloidins und des α-Amanitins aufheben kann (WIELAND et al., 1968). Die Struktur dieses als *Antamanid* bezeichneten Gegengiftes wurde massenspektrometrisch aufgeklärt und durch Totalsynthese bestätigt:

cyclo−(−Pro−Phe−Phe−Val−Pro−Pro−Ala−Phe−Phe−Pro−)

Ein sicherer Schutz gegen die tödliche Wirkung der Pilztoxine wird jedoch nur erreicht, wenn die protektive Dosis Antamanid (0,5 mg/kg s.c. Maus gegen 5 mg/kg Phalloidin) spätestens gleichzeitig appliziert wird.

Antamanid und verschiedene Analoga bilden Komplexe mit Alkali- und Erdalkaliionen. Die Beziehungen zwischen der antitoxischen Aktivität des Antamanids und seinen Komplexierungseigenschaften waren lange Zeit unklar. Hinsichtlich der Konformation sind äquimolare Komplexe des Antamanids mit Li^+, K^+, Na^+ oder Ca^{2+} sowohl in Lösung als auch im kristallinen Zustand ähnlich.

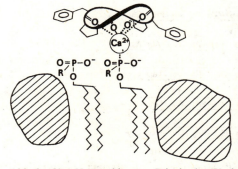

Abb. 2—51. Vorgeschlagenes Prinzip der Wechselwirkung des Antamanids mit einer Biomembran nach IVANOV et al. [818]
Die schraffierten Bereiche symbolisieren die Proteinkomponente der Membran.

In der sattelähnlichen Struktur ist das Kation über vier Amidcarbonyl-O-Atome gebunden. Von IVANOV et al. [818] wird die Ausbildung von 2:1-Komplexen analog der „sandwich"-Struktur des Valinomycins (vgl. S. 342) diskutiert, wobei Übergänge zwischen den Komplexen unterschiedlicher Stöchiometrie möglich sind. Bezüglich der antitoxischen Aktivität des Antamanids wird vom gleichen Autor eine Wechselwirkung des Komplexes mit Proteinkomponenten der Biomembran postuliert (Abb. 2—51), wodurch beträchtliche Abschnitte des Membrangebietes in der Weise blockiert werden, daß auch die Permeabilität der Membran gegenüber den genannten Toxinen von *Amanita phalloides* verändert wird.

Malformin, ein Stoffwechselprodukt von *Aspergillus niger*, besitzt neben der antibakteriellen Wirkung auch cytotoxische Aktivität. Es bewirkt Mißbildungen bei höheren Pflanzen. Die ursprünglich von CURTIS (1958) vorgeschlagene Struktur wurde 1973 von BODANSZKY revidiert und durch Synthese bestätigt:

```
→D−Cys−D−Cys−Val−D−Leu−Ile
```

Aus Bienengift wurden mehrere basische Peptide isoliert, von denen das *Mellitin*, *Apamin* und das *Mastzellen-degranulierende Peptid* die wichtigsten sind [819,820]. Die biosynthetische Vorstufe des Mellitins ist nach Untersuchungen von KREIL et al. [821] das *Prä-Pro-Mellitin*. Es ist aus 70 Aminosäure-Resten mit N-terminalem Methionin und C-terminalem Glycin aufgebaut. Der stark hydrophoben Region des N-terminalen Abschnittes folgt eine Mittelregion mit allen sauren Aminosäuren und den meisten Prolin-Resten und daran schließt sich die aktive Mellitinsequenz (44—69) sowie der C-terminale Glycin-Rest an:

```
Met−Lys−Phe−Leu−Val−X−Val−Ala−Leu−Val−
 1              5                    10
Phe−Met−Val−Val−Tyr−Ile−X−Tyr−Ile−Leu−
              15              20
Ala−Ala−Pro−Glu−Pro−Glu−Pro−Ala−Pro−Glu−
             25              30
Pro−Glu−Ala−Glu−Ala−Asp−Ala−Glu−Ala−Asp−
             35              40
              1              5
Pro−Glu−Ala−Gly−Ile−Gly−Ala−Val−Leu−Lys−
             45              50
          10              15
Val−Leu−Thr−Thr−Gly−Leu−Pro−Ala−Leu−Ile−
             55              60
          20              25
Ser−Trp−Ile−Lys−Arg−Lys−Arg−Gln−Gln−Gly
             65              70
                        NH₂
```

Entsprechend der „Signal"-Hypothese von BLOBEL besitzt die Prä-Sequenz (1—21), auch Signalpeptid genannt, in seiner Struktur die Information, die Bildung eines Komplexes von mRNS und Ribosom mit einem ribosomalen Rezeptorprotein zu ermöglichen. Dadurch wird die nachfolgende Peptidsequenz direkt am endoplasmatischen Retikulum synthetisiert, durch die Membran in das Innere der ER-Kanälchen geschleust und kann somit als Sekretprotein nach außen gelangen. Das sog. Signalpeptid wird noch vor Beendigung der Synthese des gesamten Proteins von einer auf der Membraninnenseite lokalisierten Signalpeptidase abgespalten. Für die Freisetzung des Mellitins aus dem *Pro-Mellitin* (22—70) ist die Abspaltung des C-terminalen Glycin-Restes mit gleichzeitiger Umwandlung in eine Amid-Gruppierung sowie die Spaltung der Ala^{43}-Gly^{44}-Bindung erforderlich. Im Gegensatz zum abgehandelten Pro-Mellitin der Bienenkönigin wurden für das Pro-Mellitin von Arbeitsbienen 1973 von KREIL Prosequenzen zwischen 6 und 9 Aminosäuren angegeben, die nicht mit der entsprechenden Sequenz im oben aufgeführten Prä-Pro-Mellitin 35—43 übereinstimmen.

Mellitin ist ein Hexacosapeptidamid, entsprechend der Sequenz 44—69 des formelmäßig dargestellten Prä-Pro-Mellitins der Bienenkönigin. Die hämolysierende Wirkung und oberflächenspannungerniedrigende Aktivität ist auf die Verteilung der hydrophoben Aminosäure-Reste im N-terminalen Teil und der hydrophilen Bausteine im C-terminalen Teil zurückzuführen („Invertseife auf Peptidbasis"). Die Synthese des Mellitins beschrieben 1971 LÜBKE et al.

Apamin wurde 1965 von HABERMANN et al. Isoliert und gereinigt. Die Strukturaufklärung erfolgte zwei Jahre später durch den gleichen Arbeitskreis:

Cys—Asn—Cys—Lys—Ala—Pro—Glu—Thr—Ala—Leu—Cys—Ala—Arg—Arg—Cys—Gln—Gln—His—NH_2
1   2   3   4   5   6   7   8   9   10   11   12   13   14   15   16   17   18

Die Totalsynthese beschrieben 1975 VAN RIETSCHOTEN et al. [822] sowie SANDBERG und RAGNARSSON [823]. Apamin ist die neurotoxische Komponente des Bienengiftes.

Die dritte Peptidkomponente des Bienengiftes ist das *Mastzellen-degranulierende (MCD)-Peptid* mit folgender Sequenz (HABERMANN, 1968):

Ile—Lys—Cys—Asn—Cys—Lys—Arg—His—Val—Ile—Lys—Pro—His—Ile—Cys—Arg—Lys—Ile—Cys
1   2   3   4   5   6   7   8   9   10   11   12   13   14   15   16   17   18   19
Gly—Lys—Asn—NH_2
20   21   22

Es besitzt entzündungshemmende Wirkung. Die dem Bienengift zugeschriebene günstige Wirkung bei rheumatischen Erkrankungen ist auf das MCD-Peptid zurückzuführen. Nach der gelungenen Synthese (BIRR, 1977) dürfte das Verhalten des Peptides an der Zellmembran von Mastzellen sowie Untersuchungen über die entzündungshemmenden Eigenschaften im Rahmen von Sequenzvariationen neue interessante Aufschlüsse bringen.

Wespengift ist ärmer an aktiven Peptiden. Pharmakologisch kininähnlich wirkt das aus *genus Polistes* isolierte *Polisteskinin*. Dieses Wespenkinin ist ein um 9 Aminosäuren N-terminal verlängertes Bradykinin mit folgender Sequenz:

$$\underset{1}{\overset{\ulcorner}{\text{Glu}}}-\text{Thr}-\text{Asn}-\text{Lys}-\underset{5}{\text{Lys}}-\text{Lys}-\text{Leu}-\text{Arg}-\text{Gly}-$$

$$\underset{10}{\text{Arg}}-\text{Pro}-\text{Pro}-\text{Gly}-\text{Phe}-\underset{15}{\text{Ser}}-\text{Pro}-\text{Phe}-\text{Arg}$$

1977 isolierten NAKAJIMA et al. [824] aus dem Gift von *Vespula lewisii* mit dem als *Mastoparan* bezeichneten Peptid einen Wirkstoff mit Mastzellen-degranulierender Aktivität. Es besitzt eine dem Granuliberin R (vgl. S. 321) entsprechende Wirkungseffektivität. Strukturell unterscheidet es sich deutlich sowohl vom Granuliberin R als auch vom MCD-Peptid des Bienengiftes:

$$\underset{1}{\text{Ile}}-\text{Asn}-\text{Leu}-\text{Lys}-\underset{5}{\text{Ala}}-\text{Leu}-\text{Ala}-\text{Ala}-\text{Leu}-$$

$$\underset{10}{\text{Ala}}-\text{Lys}-\text{Lys}-\text{Ile}-\underset{14}{\text{Leu}}-\text{NH}_2$$

Im Gift anderer Wespen wurden ähnlich aktive Peptide aufgefunden.

Eine gewisse strukturelle Ähnlichkeit zum Bienengiftbestandteil Mellitin zeigt das aus dem Abwehrsekret europäischer Unken (*Bombina*) isolierte *Bombinin* (MICHL, 1970), das sich durch hämolytische Aktivität auszeichnet:

$$\underset{1}{\text{Gly}}-\text{Ile}-\text{Gly}-\text{Ala}-\underset{5}{\text{Leu}}-\text{Ser}-\text{Ala}-\text{Lys}-\text{Gly}-\underset{10}{\text{Ala}}-\text{Leu}-\text{Lys}-$$

$$\underset{15}{\text{Gly}}-\text{Leu}-\text{Ala}-\text{Lys}-\text{Gly}-\underset{20}{\text{Leu}}-\text{Ala}-\text{Glx}-\text{His}-\text{Phe}-\underset{24}{\text{Ala}}-\text{Asn}-\text{NH}_2$$

Schlangengifte werden in den Giftdrüsen, d. h. in den Oberkieferspeicheldrüsen von Giftschlangen, produziert und bestehen aus komplexen Gemischen hochtoxischer, antigen wirkender Polypeptide und Proteine sowie Enzymen. Während die Toxine die Lähmung und Tötung der Beutetiere verursachen, fördern bestimmte Enzyme die Giftausbreitung (Hyaluronidase u. a.) und leiten die Verdauung unzerteilt verschlungener Nahrung ein. Bezüglich ihrer Wirkung erfolgt eine Unterteilung der toxischen Polypeptide in *Cardiotoxine*, die Herzmuskelgifte, die Herzmuskel- und Nervenzellmembranen irreversibel depolarisieren, und die als Nervengifte fungierenden *Neurotoxine*. Letztere blockieren die neuromuskuläre Transmission. Am besten untersucht sind die Neurotoxine der Giftnattern, die wiederum in kurzkettige Polypeptidtoxine (60 bis 62 Aminosäuren) und längerkettige Verbindungen (71 bis 74 Bausteine) untergliedert werden. Die Primärstruktur von *Cobrotoxin* (YANG et al., 1970), das von IZUMIYA et al. 1972 mit Hilfe der Festphasen-Technik synthetisiert wurde, ist nachfolgend aufgeführt:

Biologisch aktive Peptide

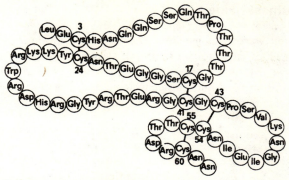

Die Arbeitsgruppe von IVANOV vom SHEMYAKIN-Institut für Biorganische Chemie in Moskau synthetisierte das α-*Bungarotoxin*, ein aus 74 Aminosäuren und 5 Disulfidbindungen aufgebautes Toxin aus dem Gift der taiwanesischen Schlange *Bungarus multicinctus*, mit Hilfe der Maximalschutzvariante auf konventionellen Wege. Das vollgeschützte Peptid wurde durch Segmentkondensation (1—19, 20—37, 38—53, 54—74) unter ausschließlicher Verwendung von Prolin- und Glycinschnittstellen aufgebaut (Abb. 2—52).

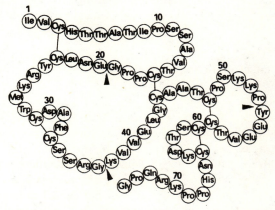

Abb. 2—52. Primärstruktur des α-Bungarotoxins (nach IVANOV [825])
Die Pfeile zeigen die für die Totalsynthese vorgenommene Segmentunterteilung an.

An diesem Beispiel konnte gezeigt werden, daß Polypeptide mit über 70 Aminosäure-Resten mittels maximalen hydrophoben Schutzes der Seitenkettenfunktionen in homogener Phase dargestellt werden können [825]. Ein weiteres Syntheseobjekt des genannten Arbeitskreises ist die Totalsynthese des *Neurotoxin II* aus dem Gift der mittelasiatischen Kobra *Naja Naja Oxiana* mit 61 Aminosäurebausteinen.

2.3.7. Peptidinsektizide

In den letzten Jahren wurden einige insektizid wirksame Cyclopeptide in der Natur aufgefunden. Das als Stoffwechselprodukt von *Aspergillus ochraceus* gebildete *Asprochacin* (MYOKEI et al., 1969) besteht aus N-Methylalanin, N-Methylvalin und Ornithin als Aminosäurebausteine und einer Octatriencarbonsäure, die mit der α-Aminogruppe des Ornithins verknüpft ist:

Asprochacin

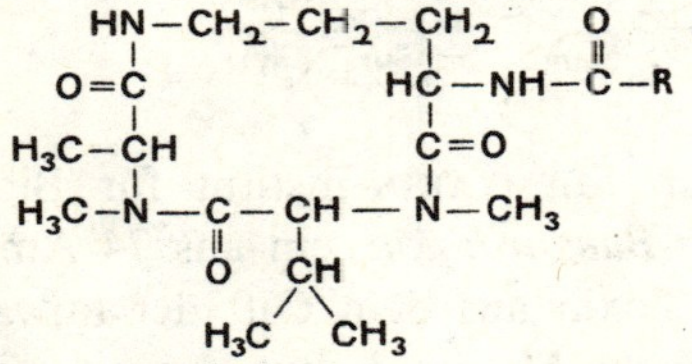

$$R = -CH=CH-CH=CH-CH=CH-CH_3$$

Asprochacin zeigt eine hohe Toxizität gegenüber Seidenwürmern.

1970 gelang SUZUKI et al. die Strukturaufklärung der aus Kulturen von *M. anisopliae* isolierten, insektizid wirksamen cyclischen Depsipeptide *Destruxin C* und *D*:

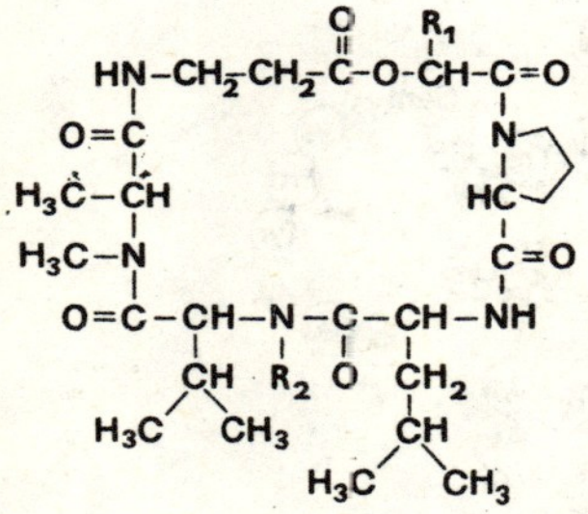

Destruxin	R_1	R_2
C	$HO-CH_2-CH(CH_3)-CH_2-$	H_3C-
D	$H_3C-CH(COOH)-CH_2-$	H_3C-
Desmethyl-	$H_3C-CH(CH_3)-CH_2-$	$H-$

Bassianolid ist ein Stoffwechselprodukt der entomopathogenen Pilze *Beauveria bassiana* und *Verticillium lecanii*. Die Struktur wurde durch die Arbeitsgruppe um SUZUKI [826] aufgeklärt:

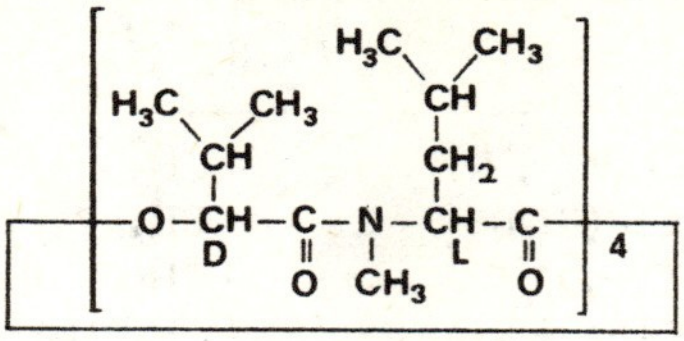

Biologisch aktive Peptide 357

$$\left[-O-\underset{D}{\underset{\|}{CH}}-\underset{\underset{O}{\|}}{\overset{\overset{H_3C}{\underset{|}{CH_3}}{\underset{|}{CH}}}{C}}-\underset{\underset{CH_3}{|}}{N}-\underset{L}{\underset{\underset{O}{\|}}{\overset{\overset{H_3C}{\underset{|}{CH}}}{\overset{|}{\underset{|}{CH_2}}}{CH}}}-C- \right]_4$$

Das cyclische Depsipeptid besteht aus nur zwei Bausteinen, N-Methyl-leucin und α-Hydroxyisovaleriansäure, und konnte synthetisch erhalten werden. Bassianolid besitzt eine hohe Toxizität gegenüber Seidenwürmerlarven.

Im Zusammenhang mit den Peptidinsektiziden sollen Untersuchungen von PODUŠKA, SLAMA et al. erwähnt werden, die sich mit der Juvenilhormonaktivität einfacher Peptid-Derivate befaßten. L-Isoleucyl-L-alanyl-4-aminobenzoesäure-ethylester besitzt z. B. strukturelle Ähnlichkeit mit Juvenilhormon-Analoga, die aus Monoterpenen und 4-substituierten Aromaten aufgebaut sind. Eine Aktivitätssteigerung konnte durch den Austausch des Isoleucin-Restes gegen die tert.-Butyloxycarbonyl-Gruppe erzielt werden. Noch stärker wirksam ist das entsprechende α-Chlorisobutyryl-Derivat, von dem bereits 1 mg genügt, um 2 t Insekten der Familie *Pyrrhocoridae* durch Störung der Larvenumwandlung zu vernichten.

2.3.8. Peptidalkaloide [827, 828]

Lysergsäureabkömmlinge der Mutterkornalkaloide, z. B. vom Ergotamintyp, besitzen einen cyclischen Tripeptidanteil, an dessen Aufbau die Aminosäuren D-Prolin, L-Leucin, L-Phenylalanin oder L-Alanin beteiligt sind. Die Verknüpfung mit der Carboxygruppe der Lysergsäure übernehmen entweder Alanin (Ergotamintyp) oder Valin (Ergotoxintyp):

Grundgerüst der Lysergsäureabkömmlinge

Tripeptidrest

Lysergsäurerest

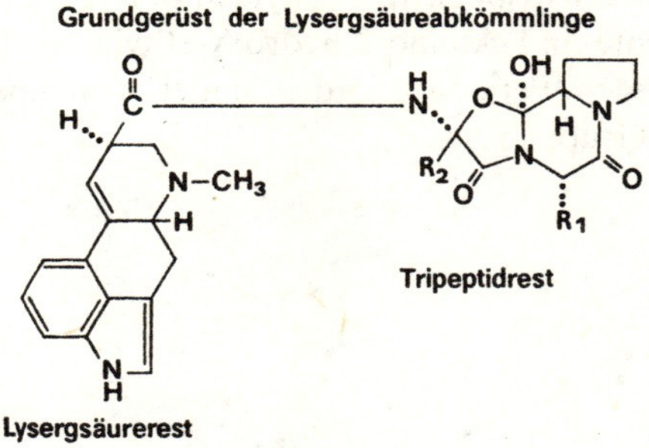

	R_1	R_2
Ergotamin	$-CH_2-C_6H_5$	$-CH_3$
Ergosin	$-CH_2-CH(CH_3)_2$	$-CH_3$
Ergocristin	$-CH_2-C_6H_5$	$-CH(CH_3)_2$
Ergocryptin	$-CH_2-CH(CH_3)_2$	$-CH(CH_3)_2$

Die Biosynthese geht von Tryptophan und Isopentenylpyrophosphat aus. Der Peptidanteil der Peptidalkaloide vom Ergotamin- und Ergotoxintyp wird an einem Multienzymkomplex synthetisiert.

Peptidalkaloide vom Pandamintyp wurden in der letzten Zeit im zunehmenden Maße als Inhaltsstoffe einiger Pflanzenfamilien aufgefunden [827]. *Frangulanin*, das Hauptalkaloid der Rinde des Faulbaumes (*Rhamnus frangula L.*), wurde erstmals von TSCHESCHE et al. [829] isoliert und ist inzwischen auch in anderen Rhamnaceen nachgewiesen worden. Die Aminosäurebausteine sind Leucin, N,N-Dimethylisoleucin (Me_2Ile) und 3-Hydroxyleucin (3-Hyle). Strukturell leiten sich das Frangulanin und die nachfolgend aufgeführten verwandten Peptidantibiotika vom *Pandamin* ab, einem Alkaloid aus *Panda oleosa* (PAIS et al., 1964):

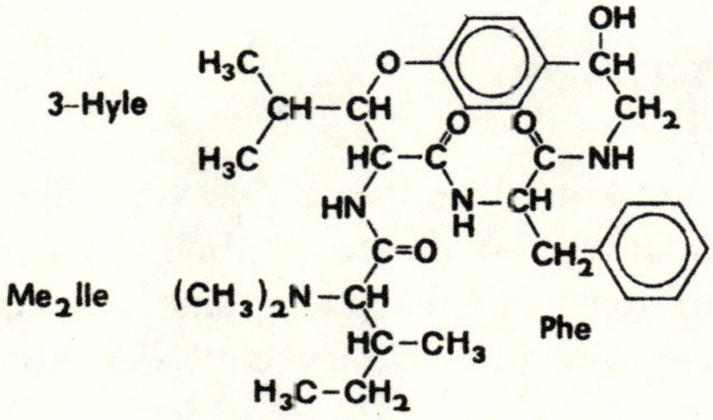

Neben 3-Hydroxyleucin, N-Dimethylisoleucin, Phenylalanin enthält das Pandamin als proteinfremde Komponente ein 1-Amino-2-hydroxy-ethylbenzen-Derivat. Im Frangulanin und den folgenden Peptidalkaloiden findet man anstelle der Hydroxyethanbrücke eine Ethen-Gruppierung.

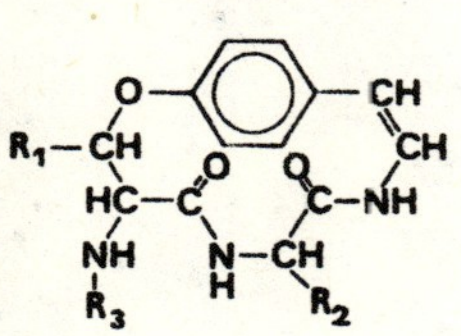

	R₁	R₂	R₃
Frangulanin	—CH(CH₃)₂	—CH₂—CH(CH₃)₂	Me₂Ile-
Intergerrenin	—C₆H₅	—CH₂—CH(CH₃)₂	Me₂Ile—
Intergerressin	—C₆H₅	—CH₂—C₆H₅	Me₂Ile—
Scutiamin	—CH(CH₃)₂	—CH₂—C₆H₅	Me₂Ile—Pro—

Typisch für alle diese Peptidalkaloide ist das 14-gliedrige Ringsystem mit einem 4-Alkoxystyrylamin-Rest als Ringbestandteil. Bei der Strukturaufklärung bewährte sich besonders die Massenspektroskopie.

Ein Alkaloid mit linearer Peptidkomponente ist das *Zizyphin* (ZBIRAL et al., 1965), dessen Struktur durch chemischen Abbau, Massenspektrometrie sowie NMR sichergestellt werden konnte:

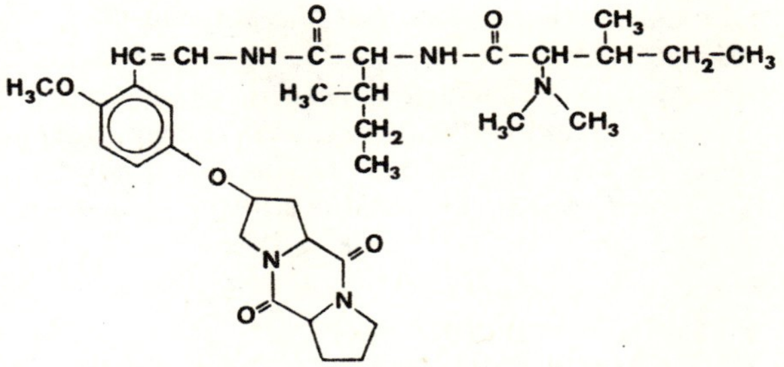

Literatur

- [1] FISCHER, E. (1906). Ber. dtsch. chem. Ges. **39**, 530
- [2] SCHÖNHEIMER, R. (1926). Hoppe-Seyler's Z. Physiol. Chem. **154**, 203
- [3] BERGMANN, M. u. ZERVAS, L. (1932). Ber. dtsch. chem. Ges. **65**, 1192
- [4] BERGMANN, M. et al. (1935). J. Biol. Chem. **109**, 325
- [5] FRUTON, J. S. (1949). Adv. Protein Chem. **5**, 1
- [6] WIELAND, Th. (1951). Angew. Chem. **63**, 7
- [7] WIELAND, Th. (1954). Angew. Chem. **66**, 507
- [8] GRASSMANN, W. u. WÜNSCH, E. (1956). Fortschr. Chem. Org. Naturstoffe (Wien) **13**, 444
- [9] WIELAND, Th. u. HEINKE, B. (1957). Angew. Chem. **69**, 362
- [10] GOODMAN, M. u. KENNER, G. W. (1957). Adv. Protein Chem. **12**, 465
- [11] SCHWYZER, R. (1958). Chimia **12**, 53
- [12] WIELAND, Th. (1959). Angew. Chem. **71**, 417
- [13] MEIENHOFER, J. (1962). Chimia **16**, 385
- [14] RYDON, H. N. (1962). *„Peptide Synthesis"*, Lecture Series, Nr. 5, Royal Institute of Chemistry, London

[15] RUDINGER, J. (1963). Pure Appl. Chem. **7**, 335
[16] WIELAND, Th. u. DETERMANN, H. (1963). Angew. Chem. **75**, 539
[17] JOHNSON, B. J. (1969). Ann. Rep. Med. Chem., 307
[18] HARDY, P. M. (1969). J. Chem. Soc. B, 491
[19] KATSOYANNIS, P. G. u. GINOS, J. Z. (1969). Ann. Rev. Biochem. **38**, 881
[20] MEIENHOFER, J. (1974). „*Chemical Aspects of Peptide and Protein Synthesis*", in: „*Protein Nutrition*", (Hrsg.: BROWN, H.), Ch. C. Thomas Publishers, Springfield
[21] WÜNSCH, E. (1971). Angew. Chem. **83**, 773
[22] KATSOYANNIS, P. G. (1973). „*The Chemistry of Polypeptides*", Plenum Press, New York, London
[23] GREENSTEIN, J. P. u. WINITZ, M. (1961). „*Chemistry of the Amino Acids*", Vol. 2, Wiley, New York
[24] BODANSZKY, M., KLAUSNER, Y. S. u. ONDETTI, M. A. (1976). „*Peptide Synthesis*", Wiley, New York
[25] LÜBKE, K. u. SCHRÖDER, E. (1966). „*The Peptides*", Academic Press, New York
[26] PETTIT, G. R. (1970—1976). *Synthetic Peptides*. Vol. 1—4, Elsevier, Amsterdam
[27] YOUNG, G. T. (Hrsg.) „*Amino-acids, Peptides, and Proteins*", Vol. 1—4; The Chemical Society, Burlington House, London (1969—1972)
SHEPPARD, R. C. (Hrsg.). ibid., Vol. 5 fortlaufend, London
[28] GROSS, E. u. MEIENHOFER, J. (Eds.) (1979). *The Peptides: Analysis, Synthesis, Biology*. Vol. 1, Academic Press, New York, San Francisco, London; Vol. 2 (1980)
[29] WÜNSCH, E. (1974). „*Synthese von Peptiden*", in: HOUBEN-WEYL, „*Methoden der organischen Chemie*", Bd. 15, 1/2, (Hrsg., MÜLLER, E.) Georg Thieme Verlag, Stuttgart
[30] LÜBKE, K., SCHRÖDER, E. u. KLOSS, G. (1975). „*Chemie und Biochemie der Aminosäuren, Peptide und Proteine*", Georg Thieme Verlag, Stuttgart
[31] CLARE, P. A. (Hrsg.) (1972 fortlaufend). „*Amino-acid, Peptide and Protein Abstracts*", Information Retrieval Ltd., London
[32] *Prag (CSSR) 1958* (1959). Coll. Czech. Chem. Comm., Special Issue **24**, 1—160
[33] *München (BRD) 1959* (1959). Angew. Chem. **71**, 741—743
[34] *Basel (Schweiz) 1960* (1960). Chimia **14**, 366—418
[35] *Moskau (UdSSR) 1961* (1962). Zh. Mendeleyevskovo Obshch. **7**, 353—486; Coll. Czech. Chem. Comm. **27**, 2229—2262
[36] *Oxford (England) 1962:* YOUNG, G. T. (Hrsg.) (1963). „*Peptides*", Pergamon Press, Oxford
[37] *Athen (Griechenland) 1963:* ZERVAS, L. (Hrsg.) (1966). „*Peptides*", Pergamon Press, Oxford
[38] *Budapest (Ungarn) 1964:* BRUCKNER, V. u. MEDZIHRADSKY, K. (Hrsg.) (1965). Acta Chim. Acad. Sci. Hung. **44**, 1—239
[39] *Noordwijk (Niederlande) 1966:* BEYERMAN, H. C., VAN DEN LINDE, A. u. MASSEN VAN DEN BRINK, W. (Hrsg.) (1967). „*Peptides*", North-Holland, Amsterdam
[40] *Orsay (Frankreich) 1968:* BRICAS, E. (Hrsg.) (1968). „*Peptides*", North-Holland, Amsterdam
[41] *Padua (Italien) 1969:* SCOFFONE, E. (Hrsg.) (1971). „*Peptides 1969*", North-Holland, Amsterdam

[42] *Wien (Österreich) 1971:* NESVADBA, H. (Hrsg.) (1972). „*Peptides 1971*", North-Holland, Amsterdam
[43] *Reinhardsbrunn (DDR) 1972:* HANSON, H. u. JAKUBKE, H.-D. (Hrsg.) (1973). „*Peptides 1972*", North-Holland, Amsterdam
[44] *Kiyat Anavim (Israel) 1974:* WOLMAN, Y. (Hrsg.) (1975). „*Peptides 1974*", Keter Press, Jerusalem
[45] *Wepion (Belgien) 1976:* LOFFET, A. (Hrsg.) (1976). „*Peptides 1976*", Editions de l'Universite de Bruxelles
[46] *Gdansk (Polen) 1978:* SIEMION, I. Z. u. KUPRYSZEWSKI, G. (Hrsg.) (1979). „*Peptides 1978*", Wydawnictwa Uniwersytetu Wroclawskiego
[47] WEINSTEIN, B. u. LANDE, S. (Hrsg.) (1970). „*Peptides: Chemistry and Biochemistry*", Proc. 1th Amer. Peptide Symp.", Yale University, 1968, Marcel Dekker, New York
[48] LANDE, S. (Hrsg.) (1972). „*Progress in Peptide Research*, Vol. II, Proc. 2th Amer. Peptide Symp., Cleveland, 1970, Gordon and Breach, New York, London, Paris
[49] MEIENHOFER, J. (Hrsg.) (1972). „*Chemistry and Biology of Peptides*", Proc. 3th. Amer. Peptide Symp., Boston, 1972, Ann. Arbor Science Publ. Inc., Michigan
[50] WALTER, R. u. MEIENHOFER, J. (1975). „*Peptides: Chemistry, Structure and Biology*", Proc. 4th Amer. Peptide Symp., New York, 1974, Ann. Arbor Science Publ. Inc., Michigan
[51] GOODMAN, M. u. MEIENHOFER, J. (Hrsg.) (1977) „*Peptides*", Proc. 5th Amer. Peptide Symp., San Diego, 1977, Wiley, New York
[52] GROSS, E. u. MEIENHOFER, J. (Hrsg.) (1979). „*Peptides: Structure and Biological Function*", Proc. 6th Amer. Peptide Symp.; Pierce Chemical Comp., Rockford, Ill.
[53] Berichte der Japanischen Symposien über Peptidchemie von 1963—1975 wurden nur in japanischer Sprache publiziert.
[54] NAKAJIMA, T. (Hrsg.) (1977). „*Peptide Chemistry 1976*", Proc. 14th Symposium on Peptide Chemistry, Hiroshima, 1976, Protein Research Foundation, Osaka
[55] SHIBA, T. (Hrsg.) (1978). „*Peptide Chemistry 1977*", Proc. 15th Symposium on Peptide Chemistry, Osaka, 1977, Protein Research Foundation, Osaka
[56] IZUMIYA, N. (Hrsg.) (1979). „*Peptide Chemistry 1978*", Proc. 16th Symposium on Peptide Chemistry, Fukuoka, 1978, Protein Research Foundation, Osaka
[57] YONEHARA, H. (Hrsg.) (1980). „*Peptide Chemistry 1979*". Proc. 17th Symp. on Peptide Chemistry, Osaka, Japan
[58] OKAWA, K. (Hrsg.) (1981). „Peptide Chemistry 1980", Nishinomiya, Prot. Res. Found.
[59] YAJIMA, H. et al. (1968). Chem. Pharm. Bull. Japan **16**, 1342
[60] MEDZIHRADSZKY, K. u. MEDZIHRADSZKY-SCHWEIGER, H. (1965). Acta Chim. Acad. Sci. Hung. **44**, 15
[61] SIFFERD, R. H. u. DU VIGNEAUD, V. (1935). J. Biol. Chem. **108**, 753
[62] WÜNSCH, E., siehe [29], S. 59
[63] SAKAKIBARA, S. u. SHIMONISHI, Y. (1965). Bull. Chem. Soc. Japan **38**, 1412
[64] MCKAY, S. C. u. ALBERTSON, N. F. (1957). J. Amer. Chem. Soc. **79**, 4686
[65] WEYGAND, F. u. NINTZ, E. (1965). Z. Naturforschg. **20b**, 429
[66] SCHWYZER, R. (1959). Angew. Chem. **71**, 742
[67] GISH, D. T. u. CARPENTER, F. H. (1953). J. Amer. Chem. Soc. **75**, 5872
[68] CHAMBERLIN, J. W. (1966). J. Org. Chem. **31**, 1658

[69] Patchornik, A. et al., (1970). J. Amer. Chem. Soc. **92**, 6333
[70] Birr, C. et al., siehe [42], S. 175
[71] Carpino, L. A. (1957), J. Amer. Chem. Soc. **79**, 98; vgl. auch [64]
[72] Schwyzer, R. et al. (1959). Helv. Chim. Acta **42**, 2622
[73] Schnabel, E. (1967). Annalen **707**, 188
[74] Birr, C. und Frödl, R. (1970). Synthesis 474
[75] Schnabel, E. et al. (1968). Annalen **716**, 175
[76] Nagasawa, T. et al. (1973). Bull. Chem. Soc. Japan **46**, 1269
[77] Pozdnev, V. F. (1974). Khim. Prir. 6, 764
[78] Moroder, L. et al. (1976). Hoppe-Seyler's Z. Physiol. Chem. **357**, 1651
[79] Tarbell, D. S. et al. (1972). Proc. Natl. Acad. Sci. USA **69**, 730
[80] Meienhofer, J., siehe [37], S. 55
[81] Boissonnas, R. A. u. Preitner, G. (1955). Helv. Chim. Acta **36**, 875
[82] Kisfaludy, L. u. Dualszky, S. (1960). Acta Chim. Acad. Sci. Hung. **24**, 301, 309
[83] Blaha, K. u. Rudinger, J. (1965). Coll. Czech. Chem. Commun. **30**, 985
[84] Izumiya, N. et al. (1970). Bull. Chem. Soc. Japan **43**, 1883
[85] Erickson, B. W. u. Merrifield, R. B., siehe [49], S. 191
[86] Birr, C. et al. (1972). Annalen **763**, 162
[87] Carpino, L. A. u. Han, G. Y. (1970). J. Amer. Chem. Soc. **92**, 5748
[88] Losse, G. et al. (1964). Angew. Chem. **76**, 271
[89] Kader, A. T. u. Stirling, C. J. M. (1964). J. Chem. Soc. 258
[90] Schwyzer, R. et al. (1959). Angew. Chem. **71**, 742
[91] Kalbacher, H. u. Voelter, W. (1978). Angew. Chem. **90**, 998
[92] Kasafirek, E. (1972). Tetrahedron Letters 2021
[93] Wünsch, E. u. Spangenberg, R. (1971). Chem. Ber. **104**, 2427
[94] Eckert, H. et al. (1978). Angew. Chem. **90**, 388
[95] Veber, D. F. et al. (1977). J. Org. Chem. **42**, 3286
[96] Sakakibara, S. et al. (1965). Bull. Chem. Soc. Japan **38**, 1522
[97] Haas, W. L. et al. (1966). J. Amer. Chem. Soc. **88**, 1988
[98] Jäger, G. u. Geiger, R., siehe [42], S. 78
[99] Sieber, P. u. Iselin, B. (1968). Helv. Chim. Acta **51**, 622
[100] Stevenson, D. u. Young, G. T. (1967). Chem. Commun. 900
[101] McKay, F. C. u. Albertson, N. F. (1957). J. Amer. Chem. Soc. **79**, 4686
[102] Matsueda, G. R. u. Stewart, J. M., siehe [50], S. 333
[103] Kemp, D. S. et al. (1975). Tetrahedron Letters 4625
[104] Tun-Kyi, A. u. Schwyzer, R. (1976). Helv. Chim. Acta **59**, 1642
[105] Goerdeler, J. u. Holst, A. (1959). Angew. Chem. **71**, 775
[106] Zervas, L. et al. (1963). J. Amer. Chem. Soc. **85**, 3660
[107] Schönheimer, R. (1926). Hoppe-Seyler's Z. Physiol. Chem. **154**, 203
[108] Du Vigneaud, V. u. Behrens, O. K. (1937). J. Biol. Chem. **117**, 27
[109] Nesvadba, H. u. Roth, H. (1967). Mh. Chem. **98**, 1432
[110] Horner, L. u. Neumann, H. (1965). Chem. Ber. **98**, 1715
[111] Weygang, F. u. Czendes, E. (1952). Angew. Chem. **64**, 136
[112] Hillmann, A. u. Hillmann, G. (1951). Z. Naturforschg. **6b**, 340
[113] Waley, S. G. (1953). Chem. Ind. 107

[114] Scoffone, E. et al. (1965). Tetrahedron Letters 605
[115] Holley, R. W. u. Holley, A. D. (1952). J. Amer. Chem. Soc. **74**, 3069
[116] Steglich, W. u. Batz, H.-G. (1971). Angew. Chem. **83**, 83
[117] Fukuda, T. u. Fujino, M., siehe [55], S. 19
[118] Reese, L. (1887). Annalen **242**, 1
[119] Nefkens, G. H. L. (1960). Nature **185**, 309
[120] Schwyzer, R. et al. (1962). Chimia **16**, 295
[121] Helfrich, B. et al. (1925). Ber. dtsch. chem. Ges. **58**, 852
[122] Hillmann-Elies, A. et al. (1953). Z. Naturforschg. **8b**, 445
[123] Tamaki, T. et al. (1971). Yuki Gosei Kagaku **29**, 599
[124] Hiskey, R. G. et al. (1972). J. Org. Chem. **37**, 2472, 2478
[125] Wünsch, E., siehe [29], S. 315
[126] Fischer, E. (1906). Ber. dtsch. chem. Ges. **39**, 2893
[127] Brenner, M. et al. (1950). Helv. Chim. Acta **33**, 568
[128] Wang, S.-S. et al. (1977). J. Org. Chem. **42**, 1286
[129] Bergmann, M. u. Zervas, L. (1933). Ber. dtsch. chem. Ges. **66**, 1288
[130] Roeske, R. W. (1959). Chem. Ind. 1121
[131] Taschner, E. et al. (1961). Annalen **646**, 134
[132] Stelakatos, G. C. et al. (1970). J. Chem. Soc. (C) 964
[133] MacLaren, J. A. (1972). Austr. J. Chem. **25**, 1293
[134] Stewart, F. H. C. (1967). Austr. J. Chem. **20**, 2243
[135] Young, G. T. et al. (1968). Nature **217**, 247
[136] Miller, A. W. u. Stirling, C. J. M. (1968). J. Chem. Soc. (C) 2612
[137] Zervas, L. et al. (1966). J. Chem. Soc. (C) 1191
[138] Sheehan, J. C. u. Umezawa, K. (1973). J. Org. Chem. **38**, 3771
[139] Fruton, J. S. et al. (1965). J. Amer. Chem. Soc. **87**, 5469
[140] Kemp, D. S. u. Reczek, J. (1977). Tetrahedron Letters 1031
[141] Nefkens, G. H. L. (1962). Nature **193**, 974
[142] Kenner, G. W. u. Seely, J. M. (1972). J. Amer. Chem. Soc. **94**, 3259
[143] Rühlmann, K. et al. (1965). Annalen **683**, 211
[144] Kricheldorf, H. R. (1972). Annalen **763**, 17; vgl. auch Birkhofer, L. u. Müller, F., siehe [40], S. 151
[145] Sieber, P. (1977). Helv. Chim. Acta **60**, 2711
[146] Wieland, Th. u. Racky, W. (1968). Chimia **22**, 375
[147] Weygand, F. et al. (1968). Chem. Ber. **101**, 3623
[148] König, W. u. Geiger, R. (1972). Chem. Ber. **105**, 2872; vgl. auch ibid. **103**, 2041 (1970)
[149] Sakakibara, S. et al. (1967). Bull. Chem. Soc. Japan **40**, 2164
[150] Goodman, M. u. Stueben, K. C. (1959). J. Amer. Chem. Soc. **81**, 3980; vgl. auch ibid. **84**, 1279 (1962)
[151] Johnson, B. J. et al. (1968). J. Org. Chem. **33**, 4521; (1969) **34**, 1178 (1969); **35**, 255 (1970)
[152] Hofmann, K. et al. (1950). J. Amer. Chem. Soc. **72**, 2814
[153] Schwyzer, R. (1959). Angew. Chem. **71**, 742
[154] Weygand, F. u. Steglich, W. (1959). Chem. Ber. **92**, 33
[155] Bergmann, M. et al. (1934). Annalen **224**, 40

[156] CLUBB, M. E. et al. (1960). Chimia **14**, 373; vgl. auch BODANSZKY, M. u. SHEEHAN, J. C. (1960). Chem. Ind. 1268
[157] YAJIMA, H. et al. (1968). Bull. Chem. Soc. Japan **16**, 1342
[158] GUTTMANN, S. u. PLESS, J. (1965). Acta Chim. Acad. Sci. Hung. **44**, 21
[159] BAJUSZ, S. (1965). Acta Chim. Acad. Aci. Hung. **44**, 23
[160] ZERVAS, L. et al. (1961). J. Amer. Chem. Soc. **83**, 3300
[161] WÜNSCH, E. (1972). Naturwiss. **59**, 239
[162] JÄGER, G. u. GEIGER, R. (1970). Chem. Ber. **103**, 1727
[163] GISH, D. T. u. CARPENTER, F. H. (1953). J. Amer. Chem. Soc. **75**, 5872
[164] HABEEB, A. F. S. A. (1960). Canad. J. Biochem. Physiol. **38**, 493
[165] NISHIMURA, O. u. FUJINO, M. (1976). Chem. Pharm. Bull. Japan **24**, 1568
[166] PHOTAKI, I. et al. (1976). J. Chem. Soc. Perkin I, 259
[167] HOLLEY, R. W. u. SONDHEIMER, E. (1954). J. Amer. Chem. Soc. **76**, 1326; FISCHER, R. F. u. WHETSTONE, R. R. (1954). ibid. **76**, 5076
[168] DU VIGNEAUD, V. u. BEHRENS, O. K. (1937). J. Biol. Chem. **117**, 27
[169] ECKSTEIN, H. (1976). Annalen 1289
[170] VAN BATENBURG, D. D. u. KERLING, K. E. T. (1976). Int. J. Peptide Protein Res. **8**, 1
[171] SHALTIEL, S. (1967). Biochem. Biophys. Res. Commun. **29**, 178
[172] WEYGAND, F. et al. (1966). Tetrahedron Letters 3754
[173] SCHNABEL, E. et al. (1968). Annalen **716**, 175
[174] HAAS, W. L. et al. (1966). J. Amer. Chem. Soc. **88**, 1988
[175] MORODER, L. et al. (1976). Hoppe-Seyler's Z. Physiol. Chem. **357**, 1647
[176] JÄGER, G. et al. (1968). Chem. Ber. **101**, 3537
[177] LOSSE, G. u. KRYCHOWSKI, U. (1970). J. prakt. Chem. **312**, 1097
[178] COYLE, S. u. YOUNG, G. T. (1976). Chem. Commun. 980
[179] SAKAKIBARA, S. u. FUJII, T. (1970). Bull. Chem. Soc. Japan **43**, 3954; ibid. **42**, 1466 (1969)
[180] FUJII, T. et al. (1976). Bull. Chem. Soc. Japan **49**, 1595
[181] AMIARD, G. et al. (1955). Bull. Soc. Chim. France **191**, 1464
[182] JONES, J. H. u. RAMAGE, W. I. (1978). Chem. Commun. 472
[183] FLETCHER, A. R. et al., siehe [46], S. 169
[184] NEFKENS, G. H. L. et al. (1960). Rec. Trav. Chim. **79**, 688
[185] ALAKHOV, Yu. B. et al. (1970). Chem. Commun. 406
[186] LÖW, M. et al. (1978). Hoppe-Seyler's Z. Physiol. Chem. **359**, 1637; vgl. auch ibid. **359**, 1617, 1629
[187] WÜNSCH, E. et al. (1967). Chem. Ber. **100**, 816; Z. Naturforschg. **22b**, 607
[188] IZUMIYA, N. et al., siehe [49], S. 269
[189] CHORER, M. u. KLAUSNER, Y. S. (1976). Chem. Commun. 596
[190] MARCHIORI, F. et al. (1963). Ganzz. Chim. Ital. **93**, 823, 834
[191] KLIEGER, E. (1969). Annalen **724**, 204; YAJIMA, H. et al. (1971). Chem. Pharm. Bull. Japan, **19**, 1900
[192] STOREY, H. T. et al. (1972). J. Amer. Chem. Soc. **94**, 6170
[193] HARRIS, J. I. et al. (1956). Biochem. J. **62**, 154
[194] OKAWA, K. u. TANI, A. (1950). J. Chem. Soc. Japan **75**, 1197
[195] CALLAHAN, F. M. et al. (1963). J. Amer. Chem. Soc. **85**, 201

[196] Iselin, B. u. Schwyzer, R. (1956). Helv. Chim. Acta **39**, 57
[197] Weygand, F. et al. (1966). Chem. Ber. **99**, 1944; ibid. **101**, 923 (1968)
[198] Lapatsanis, L., siehe [46], S. 105
[199] Birkhofer, L. et al. (1961). Chem. Ber. **94**, 1263
[200] Pojer, P. M. u. Angyal, S. J. (1976). Tetrahedron Letters 3067
[201] Mizoguchi, T. et al. (1968). J. Org. Chem. **33**, 903
[202] Ho, T. L. u. Olah, G. A. (1976). Angew. Chem. **88**, 847
[203] Thomas, P. J. et al. (1967). Coll. Czech. Chem. Commun. **32**, 1767
[204] Wünsch, E. et al. (1958). Chem. Ber. **91**, 542
[205] Schröder, E. (1963). Annalen **670**, 127
[206] Wünsch, E. u. Jentsch, J. (1964). Chem. Ber. **97**, 2490
[207] Holton, R. A. u. Davis, R. G. (1977). Tetrahedron Letters 533
[208] Du Vigneaud, V. et al. (1930). J. Amer. Chem. Soc. **52**, 4500
[209] Kamber, B. u. Rittel, W. (1968). Helv. Chim. Acta **51**, 2061
[210] Hiskey, R. G. et al. (1961). J. Org. Chem. **26**, 1152
[211] Kamber, B. (1973). Helv. Chim. Acta **56**, 1370
[212] Akabori, S. et al. (1964). Bull. Chem. Soc. Japan **37**, 433
[213] Fujino, M. u. Nishimura, O. (1976). Chem. Commun. 998
[214] Zervas, L. u. Photaki, I. (1960). Chimia **14**, 375; (1962). J. Amer. Chem. Soc. **84**, 3887
[215] Amiard, G. et al. (1956). Bull. Soc. Chim. France **192**, 698
[216] Coyle, S. u. Young, G. T. (1976). J. Chem. Soc. (D) 980
[217] Veber, D. F. et al. (1968). Tetrahedron Letters 3057; (1972) J. Amer. Chem. Soc. **94**, 5456
[218] Hermann, P. u. Hoffmann, G., siehe [45], S. 121
[219] Arold, H. u. Eule, M., siehe [43], S. 78
[220] Holland, G. F. u. Cohen, C. A. (1958). J. Amer. Chem. Soc. **80**, 3765
[221] Guttmann, S., siehe [37], S. 11; (1966). Helv. Chim. Acta **49**, 83
[222] Weber, U. u. Hartmann, P. (1970). Hoppe-Seyler's Z. Physiol. Chem. **351**, 1384
[223] Wünsch, E. u. Spangenberg, R., siehe [41], S. 30
[224] Mukaiyama, T. u. Takahashi, K. (1968). Tetrahedron Letters 5907
[225] Weinert, M. et al. (1969). Hoppe-Seyler's Z. Physiol. Chem. **350**, 1556; ibid. **352**, 719 (1971)
[226] Medzihradszky, K. u. Medzihradszky-Schweiger, H. (1965). Acta Chim. Acad. Sci. Hung. **44**, 14
[227] Yajima, H. et al. (1968). Chem. Pharm. Bull. Japan **16**, 1342
[228] Sieber, P. et al. (1970). Helv. Chim. Acta **59**, 2135
[229] Hughes, E. D. u. Ingold, C. H. (1933). J. Chem. Soc., 1571
[230] Iselin, B. (1961). Helv. Chim. Acta **44**, 61
[231] Sasaki, T. et al. (1977), siehe [55], S. 15
[232] Curtius, T. (1902). Ber. dtsch. Chem. Ges. **35**, 3226
[233] Honzl, J. u. Rudinger, J. (1961). Coll. Czech. Chem. Commun. **26**, 2333
[234] Sieber, P. et al. (1970). Helv. Chim. Acta **53**, 2135
[235] Kemp, D. S. et al. (1970). J. Amer. Chem. Soc. **92**, 4756
[236] Schnabel, E. (1962). Annalen **659**, 168

[237] ALBERTSON, N. F. (1962). Org. Reactions **12**, 157
[238] WIELAND, T. u. BERNHARD, H. (1951). Annalen **572**, 190
[239] BOISSONNAS, R. A. (1951). Helv. Chim. Acta **34**, 874
[240] VAUGHAN, JR., J. R. (1951). J. Amer. Chem. Soc. **73**, 3547
[241] STEWART, F. H. C. (1965). Austr. J. Chem. **18**, 887
[242] YAJIMA, H. et al. (1969). Chem. Pharm. Bull. Japan **17**, 1958
[243] ANDERSON, G. W. et al. (1967). J. Amer. Soc. Chem. **89**, 5012
[244] ANDERSON, G. W. et al. (1967). J. Amer. Soc. Chem. **89**, 178
[245] ZAORAL, M. (1962). Coll. Czech. Chem. Commun. **27**, 1273
[246] TILAK, M. A. (1970). Tetrahedron Letters 849
[247] BELLEAU, B. u. MALEK, G. (1968). J. Amer. Chem. Soc. **90**, 1651
[248] KISO, Y. u. YAJIMA, H. (1972). Chem. Commun. 942
[249] WENDELBERGER, G., siehe [29], Bd. 2, S. 68
[250] WIELAND, T. et al. (1971). Angew. Chem. **83**, 333
[251] LEUCHS, H. (1906). Ber. dtsch. chem. Ges. **39**, 857
[252] HIRSCHMANN, R. et al. (1966). J. Amer. Soc. Chem. **88**, 3163
[253] HIRSCHMANN, R. et al. (1968). J. Amer. Soc. Chem. **90**, 3254
[254] HIRSCHMANN, R. et al. (1971). J. Org. Chem. **36**, 49
[255] HIRSCHMANN, R. u. DENKEWALTER, R. G. (1970). Naturwiss. **57**, 145
[256] IWAKURA, Y. (1970). Biopolymers **9**, 1419
[257] WIELAND, T. et al. (1951). Annalen **573**, 99
[258] SCHWYZER, R. et al. (1955). Helv. Chim. Acta **38**, 69
[259] BEAUMONT, S. M. et al. (1965). Acta Chim. Sci. Hung. **44**, 37
[260] JAKUBKE, H.-D. (1965). Z. Naturforschg. **20b**, 237
[261] JAKUBKE, H.-D. u. VOIGT, A. (1966). Chem. Ber. **99**, 2944
[262] JAKUBKE, H.-D. et al. (1967). Chem. Ber. **100**, 2367
[263] BODANSZKY, M. (1955). Nature **175**, 685
[264] BODANSZKY, M. et al. (1973). J. Org. Chem. **38**, 3566
[265] ROTHE, M. u. KUNITZ, F. A. (1957). Annalen **609**, 88
[266] KUPRYSZEWSKI, G. (1961). Rocz. Chem. **35**, 595
[267] KUPRYSZEWSKI, G. u. FORMELA, M. (1961). Rocz. Chem. **35**, 1533
[268] KOVACS, J., KISFALUDY, L. u. CEPRINI, M. Q., siehe [39], S. 23
[269] KAZMIERCZAK, R. u. KUPRYSZEWSKI, G. (1963). Rocz. Chem. **37**, 659
[270] BARTH, A. (1965). Annalen **686**, 221
[271] JOHNSON, B. T. u. RUETHINGER, T. A. (1970). J. Org. Chem. **35**, 255
[272] KLAUSNER, Y. S. et al. (1977), siehe [51], S. 536
[273] JAKUBKE, H.-D. (1964). Chem. Ber. **97**, 2816
[274] WEYGAND, F. u. STEGLICH, W. (1961). Angew. Chem. **73**, 757
[275] ANDERSON, G. W. et al. (1963). J. Amer. Chem. Soc. **85**, 3039
[276] NEFKENS, G. H. L. u. TESSER, G. I. (1961). J. Amer. Chem. Soc. **83**, 1263
[277] JESCHKEIT, H. (1968). Z. Chem. **8**, 20
[278] JESCHKEIT, H. (1969). Z. Chem. **9**, 266
[279] DZIEDUSZYCKA, M. et al., siehe [42], S. 28
[280] KEMP, D. S. u. CHIEN, S. W. (1967). J. Amer. Chem. Soc. **89**, 2743
[281] OKAMOTO, K. u. SHIMANURA, S. (1973). J. Pharm. Soc. Japan **93**, 333

[282] BANKOWSKI, K. u. DRABAREK, S. (1971). Rocz. Chem. **45**, 1205
[283] JONES, H. H. u. YOUNG, G. T. (1968). J. Chem. Soc. (C) 436
[284] JAKUBKE, H.-D., KLESSEN, Ch. u. NEUBERT, K. (1977). J. prakt. Chem. **319**, 640
[285] KÖNIG, W. u. GEIGER, R. (1970). Chem. Ber. **103**, 788
[286] LLOYD, K. u. YOUNG, G. T. (1968). Chem. Commun. 1400
[287] MUZALEWSKI, F. u. KOWALCZYK, J., siehe [46], S. 143
[288] JAKUBKE, H.-D. (1966). Z. Chem. **6**, 52
[289] GARG, H. G. (1970). J. Sci. Ind. Res. India **29**, 236
[290] BODANSZKY, M. u. KLAUSNER, Y. S. siehe [22] S. 21
[291] HOLLITZER, O. et al. (1976). Angew. Chem. **88**, 480
[292] WIELAND, Th. et al. (1962). Annalen **655**, 189
[293] WOLMAN, Y. et al. (1967). J. Chem. Soc. 689
[294] KOVACS, J. et al. (1967). J. Amer. Chem. Soc. **89**, 183
[295] WOODWARD, R. B. u. OLOFSON, R. A. (1961). J. Amer. Chem. Soc. **83**, 1010
[296] WOODWARD, R. B. et al. (1969). J. Org. Chem. **34**, 2742
[297] NEUENSCHWANDER, M. et al. (1978). Helv. Chim. Acta. **61**, 2437
[298] SHEEHAN, J. C. u. HESS, G. P. (1955). J. Amer. Chem. Soc. **77**, 1067
[299] SHEEHAN, J. C. et al. (1965). J. Amer. Chem. Soc. **87**, 2492
[300] SHEEHAN, J. C. u. MCGREGOR, D. N. (1962). J. Amer. Chem. Soc. **84**, 3000
[301] WOLMAN, Y. et al. (1967). Chem. Commun. 629
[302] ITO, H. et al. (1977). Chemistry Letters Tokyo 539
[303] WÜNSCH, E. u. DRESS, F. (1966). Chem. Ber. **99**, 110
[304] WEYGAND, F. et al. (1966). Z. Naturforschg. **21b**, 426
[305] GROSS, H. u. BILK, L. (1968). Tetrahedron **24**, 6935
[306] JESCHKEIT, H. (1969). Z. Chem. **9**, 111
[307] YAJIMA, H. et al. (1973). Chem. Pharm. Bull. Japan **21**, 1612
[308] KÖNIG, W. u. GEIGER, R. (1970). Chem. Ber. **103**, 788
[309] KÖNIG, W. u. GEIGER, R. (1970). Chem. Ber. **103**, 2024, 2034
[310] ITOH, M. (1973). Bull. Chem. Soc. Japan **46**, 2219
[311] YAJIMA, H. et al. (1973). Chem. Pharm. Bull. Japan **21**, 2566
[312] ROMANOWSKI, P. Y. et al. (1975). Bioorg. Khim. **1**, 1263
[313] PRZYBYLSKI, J., JESCHKEIT, H. u. KUPRYSZEWSKI, G. (1977). Rocz. Chem. **51**, 939
[314] FUJINO, M. et al. (1974). Chem. Pharm. Bull. Japan **22**, 1857
[315] NISHIMURA, O. et al. (1975). Chem. Pharm. Bull. Japan **23**, 1212
[316] KEMP, D. S. et al. (1974). Tetrahedron Letters 2695
[317] RINIKER, B. et al., siehe [46], S. 631
[318] JAKUBKE, H.-D. u. KLESSEN, Ch. (1977). J. prakt. Chem. **319**, 159
[319] KÖNIG, W. u. GEIGER, R. (1970). Chem. Ber. **103**, 2034
[320] JAKUBKE, H.-D., KLESSEN, Ch., BERGER, E. u. NEUBERT, K. (1978). Tetrahedron Letters 1497
[321] JAKUBKE, H.-D., KLESSEN, Ch. u. DÖRING, G., unveröffentliche Ergebnisse
[322] GOLDSCHMIDT, S. u. OBERMEIER, F. (1954). Annalen **588**, 24
[323] MITIN, Yu. V. u. GLINSKAYA, O. V. (1969). Tetrahedron Letters 5267
[324] MITIN, Yu. V. et al., siehe [43], S. 57
[325] MUKAIYAMA, T. et al. (1968). J. Amer. Chem. Soc. **90**, 4490
[326] MUKAIYAMA, T. et al. (1970). Tetrahedron Letters 1901

[327] GAWNE, G. et al. (1969). J. Amer. Chem. Soc. **91**, 5669
[328] BATES, A. J. et al., siehe [43], S. 124
[329] CASTRO, B. et al. (1976). Synthesis 751
[330] CASTRO, B. et al. (1975). Tetrahedron Letters 1219
[331] SHIORIRI, T. et al. (1972). J. Amer. Chem. Soc. **94**, 6203; Tetrahedron Letters **1973**, 1595
[332] BASTROW, L. E. u. HRUBY, V. J. (1971). J. Org. Chem. **36**, 1305
[333] HORNER, L. et al. (1959). Annalen **626**, 26
[334] BESTMANN, H. J. u. MOTT, L. (1966). Annalen **693**, 132
[335] CASTRO, B. u. DORMOY, J. R. (1973). Tetrahedron Letters 3243
[336] YAMADA, S. u. TAKEUCHI, Y. (1971). Tetrahedron Letters 3995
[337] WIELAND, Th. u. SEELIGER, A. (1971). Chem. Ber. **104**, 3992
[338] UGI, I. et al. (1961). Chem. Ber. **94**, 2814
[339] HOFFMANN, P. et al. (1971). „*Isonitrile Chemistry*", Chapter 2 (Hrsg.) UGI, I. Academic Press, New York
[340] UGI, I. et al., siehe [45], S. 159
[341] UGI, I. (1971). Intra-Sci. Chem. Rep. **5**, 229
[342] UGI, I. et al., siehe [44], S. 71
[343] PATCHORNIK, A. et al., siehe [46], S. 135
[344] BRENNER, M. et al. (1957). Helv. Chim. Acta **40**, 1497
[345] KEMP, D. S. et al., siehe [50], S. 295
[346] BERGMANN, M. u. FRAENKEL-CONRAT, H. (1937), J. Biol. Chem. **119**, 1937; (1938) ibid. **124**, 1
[347] ISOWA, Y. et al. (1978). Yuki Gosei Kagaku Kyokaishi **36**, 195 (Übersicht)
[348] KULLMANN, W. (1979). Biochem. Biophys. Res. Commun. **91**, 693
[349] WIDMER, F. u. JOHANSEN, T. (1979). Carlsberg Res. Commun. **44**, 37; (1980). **45**, 453
[350] MORIHARA, K. u. OKA, T. (1977). Biochem. J. **163**, 531, J. Biochem. **82**, 1055
[351] MORIHARA, K. et al. (1977). Nature **280**, 412
[352] OKA, T. u. MORIHARA, K., siehe [55], 79
[353] LUISI, P. L. et al. (1977). J. Mol. Catalysis **2**, 133
[354] SALTMANN, R. et al. (1977). Biopolymers **16**, 631
[355] PELLIGRINI, A. u. LUISI, P. L., siehe [51], S. 556
[356] KUHL, P., KÖNNECKE, A., DÖRING, G., DÄUMER, H. u. JAKUBKE, H.-D. (1980) Tetrahedron Letters, 893
[357] GOODMAN, M. u. GLASER, C., siehe [47], S. 267
[358] WILLIAMS, M. M. u. YOUNG, G. T. (1964). J. Chem. Soc. 3701
[359] KEMP, D. S. u. CHIEN, S. W. (1967). J. Amer. Chem. Soc. **89**, 2745
[360] WEYGAND, F. et al. (1966). Tetrahedron, Suppl. **8**, 9
[361] BENOITON, N. L. u. CHEN, F. M. F. (1979), siehe [52], S. 261
[362] KEMP, D. S., siehe [42], S. 1
[363] GOODMAN, M. u. LEVINE, L. (1964). J. Amer. Chem. Soc. **86**, 2918
[364] GOODMAN, M. u. GLASER, C. (1968). Chem. Engng. News **46**, 40
[365] YOUNG, G. T., siehe [39], S. 55
[366] LIBEREK, B. (1963). Tetrahedron Letters 925
[367] KOVACS, J. et al. (1970). Chem. Commun. 53; ibid, **1968**, 1066

[368] ALMY, J. u. CRAM, D. J. (1969). J. Amer. Chem. Soc. **91**, 4459
[369] KOVACS, J. et al. (1971). J. Amer. Chem. Soc. **93**, 1541
[370] LIBEREK, B. (1963). Tetrahedron Letters 1103
[371] ANDERSON, G. W. u. CALLAHAN, F. M. (1958). J. Amer. Chem. Soc. **80**, 2902
[372] WILLIAMS, M. W. u. YOUNG, G. T. (1963). J. Chem. Soc. 881
[373] KEMP, D. S. et al. (1970). J. Amer. Chem. Soc. **92**, 1043, 5792
[374] WEYGAND, F. et al. (1963). Angew. Chem. **75**, 282
[375] WEYGAND, F. et al. (1966). Chem. Ber. **99**, 1451
[376] WEYGAND, F. et al. (1968). Z. Naturforschg. **23b**, 279
[377] IZUMIYA, N. u. MURAOKA, M. (1969). J. Amer. Chem. Soc. **91**, 2391
[378] BODANSZKY, M. u. CONKLIN, L. E. (1967). Chem. Commun. 773
[379] HALPERN, B. et al. (1967). Tetrahedron Letters 3075
[380] HIRSCHMANN, R. et al. (1968). J. Amer. Chem. Soc. **90**, 3255
[381] BOSSHARD, H. R., SCHECHTER, I. u. BERGER, A. (1973). Helv. Chim. Acta **56**, 717
[382] GOODMAN, M. et al. (1977). Bioorg. Chem. **6**, 239
[383] WOLTERS, E. T. et al. (1974). J. Org. Chem. **39**, 3388
[384] BORSOOK, H. (1953). Adv. Protein Chem. **8**, 127 (Übersicht)
[385] FEINBERG, R. S. u. MERRIFIELD, R. B. (1974). Tetrahedron **30**, 3209
[386] KÖNNECKE, A. et al. (1981). Mh. Chem. **112**, 469
[387] FUJINO, M. et al., siehe [54], S. 28; (1978). Chem. Pharm. Bull. **26**, 585
[388] BENOITON, L. et al., siehe [46], S. 165
[389] MERRIFIELD, R. B. (1963). J. Amer. Chem. Soc. **85**, 2149
[390] NICHOLLS, R. V. V. (1955). Angew. Chem. **67**, 333
[391] MERRIFIELD, R. B. (1969). Adv. Enzymol. **32**, 221; MARSHALL, G. R. u. MERRIFIELD, R. B. (1971); in: „*Biochemical Aspects of Reactions on Solid Supports*" (Hrsg.: G. K. STARK), S. 11 bis 169, Academic Press, New York
MERRIFIELD, R. B. (1973). „*Solid Phase Peptide Synthesis*", in: „*Chemistry of Polypeptides*" (Hrsg. P. G. KATSOYANNIS), S. 335—361, Plenum, New York;
ERICKSON, B. W. u. MERRIFIELD, R. B. (1976); in: „*The Proteins*" (Hrsg.: H. NEURATH u. R. L. HILL), 3. Aufl., Bd. 2, S. 255—527, Academic Press, New York;
MERRIFIELD, R. B. (1973). Harvey Lect. 67
[392] MEIENHOFER, J. (1973). in: „*Hormonal Proteins and Peptides*" (Hrsg.: C. H. LI), Bd. 2, S. 45 bis 267, Academic Press, New York
[393] MANNING, M. (1976). „*Polypeptide Synthesis, Solid Phase Method*", Encyclopedia of Polymer Science and Technology, Suppl. **1**, S. 492—510
[394] LOSSE, G. u. NEUBERT, K. (1970). Z. Chem. **10**, 48
[395] BIRR, Ch. (1978). „*Aspects of the MERRIFIELD Peptide Synthesis*", in: „*Reactivity and Structure Concepts in Organic Chemistry*", Bd. 8 (Hrsg.: K. HAFNER et al.), Springer-Verlag, Berlin—Heidelberg—New York
[396] STEWART, J. M. u. YOUNG, J. D. (1969). „*Solid Phase Peptide Synthesis*", Freeman, San Francisco
[397] JONES, J. H., siehe [27], Vol. 2, S. 159
[398] WÜNSCH, E. (1971). Angew. Chem. **83**, 773
[399] BAYER, E. et al. (1970). J. Amer. Chem. Soc. **92**, 1735
[400] PARR, W. u. BROHMANN, K. (1971). Tetrahedron Letters 2633

[401] SHEPPARD, R. C., siehe [42], S. 111
[402] ATHERTON, E. et al. (1975). J. Amer. Chem. Soc. **97**, 6584
[403] WIELAND, Th. et al. (1969). Annalen **727**, 130
[404] BUIS, J. T. (1973). Dissertation Universität Nijmegen, S. 5
[405] SOUTHARD, G. T. et al. (1969). Tetrahedron Letters 3505
[406] PIETTA, P. G. u. MARSHALL, G. R. (1970). Chem. Commun. 650
[407] FLANIGAN, E. u. MARSHALL, G. R. (1970). Tetrahedron Letters 2403
[408] TILAK, M. A. u. HOLLINDEN, C. S. (1968). Tetrahedron Letters 1297
[409] BAYER, E. et al. (1971). Hoppe-Seyler's Z. Physiol. Chem. **352**, 759
[410[WEYGAND, F. et al., siehe [40], S. 183
[411] WANG, S. S. u. MERRIFIELD, R. B. (1972). Int. J. Peptide Protein Res. **4**, 309
[412] BIRR, Ch. et al., siehe [42], S. 175
[413] TESSER, G. T. u. ELLENBROCK, B. W. J., siehe [39], S. 144
[414] GROSS, E. et al. (1973). Angew. Chem. **85**, 672
[415] MITCHELL, A. B. et al. (1976). J. Amer. Chem. Soc. **98**, 7357
[416] BLAKE, J. u. LI, C. H. (1976). Chem. Commun. 504
[417] SPARROW, J. T. et al. (1976). Proc. Natl. Acad. Sci. USA **73**, 1422
[418] RICH, D. H. u. GURWARA, S. K. (1975). Tetrahedron Letters 301
[419] WANG, S. S. (1976). J. Org. Chem. **41**, 3258
[420] MERRIFIELD, R. B. (1978). Pure Appl. Chem. **50**, 643; (1979). TL 4935
[421] KENNER, G. W. et al. (1971). Chem. Commun. 636
[422] LOFFET, J. A. (1971). Int. J. Peptide Protein Res. **3**, 297
[423] BODANSZKY, M. u. SHEEHAN, J. T. (1966). Chem. Ind. 1597
[424] TESSER, G. T. u. ELLENBROEK, B. W. J., siehe [39], S. 124
[425] ATHERTON, E. et al., siehe [46], S. 207
[426] CHANG, C. D. u. MEIENHOFER, J. (1978). Int. J. Peptide Protein Res. **11**, 246
[427] PLESS, J. u. BAUER, W. (1973). Angew. Chem. **85**, 142
[428] REBEK, J. (1973). J. Amer. Chem. Soc. **95**, 4052
[429] HAGENMAIR, H. (1972). Hoppe-Seyler's Z. Physiol Chem. **353**, 1973
[430] HAGENMAIR, H. (1970). Tetrahedron Letters 283
[431] BAYER, E. et al. (1970). J. Amer. Chem. Soc. **92**, 1735
[432] MITCHELL, A. R. u. ROESKE, R. W. (1970). J. Org. Chem. **35**, 1171
[433] ANFINSEN, C. B. et al. (1972). Biochem. Biophys. Res. Commun. **47**, 1353
[434] ESKO, K. u. KARLSON, S. (1970). Acta Chem. Scand. **24**, 1415
[435] ELLIOT, D. F. et al. (1972). J. Chem. Soc. Perkin I, 1862
[436] JAKUBKE, H.-D. u. BAUMERT, A., siehe [42], S. 132
[437] DORMAN, D. C. (1969). Tetrahedron Letters 2319
[438] LOSSE, G. u. ULBRICH, R. (1972). Tetrahedron **28**, 5823
[439] BRUNFELDT, K. et al. (1969). Acta Chem. Scand. **23**, 2906
[440] MERRIFIELD, R. B. et al. (1966). Anal. Chem. **38**, 1905
[441] BRUNFELDT, K. et al. (1969). Acta Chem. Scand. **23**, 2830
[442] BIRR, Ch. et al., siehe [42], S. 175
[443] JAKUBKE, H.-D. et al. (1981). 4th Int. Symp. on Affinity Chromat., Abstracts B-62
[444] MERRIFIELD, R. B. (1964). Biochemistry **3**, 1385
[445] MARSHALL, G. R. u. MERRIFIELD, R. B. (1965). Biochemistry **4**, 2394

[446] MARGLIN, A. u. MERRIFIELD, R. B. (1966). J. Amer. Chem. Soc. **88**, 5051
[447] BAYER, E. et al. (1968). Tetrahedron **24**, 4853
[448] MANNING, M. (1968). J. Amer. Chem. Soc. **90**, 1348
[449] GUTTE, B. u. MERRIFIELD, R. B. (1969). J. Amer. Chem. Soc. **91**, 501
[450] SANO, S. u. KURIHARA, M. (1969). Hoppe-Seyler's Z. Physiol. Chem. **350**, 1183
[451] ONTJES, D. A. u. ANFINSEN, C. F. (1969). Proc. Natl. Acad. Sci. USA **64**, 428
[452] WIELAND, Th. et al. (1969). Annalen **727**, 130
[453] LI, C. H. u. YAMASHIRO, D. (1970). J. Amer. Chem. Soc. **92**, 7608
[454] POTTS, jr. J. T. et al. (1971). Proc. Natl. Acad. Sci. USA **68**, 63
[455] SHARP, J. J. et al. (1973). J. Amer. Chem. Soc. **95**, 6097
[456] HANCOCK, W. S. et al. (1971). J. Amer. Chem. Soc. **93**, 1799
[457] NODA, K. et al. (1971). Naturwiss. **58**, 147
[458] YAJIMA, H. u. KISO, Y. (1974). Chem. Pharm. Bull. Japan **22**, 1078
[459] TREAGAR, G. W. et al. (1971). Nature New Biol. **232**, 87
[460] OHNO, M. et al. (1971). J. Amer. Chem. Soc. **93**, 5251
[461] MATSUO, H. et al. (1971). Biochem. Biophys. Res. Commun. **45**, 822
[462] AOYAGI, H. et al. (1972). Biochim. Biophys. Acta **263**, 827
[463] IZUMIYA, M. et al., siehe [49], S. 269
[464] YAMASHIRO, D. u. LI, C. H. (1973). Biochem. Biophys. Res. Commun. **54**, 883
[465] COLESCOTT, R. L. et al., siehe [50], S. 463
[466] SEMENOV, A. N. u. MARTINEK, K. (1980). Bioorg. Chim. **6**, 1559
[467] MERRIFIELD, R. B. (1971). Intr. Sci. Chem. Rep. **5**, 183
[468] NIALL, H. D. (1971). Nature New Biol. **230**, 90
[469] LETSINGER, R. L. et al. (1963). J. Amer. Chem. Soc. **85**, 3045
[470] FELIX, A. M. u. MERRIFIELD, R. B. (1970). J. Amer. Chem. Soc. **92**, 1385
[471] SHEMYAKIN, M. M. et al. (1965). Tetrahedron Letters 2323
[472] MUTTER, M. et al. (1971). Angew. Chem. **83**, 883
[473] MUTTER, M. u. BAYER, E. (1974). Angew. Chem. **86**, 101
[474] HAGENMAIR, H. (1975). Hoppe-Seyler's Z. Physiol. Chem. **356**, 777
[475] GÖHRING, W. u. JUNG, G. (1975). Annalen 1765, 1776, 1781
[476] PFAENDER, P. et al. siehe [44], S. 137
[477] FRANK, H. u. HAGENMAIR, H. (1975). Experientia **31**, 131
[478] FRIDKIN, M. et al. (1966). J. Amer. Chem. Soc. **88**, 3164
[479] WIELAND, Th. u. BIRR, Ch. (1966). Angew. Chem. **78**, 303
[480] FRIDKIN, M. et al. siehe [50], S. 395
[481] KALIR, R. et al. (1974). Eur. J. Biochem. **42**, 151
[482] WOLMAN, Y. et al. (1967). Chem. Commun. 629
[483] ITO, H. et al. (1975). Chemistry Letters 577
[485] HORIKO, K. (1976). Tetrahedron Letters 4103
[485] BROWN, J. u. WILLIAMS, R. E. (1971). Canad. J. Chem. **49**, 3765
[486] JUNG, G. et al. siehe [50], S. 433
[487] MUTTER, M. et al., siehe [46], S. 239
[488] FRIDKIN, M. et al. (1965). J. Amer. Chem. Soc. **87**, 4646
[489] FLANIGAN, E. u. MARSHALL, G. R. (1970). Tetrahedron Letters 2403
[490] SCHWYZER, R. u. SIEBER, P. (1958). Helv. Chim. Acta **41**, 2186, 2190, 2199

[491] Schwyzer, R. et al. (1964). Helv. Chim. Acta. **47**, 441
[492] Rothe, M. et al. (1965). Angew. Chem. **77**, 347
[493] Du Vigneaud, V. et al. (1953). J. Amer. Chem. Soc. **75**, 4879
[494] Kamber, B. (1973). Helv. Chim. Acta **56**, 1370
[495] Sieber, P. et al. (1974). Helv. Chim. Acta **57** 2617
[496] Hiskey, R. G. u. Ward, jr. B. F. (1970). J. Org. Chem. **35**, 1118 und frühere Arbeiten
[497] Zervas, L. et al. (1965). J. Amer. Chem. Soc. **87**, 4922
[498] Hiskey, R. G. et al. (1969). J. Amer. Chem. Soc. **91** 7525
[499] Freedman, M. (1973). „*The Chemistry and Biochemistry of the Sulfhydryl Group*". Pergamon Press, Oxford, S. 199—229
[500] Losse, G. u. Bachmann, G. (1964). Chem. Ber. **97**, 2671
[501] Gibian, H. u. Lübke, K. (1961). Annalen **644**, 130
[502] Schwyzer, R. u. Carrion, J. P. (1960). Helv. Chim. Acta **43**, 2101
[503] Ugi, I. u. Fetzer, U. (1961). Angew. Chem. **73**, 621
[504] Plattner, P. A. et al. (1963). Helv. Chim. Acta **46**, 927
[505] Shemyakin, M. M. et al. (1963). Tetrahedron **19**, 955
[506] Schwyzer, R. u. Tun-Kyi, A. (1962). Helv. Chim. Acta **45**, 859
[507] Ivanov, V. T. et al., siehe [37], S. 337
[508] Shemyakin, M. M. et al. (1966). Zhur. Obshch. Khim. **36**, 1391
[509] Rothe, M. u. Kreiss, W. (1973). Angew. Chemie **85**, 1103
[510] Rothe, M. u. Kreiss, W. (1977). Angew. Chem. **89**, 117
[511] Shemyakin, M. M. et al. (1965). Tetrahedron **21**, 3537
[512] Vgl. „*Abgekürzte Nomenklatur synthetischer Polypeptide*", IUPAC-IUB Commission on Biochemical Nomenclature (CBN), Hoppe-Seyler's Z. Physiol. Chem. **349**, 1013—1016 (1968)
[513] Bamford, C. H., Elliot, A. u. Hanby, W. E. (1956), in: „*Physical Chemistry*" (Hrsg.: Hutchinson, E.), Vol. V: „*Synthetic polypeptides*", Academic Press, New York
[514] Katchalski, E. (1959). Adv. Protein Chem. **6**, 123
[515] Katchalski, E. u. Sela, M. (1966). Adv. Protein Chem. **13**, 243
[516] Blout, E. R. (1962). „*Polyamino Acids, Polypeptides, and Proteins*" (Hrsg.: Stahman, M. A.), University of Wisconsin Press, Madison, Wisc.
[517] Fasman, D. (1967). „*Poly-α-Amino Acids, Protein Models for Conformation Studies*", Vol. 1, Biological Macromolecules Series, Dekker, New York
[518] Johnson, B. J. (1974). J. Pharm. Sci. **63**, 313
[519] Brack, A. u. Spach, G. (1970). C. R. Hebd. Seances Acad. Sci. Paris, Ser. D **271**, 916
[520] Zeiger, A. R. et al. (1973). Biopolymers **12**, 2135
[521] Wieland, Th. (1951). Angew. Chem. **63**, 7
[522] Wieland, Th. et al. (1960). Annalen **633**, 185
[523] Knorre, D. G. u. Shubina, T. N. (1965), siehe [38], S. 77
[524] Sheehan, J. C. et al. (1965). J. Amer. Chem. Soc. **87**, 2492
[525] Poduška, K. (1968). Coll. Czech. Chem. Commun. **33**, 3779
[526] Schneider, C. H. u. Wirz, W. (1972). Helv. Chim. Acta **55**, 1062
[527] Muramatsu, I. et al. (1977). siehe [55], S. 61; Chemistry Letters, 1057
[528] Kisfaludy, L. et al. (1974). Tetrahedron Letters 1785

[529] BODANSZKY, M. et al. (1974). J. Org. Chem. **39**, 444
[530] VAN ZON, A. u. BEYERMAN, H. C. (1976). Helv. Chim. Acta **59**, 1112
[531] KISFALUDY, L. u. NYEKI, O. (1975). Acta Chim. Acad. Sci. Hung. **86**, 343
[532] PENKE, B. et al., siehe [45], S. 101
[533] MEIENHOFER, J. (1973). Chemtech. 242
[534] ERICKSON, B. W. u. MERRIFIELD, R. B. (1976). in: „*The Proteins*", Vol. 2, Academic Press, New York
[535] ZAPEVALOVA, N. P., MAXIMOV, E. E. u. MITTIN, Yu., V., siehe [46], S. 231
[536] RINIKER, B. et al. (1979), [46], S. 631
[537] GIL-AV, E. u. FEIBUSCH, B. (1967). Tetrahedron Letters 3345
[538] KÖNIG, W. u. NICHOLSON, G. J. (1975). Anal. Chem. **47**, 951
[539] WEYGAND, F. u. RAGNARSSON, U. (1966). Z. Naturforschg. **21b**, 1141
[540] OFFORD, R. E. u. DI BELLO, C. (Hrsg.) (1978). „*Semisynthetic Peptides and Proteins*", Academic Press, New York
[541] TESSER, G. I. u. BOON, P. J. (1980). *Semisynthesis in Protein Chemistry*, Recl. Trav. Chim. des Pays-Bas **99**, 289
[542] SCHNABEL, E. et al. (1971). Annalen **749**, 90
[543] KLAUSNER, Y. S. u. BODANSZKY, M. (1973). Bioorg. Chem. **2**, 354
[544] EBERLE, A. u. SCHWYZER, R. (1975). Helv. Chim. Acta **58**, 1091
[545] VORBRÜGGEN, H. u. KROLIKIEWICZ, K. (1975). Angew. Chem. **87**, 877
[546] RINIKER, B. et al. (1975). Helv. Chim. Acta **58**, 1086
[547] FELIX, A. M. (1974). J. Org. Chem. **39**, 1427
[548] YAJIMA, H. et al. (1974). Chem. Commun. 107
[549] YAJIMA, H. et al. (1975). Chem. Pharm. Bull. Japan **23**, 1164
[550] MATSUURA, S. (1976). Chem. Commun. 451
[551] SEMMELHACK, M. F. u. HEINSOHN, G. E. (1972). J. Amer. Chem. Soc. **94**, 5139
[552] OHNO, M. u. ANFINSEN, C. B. (1970). J. Amer. Chem. Soc. **92**, 4098
[553] BLECHER, H. u. PFAENDER, P. (1973). Annalen 1263
[554] MEYERS, C. u. GLASS, J. D., siehe [50], S. 325
[555] GLASS, J. D. u. PELZIG, M. (1975). Proc. Natl. Acad. Sci. USA **74**, 2739
[556] BOISSONNAS, R. A. u. PREITNER, G. (1953). Helv. Chim. Acta **36**, 875
[557] BLAHA, K. u. RUDINGER, J. (1965). Coll. Czech. Chem. Commun. **30**, 585
[558] LOSSE, G. et al. (1968). Annalen **715**, 196
[559] GALPIN, I. J. et al., siehe [46], S. 665
[560] FUJII, N. u. YAJIMA, H. (1981). J. Chem. Soc. 831
[561] YANAIHARA, N. et al. siehe [55], S. 195
[562] FÖHLES, J. et al. (1978). 15th Europ. Peptide Symp., Gdansk, Abstracts, S. 65
[563] SCHWYZER, R. u. SIEBER, P. (1963). Nature **199**, 172
[564] BAJUSZ, S. et al. (1967). Acta Chim. Acad. Sci. Hung. **52**, 335
[565] IVANOV, V. T. et al., siehe [45], S. 219; vgl. auch [46], S. 41
[566] WÜNSCH, E. (1967). Z. Naturforschg. **22b**, 1269
[567] BODANSZKY, M. et al. (1966). Chem. Ind. 1757
[568] FEURER, M., siehe [51], S. 448
[569] HAMPRECHT, B. (1976). Angew. Chem. **88**, 211
[570] CUATRECASAS, P. (1974). Biochem. Pharm. **23**, 2353

[571] CUATRECASAS, P. (1969). Proc. Natl. Acad. Sci. USA **63**, 450
[572] LEFKOWITZ, R. J. et al. (1970). Proc. Natl. Acad. Sci. USA **65**, 745
[573] GOODFRIEND, T. u. LIN, S. Y. (1969). Clin. Res. **17**, 243
[574] LÜBKE, K. et al. (1976). Angew. Chem. **88**, 790
[575] KALOTA, G. B. (1978). Science **201**, 895
[576] SHOME, B. et al. (1974). Endocrinol. Metab. **39**, 199, 203
[577] MONDGAL, N. R. (Hrsg.) (1974). „*Gonadotropins and Gonadal Function*", Academic Press, New York
[578] SAIRAM, M. R. u. LI, C. H. (1974). Arch. Biochem. Biophys. **165**, 709
[579] NIALL, H. D. et al. (1973). Rec. Progr. Hormone Res. **29**, 387
[580] SCHWABE, C. et al. (1977). Biochem. Biophys. Res. Commun. **75**, 503; Science, **197**, 914
[581] LI, C. H. (Hrsg.) „*Hormonal Proteins and Peptides*"; (a) Vol. 1, 1973; (b) Vol. 2, 1973; (c) Vol. 3, 1975; (d) Vol. 4, 1977
[582] BERSON, S. A. u. YALOW, R. S. (Hrsg.) (1973). „*Methods in Investigate and Diagnostic Endocrinology*", Vols. 2 A, 2 B, „*Peptide Hormones*", North-Holland, Elsevier, New York
[583] O'MALLEY, B. W. u. HARDMAN, J. G. (Hrsg.) (1975). „Peptide Hormones, Hormone Action", Part B; Methods Enzymol. **37**
[584] RUDINGER, J. (1972). „*The Design of Peptide Hormone Analogs*" in: „*Drug Design*" (Hrsg.: ARIENS, E. J.) Vol. 11/II, Academic Press, New York
[585] GOTH, E. u. FÖVENYI, J. (1971). „*Polypeptide Hormones*", Akademiai Kiado, Budapest
[586] ROSS, M. J. (1980). National Institutes of Health Recombinant DNA Technical Bulletins **3**, 1
[587] PARSON, J. A. (Hrsg.) (1976). „*Peptide Hormones*", University Park Press, Baltimore
[588] KARLSON, P. (1975). Naturwiss. **62**, 126
[589] GUILLEMIN, R. (1978). Neurosciences **16**, Suppl., 1
[590] LEVEY, G. S. (Hrsg.) (1976). „*Hormone-Receptor Interaction: Molecular Aspects*", Dekker, New York
[591] JAFFE, B. M. u. BEHRMAN (Hrsg.) (1974). „*Methods of Hormone Radioimmunoassay*", Academic Press, New York
[592] BLACKWELL, R. E. u. GUILLEMIN, R. (1973). Ann. Rev. Physiol. **35**, 357
[593] SCHWYZER, R. et al. (1972). in: „*Structure-Activity Relationships of Protein and Polypeptide Hormones*" (Hrsg.: MARGOULIES, M. u. GREENWOOD, F. C.), S. 167—175, Experta Medica, Amsterdam
[594] RINIKER, B. et al. (1972). Nature New Biol. **235**, 114
[595] LI, C. H. (1972). Biochem. Biophys. Res. Commun. **49**, 85
[596] SCHWYZER, R. u. SIEBER, P. (1963). Helv. Chim. Acta **49**, 134
[597] MAINS, R., E. EIPER, B. A. u. LING, N (1977). Proc. Natl. Acad. Aci. USA **74**, 3014
[598] CHRÉTIEN, M. u. SEIDAH, N. G. (1981). „Chemistry and Biosynthesis of Pro-opiomelanocortin". Mol. Cell Biochemistry **34**, 101
[599] COHEN, S. N., CHANG, A. C. Y., BOYER, H. W. u. HELLING, R. B. (1973). Proc. Natl. Acad. Sci. USA **70**, 3240
[600] SANGER, F. u. COULSON, A. R. (1978). FEBS Lett. **87**, 107
[601] NAKANISHI, S. et al. (1979). Nature **278**, 423; siehe [52] S. 957
[602] PECILE, A. u. MÜLLER, E. E. (Hrsg.) (1972). „*Growth and Growth Hotmone*", Experta Medica, Amsterdam

[603] ROOT, A. W. (1972). „Human Pituitary Growth Hormone", Thomas, Springfield, Ill.
[604] RAITI, S. (Hrsg.) (1974). „Advances in Human Growth Hormone Research", S. 74—612, DHEW Publication, NIH
[605] LI, C. H. u. YAMASHIRO, D. (1970). J. Amer. Chem. Soc. **92**, 7608
[606] FRYKLUND, L. u. SIEVERTSSON, H. (1978). FEBS Letters **87**, 55
[607] NIALL, D. H. et al. (1973). Recent Progr. Hormone Res. **29**, 387
[608] MAURER, R. A. et al. (1977). Biochem. J. **161**, 189
[609] LI, C. H. (1964). Nature **201**, 924; ibid. **208**, 1093 (1965)
[610] SMITH, I. (1980). Biochem. Education **8**, 1
[611] GRAF, L. et al. (1971). Biochim. Biophys. Acta **229**, 276
[612] CHANG, A. C. Y. et al. (1979), siehe [52], S. 957
[613] YOSHIMI, H. et al. (1978). Life Sci. **22**, 2189
[614] SCHWYZER, R. u. EBERLE, A. (1977). Front. Hormone Res. **4**, 18
[615] EBERLE, A. u. SCHWYZER, R. (1976) in „Surface Membrane Receptors", BRADSHAW, R. A. et al. (Hrsg.), Plenum Press, New York, S. 291
[616] EBERLE, A., KRIWACZEK, V. M. u. SCHWYZER, R. (1978). Bull. Schweiz. Akad. Med. Wiss. **34**, 99
[617] TILDERS, F. J., SWAAB, D. F. u. VAN WIMERSMA GREIDANUS, T. B. (Hrsg.), „Melanocyte Stimulating Hormone: Control, Chemistry, and Effects", Karger, Basel, 1977
[618] DU VIGNEAUD, V. (1970) in „Perspectives in Biological Chemistry", OLSON, R. E. (Hrsg.), Dekker, New York, S. 133
[619] ACHER, R. et al. (1973). Eur. J. Biochem. **40**, 585
[620] ACHER, R. (1979). Angew. Chem. **91**, 905
[621] PLIŠKA, V. (1978). Neuroscience Letters, Suppl. **1**, 225
[622] DU VIGNEAUD, V. et al. (1954). J. Amer. Chem. Soc. **76**, 3115
[623] MANNING, M. et al. (1970). Biochemistry **9**, 3925
[624] WALTER, R. et al. (1974). Proc. Natl. Acad. Sci., USA **71**, 4528
[625] WALTER, R., siehe [43], S. 324
[626] URRY, D. W. u. WALTER, R. (1971). Proc. Natl. Acad. Sci. USA **68**, 956
[627] WALTER, R. et al. (1974). Biochim. Biophys. Acta **336**, 294; (1978) J. Amer. Chem. Soc., **100**, 972
[628] MANNING, M., BALASPIRI, L., ACOSTA, M. u. SAWYER, W. H. (1973). J. Med. Chem. **16**, 975; (1974) Endocrinology **94**, 1106
[629] CHAN, W. Y. et al. (1974). Proc. Soc. Exp. Biol. Med. **146**, 364
[630] MARBACH, P. u. RUDINGER, J. (1974). Experientia **30**, 696
[631] PROCHAZKA, Z. et al. (1978). Coll. Czech. Chem. Commun. **43**, 1285; vgl. auch ibid. **31**, 4581 (1966)
[632] MEITES, J. (Hrsg.) (1970). „Hypophysiotropic Hormone of the Hypothalamus: Assay and Chemistry", Williams & Wilkers Comp., Baltimore
[633] VOELTER, W. (1974). Chemiker-Ztg. **98**, 554; **100**, 130 (1976)
[634] MOTTA, M., CROSIGNAMI, P. G. u. MARTINI, L. (Hrsg.) (1975). „Hypothalamic Hormones. Chemistry, Physiology, Pharmacology and Clinical Use", Proc. Serono Symp., Vol. 6; Academic Press, New York
[635] GUPTA, D. u. VOLETER, W. (Hrsg.) (1975). „Hypothalamic Hormones. Structure, Synthesis and Biological Activity". Verlag Chemie, Weinheim

[636] MARTINI, L. u. GANONG, W. F. (Hrsg.) (1976). „Frontiers in Neuroendocrinology", Vol. 4, Raven Press, New York
[637] VALE, W., RIVIER, C. u. BROWN, M. (1977). Ann. Rev. Physiol. **39**, 473
[638] BLECH, W. (1977). Endokrinologie **69**, 369; **71**, 214, 325 (1978); **72**, 77 (1978)
[639] VOELTER, W. (1975). „The Nomenclature of Peptide Hormones", J. Biol. Chem. **250**, 3215
[640] NAIR, R. M. G. et al. (1970). Biochemistry **9**, 1103
[641] BURGUS, R. et al. (1969). C. R. Hebd. Seances Acad. Sci. Paris, Ser. D **269**, 1870
[642] BURGUS, R. et al. (1970). Nature **226**, 322
[643] RIVIER, J. et al. (1972). J. Med. Chem. **15**, 479
[644] PETERSON, R. E. u. GUILLEMIN, R. G. (1974). Amer. J. Med. **57**, 591
[645] SCHALLY, A. V. et al. (1971). Biochem. Biophys. Res. Commun. **43**, 393
[646] AMOSS, M. et al. (1974). Biochem. Biophys. Res. Commun. **44**, 205
[647] BLECH, W. (1978). Endokrinologie **71**, 214
[648] MATSUO, H. et al. (1971). Biochem. Biophys. Res. Commun. **43**, 1334
[649] LABRIE, F. et al. (1976). Endocrinology **98**, 289
[650] BLECH, W. (1978). Endokrinologie **71**, 325
[651] LOWRY, P. J. (1974). J. Endocrinol. **62**, 163
[652] PORTENS, S. E. u. MALVEN, P. V. (1974). Endocrinology **94**, 1699
[653] CELIS, M. E. et al. (1971). Proc. Natl. Acad. Sci. USA **68**, 1428
[654] NAIR, R. M. G. et al. (1971). Biochem. Biophys. Res. Commun. **43**, 1376
[655] WALTER, R. et al. (1973). Brain Res. **60**, 449
[656] WALTER, R. (1974), in: „Psychoneuroendocrinology" (Hrsg.: HATONANI, N.), S. 285, Karger, New York
[657] SCHALLY, A. V. et al. (1969). Endocrinology **84**, 1493
[658] BLECH, W. (1978). Endokrinologie **72**, 77
[659] VALE, W. et al. (1975). Somatostatin, Rec. Progr. Horm. Res. **31**, 365
[660] BURGUS, R. et al. (1973). Proc. Natl. Acad. Sci. USA **70**, 684
[661] SCHALLY, A. V. et al. (1976). Biochemistry **15**, 509
[662] RIVIER, J. et al., siehe [50], S. 863
[663] VEBER, D. (1979); siehe [52], S. 409
[664] RIVIER, J. (1977). „Int. Symp. on Somatostatin", Freiburg, Abstr.; vgl. auch Diabetes **26**, Suppl. 1, 360
[665] GARSKY, V. M. et al. (1979), siehe [52], S. 547
[666] ITAKURA, K. et al. (1977). Science **198**, 1056
[667] KLOSTERMEYER, H. u. HUMBEL, R. E. (1966). Angew. Chem. **78**, 871
[668] ZAHN, H. (1967). Naturwiss. **54**, 396
[669] LÜBKE, K. u. KLOSTERMEYER, H. (1970). Adv. Enzymol. **35**, 445
[670] GEIGER, R. (1976). Chemiker-Ztg. **100**, 111
[671] DU, Y.-C. et al. (1961). Sci. Sin. **10**, 84
[672] MEIENHOFER, J. et al. (1963). Z. Naturforschg. **18b**, 1120
[673] KATSOYANNIS, P. G. et al. (1964). J. Amer. Chem. Soc. **86**, 930
[674] KUNG, Y.-t. et al. (1965). Sci. Sin. **14**, 1710
[675] STEINER, D. F. et al. (1967). Science **157**, 697
[676] CHAN, J. S. et al. (1976). Proc. Natl. Acad. Sci. USA **73**, 1964
[677] YANAIHARA, N. et al. (1977), siehe [55], S. 195

[678] Föhles, J. et al. (1978). 15th Europ. Peptidsymp., Gdansk, Abstracts, S. 65
[679] Blundell, T. L. et al., (1971). Rec. Progr. Horm. Res., **27**, 1
[680] Geiger, R. u. Obermeier, R. (1973). Biochem. Biophys. Res. Commun. **55**, 60
[681] Cuatrecasas, P. (1973). Fed. Proc. **32**, 1838
[682] Villa-Komaroff, L. et al. (1978). Proc. Natl. Acad. Sci. USA **75**, 3727
[683] Goeddel, D. Y. et al. (1979). Proc. Natl. Acad. Sci. USA **76**, 106
[684] Wünsch, E. et al. (1968). Chem. Ber. **101**, 3659
[685] Wünsch, E. et al. (1968). Chem. Ber. **101**, 3664
[686] Tager, H. S. u. Steiner, D. F. (1973). Proc. Natl. Acad. Sci. USA **70**, 2321
[687] Patzelt, C. et al. (1979). Nature **282**, 260
[688] Brewer, H. B. et al. (1974). Amer. J. Med. **56**, 759
[689] Keutmann, H. T. et al. (1978). Biochemistry **17**, 5723
[690] Hamilton, J. W. et al. (1973). Fed. Proc. **32**, 269
[691] Maurer, R. A. et al. (1977). Biochem. J. **161**, 189
[692] Potts, J. T. et al. (1970). in: „*Calcitonin 1969*" (Hrsg.: Taylor, S. u. Foster, G.), Heinemann, London
[693] Rittel, W. et al. (1976). Experientia **32**, 246
[694] Brown, J. C. et al. (1971). Canad. J. Biochem. **49**, 255, 867
[695] Said, S. I. u. Mutt, V. (1972). Eur. J. Biochem. **28**, 199
[696] Suzuki, S. et al., siehe [54], S. 151
[697] Gregory, H. (1975). Nature **257**, 325
[698] Kenner, G. W. (1972). Chem. Ind. 791
[699] Morley, J. S. (1968). Proc. Roy. Soc. B. **170**, 97
[700] Noyes, B. E. et al. (1979). Proc. Natl. Acad. Sci. USA **76**, 1770
[701] Wünsch, E. et al. (1981). Hoppe-Seyler's Z. Physiol. Chem. **362**, 179
[702] Gregory, R. A. u. Tracy, H. J. (1974). Gut **15**, 683
[703] Moore, S. et al. (1979), siehe [52], S. 503
[704] Mut, V. u. Jorpes, J. E. (1967). Rec. Progr. Horm. Res. **23**, 483
[705] Wünsch, E. (1972). Naturwiss. **59**, 239
[706] Jorpes, J. E. et al. (1964). Acta Chem. Scand. **18**, 2408
[707] Mut, V. u. Jorpes, J. E. (1968). Eur. J. Biochem. **6**, 156
[708] Brown, J. C. et al. (1971). Canad. J. Physiol. Pharm. **49**, 212; Gastroenterology **62**, 401 (1972); Canad. J. Biochem. **51**, 533 (1973); ibid **52**, 7 (1974)
[709] Wünsch, E. et al. (1976). Hoppe-Seyler's Z. Physiol. Chem. **357**, 447
[710] Fujino, M. et al., siehe [54], S. 61
[711] Fisher, J. W. (1971). „*Kidney Hormones*", Academic Press., London
[712] Werning, C. (1972). „*Das Renin-Angitensin-Aldosteron-System*", Georg-Thieme-Verlag, Stuttgart
[713] Peart, W. S. (1969). Roy. Soc. Ser. **B 173**, 317
[714] V. Euler, U. S. u. Pernow, P. (1977). „*Substance P*", Raven Press, New York
[715] Skrabanek, P. u. Powell, D. (1978). „*Substance P*", Ann. Res. Rev., Eden Press, Montreal
[716] Studer, R. O. et al., (1973). Helv. Chim. Acta **56**, 860
[717] Carraway, R. u. Leeman, S. (1973). J. Biol. Chem. **248**, 6854; vgl. auch [50], S. 679
[718] Bissette, G. et al. (1978). Life Sci. **23**, 2173

[719] ARAKI, K. et al. (1973). Chem. Pharm. Bull. Japan **21**, 2801
[720] ERDÖS, E. G. u. WILDE, A. F. (1970). „*Bradykinin, Kallidin und Kallikrein*", in: *Handbuch der experimentellen Pharmakologie*", Bd. XXV, Springer-Verlag, Berlin-Heidelberg-New York
[721] FREY, E. K., KRAUT, H., WERLE, E., VOGEL, R., ZICKGRAF-RÜDEL, G. u. TRAUTSCHOLD, I. (1968). „*Das Kallikrein-Kinin-System und seine Inhibitoren*", 2. Aufl., Enke-Verlag, Stuttgart
[722] DE CASTIGLIONE, R. u. ANGELUCCI, F., siehe [45], S. 529
[723] ERSPARMER, V. u. ANASTASI, A. (1962). Experientia **18**, 58
[724] SANDRIN, E. u. BOISSONNAS, R. A. (1962). Experientia **18**, 59
[725] BERNARDI, L. et al. (1964). Experientia **20**, 492
[726] ANASTASI, A. u. FALCOMERI ERSPAMER, G. (1970), Experientia **26**, 866
[727] ANASTASI, A. et al. (1975). Experientia **31**, 394
[728] ANASTASI, A. et al. (1977). Experientia **33**, 857
[729] SASAKI, T. et al., siehe [55], S. 11
[730] ANASTASI, A. et al. (1971). Experientia **27**, 166
[731] BROWN, M. et al. (1977). Science **196**, 998
[732] DE CASTIGLIONE u. ANGELUCI, F., siehe [50], S. 529
[733] DE CASTIGLIONE, R. et al., siehe [43], S. 463
[734] ANASTASI, A. et al. (1965). Comp. Biochem. Physiol. **14**, 43
[735] NAKAJIMA, T. et al. (1968). Chem. Pharm. Bull. Japan **16**, 769
[736] NAKAJIMA, T. et al. 1970. Fed. Proc. **29**, 282
[737] YASUHARA, T. u. NAKAJIMA, T., siehe [54], S. 159; Chem. Pharm. Bull. Japan **25**, 2464
[738] GAINER, H. (Hrsg.) (1977). „*Peptides in Neurobiology*", Plenum Press, New York
[739] MILLER, L. H., SANDMAN, C. A. KASTIN, A. J. (Hrsg.) (1977). „*Neuropeptide Influences on the Brain and Behavior*, Raven Press, New York
[740] HUGHES, J. (Hrsg.) (1977). „*Centrally Acting Peptides*", Macmillan, London
[741] COLLU, R., DUCHARME, J. R. u. BARTEAU, A. (1979). „*Central Nervous System Effect of Hypothalamus Hormones and Other Peptides*", Raven Press, New York
[742] GRAF, L., PALKOVITS, M. u. RONAI, A. Z. (1978). „*Endorphins' 78*", Akademiai Kiado, Budapest
[743] WALKER, R. J. (1978). „*Polypeptides as Central Transmitters*", Gen. Pharmacol. **9**, 129
[744] BROWN, M. u. VALE, W. (1975). „*Central Nervous Effects of Hypothalamic Hormones*", Endocrinology **96**, 1333
[745] MONNIER, M. u. SCHOENBERGER, G. A. S. (1974). „*Neuro-humoral Coding of Sleep by the Physiological Sleep Factor Delta*" in: „*Neurochemical Coding of Brain Function*" (Hrsg.: MYERS, R. D. u. DRUCKER, R. R.) Odin, New York
[746] DUNN, A. H. (1976). „*The Chemistry of Learning and the Formation of Memory*" in: „*Molecular and Functional Neurobiology*" (Hrsg.: GISPEN, W. H.), S. 347—387, Elsevier, Amsterdam
[747] DE WIED, D., WITTER, A. u. GREVEN, H. M. (1975). „*Behaviorally Active ACTH Analogues*", Biochem. Pharmacol. **24**, 1463
[748] DE WIED, D. et al. (1975) „*Pituitary Peptides and Memory*", in [50], S. 635

[749] PRANGE, A. J. et al. (1978). „Peptides and the Central Nervous System" in: „Handbook of Psychopharmacology", (Hrsg.: IVERSEN, L. L., IVERSEN, S. D. u. SNYDER, S. H.), Vol. 7, Plenum Press, New York
[750] STERBA, G. (1974). „Das oxytocinerge neurosekretorische System der Wirbeltiere. Beitrag zu einem erweiterten Konzept", Zool. Jahrb. Abtl. Zool. Physiol. Tiere **78**, 409
[751] DE WIED, D. (1977). Life Sci. **20**, 195
[752] VAN RIEZEN, H. u. RIGTER, H. (1978). Arzneimittelforschg. **28**, 1294
[753] BROWN, B. E. (1975). Life Sci. **17**, 1241
[754] BROWN, B. E. u. STARRAT, A. N. (1975). J. Insect Physiol. **21**, 1879
[755] VAN RIEZEN et al., siehe [739], S. 11
[756] UNGAR, G. (1970). Agents and Actions **1**, 155
[757] UNGAR, G. (1974). Life Sci. **14**, 595
[758] UNGAR, G. (1975). „Peptides and Behavior", in: „International Review of Neurobiology", (Hrsg.: PFEIFER, C. C. u. SMYTHIES, J. R.) Vol. 17, S. 37—59, Academic Press, New York
[759] UNGAR, G. et al., siehe [50], S. 673
[760] BEAUMONT, A. u. HUGHES, J. (1979). Ann. Rev. Pharmacol. Toxicol. **19**, 245
[761] TERENIUS, L. (1978). Ann. Rev. Pharmacol. Toxicol. **18**, 189
[762] KLEE, W. A. u. NIRENBERG, M. (1976). Nature **263**, 609
[763] KLOSTERLITZ, H. W. (Hrsg.) (1976). „Opiates and Endogenous Opioid Peptides", North-Holland, Amsterdam
[764] GOLDSTEIN, A. (1976). Science **193**, 1081
[765] GOLDSTEIN, A. et al. (1971). Proc. Natl. Acad. Sci. USA **68**, 1742
[766] SNYDER, S. H. (1975). Nature **257**, 185
[767] IVERSON, L. L. (1975). Nature **258**, 567
[768] HUGHES, J. (1975). Brain Res **88**, 295
[769] HUGHES, J. et al. (1975). Nature **258**, 577
[770] FREDRICKSON, R. C. A. (1977). Life Sci. **21**, 23
[771] MILLER, R. J. u. CUATRECASAS, P. (1978). Naturwiss. **65**, 507
[772] SIMANTOV, R. u. SNYDER, S. H. (1976). Life Sci. **18**, 781
[773] VOELTER, W. et al. (1977). Chem. Ztg. **101**, 194 (Übersicht)
[774] SMITH, G. D. u. GRIFFIS, J. E. F. (1978). Science **199**, 1214
[775] BAJUSZ, S. u. PATTHY, A., siehe [742], S. 63
[776] BAJUSZ, S. et al. (1977). FEBS Letters **76**, 91
[777] YAMASHIRO, D. et al. (1977). Biochem. Biophys. Res. Commun. **78**, 1124
[778] ROEMER, D. et al. (1977). Nature **268**, 547
[779] DUTTA, A. S. et al. (1977). Life Sci **21**, 559
[780] LAZARUS, L. H. et al. (1976). Proc. Natl. Acad. Sci. USA **73**, 2156
[781] LI, C. H. u. CHUNG, D. (1976). Proc. Natl. Acad. Sci. USA **73**, 1145
[782] LI, C. H. (1977). Arch. Biochem. Biophys. **183**, 593; siehe [52] S. 823
[783] KANGAWA, K. et al. (1979). Biochem. Biophys. Res. Commun. **86**, 153
[784] MATSUO, H. et al. (1979); siehe [52] S. 873
[785] SMYTH, D. G. u. ZAKARIAN, S. (1979); siehe [52] S. 835
[786] NAJJAR, V. A. u. NISHIOKA, K. (1970). Nature **228**, 672

[787] NISHIOKA, K. et al. (1972). Biochem. Biophys. Res. Commun. **47**, 172; Biochim. Biophys. Acta **310**, 217 (1973)
[788] FRIDKIN, M. et al., siehe [45], S. 541
[789] NOZAKI, S. et al., siehe [54], S. 131
[790] KONOPINSKA, D. et al., siehe [45], S. 535
[791] VAN BEKKUM, D. W. (Hrsg.) (1975). "*Biological Activity of Thymic Hormones*", *Kooyker* Scientific Publications, Rotterdam
[792] SCHLESINGER, D. H. u. GOLDSTEIN, A. L. (1975). Cell **5**, 361
[793] GOLDSTEIN, A. L. et al. (1977). Proc. Natl. Acad. Sci. USA **74**, 725
[794] BACH, J. F. et al. (1975). Ann. N. Y. Acad. Sci. **249**, 186; Nature **266**, 55 (1977)
[795] BRICAS, E. et al., siehe [51], S. 564
[796] LIPMANN, F. (1973). Accounts Chem. Res. **6**, 361
[797] HASSALL, C. H., siehe [50], S. 891
[798] ALLEN, J. G. et al. (1978). Nature **272**, 56
[799] BROCKMANN, H. (1960). Fortschr. Chem. Org. Naturst. **18**, 1; Angew. Chem. **72**, 939
[800] LACKNER, H. (1975). Angew. Chem. **87**, 400
[801] MEIENHOFER, J. u. ATHERTON, E. (1973). Adv. Appl. Mikrobiol. **16**, 203
[802] KATAGIRI, K., YOSHIDA, T. u. SATO, K. (1975). in: "*Antibiotics III*", (Hrsg.: CORWRAN, J. W. u. HAHN, F. H.), S. 234, Springer-Verlag, Berlin
[803] OVCHINNIKOV, Yu. A., IVANOV, V. T. u. SHKROB, A. M. (1974). "*Membrane Active Complexones*", Elsevier, Amsterdam
[804] OVCHINNIKOV, Yu. A., siehe [43], S. 17
[805] IVANOV, V. T. (1975). Ann. N. Y. Acad. Sci. **264**, 221
[806] FONINA, L. A. et al.; siehe [45], S. 635
[807] PAYNE, J. W. et al. (1970). Biochem. J. **117**, 757
[808] BURGESS, A. W. u. LEACH, S. L. (1973). Biopolymers **12**, 2691
[809] JUNG, G. et al. (1975). Eur. J. Biochem. **54**, 395
[810] JUNG, G. et al. (1976). Biochim. Biophys. Acta **433**, 164
[811] SCHWYZER, R. u. SIEBER, P. (1956). Angew. Chem. **68**, 518
[812] HODGKIN, D. C. u. OUGHTON, R. M. (1957). Biochem. J. **65**, 782
[813] OHNISHI, M. u. URRY, D. W. (1969). Biochem. Biophys. Res. Commun. **36**, 194
[814] WIELAND, Th. u. FAULSTICH, H. (1978). Crit. Rev. Biochem. (CRC) **5**, 185
[815] WIELAND, Th. (1979). Chemie in unserer Zeit **13**, 56
[816] MUNEKATA, E. et al., siehe [46], S. 381
[817] FAULSTICH, H. (1979). Naturwiss. **66**, 403
[818] IVANOV, V. T. et al. siehe [50], S. 195
[819] HABERMANN, F. (1968). Erg. Physiol. Chem. Exp. Pharmakol. **60**, 220
[820] GAULDI, J. et al. (1976). Eur. J. Biochem. **61** 369
[821] SUCHANEK, G. et al. (1978). Proc. Natl. Acad. Sci. USA **75**, 701
[822] VAN RIETSCHOTEN, J. et al. (1975). Eur. J. Biochem. **56**, 35
[823] SANDBERG, B. E. B. u. RAGNARSSON, U. (1975). Int. J. Peptide Protein Res. **7**, 503
[824] HIRAI, Y. et al., siehe [55], S. 155

[825] IVANOV, V. T. et al., siehe [45], S. 219
[826] KANAOKA, M. et al., siehe [55], S. 109
[827] WARNHOFF, E. W. (1970). „Peptide Alkaloids", Fort. Chem. Org. Naturst. **28**, 163
[828] TAKAI, M. et al. (1975). Chem. Pharm. Bull. Japan **23**, 2556; ibid. **24**, 2118 (1976)
[829] TSCHESCHE, R. et al. (1967). Chem. Ber. **100**, 3937

3. Proteine [1—9]

3.1. Bedeutung und historische Aspekte

Proteine sind makromolekulare Verbindungen, die ausschließlich oder zum größten Teil aus Aminosäuren aufgebaut sind, und den höchsten Anteil der in der lebenden Zelle enthaltenen organischen Verbindungen ausmachen. So sind z. B. in der *Escherichia coli*-Zelle 3000 verschiedene Proteine enthalten, etwa 100000 verschiedene Proteine finden sich im menschlichen Organismus. Sie bestehen aus einer oder mehreren Polypeptidketten, die in charakteristischer dreidimensionaler Struktur angeordnet sind. Die individuellen Proteine haben definierte chemische Zusammensetzung. Ihre Molekulargewichte liegen im Bereich von 6000 bis über eine Million.

Stoffwechsel, Struktur und Funktion jeder Zelle werden maßgeblich durch Proteine bestimmt. Die chemischen Reaktionen der Zelle, die in vitro extrem langsam ablaufen würden, erfahren durch die katalytische Wirkung spezifischer Proteine, die Enzyme, eine bis zu hunderttausendfache Beschleunigung. Hierbei wird selbstverständlich nicht die Gleichgewichtslage der Reaktion, sondern nur die Geschwindigkeit der Gleichgewichtseinstellung beeinflußt. Andere Proteine erfüllen externe bzw. interne Schutzfunktionen.

Die Struktur- und Gerüstproteine bilden den wesentlichen Bestandteil des Stütz- und Bindegewebes, die Immunoglobuline spielen eine entscheidende Rolle im Immunsystem des Organismus, das Fibrinogen und das Thrombin sind als Blutgerinnungsfaktoren wirksam. Spezielle Proteine sind am Aufbau der Biomembran beteiligt und damit für die Abgrenzung der Zellen nach außen und die Untergliederung des inneren Zellbereiches verantwortlich. Carrierproteine fungieren z. B. bei der Atmung und Photosynthese als Elektronenüberträger, andere transportieren Stoffwechselprodukte und Atemgase. Im Blut z. B. werden der Sauerstoff durch Hämoglobin, Eisen durch Transferrin, Kupfer durch Coeruloplasmin und Fettsäuren durch Serumalbumin transportiert. Speicherproteine, wie das Ovalbumin des Eiweißes oder das Casein der Milch bilden den Aminosäurevorrat für den heranwachsenden Embryo. Ferritin ist der Eisenspeicher der Milz, Gliadin (Weizen), Zein (Mais) und Tuberin (Kartoffel) sind bekannte pflanzliche Speicherproteine. Die kontraktilen Proteine Actin und Myosin wirken mit am Bewegungsvorgang der Muskelzellen (Muskelkontraktion). Rezeptorproteine, wie z. B. das cAMP-Rezeptorprotein (CRP) vermitteln die spezifische Bindung des Wirkstoffmoleküls am Wirkort. Proteine mit antiviralen

Eigenschaften, die Interferone, werden nach primärer Virusinfektion des Organismus gebildet und hemmen die weitere Vermehrung der Viren. Ein Teil der löslichen globulären Proteine sorgt für die Aufrechterhaltung des kolloidosmotischen Druckes.

Eine Anzahl von Proteinen gehört zu den Hormonen (vgl. Abschn. 2.3.1.). Toxische Proteine (Toxine) werden von Mikroorganismen gebildet, sind aber auch im Tier- und Pflanzenreich verbreitet. Diese Auswahl mag genügen, um einen Einblick in die zentrale Bedeutung der Stoffklasse „Proteine" zu gewinnen.

Das Aufbauprinzip der Proteine wird durch das genetische Material der Zelle bestimmt. Die in den DNS enthaltene genetische Information determiniert Anzahl und Sequenz der Aminosäuren in den bei der Proteinbiosynthese gebildeten Polypeptidketten. Nach der Ablösung von den Ribosomen bildet sich spontan die für die spezifische biochemische Funktion des Proteins erforderliche Konformation. Die Aufklärung dieser biologisch aktiven Proteinstrukturen ist für das Verständnis der Lebensprozesse auf molekularer Ebene erforderlich.

Die Proteine sind neben den Kohlenhydraten und Fetten die Grundbestandteile der menschlichen Nahrung (vgl. S. 25). In den Industrieländern stammt der Hauptanteil der menschlichen Nahrungsproteine aus tierischen Produkten, während in den Entwicklungsländern der Anteil der biologisch minderwertigeren

Tabelle 3—1
Mikrobielle Gewinnung von Einzellerproteinen [10]

Kohlenstoffquelle	Stickstoffquelle	Mikroorganismus	Ausbeute kg Substrat/kg Produkt
		Hefen	
n-Alkane	NH_3, Ammoniumsalze	Candida lipolytica	1,0
Ethanol		Saccaromyces	0,66
Kohlenhydrate		Torula	0,5
		Bakterien	
Cellulose	NH_3, Ammoniumsalze	Tricoderma viridis	0,5
		Methylococcus (Mischkultur)	1,0
Methanol		Methylomonas	0,5
		Algen	
Kohlendioxid	Nitrate, Harnstoff	Chlorella	0,01[1］

[1］ Ausbeute hier das Verhältnis eingestrahlte Lichtenergie (J)/Energiegehalt der Biomasse (*J*)

pflanzlichen Proteine überwiegt. Um den Proteinbedarf der ständig wachsenden Weltbevölkerung zu decken, wird neben der Erhöhung der Tier- und Pflanzenproduktion, der Züchtung von Getreidesorten mit einem günstigeren Gehalt an limitierenden Aminosäuren und der Aufwertung biologisch minderwertiger Pflanzenproteine durch Zusatz synthetischer Aminosäuren vor allem die Weiterentwicklung der mikrobiologischen Verfahren zur Gewinnung von Einzellerproteinen (Single Cell Proteins, SCP) an Bedeutung gewinnen [10—15]. Die mikrobiellen Verfahren beruhen auf der Fähigkeit bestimmter Mikroorganismen, petrolchemische Kohlenwasserstoffe, Alkohole, kohlenhydrathaltige Rohstoffe, wie Stärke, Melasse oder Cellulose in ihrem Stoffwechsel als Kohlenstoffquelle zu verwerten. Eine Übersicht der wichtigsten SCP-Prozesse wird in Tab. 3—1 gegeben.

Vorzüge der mikrobiellen SCP-Produktion sind die schnelle Zunahme der Biomasse und deren hoher Proteingehalt, der günstige EAS-Index der Proteine und schließlich die von Klima und Jahreszeit unabhängigen Gewinnungsverfahren (lediglich Algenproteine lassen sich in Gebieten ständiger und intensiver Sonneneinstrahlung besser gewinnen).

Gegenwärtig arbeiten mehrere Großanlagen (100000 t Jahresproduktion) in der Sowjetunion, Italien, Großbritannien und Japan auf Basis von Erdöl und Methanol [16]. Eine DDR-Anlage ist für 55000 t/a auf Basis von Dieselölfraktionen ausgelegt (*Fermosin*-Verfahren).

Abbildung 3—1 zeigt das Fließschema der SCP-Produktion auf Basis von Methanol.

Der Einsatz der SC-Proteine erfolgt gegenwärtig vor allem in der Tierernährung, z. B. anstelle von Sojabohnen- und Fischmehl zur Geflügel, Schweine- und Fischaufzucht, wobei Geschmack, Farbe und Textur den Fraßgewohnheiten der Tiere angepaßt werden können. Hinsichtlich einer unmittelbaren Verwendung

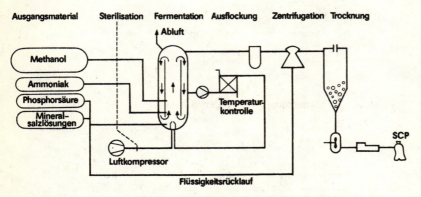

Abb. 3—1. SCP-Prozeß auf Basis von Methanol

für die menschliche Ernährung bestehen noch Bedenken wegen evtl. in der Biomasse enthaltener Risikofaktoren. Die Zusammensetzung der in verschiedenen SCP-Prozessen gewonnenen Biomassen findet sich in Tab. 3—2.

Tabelle 3—2
Prozentuale Zusammensetzung der Biomasse verschiedener SCP [10]

	Alkan-Hefen (BP)	Methanol-Bakterien (ICI)	Methanol-Bakterien (Hoechst)	Pilze (T & L)	Algen (IFP)	Soja-mehl	Milch-pulver
Rohprotein	60	89	91	31,7	72,6	45	34
Fette	9	9,5	0,5	4,9	7,3	1,8	1
Nucleinsäuren	5	15	1				
Mineralbest.	6	9,5	3,5	2	4,7	6	8
Aminosäuren	54	65	102			40	
Wasser	4,5	2,8	4,0	13,5	3,6	12	5

Die bisher nur im geringen Umfang genutzte Cellulose wird in Zukunft einer der Hauptrohstoffe für die SCP-Gewinnung sein. Geeignete Bakterienstämme stehen zur Verfügung. Nach Optimierung der Fermentationsbedingungen (Mangan als Spurenelement) werden Abbauraten bis zu 60 % erzielt. Aus 1 kg Stroh beispielsweise erhält man 250 bis 300 g Biomasse.

Die direkte Nutzung der in den grünen Pflanzenteilen insbesondere der im Blattgrün enthaltenen Proteine ist eine weitere Möglichkeit zur Behebung der Eiweißlücke. Die Blattproteine machen etwa ein Drittel der Trockensubstanz aus und können in 50 bis 60proz. Ausbeute aus dem Pflanzengut extrahiert werden. Beim Umweg über den tierischen Organismus beträgt der Ausnutzungsgrad lediglich 18 %. In ihrer biologischen Wertigkeit sind die Blattproteine den Sojabohnenproteinen vergleichbar.

Im Jahre 1784 wies DE FOURCROY daraufhin, daß die Eiweißstoffe eine eigenständige Stoffklasse bilden. Eine weitere Präzisierung des Begriffes ist MULDER zuzuschreiben, der den Eiweißstoffen 1839 den bereits von BERZELIUS geprägten Namen *PROTEINE* (abgeleitet vom griechischen „proteuo" — ich nehme den ersten Platz ein) gab. Nach ersten Versuchen von KÜHNE, die Struktur der Proteine durch enzymatische Methoden aufzuklären, gelang es KOSSEL um die Jahrhundertwende, eine Anzahl von Eiweißstoffen zu isolieren. Von HOFMEISTER und FISCHER wurde etwa im gleichen Zeitraum das Aufbauprinzip der Proteine erkannt und von letzterem durch richtungsweisende synthetische Arbeiten bestätigt [17—19].

Als erstes Protein wurde das Eialbumin kristallin erhalten (HOFMEISTER). 1925 gelang ABEL die Kristalisation des Insulins und 10 Jahre später beschrieb

SUMNER die Kristallisation der Urease. Das Tabakmosaikvirus wurde 1935 von STANLEY kristallin erhalten.

Im Zeitraum von 1925 bis 1930 gelang SVEDBERG die Molekulargewichtsbestimmung verschiedener Proteine mit Hilfe der Ultrazentrifuge. Gleichzeitig führte auch die Anwendung anderer Analysenmethoden, wie z. B. die Elektrophorese (TISELIUS, 1937) und verschiedene chromatographische Verfahren zu Fortschritten der analytischen Proteinchemie. 1951—1956 wurde von SANGER [20, 21] die Aminosäuresequenz des Insulins aufgeklärt. Die dabei ausgearbeiteten bzw. benutzten Methoden bildeten die Grundlage für die systematische Aufklärung der Primärstruktur einer Reihe weiterer Proteine. Der von EDMAN 1966 entwickelte „Sequenator" sowie die Anwendung der Massenspektrometrie zur Sequenzanalyse gekoppelt mit Computern als Hilfsmittel zur Registrierung, Verarbeitung und Auswertung der massenspektrometrischen Daten trugen u. a. dazu bei, daß bisher mehr als 15 000 Arbeiten über Sequenzanalysen veröffentlicht und etwa 400 Primärstrukturen aufgeklärt worden sind.

Nach 1945 begann die systematische Erforschung der Raumstruktur von Proteinen. Basierend auf Arbeiten von PAULING und COREY über die Proteingerüstkonformationen klärten KENDREW und PERUTZ mit Hilfe der Röntgenkristallstrukturanalyse die Raumstruktur des Myoglobins und des Hämoglobins auf. Sie leiteten damit eine Entwicklung ein, die aus den in vitro gewonnenen Strukturdaten zu entscheidenden Hinweisen der biologischen Aktivität der Proteine in vivo führten. Am Beispiel der ersten aufgeklärten Raumstruktur eines Enzyms, des Lysozyms (PHILLIPS), konnte die Substratbindung sowie der Spaltungsmechanismus des Substrates durch Lysozym auf molekularer Ebene beschrieben werden.

Mit der Synthese der Ribonuclease gelang MERRIFIELD 1969 die erste Synthese eines Enzymproteins.

3.2. Einteilung

Von der Vielzahl der in der lebenden Materie existierenden verschiedenen Proteine ist gegenwärtig nur ein Bruchteil der Strukturen bekannt. Auch bei einem weiteren Fortschritt der analytischen Proteinchemie ist in nächster Zeit nicht mit einer systematischen Klassifizierung der Proteine nach Struktur-Wirkungsparametern zu rechnen. Man bedient sich z. T. recht unterschiedlicher Einteilungsprinzipien, die sich jedoch oftmals überschneiden oder in anderer Beziehung unvollkommen sind.

Nach dem Vorkommen in Organismen unterscheidet man pflanzliche und tierische Proteine, Virusproteine und Bakterienproteine, nach dem Vorkommen in Organen und Zellorganellen u. a. Plasmaproteine, Muskelproteine, Milchproteine, Eiproteine bzw. Ribosomenproteine, Zellkernproteine, Mikrosomenproteine und Membranproteine.

Nach der allgemeinen biologischen Funktion lassen sich die Proteine u. a. in Enzymproteine, Strukturproteine, Transportproteine, Speicherproteine und Rezeptorproteine unterteilen.

Auf Unterschieden in der Löslichkeit und Molekülgestalt beruht die Einteilung einfacher Proteine in globuläre Proteine und fibrilläre Proteine (Faserproteine, Skleroproteine).

Die *globulären Proteine* sind in Wasser und verdünnten Salzlösungen löslich und besitzen eine kugelähnliche Molekülgestalt (Rotationsellipsoide). Der kompakte Aufbau entsteht durch die definierte Faltung der Polypeptidkette und beruht im wesentlichen auf hydrophoben Wechselwirkungen zwischen unpolaren Seitenketten der Aminosäure-Reste. Daneben spielen Wasserstoffbrückenbindungen und in geringem Umfang auch Ionenbindungen für die Verknüpfung der einzelnen Kettenabschnitte eine Rolle. Die gute Löslichkeit der globulären Proteine ist auf die an der Molekülobnerfläche lokalisierten, geladenen hydrophilen Aminosäure-Reste zurückzuführen, die umgeben von einer Hydrathülle für einen engen Kontakt mit dem Lösungsmittel sorgen. Zu den globulären Proteinen gehören alle Enzymproteine und mit Ausnahme der Strukturproteine die meisten anderen biologisch aktiven Proteine.

Aus den Anfängen der Proteinchemie stammt die Unterteilung der globulären Proteine in Albumine, Globuline, Histone, Prolamine, Protamine, Gluteline. Sie beruht auf mehr oder weniger ausgeprägten Unterschieden der Löslichkeit, des Ladungszustandes und der Aminosäurezusammensetzung der einzelnen Gruppen.

Die *Albumine* sind gut kristallisierbar, im pH-Bereich 4 bis 8,5 wasserlöslich und durch 70 bis 100proz. Ammoniumsulfatlösung ausfällbar. Die weit verbreiteten, multifunktionellen *Globuline* sind höhermolekular als die Albumine, schwerer wasserlöslich mit einem typischen Löslichkeitsminimum am isoelektrischen Punkt, löslich in Salzlösungen und meist kohlenhydrathaltig.

Die *Histone* sind niedermolekulare, aufgrund des hohen Gehaltes an Arginin und Lysin basische Proteine. Sie sind in Wasser und in Säuren löslich, ebenso wie die mit einem Aringingehalt bis zu 85% besonders stark basischen *Protamine*. Mit Nucleinsäuren bilden die Histone und Protamine stabile Assoziate, die als ribosomale Proteine sowie als Regulator- und Repressorproteine fungieren (Nucleoproteine).

Die *Prolamine* sind durch einen hohen Gehalt an Glutaminsäure (30—45%) und Prolin (15%) gekennzeichnet. Sie lösen sich nicht in Wasser aber in 50 bis 90proz. Ethanol. Zusammen mit den bis zu 45% Glutaminsäure enthaltenden *Glutelinen* kommen sie insbesondere als Getreideproteine vor.

Bei den *fibrillären Proteinen* handelt es sich um praktisch in Wasser und

Salzlösungen unlösliche Faserproteine. Die Polypeptidketten sind hier parallel zueinander geordnet und bilden in Form langer Fasern u. a. die Strukturelemente des Bindegewebes. Wichtige Vertreter dieser Strukturproteine sind die Kollagene, Keratine und Elastine (vgl. S. 468).

Von den einfachen, ausschließlich aus proteinogenen Aminosäuren aufgebauten Proteinen muß man die *zusammengesetzten Proteine* unterscheiden. Diese auch als *konjugierte Proteine* oder *Proteide* bezeichneten Eiweißstoffe enthalten neben dem Proteinanteil eine für die Funktion essentielle anorganische oder organische Nichteiweißkomponente, die kovalent, heteropolar oder koordinativ gebunden sein kann und neben den Aminosäuren im Hydrolysat auftritt. Wichtige Vertreter der zusammengesetzten Proteine sind die *Glycoproteine*, bei denen neutrale Zucker, wie Galactose, Mannose und Fucose, Aminozucker, wie N-Acetylglucosamin oder N-Acetylgalactosamin, oder saure Monosaccharid-Derivate, wie Uronsäure oder Sialinsäuren, als prosthetische Gruppe auftreten, die *Lipoproteine*, die Triglyceride, Phospholipide und Cholesterin enthalten, die *Metallproteine* mit Metallionen in ionischer bzw. koordinativer Bindung, die *Phosphoproteine*, die über Serin- bzw. Threonin-Reste esterartig mit Phosphorsäure verbunden sind, die *Nucleoproteine*, die in den Ribosomen oder in Viren mit Nucleinsäuren assoziieren sowie die *Chromoproteine*, die in Haupt- oder Nebenvalenzbindung eine Farbstoffkomponente als prosthetische Gruppe enthalten.

Eine Übersicht wichtiger Proteinstrukturen wird im Abschn. 3.8. gegeben.

3.3. Isolierung und Reindarstellung [22—25]

Während die Isolierung der unlöslichen fibrillären Proteine weniger problematisch ist, wird die Reindarstellung eines bestimmten globulären Proteins aus tierischem oder pflanzlichem Gewebe, aus Bakterienkulturen oder anderen Zellsuspensionen durch die gleichzeitige Anwesenheit vieler anderer Proteine, Kohlenhydrate, Nucleinsäuren, Lipide und weiterer Biomoleküle erheblich erschwert. Hinzu kommt die Empfindlichkeit der Proteine gegenüber proteolytischen Enzymen, Temperatureinflüssen und anderen Denaturierung bewirkenden Faktoren. Nur in Ausnahmefällen, z. B. bei der Hämoglobinisolierung aus Erythrozyten, der Caseingewinnung aus Milch oder der Albumingewinnung aus Eiklar, überwiegt der Proteinanteil mengenmäßig so stark, daß bereits einfache Fällungsreaktionen zur Isolierung relativ reiner Produkte führen. Anderenfalls sind aufwendige, mehrstufige Reinigungsoperationen erforderlich, die durch analytische Bestimmungen oder biologische Testungen kontrolliert werden müssen.

Im ersten Schritt wird das biologische Material aufgeschlossen. Man beginnt gewöhnlich mit grobem Zerschneiden und mechanischem Zerkleinern im Homogenisator. Für das Aufsprengen der Zellwände gibt es verschiedene Methoden, wie die Anwendung von Ultraschall, die Gefrier-Tau-Technik, Schütteln mit Glasperlen, Zermahlen des gefrorenen Materials im Mörser, osmotischer Schock, osmotische Lyse mit destilliertem Wasser, Behandlung mit Detergenzien oder die Einwirkung von Proteasen. Unerwünschte Zellbestandteile lassen sich durch Differentialzentrifugation abtrennen, Nucleinsäuren entfernt man durch Behandlung mit Protaminsulfat, Kohlenhydrate durch Elektrophorese und Lipide durch Tieftemperaturextraktion mit organischen Lösungsmitteln.

Zur Isolierung des gewünschten Proteins wird die Proteinfraktion gewöhnlich durch Extraktion mit Wasser und verdünnten Salzlösungen angereichert. Der eigentliche Trennprozeß kann aufgrund des unterschiedlichen Löslichkeitsverhaltens, der unterschiedlichen Molekülgröße, der unterschiedlichen elektrischen Ladung und des unterschiedlichen Adsorptionsverhaltens sowie aufgrund unterschiedlicher biologischer Aktivität erfolgen. Auch die Umsetzung mit komplex-

Tabelle 3—3
Wichtige Methoden der Proteinfraktionierung

Methode	Grundlage

1. *Fällungsreaktionen*
  isoelektrische Fällung
  Lösungsmittelfällung
  Neutralsalzfällung
	unterschiedliche Löslichkeit

2. *Multiplikative Verteilung* (CRAIG-Verteilung)	unterschiedliche Löslichkeit
3. *Verteilungschromatographie*	unterschiedliche Löslichkeit
4. *Dialyse und Ultrafiltration*	unterschiedliche Molekülgröße
5. *Zentrifugationsverfahren*	unterschiedliche Molekülgröße, -dichte und -gestalt

6. *Gelchromatographie*
  Gelfiltration
  Gelpermeationschromatographie
	unterschiedliche Molekülgröße und -gestalt

7. *Elektrophorese*
  a) Trägerfreie Elektrophorese
  b) Trägerelektrophorese
   Gelelektrophorese
   Diskelektrophorese
   Isoelektrische Fokussierung
   Isotachoelektrophorese
   Immunoelektrophorese
	unterschiedliche Ladung
	
	unterschiedliche Ladung und biospezifische Unterschiede

8. *Ionenaustauschchromatographie*	unterschiedliche Ladung
9. *Affinitätschromatographie*	bioselektive Protein-Ligand-Wechselwirkungen

bildenden Stoffen, z. B. mit Albuminen, Alginaten oder Pektinen, kann zur Proteingewinnung herangezogen werden [26].

Die zur Verfügung stehenden Trennverfahren sind außerordentlich leistungsfähig, führen jedoch nur in kooperativem Einsatz zu Proteinen, die den geforderten Reinheitskriterien genügen.

Trennungen aufgrund unterschiedlicher Löslichkeit gehören zu den ältesten Isolierungs- und Reinigungsverfahren der Proteine. Bei der *isoelektrischen Fällung* z. B. wird das Löslichkeitsminimum der globulären Proteine am isoelektrischen Punkt (Abk. *IEP*) (vgl. S. 401) zur Trennung ausgenutzt. Zu beachten ist, daß der IEP der Proteine u. a. von der in Lösung vorherrschenden Ionenstärke abhängig ist. Die IEP einiger Proteine sind in Tab. 3—5 zusammengestellt.

Bei der *Fällung durch Neutralsalze* kann die Proteinfraktionierung durch den Zusatz von NaCl, KCl, NH_4Cl und insbesondere von bivalentem $(NH_4)_2SO_4$ erreicht werden. Ammoniumsulfat wird bevorzugt, weil es eine hohe Ionenstärke hat und sich sehr gut in Wasser löst (Löslichkeit bei 0 °C 709,6 g/l H_2O).

Das Löslichkeitsverhalten der einzelnen Proteine ist u. a. auch von ihrem Ladungszustand abhängig. Über die Wirkungsweise der Neutralsalzfällung wird auf S. 402 berichtet.

Auch durch den Zusatz von mit Wasser mischbaren organischen Lösungsmitteln, wie Ethanol und Aceton, ist die Auftrennung eines Proteingemisches möglich (*Lösungsmittelfraktionierung*), da diese zu einer Herabsetzung der Dielektrizitätskonstanten des Lösungsmittelsystems führen. Folgeerscheinungen sind der Rückgang von Hydratation und Löslichkeit der Proteine sowie bei genügend großem Lösungsmittelzusatz deren Ausfällung. Bei niedrigen Temperaturen

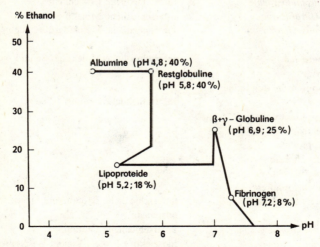

Abb. 3—2. Schema der Plasmafraktionierung nach COHN

(0 °C bis 10 °C) verläuft die Lösungsmittelfraktionierung ebenso wie die Neutralsalzfällung ohne Denaturierung. Von Vorteil ist, daß Salze nicht entfernt zu werden brauchen.

Die Lösungsmittelfraktionierung wurde von COHN [27, 28] speziell für die Trennung der Plasmaproteine ausgearbeitet, später aber auch für andere Trennungen eingesetzt. Abbildung 3—2 zeigt ein Beispiel für die im wesentlichen durch Variation von pH-Wert und Lösungsmittelmenge erreichten Trennungen.

Ein weiteres auf Löslichkeitsunterschieden beruhendes Proteinreinigungsverfahren ist die *multiplikative Verteilung* nach CRAIG (1944) [29, 30]. Sie wird heute in vollautomatischen Apparaturen ausgeführt, die eine Verteilung der aufzutrennenden Komponenten über mehrere Tausend Stufen ermöglichen. Der Gleichgewichtseinstellung jeder Verteilung zwischen zwei Phasen liegt der NERNSTsche Verteilungssatz zugrunde. Bei der Trennung zweier Substanzen ist der Trenneffekt umso größer, je höher der Transfaktor β ist, der sich aus dem Verhältnis der Verteilungskoeffizienten K_1 und K_2 errechnen läßt.

Die CRAIG-Verteilung hat sich besonders bei der Reinigung von Peptidwirkstoffen und Synthesezwischenprodukten bewährt, wobei als Lösungsmittelsysteme Butanol/Essigsäure, Trichloressigsäure/4-Toluensulfonsäure, Chloroform/Benzen/Methanol/Phenol/Wasser und viele andere Kombinationen verwendet werden. Für Proteintrennungen ist aufgrund der schweren Löslichkeit in organischen Lösungsmitteln und wegen der Denaturierungsgefahr die Lösungsmittelauswahl problematisch. CRAIG und HAUSMANN [31] gelang die Verteilung der Ribonuclease

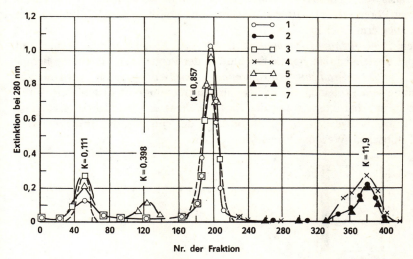

Abb. 3—3. Multiplikative Verteilung eines Serumalbumins nach HAUSMANN und CRAIG

und des Lysozyms im System Ethanol/Wasser/Ammoniumsulfat über 3746 bzw. 3420 Stufen unter vollem Erhalt der biologischen Aktivität. Dem gleichen Arbeitskreis gelang es weiterhin, ein nach Ultrazentrifugation einheitlich vorliegendes Serumalbumin (MG 68 000) in einem Butanol/Trichloressigsäure/Essigsäure/Ethanol-System in Gegenwart von Stabilisatoren nach 401 Verteilungsstufen in 4 Fraktionen aufzutrennen (vgl. Abb. 3—3). Das reine Serumalbumin hat den Verteilungskoeffizienten $K = 0{,}857$. Für die CRAIG-Verteilung höhermolekularer Proteine wurde der Einsatz polymerer Lösungsmittel, wie Polyethylenglycol, Polypropylenglycol/Dextran, vorgeschlagen, da diese mit Wasser Zweiphasensysteme ausbilden. Die Absitzzeiten sind aber extrem lang und außerdem bereitet die Proteinisolierung aus den polymeren Lösungsmittelgemischen Schwierigkeiten.

Die wichtigsten auf *Unterschieden der Molekülgröße* beruhenden Trennverfahren der Proteine sind Dialyse und Ultrafiltration, Zentrifugation und Gelchromatographie. Mit Hilfe der *Dialyse und Ultrafiltration* [32] werden überwiegend niedermolekulare Komponenten von den Proteinen abgetrennt. Bei den Dialyseverfahren läßt eine semipermeable Membran (Porenweite 5—100 nm), Wasser, Ionen und kleine Moleküle ungehindert passieren, während die hochmolekularen Proteinmoleküle zurückgehalten werden. Treibende Kraft des Trennprozesses ist das Konzentrationsgefälle zwischen Lösung und Lösungsmittel an der Membran. Der Trennprozeß wird bei der Ultrafiltration durch Anwendung von Druck (0,5—10 bar) beschleunigt. Als Membranen werden meistens synthetische Materialien auf Basis von Cellulose-Derivaten und Polyamid verwendet, die mit unterschiedlicher Porenweite (1—10 nm) die Trennung von Peptiden, Peptidderivaten und Proteinen ermöglichen.

Bei den *Zentrifugationsverfahren* wird die von Molekülgröße, Dichte und Gestalt der Proteine abhängige Sedimentation der Proteine zur Trennung herangezogen. Die *Dichtegradientenzentrifugation (Zonenzentrifugation)* wird oft zur Auftrennung von Proteinen, aber auch zur Auftrennung von Organellen, Viren eingesetzt. Zur Charakterisierung der Proteine dient die Sedimentationsanalyse in der Ultrazentrifuge (vgl. S. 405). Die Lage der entstehenden Proteinbanden kann auf optischem Wege nachgewiesen werden.

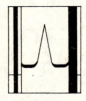

Abb. 3—4. Sedimentationsmessung in der Ultrazentrifuge (Schlierenoptikmethode)

Die Gelchromatographie [33—37] (beim Arbeiten in wäßriger Phase als *Gelfiltration* bezeichnet) ist ein der Molekularsiebtechnik nahestehendes chromatographisches Trennverfahren, bei dem dreidimensional vernetzte Gele vor allem auf Polysaccharid- und Polyacrylamidbasis die stationäre Phase bilden. Je nach Vernetzungsgrad und Porenweite der in gequollenem Zustand vorliegenden Gele wandern die Proteinmoleküle in Abhängigkeit von ihrer Größe (und Gestalt) mit unterschiedlicher Geschwindigkeit durch die Säule. Die größten Moleküle schlängeln sich durch die Zwischenräume der Säulenpackung und treten zuerst aus, die kleinen Moleküle dringen in die Poren der Gelkörper ein und wandern dadurch wesentlich langsamer. Durch Variation der Porengröße sind Fraktionierungen von Proteinen im Molekulargewichtsbereich von wenigen Hundert bis zu mehreren Millionen möglich. Um die Entwicklung der heute zu den wichtigsten und wirksamsten Proteintrennverfahren zählenden Gelchromatographie hat sich die schwedische Firma AB-PHARMACIA besonders verdient gemacht. Das von ihr 1959 auf den Markt gebrachte Dextrangel Sephadex wird aus Dextranen des Molekularbereiches 30000—50000 durch Vernetzung mit Epichlorhydrin hergestellt. Dextran wird auf mikrobiellem Wege aus Saccharose gewonnen. Es ist ein hochmolekulares Glucan sehr unterschiedlicher Molekülgröße mit überwiegend α-1,6-glucosidischer Bindung. Eine wertvolle Ergänzung der Polysaccharid-Gele sind die von den BIO-RAD-Laboratories (USA) angebotenen Bio-Geltypen auf Polyacrylamid-Basis (vgl. Tab. 3—4). Durch den Einsatz makroporöser Polystyrolharze und nicht quellbarer poröser Glasgranula sowie durch die Einführung hydrophober Reste in das Dextran-

Tabelle 3—4
Handelsübliche Gele für die Gelchromatographie

Geltyp	Handelsbezeichnung	Ausschlußgrenze	Bezugsquelle
Dextrangel	Sephadex G-10 bis G-200	700—600000	Pharmacia
	LH-20/LH-60	4000/10000	Pharmacia
	Molselect G-10 bis G-200	700—600000	Reanal
Agarosegel	Sepharose 6B bis 2B	4000000—40000000	Pharmacia
	Bio-Gel A-0.5 m bis A-150 m	500000—150000000	Bio-Rad
Polyacryl-amidgel	Bio-Gel P-2 bis P-300	2500—400000	Bio-Rad
	Acrylex P-2 bis P-300	2000—300000	Reanal
Polyacryl-amid-Agarose-Gemisch	Ultrogel AcA 54 bis AcA 22	70000—600000	LKB
Polyacryloyl-morpholingel	Enzacryl Gel K0 bis K10	1000—2000000	Koch-Light

grundgerüst sind gelchromatographische Fraktionierungen mit organischen Lösungsmitteln möglich geworden (Gel-Permeations-Chromatographie). Alkylierte Dextrane (Sephadex-LH-Typen) finden umfangreiche Anwendung in der synthetischen Peptidchemie [38].

Weitere wichtige Trenn- und Reinigungsmethoden für Proteine sind die Elektrophorese und die Ionenaustauschchromatographie. Beides sind *Trennverfahren auf Basis der unterschiedlichen Ladung* der Proteinmoleküle. Der Ladungszustand jedes Proteins ist durch die Anzahl der ionisierbaren Seitenkettenfunktionen seiner Aminosäurebausteine charakterisiert und kann wie bei den Aminosäuren durch Auswertung der Titrationskurve ermittelt werden (vgl. Abschn. 1.4.2.). Oberhalb des IEP befindet sich die pH-Zone mit negativer, unterhalb des IEP die pH-Zone mit positiver Überschußladung.

Bei der *Elektrophorese* wandern die geladenen Teilchen unter dem Einfluß des elektrischen Feldes mit unterschiedlicher, vom Ladungs/Masse-Verhältnis abhängiger Geschwindigkeit zur Anode bzw. Katode und können so voneinander getrennt werden. Man unterscheidet die trägerfreie Elektrophorese, bei der die Proteine unmittelbar im Pufferstrom wandern, und die Trägerelektrophorese (Zonenelektrophorese), bei der mit unterschiedlichem Trägermaterial gearbeitet wird.

Die *klassische trägerfreie Elektrophorese* (TISELIUS) benutzt U-förmige Zellen, in denen die proteinhaltige Pufferlösung mit reiner Pufferlösung überschichtet ist. Durch geeignete Wahl des pH-Wertes erreicht man einen gleichsinnigen Ladungszustand der Proteine, die sich dann z. B. als Anionen in Richtung der positiven Elektrode bewegen und in die proteinfreie Pufferzone eindringen. Hier können sie aufgrund der veränderten Brechungsindizes in Form des sogenannten „Schlierenmusters" lokalisiert werden.

Eine höhere Auflösung und eine höhere Trennkapazität wird mit der modernen *trägerfreien Durchflußelektrophorese* erreicht, bei der das elektrische Feld senkrecht zu der zwischen gekühlten Glasplatten fließenden Pufferlösung angelegt wird und die Proteine in einem bestimmten Winkel von der Fließrichtung abgelenkt werden.

Bei den vor allem in analytischer Hinsicht leistungsfähigeren *Trägerelektrophoresen* werden u. a. Cellulose, Folien und Gele als Trägermaterial für den Pufferstrom verwendet. Man arbeitet mit Feldstärken von 6—10 Volt/cm (Niederspannungselektrophorese) oder unter Kühlung mit Feldstärken bis zu 100 Volt/cm (Hochspannungselektrophorese).

Die *Gelelektrophorese* wird speziell mit Agarose- und Polyacrylamidgelen durchgeführt. Sie ist ein außerordentlich flexibles Trennverfahren, da durch Variation von Gelstruktur und Pufferzusammensetzung Trennungen auch auf Basis von Unterschieden des Molekulargewichtes, des isoelektrischen Punktes und der biospezifischen Affinität möglich sind. Besondere hohe Auflösungen werden mit der *Polyacrylamid-Gelelektrophorese* [39] erreicht, da sich hier Elektrophorese und Molekularsiebeffekt ergänzen. Serum z. B. wird in etwa 20 Banden aufgespalten, während bei der Agarose-Gelelektrophorese nur 5 Banden auftreten.

Noch bessere Trennungen liefert die *Disk-Elektrophorese* [40, 41], bei der man ein diskontinuierliches Trennsystem mit verschiedenen Puffern verwendet sowie mit unterschiedlichen Porenweiten des Polyacrylamidgels arbeitet. Mehrere (mindestens zwei) Acrylamidschichten verschiedenen pH-Wertes werden übereinandergeschichtet, wodurch dem Trennprozeß eine Konzentrierung der Komponenten vorausgeht und sehr scharfe Banden erhalten werden.

Durch *isoelektrische Fokussierung* [42—45] in einem linearen pH-Gradienten werden Proteine aufgrund ihrer unterschiedlichen IEP-Werte getrennt. Zur Bildung des Gradienten verwendet man Trägerampholyte (aliphatische Polyaminopolycarbonsäuren des Molekulargewichtsbereiches 200—700). Bei der Wanderung durch den pH-Gradienten wird die Proteinnettoladung ständig verringert, bis sie schließlich im pH-Bereich des isoelektrischen Punktes gleich Null wird. Das betreffende Protein wird in Form einer schmalen Zone fokussiert. Bei präparativen Fokussierungen in Säulenapparaturen erfolgt die Stabilisierung des pH-Gradienten durch einen Dichtegradienten, vorzugsweise wird jedoch im Flachbett mit Polyacrylamidgel oder granulierten Gelen gearbeitet. Über die kontinuierliche träger-

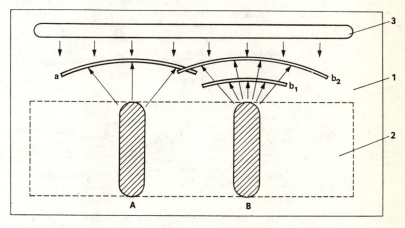

Abb. 3—5. Prinzip der Immunoelektrophorese nach RAPOPORT

1 — Agarschicht; *2* — elektrophoretisch aufgetrenntes Serum (Antigengemisch); *3* — Antiserum (Antikörpergemisch); *A* — serologisch einheitliche elektrophoretische Fraktion; *a* — Präzipitationsbande zu *A*; *B* — serologisch aus zwei Komponenten bestehende elektrophoretische Fraktion; b_1 und b_2 — Präzipitationsbanden zu *B* freie isoelektrische Fokussierung wurde kürzlich berichtet [46]. Die Leistungsfähigkeit der Elektrofokussierung ist hoch. So können z. B. noch Proteine getrennt werden, die sich in ihrem IEP um nur 0,01 pH-Einheiten unterscheiden. Die Serumtrennung z. B. liefert über 40 Banden.

Bei der *Isotachophorese* [47, 48], die gleichfalls ein sehr hohes Auflösungsvermögen zeigt, werden die zu trennenden Proteinionen in einem speziellen

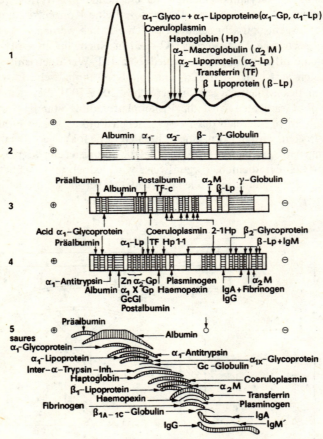

Abb. 3—6. Elektrophorese-Trennung der Plasmaproteine des Menschen nach 5 Trennverfahren bei pH 8

1 — Freie oder Tiselius-Elektrophorese; *2* — Papierelektrophorese; *3* — Stärkegelelektrophorese; *4* — Polyacrylamidgelelektrophorese; *5* — Immunoelektrophorese (Präzipitationsbanden gegen polyvalentes Antihumanserum) nach R. Kleine; Pfeil gibt die Auftragsstelle der Plasmaproteine an.

Elektrolytsystem mit Ionen größerer Beweglichkeit (leading ions) und Ionen kleinerer Beweglichkeit (terminating ions) als die der Proteinionen auf gleiche Wanderungsgeschwindigkeit gebracht (iso = gleich; tacho = Geschwindigkeit). Durch den Zusatz spezifischer „Zwischenionen" (Abstandshalter) werden Proteine mit sehr nahe beieinander liegender Beweglichkeit von einander entfernt. Die präparative Proteintrennung wird meistens unter Anwendung von Trägerampholyten als Puffer- und Abstandssubstanzen in Polyacrylamidgel-Säulen durchgeführt, wobei die getrennten Komponenten durch geeignete Elutionssysteme von der Säule eluiert werden.

Das Wirkprinzip der Elektrophorese wird bei der *Immunoelektrophorese* [49—51] mit der biospezifischen Antigenität der Proteine gekoppelt (vgl. Abb. 3—5). Die antigenen Proteine werden zunächst gelelektrophoretisch aufgetrennt. Beim Zusammentreffen mit den in die Gelschicht hineindiffundierenden Antikörpern kommt es zur Ausbildung von Antigen-Antikörper-Komplexen, die als sichelförmige Präzipitatbanden sichtbar werden. Die Immunoelektrophorese ist besonders für die medizinische Diagnostik (Trennung und Identifizierung der Serumproteine u. a.) von Bedeutung. In Abb. 3—6 wird die Leistungsfähigkeit dieser Methode im Vergleich zu den anderen Elektrophoreseverfahren verdeutlicht.

Bei der *Proteintrennung durch Ionenaustauschchromatographie* [52] werden vor allem Ionenaustauschharze auf Polysaccharidbasis wie z. B. die Anionenaustauscher Diethylamino-Cellulose (DEAE-Cellulose) oder DEAE-SEPHADEX und die Kationenaustauscher Carboxymethyl-Cellulose (CM-Cellulose) oder CM-SEPHADEX verwendet, in denen die funktionellen Austauschergruppen an die Hydroxy-Gruppen der Monosaccharidbausteine gebunden sind. Durch das hydrophile Grundgerüst der Austauscher werden die Proteine nicht denaturiert. In saurer Lösung werden die Proteine als Kationen, in alkalischer Lösung als Anionen an die entsprechenden Austauscher gebunden. Die Elution der Proteine erfolgt durch Waschen mit Puffern ansteigender Ionenstärke (Konzentrationsgradient) oder verändertem pH-Wert (pH-Gradient). Beim Konzentrationsgradienten werden die ionisierten Proteine durch die Salzionen, beim pH-Gradienten durch die veränderte elektrische Ladung vom Austauscher getrennt. Die Technik wurde 1956 von PETERSON und SOBER eingeführt. Das Elutionsdiagramm der Trennung einer Mischung verschiedener Hämoglobine zeigt Abb. 3—7.

Auf bioselektiven Wechselwirkungen mit trägerfixierten Liganden beruht die *Trennung von Proteinen durch Affinitätschromatographie* [54—61]. Der gewöhnlich niedermolekulare Ligand (kompetitiver Inhibitor, Coenzym, modifiziertes Substrat, spezifisches Antigen) wird durch Ester- oder Amidbindung, durch Azokupplung, Bromcyan-Reaktion oder durch bifunktionelle Reagenzien kovalent an das inerte, unlösliche Trägermaterial gebunden. Bei der Reaktion mit der komplementären Proteinkomponente bildet sich ein stabiler Protein-Ligand-

Komplex, aus dem das Protein durch Änderung von pH-Wert oder Ionenstärke selektiv freigesetzt werden kann. Die Wechselwirkung Protein-Ligand wird durch den Einbau eines flexiblen Arms (Spacer) zwischen Matrix und Ligand erleichtert. Als Trägermaterial werden Agarose, poröses Glas, Cellulose, vernetzte Dextrane u. a. verwendet.

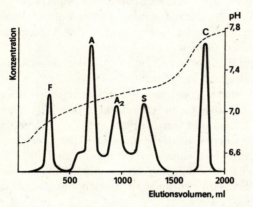

Abb. 3—7. Elutionsdiagramm der Trennung verschiedener Hämoglobine (F, A, A_2, S und C) an CM-Sephadex C-50 nach Dozy und Huisman (1969)

Poröses Glas, Porendurchmesser zwischen 5 bis 250 nm (CPG-Glas), zeichnet sich ebenso wie die meist verwendeten hydrophilen Agarose-Träger durch niedrige unspezifische Adsorption und hohe Kapazität aus. Die Affinitätschromatographie hat breite Anwendung bei der Trennung von Enzymen, Polypeptid- und Protechormonen, Antigenen und Antikörpern sowie Transport- und Rezeptorproteinen gefunden.

Die nach den verschiedenen Trenn- und Reinigungsverfahren der Proteinchemie erhaltenen Proteine gelten als rein, wenn sich ihre Homogenität durch das Auftreten nur einer Proteinbande, z. B. bei der Disk-Elektrophorese, oder durch eine charakteristische Sedimentations- und Diffusionskonstante in der Ultrazentrifuge nachweisen läßt.

Ein weiterer Hinweis auf die Reinheit ergibt sich aus dem Löslichkeitsdiagramm, das bei einem einheitlichen Protein nach Auftragen der zugegebenen gegen die gelöste Proteinmenge bis zum Erreichen des Sättigungspunktes einen linearen Verlauf zeigt. Auch die Aminosäurezusammensetzung, der isoelektrische Punkt sowie in untergeordnetem Maße die Kristallisierbarkeit gelten als Reinheitskriterien. Bei biologisch aktiven Proteinen, wie z. B. bei den Enzymen, kann aus den Aktivitätskriterien (Substratspezifität, pH- und Temperaturoptimum, kinetisches Verhalten) auf die Reinheit geschlossen werden.

3.4. Nachweis und quantitative Bestimmung

Für den qualitativen Nachweis von Proteinen stehen verschiedene klassische Farbreaktionen zur Verfügung, die sich vielfach auf die Anwesenheit bestimmter Aminosäure-Reste gründen und nicht immer spezifisch sind. Eine Zusammenstellung der bekanntesten Farbreaktionen wird in Tab. 3—5 gegeben.

Tabelle 3—5
Farbreaktionen zum qualitativen Proteinnachweis

Reaktion	Ausführung	reagierende Bestandteile	Färbung
Biuret-	stark alkalische Probelösung mit $CuSO_4$-Lösg. versetzen	Peptidbindungen	purpurviolett
MILLON-	Probelösg. mit $Hg(NO_3)_2$ u. konz. H_2SO_4 erhitzen	Tyr	rotbrauner Niederschlag
PAULY-	alkalische Probelösg. mit Diazobenzensulfonsäure versetzen	Tyr His	rot
HOPKINS-COLE-	mit Glyoxylsäure mischen u. mit konz. H_2SO_4 unterschichten	Trp	violetter Ring
SAKAGUCHI-	mit alk. α-Naphthollösg. u. Hypobromit versetzen	Arg	rot
FOLIN-	mit 1,2-Naphthochinon-4-sulfonsäure versetzen	Tyr Trp	rot
Xanthoprotein-	mit konz. HNO_3 versetzen	Tyr Phe	gelb (nach NaOH-zusatz orange)

Weitere qualitative Nachweismöglichkeiten sind die auf Denaturierung beruhenden Fällungsreaktionen durch Trichloressigsäure, Pikrinsäure, Perchlorsäure, Phosphorwolframsäure, Schwermetallsalze (Cu, Pb, Zn, Fe u. a.) sowie durch Erhitzen am isoelektrischen Punkt.

Zur *quantitativen Bestimmung* kann die Biuret-Reaktion herangezogen werden. Sie fällt allerdings auch bei Peptiden positiv aus. Die Reaktion beruht auf der Bildung eines violetten Kupferkomplexes, dessen Farbintensität (Extinktion zwischen 540 und 560 nm) kolorimetrisch gemessen werden kann. Weitaus empfindlicher ist die LOWRY-*Methode* [62], bei der in Gegenwart von Trp-, Tyr- und Cys-Resten ein Kupferphosphomolybdänsäure-Komplex gebildet wird. Sie ist die am häufigsten verwendete kolorimetrische Proteinbestimmungsmethode im Mikromaßstab. Der sich bildende blaue Farbstoffkomplex (Absorptionsmaximum bei

750 nm) ist für die quantitative Messung hinreichend stabil. Als Eichprotein dient Serumalbumin. Die untere Nachweisgrenze liegt bei 5—10 µg Protein/ml. Störfaktoren für die LOWRY-Methode sind u. a. Trispuffer, Guanidin, SH-haltige Verbindungen. Die *Proteinbestimmung nach* BRADFORD [63] ist von diesen Störfaktoren unabhängig. Sie beruht auf dem Farbwechsel spezifischer Farbstoffe in Abhängigkeit von der Proteinkonzentration. Beim klassischen, quantitativen KJELDAHL-*Verfahren* wird die Analysenprobe durch Kochen in konz. Schwefelsäure unter Katalysatorzusatz aufgeschlossen, wobei sich eine dem organisch gebundenen Stickstoff äquivalente Menge $(NH_4)_2SO_4$ bildet. Der nach Laugenzusatz freigesetzte Ammoniak wird in Borsäurelösung aufgefangen und durch Titration mit 0,01 N Schwefelsäure bestimmt.

Durch *Extinktionsmessungen bei 280 nm*, basierend auf der Anwesenheit von Tyr- und Trp-Resten in Proteinen, ist eine direkte Proteinbestimmung möglich. Mit Hilfe des Extinktionskoeffizienten $E_{280\,nm}^{1\%,\,1\,cm}$ kann aus der ermittelten Extinktion einer unbekannten Proteinlösung der Gehalt in mg Protein/m*l* errechnet werden. Die mit Hilfe anderer physikalischer Methoden (Refraktometrie, Dichtemessung oder Trübungsmessung mittels Nephelometer) durchgeführten Proteinbestimmungen sind mehr oder weniger genau und spezifisch.

3.5. Physikalisch-chemische Eigenschaften [5, 64, 65]

3.5.1. Ampholytcharakter

Die Ampholytnatur der Proteine basiert auf der Anzahl und Verteilung der verfügbaren basischen und sauren Seitenkettenfunktionen, da die terminalen Amino- und Carboxygruppen im allgemeinen nur wenig zum Gesamtladungszustand des Moleküls beitragen.

In Abhängigkeit vom pH-Wert der Lösung tragen die Proteinmoleküle im sauren Gebiet eine positive, im alkalischen Gebiet eine negative Überschußladung, wobei in beiden Fällen Hydratation und Löslichkeit zunehmen. Unabhängig vom Ladungssinn ist für die Hydratation nur die Differenz zwischen der positiven und negativen Absolutladung entscheidend.

Am isoelektrischen Punkt liegt das Protein als Zwitterion vor, d. h. die positiven und negativen Ladungen heben sich gegenseitig auf, die Nettoladung ist gleich Null, Löslichkeit und Hydratation erreichen einen Minimalwert, im elektrischen Feld erfolgt keine Wanderung. Der isoelektrische Punkt kann aus der Titrationskurve eines Proteins ermittelt werden, die den gesamten Ionisationszustand des Moleküls widerspiegelt. Bei einem globulären Protein sind die ionisierenden Gruppen überwiegend an der Moleküloberfläche lokalisiert. Im Inneren befindliche oder an Wasserstoffbrückenbindung beteiligte Gruppen können nach Denaturierung durch Titration erfaßt werden. Weiterhin kann der IEP auch durch Bestimmung des Löslichkeitsminimums in verschiedenen Pufferlösungen, durch Elektrophorese bei verschiedenen pH-Werten oder durch Elektrofokussierung in einem Trägerampholyt-pH-Gradienten ermittelt werden. Bei Proteinen, die mehrere basische Aminosäuren enthalten, liegt der IEP im alkalischen, bei den aminodicarbonsäurereichen Proteinen im sauren pH-Bereich. Eine Zusammenstellung der IEP-Werte einiger Proteine findet sich in Tab. 3—6.

Tabelle 3— 6
Isoelektrische Punkte (IEP) einiger Proteine

Protein	IEP
Pepsin	1,0
Eialbumin	4,59
Serumalbumin	4,8
Kollagen	6,7
β-Lactoglobulin	5,2
α_1-Globulin (Human)	5,8
α_2-Globulin (Human)	7,3
Hämoglobin (Human)	7,07
Hämoglobin (Pferd)	6,92
Myoglobin	7,0
Cytochrom c	10,6
Urease	5,0
Chymotrypsinogen	9,5
Ribonuclease	9,6
Lysozym	11,6
Protamine	11,8

Die IEP-Werte sind von der Ionenstärke und der Art des verwendeten Puffers abhängig, da Neutralsalze den Ionisationsgrad der verschiedenen Seitenkettengruppen beeinflussen. Auf dem Gleichgewicht

$$\text{Protein-Kation} \rightleftharpoons \text{Protein-Zwitterion} \rightleftharpoons \text{Protein-Anion}$$

beruht die physiologisch wichtige Pufferwirkung der Proteine.
An der pH-Stabilisierung des Blutes z. B. hat das Hämoglobin einen wichtigen Anteil. Der Normalwert liegt zwischen pH 7,35 und pH 7,40. Bereits ein Abfall um 0,3 bis 0,5 pH-Einheiten ist lebensgefährlich.

3.5.2. Löslichkeit

Die Löslichkeit der Proteine hängt außer vom pH-Wert der Lösung, der Natur des Lösungsmittels (Dielektrizitätskonstante), der Elektrolytkonzentration (Ionenstärke) und der Art der Gegenionen entscheidend von den strukturellen Besonderheiten des Proteins ab. Auf die unterschiedliche Löslichkeit der globulären und fibrillären Proteine, die das klassische Einteilungsprinzip begründet, sowie auf die Herabsetzung der Löslichkeit von Proteinen durch Neutralsalz- oder Lösungsmittelfällung wurde bereits hingewiesen.

Von großer Bedeutung für die Löslichkeit der Proteine ist die Elektrolytkonzentration. Proteine mit ausgeprägt asymmetrischer Ladungsverteilung, wie z. B. die Serumglobuline, benötigen zur Lösung bzw. Löslichkeitsstabilisierung eine bestimmte Salzkonzentration. Dieser *Einsalzeffekt* (salting in) beruht auf der Zurückdrängung der Assoziation bzw. Aggregation von Proteinmolekülen durch Anlagerung niedermolekularer Gegenionen. Es resultiert eine stärkere Hydratisierung und Löslichkeitsverbesserung der Proteine, ihre Reassoziation wird verhindert. Die zur Proteinfällung führende *Aussalzung* (salting out) basiert auf einer Zurückdrängung der Proteinhydration zugunsten der Hydration der Elektrolytionen. Da sich die Proteine in der zur Ausfällung erforderlichen Elektrolytkonzentration unterscheiden, ist die Aussalzung ein wichtiges und schonendes Verfahren zur Grobtrennung von Proteinen.

3.5.3. Denaturierung [66]

Unter Denaturierung versteht man alle auf physikalische und chemische Einflüsse zurückzuführenden Veränderungen des nativen Proteins, die unter Erhalt der ursprünglichen Primärstruktur von einem mehr oder weniger vollständigen Verlust der biologischen Aktivität und anderer individueller Eigenschaften der Proteine begleitet sind. Durch Denaturierung werden Wasserstoffbrückenbindungen, hydrophobe Bindungen und in Gegenwart von Reduktionsmitteln auch Disulfidbindungen gelöst. Die auf der Lösung von Nebenvalenzbindungen beruhende Denaturierung ist gewöhnlich reversibel. Durch Ausbildung neuer Nebenvalenzbindungen oder durch Wechselwirkung mit dem Denaturierungsmittel werden neue Konformationen stabilisiert. Es bilden sich metastabile Zustände, die nach Wiederherstellung der physiologischen Bedingungen die Rückbildung der nativen Konformation gestatten (*Renaturierung*). Eine Renaturierung ist auch nach der reduktiven Spaltung von Disulfidbrücken prinzipiell möglich (Abb. 3—8).

Gelegentlich kommt es jedoch durch Thiol-Disulfidaustausch, unspezifische Oxidationen und durch Ausbildung andersartiger Kovalenzen zu einer *irrever-*

siblen Denaturierung. Die Hitzedenaturierung führt z. B. im Anfangsstadium zu regioselektiven Konformationsänderungen, die rückgängig gemacht werden können. Im fortgeschrittenen Stadium führen unkontrollierte Aggregationen zur Ausbildung einer ungeordneten Knäuelstruktur (random coil).

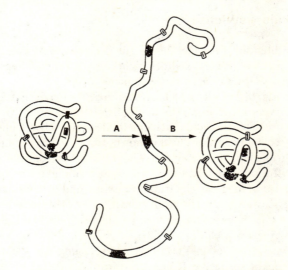

Abb. 3—8. Denaturierung-Renaturierung am Beispiel der Pankreas-Ribonuclease nach ANFINSEN

Der Übergang vom nativen, energieärmeren Zustand in die denaturierte Form ist mit einem Ordnungsverlust und damit mit einer Entropiezunahme verbunden. Allerdings erhöht sich der Ordnungszustand der umgebenden Wassermoleküle durch Hydratisierung der freigesetzten hydrophoben Seitenkettenfunktionen, so daß dieser Effekt weitgehend überkompensiert wird. Weitere bei der Denaturierung auftretende Veränderungen sind eine Verminderung von Hydratation, Löslichkeit und Kristallisationsvermögen, die Verschiebung des IEP durch zusätzlich auftretende ionisierende Gruppen, ein auf die Entfaltung der Peptidketten zurückzuführender Anstieg der Viskosität, sowie eine verstärkte UV-Absorption aufgrund freigesetzter phenolischer Hydroxy-Gruppen.

Physikalisch kann Denaturierung durch starkes Rühren, Schütteln und Erhitzen, durch UV-, Röntgen- und radioaktive Strahlung, durch Ultraschalleinwirkung und Grenzflächenabsorption hervorgerufen werden. Chemische Denaturierung wird vor allem durch wasserstoffbrückenlösende Verbindungen (6 bis 8 M Harnstofflösung, 4 M Guanidinlösung), durch Säure- und Basenbehandlung (pH-Werte <3 bzw. >9) sowie durch Einwirkung von Detergenzien, z. B. von 1proz. Natrium-Dodecylsulfatlösung (SDS), erreicht. Die Empfindlichkeit der einzelnen Proteine gegenüber Denaturierungsmitteln ist unterschiedlich.

3.5.4. Molekulargewichte

Die Molekulargewichte der Proteine liegen für Einkettenmoleküle zwischen 10000 und 100000, für den größten Teil der mehrkettigen (oligomeren) Proteine im Bereich zwischen 50000 und mehreren Millionen.

Zur Bestimmung des Molekulargewichtes und gleichzeitig der Molekülform eines Proteins sind verschiedene physikalisch-chemische Methoden geeignet, die man grob in kinetische und Gleichgewichtsmethoden unterteilen kann. Auf der Auswertung von Erscheinungen des Partikeltransportes basieren die kinetischen Methoden, wie die Ermittlung der Viskosität (UBBELOHDE-Viskosimeter u. a.), die Bestimmung der Diffusions- und Sedimentationsgeschwindigkeit in der Ultrazentrifuge und die Bestimmung der elektrophoretischen und gelchromatographischen Wanderungsgeschwindigkeit (Dextran- und Polyacrylamidgele bestimmter Porengröße). Bei den Gleichgewichtsmethoden befindet sich die Proteinlösung im thermodynamischen Gleichgewicht.

In diesem Zusammenhang sollen Verfahren zur Messung der Lichtstreuung, des osmotischen Druckes sowie die Röntgenkleinwinkelstreuung erwähnt werden.

Lichtstreuungsmessungen beruhen auf der Tatsache, daß mit zunehmender Partikelgröße der „Tyndall"-Effekt der Proteinlösung stark ansteigt. Mit Hilfe eines Streulicht-Photometers wird das Verhältnis der Intensitäten des einfallenden Lichtes und des im Winkel von 90° oder 45° gestreuten Lichtes gemessen. Unter idealen Bedingungen ist die Differenz der Lichtstreuung des reinen Lösungsmittels und der Proteinlösung der Zahl und Größe der Proteinmoleküle direkt proportional.

Der *osmotische Druck* wird mit Hilfe eines Membranosmometers bestimmt, wobei die Grenze bei Proteinen mit einem Molekulargewicht von etwa 20000 liegt. Unterhalb dieser Grenze ist die Anwendung von Membranosmometern problematisch, besser geeignet für diesen Bereich sind Dampfdruckosmometer. Beim Membranosmometer zeigt die Differenz der Steighöhe in der Meß- und in der Vergleichskapillare den osmotischen Druck an. Durch Anwendung eines dynamischen Meßprinzips, das den Einstrom des Lösungsmittels durch die semipermeable Wand determiniert und außerdem automatisch ausgleicht, werden die Einstellzeiten entscheidend verkürzt.

Bei der Bestimmung des Molekulargewichtes in der *Ultrazentrifuge* [67—69] unterscheidet man zwischen der Geschwindigkeitszentrifugation und der Gleichgewichtszentrifugation. Während man im ersten Fall die Sedimentationsgeschwindigkeit ermittelt, bestimmt man im zweiten Fall das Sedimentationsgleichgewicht.

Für die *Geschwindigkeitszentrifugation* sind Zentrifugalfelder erforderlich, die eine vollständige Sedimentation erzwingen. Die kolloidal gelösten Proteinmoleküle besitzen eine größere Dichte als das Lösungsmittel. Im Schwerefeld der Ultrazentrifuge wirken auf die Proteinmoleküle starke Zentrifugalkräfte, die bei der erzwungenen Wanderung durch das Medium einen der Sedimentationsgeschwindigkeit proportionalen Reibungswiderstand erzeugen. Die Sedimentationsgeschwindigkeit ist dem Molekulargewicht direkt proportional. Zur Molekulargewichtsbestimmung benutzt man Geräte mit ca. 60 000 U/min. Die Proteinlösung wird in eine durchsichtige Zelle gefüllt. Die sich während der Zentrifugation ausbildenden Konzentrationsänderungen können mit Hilfe optischer Methoden, wie z. B. mittels der Schlieren- oder Rayleigh-Interferenzoptik bzw. der direkten UV-Absorptionsmessung („scanning-system") verfolgt werden.

Das Prinzip der Molekulargewichtsbestimmung mit Hilfe der analytischen Ultrazentrifuge geht auf Arbeiten des schwedischen Proteinchemikers SVEDBERG zurück, der die Zentrifuge 1925 entwickelte. Das Molekulargewicht kann nach folgender Gleichung berechnet werden:

$$M = \frac{RTs}{D(1 - \varrho_L V_{\text{Prot.}})}.$$

s = Sedimentationskoeffizient (Ein Sedimentationskoeffizient von $1 \cdot 10^{-13}$ s wird eine SVEDBERG-Einheit oder 1 SVEDBERG, abgek. S genannt); R = Gaskonstante; T = absolute Temperatur; $V_{\text{prot.}}$ = partielles spezifisches Volumen des Proteins; ϱ_L = Dichte des Lösungsmittels; D = Diffusionskoeffizient

Durch Dichtemessungen läßt sich der Wert für $V_{\text{Prot.}}$ ermitteln. Zur Molekulargewichtsberechnung wird noch die Diffusionskonstante D des Proteins benötigt, die sich theoretisch für kugelförmige Moleküle D errechnen läßt. Da aber Proteine keine Kugelform besitzen, wird D in einem zweiten Zentrifugenlauf bei niedriger Tourenzahl durch Ausmessung der auf die Diffusion zurückzuführende Gipfelverbreiterung separat bestimmt.

Die Kenntnis der Diffusionskonstante D ist zur Molekulargewichtsbestimmung nach der Methode des *Sedimentationsgleichgewichtes* nicht erforderlich. Bei diesem Verfahren bedient man sich niedrigerer Tourenzahlen. Im Vergleich zur Geschwindigkeitszentrifugation, bei der ein Zentrifugalfeld von etwa 400 000 g benötigt wird, genügt dieser Methode bereits ein Zentrifugalfeld von etwa 10 000 bis 15 000 des Erdschwerefeldes. Durch Überlagerung von Sedimentation und Rückdiffusion stellt sich nach Stunden bzw. Tagen ein stationärer Zustand mit einem Teilchenfluß gleich Null ein. Das Molekulargewicht kann dann aus dem Konzentrationsgradienten, der sich vom Meniskus zum Boden der Zelle ausbildet, berechnet werden. Die langsame Gleichgewichtseinstellung erwies sich als nachteilig. Diese Schwierigkeit läßt sich nach dem Verfahren von ARCHIBALD umgehen. Bei dieser „low speed"-Methode kann der sich vor Ablösung der Proteinzone vom Meniskus der Zentrifugenzelle ausbildende Konzentrationsgradient zur Molekulargewichtsbestimmung genutzt werden. Die von YPHANTIS 1964 beschriebene „zero meniscus concentration"-Methode ermöglicht, das Sedimentationsgleichgewicht auch bei hohen Geschwindigkeiten (high speed-Methode) zu ermitteln, wenn die Proteinzone bereits vom Meniskus abgelöst ist. Auf diese Weise läßt sich die Zentrifugationsdauer auf 2 bis 4 Stunden verkürzen.

Im Zusammenhang damit sollte noch die *Dichtegradientenzentrifugation* nach MARTIN und AMES (1961) erwähnt werden. Unter high speed-Bedingungen erfolgt die Zentrifugation in einem Rohrzuckergradienten zunehmender Dichte. Die Wanderungsstrecke des Proteins im Gradienten ist dabei seinem Molekulargewicht umgekehrt proportional, so daß unter Einsatz von Eichproteinen bekannten Molekulargewichtes das Molekulargewicht des zu analysierenden Proteins annähernd bestimmt werden kann.

Bei der Molekulargewichtsbestimmung mit Hilfe der *Gelfiltration* [70, 73] werden verschiedene Sephadex-Typen (G-50, G-100, G-150, G-200), Agarose (Sepharose 2B, 4B, 6B) oder Polyacrylamid (Biogel P-100, P-150, P-300) in Chromatographiesäulen oder auf Dünnschichtplatten eingesetzt. Das Prinzip der Methode wurde auf S. 392 erläutert.

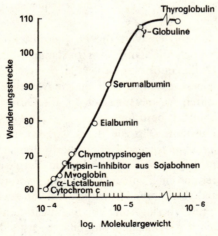

Abb. 3—9. Molekulargewichtsbestimmung durch Dünnschicht-Gelfiltration (Wanderungsstrecke in mm)

Anhand von Eichkurven, die sich aus den Elutionsdiagrammen von Vergleichsproteinen definierten Molekulargewichtes ergeben, können mit geringstem apparativem Aufwand Molekulargewichtsbestimmungen mit einer Genauigkeit von 5—10% durchgeführt werden.

Bei Beispiel für die Leistungsfähigkeit der Gelfiltration wird in Abb. 3—9 gegeben.

Molekulargewichtsbestimmungen der Proteine sind auch mittels der *Polyacrylamid-Gelelektrophorese* [41] möglich (vgl. S. 395). Die Monomeren des Acrylamidgels werden in Puffer gelöst und beginnen nach Auflösung unter Vernetzung mit Bisacrylamid in Glasröhrchen oder auf Platten (slabs) zu polymerisieren. Die große Trennschärfe der Methode ist auf den Molekularsiebeffekt zurückzuführen. Führt man die Elektrophorese in Gegenwart von Natriumdodecylsulfat (engl. sodium dodecyl sulfate, SDS) durch, so kann man bei oligomeren Proteinen die Untereinheiten nachweisen und deren Molekulargewichte bestimmen (*SDS-Gelelektrophorese*) [74—76]. Die SDS-Moleküle bilden aufgrund hydrophober Wechselwirkungen Komplexe mit den Polypeptidketten, die durch ein konstantes SDS-Protein-Verhältnis charakterisiert sind. Die elektrophoretische Beweglichkeit wird eine Funktion des Molekulargewichtes und kann mit den Werten bekannter Proteine verglichen werden. Das Verfahren zeichnet sich durch Schnelligkeit (2—4 h) aus und erfordert in der Regel nur 10 bis 50 µg Protein/Bestimmung. In neuerer Zeit wird die SDS-Elektrophorese auch an Glasperlen kontrollierter Porenweite (120 bis 200 mesh) durchgeführt. Die Protein-SDS-Komplexe werden nicht vom Trägermaterial adsorbiert, der erfaßbare Molekulargewichtsbereich liegt zwischen 3500 und 12000 [77].

Aufgrund der konzentrationsabhängigen Neigung vieler Proteine zur Aggregation bzw. Dissoziation in Untereinheiten ist die Definition des Molekulargewichtes problematisch, so daß auch die Auswertung der mit Hilfe physikalisch-chemischer Verfahren erhaltenen Werte oft schwierig ist. Allgemein addiert man die Gewichte der verschiedenen Fraktionen und dividiert den erhaltenen Wert durch die Partikelanzahl in der Lösung, oder man bezieht den Durchschnitt nicht auf die Anzahl sondern auf das mittlere Partikelgewicht. Bei den Ultrazentrifugationsmessungen resultieren gemischte Mittelwerte.

3.5.5. Molekülgestalt

Für die Bestimmung der Molekülgestalt existieren verschiedene Methoden. Eine charakteristische Größe für die Molekülform eines Proteins ist das

Achsenverhältnis f/f_0, da wie bereits erwähnt nahezu alle Proteine eine von der Kugelform abweichende Gestalt besitzen:

$$f/f_0 = a \bigg/ \left(\frac{3V_{Prot.} \cdot M}{4\pi N}\right)^{1/3}$$

(f = molarer Reibungskoeffizient; f_0 = Reibungskoeffizient eines kugelförmigen Moleküls; a = STOKESscher Radius; N = AVOGADROsche Zahl; $V_{Prot.}$ = partielles spezifisches Volumen des Proteins; M = Molekulargewicht)

Durch Ultrazentrifugationsmessungen kann man aus der Sedimentationskonstante bei Kenntnis des STOKESschen Radius das Achsenverhältnis berechnen. Unter dem STOKESschen Radius versteht man die kleinste Fläche, die ein Querschnitt des Moleküls einnehmen kann. Er läßt sich aus der Ausschlußkonstante K_D der Gelchromatographie anhand folgender Gleichung

$$K_D = (1 - a/r)^2[1 - 2{,}104(a/r) + 2{,}09(a/r)^3 - 0{,}95(a/r)^5]$$

(r = wirksamer Porendurchmesser)
ermitteln.

Das Achsenverhältnis der als Ellipsoide charakterisierten Proteinmoleküle liegt bei den meisten globulären Proteinen zwischen 2 und 30, während man bei den fibrillären Proteinen Werte über 30 findet.

Die Molekülgestalt läßt sich auch durch Messung der Viskosität sowie der Strömungsdoppelbrechung ermitteln. Eine direkte Bestimmung der Molekülform ist mit Hilfe der Elektronenmikroskopie möglich. Hierbei bedient man sich der Negativ-Anfärbe-Technik unter Verwendung von Osmiumtetroxid oder anderer Schwermetalle als Kontrastmittel.

3.6. Aufbauprinzip und Struktur der Proteine

Nach einer Empfehlung von LINDERSTRØM-LANG wurden zur Charakterisierung des strukturellen Aufbaus der Proteine die Bezeichnungen Primär-, Sekundär- und Tertiärstruktur eingeführt. Die *Primärstruktur* eines Proteins gibt Auskunft über Anzahl und Reihenfolge (Sequenz) der durch Peptidbindung miteinander verknüpften Aminosäurebausteine. Die *Sekundärstruktur* beschreibt die durch Ausbildung von Wasserstoffbrücken zwischen den Carboxylsauerstoff- und den Amidstickstoffatomen des Rückgrats der Polypeptidkette (polypeptide backbone) entstehenden Kettenkonformationen (Helix- und Faltblattstrukturen). Unter *Tertiärstruktur* versteht man die durch intramolekulare Wechselwirkung der Seitenketten hervorgerufene dreidimensionale Faltung einer Polypeptidkette.

Der 1958 von BERNAL eingeführte Begriff der *Quartärstruktur* schließlich umfaßt die bei einer Reihe von Proteinen auftretenden Assoziationen mehrerer intakter Polypeptidketten zu definierten Molekülkomplexen. Die Bindung wird hier in der Hauptsache durch intermolekulare Wechselwirkungen hervorgerufen. Sekundär-, Tertiär- und wenn vorhanden die Quartärstruktur bilden gemeinsam die *Konformation* eines Proteins.

Dieses rein akademische Einteilungsprinzip sollte nicht überbewertet werden. Umstritten ist vor allem die Differenzierung zwischen Sekundär- und Tertiärstruktur. In beiden Fällen wird die Konformation vorrangig durch Nebenvalenzbindungen festgelegt. Da nach den von EIGEN bestimmten Relaxationszeiten Änderungen im Bereich der Sekundärstruktur weitaus schneller verlaufen als Umwandlungen im Bereich der Tertiärstruktur, ist, zumindest aus dieser Sicht, eine Unterscheidung zwischen Sekundär- und Tertiärstruktur berechtigt.

Über Regeln für Strukturen *globulärer Proteine* berichtete SCHULZ [81]. Danach sind für die Struktur dieser Proteine mehrere Organisationsstufen zu unterscheiden. Die Hierarchie beginnt mit der *Aminosäuresequenz* als Basis. Es folgt die *Sekundärstruktur* mit einer durch maximale Ausbildung von Wasserstoffbrückenbindungen gekennzeichnete regelmäßige Kettenanordnung. Die Sekundärstrukturen können bis zu 75% der Gesamtkette bilden. Gelegentlich treten sie zu *Sekundärstrukturaggregaten* (Supersekundärstrukturen) zusammen, die als regelmäßige Aggregate mehrere Polypeptidketten, z. B. Doppel-α-helices oder Faltblatt-Helix-Kombinationen enthalten. Als nächst höhere Organisationsstufe der globulären Proteine ist die *Domänenbildung* anzuführen. Sie tritt bei größeren Proteinen auf und ist durch die räumliche Trennung mehrerer Unterbereiche gekennzeichnet, deren Ketten sich unabhängig voneinander zur Raumstruktur falten. Die Immunoglobuline z. B. bilden zwei bzw. vier Domänen durch entsprechende Faltung der leichten und schweren Peptidketten. Beim Chymotrypsin befindet sich das aktive Zentrum zwischen zwei Domänen im Inneren des Proteinmoleküls. Die Domänen haben hier eine Faltblattzylinderstruktur und sind nur durch einen Peptidstrang miteinander verbunden. Die aus mehreren Domänen aufgebauten globulären Proteine können sich schließlich zu noch größeren Einheiten zusammenlagern. Die dabei gebildeten *Aggregate* sind gewöhnlich symmetrisch gebaut und enthalten die zugrundeliegenden Monomere in kaum veränderter Struktur.

3.6.1. Primärstruktur

Zur Aufklärung der Primärstruktur werden zunächst die Aminosäurezusammensetzung und das Molekulargewicht der getrennten und gereinigten Proteine ermittelt [82]. Proteine, die aus mehreren Peptidketten bestehen, werden durch denaturierende Reagenzien wie konz. Harnstofflösung oder Natriumdodecylsulfat in die Einzelketten zerlegt. Disulfidbrücken spaltet man reduktiv durch Einwirkung von Mercaptoethanol. Die dabei entstehenden freien SH-Gruppen werden zur Verhinderung von Disulfidaustausch und Reoxidation reversibel blockiert, z. B. durch Alkylierung mit Iodessigsäure zum S-Carboxymethyl-Derivat oder durch Cyanethylierung mit Acrylnitril. Nach Bestimmung der N- und C-terminalen Aminosäuren wird die Kette durch chemische oder enzymatische Partialhydrolyse in kleinere Bruckstücke zerlegt. Für jedes Einzelbruchstück wird die Aminosäuresequenz ermittelt. Durch Kombination der Einzelsequenzen gelangt man schließlich zur Gesamtsequenz der ursprünglichen Kette.

Gegenwärtig liegen über 15000 Publikationen über die Primärstruktur von etwa 1000 Proteinen vor. Alle bekannten Strukturen werden im *„Atlas der Proteinsequenzen und Strukturen"* registriert [83]. Die methodischen Grundlagen der Primärstrukturanalyse wurde von SANGER et al. von 1945—1954 erarbeitet.

3.6.1.1. Spezifische Spaltung der Polypeptidketten

Die für die Sequenzbestimmung erforderliche Spaltung der Peptidketten erfolgt durch chemische und enzymatische Partialhydrolyse. Bei der *enzymatischen Spaltung* werden vor allem die Proteasen, Trypsin, Chymotrypsin, Pepsin. Papain, Subtilisin, Elastase und Thermolysin eingesetzt [84].

Trypsin spaltet Peptidbindungen, an denen die Carboxyfunktionen von Lysin und Arginin beteiligt sind. Die Selektivität der Spaltung kann durch Blockierung der Seitenkettenfunktionen des Lysins (Z-, Tfa- oder Dnp-Reste an der ε-Aminogruppe) oder des Arginins (Cyclohexanon-Derivat der Guanido-Gruppe [85] weiter erhöht werden. Die derivatisierten Aminosäuren bleiben unangegriffen, so daß die Spaltung jeweils für Lysin oder Arginin selektiv wird. Cystein kann in den tryptischen Einbau einbezogen werden, wenn man die SH-Funktion mit Ethylenimin umsetzt. Das gebildete S-β-Aminoethyl-Derivat wird an der Carboxyseite gespalten.

Chymotrypsin spaltet vorrangig Peptidbindungen, deren Carbonyl-Funktion von aromatischen Aminosäuren stammt. Bei längeren Peptidketten werden auch Bindungen hydrolysiert, an denen Leucin, Valin, Asparagin und Methionin beteiligt sind. *Pepsin* besitzt wenig ausgeprägte Seitenkettenspezifität. Gespalten werden Tryptophan-, Phenylalanin-, Tyrosin-, Methionin- und Leucinbindungen. *Subtilisin* spaltet vor allem Peptidbindungen in Nachbarschaft von Serin, Glycin und aromatischen Aminosäuren. *Elastase* ist weniger spezifisch und hydrolysiert vor allem die Bindungen von neutralen Aminosäuren. Hauptangriffspunkte des wenig spezifischen *Papains* sind Arginin-, Lysin- und Glycin-Reste, nicht angegriffen werden saure Aminosäuren. *Thermolysin* aus *Bacillus thermoproteolyticus* spaltet vorwiegend nach Aminosäure-Resten mit hydrophober Seitenkette.

Aufbauprinzip und Struktur der Proteine

Im allgemeinen verläuft die enzymatische Hydrolyse um so spezifischer, je kürzer die Reaktionszeiten gewählt werden. Dabei ist die Reinheit der verwendeten Enzyme von Bedeutung. Zur Entfernung der letzten Reste Chymotrypsin aus Trypsin setzt man z. B. spezifische Hemmstoffe wie Diphenylcarbamylchlorid oder L-(1-Tosylamido-2-phenyl)-ethylchlormethylketon ein.

Die Spaltung von *Disulfidbrücken*-enthaltenden Polypeptidketten führt gewöhnlich zu komplexen Gemischen niederer Peptide. Bei der Rekonstruktion der Kette bereitet die Zuordnung der ursprünglichen S-S-Bindungen erhebliche Schwierigkeiten. Einen Ausweg bietet die HARTLEYsche *Diagonalelektrophorese* [86], bei der die proteolytischen Spaltpeptide zunächst auf einem Papierstreifen elektrophoretisch aufgetrennt werden.

Durch Perameisensäureoxidation werden die Cystinbrücken aufgespalten, wobei zwei neue Cysteinsäurepeptide entstehen. Danach befestigt man den Papierstreifen an einem größeren Papierbogen und wiederholt die Elektrophorese senkrecht zur ersten Richtung. Die unveränderten Peptide kommen dabei auf eine Diagonale zu liegen, die sauren Cysteinsäurespaltpeptide erscheinen außerhalb der Diagonalen und können direkt zugeordnet werden.

Neben den angeführten enzymatischen Methoden sind noch spezifische *chemische Verfahren* zur Spaltung von Peptidketten in Gebrauch [87, 88]. So spaltet z. B. *Bromcyan* [89] Peptidbindungen mit Beteiligung der Carboxygruppen von Methionin und *N-Bromsuccinimid* (NBS) solche mit Bindungen des Tyrosins und Tryptophans.

$$\text{---NH--CH--C--N--CHR--CO---} \xrightarrow{\text{BrCN}} \left[\text{---NH--CH--C--N--CHR--CO---} \right]^+ \text{Br}^-$$

$$\xrightarrow{-\text{CH}_3\text{SCN}} \left[\text{---NH--CH--C=NH--CHR} \right]^+ \text{Br}^- \xrightarrow{\text{H}_2\text{O}} \text{---NH--CH--C=O} + \left[\text{H}_3\overset{\oplus}{\text{N}}-\text{CHR--CO--} \right]^+ \text{Br}^-$$

$$\text{HO--}\bigcirc\text{--CH}_2\text{--CH} \begin{array}{l} \text{CO--NH--CH--CO--} \\ \text{R} \\ \text{NH--} \end{array} \xrightarrow[\text{pH 4,5}]{\text{NBS}}$$

$$\left[\text{Br-Chinon-CH}_2\text{--CH} \begin{array}{l} \text{HO} \\ \text{C=N--CH--CO--} \\ \text{R} \\ \text{NH--} \end{array} \right] \longrightarrow \text{Br-Chinon-CH}_2\text{--CH--NH--} + \text{H}_2\text{N--CH--CO--}$$

Zur spezifischen Spaltung von Peptidbindungen des Cystins wird der Cystin-Rest zunächst durch Reaktion mit 2-Nitro-5-thiocyanobenzoesäure in S-Cyanocystein umgewandelt, dessen Amidbindung sich leicht und ohne Nebenreaktionen hydrolysieren läßt [90, 91].

Die bei den verschiedenen Spaltmethoden erhaltenen Peptidgemische müssen zunächst getrennt und gereinigt werden. Die Einzelkomponenten sollten sich vor der Sequenzanalyse wenigstens in vier unterschiedlichen Trennprozessen, z. B. in Ionenaustauschchromatographie, Elektrophorese, Papier- oder Dünnschichtchromatographie und Gegenstromverteilung, als einheitlich erweisen.

3.6.1.2. Sequenzanalyse [92—95]

Neben den nachfolgend aufgeführten Methoden soll auch auf die Möglichkeit der Ermittlung von Aminosäuresequenzen über die Sequenzanalyse der zugrunde liegenden mRNS verwiesen werden (vgl. S. 273 und Abschn. 3.8.4.5.), da durch die Fortschritte bei der Nucleinsäure-Sequenzierung (Nobelpreis 1980 an Frederik SANGER) dieser Weg an Bedeutung gewinnt.

3.6.1.2.1. Endgruppenbestimmung

Die chemischen Methoden der Endgruppenbestimmung beruhen zumeist auf Umwandlung oder Blockierung der terminalen Aminosäurefunktionen. Nach der Totalhydrolyse werden die terminalen Aminosäure-Derivate von den unveränderten Aminosäuren abgetrennt und charakterisiert.

Am bekanntesten ist die SANGERsche *Dinitrophenyl(DNP)-Methode* [97]. Hier wird das Peptid oder das Protein mit 2,4-Dinitrofluorbenzen (SANGERs Reagens) umgesetzt, die gebildete DNP-Aminosäure nach der Hydrolyse extrahiert und chromatographisch identifiziert.

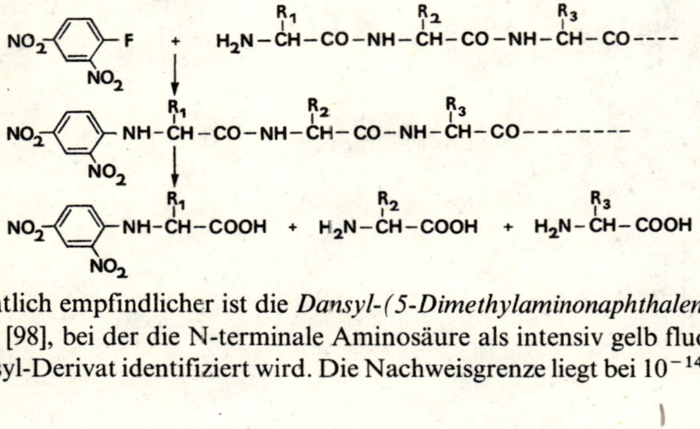

$$NO_2\text{-}C_6H_3(NO_2)\text{-}F + H_2N\text{-}CHR_1\text{-}CO\text{-}NH\text{-}CHR_2\text{-}CO\text{-}NH\text{-}CHR_3\text{-}CO\text{---}$$

$$\downarrow$$

$$NO_2\text{-}C_6H_3(NO_2)\text{-}NH\text{-}CHR_1\text{-}CO\text{-}NH\text{-}CHR_2\text{-}CO\text{-}NH\text{-}CHR_3\text{-}CO\text{---}$$

$$\downarrow$$

$$NO_2\text{-}C_6H_3(NO_2)\text{-}NH\text{-}CHR_1\text{-}COOH + H_2N\text{-}CHR_2\text{-}COOH + H_2N\text{-}CHR_3\text{-}COOH$$

Wesentlich empfindlicher ist die *Dansyl-(5-Dimethylaminonaphthalensulfonyl-)-Methode* [98], bei der die N-terminale Aminosäure als intensiv gelb fluoreszierendes Dansyl-Derivat identifiziert wird. Die Nachweisgrenze liegt bei 10^{-14} Mol.

$$\text{H}_3\text{C}-\text{N}(\text{C}_{10}\text{H}_6)-\text{SO}_2\text{Cl} + \text{H}_2\text{N}-\overset{R_1}{\underset{|}{\text{CH}}}-\text{CO}-\text{NH}-\overset{R_2}{\underset{|}{\text{CH}}}-\text{CO}----\text{NH}-\overset{R_n}{\underset{|}{\text{CH}}}-\text{COOH}$$

$$\downarrow$$

$$\text{H}_3\text{C}-\text{N}(\text{C}_{10}\text{H}_6)-\text{SO}_2-\text{NH}-\overset{R_1}{\underset{|}{\text{CH}}}-\text{CO}-\text{NH}-\overset{R_2}{\underset{|}{\text{CH}}}-\text{CO}----\text{NH}-\overset{R_n}{\underset{|}{\text{CH}}}-\text{COOH}$$

$$\downarrow$$

$$\text{H}_3\text{C}-\text{N}(\text{C}_{10}\text{H}_6)-\text{SO}_2-\text{NH}-\overset{R_1}{\underset{|}{\text{CH}}}-\text{COOH} + \text{H}_2\text{N}-\overset{R_2}{\underset{|}{\text{CH}}}-\text{COOH} + \text{H}_2\text{N}-\overset{R_n}{\underset{|}{\text{CH}}}-\text{COOH}$$

Weitere, jedoch weniger wichtige Methoden zur Blockierung der N-terminalen Aminosäure, sind die Arylsulfonierung mit Naphthalen- bzw. Benzensulfochlorid, die Carbamylierung mit Kaliumcyanat, die Carboxymethylierung mit Bromessigsäure u. a.

Bei der Endgruppenbestimmung durch *Umwandlung* der N-terminalen Aminosäure wird diese beispielsweise in eine Hydroxysäure, Ketosäure oder in ein Nitril überführt und das entsprechende Reaktionsprodukt im Totalhydrolysat bestimmt. Durch Ermittlung der Aminosäurezusammensetzung vor und nach der Reaktion läßt sich die N-terminale Aminosäure im Subtraktionsverfahren oder Differenzverfahren bestimmen.

Schließlich kann die Bestimmung der N-terminalen Aminosäure durch selektive Spaltung mittels *Leucinaminopeptidase vorgenommen* werden.

Für die Bestimmung der C-terminalen Aminosäure einer Polypeptidkette werden vor allem die Exopeptidasen Carboxypeptidase A und B eingesetzt.

$$\text{H}_2\text{N}-\text{AS}-\text{AS}_n-\text{NH}-\text{CHR}-\text{COOH} \xrightarrow{\text{Carboxypeptidase}}$$

$$\text{H}_2\text{N}-\text{AS}-\text{AS}_{n-1}-\text{AS}-\text{COOH} + \text{H}_2\text{N}-\text{CHR}-\text{COOH}$$

Die Spezifität der beiden Exopeptidasen ist unterschiedlich. Durch Carboxypeptidase A, die erstmals 1949 von LENS zur Bestimmung der C-terminalen Aminosäuren des Insulins benutzt wurde, werden außer Lys, Arg, Pro und His alle anderen Aminosäuren abgespalten. Carboxypeptidase B jedoch setzt Lys, Arg, Orn und S-Aminoethyl-cystein frei. Beide Enzyme ergänzen sich in ihrer Spezifität, so daß sie meist kombiniert verwendet werden.

Von den chemischen Verfahren zur C-terminalen Endgruppenbestimmung hat das AKABORI-*Verfahren* [99] die größte Bedeutung. Bei der Reaktion mit wasserfreiem Hydrazin (100 °C, 5 h) werden mit Ausnahme der C-terminalen Aminosäuren alle anderen in das Hydrazid übergeführt. Die Abtrennung der mengenmäßig überwiegenden Säurehydrazide erfolgt durch Reaktion mit Isovaleraldehyd (oder anderen Aldehyden). Man kann das Hydrazinolysegemisch auch direkt mit Dinitrofluorbenzen umsetzen und die C-terminale DNP-Aminosäure aus der Säurefraktion isolieren.

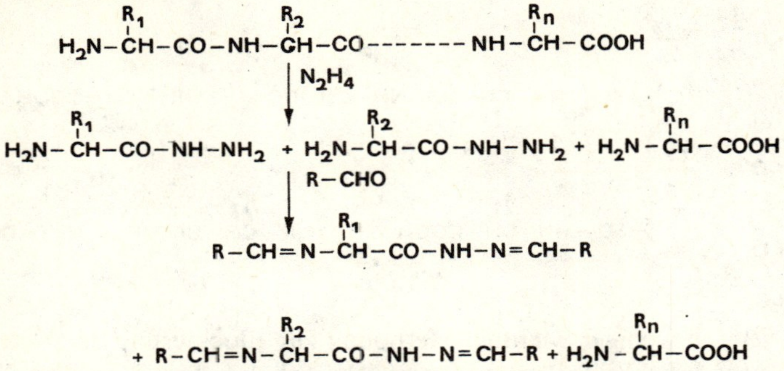

$$H_2N-\underset{R_1}{CH}-CO-NH-\underset{R_2}{CH}-CO\text{-------}NH-\underset{R_n}{CH}-COOH$$

$$\downarrow N_2H_4$$

$$H_2N-\underset{R_1}{CH}-CO-NH-NH_2 + H_2N-\underset{R_2}{CH}-CO-NH-NH_2 + H_2N-\underset{R_n}{CH}-COOH$$

$$\downarrow R-CHO$$

$$R-CH=N-\underset{R_1}{CH}-CO-NH-N=CH-R$$

$$+ R-CH=N-\underset{R_2}{CH}-CO-NH-N=CH-R + H_2N-\underset{R_n}{CH}-COOH$$

Nicht bestimmt werden können C-terminales Cystein, Glutamin, Asparagin und Tryptophan; Arginin wird partiell in Ornithin übergeführt.

Eine weitere Methode zur Bestimmung der C-terminalen Aminosäure beruht auf der Reduktion der endständigen Carboxygruppe durch Lithiumaluminiumhydrid (FROMAGEOT, 1950). Es ist günstig, das Protein vor der Hydrierung mit Diazomethan zu verestern. Die Totalhydrolyse ergibt den Aminoalkohol des C-terminalen Restes, der leicht isoliert und identifiziert werden kann.

3.6.1.2.2. Stufenweiser Abbau der Peptidkette

3.6.1.2.2.1. Chemische Methoden

Die wichtigste chemische Methode für den stufenweisen Peptidabbau vom N-terminalen Kettenende ist die von EDMAN entwickelte und im allgemeinen als EDMAN-*Abbau* bezeichneten Phenylthiohydantoin-Technik [100].

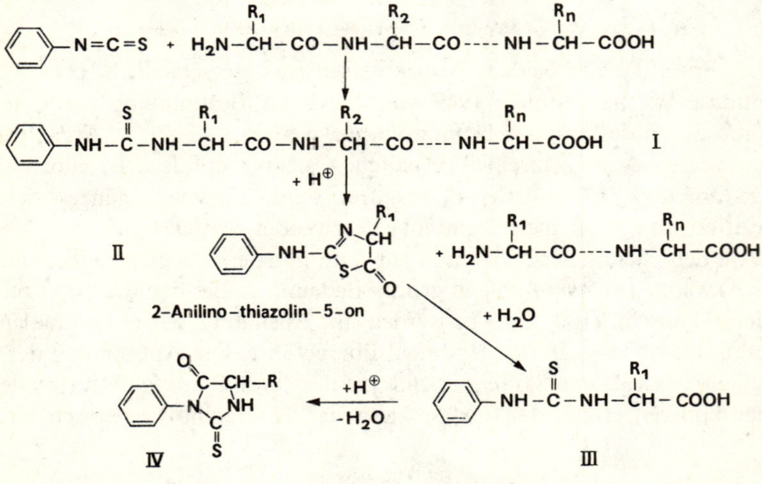

$$\text{Ph}-N=C=S + H_2N-\underset{R_1}{CH}-CO-NH-\underset{R_2}{CH}-CO\text{----}NH-\underset{R_n}{CH}-COOH$$

$$\downarrow$$

$$\text{Ph}-NH-\underset{\parallel}{\overset{S}{C}}-NH-\underset{R_1}{CH}-CO-NH-\underset{R_2}{CH}-CO\text{----}NH-\underset{R_n}{CH}-COOH \quad I$$

$$\downarrow +H^\oplus$$

II $\text{Ph}-NH-\underset{S-C=O}{\overset{N-\underset{R_1}{CH}}{C}} + H_2N-\underset{R_1}{CH}-CO\text{----}NH-\underset{R_n}{CH}-COOH$

2-Anilino-thiazolin-5-on $+H_2O$

$$\downarrow$$

$$\underset{IV}{\overset{O}{\underset{\parallel}{C}}-\underset{N}{\overset{CH-R}{\underset{\parallel}{C}}}-NH}\text{Ph} \xleftarrow{+H^\oplus, -H_2O} \text{Ph}-NH-\underset{\parallel}{\overset{S}{C}}-NH-\underset{R_1}{CH}-COOH \quad III$$

Durch Umsetzung des abzubauenden Peptides mit Phenylisothiocyanat bei pH 9 und 40 °C entsteht zunächst ein Thioharnstoff-Derivat (*I*), das in saurer Lösung in 2-Anilinothiazolin-5-on (*II*) und in die um eine Aminosäure verkürzte Peptidkette gespalten wird. Das relativ instabile Thiazolon-Derivat ist für die Identifizierung ungeeignet. Es wird zur Phenylthiocarbamylsäure (PTC-Derivat, *III*) hydrolysiert, die unter Ringschluß in das 3-Phenyl-2-thiohydantoin (PTH-Aminosäure, *IV*) übergeht. Die direkte Isomerisierung des Thiazolons zum Thiohydantoin erfolgt beim Erhitzen unter Wasserausschluß. Die gebildeten PTH-Aminosäuren werden extrahiert und papier-, dünnschicht- oder gaschromatographisch getrennt. Die quantitative Bestimmung erfolgt UV-spektroskopisch bei 268—270 nm. Das Restpeptid wird isoliert und für den nächsten Abbauzyklus vorbereitet.

Die Identifizierung der PTH-Aminosäuren kann auch durch Hochleistungschromatographie erfolgen [101—103]. Die Laufzeit für ein Chromatogramm beträgt 7 min bei hoher Genauigkeit im Nanogrammbereich. Man arbeitet u. a. an SiO_2-Säulen unter Anwendung von Druck und Lösungsmittelgradienten.

Ein besonders empfindlicher Nachweis von PTH- und MTH-Aminosäuren gelingt auf massenspektroskopischem Wege [104—106]. Als farbiges Abbaureagens wurde das 4'-Dimethylaminoazobenzen-4-isothiocyanat [107] vorgeschlagen.

Weitere Varianten sind die Kombination der EDMAN-Methode mit dem Dansyl-Verfahren [108—110], die Mikroverfahren auf Filterpapier (FRAENKEL-CONRAT), die Verwendung von Polyamidschichten in der DC und die Verwendung von Pentafluorphenylisothiocyanat als Kupplungsreagens. Im Gegensatz zu Phenylisothiocyanat erlaubt das Fluor-Derivat den Einsatz eines Elektroneneinfangdetektors bei der gaschromatographischen Bestimmung der Thiohydantoine [111].

Prinzipiell sollte der EDMAN-Abbau durch kontinuierliche Wiederholung der Reaktionsschritte bis zum C-terminalen Kettenende möglich sein. In der Praxis

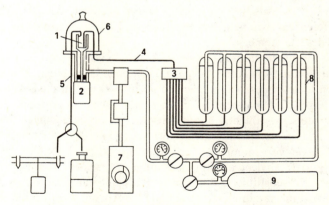

Abb. 3—10. Aufbauschema des Proteinsequenators nach EDMAN und BEGG

lassen sich jedoch nur Sequenzen bis zu etwa 10 Aminosäure-Resten bestimmen, da die Abspaltung nicht immer quantitativ erfolgt und zusätzliche unspezifische Spaltungen der Kette das Ergebnis verfälschen. Die Lösung des Problems gelang EDMAN und BEGG [112, 113] gleichzeitig mit der Automation des Abbauverfahrens. Abbildung 3—10 zeigt den Aufbau des sog. Proteinsequenators.

Im Unterschied zur manuellen Technik wird das instabile 2-Anilinothiazolin-5-on in einen Fraktionssammler überführt und außerhalb des Reaktionsgefäßes in die PTH-Aminosäure umgewandelt.

Das Reaktionsgefäß (*1*) ist ein zylindrischer, auf 50 °C temperierter Glasbecher, der durch einen Elektromotor (*2*) in 1425 Umdrehungen/min versetzt wird. Durch die Rotation bildet die Reaktionslösung an der Gefäßwand einen dünnen Film. Die erforderlichen Reagenzien und Lösungsmittel werden automatisch durch ein Ventil (*3*) gesteuert über eine Spezialleitung (*4*) auf den Boden des rotierenden Glasbechers geführt, während die Extraktionslösungen durch eine seitliche Ableitung (*5*) aus dem Reaktionsgefäß entfernt werden. Prinzipiell lassen sich mit dieser Anordnung alle erforderlichen Operationen wie Lösen, Einengen, Vakuumtrocknen und Extrahieren durchführen. Die um jeweils eine Aminosäure verkürzte Polypeptidkette verbleibt dabei immer im Reaktionsgefäß. Der Glaszylinder ist durch eine Glasglocke (*6*) verschlossen und kann durch eine Vakuumpumpe (*7*) evakuiert werden. Reagenzien und Lösungsmittel befinden sich in entsprechenden Vorratsbehältern (*8*), die unter Stickstoffdruck stehen (*9* = Stickstoffbombe). Die Druckdifferenz zwischen den Vorratsgefäßen und dem Reaktionszylinder erlaubt einen kontinuierlichen Transport der gewünschten Reagenzien und Lösungsmittel in das Reaktionsgefäß.

Der zur Abspaltung einer Aminosäure erforderliche Reaktionszyklus umfaßt 30 Teiloperationen und ist nach 93,6 min beendet. Damit gelingt innerhalb von 24 h der Abbau und die Identifizierung von etwa 15 Aminosäureresten. Da die Ausbeute pro Zyklus 97—98% beträgt, lassen sich unter den gegebenen Bedingungen theoretisch etwa 100 Aminosäuren schrittweise abspalten. Für kleinere Peptide ist der „klassische" Automat weniger geeignet, da die geringen Löslichkeitsdifferenzen zwischen den Peptiden und dem Thiazolon eine selektive Extraktion des letzteren erschweren.

Erst eine Modifizierung des Verfahrens durch BRAUNITZER et al. [114—115] machte den kompletten Abbau bis zum Kettenende möglich. Durch die Einführung von hydrophilen Naphthalensulfonsäure-Resten in die ε-Aminogruppen des Lysins tryptischer Spaltpeptide (sog. ε-Markierung) werden auch die kleineren Peptid-Derivate schwerflüchtig und damit den Arbeitsbedingungen des Sequenators angepaßt. Im Anschluß an eine ε-Markierung kann der Abbau auch nach der *Quadrol-Methode* vorgenommen werden [116]. Quadrol [N,N,N′,N′-Tetrakis-(2-hydroxypropyl)-ethylendiamin] wird aufgrund seiner lösungsvermittelnden Eigenschaften für substituierte Proteine als Puffersubstanz empfohlen. Normalerweise führt der Einsatz zum vorzeitigen Ende des Abbaus, da auch kürzere Peptide weitgehend eluiert werden.

Eine weitere Alternative für den graduellen Abbau kleinerer Peptide bietet der *Festphasen*-EDMAN-*Abbau*. In Umkehr der MERRIFIELD-Technik wird das abzubauende Peptid kovalent an einen polymeren Träger gebunden und stufenweise vom N-terminalen Ende her abgebaut. Die prinzipielle Brauchbarkeit des Verfahrens wurde von mehreren Arbeitskreisen nachgewiesen. Als Trägermaterial werden vor allem die gegen Trifluoressigsäure beständigen Aminoalkyl-polystyrenharze und eine amidartige Verknüpfung mit dem abzubauenden Peptid bevorzugt.

Der erste Sequenator auf Basis des Festphasenabbaus wurde 1970/71 von LAURSEN vorgestellt [117, 118]. Er ist wesentlich preisgünstiger als der EDMAN-Sequenator und für den Abbau von Peptiden bis zu 30 Aminosäure-Resten geeignet. Alle Abbaureaktionen finden in einer thermostatierbaren Säule statt. Die Reagenzien und Lösungsmittel werden — über Ventile gesteuert — in die Säule gepumpt. Die Reaktionsprodukte gelangen anschließend in den Fraktionssammler. Alle Operationen werden über ein mechanisches Programm gesteuert.

Der Festphasenabbau wird durch die Anwesenheit von Carboxy-Gruppen in der Polypeptidkette gestört (Bildung cyclischer Imide, oder Ende des Abbaus für die über Asparaginsäure- bzw. Glutaminsäure-Seitenketten gebundenen Anteile) [119, 120]. Zur Umgehung dieser Problematik schlugen LAURSEN et al. [121] vor, die lysinhaltigen tryptischen Peptide über die α-Aminogruppe und bifunktionelle Reagenzien, wie z. B. p-Phenylendiiosothiocayanat, an den Aminopolystyrenträger zu binden oder die Trägerfixierung mit blockierten Carboxyfunktionen vorzunehmen [122].

Daneben existieren weitere Verknüpfungsmöglichkeiten von tryptischem Proteinfragment und Trägermaterial [123, 124]. NIALL et al. [125] verwendeten synthetische Polyaminosäuren des Typs H-(Norleu-Arg)$_{27}$-NH$_2$ als Träger für einen automatischen Proteinabbau im Nanomolmaßstab.

In einem anderen Festphasenautomaten wird 3-Aminopropyl-Glas (APG) als Trägermaterial verwendet [126]. Die Einführung der Aminogruppen in das poröse Glas wird durch Umsetzung mit 3-Aminopropyltriethoxy-silan erreicht. Die Polypeptidketten werden über die gebräuchlichen Carboxylaktivierungsverfahren oder bei Lysinpeptiden über p-Phenylendiiosthiocyanat am Träger fixiert. Der modifizierte Glas-Träger zeichnet sich durch eine konstante Bindungskapazität und günstige Fließgeschwindigkeiten in der Reaktionssäule aus. LOUDON und PARHAM [127] setzten CPG-Glas mit N-Hydroxysuccinimidesterbindungen als Träger ein und fixierten die Polypeptidkette über Amidbindungen. Ein Festphasenabbau mit ionisch-adsorptiv an Aluminiumoxid fixiertem Peptid wurde von WIELAND et al. vorgeschlagen. Als Abbaureagens wird Isothiocyanatbenzensulfonsäure eingesetzt. MANEKE und GÜNZEL verwendeten ein Polyisothiocyanat als polymeres Abbaureagens. Das von STARK [128] eingeführte Verfahren zum Thiocyanatabbau vom Carboxyende her wurde inzwischen auch in einer Festphasenvariante angewendet [129], in der es gelang, die letzten 6 Aminosäuren der Ribonuclease abzubauen.

Über Fortschritte der Trenntechnik bei der Sequenzanalyse von Peptiden und Proteinen wurde zusammenfassend berichtet [130].

3.6.1.2.2.2. Enzymatische Methoden

Mit den vorwiegend für die Bestimmung C-terminaler Aminosäuren eingesetzten Carboxypeptidasen A und B kann bei längerer Einwirkung die gesamte Peptidkette unter Freisetzung der einzelnen Aminosäuren abgebaut werden. Dazu sind jedoch gewisse Voraussetzungen erforderlich. So darf das Enzym keine aktiven Proteasen und keine anderen Peptidasen enthalten (Inhibierung mit Diisopropylfluorphosphat). Weiterhin stören C-terminale D-Aminosäuren, Amid-Gruppierungen, Prolin und Hydroxyprolin die schrittweise Abspaltung. In verschiedenen nativen Proteinen ist die C-terminale Sequenz erst nach Denaturierung für den enzymatischen Angriff zugänglich. Problematisch ist schließlich auch die sequenzgerechte Isolierung der Aminosäuren, da die einzelnen Bausteine mit unterschiedlicher Geschwindigkeit gespalten werden.

Für den Peptidabbau vom N-terminalen Ende her kann analog mit Leucinaminopeptidase gearbeitet werden.

Ein weiteres enzymatisches Abbauverfahren verwendet *Dipeptidylaminopeptidase I* (DAP-I) [131]. Dieses Enzym spaltet sequentiell Dipeptide vom N-terminalen Ende der Peptidkette. Die freigesetzten Peptide werden getrennt und identifiziert. Einen zweiten Satz von Dipeptiden erhält man, wenn der Abbau mit der um eine Aminosäure verkürzten Kette wiederholt wird. Im Falle kleiner Peptide ergibt sich die vollständige Sequenz durch Kombination der Ergebnisse von Dipeptidabbau und Totalhydrolyse der intakten Peptidkette.

Für größere Peptide empfehlen OVCHINNIKOV et al. [132] die kombinierte Anwendung von Gaschromatographie/Massenspektrometrie zur Identifizierung der Dipeptide und die Computerauswertung der Ergebnisse mit Hilfe einer MS-Kartei, die die Daten der 400 möglichen Dipeptidsequenzen enthält.

Bei einer von CALLAHAN et al. [133] eingeführten Abbaumethode befinden sich Peptid und Dipeptidase auf derselben Seite einer Membran. Die freigesetzten Dipeptide diffundieren durch die Membran und werden dünnschichtchromatographisch identifiziert.

3.6.1.2.2.3. Physikalische Methoden

Für die Sequenzanalyse werden in neuerer Zeit auch verschiedene physikalische Methoden herangezogen. SHEINBLATT [134] bestimmte die Aminosäuresequenz einiger Di- und Tripeptide mit Hilfe der *NMR-Technik*. Das Verfahren beruht auf der Veränderung des Spektrums in funktioneller Abhängigkeit von pH-Wert und Sequenz.

Größere Bedeutung hat die *massenspektrometrische Sequenzanalyse* erlangt [135]. Sie basiert auf der Beobachtung sequenzcharakteristischer Ionen (Sequenzpeaks), die durch Spaltung zwischen den C-CO- oder CO-N-Bindungen entstehen. In einfachen Fällen gibt das Auftreten von „Amin"(A)- und „Aminoacyl"(B)-Fragmenten und deren Intensität Auskunft über Reihenfolge der Aminosäuren und Kettenlänge des untersuchten Peptidderivates:

$$Y-NH-\overset{R_1}{CH}\underset{A_1\ |\ B_1}{+}CO+NH-\overset{R_2}{CH}\underset{A_2\ |\ B_1}{+}CO+NH-\overset{R_3}{CH}\underset{A_3\ |\ B_3}{+}CO+\cdots-NH-\overset{R_n}{CH}\underset{A_n\ |\ B_n}{+}CO\ OR'$$

Die Auswertung und Zuordnung der Spektren ist besonders bei längeren Peptiden und bei Peptiden mit polyfunktionellen Aminosäure-Resten kompliziert, da hier die Fragmentierungstypen A und B oft von einer Vielzahl anderer Fragmentierungen überdeckt werden. Das erste Verfahren zur massenspektroskopischen Sequenzanalyse wurde bereits 1959 von BIEMANN et al. [136] ausgearbeitet und beruht auf der leichten Spaltbarkeit der C-C-Bindungen in -HN-CHR-CH$_2$-NH-Gruppierungen, wie sie bei der Reduktion der Peptidbindungen mit LiAlH$_4$ entstehen:

$$Y-NH-\overset{R_3}{CH}-CO-NH-\overset{R_2}{CH}-CO-NH-\overset{R_3}{CH}-CO\cdots-NH-\overset{R_n}{CH}-COOH$$

a) LiAlH$_4$
b) massenspektrometrische Fragmentierung

$$Y-NH-\overset{R_1}{CH}+CH_2-NH-\overset{R_2}{CH}+CH_2-NH-\overset{R_3}{CH}+CH_2\cdots-NH-\overset{R_n}{CH}+CH_2OH$$

Durch die Reduktion wurde gleichzeitig die Schwerflüchtigkeit des Peptid-Derivates (Y = Acetyl) herabgesetzt.

Mit der Weiterentwicklung der experimentellen Technik wurde es möglich, Trifluoracetyl-, Acetyl und anderweitig acylierte Peptidester unmittelbar in den Ionenquellenraum des Massenspektrometers einzuführen.

Besonders günstig ist die Kombination von MS- und GC-Technik bei der Sequenzanalyse [137—140]. Das durch Partialhydrolyse erhaltene komplexe Oligopeptidgemisch wird nach Derivatisierung gaschromatographisch getrennt und massenspektromatisch identifiziert. Die Sequenzermittlung erfolgt an Hand der insgesamt identifizierten Oligopeptide durch Computerauswertung. Serin, Tyrosin und Tryptophan bereiten hier keine Schwierigkeiten.

3.6.2. Sekundär- und Tertiärstruktur [78, 81, 141—147]

Die durch Sequenzanalyse ermittelte Reihenfolge der Aminosäuren kann nur als ein Teilaspekt der Gesamtstruktur betrachtet werden. Sie ist genetisch festgelegt und steht in enger Beziehung zur Sekundär- und Tertiärstruktur der Proteine und damit auch zu ihrer Konformation und biologischen Wirksamkeit. Die Ausbildung der Sekundär- und Tertiärstrukturen erfolgt während oder unmittelbar nach der Proteinbiosynthese (vgl. S. 442). Für ihre Stabilisierung sind neben den kovalenten Peptid- und Disulfidbindungen vor allem nichtkovalente Wechselwirkungen der Aminosäureseitenketten verantwortlich.

3.6.2.1. Räumliche Anordnungen der Polypeptidkette

Die Ermittlung der Sekundär- und Tertiärstruktur ist nicht mehr mit chemischen Mitteln möglich. Man bedient sich hierzu vorrangig der Röntgenstrukturanalyse, wobei man aus dem erhaltenen Beugungsdiagramm die Verteilung der Elektronendichte im Proteinkristall berechnet. Die exakte Ermittlung der Raumstruktur von Proteinen wurde erst durch die Arbeiten von PAULING und COREY möglich. Am Beispiel von Aminosäuren, Amiden und einfachen Peptiden

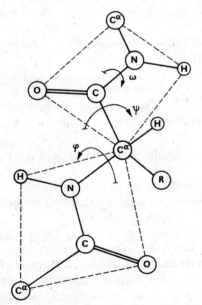

Abb. 3—11. Diederwinkel zwischen zwei benachbarten Peptidgruppen

konnten zunächst durch röntgenographische Untersuchungen die Bindungsabstände und Valenzwinkel bestimmt werden. Es zeigte sich, daß die Peptidbindung einen hohen Doppelbindungscharakter besitzt. Die Peptidbindung ist planar. Für eine Polypeptidkette gibt es daher pro Aminosäure-Rest nur eine zweifache Drehbarkeit. Einmal ist eine Drehung um die C^α-N-Bindung (Diederwinkel φ) und zum anderen um die C^α-C-Bindungsachse (Diederwinkel ψ) möglich. Durch die φ- und ψ-Werte für alle Aminosäure-Reste ist die räumliche Anordnung der Kette festgelegt.

Aus der Coplanarität der Peptidbindung resultiert ein Diederwinkel $\omega = 0$, obgleich eine geringe Verdrehung aus der Planarität anhand von Röntgenstrukturanalysen von Proteinen nachgewiesen werden konnte. Definitionsgemäß erhalten die Diederwinkel φ und ψ positive Vorzeichen, wenn vom C^α-Atom ausgehend die Drehung im Uhrzeigersinn verläuft. Prinzipiell sind nicht alle Werte für φ und ψ erlaubt, da die Berührungsradien der nicht miteinander verbundenen Atome Grenzfälle determinieren. RAMACHANDRAN et al. [148—149] haben unter Verwendung von Modellen und Computern alle möglichen Winkelkombinationen von φ und ψ untersucht, wobei die in Tab. 3—7 aufgeführten minimalen Abstände für nichtkovalent verbundene Atome die Berechnungsgrundlage für sterisch erlaubte oder nichterlaubte Grundgerüstkonformationen bildeten. Durch sterische Behinderungen sind nur etwa 15% aller möglichen φ/ψ-Einstellungen praktisch realisierbar.

Tabelle 3—7
Aus VAN-DER-WAALS-*Radien errechnete Minimalabstände (nm) zwischen nichtkovalent verbundenen Atomen.*
(Die eingeklammerten Werte stellen nach RAMACHANDRAN Minimaldistanzen dar.)

	C	O	N	H
C	0,32	0,28	0,29	0,24
	(0,30)	(0,27)	(0,28)	(0,22)
O		0,27	0,27	0,24
		(0,26)	(0,26)	(0,22)
N			0,27	0,24
			(0,26)	(0,22)
H				0,20
				(0,19)

Im RAMACHANDRAN- φ,ψ-Diagramm (Abb. 3—12) der trans-Peptidkonformation liegen die uneingeschränkt erlaubten φ,ψ-Winkelkombinationen im schraffierten Bereich. In diesem Falle sind die normalen Atomradien (Tab. 3—7) in Rechnung gesetzt. Verwendet man die minimalen

Kontaktabstände, so erhält man die innerhalb der gestrichelten Linien maximal erlaubten Bereiche mit der in der Nähe des Punktes $\varphi = \psi = 240°$ neu auftretenden erlaubten Region

Die im RACHMACHANDRANschen hard sphere-Ansatz erlaubten φ,ψ-Winkelkombinationen stellen Konformationen maximaler Stabilität dar. Der Einfluß der Seitenkettenfunktionen mit raumfüllenden Gruppierungen auf die sterisch erlaubten Konformationen ist groß.

Das in Abb. 3—7 aufgeführte φ,ψ-Diagramm basiert rechnerisch auf einer CH_3-Gruppe (Alanin). Für Glycin (R = H) sind weitaus mehr aller möglichen Winkelkombinationen erlaubt als beispielsweise für Valin (R = $CH(CH_3)_2$) oder Isoleucin (R = $CH(CH_3)CH_2CH_3$).

PAULING et al. [150, 151] haben 1951 mit ihren Helix- und Faltblattstrukturmodellen zwei relativ einfache Strukturmodelle entwickelt, die sich ausschließlich durch planare Peptidbindungen und Wasserstoffbrücken zwischen den Peptidgruppen erklären lassen und die ihrerseits die Basis für den Aufbau höherer

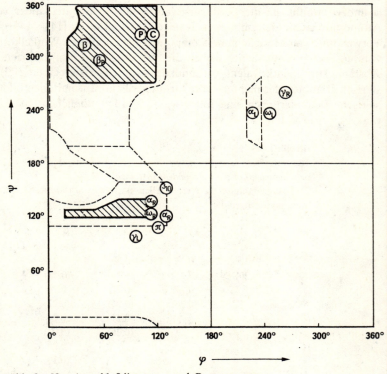

Abb. 3—12. Ausschlußdiagramm nach RAMACHANDRAN

Konformationen sind P = Polyperolin-Helix; C = Kollagen-Helix; β = antiparallele β-Faltblattstruktur; β_p = parallele β-Faltblattstruktur; α_R und α_L = rechts- bzw. linksgängige α-Helix; ω_R und ω_L = rechts- und linksgängige ω-Helix; γ_R und γ_L = rechts- und linksgängige γ-Helix; 3_{10} = 3_{10}-Helix

Strukturen bilden. Die Modelle fanden ihre Bestätigung durch die Raumstrukturuntersuchungen von PERUTZ [152].

Die Bestimmung der Sekundärstruktur von Proteinen ist ebenfalls mittels Laser-RAMAN-Spektroskopie [153] möglich. Die automatische Bestimmung der Sekundärstruktur globulärer Proteine [154] eröffnet weitere interessante Möglichkeiten.

3.6.2.1.1. Helixstrukturen [155, 156]

Die Identität der Vorzeichen der Diederwinkel φ und ψ an jedem α-C-Atom der Peptidbindungen einer Peptidkette ergibt zwangsläufig eine Helix (fortlaufende Schraube) mit einer definierten Anzahl von Aminosäure-Resten pro Windung n, einer charakterisitischen Windungshöhe (h) und einem bestimmten Anstieg pro Aminosäure-Rest (d). Unter Voraussetzung der Coplanarität der Peptidbindung werden die Größen n und d eindeutig durch die Diederwinkel φ und ψ bestimmt, während das Produkt aus n und d die Windungshöhe h der Helix ergibt.

Abb. 3—13. Helix mit drei Einheiten pro Windung nach HAGENMAIR

Aufgrund der Ausbildung intramolekularer H-Bindungen zwischen den Strukturelementen der Peptidbindungen (NH- und CO-Gruppen) sind verschiedene Helixstrukturen denkbar, von denen die α-Helix (Abb. 3—14) mit den Parametern $n = 3{,}6$, $d = 0{,}15$ nm und $h = 0{,}54$ nm am bekanntesten ist. Im Fall der α-Helix wird durch die intramolekulare H-Bindung ein aus 13 Atomen bestehender Ring gebildet. Die korrekte Bezeichnung ist daher $\alpha(3{,}6_{13})$-Helix. Weitere geordnete Gerüstkonformationen des Helix-Typs sind die 3_{10}-Helix, $\pi(4{,}4_{16})$-Helix und die $\gamma(5{,}1_{17})$-Helix.

In den Globularproteinen dominiert die rechtsgängige α-Helix, daneben wurde aber auch die 3_{10}-Helix nachgewiesen (z. B. im Hämoglobin und Lysozym). Im α-Keratin ist die Ganghöhe der α-Helix mit 0,51 nm kürzer als die entsprechende Identitätsperiode der normalen α-Helix (0,54 nm).

Die α-Helix kann prinzipiell von D- oder von L-Aminosäuren als Kettenbausteine gebildet werden. Inwieweit jedoch eine Polypeptidkette helicale Strukturen ausbildet, hängt wesentlich von der Natur der Aminosäureseitenkette ab. Man unterscheidet helixstabilisierende Aminosäuren, wie Ala, Val, Leu, Phe, Trp, Met, His, Gln und helixdestabilisierende Aminosäuren, wie Gly, Glu, Asp, Lys, Arg, Tyr, Asn, Ser, Thr und Ile. Bei den sauren und basischen Aminosäuren wird die destabilisierende Wirkung durch den Ladungszustand der Seitenkettenfunktion bestimmt. In einer Polyglutaminsäurekette und im Polylysin z. B. werden α-Helices im pH-Bereich 2 bzw. 12 gebildet, also in Bereichen, in denen ungeladene Seitenkettenstrukturen überwiegen. Bei gleichsinnig geladener Seitenkette sind die abstoßenden Kräfte stärker als die stabilisierenden Wasserstoffbrückenbindungen. Beim Isoleucin beruht die destabilisierende Wirkung auf sterischen Effekten. Die Anwesenheit von Prolin führt stets zur Unterbrechung der α-Helix in Polypeptidketten (Knickpunkte), da hier das α-Stickstoffatom als Bestandteil des Pyrolidin-Ringsystems fixiert ist und Wasserstoffbrücken nicht ausgebildet werden. Der α-

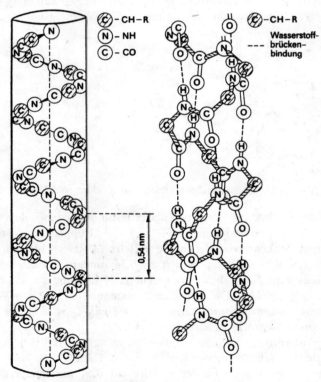

Abb. 3—14. Struktur der α-Helix nach RAPOPORT

Helixanteil einer Polypeptidkette kann durch Vergleich der optischen Drehung vor und nach Denaturierung der Kette näherungsweise bestimmt werden. Bei der Denaturierung globulärer Proteine wird eine Zunahme der Linksdrehung beobachtet.

3.6.2.1.2. Faltblattstrukturen

Ebenso wie in den Helixstrukturen läßt sich eine maximale Absättigung der H-Bindungen zwischen zwei gegenläufigen Peptidketten im sog. *Peptidrost* erreichen. Die sterische Hinderung durch die Seitenketten erzwingt aber eine Verdrehung der Peptid-Gruppierungen gegeneinander. Die resultierende Struktur wird *Faltblattstruktur* oder *β-Struktur* genannt.

In Abhängigkeit vom parallelen oder antiparallelen Verlauf zweier benachbarter Ketten unterscheidet man zwischen einer *parallelen* (a) und *antiparallelen Faltblattstruktur* (b).

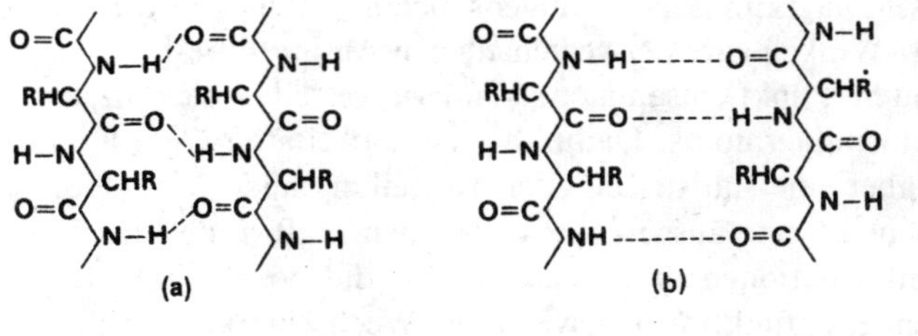

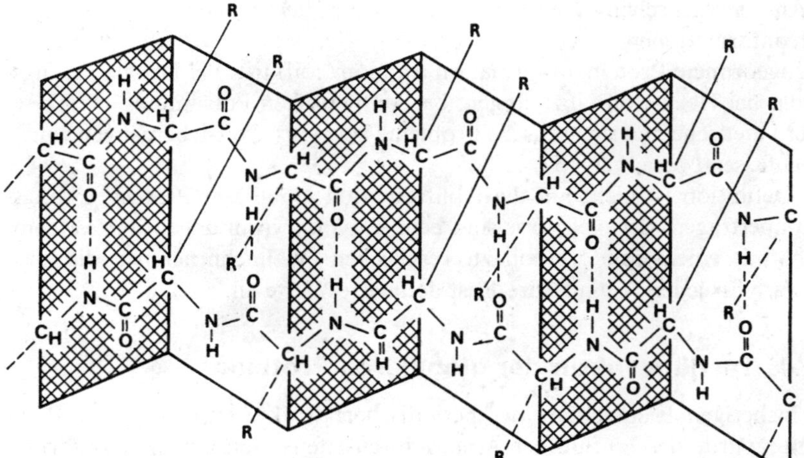

Abb. 3—15. Die antiparallele Faltblattstruktur

Man erkennt die in entgegengesetzter Richtung verlaufenden benachbarten Polypeptidketten und in der räumlichen Darstellung (Abb. 3—15) die plissierte Anordnung, wobei aufeinanderfolgende Seitenketten abwechselnd oberhalb und unterhalb des Faltblattes stehen. Durch die gestrichelten Linien werden die H-Bindungen angedeutet. Die entsprechenden Winkelpaare φ und ψ für die parallele und antiparallele Faltblattstruktur sind der Abb. 3—12 zu entnehmen.

β-Faltblattstrukturen kommen u. a. in Fibroin der Seide vor. Sie können sich aber auch in verschiedenen Domänen einer Polypeptidkette, wie z. B. in der *Carboxypeptidase* A und Lysozym ausbilden.

3.6.2.1.3. Ungeordnete Gerüstkonformationen

Sowohl für die Helixstrukturen als auch für die Faltblattstrukturen liegen die φ,ψ-Winkelpaare (s. Abb. 3—12) aller Aminosäure-Reste in einem Punkt des RAMACHANDRAN-Diagramms. Bei ungeordneten Gerüstkonformationen fallen dagegen die φ,ψ-Winkelpaare der verschiedenen Aminosäure-Reste nicht mehr in einem bestimmten Punkt zusammen, sondern verteilen sich in der erlaubten Region des Winkeldiagramms. Dadurch resultiert eine größere Konformationsvielfalt, wobei aber eine statistische Gleichverteilung aller Winkelkombinationen im mathematischen Sinne ausgeschlossen werden muß. Eine Einschränkung der möglichen Konformationen ergibt sich durch die gegenseitige Lage der vorhandenen Seitenkettenfunktionen sowie deren Wechselwirkung mit dem Lösungsmittel. Aus energetischen Gründen führt dies zur Bevorzugung determinierter lokaler Konformationen.

Eine ungeordnete Proteinkonformation (random coil) tritt bei Denaturierungsvorgängen, bei Helix-Coil-Übergängen, bei synthetischen Polyaminosäuren u. a. auf. Über kinetische und theoretische Probleme bei Helix-Coil-Übergängen wurde zusammenfassend berichtet [157, 158].

Diese Definition ist nicht auf die Konformation globulärer Proteine zwangsläufig zu übertragen. Beispielsweise sind beim Chymotrypsin ungeordnete Regionen nicht mit einem random coil zu vergleichen. Vielmehr nehmen die φ,ψ-Winkelpaare für jeden Aminosäure-Rest definierte Werte an.

3.6.2.1.4. Tertiärstruktur der globulären Proteine

Bei der bisherigen Besprechung der periodischen Strukturelemente einer Polypeptidkette wurde der Einfluß der Aminosäurenseitenketten auf die Konformation des Proteinmoleküls nicht berücksichtigt. Aber insbesondere die globulären Proteine sind durch die dreidimensionale Anordnung der Polypeptidkette gekennzeichnet, für deren Stabilisierung neben den besprochenen H-Brücken vor allem nichtkovalente Wechselwirkungen verantwortlich sind.

Aufgrund der Tatsache, daß funktionelle Proteine Bestandteile wäßriger Systeme sind und Wasser eine außerordentlich stark ausgeprägte entassoziierende Wirkung besitzt, kann die Ausbildung der Proteinkonformation nicht allein auf die große Zahl von H-Brücken in den Helix- oder Faltblattstrukturen zurückgeführt werden. Neben den Wasserstoffbrückenbindungen tragen Ionenbindungen, LONDON-VAN-DER WAALSsche Dispersionskräfte und besonders hydrophobe Wechselwirkungen entscheidend zur Konformationsstabilisierung bei. Unter hydrophoben Wechselwirkungen (hydrophoben Bindungen) versteht man die Tatsache, daß unpolare Gruppierungen im wäßrigen Medium sich eng zusammenlagern, um den Kontakt mit den Wassermolekülen zu verringern. Die Ursachen hierfür liegen darin, daß eine Berührung mit den umgebenen Wassermolekülen energetisch ungünstig ist. Dafür spricht der etwas über Null liegende $\Delta H°$-Wert. Betrachtet man die Umgebung eines hydrophoben Seitenketten-Restes, so ist diese durch einen bestimmten Ordnungszustand der Wassermoleküle charakterisiert. Gehen aber zwei hydrophobe Gruppen eine hydrophobe Wechselwirkung ein, so verringert sich der Ordnungszustand der Wassermoleküle (Abb. 3—16). Entsprechend der Gleichung

$$\Delta G = \Delta H - T\Delta S$$

resultiert eine Zunahme der Entropie und somit die Erzeugung negativer freier Enthalpie.

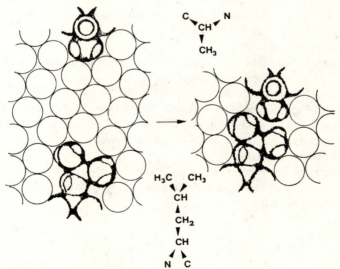

Abb. 3—16. Hydrophobe Wechselwirkungen

Der begünstigende Faktor für die hydrophoben Wechselwirkungen ist daher die Änderung der Entropie, d. h. genauer gesagt die Entropiezunahme. Bei den globulären Proteinen befinden sich die polaren, vor allem nahezu alle ionischen Gruppierungen an der Oberfläche, wodurch die Hydratation des Proteinmoleküls ermöglicht wird, die für die Stabilisierung der Raumstruktur von großer Bedeutung ist. Die Entfernung des Wasseranteils ist bei einigen Proteinen zwangsläufig mit einer Denaturierung verbunden.

Der größte Teil der unpolaren Reste befindet sich dagegen im Innern des Proteinmoleküls. Sie lagern sich eng aneinander und pressen praktisch aus der anfangs noch losen Knäuelstruktur der Polypeptidkette die Wassermoleküle heraus, wodurch die Kompaktheit und Stabilität des hydrophoben Kerns resultiert. Selbstverständlich befindet sich ein Teil der funktionellen Seitenkettengruppen im Inneren des Proteinmoleküls. Die maskiert erscheinenden Gruppen sind äußeren Einflüssen (pH-Änderungen, Modifizierungsreaktionen u. a.) nicht ausgesetzt. Vielmehr wird die veränderte Reaktivität solcher funktionellen Gruppen, die für die katalytische Wirkung der Enzyme von Bedeutung sind, durch die hydrophobe Umgebung und auch durch die Wechselwirkung mit anderen Gruppierungen bestimmt. Generell ist die räumliche Anordnung der Polypeptidkette globulärer Proteine durch einen verhältnismäßig geringen Anteil periodischer Strukturelemente (α-Helix, Faltblattstruktur) gekennzeichnet und zeigt einen unsymmetrischen und unregelmäßigen Aufbau. Die Kooperativität zwischen H-Brücken und hydrophoben Wechselwirkungen und anderen nichtkovalenten Interaktionen ist letztlich die Ursache für die Ausbildung von Konformationen hoher Stabilität, wobei unter physiologischen Bedingungen thermodynamisch stabile Konformationen der biologisch aktiven Proteine mit einem Minimum an freier Energie auftreten.

Zusammenfassend läßt sich sagen, daß die Proteingerüstkonformationen einen entscheidenden Anteil zur Ausbildung der Konformation globulärer Proteine beitragen. Jedoch erst durch die nichtkovalenten Wechselwirkungen (hydrophobe Wechselwirkungen, Dipol-Dipol-Wechselwirkungen, Ionenpaarbindungen, Dispersionskräfte u. a.) kommt die Ausbildung stabiler dreidimensionaler Proteinstrukturen zustande, die für die biologische Funktion globulärer Proteine von essentieller Bedeutung ist.

Schließlich sei der Hinweis erlaubt, daß hydrophobe Wechselwirkungen selbst für die Stabilisierung bestimmter Proteingerüstkonformationen (α-Helix, β-Struktur) Bedeutung besitzen können.

3.6.2.2. Methoden zur Aufklärung der Raumstruktur von Proteinen

Bei der Röntgenkristallstrukturanalyse werden Interferenzbilder an Proteinkristallen unbekannter Struktur aufgenommen. Aus der Lage, Anzahl und Intensität der erhaltenen Reflexe (Interferenzmaxima) läßt sich unter bestimmten Voraussetzungen die Struktur des beugenden Kristalls ermitteln [159, 160]. Die Berechnung der Elektronendichteverteilung erfolgt nach der Formel

$$\varrho(x, y, z) = \frac{1}{V} \sum_{h=-\infty}^{+\infty} \sum_{k=-\infty}^{+\infty} \sum_{l=-\infty}^{+\infty} |F(hkl)| \cos 2\pi [hx + ky + lz - \alpha(hkl)].$$

Der Gesamtprozeß ist automatisiert und computergesteuert. Man berechnet die Elektronendichteverteilung $\varrho(x, y, z)$ in der Elementarzelle. Zur Kennzeichnung der Reflexe werden die MILLER-Indices h, k und l benötigt. V ist das Volumen der Elementarzelle, $F(h, k, l)$ ist der der Strukturfaktor und $\alpha(hkl)$ der entsprechende Phasenwinkel. Der Letztere muß durch indirekte Methoden bestimmt werden, während sich die übrigen Größen aus den Beugungsbildern ergeben.

Die berechneten Elektronendichten für jeden Punkt werden dann in die Elektronendichteschnitte übertragen, in denen die Punkte gleicher Elektronendichte durch Linien verbunden werden. Man erhält auf diese Weise Höhenschichtendiagramme des Proteinkristalls.

Erst durch die Verwendung von Schweratomderivaten wurde es möglich, die großen Proteinmoleküle strukturell aufzuklären. Die Schweratome, wie z. B. Blei oder Quecksilber, lagern sich an die Oberfläche an. Hieraus resultiert eine nur unwesentliche Strukturänderung („isomorpher Austausch"), aber die Intensitäten der Röntgenreflexe erfahren eine Differenzierung. Bei Verwendung mehrerer Schweratomderivate können aufgrund der auftretenden Intensitätsveränderungen die Phasenwinkel bestimmt und damit die Elektronendichte berechnet werden. Die Durchführung solcher Kristallstrukturanalysen ist mit einem großen Arbeitsaufwand verbunden, auch wenn für die komplizierten Berechnungen leistungsfähige Rechenautomaten zur Verfügung stehen. So müssen vom Proteinkristall und verschiedenen Schwermetallderivaten eine Vielzahl von Reflexen aufgenommen, gemessen und korrigiert werden. Daran an schließt sich die Ermittlung der Schweratomlagen und die Bestimmung der Phasenwinkel für jeden Reflex. Sodann müssen für mehrere Zehntausende Punkte die Elektronendichten berechnet und abschließend die Ergebnisse gedeutet werden.

Da die Bestimmung der Elektronendichte mit geringerer Auflösung (0,5 nm) nicht so aufwendig ist, beginnt man die Strukturuntersuchung eines Proteinkristalls meistens mit dieser Technik. Die Feinstruktur, d. h. die Lage der einzelnen Atome, erfordert dagegen ein Auflösungsvermögen von 0,15 nm.

Die Arbeitskreise von KENDREW und PERUTZ haben in den Jahren 1952 bis 1960 mit der Entwicklung dieser Methoden eine großartige wissenschaftliche Leistung vollbracht. Zusammenfassende Darstellungen über die Aufklärung der Raumstruktur von Proteinen finden sich bei HOPPE [161] und bei DICKERSON und GEIS [78]. Inzwischen ist die Raumstruktur von mehr als 50 Proteinen bekannt geworden.

Auf die prinzipielle Möglichkeit der Proteinkristallstrukturanalyse mit *Elektronenstrahlen* bzw. mittels *hochauflösender Neutronenbeugung* [162] wurde hingewiesen. In Zukunft werden Computer-Verfahren an Bedeutung gewinnen, die eine *Berechnung der Tertiärstruktur* auf der Basis von Primärstrukturdaten gestatten [163]. Erste Ansätze führten im Bereich vorrangig helikaler Proteine, z. B. beim Myoglobin, zu brauchbaren Ergebnissen [164]. HAGLER und HONIG [165] berechneten die Faktoren, die zur Ausbildung kompakt globulärer Proteinstrukturen erforderlich sind am Beispiel einer Polypeptidkette aus Ala- und Gly-Resten.

Bei der Adenylatkinase konnten Strukturvoraussagen mit den Daten der Röntgenstrukturanalyse verglichen werden. Übereinstimmung ergab sich bei der Identifizierung der α-Helices sowie bei der Zuordnung der drei zentralen Stränge des fünfsträngigen β-Faltblattes. Auch die Knickpunkte wurden im wesentlichen richtig erkannt [166]. Weitere Strategien zur Konformationsbestimmung nichtkristallisierter Proteine sind *kinetische Untersuchungen* der De- und Renaturierung zur Lokalisierung des Faltungszentrums [167] und paläontologische Vergleiche zur Klärung der Familienzugehörigkeit [168].

Für Konformationsstudien unter physiologischen Bedingungen kommen hauptsächlich spektroskopische Verfahren in Frage. Die *NMR-Spektroskopie* [167, 169, 170] führt auch mit hochauflösender Technik bei 220 MHz zu geringen Informationen, da durch die Vielzahl der Protonenresonanzen, die gewöhnlich im Resonanzbereich der individuellen Aminosäuren liegen, und durch die auf das hohe Molekulargewicht zurückzuführende große Linienbreite eine unvollständige Auflösung resultiert. Durch direkten Vergleich der NMR-Spektren der individuellen Aminosäuren und des entsprechenden Proteins (native und denaturierte Form) lassen sich gewisse Rückschlüsse auf die Konformation ziehen.

Konformationsänderungen einer Polypeptidkette (α-Helix, Faltblattstruktur, statistisches Knäuel) lassen sich auch durch die Infrarot-Absorptions-Spektroskopie bestimmen. Die charakteristischen Amid I- und Amid II-Banden ändern sich mit der Konformation und besitzen im geordneten Zustand ein Maximum. Die mit planpolarisierter IR-Strahlung vorgenommene Messung des Infrarot-Dichroismus ermöglicht eine eindeutige Unterscheidung zwischen α-Helix und β-Struktur.

Da sich Konformationsänderungen von Proteinen im Ultraviolett nur durch kleine Absorptionsdifferenzen bemerkbar machen, ist der Nachweis in Form der UV-Differenz-Spektroskopie die genaueste Methode. Aus der Rot- bzw. Blauverschiebung des Spektrums, die nicht mit einer Intensitätsveränderung verbunden sein muß, können Hinweise über Proteinkonformationen in wäßrigen Lösungen erhalten werden.

Die *optische Rotationsdispersion* (ORD) und der Circulardichroismus (CD) wurde an zahlreichen Proteinen untersucht [171, 172]. Die Interpretation ist jedoch relativ schwierig.

Aus diesem Grunde versucht man, zwischen den COTTON-Effekten und den Ergebnissen der Röntgenstrukturanalyse Beziehungen herzustellen. Mit der zuletzt genannten Methode wurde beispielsweise ein hoher α-Helix-Anteil im Myoglobin, ein etwas geringerer Gehalt (mit β-Strukturanteilen) im Lysozym, der Carboxypeptidase A und im Papain gefunden, während in der Ribonuclease und im Chymotrypsin der Helixanteil sehr niedrig ist. Eine Korrelation zwischen diesen Röntgendaten und den Resultaten der ORD und CD konnte nur beim Myoglobin und Lysozym, also bei Proteinen mit hohem Helixanteil, jedoch nicht beim Chymotrypsin nachgewiesen werden.

Offensichtlich werden in nichthelicalen Proteinen die COTTON-Effekte durch andere Chromophore stark beeinflußt, wie z. B. durch die inhärente Asymmetrie von Disulfidbindungen und aromatischen Resten in der Umgebung der asymmetrischen Zentren, wodurch eine mehr oder weniger starke Verzerrung resultiert. Außerdem ist das Drehungsvermögen einer β-Struktur viel schwächer als das einer α-Helix. Die Situation wird noch dadurch kompliziert, daß auch andere Strukturen als α-Helices COTTON-Effekte bedingen.

Trotz dieser Einschränkungen haben die chiroptischen Verfahren eine große Bedeutung für die Konformationsanalyse der Proteine erlangt. Günstig ist ein direkter Vergleich der mit nativem und denaturiertem Protein erhaltenen Daten, sowie die Ausdehnung der Untersuchungen auf chemisch modifizierte Proteine.

Die *Wasserstoff-Deuterium-Austauschmethode* ermöglicht die Zahl und Art der H-Bindungen in einem Protein zu bestimmen. Davon ausgehend, daß an Atomen mit einsamen Elektronenpaaren gebundener Wasserstoff (an Kohlenstoff gebundener Wasserstoff gilt als nicht austauschbar) als Proton sehr schnell gegen Protonen des Lösungsmittels ausgetauscht werden kann, wurden verschiedene experimentelle Varianten ausgearbeitet.

Beispielsweise kann man den Protonenaustausch an den Peptidbindungen direkt verfolgen, indem in D_2O das Verschwinden der N-H-Deformationsbande bei 1550 cm^{-1} verfolgt wird. Andererseits wird der gesamte austauschbare Wasserstoff durch langes Behandeln mit D_2O durch Deuterium substituiert. Danach wird in Wasser die Kinetik der Deuteriumabgabe mittels IR-Spektroskopie bzw. Dichtebestimmungen ermittelt. Auch unter der Voraussetzung, daß nur sehr reine Proteine verwandt werden, ist die Eindeutigkeit der erhaltenen Resultate begrenzt.

Zusammenfassend kann festgestellt werden, daß die hier aufgeführten und auch andere Methoden zur Konformationsuntersuchung von Polypeptiden und Proteinen in Lösung separat nur Teilaspekte der Konformation wiedergeben, die kooperative Anwendung verschiedener Verfahren jedoch zu aussagekräftigen Ergebnissen führt.

3.6.3. Quartärstruktur [173—174]

Unter Quartärstruktur versteht man den Aufbau eines oligomeren Proteins aus einem definierten Komplex mehrerer Polypeptidketten. Die Assoziation zweier oder mehrerer Polypeptidketten erfolgt unter dem Einfluß intermolekularer Wechselwirkungen zwischen polaren, ionisierbaren und unpolaren Seitenketten, über Dipol-Dipol-Wechselwirkungen, Wasserstoffbrücken, Ionenpaarbindungen und hydrophobe Wechselwirkungen. In Ausnahmefällen wird die Quartärstruktur auch durch Disulfidbindungen stabilisiert.

Alle Quartärstrukturen sind sowohl stöchiometrisch als auch geometrisch definiert. Die kleinste, in der Regel nichtkovalent verbundene Polypeptidkette eines Proteins mit Quartärstruktur wird als *Untereinheit* (engl. subunit) bezeichnet.

Die Quartärstruktur kann entweder homogen oder heterogen sein. Im ersten Fall sind nur identische Polypeptidketten (subunits) zur funktionellen Einheit

Tabelle 3—8
Molekulargewichte und Zusammensetzung einiger Proteine mit Quartärstruktur

Protein	Vorkommen	MG	Untereinheiten	
			Zahl	MG
Hämoglobin	Säugerblut	64250	4 ($\alpha_1\beta_2$)	α: 15130 β: 15870
Tabakmosaik-Virus	infizierte Blätter	39400000	2130	17530
Concanavalin A	Jackbohne	55000	$2^1)$	27000
Lactoglobulin		36750	$2^1)$	18375
Enterotoxin	Choleravibrionen	84000	$6^1)$	14000
Coeruloplasmin	Plasma	125000	4 ($\alpha_2\beta_2$)	α: 16000 β: 53000
Nervenwachstumsfaktor	Maus	26520	$2^1)$	13260
Lactose-Repressor	E. coli	150000	$4^1)$	39000
Katalase	Rinderleber	240000	$4^1)$	60000
Alkoholdehydrogenase	Hefe	141000	$4^1)$	35000
Luciferase	Renilla	34000	$3^1)$	12000

Tabelle 3—8 (Fortsetzung)

Protein	Vorkommen	MG	Untereinheiten	
			Zahl	MG
Malatdehydrogenase	Neurospora	54 000	4 ($\alpha_2\beta_2$)	13 500
Aspartatkinase	Bac. polymyxa	116 000	4 ($\alpha_2\beta_2$)	α: 17 000 β: 43 000
Leucinaminopeptidase	Augenlinsen Schweinenieren	330 000 255 000	6[1]) 4[1])	58 000 63 500
Glutaminsynthetase	Schweinegehirn Schweineniere	370 000 370 000	8[1]) 4[1])	46 000 90 000
Phosphofructokinase	Hefe	770 000	6[1])	130 000
Arginindecarboxylase	E. coli	850 000	10[1])	82 000

[1]) identische Untereinheiten

assoziiert, während bei Proteinen mit heterogener Quartärstruktur nichtidentische Polypeptidketten als Bausteine auftreten. Es hat sich herausgestellt, daß bei globulären Proteinen oberhalb eines Molekulargewichtes von etwa 50 000 immer die Quartärstruktur dominiert. Bis 1974 waren etwa 650 Proteine mit Quartärstruktur bekannt, davon ca. 500 Enzyme. Das Aufbauprinzip der Quartärstruktur schafft wichtige Voraussetzungen für die Funktion der Proteine. Es gestattet kooperative Reaktionen, die für Regulationsprozesse in der Zelle von Bedeutung sind.

Regulatorische Enzyme bestehen grundsätzlich aus Untereinheiten im Gegensatz zu den nichtregulatorischen Einkettenenzymen.

Der Aufbau aus Untereinheiten bringt schließlich eine erhebliche Einsparung an genetischen Material (Ökonomieprinzip).

Über die Faltung und Assoziation oligomerer Enzyme wurde zusammenfassend berichtet [175].

Der *Nachweis der Quartärstruktur* gelingt direkt durch Elektronenmikroskopie und Röntgenstrukturanalyse. Andererseits existieren verschiedene Methoden zur Dissoziation der oligomeren Proteine mit nachfolgender Charakterisierung der Untereinheiten. So gelingt die Dissoziation mit 1proz. Natriumdodecylsulfat, 6 M Guanidin-HCl und 8 M Harnstoff. Oft genügt bereits eine Veränderung der Ionenstärke, des pH-Wertes, der Proteinkonzentration, der Temperatur, der Zusatz oder die Entfernung von Cofaktoren bzw. andere chemische Modifizierungen.

Bedeutungsvoll für Nachweis und Molekulargewichtsbestimmung der Untereinheiten sind die Ultrazentrifugation, die Polyacrylamidelektrophorese (mit Natriumdodecylsulfat), die Gelfiltration und die bereits besprochenen Methoden zur Molekulargewichtsbestimmung (s. S. 404). In diesem Zusammenhang muß erwähnt werden, daß unter dissoziierenden Bedingungen, die zugleich denaturierend wirken, bei Enzymen nicht nur die regulatorischen, sondern auch die katalytischen Funktionen stark beeinträchtigt werden bzw. ganz verloren gehen.

In Tab. 3—8 sind Beispiele für Proteine mit Quartärstruktur aufgeführt.

3.7. Proteinbiosynthese [176—179]

Obwohl noch viele Fragen offen sind, hat die Aufklärung des Mechanismus der Proteinbiosynthese in den letzten Jahren weitere Fortschritte gemacht. Man unterscheidet im wesentlichen drei Hauptstufen des Syntheseprozesses:
1. die Aktivierung der Aminosäuren und ihre Bindung an die Transfer-Ribonucleinsäuren,
2. den Aufbau der Polypeptidkette am Ribosom und
3. die Ablösung des fertigen Proteins vom Ribosom.

Für den Ablauf aller Teilprozesse sind spezifische Enzyme und Cofaktoren erforderlich.

3.7.1. Die Aktivierung der Aminosäuren und ihre Bindung an die Transfer-Ribonucleinsäuren

Die Carboxylaktivierung der Aminosäuren erfolgt im Cytoplasma unter dem Einfluß spezifischer Aminoacyl-tRNS-Synthetasen und Mitwirkung von Adenosintriphosphat (ATP) und Mg^{2+}-Ionen. Unter Eliminierung von Pyrophosphat bildet sich zunächst ein gemischtes Aminosäurephosphorsäureanhydrid, das als

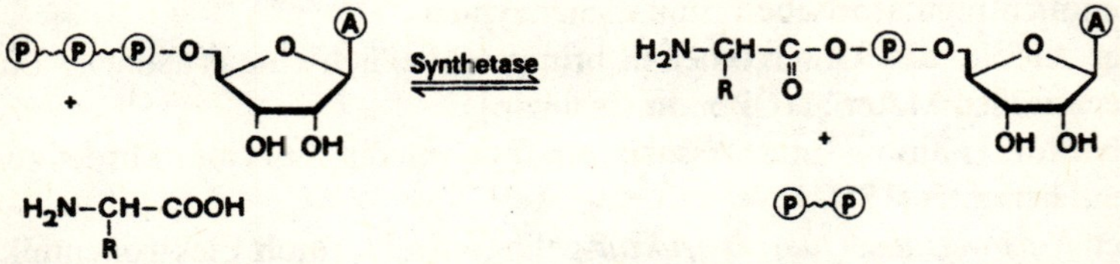

extrem labiles Aminoacyl-adenylat durch Komplexbildung am Enzymprotein fixiert wird.

Im nächsten Reaktionsschritt wird die aktivierte Aminoacyl-Gruppierung auf eine Transfer-RNS (tRNS) übertragen, wobei die gleiche Synthetase wirksam

Proteinbiosynthese

ist und unter Abspaltung von AMP ein aktivierter Ester mit hohem Gruppenübertragungspotential entsteht:

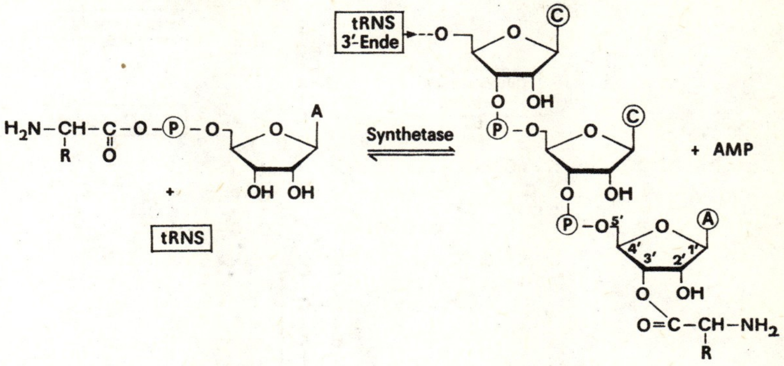

Für jede der 20 Aminosäuren sind spezifische tRNS und spezifische Aminoacyl-tRNS-Synthetasen vorhanden. Die Struktur einer Reihe von Synthetasen ist bekannt. Ihre Molekulargewichte liegen bei den ein- oder zweisträngigen Enzymen im Bereich von 46 000 bis 140 000, bei den viersträngigen $\alpha_2\beta_2$-Typen zwischen 220 000 und 290 000. Sie sind symmetrisch aus Untereinheiten aufgebaut, haben aber im Gegensatz zu anderen globulären Enzymproteinen eine weniger kompakte Struktur. Die Aminosäure- und tRNS-Substratbindungsstellen können in verschiedenen Untereinheiten lokalisiert sein.

Das Dimere der *Tyrosyl-tRNS-synthetase* aus *Bac. stearothermophilis*, deren Röntgenstrukturanalyse mit 0,27 nm Auflösung vorliegt, hat ein Molekulargewicht von 90 000 und eine räumliche Ausdehnung von 13 nm. Das Erkennen der richtigen Aminosäure und tRNS durch die Enzyme erfolgt mit außerordentlicher Präzision. Der Enzym-Aminosäure-Komplex wird durch elektrostatische Wechselwirkungen mit den Betainstrukturelementen sowie durch polare bzw. hydrophobe Bindungen zur Seitenkette gebildet. Voraussetzung für die Bildung des Komplexes ist das Vorliegen der richtigen Konfiguration der Aminosäure.

Die als Aminosäureüberträger fungierenden Transfer-Ribonucleinsäuren bestehen aus 73 bis 93 Nucleotid-Resten entsprechend einem Molekulargewicht von etwa 25 000. Am Aufbau der Nucleotide sind außer den normalen Nucleobasen A, U, G, C, eine Reihe seltener Basen beteiligt, die z. T. durch Methylierung der Stammbasen entstehen. Die seltenen Bausteine verhindern störende Basenpaarungen im Bereich der Schleifen und schützen vor hydrolytischem Abbau durch Nucleasen.

Von mehr als 60 tRNS sind die Nucleotidsequenzen bekannt. Sie haben übereinstimmende Sekundärstruktur, die auch als Kleeblattstruktur bezeichnet wird.

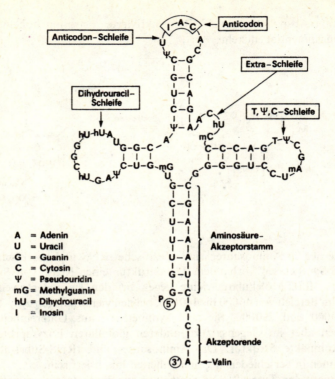

Abb. 3—17. Sekundärstruktur (Kleeblattstruktur) der tRNS^{Val} aus Hefe

Alle tRNS haben einen Aminosäureakzeptorstamm (7 Basenpaare) mit einem für alle Aminosäuren gleichen Akzeptorarm C—C—A, einen Dihydrouracil-Stamm (3—4 Basenpaare), einen Anticodon-Stamm (5 Basenpaare) und einen TψC-Stamm mit 4 bis 5 Basenpaaren.

Die an den Stämmen sitzenden Schleifen symbolisieren die Blätter der Kleeblattstruktur; Stämme und Schleife bilden jeweils einen „Arm". Anticodon- und TψC-Schleife bestehen aus je 7, die Dihydrouracil-Schleife aus 7—10 und die einen variablen Arm bildende Extraschleife aus 4—21 Nucleotiden.

Durch Röntgenstrukturanalyse und durch Röntgenkleinwinkelstreuung konnte die Tertiärstruktur der tRNS^{Phe} (aus Hefe) bestimmt werden [182, 183]. Danach ist das Molekül „L"-förmig gebaut. Die Ecke des „L" bilden der Dihydrouracil-, der TψC- und der variable Arm. Alle Stammbereiche bestehen aus Doppelhelices.

In Abb. 3—18 ist der Ribosephosphatstrang als durchgehendes Band gekennzeichnet. Man erkennt die unterschiedlich schraffierten Arme der tRNS und die Wasserstoffbrücken zwischen den Basenpaaren (Sprossendarstellung).

Im Enzym-Substratkomplex sind die Innenseite des „L" der tRNS und die Enzymoberfläche eng miteinander in Kontakt (gestrichelte Linie).

Wird die tRNS mit einer „falschen" Aminosäure verestert, so wird diese Esterbindung durch einen ungewöhnlichen schnell arbeitenden Korrekturmechanismus wieder gespalten [186, 187]. Die von der Synthetase katalysierte Hydrolyse des falschen Esters erfolgt noch vor der Dissoziation des Enzym-Aminoacyl-tRNS-Komplexes. Über Korrekturschritte bei der Aktivierung der Aminosäuren zur Proteinbiosynthese berichtet HAAR [188].

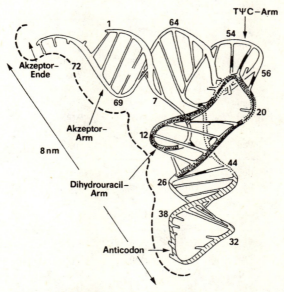

Abb. 3—18. Tertiärstruktur der tRNS^{Phe} aus Hefe

3.7.2. Aufbau der Polypeptidkette am Ribosom

Die für den Aufbau spezifischer Aminosäuresequenzen erforderliche Information ist in den Desoxyribonucleinsäuren (*DNS*) enthalten. Die DNS-Moleküle sind Polynucleotide mit 2-Desoxyribose als Kohlenhydratkomponente und Adenin (A), Guanin (G), Cytosin (C) und Thymin (T) als Nucleobasen. Alle DNS liegen als regelmäßige Doppelhelices vor, deren Struktur durch Wasserstoffbrücken der komplementären Basenpaare A—T und G—C stabilisiert wird. In den DNS determinieren je drei aufeinanderfolgende Nucleotide (Triplett-Code) eine Aminosäure [189—192]. Für die 20 proteinogenen Aminosäuren existieren

64 Code-Einheiten (Codons), von denen je sechs den Aminosäuren Leu, Arg, Ser, je vier den Aminosäuren Pro, Val, Thr, Ala und Gly, drei dem Ile, je zwei Phe, Tyr, Cys, His, Gln, Asn, Glu, Asp, Lys und je eine für Met und Trp entsprechen.

Tabelle 3—9
Genetischer Code

1. Base	2. Base				3. Base
	U	C	A	G	
U	Phe	Ser	Tyr	Cys	U
	Phe	Ser	Tyr	Cys	C
	Leu	Ser	term	term	A
	Leu	Ser	term	Trp	G
C	Leu	Pro	His	Arg	U
	Leu	Pro	His	Arg	C
	Leu	Pro	Gln	Arg	A
	Leu	Pro	Gln	Arg	G
A	Ile	Thr	Asn	Ser	U
	Ile	Thr	Asn	Ser	C
	Ile	Thr	Lys	Arg	A
	Met	Thr	Lys	Arg	G
G	Val	Ala	Asp	Gly	U
	Val	Ala	Asp	Gly	C
	Val	Ala	Glu	Gly	A
	Val	Ala	Glu	Gly	G

Die im genetischen Code enthaltenen Tripletts UAG, UAA und UGA codieren nicht für eine Aminosäure sondern determinieren das Kettenende. Sie wurden früher „nonsense"-Codons genannt.

Für den Start der Proteinbiosynthese muß die in der DNS enthaltene Information zunächst zu den Ribosomen transportiert werden. Das geschieht über die *messenger-RNS* (Botschafter-RNS, Boten-RNS, Abk.: mRNS) einer einsträngigen Ribonucleinsäure, die Ribose anstelle von Desoxyribose und Uracil anstelle von Thymin enthält. Der Aufbau der mRNS erfolgt nach dem Prinzip der identischen Replikation an einem lokal entflochtenen DNS-Abschnitt (Abb. 3—19) und wird als *Transkription* bezeichnet.

Der Replikationsprozeß kann außer durch das WATSON-CRICK-Modell auch durch ein *„side-by-side"-Modell* (SBS-Modell) erklärt werden (RODLEY et al.,

1976). Es entsteht durch seitliche Aneinanderlagerung der DNS-Einzelstränge. Die durch Wasserstoffbrücken zwischen den komplementären Basen verbundenen Stränge nehmen die Form eines gewellten Bandes an. Jede Kette bildet zunächst auf die Länge einer halben Identitätsperiode aus 10 Basen eine rechtsgängige Helix, knickt dann zurück und läuft als linksgängige Helix weiter. Die charakteristischen Eigenschaften (Basenpaarung, Basenstapelung, Identitätsperiode u. a.) bleiben im SBS-Modell erhalten. Mit dem Modell, das die Alleingültigkeit des WATSON-CRICK-Modells in Frage stellte, können u. a. Fragen der Replikation langer DNS-Stränge und ringförmiger Bakterien-DNS besser interpretiert werden. Neuere Konformationsuntersuchungen an doppelsträngiger DNS ergaben die Möglichkeit von Übergängen zwischen der doppelhelicalen DNS und nichtgewundenen Strukturen (CYRIAX, GÄTH, 1978).

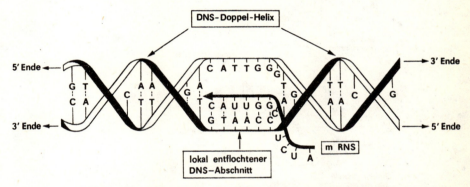

Abb. 3—19. Enzymatische mRNS-Synthese an der DNS-Matrize (asymmetrische Transkription der DNS)

Die nichtgewundene Übergangskonformation wird als *cis-Leiter* („ladder")-*Konformation* bezeichnet, in der sich die Zuckerphosphatketten in cis-ähnlicher Stellung zu den Basenpaaren befinden, die wie Leitersprossen angeordnet sind. Die DNS-Stränge lassen sich spannungsfrei aus der cis-Leiter-Konformation in andere Konformationen überführen und umgekehrt.

Bei der Transkription wird die genetische Information eines oder mehrerer Gene (DNS-Abschnitte) umkopiert und von der mRNS übernommen. Die mRNS gelangt dann in das Cytoplasma, verbindet sich mit den Ribosomen und bildet hier die Matrize für die Synthese der Polypeptidketten. Mehrere Ribosomen werden perlenkettenartig an das mRNS-Molekül gebunden. Es entstehen Struktureinheiten, die als Polyribosomen oder Polysomen bezeichnet werden.

Die Ribosomen selbst sind Ribonucleoproteine mit einem Nucleinsäuregehalt von etwa 60% und einem Proteingehalt von etwa 40%. Sie finden sich frei vor allem im Cytoplasma, gebunden im endoplasmatischen Reticulum. Alle Ribosomen bestehen aus zwei Untereinheiten, in die sie in Abhängigkeit von den vorherrschenden Mg^{2+}-Konzentrationen dissoziieren. Bei den am besten untersuchten *E. coli* Ribosomen unterscheidet man eine 50 S-Untereinheit (aus 59 rRNS und 23 S RNS sowie 34 verschiedenen Proteinen bestehend) und eine 30 S-Untereinheit (aus 16 S RNS und 21 verschiedenen Proteinen bestehend). 60 S- und 40 S-Untereinheiten werden von den Ribosomen eukaryontischer Zellen gebildet.

Abbildung 3—20 zeigt die Hauptbindungsstellen des *E. coli* Ribosoms für die Aminoacyl-tRNS und die Peptidyl-tRNS in der großen Untereinheit. Das mRNS-Molekül bewegt sich in einer „Spurrinne" zwischen den beiden Untereinheiten.

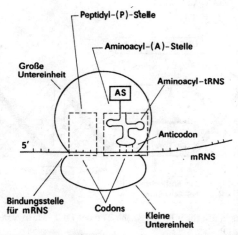

Abb. 3—20. Schematische Darstellung der Ribosomenstruktur von *E. coli* mit den Aminoacyl- und Peptidbindungsstellen nach LEHNINGER

Im nächsten Schritt der Proteinbiosynthese wird die Nucleotidsequenz der mRNS in die Aminosäuresequenz übersetzt. Dieser als *„Translation"* [193] bezeichnete Prozeß startet mit der Bindung der mRNS und der initiierenden Aminoacyl-tRNS an die 30 S-Untereinheit des Ribosoms (*Initiation*).

Als Initiatoraminosäure der Prokaryonten (und wahrscheinlich auch aller anderen Organismen) fungiert das durch AUG codierte Methionin [194]. Die entsprechende Methionyl-tRNS wird vor dem Einbau durch enzymatische Transformylierung in die Formylmethionyl-tRNS (fMet-tRNS) übergeführt.

An dem komplizierten Anlagerungsprozeß sind drei spezifische Proteine, die *Initiationsfaktoren* IF_1, IF_2 und IF_3 beteiligt. Die mRNS assoziiert mit dem dem IF_3-Komplex der 30 S-Untereinheit, anschließend wird unter Teilnahme von

IF$_1$ und IF$_2$ sowie von GTP als Energielieferant fMet-tRNS angelagert. Der gebildete Initiationskomplex tritt mit der großen Untereinheit zum synthesebereiten 70 S-Ribosomenkomplex zusammen.

Im Prozeß der Kettenverlängerung (*Elongation*) wird die neu hinzutretende Aminoacyl-tRNS an den aktiven 70 S-Ribosomenkomplex angelagert. Sie tritt dabei über die Anticodonschleife in Wechselwirkung mit dem korrespondierenden Codon der mRNS (Ausbildung von Wasserstoffbrücken), wobei der bei der Bindung an die Aminoacylstelle (A-Stelle) beteiligte *Elongationsfaktor T* (Abk.: *EF-T*) durch spezifische Komplexbildung mit GTP und dessen nachfolgende Hydrolyse für die richtige Lage des Aminoacyl-tRNS sorgt.

Die Knüpfung der ersten Peptidbindung erfolgt durch nucleophilen Angriff der Aminogruppe der Aminoacyl-tRNS auf die Estergruppierung der benachbarten fMET-tRNS und wird durch die zur großen Untereinheit des Ribosoms gehörende Peptidyltransferase katalysiert. Zur Vorbereitung des nächsten Aminosäureeinbaus muß die noch an der A-Stelle gebundene Peptidyl-tRNS zur P-Stelle verschoben werden. An der *Translokation* sind ein Elongationsfaktor G (EF-G), ein spezifisches Protein, sowie GTP beteiligt, das nach Ausbildung ein EF-G/GTP-Komplexes und Bindung an das Ribosom zu GDP und Orthophosphat hydro-

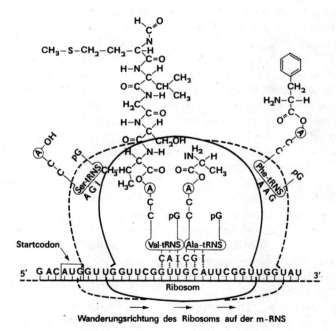

Abb. 3—21. Schematische Darstellung der Translation

lysiert wird und dadurch eine Konformationsänderung bewirkt, wodurch das Ribosom zum nächsten Codon auf der mRNS weiterrückt.

Die nun freie A-Stelle wird codonspezifisch durch die nächste Aminoacyl-tRNS besetzt. Damit beginnt ein neuer Verlängerungszyklus.

Eine schematische Darstellung des Kettenverlängerungsprozeesses wird in Abb. 3—21 gegeben.

3.7.3. Die Ablösung der Polypeptidkette vom Ribosom

Die Translation, d. h. die Übersetzung der Nucleotidsequenz der mRNS in die Aminosäuresequenz der Polypeptidkette wird solange fortgeführt, bis eines der Stop-Codons (terminating codons) die A-Seite des Ribosoms erreicht. Dann erfolgt in mehreren Einzelschritten die Abspaltung der am Ribosom gebundenen Polypeptidyl-tRNS. Zunächst wird unter dem Einfluß der sogenannten Terminatorproteine („release factors" R_1, R_2 und R_3) die Verschiebung der Peptidyl-tRNS von der Bindungsstelle A zur Peptidylbindungsstelle P durchgeführt. Die Peptidyltransferase katalysiert dann die hydrolytische Spaltung der Esterbindung zwischen der C-terminalen Carboxygruppe des Peptides und der Ribosehydroxy-Gruppe. Gleichzeitig werden die letzte tRNS und die mRNS freigesetzt; das Ribosom dissoziiert in die Untereinheiten und ein neuer Synthesezyklus kann beginnen. Es gilt heute als sicher, daß die synthetisierten Polypeptidketten in biologisch aktiver Form das Ribosom verlassen. Dafür sprechen u. a. Enzymaktivitäten, die bereits in der Endphase der Synthese am Syntheseort nachgewiesen werden können. Der Formyl-Rest und auch das „nicht gebrauchte" Methionin werden auf enzymatischem Wege entfernt. Unmittelbar nach der Abspaltung erfolgen die Knüpfung der Disulfidbrücken und andere *kovalente Modifizierungen*, wie z. B. Hydroxylierungen, Methylierungen oder Phosphorylierungen. Die Biosynthese der die Zelle verlassenden Sekretproteine erfolgt an der Membran des endoplasmatischen Reticulums. Nach der *„Signalhypothese"* [195, 196] ist die Information für den spezifischen Syntheseweg und -ort in sog. „Signalcodons" der mRNS enthalten, die unmittelbar auf das AUG-Startcodon folgen und für die Signalpeptidsequenz codieren.

Die aus etwa 15—20 hydrophoben Aminosäure-Resten bestehenden Signalpeptide treten über ribosomale Rezeptorproteine mit dem endoplasmatischem Reticulum in Wechselwirkung und leiten die lokalspezifische Proteinsynthese ein. Noch vor Abschluß der Synthese werden sie durch „Signalpeptidasen" vom Restprotein abgespalten. Die Polypeptidkette des Sekretproteins wird über das Kanalsystem des endoplasmatischen Reticulums ausgeschleust und faltet sich erst danach zur nativen Konformation.

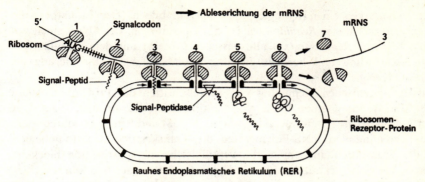

Abb. 3—22. Signal-Hypothese — schematischer Verlauf der Biosynthese sekretorischer Proteine

Ein Vergleich der Signalpeptidsequenzen von Proteinen, die in der gleichen Drüse produziert werden, zeigt auffallende Übereinstimmung. So unterscheiden sich die Signalsequenzen der Pankreasenzyme Trypsin und Carboxypeptidase lediglich in der Position 6:

Ala-Lys-Leu-Phe-Leu-Phe-Leu-Ala-Phe-Leu-Leu-Ala-Tyr-Val-Ala-Phe
(Leu)

In den letzten Jahren hat die Signalhypothese durch die gezielte Isolierung und Strukturaufklärung einer Reihe von Prä-Pro-Proteinen (Prä-Proinsulin [197], Prä-Proparathormon [198] und Prä-Prolactin [199] u. a.) wesentlich zum Verständnis des Feinmechanismus der Proteinbiosynthese beigetragen.

3.7.4. Die Regulation der Proteinbiosynthese [200]

Die Regulation der mit außerordentlicher Geschwindigkeit (bis zu 100 Peptidbindungen pro Sekunde!) und hoher Präzision verlaufenden Proteinbiosynthese erfolgt auf der Transkriptions- und Translationsebene. Der Mechanismus der Genexpression wurde von JACOB und MONOD [201] am Lactosesystem von *E. coli* aufgeklärt. Bietet man *E. coli* Lactose als Kohlenstoffquelle an, so wirkt die Lactose als Induktor für die Synthese von drei Enzymen (Permease, β-Galactosidase und Transacetylase), die die Verwertung des ungewöhnlichen Nährstoffes möglich machen. Die Information für die Biosynthese der Enzyme ist in drei *Strukturgenen* enthalten, die mit dem für die Transkription verantwortlichen *Operatorgen* einen Komplex, das *Operon*, bilden. Der Induktor wirkt über ein vorgeschaltetes *Regulatorgen* auf das Operatorgen. Bei Abwesenheit von Lactose tritt ein *Repressor* (ein allosterisches Protein) mit dem Regulatorgen in Wechselwirkung und beendet die Enzymsynthese durch Blockierung des gesamten Operons.

Auf der spezifischen Hemmung von Einzelschritten der Proteinbiosynthese beruht die Wirkung einer Reihe von Antibiotika (vgl. Abschn. 2.3.5.). So stören Actinomycine durch Intercalation (vgl. S. 338) und Rifamycin durch spezifische Hemmung von RNS-Polymerasen die Transkription. Chloramphenicol stört die Translation, in dem es die Peptidyl-Übertragungsreaktion blockiert. Streptomycin assoziiert mit den 50 S-Einheiten der Ribosomen und führt zu Übertragungsfehlern und das dem Aminoacylende der tRNS sehr ähnliche Puromycin (vgl. S. 88) verursacht einen vorzeitigen Kettenabbruch.

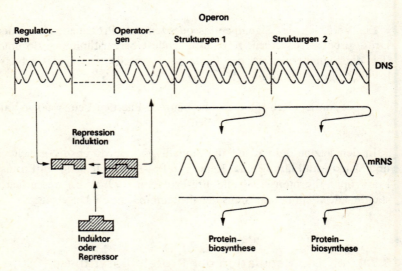

Abb. 3—23. Steuerung der Proteinbiosynthese nach [3]

3.8. Ausgewählte Beispiele funktioneller Proteine

3.8.1. Enzymproteine [202—211]

Enzyme sind einfache oder zusammengesetzte Proteine, die als hochspezifische Biokatalysatoren die Gleichgewichtseinstellung chemischer Reaktionen in und außerhalb der Zelle beschleunigen, indem sie die Aktivierungsenergie der betreffenden Reaktion herabsetzen. Viele Enzyme benötigen außer der Proteinkomponente *Cofaktoren*, wie z. B. Metallionen (Mg^{2+}, Zn^{2+}, Mn^{2+}, Co^{2+}) und/oder *Coenzyme* bzw. *prosthetische Gruppen* für ihre katalytische Wirksamkeit. Die Coenzyme fungieren als Überträger von Elektronen und funktionellen Gruppen wie H-Atomen, Acetyl-, Methyl- und Amino-Gruppen. Sie sind häufig mit den Vitaminen identisch, die höheren Organismen als essentieller Nahrungsbestandteil zugeführt werden müssen.

Die Kinetik [212] ist gekennzeichnet durch die Bildung eines Komplexes aus und Substrat (*Enzym-Substrat-Komplex*, *ES*), der in einen *Enzym-Produkt-Komplex* (*EP*) übergeführt wird und schließlich in Enzym und Produkt dissoziiert:

$$E + S \underset{k_{-1}}{\overset{k_{+1}}{\rightleftharpoons}} ES \rightleftharpoons EP \underset{k_{-2}}{\overset{k_{+2}}{\rightleftharpoons}} E + P$$

Unter optimalen Bedingungen, d. h. bei einem bestimmten pH- und Temperaturoptimum, verläuft die Bildung des EP-Komplexes spontan und kann ebenso wie die Rückreaktion vernachlässigt werden:

$$E + S \underset{k_{-1}}{\overset{k_{+1}}{\rightleftharpoons}} ES \overset{k_{+2}}{\longrightarrow} E + P$$

Die Existenz der Enzym-Substrat-Komplexe konnte experimentell sichergestellt werden. Bei gegebener Enzymmenge führt eine Erhöhung der Substratkonzentration zu einer Vergrößerung der Reaktionsgeschwindigkeit, deren Maximum mit der Substratsättigung des Enzyms erreicht wird.

Die quantitativen Beziehungen zwischen Reaktionsgeschwindigkeit und Substratkonzentration werden durch die MICHAELIS-MENTEN-Gleichung beschrieben

$$V_0 = \frac{V_{max} \cdot S}{K_M + S}$$

V_0 = Anfangsgeschwindigkeit; V_{max} = Maximalgeschwindigkeit; S = Substraktionskonzentration; K_M = MICHAELIS-Konstante.

Die MICHAELIS-MENTEN-Konstante entspricht der Substratkonzentration bei der halben Maximalgeschwindigkeit. K_M und V_{max} können u. a. aus der reziproken MICHAELIS-MENTEN-Gleichung (LINEWEAVER-BURK-*Auftragung*)

$$\frac{1}{V_0} = \frac{K_M}{V_{max}} \cdot \frac{1}{S} + \frac{1}{V_{max}}$$

graphisch durch doppelt reziproke Darstellung $\left(\frac{1}{V_0} \text{ gegen } \frac{1}{S}\right)$ ermittelt werden.

Bei den aus mehreren Untereinheiten aufgebauten *allosterischen Enzymen* [213—215] ist die Abhängigkeit der Reaktionsgeschwindigkeit von der Substratkonzentration durch einen sigmoiden Kurvenverlauf gekennzeichnet. Die Enzyme liegen unabhängig von der Anwesenheit eines Substrates in zwei verschiedenen Konformationen vor, die miteinander im Gleichgewicht stehen. Nach MONOD (1963) wird die Aktivität dieser Enzyme durch *allosterische Effektoren* (einfache organische Verbindungen, z. B. Stoffwechselendprodukte) kontrolliert. Die Bindung der Effektoren erfolgt im allosterischen Zentrum einer Untereinheit, das räumlich von der Substratbindungsstelle getrennt ist, und bewirkt eine Konformationsänderung der anderen Untereinheiten. Das Enzym wird aktiviert, wenn der Effektor ein *Aktivator* ist, es wird inaktiviert, wenn sich ein *Inhibitor* an das allosterische Zentrum anlagert. Allosterische Enzyme sind gewöhnlich an der Kontrolle des ersten Schrittes einer Multienzymsequenz beteiligt.

Bei den Enzyminhibitoren unterscheidet man kompetitive und nichtkompetitive Inhibitoren. Die *kompetitiven Inhibitoren* ähneln strukturell dem Substrat und treten an dessen Stelle in das Substratbindungszentrum. Durch einen Überschuß an Substrat können sie jedoch wieder entfernt werden. Die *nichtkompetitiven Inhibitoren* reagieren mit anderen wichtigen Strukturteilen des Enzyms, z. B. mit SH-Gruppen, und werden durch einen Substratübersshuß nicht wieder entfernt.

Als internationale Einheit für die Enzymaktivität wurde das *Katal* (abgek. kat) festgelegt, d. h. als die Menge an Enzymaktivität, die 1 Mol Substrat pro Sekunde umsetzt.

Nach ihrer Wirkungsspezifität werden die Enzyme in 6 Hauptklassen eingeteilt, die ihrerseits in weitere Unterklassen und Untergruppen gegliedert werden (**E.C.-Nomenklatur**).

Tabelle 3—10
Einteilung der Enzyme nach ihrer Wirkungsspezifität

Hauptklassen u. wichtige Unterklassen	katalysierte Reaktion	Beispiele
1. Oxidoreduktasen Dehydrogenasen (mit NAD$^\oplus$ oder NADP$^\oplus$)	Redoxreaktionen	Lactat-, Alkohol-, Malat-, Glycerinaldehyd-3-phosphat-dehydrogenase
Oxidasen (mit Sauerstoff als Akzeptor) Hydroxylasen (unter Einbau von O_2 wirkend)		Glucose-, Aminosäure-, Monoaminooxidase Phenylalanin-4-hydroxylase, Steroid-11-β-hydroxylase

Tabelle 3—10 (Fortsetzung)

Hauptklassen und wichtige Unterklassen	katalysierte Reaktion	Beispiele
2. *Transferasen*	Gruppenübertragungen	
C_1-Transferasen		Methyl-, Hydroxymethyl-, Carbamyltransferasen
Aldehyd- und Ketotransferasen		Transaldolase, Transketolase
Acyltransferasen		Acetyltransferasen Thiolase
Aminotransferasen		alle Transmaminasen
Phosphotransferasen		Hexo-, Gluco-, Phosphofructokinase, RNS-Polymerasen, RNase
3. *Hydrolasen*	Hydrolytische Spaltung von Bindungen	
Esterasen	Esterspaltung	Acetylcholinesterase, Lipasen
Glycosidasen	Spaltung von Glykosiden	α-Glycosidasen (α-Amylase, Glucoamylase, Maltase) β-Glycosidasen (Cellulase, β-Glucoronidase) Nucleosidasen
Exopeptidasen	Spaltung von Peptidbindungen	Dipeptidylpeptidasen Amino- und Carboxypeptidasen
Endopeptidasen		Trypsin, Chymotrypsin
Amidasen	Spaltung von Amidbindungen	Asparaginase, Glutaminase, Arginase, Urease
	Spaltung von Säureanhydridbindungen	ATPasen, Pyrophosphatase
4. *Lyasen*	Eliminierungen und Additionen an Doppelbindungen (Synthasen)	
C-C-Lyasen		Aminosäuredecarboxylasen, Pyruvadecarboxylase, Aldolasen
C-O-Lyasen		Aconitase, Carbonhydratase, Enolase, Fumarase
C-N-Lyasen		Aspartase, Histidase
5. *Isomerasen*	Isomerisierungen	

Tabelle 3—10 (Fortsetzung)

Hauptklassen u. wichtige Unterklassen	katalysierte Reaktion	Beispiele
Racemasen		Prolinracemase u. a. Aminosäureracemasen
Epimerasen		Ribulosephosphat-3-Epimerase
Cis-trans-Isomerasen		Maleylacetessigsäure-Isomerase
6. *Ligasen* (Synthetasen)	Zusammenlagerung von 2 Molekülen Substrat unter ATP-Verbrauch	
C-O-Ligasen		alle Aminosäure-tTRNS-Synthetasen
C-N-Ligasen		Asparagin-, Glutamin-, Glutathionsynthetasen
C-C-Ligasen		Pyruvatcarboxylase
C-S-Ligasen		Acetyl- und Succinat-CoA-Synthetase

Gegenwärtig sind etwa 2000 Enzyme bekannt, davon konnte ein Zehntel kristallisiert werden. Die allgemeinen Prinzipien ihrer hochspezifischen katalytischen Wirkung sind bekannt. Viele Fragen des molekularen Wirkmechanismus, der Feinregulation und der genetischen Kontrolle sind jedoch noch ungeklärt.

In den vergangenen Jahren hat die technische Nutzung von Enzymen für Stoffwandlungsprozesse z. B. in der chemischen und pharmazeutischen Industrie erheblich an Bedeutung gewonnen. Man bedient sich dabei vor allem *immobilisierter (trägerfixierter) Enzyme*, die den Vorteil einer wiederholten Verwendung, einer kontinuierlichen Prozeßführung bei niedriger Reaktionstemperatur und einer leichten Abtrennbarkeit der Reaktionsprodukte bieten. Die Immobilisierung erfolgt durch *Adsorption an einen Träger* (synthetische oder natürliche Polymere, Glas, A-Kohle u. a.), durch *Einschluß in einen Träger* (Mikroverkapselung), durch *kovalente Bindung an einen Träger* über geeignete funktionelle Gruppen und durch *kovalente Vernetzung* der Enzyme mit Hilfe von bi- oder polyfunktionellen Reagenzien, z. B. durch Dialdehyde, Diamine oder Dicarbonsäure-Derivate. Beim Immobilisierungsprozeß muß die biologische Aktivität der Enzyme weitestgehend erhalten bleiben.

Nachfolgend sollen Struktur und Wirkung einiger wichtiger Enzyme ausführlicher beschrieben werden.

Ausgewählte Beispiele funktioneller Proteine

3.8.1.1. Ribonuclease [216]

Die Ribonuclease A des Rinderpankreas besteht aus einer aus 124 Aminosäure-Resten aufgebauten Polypeptidkette, die durch vier Disulfidbrücken vernetzt ist. Das Enzym ist eine Phosphodiesterase und katalysiert die hydrolytische Spaltung von RNS-Molekülen an der Phosphatesterbindung zwischen Pyrimidin-3-phosphat und der 5-Hydroxy-Gruppe des benachbarten Ribose-Restes. Als Hydrolyseprodukte werden 3-Ribonucleosidmonophosphate und Oligonucleotide mit endständigem Pyrimidin-3-phosphat-Rest gebildet.

Die Isolierung des Enzyms gelang DUBOS. 1940 konnte es von KUNITZ kristallin erhalten werden und 1963 publizierten SMYTH, STEIN und MOORE die Primärstruktur.

Tertiärstrukturuntersuchungen der Ribonuclease wurden von CARLISLE et al. (Röntgenkristallstrukturanalyse von 0,55 nm Auflösung) und vom Arbeitskreis um KARTHA [218] durchgeführt.

In dem von KARTHA beschriebenem Ribonucleasemodell, das aus einer 0,2 nm FOURIER-Synthese von 7 unterschiedlichen Schweratomderivaten (7294 Messun-

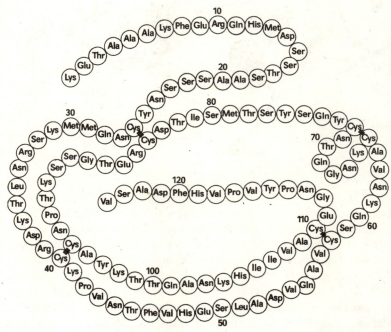

Abb. 3—24. Primärstruktur der Ribonuclease A aus Rinderpankreas nach SMYTH, STEIN und MOORE [217]

gen) resultiert, hat das Molekül eine nierenförmige Gestalt der Dimension 3,8 · 2,8 · 2,2 nm. Das aktive Zentrum des Enzyms befindet sich in der „Nierenfurche", einer charakteristischen Spalte, die das Molekül in zwei Hälften teilt und die für die katalytische Aktivität verantwortlichen Histidin- (Position 12 und 119) und Lysin-Reste (Position 41 und 7) enthält.

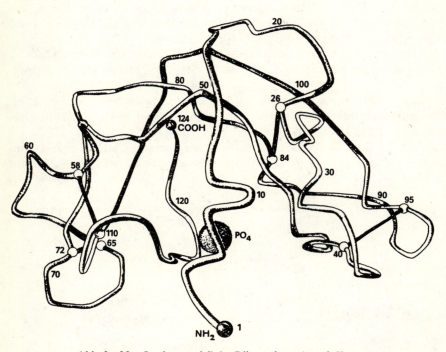

Abb. 3—25. Strukturmodell der Ribonuclease A nach KARTHA

Durch Mercaptoethanol-Reduktion in 8 M Harnstofflösung entfaltet sich das Ribonucleasemolekül zu einer biologisch inaktiven Zufallsstruktur. Von besonderer Bedeutung war die Entdeckung, daß sich bei Reoxidation die native Konformation des Enzyms und damit die volle biologische Aktivität zurückbildet (WHITE und ANFINSEN, 1962). Von den 105 Möglichkeiten der Disulfidbindung wird im Renaturierungsprozeß nur die „richtige" genutzt, d. h. die Raumstruktur des Proteins ist durch seine Aminosäuresequenz vorausbestimmt.

Nach Untersuchungen von RICHARDS [219] wird die RNase A durch Einwirkung der bakteriellen Protease Subtilisin zwischen den Aminosäure-Resten Ala-20 und Ser-21 in das sogenannte *S-Peptid* (1—20) und das *S-Protein* mit der die 4 Disulfidbrücken enthaltenden Sequenz 21—124 gespalten. Beide Komponenten zeigen nach der Trennung keinerlei enzymatische Aktivität. Mischt man sie jedoch miteinander, dann bildet sich die Aktivität zurück, d. h. S-Peptid und S-Protein treten über Nebenvalenzbindung zur sogenannten *Ribonuclease S* zusammen, in der eine der nativen Konformation nahestehende Raumstruktur vorliegt.

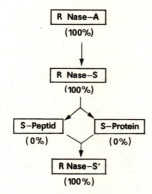

Abb. 3—26. Schema der enzymatischen Ribonuclease A — Spaltung und Rekombination der Spaltprodukte

Von WYKOFF et al. [220—221] wurde die dreidimensionale Struktur der Ribonuclease S mit einer 0,35 nm Auflösung beschrieben. Die Ergebnisse stimmen mit dem KARTHAschen Modell überein. Es wurde gefunden, daß etwa die Hälfte des S-Peptides als α-Helix vorliegt. Das Gesamtmolekül enthält etwa 15% Helix- und etwa 75% β-Faltblattstrukturen.

Das S-Peptid allein bildet nach Untersuchungen von SCOFFONE et al. [222], der mit seiner Arbeitsgruppe eine große Anzahl von S-Peptid-Analoga synthetisierte, ein *random coil*. Die helicale Konformation entsteht erst nach Vereinigung mit dem S-Protein. Für die Bindung des S-Peptides an das S-Protein ist der Phenylalanin-Rest in Position 8 essentiell, für die volle Erreichung der biologischen Aktivität genügt der 1—14 Rest des S-Peptides.

Ribonuclease war das erste Enzym, das durch chemische Totalsynthese gewonnen werden konnte. GUTTE und MERRIFIELD bauten die Kette vom C-terminalen Ende her nach der Festphasensynthese im Automaten auf (vgl. S. 221). Das Konzept der Arbeitsgruppe von MERCK (vgl. S. 166) bestand im Aufbau des S-Proteins durch Segmentkondensation und Vereinigung mit synthetischem S-Peptid. Die mit 20—30% erreichten enzymatischen Aktivitäten sind auf die Uneinheitlichkeit der Syntheseendprodukte zurückzuführen.

Im Rinderpankreas sind neben der Ribonuclease A die Ribonucleasen B, C und D enthalten. Diese Enzyme sind Glycoproteine mit unterschiedlichem Kohlenhydratgehalt. Die Ribonuclease B z. B. ist über den Asparagin-Rest in Position 34 mit 5 Mannose- und 2 Glucosamineinheiten verknüpft. Von den in Pilzen und Bakterien aufgefundenen Ribonucleasen wurden Strukturaufklärung und Synthese der *Ribonuclease T₁* beschrieben. Die Polypeptidkette besteht hier aus 104 Aminosäure-Resten.

3.8.1.2. Lysozym

Lysozym ist eine weit verbreitet in Bakterien, Pflanzen, wirbellosen Tieren und Wirbeltieren vorkommende bakteriolytische Hydrolase. Das Enzym katalysiert die hydrolytische Spaltung der Proteoglycankomponente in Bakterienmembranen an der β-1,4-Bindung zwischen N-Acetylglucosamin und N-Acetylmuraminsäure. Es übt eine wichtige Schutzfunktion gegen das Eindringen von Bakterien in den Organismus aus.

Die tierischen Lysozyme bestehen aus Polypeptidketten mit 129 Aminosäure-Resten homologer Sequenz, die wie bei der Ribonuclease durch 4 Disulfidbrücken zu einer charakteristischen Tertiärstruktur zusammengefaltet sind.

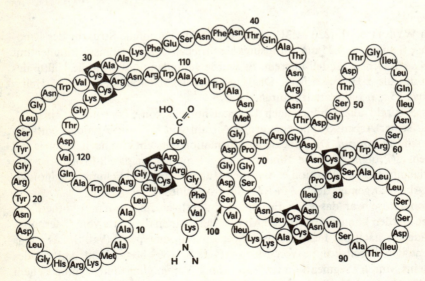

Abb. 3—27. Primärstruktur des Hühnerei-Lysozyms nach CANFIELD und LIU [223]

Zur Aufklärung der Raumstruktur wurden Röntgenstrukturanalysen mit 0,2 nm Auflösung durchgeführt (PHILLIPS, 1965) [224].

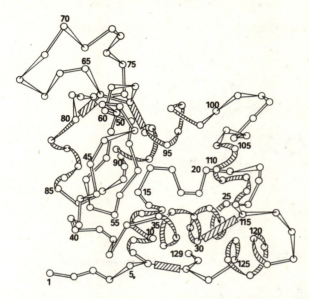

Abb. 3—28. Strukturmodell des Hühnerei-Lysozyms nach PHILILIPS et al. [224]

Da die Lysozym-Kristalle zum tetragonalen System (Raumgruppe P $4_3\, 2_1\, 2$) gehören und ein großer Teil der Phasenwinkel 0° oder 180° beträgt, brauchten insgesamt „nur" 9000 Reflexe ausgewertet zu werden. 42% der Polypeptidkette liegen als α-Helix vor, einige Stränge der nicht helicalen Bereiche bilden β-Strukturen, so z. B. der Kettenabschnitt 41—54 eine antiparallele Faltblattstruktur. Das Substratbindungszentrum des Enzyms liegt in einer langen Rinne an der Außenseite und umfaßt mindestens 12 mitwirkende Aminosäure-Reste (Abb. 3 bis 29).

Durch röntgenographische Untersuchungen von *Lysozym-Inhibitor-Komplexen*, z. B. des aus Lysozym und einem N-Acetylglucosamin-Trisaccharid als kompetitiven Inhibitor bestehenden Komplexes, wurden nähere Einblicke in den aktiven Bereich des Enzyms gewonnen [225]. Die Elektronendichte des Inhibitormoleküls ergab sich aus den Werten der sog. *Differenz-FOURIER-Synthese*; für drei unterschiedliche Inhibitorkomplexe wurde ein übereinstimmendes Elektronendichtemaximum ermittelt.

Die Substratbindung wurde am Beispiel eines aus N-Acetylglucosamin und N-Acetylmuraminsäure aufgebauten Hexasaccharids untersucht (Abb. 3—29).

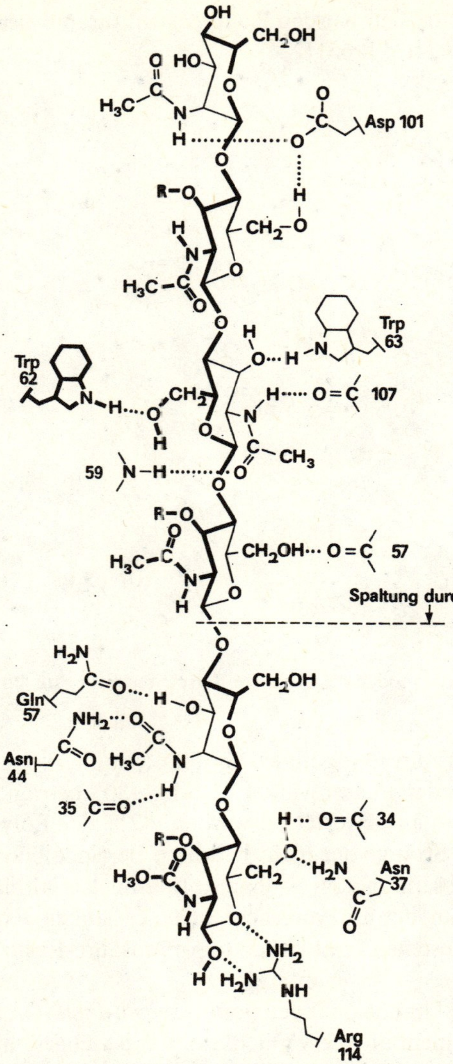

Abb. 3—29. Die an der Bildung des aktiven Zentrums von Lysozym beteiligten Aminosäuren nach DICKERSON und GEIS [4]

Das Modellsubstrat wird in den tiefen Einschnitt des Lysozym-Moleküls eingelagert und durch differenzierte Wasserstoffbrückenbindungen fixiert. Die zu spaltende glycosidische Substratbindung wird zwischen die γ-Carboxyfunktionen der Glutaminsäure 35 und Asparaginsäure 52 eingepaßt, wonach der synchrone Spaltprozeß ablaufen kann (Abb. 3—30).

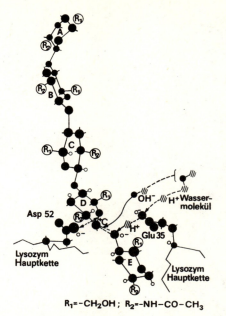

Abb. 3—30. Mechanismus der Lysozym-Katalyse nach PHILLIPS

3.8.1.3. Chymotrypsin

Das Chymotrypsin ist eines der am besten untersuchten proteolytischen Enzyme. Es katalysiert die hydrolytische Spaltung von Peptidbindungen (oder Esterbindungen), an denen Phenylalanin, Tyrosin oder Tryptophan beteiligt sind. Die Bildung des Chymotrypsins erfolgt im Pankreas zunächst in Form der inaktiven *Chymotrypsinogene* (Zymogene), die die Speicherform des Enzyms darstellen. Hauptkomponente ist das Chymotrypsinogen A, eine aus 245 Aminosäure-Resten bestehende Polypeptidkette mit 5 Disulfidbrücken. Die Aktivierung zum biologisch aktiven α-Chymotrypsin verläuft in einer komplizierten Reaktionsfolge. Nach tryptischer Spaltung der Arg^{15}-Ile^{16}-Bindung werden hintereinander die Dipeptide Ser^{14}-Arg^{15} und Thr^{147}-Asn^{148} aus dem Molekül herausgespalten, wodurch die einkettige Vorstufe in das dreikettige Enzymmolekül übergeht. A-, B- und C-Kette des Chymotrypsins sind ausschließlich über Disulfidbrücken miteinander verknüpft. Abbildung 3—32 zeigt das auf Basis röntgenanalytischer Daten aufgestellte Raummodell des Chymotrypsins.

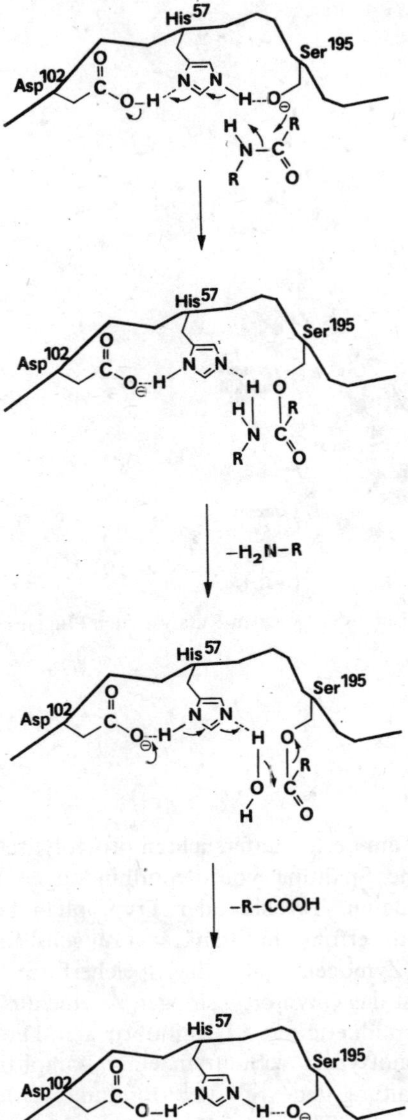

Abb. 3—31. Chymotrypsinkatalysierte Proteolyse

Ausgewählte Beispiele funktioneller Proteine

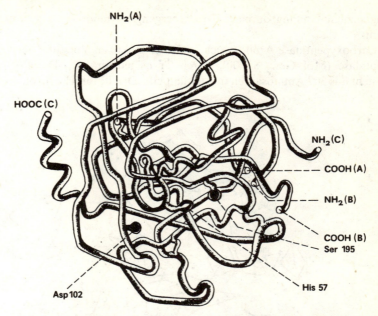

Abb. 3—32. Dreidimensionale Struktur des Chymotrypsins nach MATTHEWS et al. [226, 227]

Die Enzymwirkung des Chymotrypsins entspricht wie die der anderen Pankreasproteasen Trypsin und Elastase dem Mechanismus einer allgemeinen Säure-Base-Katalyse unter der Beteiligung der Aminosäure-Reste His^{57}, Asp^{102} und Ser^{195} als „charge-relay"-System. Durch den Elektronenfluß von der bei pH 8 negativ geladenen Carboxygruppe der Asparaginsäure über den Imidazolring des Histidins zum Sauerstoff der Serinseitenkette wird dessen Nucleophilie so stark erhöht, daß ein nucleophiler Angriff auf das Carbonyl-C-Atom der Peptidbindung erfolgen kann. In dem intermediär gebildeten O-Acylserin-Derivat wird das Relais unterbrochen, im anschließenden Deacylierungsschritt aber sofort wiederhergestellt. Die hydrolytische Spaltung der Peptidbindung kann als Acyltransfer betrachtet werden, bei dem ein Acyl-Rest von einer Aminogruppe auf Wasser übertragen wird (Abb. 3—31).

3.8.1.4. Carboxypeptidase A

Carboxypeptidase ist ein Metallenzym, das als Exopeptidase vor allem aromatische, C-terminale Aminosäure-Reste mit freier Carboxygruppe hydrolytisch abspaltet. Wie VALLER 1954 zeigen konnte, fungiert Zn^{2+} als Metallion, das in begrenztem Umfang durch andere Übergangsmetallionen ausgetauscht werden kann.

Carboxypeptidase A bildet sich aus einer inaktiven Vorstufe, der Procarboxypeptidase (Mol.-Gew. 87 000), durch Trypsineinwirkung. Die Polypeptidkette besteht aus 307 Aminosäuren und enthält eine Disulfidbrücke (Mol.-Gew. 34 409).

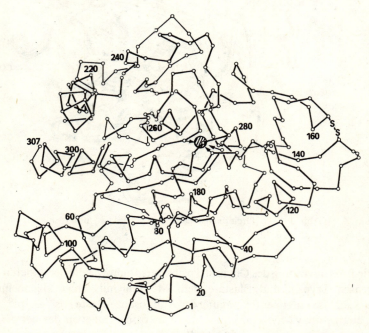

Abb. 3—33. Die Faltung der Polypeptidkette in Carboxypeptidase A

Nach röntgenanalytischen Untersuchungen von LIPSCOMB et al. [228, 229] hat das Enzymmolekül eine elliptische Gestalt der Abmessungen 5,2 · 4,4 · 4,0 nm. Im Inneren des Moleküls befindet sich eine aus 8 parallelen und antiparallelen Strängen bestehende β-Faltblattstruktur, die von beiden Seiten durch 8 Helices flankiert ist.

Das Zn^{2+}-Ion liegt in einer Oberflächenfalte und nimmt aktiv am Katalyseprozeß teil. Es koordiniert mit den Histidin-Resten in Position 69 und 196, der Glutaminsäure in Position 72 sowie mit dem Carbonylsauerstoff der zu spaltenden Peptidbindung. Die durch Röntgenstrukturanalyse mit 0,2 nm Auflösung identifizierte Disulfidbrücke verbindet die Cysteine in den Positionen 138 und 168 [230]. Aus den Röntgendaten ist weiter ersichtlich, daß der Arginin-Rest 145 das C-terminale Carboxylat-Anion des Substrates bindet. Gleichzeitig wird

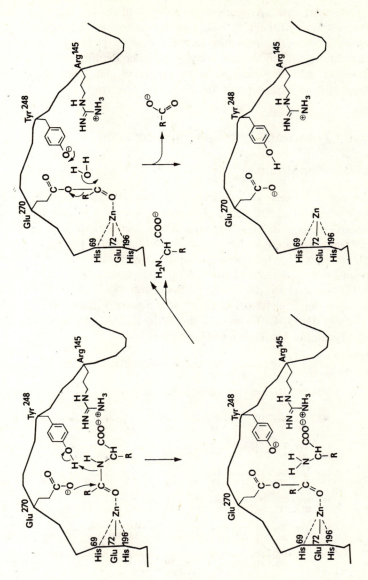

Abb. 3—34. Die Katalyse der Abspaltung der C-terminalen Aminosäure durch Carboxypeptidase A

dadurch die Position des Arginins so verändert, daß der Tyrosin-Rest 248 die Rolle des Protonendonors für die NH-Gruppe der zu spaltenden Peptidbindung übernehmen kann. Der Glutaminsäure-Rest 270 begünstigt den nucleophilen Angriff des Wassermoleküls auf die Carbonylgruppe der Peptidbindung, die durch die Koordination mit dem Zinkion stark polarisiert ist. Der Mechanismus der Carboxypeptidase-Wirkung geht aus Abb. 3—34 hervor.

3.8.2. Transport- und Speicherproteine

3.8.2.1. Myoglobin

Myoglobin war das erste globuläre Protein, dessen Raumstruktur durch Röntgenstrukturanalyse aufgeklärt werden konnte (KENDREW et al. [231]). Da zu Beginn der Untersuchungen die Primärstruktur noch nicht bekannt war, mußten Primär- und Tertiärstrukturanalyse nebeneinander durchgeführt werden. Nach EDMUNDSON [232] besteht das Myoglobin aus einer Polypeptidkette mit 153 Aminosäure-Resten und einer Eisen-Porphyrin-Gruppe (Hämgruppe) je Molekül. Es gehört zu den Hämoproteinen, die reversibel Sauerstoff binden können. Myoglobin ist in den Zellen der Skelettmuskulatur für die Sauerstoffspeicherung sowie für die Vergrößerung der O_2-Diffusionsrate durch die Zellen verantwortlich. Phylogenetisch ist Myoglobin Vorläufer des Hämoglobins.

```
Val–Leu–Ser–Glu–Gly–Glu–Trp–Gln–Leu–Val–Leu–His–Val–Trp–Ala–Lys–
 1   2   3   4   5   6   7   8   9  10  11  12  13  14  15  16
Val–Glu–Ala–Asp–Val–Ala–Gly–His–Gly–Gln–Asp–Ile–Leu–Ile–Arg–Leu–
17  18  19  20  21  22  23  24  25  26  27  28  29  30  31  32
Phe–Lys–Ser–His–Pro–Glu–Thr–Leu–Glu–Lys–Phe–Asp–Arg–Phe–Lys–His–
33  34  35  36  37  38  39  40  41  42  43  44  45  46  47  48
Leu–Lys–Thr–Glu–Ala–Glu–Met–Lys–Ala–Ser–Glu–Asp–Leu–Lys–Lys–His–
49  50  51  52  53  54  55  56  57  58  59  60  61  62  63  64
Gly–Val–Thr–Val–Leu–Thr–Ala–Leu–Gly–Ala–Ile–Leu–Lys–Lys–Lys–Gly–
65  66  67  68  69  70  71  72  73  74  75  76  77  78  79  80
His–His–Glu–Ala–Glu–Leu–Lys–Pro–Leu–Ala–Gln–Ser–His–Ala–Thr–Lys–
81  82  83  84  85  86  87  88  89  90  91  92  93  94  95  96
His–Lys–Ile–Pro–Ile–Lys–Tyr–Leu–Glu–Phe–Ile–Ser–Glu–Ala–Ile–Ile–
97  98  99 100 101 102 103 104 105 106 107 108 109 110 111 112
His–Val–Leu–His–Ser–Arg–His–Pro–Gly–Asn–Phe–Gly–Ala–Asp–Ala–Gln–
113 114 115 116 117 118 119 120 121 122 123 124 125 126 127 128
Gly–Ala–Met–Asn–Lys–Ala–Leu–Glu–Leu–Phe–Arg–Lys–Asp–Ile–Ala–Ala–
129 130 131 132 133 134 135 136 137 138 139 140 141 142 143 144
Lys–Tyr–Lys–Glu–Leu–Gly–Tyr–Gln–Gly
145 146 147 148 149 150 151 152 153
```

Abb. 3—35. Die Primärstruktur des Pottwal-Myoglobins nach EDMUNSON

Die Röntgenstrukturanalyse, mit 0,6, 0,4 und 0,2 nm Auflösung ausgeführt, ergab die Gestalt einer abgeflachten Kugel der Dimension 2,5 · 4,4 · 4,4 nm mit einer „Tasche" für die Hämkomponente. Das Molekül enthält keine Disulfidbrücken und ist durch einen α-Helix-Gehalt von 77% charakterisiert. Man unterscheidet 8 helicale Bereiche (A—H), an deren Aufbau insgesamt 121 Aminosäure-Reste beteiligt sind.

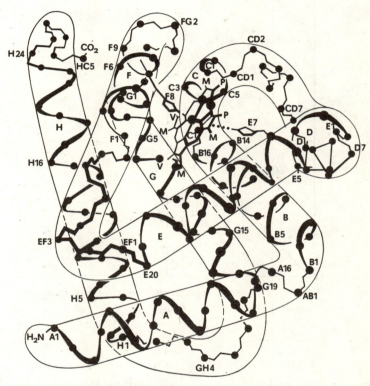

Abb. 3—36. Schematische Darstellung der Pottwal-Myoglobin-Struktur unter Betonung der helicalen Bereiche nach DICKERSON [233]

Mit Hilfe der 0,2 nm Auflösung konnte die rechtsgängige α-Schraube erstmals „visuell" nachgewiesen werden. Abbildung 3—37 zeigt die Elektronendichteverteilung der zylindrischen Projektion eines Ausschnittes der Myoglobinkette (mit überlagerter, eingezeichneter α-Helix (a) und eine Erklärung der Atomanordnung in der α-Helix, wobei die Punkte β und β' die beiden Alternativen für die Anordnung des β-Kohlenstoffatoms angeben (b).

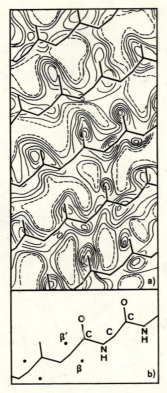

Abb. 3—37. Elektronendichteverteilung eines Ausschnittes der Myoglobin-Polypeptidkette nach KENDREW et al.

Die für die Sauerstoffbindung verantwortliche Hämgruppe des Myoglobins befindet sich in einer durch spezifische Aminosäure-Reste gebildeten „hydrophoben Tasche". Sie besteht aus der makrocyclischen Protoporphyrinkomponente und dem koordinativ im Zentrum des Moleküls gebundenen zweiwertigen Eisen. Das Eisen(II)-zentralion koordiniert mit den vier in einer Ebene liegenden N-Atomen des Protoporphyrins und mit zwei Histidin-Resten (F 8 und E 7) der Globinkomponente. Diese räumliche Fixierung des Häms ermöglicht die Bindung eines Sauerstoffmoleküls als 6. Ligand auf der von Histidin F 8 abgewandten Seite des Häms. Der Imidazol-Rest des Histidins E 7 koordiniert indirekt über das O_2-Molekül mit dem zentralen Fe(II)-Ion (Abb. 3—38).

Ausgewählte Beispiele funktioneller Proteine

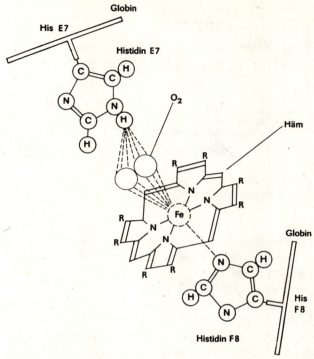

Abb. 3—38. Schematische Darstellung der O_2-Bindung durch Myoglobin

3.8.2.2. Hämoglobin [234, 235]

Hämoglobin ist das respiratorische Protein des Blutes. Es transportiert den Sauerstoff im Blutkreislauf von der Lunge zu den Zentren des Verbrauches. Der in das Muskelgewebe transportierte Sauerstoff z. B. wird vom Myoglobin übernommen und gespeichert.

Entsprechend dem homologen Aufbau — das Hämoglobin ist praktisch das Tetramere des Myoglobins — kooperieren beide Proteine in ihren biologischen Funktionen. Diese Kooperation verlangt u. a. eine hohe O_2-Affinität des Hämoglobins bei hohem O_2-Partialdruck und eine niedrige unter Sauerstoffmangel. Abbildung 3—39 zeigt die graphische Darstellung des O_2-Bindungsvermögens von Hämoglobin und Myoglobin. Der Kurvenverlauf ist sigmoid für Hämoglobin und hyperbelförmig mit steilem Anstieg für Myoglobin.

Myoglobin ist demzufolge bereits bei niedrigem O_2-Partialdruck mit Sauerstoff gesättigt, so daß die bei der Muskelkontraktion infolge von Durchblutungsmangel unterbrochene Sauerstoffzufuhr überbrückt werden kann.

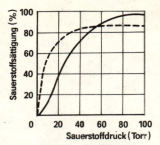

Abb. 3—39. O_2-Bindungskurve für Hämoglobin und Myoglobin bei 37 °C und pH 7,4
——— Hämoglobin (Mensch)
– – – Myoglobin (Mensch)

Das Hämoglobinmolekül besteht aus 4 Polypeptidketten, von denen jeweils zwei identisch sind und alle vier ein Häm tragen. Die Faltung der Einzelketten und auch die Fixierung der Hämkomponente erfolgt nach denselben Prinzipien, wie beim Myoglobin. Das Molekulargewicht beträgt 64 500, der Fe(II)-Gehalt 0,334 %. Im Blut des Erwachsenen ist nahezu 1 kg Hämoglobin enthalten.

Man bezeichnet die Polypeptidketten als α- und β-Ketten und den doppelt symmetrischen Aufbau des Hämoglobinmoleküls abgekürzt $\alpha_2\beta_2$. Die α- und β-Ketten sind chemisch verwandt oder allgemein ausgedrückt homolog. Neben dem Haupt-Hämoglobin des Erwachsenen (HbA) (96,5 bis 98,5 %) liegt in geringer Konzentration (1,5—3,5 %) noch ein zweites Hämoglobin (HbA$_1$, $\alpha_2\delta_2$) vor. Außerdem werden zwei weitere Hämoglobine während der Individualentwicklung (Ontogenese) des Menschen gebildet. So wurde in den ersten Wochen nach der Befruchtung das sog. *embryonale* oder *Prähämoglobin* (HbP, $\alpha_2\varepsilon_2$) und im foetalen Blut das sog. *adulte* oder *foetale Hämoglobin* (HbF, $\alpha_2\gamma_2$) nachgewiesen. Letzteres erleichtert aufgrund seiner erhöhten O_2-Affinität die Sauerstoffübernahme vom mütterlichen Blut. Neben den stets vorkommenden α-Ketten ist eine entwicklungsbedingte Abhängigkeit im anderen identischen Kettenpaar zu verzeichnen.

In den Primärstrukturen der α-, β- und γ-Ketten findet man zahlreiche homologe Bereiche (*Koinzidenzen*). Die β- und γ-Ketten (ebenso die δ-Kette) sind jeweils aus 146 Aminosäuren aufgebaut; um 5 Aminosäuren kürzer ist die α-Kette. Zur Demonstration der Koinzidenzen zwischen verschiedenen Polypeptidketten müssen kürzere Sequenzen (Sequenzlücken) übersprungen werden. Die Unterschiede zwischen den α- und β-Ketten des Hämoglobins sind relativ gering, während die Differenzen zwischen diesen Ketten und denen des Myoglobins bedeutend größer sind (Abb. 3—40).

Ausgewählte Beispiele funktioneller Proteine 465

Abb. 3—40. Vergleich der homologen Bereiche in den Primärstrukturen der α-, β- und γ-Ketten von Human-Hämoglobin und Human-Myoglobin, verändert nach BRAUNITZER [236]

Die Hämoglobine der verschiedenen Menschenrassen und auch die des Schimpansen sind gleich. Durch Punktmutationen kommt es gelegentlich zu Anomalien, die meist pathologisch sind. Am bekanntesten ist das *Sichelzellhämoglobin*, das durch Austausch der Glutaminsäure in Position 6 der β-Kette gegen Valin entsteht und eine Deformation (Aggregation) der Erythrozyten verursacht.

Die Grobstruktur der Pferde-Oxyhämoglobins wurde von PERUTZ et al. [237, 238] aufgeklärt. Obwohl mit einer Auflösung von 0,55 nm (1200 Reflexe, 6 isomorphe Derivate) die direkte Lokalisierung einzelner Aminosäure-Reste nicht möglich war, konnten der tetramere Aufbau aus 4 Polypeptidketten und die Lage der 4 Häme eindeutig nachgewiesen werden. Danach besitzen die α- und β-Ketten eine nahezu identische Tertiärstruktur, die der Myoglobinstruktur sehr ähnlich ist.

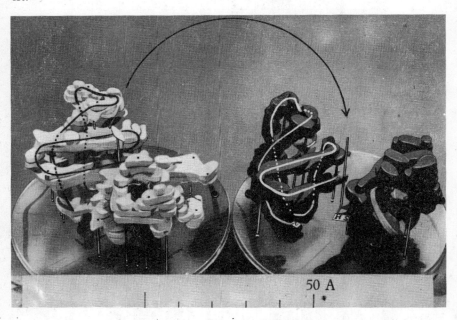

Abb. 3—41. Modelle der 4 protomeren Hämoglobin-Polypeptidketten nach PERUTZ

In einem verfeinerten Hämoglobinmodell (0,2 nm Auflösung) von PERUTZ wird die Lage aller ca. 10000 Atome mit einer Genauigkeit von ±0,1 nm beschrieben. Aus allen vorliegenden Strukturdaten der sauerstoffhaltigen und sauerstofffreien Hämoglobine kann gefolgert werden, daß die Tertiärstruktur der Ketten keine Speziesunterschiede aufweist.

Abb. 3—42. Strukturmodell der Pferde-Oxyhämoglobine nach PERUTZ et al. (0,55 nm Auflösung)

Die Ausbildung der Quartärstruktur erfolgt vor allem durch hydrophobe Wechselwirkungen zwischen den einzelnen Hämoglobin-Polypeptidketten. Es entstehen ausgedehnte Kontaktbereiche zwischen den α- und β-Ketten, die zugleich auch die Voraussetzung für die reversible kooperative Bindung der 4 O_2-Moleküle durch Hämoglobin sind. Durch die Anlagerung des Sauerstoffs an die Hämgruppen bildet sich das *Oxyhämoglobin*, dessen Quartärstruktur sich nur wenig von der sauerstofffreien Form unterscheidet. Die α-Häme nähern sich um 0,1 nm, während sich die β-Häme um 0,65 nm voneinander entfernen.

Strukturänderungen einer Untereinheit wirken sich auf den räumlichen Bau des Gesamtmoleküls aus, so daß auch die räumlich weiter entfernten Hämgruppen beeinflußt werden. Die Kontaktregionen ermöglichen weiterhin das Aufeinandergleiten der beiden Dimere ($\alpha_1\beta_1$; $\alpha_2\beta_2$) im Verlaufe des Sauerstoff-Austauschprozesses. Dieser allosterische Effekt erklärt den sigmoidalen Verlauf der O_2-Bindungskurve [239, 240].

Große Ähnlichkeit mit der Tertiärstruktur der Polypeptidketten des Hämoglobins und Myoglobins zeigt die von HUBER et al. [241] aufgeklärte Tertiärstruktur des aus den Larven der Mückenart *Chryronomus* isolierten *Erythrocruorins*. Durch das hohe Sauerstoffspeicherungsvermögen dieses Hämoproteins können sich die Mückenlarven auch in sauerstoffärmeren Gewässern aufhalten.

3.8.2.3. Metallproteine

Eine Reihe von Proteinen ist durch das spezifische Bindungsvermögen von Metallionen charakterisiert. Man findet die Metallionen vor allem als funktionellen Bestandteil von Enzymen, Kupferionen z. B. in der Gruppe der Oxidoreduktasen (Phenoloxidasen, Cytochromoxidase, Ascorbinsäureoxidase u. a.) und Manganionen z. B. in der Arginase und in Phosphotransferasen.

Von besonderem Interesse sind die Eisen- und Molybdänionen enthaltenden Proteinkomponenten der *Nitrogenase*, dem Multienzymkomplex der zur Luftstickstoffbindung befähigten Mikroorganismen. Als Beispiel für Zinkionen enthaltende Enzyme sei die Carboanhydrase geannt.

Typische Eisen-Depotproteine des Säugetierorganismus sind das *Ferritin* und das *Hämosiderin*, die zusammen ein Viertel des Gesamteisengehaltes ausmachen. Das eisenfreie Apoferritin ist schalenförmig aufgebaut und besteht aus 24 Untereinheiten (Molekulargewicht 445000). Das Eisen des Ferritins liegt in Form von Eisen-Hydroxid-Oxid-Mizellen vor, wobei bis zu 4300 Fe(III)-Atome pro Molekül enthalten sein können. Durch das Ferritin wird überschüssiges Eisen in verschiedenen Organen (Leber, Milz, Knochenmark) intrazellulär gespeichert und bei Bedarf unter Mitwirkung von NADH-abhängiger Ferriductase mobilisiert.

Das dem Ferritin funktionell sehr ähnliche Hämosiderin bildet sich insbesondere bei bestimmten Erkrankungen (perniziöse Anämie, Hämochromatose) und wird vor allem in der Leber und Milz abgelagert. Der Eisen(III)gehalt des Hämosiderins der Pferdemilz z. B. kann bis zu 34% betragen.

Als wichtige Metalltransportproteine fungieren die *Siderophiline* und das *Coeruloplasmin*.

Bei den ersteren handelt es sich um hämfreie eisenbindende Glycoproteine (Serum-Transferrin, Lactoferrin, Conalbumin), die vorwiegend Transportfunktionen und bakteriostatische Wirkungen ausüben. Das *Transferrin* gehört zu den β-Globulinen des Blutplasmas und ist für den Transport der mit der Nahrung aufgenommenen Fe(III)-Ionen zu den Eisenspeicherorganen verantwortlich. Sowohl Transport- als auch Speicherfunktionen kommen dem blaugefärbten *Coeruloplasmin* zu. Es ist ein aus 4 Ketten bestehendes $\alpha_2\beta_2$-Glycoprotein mit 8 Cu(II)-Ionen je Molekül. Das im Säugetierplasma auftretende Protein hat ein Molekulargewicht von etwa 140000 und einen Kohlenhydratanteil von 16%.

3.8.3. Strukturproteine

Unter dem Namen Strukturproteine werden diejenigen fibrillären Proteine zusammengefaßt, die typische Stütz- und Gerüstfunktionen im tierischen Organismus ausüben. Sie haben eine charakteristische Aminosäurezusammensetzung, sind wasserunlöslich und werden nicht von proteolytischen Enzymen angegriffen. Wegen der schlechten Verdaulichkeit und des Mindergehalts an essentiellen Aminosäuren sind sie als Nahrungsproteine ungeeignet.

Von der Kettenkonformation her unterscheidet man bei den Strukturproteinen den *α-Helix-Typ*, den Typ der *β-Faltblattstruktur* und den *Tripelhelix-Typ*. Die wichtigsten Vertreter dieser Typen sind die Keratine, die Seidenproteine und die Kollagene. Bei einer Reihe weiterer Strukturproteine werden spezifische physikalische Eigenschaften durch dreidimensionale Kettenvernetzung über kovalente Brücken („cross links") erreicht. *Resilin*, die in die Chitinlamellen und Flügelgelenke von Insekten eingelagerte Proteinkomponente z. B. verleiht dem Außenskelett eine spezifische Biegsamkeit. Die Quervernetzung der Ketten erfolgt über drei Tyrosin-Reste. Beim *Elastin*, dem Strukturprotein der „elastischen" Faserkomponente von Sehnen, Bändern und Gefäßen, ist der hohe Gehalt an hydrophoben Aminosäuren (Valin-, Leucin- und Isoleucingehalt = 27%) charakteristisch. Festigkeit und Elastizität sind hier auf die Quervernetzung durch die Pyridinaminosäure *Desmosin* zurückzuführen.

$$\text{CH}_2\text{-(CH}_2\text{)}_3\text{-CH(NH}_2\text{)-COOH} \qquad R = -\text{CH}_2(\text{CH}_2)_n-\text{CH-(NH}_2)-\text{COOH}$$

$$R_1 : n=1 \, , \, R_2 : n=2$$

Die Vernetzung erfolgt nach der Proteinbiosynthese unter Beteiligung der Aminosäureseitenketten von L-Lysin. Mit dem *Isodesmosin* (der Rest R_2 ist hier nicht in 4- sondern in 2-Position des Pyridinringes) wurde eine weitere „Vernetzer"-aminosäure im Säurehydrolysat des Elastins entdeckt.

3.8.3.1. Keratine [242]

Das Keratin der Wolle und Haare enthält als Grundstruktur α-helicale Polypeptidketten, die durch Wasserstoffbrückenbindung und interhelicale Disulfidbrücken stabilisiert sind. Die Aminosäurezusammensetzung dieser *α-Keratine* weist einen hohen Gehalt an Cystein (11%) und hydrophoben Aminosäuren auf.

Je drei der rechtsgängigen α-Helices sind strangförmig umeinander gewunden und bilden *Protofibrillen* mit einem Durchmesser von 2 nm. Durch die Verdrillung wird die Identitätsperiode der normalen α-Helix von 0,54 nm auf 0,51 nm verkürzt. Aufgrund elektronenmikroskopischer Untersuchungen konnte gezeigt werden, daß je neun dieser Protofibrillen zwei weitere kreisförmig umhüllen und dabei kabelähnliche *Mikrofibrillen* ausbilden, die einen Durchmesser von 8 nm haben. Mehrere Hundert Mikrofibrillen wiederum bilden — zur mechanischen Verfestigung in eine cysteinreiche Proteinmatrix eingebettet — sogenannte *Makrofibrillen* mit einem Durchmesser von 200 nm. Die Makrofibrillen liegen parallel zur Faserachse in den abgestorbenen Zellen der *Wollfaser*, die in ihrer Endstruktur einen Durchmesser von 20000 nm erreicht.

Hervorragende Eigenschaften der Wollfaser sind ihre Dehnbarkeit und Elastizität. Bei starker Dehnung werden die α-Helices durch die Lösung von Wasserstoffbrücken auf fast das Doppelte der ursprünglichen Länge gestreckt. Die Elastizität beruht auf der Quervernetzung der Helices durch Disulfidbrücken.

Im Gegensatz zur Wollfaser sind die Faserproteine der Naturseide nur gering dehnbar. Die Polypeptidketten des *Seidenfibroins* enthalten Glycin, Alanin und Serin als Hauptaminosäuren (etwa 87%). Alle anderen Aminosäuren sind nur in geringer Konzentration vorhanden, Cystein und Methionin fehlen vollständig. Das Seidenfibroin ist ein Vertreter der *β-Keratine*. In den antiparallel zueinander verlaufenden, gestreckten Polypeptidketten herrscht die sich wiederholende Sequenz -Gly-Ser-Gly-Ala-Gly-Ala- vor. Die Ketten selbst sind über optimale Wasserstoffbrücken zwischen CO- und NH-Gruppen zur β-Faltblattstruktur („antiparallel pleated sheet") stabilisiert. Dabei ragen die Glycin-Reste nach der einen Seite, die Serin- und Alanin-Reste nach der anderen Seite des Faltblatts heraus. Der Abstand zwischen den Faltblättern beträgt abwechselnd 0,35 und 0,57 nm.

Durch Zusammenlagerung der Polypeptidkettenpaare kommt es zur Ausbildung räumlich ausgedehnter Proteinkomplexe, die durch *Sericin*, ein zweites, jedoch wasserlösliches Seidenprotein, gefestigt werden. Die charakteristischen Eigenschaften der Seidenfaser — geringe Dehnbarkeit und große Geschmeidigkeit — beruhen auf den starken Kovalenzbindungen der gestreckten Peptidkette und den schwachen VAN DER WAALS-Bindungen zwischen den Faltblättern.

3.8.3.2. Kollagene [243—247]

Kollagene sind die mit 25 bis 30% am häufigsten auftretenden Proteine des tierischen Organismus. Sie sind u. a. Bestandteile von Sehnen, Häuten, Knorpeln, Schuppen, Gefäßwänden und Bindegeweben. Ihr Prolin- und Hydroxyprolingehalt ist mit 12 bzw. 9% außergewöhnlich hoch. Hauptaminosäuren sind Glycin mit 35% und Alanin mit 11%. Cystein und Methionin sind nur im Kollagen von Invertebraten enthalten. Bemerkenswert sind weiterhin der Gehalt an Hydroxylysin und 1 bis 2% Kohlenhydraten.

Grundstruktur des Kollagens sind stäbchenförmige *Tropokollagen*-Moleküle vom Molekulargewicht 300000, einer Länge von 3000 nm und einem Durchmesser von 1,5 nm. Tropokollagen ist aus drei annähernd gleich großen Polypeptidketten aufgebaut, von den gewöhnlich zwei identisch sind und α_1-Ketten genannt werden (Knorpelkollagen enthält drei identische α_1-Ketten, die Ketten des Kollagens der Thunfischhaut sind alle voneinander verschieden). Die Sequenzanalyse ergab, daß die α_1-Kette aus 1012 Aminosäure-Resten besteht mit einem Molekulargewicht von etwa 100000. Die Ketten des Tropokollagens liegen in Form linksgängiger, gestreckter Helices vor, wobei je drei Aminosäure-Reste auf eine Windung entfallen und eine Identitätsperiode von 0,86 nm vorliegt.

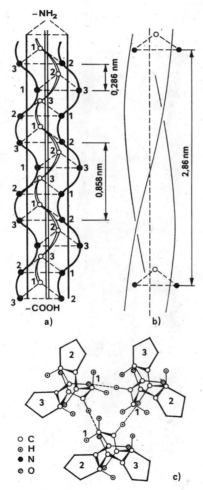

Abb. 3—43. Struktur des Kollagens nach RICH und CRICK

Aufgrund der die Struktur bestimmenden Sequenzen (Gly-X-Pro)$_n$, (Gly-X--Hypro)$_n$ und (Gly-Pro-Hypro)$_n$ erfolgt die Verdrillung der Einzelketten zu einer rechtsgängigen *Super-* oder *Tripelhelix*. Die Helixstruktur wird hier durch Wasserstoffbrücken zwischen den Peptidbindungen der einzelnen Ketten stabilisiert. Sie kann relativ leicht, z. B. durch Erhitzen der wäßrigen Lösung, zerstört werden. Die erkaltete Lösung erstarrt gelartig zu Gelatine, aus der die α_1-Ketten isoliert werden können.

Die Protokollagen-Grundeinheiten lagern sich zu Fibrillen zusammen mit einem Durchmesser bis zu 500 nm. Innerhalb dieser Fibrillen sind die zueinander parallelen Einzelmoleküle um $^1/_4$ ihrer Länge gegeneinander versetzt, wodurch

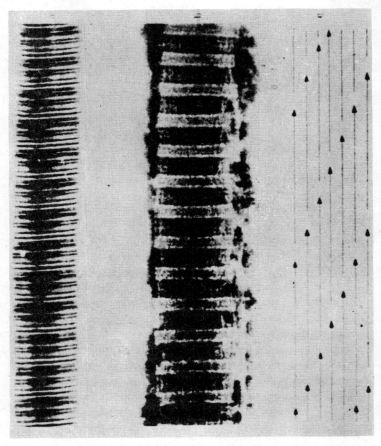

Abb. 3—44. Elektronenmikroskopische Aufnahme von Kollagenfibrillen nach KÜHN [248]

das typische *Querstreifenmuster* der Kollagenfibrille zustandekommt. Der Abstand der Streifen liegt je nach Kollagentyp zwischen 60 und 70 nm.
Die Fibrillen können nach Anfärbung mit Schwermetallsalzen elektronenmikroskopisch oder durch Röntgenkleinwinkelstreuung sichtbar gemacht werden. Durch Reaktion mit Phosphorwolframsäure, Uranyl- oder Chrom(III)-salzen werden die polaren Bereiche benachbarter Kollagengrundeinheiten multivalent miteinander vernetzt.
Bei der Biosynthese des Kollagens in den Fibroblasten wird zunächst das wasserlösliche, hydroxyprolin- und hydroxylysinfreie Protokollagen gebildet. Die beiden Hydroxyaminosäuren werden nachträglich durch spezifische Protokollagen-Hydroxylasen in das Proteinmolekül eingebaut. Nach spontaner Ausbildung der Tripelhelixstruktur wird über die OH-Gruppen des Hydroxylysins die Kohlenhydratkomponente (Galactose, Glucose) eingebaut. Die Endformation der Kollagenfibrille findet nach Sezernierung der Vorstufe in den Extrazellulärraum statt.

3.8.4. Proteine mit Schutzfunktionen

3.8.4.1. Immunoglobuline

Beim Eindringen artfremder Proteine oder anderer antigener Komponenten, wie z. B. spezifische makromolekulare Kohlenhydrate, wird im tierischen Organismus u. a. ein Schutzmechanismus wirksam, der als *Antigen-Antikörper-Reaktion* (Immunantwort) bezeichnet wird. Im Verlaufe der Abwehrreaktion wird die Biosynthese spezifischer Proteine, der sogenannten *Antikörper*, induziert, die sich über hochspezifische Rezeptoren mit dem Antigen zu unlöslichen Antigen-Antikörper-Komplexen vereinigen und das eingedrungene Antigen damit unschädlich machen [249—252].

Die Antigen-Antikörper-Reaktion wurde insbesondere an den im Blutplasma gebildeten Antikörper, den *Immunoglobulinen* näher untersucht. Diese „Schutzproteine" finden sich in der γ-Globulinfraktion des Serums. Es handelt sich um Glycoproteine mit unterschiedlichen Molekulargewichten, unterschiedlichem Gehalt an Kohlenhydraten, die sich durch Immunoelektrophorese weitestgehend auftrennen lassen und in fünf Hauptgruppen eingeteilt werden.

Prinzipiell ist jedes Immunoglobulin aus je zwei leichten und zwei schweren Polypeptidketten aufgebaut, die jeweils durch 2 Disulfidbindungen miteinander verknüpft sind.

Die früher als *leichte Antikörper* bezeichneten *IgG-Globuline* (γ_{7S}) haben ein Molekulargewicht von 155 000 (Sedimentationskonstante S = 7). Sie lassen sich durch Papain-Proteolyse und anschließende Reduktion in je zwei Polypeptid-

Tabelle 3—11
Einteilung der menschlichen Immunglobuline (Ig) [253]

	IgG	IgM	IgA (Serum)	IgA (Sekrete)	IgD	IgE
Sedimentations-konstante	6,5 ··· 7 S	19 S	7 S	11 S	6,8 ··· 7,9 S	8,2 S
Mg, davon L-Kette stets 23000	155000	940000 (Pentamer)	170000	380000 (Dimer)	185000	196000
H-Kettentyp und MG	$\gamma 1 \cdots \gamma 4$ 50000 bis 60000	μ 71000	α 64000		δ 60000 bis 70000	ε 75500
Kettenformel ($L = \varkappa$ oder λ)	$L_2\gamma_2$	$(L_2\mu_2)_5$	$L_2\alpha_2$	$(L_2\alpha_2)_2$	$L_2\delta_2$	$L_2\varepsilon_2$
Kohlenhydrat	2 ··· 3 %	10 ··· 12 %	8 ··· 10 %		12,7 %	10 ··· 12 %
Anteil an den Serum-Ig	70 ··· 75 %	7 ··· 10 %	10 ··· 22 %		0,03 ··· 1 %	0,05 %
Serumkonzentration mg/100 ml	1300 (800 ··· 1800)	140 (60 ··· 280)	210 (100 ··· 450)		3 (1 ··· 40)	0,03 (0,01 bis 0,14)
Valenz der Bindung	2	5 (10)	1	2	?	2
biologische Halbwertszeit (Tage)	8 (IgG 3) bzw. 21	5,1	5,8		2,8	2 ··· 3
Komplement-bindung	ja	ja	nein		nein	nein

ketten [λ-Ketten, früher: L-Ketten (L = light)] mit Molekulargewichten von 23 000 und je zwei Polypeptidketten [γ-Ketten, früher: H-Ketten (H = heavy)] mit Molekulargewichten zwischen 50 000 und 60 000 aufspalten. Die Spaltung ist reversibel, da sich nach Trennung der λ- und γ-Ketten diese wieder zum intakten, immunologisch aktiven Molekül $\gamma_2\lambda_2$ zusammenlagern. Die Spezifität der IgG-Moleküle wird durch charakteristische Aminosäuresequenzen im N-terminalen Bereich der Polypeptidketten bis zum Aminosäure-Rest 107 erreicht (variable V-Region). Auf der C-terminalen Kettenseite befinden sich im wesentlichen konstante Sequenzbereiche (konstante C-Region).

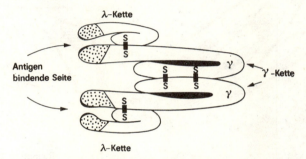

Abb. 3—45. Struktur des Immunoglobulins IgG

Die Primärstruktur einer Anzahl von Immunglobulinen des IgG- und IgM-Typs sowie die einiger BENCE-JONES-*Proteine*, das sind Immunoglobuline des L-Ketten-Typs, die bei bestimmten Erkrankungen (z. B. bei multiplem Myelom) im Urin auftreten, ist bekannt. Die in Lösung als Dimere vorliegenden BENCE-JONES-Proteine enthalten 214 Aminosäuren. Es fehlen die Aminosäure Methionin und Helixstrukturen. Einen Einblick in die Tertiärstruktur der Antikörper eröffneten EDMUNSON und HILSCHMANN [254] mit der 0,35 nm Röntgenkristallstrukturanalyse eines BENCE-JONES-Proteins (Abb. 3—46). Man erkennt die beiden Domänen mit dem variablen Teil V (insgesamt 111 Aminosäure-Reste) und dem konstanten Teil C (insgesamt 105 Aminosäure-Reste). Die Domänen enthalten je zwei Lagen antiparalleler Kettenabschnitte, die β-Strukturen darstellen und durch Pfeile gekennzeichnet sind. Beide Domänen werden durch eine Disulfidbrücke (schwarz eingezeichnet) zusätzlich stabilisiert und sind miteinander durch eine gedehnte Kettenstruktur (Schaltregion, „switch region") verbunden.

Über die molekularen Grundlagen der Antikörperbildung bestehen noch keine einheitlichen Vorstellungen. Nach der Matrizen-Theorie von PAULING kann die antikörperbildende Zelle eine unbegrenzte Anzahl von Antikörper-Strukturen erzeugen, nach der Klonauswahltheorie von BURNET ist die genetische Information für die Struktur und Anzahl der Antikörpermoleküle in der DNS enthalten.

Über neuere Ergebnisse der strukturellen Grundlagen der Antikörperbildung und -wirkung berichtete KABAT [255].

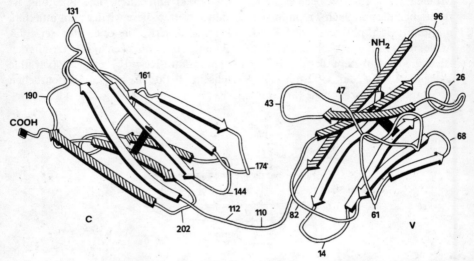

Abb. 3—46. Schematische Darstellung der Kettenkonformation eines BENCE-JONES Proteins vom L-Typ (0,35 nm Auflösung)

3.8.4.2. Fibrinogen-Fibrin

Eine besonders wichtige Schutzfunktion üben Proteine beim Blutgerinnungsprozeß des Wirbeltierorganismus aus. Im letzten Schritt dieses bei Gefäßverletzungen einsetzenden komplizierten Prozesses, bei dem insgesamt 12 Faktoren — darunter 11 Proteine — mitwirken, wird das in der Leber synthetisierte, lösliche Plasmaprotein *Fibrinogen* in das unlösliche, den Wundverschluß bewirkende *Fibrin* übergeführt.

Das Fibrinogen ist einer Konzentration von 200—300 mg/100 ml im menschlichen Plasma enthalten und macht etwa 3—4% der Gesamtmenge des Plasmas aus. Am Aufbau des Moleküls, das aus zwei identischen Untereinheiten besteht, sind drei Polypeptidkettenpaare ($\alpha_2\beta_2\gamma_2$) beteiligt, die parallel nebeneinander liegen und im Bereich der N-terminalen Kettenenden durch mehrere Disulfidbrücken miteinander verbunden sind. Die Einzelketten sind unterschiedlich groß, das Molekulargewicht der α-Kette beträgt 67000, das der β-Kette 56000 und das der γ-Kette 47000. Das Fibrinogen selbst hat ein Molekulargewicht von 340000; der durch Röntgenkleinwinkelstreuung in Lösung ermittelte Wert liegt bei

335000 ± 25000. Für die Raumstruktur wird eine langgestreckte, wurstförmige Gestalt mit einer Länge von 45 nm und einem Durchmesser von 9 nm angenommen. Das große Volumen ergibt eine für Proteine ungewöhnlich hohe Hydratation von ca. 5 g Wasser/g Fibrinogen.

Die Umwandlung des Fibrinogens in Fibrin erfolgt unter dem Einfluß der Protease Thrombin in Gegenwart von Calciumionen nach folgendem Reaktionsschema:

$$[(A)\alpha\text{-}(B)\beta\text{-}\gamma]_2 \xrightarrow{\text{Thrombin}} (\alpha\text{-}\beta\text{-}\gamma)_2 + 2A + 2B$$
Fibrinogen Fibrinmonomer Fibrinopeptide

$$n(\alpha\text{-}\beta\text{-}\gamma)_2 \xrightleftharpoons{\text{Thrombin}} [(\alpha\text{-}\beta\text{-}\gamma)_2]_n$$

$$[(\alpha\text{-}\beta\text{-}\gamma)_2]_n \xrightarrow{\text{Faktor XIII}} \text{Fibrinnetz}$$
Fibrinpolymer

Zunächst werden nacheinander die sogenannten Fibrinopeptide A und B vom N-terminalen Ende der α- und β-Ketten abgespalten, wobei die Spaltung stets an einer Arg—Gly-Bindung erfolgt.

Human-Fibrinopeptid A hat die Sequenz Ala-Asp-Ser-Gly-Glu-Gly-Asp-Phe--Leu-Ala-Glu-Gly-Gly-Gly-Val-Arg, *Human-Fibrinopeptid B* die Sequenz Pyr--Glu-Gly-Val-Asn-Asp-Glu-Glu-Gly-Phe-Phe-Ser-Ala-Arg. Die physiologische Funktion der Fibrinopeptide besteht u. a. in einer temporären Bindung der Blutgerinnungsfaktoren am Wirkort.

Das bei der Spaltung gebildete monomere Fibrin aggregiert zu Faserbündeln, die nach paralleler Anordnung in ein lockeres, durch Wasserstoffbrückenbindungen stabilisiertes Fibringerinnsel übergehen. Unter dem Einfluß des Blutgerinnungsfaktors XIII, einer aus einem vierkettigen α_2-Globulin des Molekulargewichtes 350000 gebildeten Transpeptidase, erfolgt die kovalente Quervernetzung des Fibringerinnsels durch die Knüpfung von Isopeptidbindungen zwischen den γ-Carboxygruppen von Glutaminsäure- und den ε-Aminogruppen von Lysin-Resten. Das gebildete Fibrinpolymer ist in Wasser und 8 M Harnstofflösung unlöslich. Eine Wiederauflösung des Fibringerinnsels bewirkt *Plasmin* (Fibrinolysin), das als trypsinähnliche Carboxypeptidase Fibrin proteolytisch zu löslichen Spaltprodukten abbaut. Das Plasmin selbst wird durch spezifische Aktivatoren wie z. B. durch die *Urokinase* der Niere (Molekulargewicht 53000) oder durch die *Streptokinase* (Molekulargewicht 47000, aus β-hämolytischen Streptokokken) aus der inaktiven Vorstufe Plasminogen freigesetzt.

3.8.4.3. Lektine

Lektine (lat.: legere = auswählen) sind Glycoproteine, vereinzelt auch kohlenhydratfreie Proteine, vor allem pflanzlichen Ursprungs, die sich durch ein spezifisches Bindungsvermögen für Kohlenhydrate und kohlenhydrathaltige

Zelloberflächen auszeichnen. Wegen ihrer Fähigkeit Erythrocyten und andere Zellstrukturen zu agglutinieren, werden sie auch *Phytohämagglutinine* genannt. Die Proteinkomponente besteht gewöhnlich aus mehreren Untereinheiten. Charakteristisch für die Aminosäurezusammensetzung ist das Fehlen schwefelhaltiger Aminosäuren und das verstärkte Auftreten von Serin und Threonin. Über die beiden Hydroxyaminosäuren erfolgt die Bindung der Kohlenhydratkomponente, die im Durchschnitt 5% ausmacht und sich im wesentlichen auf die Monosaccharide Galactose, Mannose, Fucose und N-Acetylglucosamin beschränkt.

Die molekularen Wechselwirkungen zwischen den Lektinen und den Fremdkohlenhydraten sind mit der Antigen-Antikörper-Reaktion des menschlichen und tierischen Organismus vergleichbar. Die Spezifität der Lektine ist jedoch breiter und, was ein wichtiger Unterschied ist, sie sind von Anfang an in der betreffenden Pflanze enthalten; ihre Bildung wird nicht erst durch Kontakt mit dem Zuckerrest induziert.

Die biologischen Funktionen der Lektine sind vielgestaltig und nicht in allen Einzelheiten geklärt. Ihre protektive Wirkung besteht bei den Samenlektinen im partiellen Schutz gegen Insektenfraß. N-Acetylglucosamin-bindende Lektine stören die Chitinbildung bei der Zellwandsynthese von Pilzen und schützen die Pflanze so vor Infektionen.

In Nachtschattengewächsen bewirken Lektine die Fixierung von Bakterien an die Zellwände der infizierten Pflanzen, wie am Beispiel der Infektion von Tabakblättern mit apathogenen Stämmen des Bakteriums *Pseudomonas solanacearum* nachgewiesen werden konnte. Die gleichen Bakterien werden durch das Lektin der Kartoffel agglutiniert. Dieses Lektin hat ein Molekulargewicht von 92 000, besteht aus zwei Untereinheiten und zeigt ein spezifisches Bindungsvermögen für N-Acetylglucosamin-Reste. Ungewöhnlich ist der hohe Kohlenhydratanteil von 50% und das Auftreten von Hydroxyprolin.

Zahlreiche Vertreter der Lektine finden sich in Pflanzen der Familie der Hülsenfrüchte. Die Funktion dieser Leguminosen Lektine besteht im Erkennen und Fixieren der luftstickstoffbindenden, symbiontischen Bakterienstämme. Das bekannte *Concanavalin A* (Con A) der Jackbohne wurde bereits 1919 von SUMNER kristallin erhalten. Es besteht aus 4 Untereinheiten mit je 238 Aminosäuren (Molekulargewicht 110000) und enthält je Untereinheit ein Calcium- und ein Manganion. Die Metallionen sind sowohl für das Zuckerbindungsvermögen als auch für die Stabilisierung der Proteinraumstruktur essentiell. Das *Vicilin* der Bohne *Phaseolus aureus Roxb.* ist ein Glycoprotein mit 0,2% Glucosamin und 1% Mannose. Jede der vier Untereinheiten enthält eine Kohlenhydratseitenkette mit 13 Zuckerresten.

Von medizinischer Bedeutung ist die Verwendung von Lektinen zur Blutgruppenbestimmung, was auf ihrem „Auswahlvermögen" für Erythrocyten des ABO- bzw. MN-Systems beruht. Das Lektin der Helmbohne *Dolichos biflorus*

z. B. bindet spezifisch das N-Acetylgalactosamin des A_1-Blutgruppenrezeptors. Die bevorzugte Agglutination maligner Zellen gegenüber gesunden Zellen wird zum Nachweis krebsartiger Transformation in Zellkulturen herangezogen. So wird das kohlenhydratfreie Erdnuß-Lektin (Peanut-Agglutinin, Molekulargewicht 120 000, 4 Untereinheiten) von Mammacarcinomzellen besser gebunden als von den entsprechenden Normalzellen.

3.8.4.4. Gefrierschutzproteine

Gefrierschutzproteine (Antifreeze glycoprotein, AFGP) ist die Bezeichnung für eine Reihe engverwandter Glycoproteine, die im Blutserum antarktischer Fische auftreten und gemeinsam mit Salzen (vor allem Natriumchlorid) den Gefrierpunkt des Serums herabsetzen. Durch die Wirkung der AFGP wird das Erstarren des Blutserums verhindert und ein Daueraufenthalt bei Wassertemperaturen bis −1,85 °C ermöglicht. Gegenüber reinem Wasser beträgt die Gefrierpunkterniedrigung der AFGP 0,8 °C.

Die AFGP-aktive Fraktion der durch Elektrophorese getrennten Serumglycoproteine umfaßt 5 Komponenten des Molekulargewichtsbereiches 11 000—32 000. Alle Komponenten enthalten lediglich Alanin und Threonin als Aminosäurebausteine, die Struktur der Kohlenhydratkomponente entspricht einem Disaccharid-Derivat aus D-Galactosyl-D-N-acetylgalactosamin-Resten.

Die Sequenzanalyse ergab das Vorliegen der sich wiederholenden Struktureinheit -Ala-Ala-Thr— mit zwei zusätzlichen Alanin-Resten am C-terminalen Kettenende. Für die Polypeptidketten wird eine flexible, gestreckte Struktur angenommen, die nicht ideale, nicht reguläre Lösungen in Wasser bildet und damit das normale Wachstum von Eiskristallen stört. Die hydrophile Seite der Glycoprotein-Moleküle bildet spezifische Wasserstoffbrücken, die vor allem von den Zuckerhydroxygruppen ausgehen.

Neben den aktiven AFGP sind drei kleinere, inaktive Glycoproteine (Molekulargewicht 2700—7800) im Serum enthalten, bei denen zusätzlich zu je zwei Threonin-Resten ein Prolin-Rest im Molekül auftritt. Ihre Konzentration im Fischblut beträgt 10—15 mg/ml bei einem totalen Glycoproteingehalt von 25 mg/ml. Ihre Funktion scheint in der Stimulierung der Antifrier-Aktivität der prolinfreien AFGP zu bestehen.

3.8.4.5. Interferone

Interferone sind Glykoproteine, die aus einer Proteinkomponente mit etwa 160 Aminosäurebausteinen und einer spezifischen Kohlenhydratkomponente bestehen. Sie werden in animalen Zellen nach Anregung durch exogene Stimulis synthetisiert und zeichnen sich durch antivirale, immun- und zellregulatorische sowie durch spezifische antitumorale Wirkung aus. Optimale Effekte werden in homologen oder nahe verwandten Systemen erzielt, so daß Humaninterferone für den Menschen am wirksamsten sind.

Von besonderer Bedeutung ist die antivirale Wirkung der Interferone, die bei Mensch und Tier den Hauptabwehrmechanismus gegen zahlreiche Viruserreger darstellt. Nach dem Eindringen der Viren in die Zelle werden die im Normalzustand reprimierten zelleigenen Interferongene aktiviert. Es folgen Informationsübertragung auf eine mRNS und die Einleitung der ribosomalen Proteinbiosynthese im Zytoplasma. Nach Abschluß der Synthese wird die Kohlenhydratkomponente angeknüpft und das komplette Interferonmolekül sekretiert. Durch Wechselwirkung mit einem spezifischen Rezeptor an der Zelloberfläche induziert das Interferon die intrazelluläre Bildung von Enzymen, die ein Kopieren der Virusinformation verhindern, d. h. die Infektkette wird durch Blockierung der Virusproteinsynthese unterbrochen.

Im Gegensatz zu den Antikörpern, die in der Antigen-Antikörper-Reaktion eingedrungene Fremdmoleküle durch Direktkontakt neutralisieren und oftmals über Jahre im extrazellulären Raum auftreten, sind die Interferone nur für wenige Stunden wirksam. Inwieweit beide Abwehrsysteme miteinander kooperieren ist gegenwärtig nicht zu übersehen.

Zu den weiteren Wirkungen der Interferone gehören die günstige Beeinflussung von Immunreaktionen des Körpers z. B. bei Infektionen und Organtransplantationen, die Aktivierung spezifischer Immunzellen, die wie z. B. die sogenannten „natural killer cells" in der Lage sind, virusinfizierte bzw. Tumorzellen abzutöten sowie die Hemmwirkung gegenüber sich sehr schnell teilenden Zellen z. B. von Tumorzellen.

Klinische Erfolge wurden mit Interferonen bei der Behandlung von Viruserkrankungen wie z. B. Herpes zoster und chronischer Hepatitis erzielt. Der Einsatz in der Krebstherapie wird noch zurückhaltend beurteilt. Zum Erfolg führte hier u. a. die postoperative Behandlung von Osteosarkom-Patienten.

Zur Gewinnung von Humaninterferon (HIF) werden Leukozyten (LeHIF), Fibroblasten (FHIF) und Lymphoblasten (LyHIF) als Zellinien genutzt, die durch Virusinfektion oder durch Interferoninduktoren wie Poly(I:C), DEAE-Dextran und cGMP-Ascorbinsäure zur Synthese und Ausscheidung der Interferone angeregt werden. Da die hierbei erzielten Ausbeuten außerordentlich gering sind, wird einer Gewinnung durch gentechnologische Verfahren besondere Aufmerksamkeit geschenkt. Im Primärschritt kann hier jedoch nur die reine Proteinkomponente, das Interferoid, gebildet werden.

Je nach Herkunft unterscheiden sich die Interferone in ihrer Aminosäuresequenz, im Gehalt an Zuckerresten, im Molekulargewicht, in der Antigenspezifität und im pharmakokinetischen Verhalten.

Vom Human-Fibroblasten-Interferon, dessen Molekulargewicht etwa 20000 beträgt, ist inzwischen die vollständige Aminosäuresequenz der Proteinkomponente bekannt geworden. Die Strukturaufklärung erfolgte durch eine belgische [256] und eine japanische Arbeitsgruppe [257, 258], die beide von Human-Fibroblasten-mRNS ausgingen und aus deren Nucleotidsequenz die zugehörige Aminosäuresequenz ableiteten:

```
                        10
Met-Ser-Tyr-Asn-Leu-Leu-Gly-Phe-Leu-Gln-Arg-Ser-Ser-Asn-Phe-
         20                              30
Gln-Cys-Gln-Lys-Leu-Leu-Trp-Gln-Leu-Asn-Gly-Arg-Leu-Glu-Tyr
                        40
Cys-Leu-Lys-Asp-Arg-Met-Asn-Phe-Asp-Ile-Pro-Glu-Glu-Ile-Lys-
         50                              60
Gln-Leu-Gln-Gln-Phe-Gln-Lys-Glu-Asp-Ala-Ala-Leu-Thr-Ile-Tyr-
                        70
Glu-Met-Leu-Gln-Asn-Ile-Phe-Ala-Ile-Phe-Arg-Gln-Asp-Ser-Ser-
         80                              90
Ser-Thr-Gly-Trp-Asn-Glu-Thr-Ile-Val-Glu-Asn-Leu-Leu-Ala-Asn-
                        100
Val-Tyr-His-Gln-Ile-Asn-His-Leu-Lys-Thr-Val-Leu-Glu-Glu-Lys-
         110                             120
Leu-Glu-Lys-Glu-Asp-Phe-Thr-Arg-Gly-Lys-Leu-Met-Ser-Ser-Leu-
                        130
His-Leu-Lys-Arg-Tyr-Tyr-Gly-Arg-Ile-Leu-His-Tyr-Leu-Lys-Ala-
         140                             150
Lys-Glu-Tyr-Ser-His-Cys-Ala-Trp-Thr-Ile-Val-Arg-Val-Glu-Ile-
                        160              166
Leu-Arg-Asn-Phe-Tyr-Phe-Ile-Asn-Arg-Leu-Thr-Gly-Tyr-Leu-Arg-Asn
```

Auffallend ist der hohe Gehalt an den hydrophoben Aminosäuren Leucin/Isoleucin und an Thyrosin sowie der mit einem Rest sehr niedrige Prolingehalt.

Die Bindung des Kohlenhydratanteils erfolgt möglicherweise N-glykosidisch über den Asparagin-Rest 80 oder O-glykosidisch über die Serin- bzw. Threonin-Reste.

Der Interferonaminosäuresequenz ist eine für sekretorische Polypeptide typische Signalsequenz vorgeschaltet, die während oder unmittelbar nach der Membranpassage selektiv abgespalten wird. Die Aminosäurefolge des Signalpeptids lautet:

Met-Thr-Asn-Lys-Cys-Leu-Leu-Gln-Ile-Ala-Leu-Leu-Leu-Cys-Phe-Ser-Thr-Thr-Ala-Leu-Ser

Literatur

[1] „Advances in Protein Chemistry" (1944—1978, Bd. 1—32) Academic Press, New York
[2] NEURATH, H. (1963—1970). „The Proteins-Composition, Structure and Function", Bd. 1—5, Academic Press, New York, London
[3] LÜBKE, K., SCHRÖDER, E. u. KLOSS, G. (1975). „Chemie und Biochemie der Aminosäuren, Peptide und Proteine", Georg Thieme-Verlag, Stuttgart
[4] DICKERSON, R. E. u. GEIS, I. (1975). „Struktur und Funktion der Proteine", Verlag Chemie, Weinheim
[5] LEACH, S. J. (Hrsg.) (1970). „Physical Principles and Techniques of Protein Chemistry", Part B, Academic Press, New York
[6] FASOLD, H. (1972). „Die Struktur der Proteine", Verlag Chemie, Weinheim
[7] LEGGET-BAILEY, J. (1969). „Techniques in Protein Chemistry", Elsevier, Amsterdam
[8] HOFFMANN, S. (1978). „Molekulare Matrizen, Bd. II: „Proteine", Akademie-Verlag, Berlin
[9] HAUROWITZ, F. (1963). „The Chemistry and Function of Proteins", Academic Press, New York
[10] PRÄVE, P. u. FAUST, U. (1978). Chemistry in Britain **14**, 552
[11] CRAHMER, R. (1972). Wiss. Fortschr. **22**, 368
[12] MÜLLER, H. G. u. RUCKPAUL, K. (1972). Wiss. Fortschr. **22**, 227
[13] VOSS, G. (1973). Erdöl-Kohle-Erdgas-Petrochemie m. Brennstoffchemie **26**, 249
[14] BAUCH, J., KOSLOWA, L. J., SOBEK, K., TRIENS, K., MESCHTSCHANKIN, G. I. u. ROJ, M. I. (1978). Chem. Techn. **30**, 284
[15] MACLAREN, D. D. (1975). Fod prod. Dev. **9**, 26
[16] FAUST, U., SUKATSCH, D. A. u. PRÄVE, P. (1977). J. Ferment. Technol. **55**, 6
[17] HOFMEISTER, F. (1902). Naturw. Rundsch. **17**, 529; 545
[18] FISCHER, E. (1902). Chem. Ztg. **26**, 935
[19] FISCHER, E. (1907). Ber. dtsch. chem. Ges. **40**, 1754
[20] RYLE, A. P., SANGER, F., SMITH, L. F. u. KITAL, R. (1955). Biochem. J. **60**, 541
[21] SANGER, F. (1957). Endeavour **16**, 48
[22] ALEXANDER, P. u. BLOCK, R. J. (1961). „Analytical Methods of Protein Chemistry", Pergamon Press, Oxford
[23] HASCHEMEYER, R. H. u. HASCHEMEYER, A. E. V. (1973). „Proteins", Wiley, New York
[24] NIEDERWIESER, A. u. PATAKI, G. (1971). „New Techniques in Amino Acid, Peptide and Protein Analysis", Humphrey, Ann Arbor, Michigan
[25] WORK, T. S. u. WORK, E. (1975). „Laboratory Techniques in Biochemistry and Molecular Biology", Bd. 1—3, North-Holland Publishing Co., Amsterdam, London

[26] Schwenke, K. D., Kracht, E., Mieth, G. u. Freimuth, U. (1977). Nahrung **21**, 395
[27] Cohn, E. J. (1946). J. Amer. Chem. Soc. **68**, 459
[28] Cohn, E. J. u. Edsall, J. T. (1958). „*Proteins, Amino Acids and Peptides*", Reinhold, New York
[29] Tavel, P. V. u. Sigher, R. (1956). Adv. Protein Chem. **11**, 237
[30] Schwenke, K. D. (1965). Z. Chem. **5**, 322
[31] Hausmann, W. u. Craig, L. C. (1958). J. Amer. Chem. Soc. **80**, 2703
[32] Strathmann, H. (1978). Chem. Techn. **7**, 333
[33] Determann, H. (1967) „*Gelchromatographie*", Springer Verlag, Berlin—New York—Heidelberg
[34] Ackers, G. K. (1970). Adv. Protein Chem. **24**, 343
[35] Friedli, H. u. Kistler, P. (1972). Chimia, **26**, 25
[36] Fischer, L. (1972). „*An Introduction to Gel Chromatography*, Elsevier, North-Holland, New York
[37] Curling, J. (1976). Int. Lab. 37
[38] Galpin, I. J., Kenner, G. W., Ohlesen, S. R. u. Ramage, R. (1975). J. Chromatog. **106**, 125
[39] Gordon, A. H. (1971). „*Elektrophoresis of Proteins in Polyacrylamid and Starch Gels*", Elsevier, North-Holland
[40] Maurer, H. R. (1971). „*Disc Electrophoresis and Related Techniques of Polyacrylamide Gel Electrophoresis*", 2. Aufl., W. de Gruyter, Berlin, New York
[41] Maurer, H. R. (1968). „*Disk-Elektrophorese*", W. de Gruyter, Berlin
[42] Radola, B. J. (1973). Biochem. Biophys. Acta **295**, 412; **386**, 181 (1974)
[43] Wellner, D. (1971). „Electrofocussing in Gels", Anal. Chem. **43**, 597
[44] Allen, R. C. u. Maurer, H. R. (1974). „*Electrophoresis and Isoelectric Focussing in Polyacrylamid Gels*", W. de Gruyter, New York
[45] Arbuthnot, J. P. u. Beeley, J. A. (1975). „*Isoelectric Focussing*", Butterworths, London
[46] Wagner, H. u. Speer, W. (1978). J. Chromatog. **157**, 259
[47] Everaerts, F. M., Beckers, J. L. u. Verheggen, Th. P. E. M. (1976). „*Isotachophoresis-Theory, Instrumentation and Applications*", Elsevier, New York
[48] Beckers, J. L. u. Everaerts, F. M. (1972). J. Chromatog. **68**, 207; **69**, 165
[49] Backhausz, R. (1967). „*Immunodiffusion und Immunoelektrophorese; Grundlagen, Methoden und Ergebnisse*", VEB Gustav Fischer Verlag, Jena
[50] Clausen, J. (1971). „*Immunochemical Techniques for the Identification and Estimation of Macromolecules*", Elsevier, North-Holland, New York
[51] Grabar, P. u. Burtin, P. (1964). „*Immunoelektrophoretische Analyse*", Elsevier, North-Holland
[52] Shung-Ho Chang, Noel, R. u. Regnier, F. E. (1976). Anal. Chem. **48**, 1839
[53] Dozy, A. M. u. Huisman, T. H. J. (1969). J. Chromatog. **40**, 62
[54] Axen, R., Porath, J. u. Ernback, S. (1967). Nature **214**, 1302
[55] Cuatrecasas, P., Wilshek, M. u. Anfinsen, C. B. (1968). Proc. Natl. Acad. Sci. USA **61**, 636
[56] Cuatrecasas, P. (1970). J. Biol. Chem. **245**, 3059
[57] Cuatrecasas, P. (1970). Nature **228**, 1327

[58] CUATRECASAS, P. u. PARIKH, I. (1972). Biochemistry **11**, 2291
[59] CUATRECASAS, P. (1972). Adv. Enzymol. **36**, 29
[60] PORATH, J. (1973). Biochimie **55**, 943
[61] SCOUTEN, W. H. (1974). Int. Lab. 13
[62] LOWRY, O. et al. (1951). J. Biol. Chem. **193**, 265
[63] BRADFORD, M. M. (1976). Anal. Biochem. **72**, 248
[64] TANFORD, C. (1961). „*Physical Chemistry of Macromolecules*", Wiley, New York
[65] EDSALL, J. T. u. WYMAN, J. (1958). *Biophys. Chemistry*, Bd. 1, Academic Press, New York
[66] TANFORD, G. (1970). „*Protein Denaturation*", Adv. Protein Chem. **23**, 121 (1968); **24**, 1 (1970)
[67] SVEDBERG, Th. u. PEDERSEN, K. O. (1940). „*The Ultracentrifuge*", Oxford, University Press, London
[68] SCHACHMANN, H. K. (1959). „*Ultracentrifugation in Biochemistry*", Academic Press, New York
[69] SCHACHMAN, H. K. (1963). Biochemistry **2**, 887
[70] WHITAKER, J. R. (1963). Anal. Chem. **35**, 1950
[71] ANDREWS, P. (1964). Biochem. J. **91**, 222
[72] AURICCHIO, F. u. BRUNI, C. B. (1964). Biochem. Z. **340**, 321
[73] DETERMANN, H. (1968). „*Gelchromatography*", Springer-Verlag, Berlin—Heidelberg—New York
[74] SWANK, R. T. u. MUNKRES, K. D. (1971). Anal. Biochem. **39**, 462
[75] TANFORD, C. (1968). Adv. Protein Chem. **23**, 122
[76] REYNOLDS, J. A. u. TANFCRD, C. (1970). J. Biol. Chem. **245**, 5161
[77] FRENKEL, M. J. u. BLAGROVE, (1975). J. Chromatog. **111**, 397
[78] DICKERSON, R. E. u. GEIS, I. (1971). „*Funktion und Struktur der Proteine*", Verlag Chemie, Weinheim
[79] FASOLD, H. (1972). „*Die Struktur der Proteine*", Verlag Chemie, Weinheim
[80] HESS, G. P. u. RUPLEY, J. A. (1971). „Structure and Function of Proteins", Ann. Rev. Biochem. **40**, 1013
[81] SCHULZ, G. E. (1977). Angew. Chem. **89**, 24
[82] KIRSCHENBAUM, D. M. (1973). Anal. Biochem. **53**, 223; **56**, 208 (1974) **61**, 567; **66**, 123, 303 (1975); **83**, 521 (1977)
[83] DAYHOFF, M. O. (1969 u. ff). „*Atlas of Protein Sequence and Structure*", National Biomedical Research Foundation, Washington
[84] HILL, R. L. (1965), Adv. Protein Chem. **20**, 37
[85] TOI, K., BYNUM, E., NORRIS, E. u. ITANO, H. A. (1967). J. Biol. Chem. **242**, 1036
[86] BROWN, J. R. u. HARTLEY, B. S. (1963). Biochem. J. **89**, 59
[87] WITKOP, B. (1961). Adv. Protein Chem. **16**, 221
[88] WITKOP, B. (1968). Science **162**, 318
[89] GROSS, E. u. WITKOP, B. (1961). J. Amer. Chem. Soc. **83**, 1510
[90] STARK, G. R. (1973). J. Biol. Chem. **248**, 6583
[91] DEGANI, Y. u. PATCHORNIK, A. (1974). Biochemistry **13**, 1
[92] EDMAN, P. (1970). Mol. Biol. Biochem. Biophys. **8**, 211

[93] BLACKBURN, S. (1970). „Protein Sequence Determination Methods and Techniques", M. Dekker, New York
[94] CROFT, L. R. (1974). „Handbook of Protein Sequences", Supplement A, Joynson-Bruvers, Oxford
[95] BRIDGEN, J. (1977). Sci. Tools **24**, 1
[96] TSERNOGLOU, D., PETSKO, G. A. u. TU, A. T. (1977). Biochim. Biophys. Acta **491**, 605
[97] SANGER, F. (1945). Biochem. J. **39**, 507
[98] GRAY, W. R. u. HARTLEY, B. S. (1963). Biochem. J. **89**, 59
[99] AKABORI, S. et al. (1956). Bull. Chem. Soc. Japan **29**, 507
[100] EDMAN, P. (1950). Acta Chem. Scand. **4**, 277
[101] DOWNING, M. R. u. MANN, K. G. (1976). Anal. Biochem. **74**, 298
[102] FRANK, G. u. STRUBERT, W. (1973). Chromatographia **6**, 522
[103] ZEEUWS, R. u. STROSBERG, A. D. (1978). FEBS Letters. **85**, 68
[104] FAIRWELL, T., BARNESS, U. T. u. LOVINS, R. F. (1970). Biochemistry **9**, 2260
[105] HAGENMAIR, H., EBBIGHAUSEN, W., NICHOLSON, G. u. VÖTSCH, W. (1970), Z. Naturforsch. **256**, 681
[106] SUN, T. u. LOVINS, R. E. (1972). Anal. Biochem. **45**, 176
[107] CREASER, E. H. u. BENTLEY, K. W. (1976) Biochem. J. **153**, 607
[108] GRAY, W. R. (1967). „Methods in Enzymology", Bd. 11, S. 139, 469 Academic Press, New York
[109] GRAY, W. R. u. SMITH, J. (1970). Anal. Biochem. **33**, 36
[110] GRAY, W. R. u. HARTLEY, B. S. (1963). Biochem. J. **89**, 379
[111] LEQUIN, R. M. u. NIALL, H. D. (1972). Biochim. Biophys. Acta **257**, 76
[112] EDMAN, P. u. BEGG, C. (1967). Eur. J. Biochem. **1**, 80
[113] EDMAN, P. (1970) „Protein Sequence Determination (Hrsg.: NEEDLEMAN, S. B.), Springer-Verlag, New York
[114] BRAUNITZER, G., CHEN, R., SCHRANK, B. u. STANGL, A. (1973). Hoppe-Seyler's Z. Physiol. Chem. **354**, 867
[115] BRAUNITZER, G., SCHRANK, B., PETERSEN, S. u. PETERSEN, U. (1973). Hoppe-Seyler's Z. Physiol. Chem. **354**, 1563
[116] KLEINSCHMIDT, T. u. BRAUNITZER, G. (1978). Liebigs Ann. Chem. 1060
[117] LAURSEN, R. A. u. BONNER, A. G. (1970). Chem. Engng. News **48**, 52
[118] LAURSEN, R. A. (1971). Eur. J. Biochem. **20**, 89
[119] SCHELLENBERGER, A., JESCHKEIT, H., GRAUBAUM, H., MECH, C. u. STERNKOPF, G. (1972). Z. Chem. **12**, 63
[120] MECH, C., JESCHKEIT, H. u. SCHELLENBERGER, A. (1976). Eur. J. Biochem. **66**, 133
[121] LAURSEN, R. A., HORN, M. J. u. BONNER, A. G. (1972). FEBS Letters **21**, 67
[122] PREVIERO, A., DERANCOURT, J., COLETTI-PREVIERO, M. A. u. LAURSEN, R. A. (1973). FEBS Letters **33**, 135
[123] HOW-MING LEE u. RIORDAN, J. F. (1978). Anal. Biochem. **89**, 136
[124] HERBRINK, P., TESSER, G. u. LAMBERTS, J. J. M. (1975). FEBS Letters **60**, 313
[125] NIALL, H. D., JACOBS, J. W., VAN RIETSCHOTEN, J. u. TREGAR, G. W. (1974), FEBS Letters **41**, 62
[126] WACHTER, E., MACHLEIDT, W., HOFFNER, H. u. OTTO, J. (1973). FEBS Letters **35**, 97

[127] LOUDON, G. M. u. PARHAM, M. E. (1978). Tetrahedron Letters No. 5, 437
[128] STARK, G. R. (1972). Meth. Enzymol. 25, 369
[129] RANGARAJAN, M. u. DARBRE, A. (1976). Biochem. J. 157, 307
[130] DEYL, Z. (1976). J. Chromatog. 127, 91
[131] LINDLEY, H. (1972). Biochem. J. 126, 683
[132] OVCHINNIKOV, Yu. A. u. KIRYUSHKIN, A. A. (1972). FEBS Letters 21, 200
[133] CALLAHAN, P. X., McDONALD, J. K. u. ELLIS, S. (1972). Fed. Proc. 31, 1105
[134] SHEINBLATT, M. (1966). J. Amer. Chem. Soc. 88, 2597
[135] HEYNS, K. u. GRÜTZMACHER, H. F. (1966). Fortschr. Chem. Forschg. 6, 536
[136] BIEMANN, K., CONE, C. u. WEBSTER, B. R. (1966). J. Amer. Chem. Soc. 88, 2845
[137] SCHIER, G. M., BOLTON, P. D. u. HALPERN, B. P. (1976). Biomed. Mass. Spectrom. 3, 32
[138] KELLY, J. A. u. BIEMANN, K. (1975). Biomed. Mass. Spectrom. 2, 326
[139] NAU, H. (1976). Angew. Chem. 88, 74
[140] NAU, H. u. BIEMANN (1976). Anal. Biochem. 73, 139
[141] KENDREW, J. C. (1961). „The Three-Dimensional Structure of the Protein Molecule", Sci. Am. 205, 96
[142] ANFINSEN, C. B. (1973). Angew. Chem. 85, 1065
[143] LEVINTHAL, C. (1966). Sci. Am. 214, 42
[144] TANAKA SEIJI u. SCHERAGA, H. A. (1977). Macromolecules 10, 291
[145] BALDWIN, R. L. (1975). Ann. Rev. Biochem. 44, 453
[146] TANAKA SEIJI u. SCHERAGA, H. A. (1975). Proc. Natl. Acad. Sci. USA 72, 3802
[147] WETLAUFER, D. B. u. RISTOW, S. (1973). Ann. Rev. Biochem. 42, 135
[148] RAMACHANDRAN, G. N. u. SASISIKHARAN, V. (1968). Adv. Protein Chem. 23, 282
[149] VENKATACHALAN, C. M. u. RAMACHANDRAN, G. N. (1969). Ann. Rev. Biochem. 38, 45
[150] PAULING, L., COREY, R. B. u. BRANSON, H. R. (1951). Proc. Natl. Acad. Sci. USA 37, 205
[151] PAULING, L. u. COREY, R. B. (1951). Proc. Natl. Acad. Sci. USA 37, 735
[152] PERUTZ, M. F. (1951). Nature 1053
[153] LIPPERT, J. L., TYMINSKI, D. u. DESMENLES, P. J. (1976). J. Amer. Chem. Soc. 98, 7075
[154] LEVITT, M. u. GREEN, J. (1977). J. Mol. Biol. 114, 181
[155] CHOTHIA, C., LEVITT, M. u. RICHARDSON, D. (1977). Proc. Natl. Acad. Sci. USA 74, 4130
[156] DAVIES, K. (1976). Educ. Chem. 13, 71
[157] NEVES, D. E. u. SCOTT, R. A. (1977). Macromolecules 10, 339
[158] TERAMOTO, A. u. FUJITA, H. (1976). J. Macromol. Sci.; Rev. Macromol. Chem. C 15(2), 165
[159] HOLMES, K. C. u. BLOW, D. M. (1966). „The Use of X-Ray Diffraction in the Study of Protein and Nucleic Acid Structure", Wiley, New York
[160] FRUBERG, S. (1967). Naturw. Rundsch. 20, 185
[161] HOPPE, W. (1968). Naturwiss. 55, 65
[162] HOPPE, W., LANGER, R., KNESCH, G. u. POPPE, G. H. (1968). Naturwiss. 55, 333
[163] SCHULZ, G. E. (1974). Nachr. Chem. Techn. 22, 20
[165] HAGLER, A. T. u. HONIG, B. (1978). Proc. Natl. Acad. Sci. USA 75, 554

[166] SCHULZ, G. E. et al. (1974). Nature **250**, 140
[167] WETLAUFER, D. B. (1973). Proc. Natl. Acad. Sci. USA **70**, 697
[168] SCHULZ, G. E. u. SCHIRMER, R. H. (1974). Nature **250**, 142
[169] WÜTHRICH, K. (1970). Chimia **24**, 409
[170] BOVEY, F. A. (1969) „Nuclear Magnetic Resonance Spectrokopy", Academic Press, New York
[171] JIRGENSONS, B. (1972). „Optical Rotatory Dispersion of Proteins and Other Macromolecules" 2. Auflage, Springer-Verlag, Berlin—Heidelberg—New York
[172] BEYSCHOK, S. (1966). Science **154**, 1288
[173] KLOTZ, I. M., LANGERMAN, N. R. u. DARNALL, D. W. (1970). Ann. Rev. Biochem. **39**, 25
[174] DARNALL, D. W. u. KLOTZ, I. M. (1975). Arch. Biochem. Biophys. **166**, 651
[175] JAENICKE, R. (1978). Naturwiss. **65**, 569
[176] CAMPBELL, P. N. u. SARGENT, J. R. (1967). „Techniques in Protein Biosynthesis", Academic Press, New York
[177] TRÄGER, L. (1969). „Einführung in die Molekularbiologie", VEB Gustav Fischer-Verlag, Jena
[178] LUCAS-LENARD, J. u. LIPMANN, F. (1971). Ann. Rev. Biochem. **40**, 409
[179] HOLLER, E. (1978). Angew. Chem. **90**, 682
[180] ZACHAU, H. G. (1969). Angew. Chem. **81**, 645
[181] HOLLEY, R. W. (1969). Angew. Chem. **81**, 1039
[182] RICH, A. u. RAJHANDARY, U. L. (1976). Ann. Rev. Biochem. **45**, 805
[183] KIM, S. H. (1976). Progr. Nucleic Acid Res. Mol. Biol. **17**, 181
[184] RICH, A. (1974). Biochemie **56**, 1441
[185] SHOEMAKER, H. J. P. u. SCHIMMEL, P. R. (1976). J. Biol. Chem. **251**, 6823
[186] ELDRED, E. W. u. SCHIMMEL, P. R. (1972). J. Biol. Chem. **247**, 2961
[187] IGLOI, G. L., HAAR, F. u. CRAMER, F. (1977). Biochemistry **16**, 1696
[188] HAAR, F. (1976). Naturwiss. **63**, 519
[189] WITTMANN, G. u. JOKUSCH, H. (1967). „Molekularbiologie-Bausteine des Lebendigen" (Hsgb.: WIELAND, Th. u. PFLEIDERER, G., S. 49, Umschau-Verlag, Frankfurt/M.
[190] OCHOA, S. (1968). Naturwiss. Rundsch. **19**, 483
[191] MIRENBERG, M. (1969). Angew. Chem. **81**, 1017
[192] KHORANA, H. G. (1969). Angew. Chem. **81**, 1027
[193] OCHOA, S. (1968). Naturwiss. **55**, 506
[194] SMITH, A. E. u. MARCKER, K. A. (1970). Nature **226**, 607
[195] BLOBEL, G. (1977). „11th FEBBS Meeting", Kopenhagen
[196] ZWILLING, R. (1978). Umschau **78**, 170
[197] CHAN, S. J., KAIM, P. u. STEINER, D. F. (1976). Proc. Natl. Acad. Sci. USA **73**, 1964
[198] KEMPER, B. et al. (1976) Biochemistry **15**, 15
[199] MAURER, R. A., GORSKI, J. u. MCKEAN, D. J. (1977). Biochem. J. **161**, 189
[200] WALLENFELS, K. u. WEIL, R., siehe [189], S. 67
[201] JACOB, F. u. MONOD, J. (1961). J. Mol. Biol. **3**, 318
[202] BARMAN, T. E. (1969). „Enzyme Handbook", Bd. I u. II, Springer-Verlag, Berlin—Heidelberg—New York
[203] BETZ, A. (1974). „Enzyme — Gewinnung, Analyse, Regulation", Verlag Chemie, Weinheim heim

[204] JENCKS, W. P. (1969). „*Catalysis in Chemistry and Enzymology*", McGraw-Hill, New York
[205] BLOW, D. M. u. SEITZ, T. A. (1970). Ann. Rev. Biochem. **39**, 63
[206] BELL, R. M. u. KOSHLAND, D. E. (1971). Science **172**, 1253
[207] KIRSCH, J. (1973). Ann. Rev. Biochem. **42**, 205
[208] LIENHARD, G. E. (1973). Science **180**, 149
[209] PAGE, M. I. (1977). Angew. Chem. **89**, 456
[210] RICHTER, O. (1976). Umschau 581
[211] JAENICKE, R. (1978). Naturwiss. **65**, 569
[212] GUTFREUND, H. (1972), *Enzymes: „Physical Principles*", Wiley, New York
[213] KOSHLAND, D. E. (1970) in: „*The Enzymes*", 3. Aufl. Bd. **1**, S. 341, Academic Press, New York
[214] KOSHLAND, D. E. (1973). Sci. Am. **229**, 52
[215] MONOD, J., WYMAN, J. u. CHANGEUX, J. P. (1965). J. Mol. Biol. **12**, 88
[216] RICHARDS, F. M. (1964). „*Structure and Activity of Ribonuclease*" in „*Structure and Activity of Enzymes*", Academic Press, London
[217] SMYTH, D. G., STEIN, W. H. u. MOORE, S. (1963). J. Biol. Chem. **238**, 227
[218] KARTHA, G., BELLO, J. u. HARKER, D. (1967). Nature **213**, 862, KARTHA, G. (1967). Nature **214**, 234
[219] RICHARDS, F. M. (1958). Proc. Natl. Acad. Sci. USA **44**, 162
[220] WYCKOFF, H. M. et al. (1967). J. Biol. Chem. **242**, 3984
[221] WYCKOFF, H. M. et al. (1970). J. Biol. Chem. **245**, 305
[222] SCOFFONE, E. et al. (1967). Chem. Commun. 1273
[223] CANFIELD, R. E. u. LIU, A. K. (1965). J. Biol. Chem. **240**, 1997
[224] BLAKE, C. C. F. et al. (1965). Nature **206**, 757
[225] JOHNSON, L. N. u. PHILLIPS, D. C. (1965). Nature **206**, 762
[226] SIGLER, B. P., MATTHEWS, B. W., HENDERSON, R. u. BLOW, D. M. (1968). J. Mol. Biol. **35**, 143
[227] BLOW, D. M. et al. (1969). Nature, **221**, 337; **225**, 802, 811
[228] LIPSCOMB, W. N. et al. (1966). J. Mol. Biol. **19**, 423
[229] QUIOCHO, F. A. u. LIPSCOMB, W. N. (1971). Adv. Protein Chem. **25**, 1
[230] LIPSCOMB, W. N. (1970). „International Congress of Biochemistry", Abstracts 128
[231] KENDREW, J. C. et al. (1960). Nature **185**, 422
[232] EDMUNDSON, A. E. (1965). Nature **205**, 883
[233] DICKERSON, R. E. (1964) in: „*The Proteins*" Hrg. NEURATH, H. Vol. **2**, S. 603, Academic Press, New York
[234] ANTONINI, E. u. BRUNORI, M. (1970). Ann. Rev. Biochem. **39**, 977
[235] BUSE, G. (1971). Angew. Chem. **83**, 735
[236] BRAUNITZER, G. (1967). Naturwiss. **54**, 407
[237] PERUTZ, M. F. et al. (1960). Nature **185**, 416
[238] CULLIS, A. F., MUIRHEAD, H., NORTH, A. C. T., PERUTZ, M. F. u. ROSSMANN, M. G. (1961). Proc. Roy. Soc. (London) A **265**, 161
[239] SUND, H. u. WEBER, K. (1966). Angew. Chem. **78**, 217
[240] FERMI, G. (1975). J. Mol. Biol. **97**, 237
[241] HUBER, R. et al. (1969). Naturwiss. **56**, 262

[242] BRADBURY, J. H. (1973). Adv. Protein Chem. **27**, 111
[243] RICH, A. u. CRICK, F. H. (1961). J. Mol. Biol. **3**, 483
[244] GRASSMANN, W. (1965). Fortschr. Chem. Org. Naturstoffe **23**, 196
[245] NEMETSCHEK, Th. (1969). Chem. Labor Betrieb **20**, 433
[246] REICH, G. (1967). „*Kollagen. Eine Einführung in Methoden, Ergebnisse und Probleme der Kollagenforschung*", Theodor Steinkopff-Verlag, Dresden
[247] TRAUB, W. u. PIEZ, K. A. (1971). Adv. Protein Chem. **25**, 243
[248] KÜHN, K. (1967). Naturwiss. **54**, 101
[249] KABAT, E. A. (1971). „*Einführung in die Immunchemie* und *Immunologie*", Springer-Verlag, Berlin—Heidelberg—New York
[250] EDELMANN, G. M. u. GALL, W. E. (1969). Ann. Rev. Biochem. **38**, 425
[251] KLEINE, T. O. (1969). Z. Klin. Chem. **7**, 313
[252] SELA, M. (1969). Science **166**, 1365
[253] „*ABC Biochemie*" S. 290, VEB Brockhaus Verlag, Leipzig 1976
[254] HILSCHMANN, N. (1973). Nova Acta Leopoldina **39/1**, 15
[255] KABAT, E. A. (1978). Adv. Protein Chem. **32**, 1
[256] DERYNCK, R., CONTENT, J., DECLERCQ, E., VOLCKAERT, G., TAVERNIER, J., DEVOS, R. u. FIERS, W. (1980) Nature, **285**, No. 5766, 542
[257] TANIGUCHI, T. et al. (1980) Gene **10**, 11, 15
[258] TANIGUCHI, T. et al. (1980) Nature, **285**, 547, 549

4. SACHWORTVERZEICHNIS

Ablenkungselektrophorese 42
Acetamidomethyl(Acm)-Gruppe 154, 232
N-Acetylaminosäuren 65, 82
N-Acetyl-imidazol 218
Acetyl-lysin 17
Acetoacetyl-Gruppe 129
Acetursäure 53
ACTH s. Corticotropin
Actin 382
Actinomycine 228, 337 ff., 444
N-Acylaminosäureanilide 64
N-Acylaminosäurephenylhydrazide 64
Acyl Carrier Protein 220
Acylharnstoff 173, 174, 175, 177
1-(1-Adamantyl)-1-methyl-ethoxycarbonyl-Gruppe 125
Adamantyl-1-oxycarbonyl-Gruppe 125, 147
Adenosylhomocystein 82
Adenosylmethionin 82
adrenocorticotropes Hormon s. Corticotropin
Affinitätschromatographie 397
Agmatin 84
AJINOMOTO-Verfahren 52
AKABORI-Verfahren 413
Akromegalie 276, 293
Aktivester 166 ff.
—, polymere 225 ff., 227, 229
Aktivester-Methode 133, 157, 166 ff., 197, 217, 235, 238, 241, 251, 256
Alamethicin 340, 343, 344
Alanin 19, 23, 26, 34, 35, 202
—, absolute Konfiguration 36
—, Biosynthese 60
—, IR-Spektren 45

—, Molekularrotationen 34, 35
—, Raumformel 33
—, Vorkommen 29, 58, 470
β-Alanin 16, 27, 41, 84
DL-Alaninisopropylester 62
Alaphosphin 336
Albumine 387
Algenproteine 384
2-Alkoxyoxazolone 196
Alkoholdehydrogenase 432
N-Alkylaminosäuren 16
Alkylierung SCHIFFscher Basen 54, 56
N-Alkylthio-thiocarbonylaminosäuren 36
Alytensin 104, 267, 320
Alliin 27
allo-Hydroxyprolin 34
allo-Isoleucin 15, 23, 62, 34, 201
allo-Threonin 34
α-Amanitin 336
Amatoxine 336, 337, 348, 350 ff.
Ameletin 326
Amidasen 447
Amidinierung 144, 146
„Amineinfang"-Verfahren 188, 246
Aminoacyl-Einlagerung 187 ff.
Aminoacylbindungsstelle 440, 441
Aminoacyl-tRNS-Synthetasen 434, 435
Aminoadipinsäure 15, 29
δ-Aminoadipyl-cysteinyl-valin 263
Aminoaldehyde 85
Aminoalkohole 85
L-2-Amino-4-(4'-amino-2',5'-cyclohexadienyl)buttersäure 28
Aminobuttersäure 13, 15, 84

Sachwortverzeichnis

α-Aminocaprolactam 50
L-Aminocaprolactamhydrolase 50
α-Aminocaprolactamracemase 50, 51
ε-Aminocapronsäure s. 6-Aminohexansäure
α-Aminocarbonsäurenitrile 52
α-Amino-3-chloro-2-isoxalin-5-essigsäure 27
1-Amino-cyclopropancarbonsäure 26
1-Amino-3,5-dimethylpyrazol 146
6-Aminohexansäure 13, 41
Aminokomponente 111, 112
L-2-Amino-4-(methylphosphino)-buttersäure 28
Aminopropionsäure 13
Aminosäure-Antagonisten 26
Aminosäuredatierung 62
Aminosäuren 13 ff.
—, abiogene Bildung 58
—, Abkürzungen 15, 17
—, absolute Konfiguration 36
—, Acylierung 82
—, Alkylierung 81
—, Analyse 65 ff.
—, asymmetrische Synthese 56 ff.
—, Biosynthese 59 ff.
—, CD-Spektren 32
—, Dissoziationskonstanten 40
—, essentielle 23
—, Ester 48, 65, 84, 85
—, Geschmack 36
—, Gewinnung 47 ff.
—, Gruppentrennung 48
—, IR-Spektren 44, 45
—, isoelektrische Punkte 40
—, Isolierung aus Proteinhydrolysaten 47
—, Konfiguration 33
—, Löslichkeit 37, 38, 40
—, molare Drehung 30, 31
—, Metallkomplexbildung 78
—, markierte 55 ff.
—, mikrobielle Gewinnung 49
—, nichtproteinogene 26 ff.
—, NMR-Spektren 44 ff.
—, Nomenklatur 15
—, ORD-Spektren 31, 36
—, pK-Werte 41

—, präbiotische Synthesen 57
—, proteinogene 19 ff.
—, Racemattrennung 61 ff., 73
—, Racemisierung 62
—, Raumformeln 33
—, Spezifische Drehung 30, 31
—, Stereochemie 29 ff.
—, Säure-Base-Verhalten 38
—, sterische Korrelation 34
—, Titrationskurven 39
—, UV-Spektren 43
—, D-Verbindungen 14, 29
—, Zersetzungspunkte 40
D-Aminosäureoxidasen 24
Aminosäureoxidase-Elektrode 78
Aminosäurepool 14
Aminoschutzgruppen 118 ff.
tert.-Amyloxycarbonyl-Gruppe 125
Analysenautomaten 66, 70, 71
ANDERSON-CALLAHAN-Test 200
Angiotensin 260, 265, 270, 314 ff.
Angiotensin II 103, 109, 192, 220
Anhydrid-Methode 150, 160 ff.
—, symmetrische 163
Antamanid 220, 343, 348, 351, 352
Anthrachinon-2-methylester 137
Antigen-Antikörper-Reaktion 473
Apamin 352, 353
Apoferritin 468
ARCHIBALD-Methode 406
Arginin 15, 20, 23, 24, 42, 113, 143, 445
Arginindecarboxylase 433
Asparagin 15, 21, 23, 139, 175, 213, 214
—, Vorkommen 18
—, Biosynthese 60
—, Racemattrennung 63
Asparaginsäure 21, 23, 99, 113, 214, 238
—, Biosynthese 60
—, Decarboxylierung 83
—, enzymatische Gewinnung 50
—, NEWMAN-Projektion 37
—, NMR-Spektren 45, 46
—, Verwendung 47
Asparaginsäuresemialdehyd 49
Asparaginyl- 15

Asparagyl- 15
Aspartam 36, 104, 311
L-Aspartase 50
Aspartat-Kinase 433
Aspartocin 281, 282
Asprochacin 356
Azetidin-2-carbonsäure 28
Azid-Methode 114, 118, 132, 133, 143, 150, 152, 157, 158 ff., 166, 197, 203, 215, 222, 229, 251, 256
Azlactone 86, 194 ff., 198, 199
Azlacton-Synthese 53

„backing-off"-Methode 141, 142, 158, 172
Bacitracine 263, 336
Bakterienproteine 386
Bassianolid 356
BATES-Reagens 181
Beauvericin 342
BENCE-JONES-Proteine 76, 475
Benzhydrylester s. Diphenylmethylester
Benzisoxazol-5-methylenoxycarbonyl-Gruppe 126
Benzotriazolyloxytris-(dimethylamino)-phosphonium-hexafluorophosphat 181
Benzoyl-Gruppe 114, 118, 128, 195
S-Benzyl-cystein 17
Benzylester 135, 136
1-Benzyl-3-ethyl-carbodiimid 175
Benzyl-Gruppe 120, 131, 139, 146, 147, 151, 153, 213, 214, 219
Benzyl-(4-nitrophenyl)-carbonat 149
1-Benzyloxycarbonylamino-2,2,2-trifluorethyl-Gruppe 147, 151
Benzyloxycarbonyl-arginin-hydrobromid 146
N-Benzyloxycarbonyl-asparaginsäure-α-benzyl-β-tert.-butylester 17
N-Benzyloxycarbonyl-asparaginsäure-β-benzylester 46
N-Benzyloxycarbonyl-S-benzyl-L-cystein-4-nitrophenylester 199
Benzyloxycarbonyl-Gruppe 116, 118 ff., 123, 131, 142, 147, 149, 152, 213, 251, 255
Benzylsulfonyl-Gruppe 129
O-Benzyl-L-threonin 151

BERGER-SCHECHTER-BOSHARD-Test 202
Betaine 82
Big-Gastrin 109, 311, 312
biogene Amine 83 ff.
2-[Biphenylyl-(4)]-propyl-2-oxycarbonyl-Gruppe 126, 138, 214
1,2-Bis-acylhydrazine 159
Bis-glycinato-kupfer(II)-hydrat 79
Bis-L-histidinato-nickel(II)-hydrat 79
Bis-DL-prolinato-kupfer(II)-dihydrat 79
Bitterpeptide 104
Biuret-Reaktion 399
Blattproteine 385
BODANSZKY-Test 201
Bombesin 104, 267, 319
Bombinin 354
Bortris(trifluoracetat) 145, 214, 219
BRADFORD-Methode 400
Bradykinin 109, 216, 220, 271, 317, 321
Bromcyan-Spaltung 105, 248, 249, 411
5-Brom-7-nitro-indolinyl(Bni)-Gruppe 186
N-Bromsuccinimid-Spaltung 411
BUCHERER-Synthese 52
„Bürsten"-Harze 208
Bungarotoxin 251, 257, 355
tert.-Butylester 136, 137
tert.-Butyl-Gruppe 131, 151, 219
tert.-Butyl-(4-nitrophenyl)-carbonat 171
tert.-Butyloxycarbonyl-azid 121
tert.-Butyloxycarbonyl(Boc-)-Gruppe 121 ff., 125, 131, 142, 147, 148, 149, 152, 213, 214, 232
tert.-Butyl-5-[4,6-dimethylpyrimidyl-2-thio]-carbonat 122
tert.-Butylthio-Gruppe 154

Cadaverin 84
Caerulein 104, 267, 313, 320, 321
Calcitonine 103, 109, 260, 270, 307 ff.
Canavanin 28
Capreomycine 340
Carba-Analoga 282
Carbethoxy-Gruppe 115, 116
Carboanhydrase B 250
Carbodiimid-Methode 157, 173 ff.

Sachwortverzeichnis

N-Carbonsäureanhydride (NCA) 86, 160, 164, 166
N-Carbonsäureanhydrid(NCA)-Methode 164ff., 223, 237, 241, 251
Carboxypeptidasen 193, 413, 418, 426, 457ff.
α,γ-Carboxyglutaminsäure 29
N,N-Carbonyldiimidazol 212
Carboxykomponente 111, 112
Cardiotoxine 354
Carnosin 116, 322
Carrierproteine 382
Casein 382
β-Casomorphin 329
Chinolyl-8-ester 167, 168, 170, 197
Chinomycine 339
Chinoxaline 339
Chirasil-Val 75
Chlamydocin 104
Chloracetamidomethyl-Gruppe 154
N-Chloracetylaminosäuren 65, 82
Chloracetylgruppe 115, 116, 118, 129
Chloramphenicol 444
Chlorbenzyloxycarbonyl-Gruppe 123
5-Chlor-chinolyl-8-ester 168
Chlorkohlensäurealkylester 161
Chlormethyl-Gruppe 209, 212
N-(5-Chlor-salicylal)-Gruppe 132
Cholecystokinin-Pancreozymin 103, 109, 270, 309, **313**, 321, 322
Chromodiopsin 326
Chromoproteine 388
Chymostatine 27
Chymotrypsin 192, 239, 409, 410, 426, 455ff.
Chymotrypsinogen 401
Circulardichroismus (CD) 32, 430
Circuline 346
Citrullin 29
cis-Leiter Konformation 439
cis-Peptidbindung 97, 230
Cobrotoxin 220, 354, 355
Coeruloplasmin 432, 468
COHN-Fraktionierung 390, 391
Colamin 82, 84
Colistine 346
Concanavalin A 432, 478

Corticoliberin s. Corticotropin Releasing-Hormon
Corticotropin 103, 104, 107, 109, 220, 243, 257, 258, 260, 265, 267, 268, 272ff., 277, 278, 293, 308, 322, 323
Corticotropin Releasing-Hormon 269, 285, 287, 290ff.
COTTON-Effekt 32, 36, 431
CPG-Glas 398
CRAIG-Verteilung 391
CURTIUS-Abbau 159
Cyanid-Oligomerisierung 59
Cyanmethylester 168
4-Cyanobenzyloxycarbonyl-Gruppe 121
2-Cyano-tert.-butyloxycarbonyl-Gruppe 125
Cybernine 286
Cyclodimerisierung 230
1-Cyclohexyl-3-(3-dimethylaminopropyl)-carbodiimid-methoiodid 175, 229
Cyclooligomerisierung 235
Cyclopentyloxycarbonyl-Gruppe 126
D-Cycloserin 29
Cyclotriprolyl 97, 230
Cysteamin 84
Cystein 15, 20, 23, 100, 105, 113, 120, 214, 251
—, Verwendung 47
—, Biosynthese 60
—, Schutz 153ff.
—, tryptischer Abbau 410
Cystin 15, 34, 48
Cytochrom c 216, 220, 243, 247, 248, 401

Dansyl-aminosäuren 36
Dansyl-Methode 67, 77, 412, 415
DCC-Additiv-Verfahren 157, 175ff., 198
DCC/HOBt-Verfahren s. GEIGER-KÖNIG-Verfahren
DCC/HONB-Methode 176ff., 203
DCC-Methode s. Dicyclohexylcarbodiimid-Methode
DDAVP 284
Dehydroalanin 210, 334
Dehydrogenasen 446
Denaturierung 402ff.
Depsipeptide 16, 103, 231

Desaminierung 80
Desmosin 26, 469
Destruxine 356
Dextrangele 393
Diabetes mellitus 293, 296
Diabetes insipidus 280, 284
Diagonalelektrophorese 411
Dialyse 392
Diaminobuttersäure 16, 28
Diaminopimelinsäure 29
Diaminopropionsäure 26
Diazoessigester 80
L-trans-2,3-dicarboxyaziridin 29
2,4-Dichlor-benzyloxycarbonyl-Gruppe 123
5,7-Dichlor-8-hydroxychinolin 176
Dichtegradientenzentrifugation 406
1,3-Dicyclohexyl-2,4-bis-(cyclohexylimino)-1,3-diazetidin 177
Dicyclohexylcarbodiimid-Methode 131, 132, 139, 148, 150, 173 ff., 203, 212, 215, 216, 256
Diederwinkel 420, 421
N,N-Diethyltryptamin 84
3,4-Dihydroxyphenylalanin 27
3,5-Dimethoxybenzyloxycarbonyl-Gruppe 121, 123
4-N,N-Dimethylaminoazobenzol-4-isothiocyanat 415
α,α-Dimethyl-3,5-dimethoxybenzyloxycarbonyl-Gruppe 121, 124
5,5-Dimethyl-3-oxo-cyclohexen-1-yl-Gruppe 132
N,N-Dimethyltryptamin 84
2,4-Dinitrophenylester 150, 168
2,4-Dinitrophenyl-Gruppe 147, 219
Dinitrophenyl(DNP)-Methode 412
Dioxopiperazine 54, 86, 97, 115, 230, 238
Dipeptidylaminopeptidase I 418
Diphenylmethylester 137
Diphenylmethyl-Gruppe 139, 140, 147, 151, 153, 232, 233
4,6-Diphenyl-thieno[3,4-d][1,3]dioxol-2-on-5,5-dioxid 170
Diphenylthiophosphinyl-Gruppe 132
Dipyridyl-2-disulfid 180
Diskelektrophorese 395

Disulfidbindung 100, 101, 231
Disulfidbrückenspaltung 410
Di-tert.-butyldicarbonat 122
Dithiasuccionyl(Dtc-)-Gruppe 211
Domänen 409
Dopa 27, 57
Dopamin 84
DORMAN-Methode 217
Dünnschichtchromatographie 69 ff.
Dünnschichtelektrophorese 70
Dupont-Verfahren 52
Durchflußelektrophorese 394
Djenkolsäure 27

E. C.-Nomenklatur 446
Edein A 339
EDMAN-Abbau 414, 248
EDMAN-Sequenator 386
EEDQ-Methode 162, 203
Eialbumin 385, 401
Einbuchstabensymbole 17
„Eintopf"-Verfahren 85, 255
Eisenin 262
Einzellerproteine 384
Eiproteine 387
Elastase 410
Eledoisin 104, 109, 267, 318, 319
Elektrophorese 42, 394
Elastin 469
Elongationsprozeß 441, 442
Endorphine 261, 273, 274, 277, 278, 316, 322, 326 ff.
Enkephalin 192, 261, 274, 322, 327 ff.
Enterotoxin 432
Enzyme 444 ff.
—, Einteilung 446
—, allosterische 446
—, immobilisierte 64, 193, 448
Enzymelektroden 78
Enzyminduktions-Repressionsmechanismus 443
Enzyminhibitoren 446
Enzym-Produkt-Komplex 445
Enzymproteine 387, 444
Enzym-Substrat-Komplex 445

Sachwortverzeichnis

Ergocristin 358
Ergosin 358
Erythrocruorin 467
Esteraminolyse 166 ff., 170
Esterasen 447
Ethionin 28
1-Ethoxycarbonyl-2-ethoxy-1,2-dihydrochinolin (EEDQ) 162, 163
Ethylcarbamoyl-Gruppe 154
N-Ethoxycarbonylphthalimid 130
1-Ethyl-3-(3-dimethylaminopropyl)-carbodiimid-hydrochlorid 175, 229
N-Ethyl-5-phenyl-isoxazolium-3'-sulfonat (WOODWARD-Reagens K) 172
Ethylester 120, 135, 136
N-Ethylglycin 16
N-Ethyl-N-methylglycin 17
Exorphine 322, 328

Faltblattstrukturen 422, 425 ff., 428, 430, 470
Faserproteine 388
Fehlpeptide 216
Fehlsequenzen 215, 216, 224, 243
Feldionen-Desorptions-Massenspektrometrie 76
Fermentation 48, 49
Fermosin-Verfahren 384
Ferredoxin 220, 243, 248
Ferritin 382, 468
Festphasen-EDMAN-Abbau 417
Festphasen-Peptidsynthese s. MERRIFIELD-Synthese
Fibrin 476, 477
Fibrinogen 382, 476, 477
Fibrinolysin 477
Fibrinopeptide 477
Fibroin 426
Fingerprinttechnik 70
Flüssigphasen-Methode 222 ff., 239, 244
Fluorenyl-9-methoxycarbonyl-Gruppe 124, 214
Fluorescamin-Technik 66, 67, 70, 217, 225
Fluoreszenz-Methoden 67
FOLIN-Reaktion 399

FOLINs Aminosäurereagens 67
Follikel-stimulierendes Hormon 268, 286, 287, 290, 316
Folliberin s. Gonadotropin Releasing-Hormon
Follitropin s. Follikel-stimulierendes Hormon
Formoltitration 41
Formyl-Gruppe 120, 129, 149
Formylmethionyl-tRNS 440, 441
Fragmentkondensation 245, 248
Frangulanin 358
L-3-(2-Furoyl)alanin 27
Furyl-2-methoxycarbonyl-Gruppe 124

GABRIEL-Synthese 51
Gaschromatographie 72 ff.
—, Derivatisierung 72
—, Enantiomerentrennung 74
Gastrin 103, 109, 245, 270, 293, 308, 309, 310 ff. 313, 321, 322
Gefrierschutzproteine 479
GEIGER-KÖNIG-Verfahren 176, 203, 246
Gelatine 472
Gelchromatographie 392
—, handelsübliche Gele 393
Gelelektrophorese 394, 395
Gelfiltration 392, 406, 432
Gel-Permeationschromatographie 393
genetischer Code 18, 438
Gentechnologie 275, 295, 304
Gewebshormone 103
GIP 305, 309, 310
Glaskapillartechnik 66, 74, 75
Gliadin 382
Globuline 387
Glucagon 103, 109, 220, 251, 257, 270, 293, 294, 304 ff.
Glumitocin 281, 282
Glutamin 21, 139, 175, 213, 214
—, Abbau 23
—, Biosynthese 60
—, Nomenklatur 15
Glutaminsäure 14, 15, 21, 23, 99, 113, 238, 264
—, Biosynthese 60
—, Isolierung 48
—, mikrobiologische Gewinnung 50

—, STRECKER-Synthese 52
—, Titrationskurve 39, 41
—, Verwendung 50
Glutaminsynthetase 433
Glutaminyl- 15
Glutamyl- 15
Glutathion 99, 101, 116, 262
Glycin 19, 23, 114, 174, 197, 245, 246, 264
—, Biosynthese 60
—, Geschmack 36
—, Titrationskurve 39
—, Vorkommen 58, 470
Glycinethylester 16
Glycoaminosäuren 87
Glycoproteine 388
Glycosidasen 447
Glycyl-glycin 107, 115
Gonadoliberin 260
Gonadotropine 266
Gonadotropin Releasing-Hormon 269, 285, 287, **290**, 293, 325
Gramicidine 334, 335, 340, 341
Gramicidin S 220, 230, 344, 345, 346
Granuliberin-R 321, 354

α-Halogencarbonsäure-chloride 115
HALPERN-WEINSTEIN-Test 201
Hämoglobin 432, 463ff.
—, O_2-Bindungsvermögen 464
—, Primärstrukturen 465
—, Raummodelle 466, 467
Hämosiderin 468
Helix-Coil-Übergänge 426
helixstabilisierende Aminosäuren 424
Helixstrukturen 422, 423ff., 428, 430
HENDERSON-HASSELBALCH-Gleichung 38
N-Heptafluorbutyryl-aminosäure-propylester 73
Herzynin 81
Heteropolyaminosäuren 236
Hexonbasen 20, 48
HF-Methode 120, 144
High Performance Chromatography 66
Hippursäure 53, 114, 160, 190
HISKEY-Methode 154, 233

Histamin 84
Histidin 21, 23, 24, 113, 146, 251, 445
Histone 387
Hochdruckflüssigchromatographie 71, 256
Homobetain 82
Homocystein 28
Homopolyaminosäuren 236
Homoserin 28, 49
Homoserindehydrogenase 49, 50
HOPKINS-COLE-Reaktion 399
Hormon-Rezeptoren 264, 265
„hold in solution"-Methode 242
Human-Choriogonadotropin 270
Human-Choriosomatomammotropin 270, 275
Hydantoine 85
Hydantoin-Synthese 53
Hydrolasen 447
hydrophobe Wechselwirkungen 23, 427
Hydroxyacyleinlagerung 234
1-Hydroxybenzotriazol 148
1-Hydroxybenzotriazolester 169
2-Hydroxy-3-ethylaminocarbonyl-phenyl-ester 169
7-Hydroxy-2-ethyl-(benzo-1,2-oxazolium)-tetrafluoroborat 198
2-Hydroxyethylsulfonylmethyl-Träger 212
N-Hydroxyglutarimidester 169
2-Hydroxyimino-2-cyan-essigsäureethylester 176
Hydroxylasen 446
Hydroxylysin 15, 26
Hydroxymethylaminosäuren 41
N-Hydroxymorpholinester 169
N-Hydroxy-5-norbornen-2,3-dicarboximid 176
N-Hydroxy-5-norbornen-2,3-dicarboximid-ester 169
3-Hydroxy-4-oxo-3,4-dihydro-1,2,3-benzotriazin 177
3-Hydroxy-4-oxo-3,4-dihydrochinazolin 176, 177
3-Hydroxy-4-oxo-3,4-dihydrochinazolin-ester 169
2-Hydroxyphenylester 169
N-Hydroxyphthalimidester 168

Sachwortverzeichnis

N-Hydroxypiperidinester 168, 197
Hydroxyprolin 15, 26, 150, 152, 470, 472
3-Hydroxypyridazon-6-ester 169
N-Hydroxypyridin-2,3-carboximidester 169
N-Hydroxysuccinimidester 131, 145, 168, 171
N-Hydroxyurethanester 169
Hypaphorin 81
Hypoglycin A 26
Hypothalamus-Hormone 103, 284 ff.

IgG-Globuline 473, 475
Iminodinitrile 52
α-(2-Iminohexahydro-4-pyrimidyl)-glycin 27
Iminosäuren 20, 23
Immunantwort 473
Immunglobuline 382, 409, 473 ff.
Immunoelektrophorese 395, 397
Induktor 444
Initiationsfaktoren 440
Insulin 101, 103, 107, 116, 184, 220, 232, 233, 243, 246, 248, 252, 265, 266, 270, 293, 294, 296 ff., 322, 385
Interferone 383, 480 ff.
Intergerrenin 359
Intergerressin 359
Intercalation 444
Interstitialzellen-stimulierendes Hormon s. Luteinisierendes Hormon
2-Iod-ethoxycarbonyl-Gruppe 125
Ionenaustauschchromatographie 70 ff., 397
Isoasparagin 17
Isobornyloxycarbonyl-Gruppe 126
iso-Butyrylamidomethyl-Gruppe 154
1-Isobutyloxycarbonyl-2-isobutyloxy-1,2-dihydrochinolin (IIDQ) 163
Isodesmosin 26, 469
isoelektrische Fokussierung 395, 396
isoelektrische Fällung 390
isoelektrischer Punkt 41, 394
Isoharnstoff-Pentachlorphenol-Komplex 172
Isoharnstoff-Pentafluorphenol-Komplex (F-Komplex) 172
Isoleucin 19, 23
—, Epimerisierung 62
—, mikrobiologische Gewinnung 48

Isomerasen 447
Isonicotinyloxycarbonyl-Gruppe 125
Isonitrosomalodinitril 176
Isopeptidbindung 99
Isotachophorese 396
Isothiocyanatobenzolsulfonsäure-Reagens 417
Isotocin 281, 282
Isotopenverdünnungsmethode 77
5-(O-Isoureido)-L-norvalin 28
Isovalin 58
Isoxazoliumsalz-Methode 132, 172
IZUMIYA-Test 162, 201

Jupaciubin 105 ff.
Juvenilhormonanaloga 357

Kallidin 271, 317
Kallikrein 317
KAMBER-Methode 154
Kassinin 267, 318, 319
Katal 446
Katalase 432
katalytische Konstante 445
Kathepsin 239
KEMP-Test 162, 200
Keratine 423, 469 ff.
Kleeblattstrukturen 435, 436
Kollagene 401, 470 ff., 472, 473
Konformationsanalyse 37, 430
Konformationsstabilisierung 427
Kreatin 82
„Kristallisations"-Methode 222
Kupplungsmethoden 157 ff.
Kyotorphin 322, 328

β-Lactoglobulin 401, 432
Lactose-Repressor 432
Lanthionin 27, 334
N-Lauroylglutaminsäure 83
Lektine 477, 478
LETSINGER-Synthese 221, 222, 241
LEUCHSsches Anhydrid s. N-Carbonsäureanhydrid
Leucin 19, 23, 61

Leucinaminopeptidase 202, 413, 418, 433
Leukokinin 333
LEWIS-Säuren 178, 179, 198
Liberine 286
Ligandenaustauschchromatographie 74
Ligasen 447
LINEWEAVER-BURK-Auftragung 445
lipotropes Hormon s. Lipotropin
Lipoproteine 388
Lipotropin 268, 273, 274, 277 ff., 322, 329, 330
„liquid-phase"-Methode s. Flüssigphasenmethode
Litorin 267, 320
Lösungsmittelfällung 390
LOWRY-Methode 399, 400
Luciferase 432
Luliberin s. Gonadotropin Releasing-Hormon
Luotropin s. Prolactin
Luteinisierendes Hormon (LH) 266, 268, 286, 287, 290, 316
luteotropes Hormon (LTH) s. Prolactin
Lutropin s. Luteinisierendes Hormon
Lyasen 447
Lysin 20, 23, 25, 26, 99, 113, 118, 119, 213, 238, 469
—, Biosynthese 61
—, enzymatische Gewinnung 50
—, mikrobiologische Gewinnung 49
—, Titrationskurve 39
—, Verwendung 47
Lysozym 220, 221, 250, 257, 386, 392, 401, 423, 426
—, aktives Zentrum 454
—, Inhibitorkomplex 453
—, Primärstruktur 452
—, Wirkungsmechanismus 455

Makrofibrillen 470
Makropeptide 98
Malformin 352
Malatdehydrogenase 433
Malonester-Synthesen 54 ff.
MANNICH-Kondensation 183
ε-Markierung 416

massenspektrometrische Aminosäureanalyse 75 ff.
Mastoparan 354
Mastzellen-degranulierendes Peptid 352, 353
Maximalschutz-Taktik 251, 252
mechanische Auslese 62
Melanocyten-stimulierende Hormone 103, 104, 250, 268, 273, 277, 278 ff., 292, 293, 322, 323
Melanoliberin s. Melanotropin Releasing-Hormon
Melanostatin s. Melanotropin Release inhibierendes Hormon
Melanotropine s. Melanocyten-stimulierende Hormone
Melanotropin Releasing-Hormon 269, 278, 285, 287, 291, 292
Melanotropin Release inhibierendes Hormon 269, 278, 285, 287, 291, 292, 293, 325
Melatonin 84
Mellitin 352, 353, 354
Membranproteine 387
MERRIFIELD-Synthese 114, 116, 138, 150, 148, 205 ff., 239, 242, 243, 244
Mesitylen-2-sulfonyl-Gruppe 144
meso-Cystin 34
Mesotocin 281, 282
messenger-RNS 438, 439
Metallkomplexe 78, 79, 399
Metallproteine 388, 468
Methionin 14, 20, 23, 24, 26, 55, 120, 122, 214
—, Biosynthese 61
—, CD-Spektren 32, 33
—, STRECKER-Synthese 52, 53
—, Schutz 155, 156
—, Verwendung 47
Methionyl-lysyl-bradykinin 271, 317
4-Methoxybenzylester 136
4-Methoxybenzyl-Gruppe 120, 140, 153
4-Methoxybenzyloxycarbonyl-Gruppe 120, 123
4-Methoxybenzylsulfonyl-Gruppe 144
2-Methoxy-4-nitrophenylester 169
4-Methoxy-phenacylester 136
N-Methylaminosäuresynthese 57

Sachwortverzeichnis

1-Methyl-2-benzoyl-vinyl-Gruppe 131
Methylester 120, 135, 136
Methylsulfonylethoxycarbonyl-Gruppe 124, 132
4-Methylsulfonyl-phenylester 142, 168
2-(Methylthio)-ethoxycarbonyl-Gruppe 132
Methylthiomethyl-Gruppe 151, 152
4-Methylthio-phenylester 142
α-Methyl-2,4,5-trimethyl-benzyloxycarbonyl-Gruppe 126
N-Methylvalin 16
MICHAELIS-MENTEN-Gleichung 445
Mikamycin 340
Mikrofibrillen 469, 470
Mikrosomenproteine 387
Milchproteine 386
Milchsäure 35
—, Molekularrotationen verschiedener Derivate 35
MILLON-Reaktion 399
Minimalschutz-Taktik 251, 252
Miniphallotoxin 350
Mischanhydrid(MA)-Methode 128, 133, 141, 157, 160ff., 203, 229, 256
MITIN-Verfahren 179ff.
Monamycine 347, 348
Mononatriumglutamat (MNG) 36, 47, 52
Motilin 107, 309, 313, 314
MTH-Aminosäuren 415
MUKAIYAMA-Verfahren 180, 203
multiplikative Verteilung 391
MURCHISON-Meteorit
—, Aminosäurevorkommen 58
Muskelproteine 386
Myoglobin 247, 248, 401, 460ff.
—, Elektronendichteverteilung 461, 462
—, O_2-Bindungsvermögen 463, 464
—, Raumstruktur 461
Myosin 382

Nagarse 191
Nahrungsproteine 25, 383
Naloxon 331, 332
Natriumdodecylsulfat (SDS) 404, 407
Neocarzinostatin 335

α-Neo-Endorphin 330
Nervenwachstumsfaktor 432
Neurohormone 264
Neuropeptide 104, 264, 267, 322ff.
Neurophysine 267, 279, 322
Neurotensin 269, 288, 316ff., 320, 322
Neurotoxine 354, 355
Neurotransmitter 84, 104, 264, 293, 316, 322, 324, 332
Neutralsalzfällung 390
Ninhydrin-Reaktion 66, 217, 225
Nisin 334
3-Nitro-4-aminomethyl-benzoylamid-Träger 210
Nitroarginin 120, 144
4-Nitrobenzensulfhydroxamsäure 176
4-Nitrobenzylester 136, 137, 219
Nitrobenzyloxycarbonyl-Gruppe 120, 121, 123, 145
Nitrogenase 468
2-Nitrophenoxyacetyl-Gruppe 129
2-Nitrophenylester 168, 171
4-Nitrophenylester 132, 145, 168, 171, 238
2-Nitrophenylthio-Gruppe 127, 129, 138, 149, 232
3-Nitro-phthalsäureanhydrid 218
2-Nitro-4-sulfophenylester 168
6-Nitroveratryloxycarbonyl-Gruppe 121, 124
„nonsense" Codons 438
Norleucin 15
Norvalin 15
Nps-Gruppe s. 2-Nitrophenylthio-Gruppe
Nucleoaminosäuren 87
Nucleoproteine 388

Oligopeptide 98
Operatorgen 444
Operon 444
Opiatpeptide 104
Opiatrezeptoren 261, 327, 331
optische Rotationsdispersion (ORD) 32, 430
ORD-CD-Technik 36
Ornithin 29, 99, 118, 119
Ovalbumin 382

1,3-Oxazolidindione s. N-Carbonsäureanhydride
Oxidasen 446
Oxidoreductasen 446
Oxyhämoglobin 467
Oxytocin 101, 103, 108, 109, 116, 153, 220, 231, 245, 252, 257, 260, 267, 268, 279 ff., 322

Pandamin 358
Papain 64, 190, 191, 410
Papierchromatographie 67 ff.
Parathormon 103, 109, 220, 260, 270, 306 ff., 308
Partialhydrolyse 410
PASSERINI-Reaktion 183, 234
PAULY-Reaktion 399
„Pellicular"-Harze 208
Pelvetin 262
Penicillin 335
Pentachlorphenylester 168, 238
Pentafluorphenylester 168
Pentafluorphenylisothiocyanat 415
Pentagastrin 260, 311
Pentamethyl-benzylester 136
Pepsin 64, 191, 203, 239, 293, 401, 410
Peptidalkaloide 357 ff.
Peptidantibiotika 103, 104, 234 ff., 335
Peptidasen 447
Peptidbindung 96, 97, 99
Peptide 96 ff.
—, Aufbauprinzip 96
—, cyclische 96, 104, 227 ff.
—, heterodet cyclische 231 ff.
—, heterodete 101
—, heteromere 101, 103
—, homodete 101
—, homöomere 101, 102
Peptidhormone 103, 263 ff., 267
Peptidinsektizide 356 ff.
Peptidlactone 103, 233
Peptidpool 103
Peptidrost 425
Peptidsynthese 107 ff.
—, alternierende Fest-Flüssigphasen 224, 239, 244

—, an polymeren Trägern 204 ff.
—, enzymatische 189 ff.
—, Flüssigphasen- 222 ff.
—, „in-situ"-Methode 242
—, in wäßriger Phase 223
—, konventionelle 239
—, Polymer-Reagens 225 ff.
—, Schnellsynthese-Methode 242
—, Strategie der 113, 239 ff.
—, „Synthesizer" 212, 217 ff.
—, Taktik der 114, 250 ff.
Peptidtoxine 348 ff.
Peptidylbindungsstellen 440, 441, 442
Peptidyltransferase 190, 441
Peptoide 103
Peptolide 103, 228, 234
Phallacidin 348, 349
Phallicin 348, 349
Phalloidin 348, 349
Phalloin 348, 349
Phallotoxine 348 ff.
Phenacylester 136
Phenacyl-Gruppe 148
Phenylalanin 22, 23, 55, 61
4-Phenylazo-benzyloxycarbonyl-Gruppe 120, 124
Phenylazophenylester 168
(4-Phenylazophenyl)-isopropyloxycarbonyl-Gruppe 126
Phenylester 137
Phenylthiocarbamylsäuren 415
Phenylthiohydantoine 76, 414
Phosphatidyl-aminosäuren 87
Phosphit-Methode 235
Phosphoazomethode 152, 179
Phosphofruktokinase 433
Phospholipase A 2′ 248
Phosphoniumethoxycarbonyl-Gruppe 132
Phosphonopeptide 336
Phosphoproteine 388
Phosphorylaminosäuren 86
Phosphoryl-azid 182
Phthalimidomethylester 137
Phthalyl-Gruppe 120, 129
Phyllocaerulein 267, 320, 321

Phyllokinin 322
Phyllomedusin 267, 318, 319
Physalaemin 104, 109, 267, 318, 319
Phytohämagglutinine 478
Pipecolinsäure 28
Piperidinocarbonyl-Gruppe 147
Piperidinooxycarbonyl-Gruppe 126
Pivalinsäure 161, 162
Plasmakinine 103
Plastein-Reaktion 189, 238, 239
Plasmaproteine 386, 396
Plasmin 477
Plasminogen 477
Polisteskinin 322, 354
Polyacrylamidelektrophorese 395, 407, 432
Polyaminosäuren 236ff.
Poly-(1-ethoxycarbonyl-2-ethoxy-1,2-dihydrochinolin) 227
Polyethylenimin-Träger 223
Polyglutaminsäure 238, 424
Polyhexamethylencarbodiimid 175
Poly-([1-hydroxybenzotriazol]-styren) 226
Poly-([4-hydroxy-3-nitrobenzyl]-styren 226
Polyisothiocyanat-Reagens 417
Polylysin 238, 424
polymere Träger
—, lösliche 222ff., 227
—, unlösliche 206ff.
Polymyxine 346, 347
Polypeptide 98
präbiotische Aminosäuresynthese 57ff.
präbiotische Kondensationsreagenzien 59
Prähämoglobin 464
Prä-Proinsulin 299
Prä-Prolactin 276
Prä-Pro-Mellitin 352
Prä-Proparathormon 307
Prä-Pro-Proteine 443
PRELOG-Spannung 230
Primärstruktur 100, 402, 408, 409ff.
Pristinamycin I 340
Proctolin 325
Proinsulin 257
Prolactin 266, 268, 275, 276ff., 289, 293

Prolactin Release inhibierendes Hormon 269, 276, 285, 287, 291
Prolactin Releasing-Hormon 269, 276, 285, 287, 291
Prolactoliberin s. Prolactin Releasing-Hormon
Prolactostatin s. Prolactin Release inhibierendes Hormon
Prolamine 387
Prolin 15, 20, 23, 28, 97, 174, 197, 245, 246
—, Biosynthese 60
—, Helixunterbrechung durch 424
Prolisin 191
Prolyl-tRNS-Synthetase 28
Pro-Mellitin 353
Pro-Opiomelanocortin 273, 277
Propanolamin 84
Protamine 387, 401
Proteine 382ff.
—, Ampholytcharakter 400
—, Aufbauprinzip 408
—, Aussalzung 402
—, biologische Wertigkeit 25
—, Biosynthese 434ff.
—, Denaturierung 402
—, EAS-Gehalt 25
—, Einsalzeffekt 402
—, Einteilung 386
—, Endgruppenbestimmung 412
—, fibrilläre 387
—, Fraktionierungsmethoden 389
—, globuläre 387, 409
—, Hydratation 402, 422
—, Hydrolyseverfahren 47, 48
—, isoelektrische Punkte 401
—, Isolierung 388ff.
—, Konformation 409
—, mikrobielle Gewinnung 383
—, Molekulargewichte 404, 433
—, Nachweisreaktionen 399
—, Primärstruktur 409
—, Pufferwirkung 401
—, quantitative Bestimmung 399
—, Quartärstruktur 408, 431ff.
—, Raumstrukturaufklärung 429ff.
—, Reinheitskriterien 398

—, Röntgenkristallstrukturanalyse 429
—, Sekundär- und Tertiärstruktur 420
—, Sequenzanalyse 414 ff.
—, Untereinheiten 432
Proteide 388
Proteinbiosynthese 434 ff.
—, Korrekturmechanismen 437
Proteingerüstkonformationen 428
proteinogene Aminosäuren 18
Proteinsequenator 415, 416
Protofibrillen 469
Psilocin 84
Psilocybin 84
PTH-Aminosäuren 415
Puromycin 444
„Push-Pull"-Acetylene 173
Putrescin 84
β-Pyrazolylalanin 27
Pyridyldiphenylmethyl-Gruppe 147, 148, 153
Pyridyl-4-methylester 136, 138
Pyridyl-2-thioester 169
Pyroglutamyl-Peptide 139, 262
Pyrrolinone 36

Quadrol-Methode 416

Racemisierung
—, bei Aminosäuren 62
—, bei Peptidsynthesen 193 ff.
—, Nachweismethoden 200 ff., 246
Radioimmunoassay 271, 272
RAMACHANDRAN-Diagramme 421, 422
Ranatensin 104, 267, 320
random coil 426
Relaxin 270
Releasing-Hormone 261, 262, 267
REMA-Methode 162, 241
Renaturierung 402
Renin 314
Repressor 444
Resilin 469
Rezeptorproteine 382
Rhodanin-Synthese 54
Ribonuclease 101, 116, 166, 220, 221, 231, 243, 247, 386, 401, 449 ff.

Ribosomen 439 ff.
Rifamycin 444
RNS-Polymerasehemmung 444
RUGGLI-ZIEGLERsches Verdünnungsprinzip 229, 231
Rumpfsequenzen 215, 216, 224, 243
Ruthenium-Phosphin-Katalysatoren 56
tRNS-Tertiärstruktur 437

„safety-catch"-Prinzip 210, 211, 229
Säurechlorid-Methode 115, 122, 133, 152, 235
SAKAGUCHI-Reaktion 399
Salzkupplung 133
Sarkosin 27, 58, 97
Schutzgruppen 117 ff.
—, Abspaltung und Stabilität 254, 255
—, Amidschutzgruppen 138 ff.
—, Aminoschutzgruppen 118 ff.
—, Carboxyschutzgruppen 133 ff.
—, intermediäre 113, 117
—, konstante 113, 117
Scotophobin 326
SCP-Prozesse 383 ff.
—, Biomassezusammensetzung 385
Scutiamin 359
SDS-Elektrophorese 407
Segmentkondensation 240, 245 ff., 254
Seidenfibroin 470
Sekretin 103, 109, 241, 257, 270, 305, 309, 312 ff.
Sekundärstruktur 408, 409, 420 ff.
Selenophenylester 168
Semisynthese 193, 245, 247 ff.
Sephadex 393, 397, 406
Sepharose 393
Sequenzanalyse 76, 419
Sequenzpolypeptide 236 ff.
Serin 15, 19, 23, 103, 113, 120, 150, 152, 160, 213, 251
—, Biosynthese 60
—, in Enzymproteinen 445
—, in Seidenfibroin 470
—, NEWMAN-Projektion 37
—, sterische Korrelation 34, 35
—, Verwendung 47

Sachwortverzeichnis

Sericin 470
Serotonin 84
Serratomolid 235, 342
Serumalbumin 401
Serum-Thymus-Faktor 333
Sialogen 315, 316
Sichelzellhämoglobin 466
„side-by-side"-Modell 438
Siderophiline 468
Signal-Hypothese 352, 442, 443
Signalpeptid 442
Single Cell Proteins (SCP) 384
Somatoliberin s. Somatotropin Releasing-Hormon
Somatomedine 276
Somatostatin 220, 231, 269, 275, 285, 286, 287, 292ff., 325
Somatostatin-28 293
somatotropes Hormon s. Wachstumshormon
Somatotropin Release inhibierendes Hormon s. Somatostatin
Somatotropin Releasing-Hormon 269, 275, 285, 287
Somatotropin s. Wachstumshormon
Speicherproteine 382, 387
Sphäroproteine 387
spontane Kristallisation 52
Sporidesmolide 342
S-Sulfogruppe 155
Stachydrin 81
Staphylokokken-Nuclease 220, 247, 250
Staphylomycin S 340
Statine 286
N-Stearylglutaminsäure 83
Stizolobinsäure 26
Stop-Codons 442
STRECKER-Synthese 51ff., 56
Streptogramin B 339
Streptokinase 477
Streptomycin 444
Strukturproteine 387
Struktursymbole 17
Substanz A 335
Substanz P 109, 220, 264, 269, 288, 315ff., 318, 322, 324

Subtilin 334
Subtilisin 410, 450
Süßpeptide 104
Superhelix 472
Suzukacillin A 344
SVEDBERG-Einheit 405
Sydnone 80
Sydnonimine 80
Synthetasen 448

Tabakmosaik-Virus 432
Tachykinine 318, 319
Tacynase N 191
Taurin 264, 322
Tentoxin 104
Terminatorproteine 442
Tertiärstruktur 408, 426ff.
Tetrahydropyranyl-Gruppe 151, 154
thermische Kondensation 59
Thermolysin 193, 410
1,3-Thiazolidin-2,5-dion s. N-Thiocarbonsäureanhydrid
N-Thiocarbonsäureanhydrid (NTA) 165, 241, 251
Thiohydantoine 86
Thiohydantoin-Synthese 54
Thionylchlorid-Methode 135
Thiophenylester 132, 166, 168
Thioredoxin 247
Thrombin 382, 477
Threonin 15, 20, 23, 103, 113, 120, 128, 150, 152, 160, 213, 251
—, Biosynthese 61
—, Massenspektrum 76
—, Verwendung 47
Thymopoietin II 333
Thymosin α_1 333
Thyreoliberin s. Thyreotropin-Releasing-Hormon
Thyreotropin 268, 289, 316
Thyreotropin Releasing-Hormon 260, 269, 285, 287, 288ff., 293, 324
Thyroxin 26
Titrationskurven 39, 400

Sachwortverzeichnis

2-(Toluen-4-sulfonyl)-ethylester 136
4-Toluensulfonyl-Gruppe 116, 120, 127 ff., 129, 144, 147, 148, 152, 214, 251
4-Tolylmethylsulfonyl-Gruppe 129
2-(4-Tolylsulfonyl)-ethoxycarbonyl-Gruppe 124
Tosyl-Gruppe s. 4-Toluensulfonyl-Gruppe
Tosylaminocarbonyl-Gruppe 132
Transaminierung 81
Transferasen 447
Transferrin 382
Transfer-RNS 434
Transkription 438
Translation 440, 441, 442
Translokation 441
Transportproteine 387
TRH 108
2,4,5-Trichlorphenylester 168, 172
2,2,2-Trichlor-tert.-butyloxycarbonyl-Gruppe 125
Trifluoracetyl-Gruppe 128, 129, 195
N-Trifluoracetyl-L,L-dipeptidester 75
N-Trifluoracetyl-glycin 16
2,4,6-Trimethylbenzylester 136
Trimethylsilylester 137
2-Trimethylsilylethylester 137
Trimethylsilyl-Gruppe 151
2,4,6-Trinitrobenzensulfonsäure-Färbung 67
Triostin A 339
Tripelhelix 469, 472
Triphenylmethyl-Gruppe 120, 130, 138, 142, 148, 153, 232, 233
Tritium-Markierung 55
Trityl-Gruppe s. Triphenylmethyl-Gruppe
Tropokollagen 470
Trypsin 192, 239, 248, 249, 410
Trypsininhibitor 220, 243, 250
Tryptamin 84
Tryptophan 15, 22, 23, 25, 120, 128, 149, 214
—, Schutz 148
—, UV-Spektrum 43
—, Verwendung 47
Tuberactinomycine 340
Tuberin 382

Tuftsin 332, 333
Tyramin 84
Tyrocidine 335, 345, 346
Tyrosin 15, 22, 23, 113, 152, 213
—, Biosynthese 60
—, Isolierung 48
—, UV-Spektrum 43
Tyrosinbenzylether 152
Tyrosin-tert.-butylether 152
Tyrosyl-tRNS-Synthetase 435

UGI-Verfahren 183 ff., 187, 189, 197, 246
Ultrafiltration 392
Ultrazentrifuge 386, 404, 432
Uperolein 267, 318, 319
Urease 401
Urogastron 310
Urokinase 477
UV-Differenzspektroskopie 430

Valin 15, 19, 23
—, Biosynthese 61
—, NEWMAN-Projektion 37
Valinomycin 235, 340, 341, 343, 352
L-Valin-tert.-butylamid 75
Valitocin 281, 282
VAN SLYKE-Aminosäurebestimmung 80
Vasopressin 101, 103, 105, 108, 109, 231, 252, 260, 267, 269, 279 ff., 293, 322, 323, 324
Vasotocin 280, 281
Vicilin 478
Vierkomponenten-Kondensation (4KK) s. UGI Verfahren
Vinylester 168
Viomycin 340
VIP 305, 309, 310, 322
Virusproteine 386

Wachstumshormon 107, 220, 221, 231, 243, 268, 274 ff., 287, 292, 293, 294, 316
Wasserstoff-Deuterium-Austauschmethode 431

Sachwortverzeichnis

Weygand-Test 200
Wilkinsonscher Komplexkatalysator 57
Wollfaser 470
Wünsch-Weygand-Verfahren 176, 203

Xanthoprotein-Reaktion 399
Xenopsin 317, 320

Young-Test 175, 200

Zentrifugal-Reaktor 219
Zentrifugationsverfahren 392, 405
Zizyphin 359
Zweiphasen-Methode 242
Zwitterionenstruktur 37, 41, 400

76,-